涪陵榨菜年谱

涪陵地情丛书

重庆市涪陵区地方志办公室／主编

曾超／编著

国家图书馆出版社

图书在版编目（CIP）数据

涪陵榨菜年谱 / 重庆市涪陵区地方志办公室主编；曾超编著 . — 北京：
国家图书馆出版社，2019.9

（涪陵地情丛书）

ISBN 978-7-5013-6641-5

Ⅰ . ①涪⋯　Ⅱ . ①重⋯ ②曾⋯　Ⅲ . ①榨菜－文化史－涪陵区
Ⅳ . ① S637.3

中国版本图书馆 CIP 数据核字（2018）第 267108 号

书　　名	涪陵榨菜年谱	
著　　者	重庆市涪陵区地方志办公室　主编	
	曾超　编著	
丛　书　名	涪陵地情丛书	
责任编辑	程鲁洁	
封面设计	奇文云海	

出版发行	国家图书馆出版社（北京市西城区文津街 7 号　100034）
	（原书目文献出版社　北京图书馆出版社）
	010-66114536　63802249　nlcpress@nlc.cn（邮购）
网　　址	http://www.nlcpress.com
排　　版	九章文化
印　　装	河北三河弘翰印务有限公司
版次印次	2019 年 9 月第 1 版　2019 年 9 月第 1 次印刷

开　　本	787×1092（毫米）　1/16
印　　张	37.75
字　　数	710 千字
书　　号	ISBN 978-7-5013-6641-5
定　　价	160.00 元

涪陵地情丛书编委会

主　任：周　烽

副主任：余成红

成　员：张仲明　曾小琴　冉　瑞

　　　　童泓萍　彭　婷　赵　君

《涪陵榨菜年谱》编著：曾　超

《涪陵榨菜年谱》编务：冉　瑞　童泓萍　彭　婷

　　　　　　　　　　　　赵　君　谭晓滨

序　言

　　地情，是指一个地方自然地理、历史沿革、政治架构、经济发展、文化习俗、社会生活等各个方面的情况。对一个地方的地情进行详细辑录，可以保存地方史料、服务社会发展、传承优秀传统、宣介地方美誉。中华民族历来注重地情资料的辑录，四书五经已有地情资料的内容，历代史书都对地情资料有所记述。地方志是地情资料的集大成者，是专业的地情类著述。遗憾的是，地方志只是将地情分类后，加以总体概述，对于各门类地情的具体记述则不尽详细。例如细分至一个地方的生活习俗、语言习俗、饮食习俗、建筑风格、土特产品、服饰特点等门类时，地方志因自身涵盖面太广，很难对其历史、现状、发展、影响等作详细记录。故对地情资料进行收集和整理，进而形成具体门类的著述，是地方志工作的发展和延伸。尤其是在社会分工日益细化的今天，对各门类地情的具体详实辑录，更显得弥足珍贵。

　　党的十八届六中全会明确提出："坚持中国特色社会主义道路、中国特色社会主义理论体系、中国特色社会主义制度、中国特色社会主义文化。""坚定对中国特色社会主义的道路自信、理论自信、制度自信、文化自信。"党的十九大报告指出："中国特色社会主义文化，源自于中华民族五千多年文明历史所孕育的中华优秀传统文化，熔铸于党领导人民在革命、建设、改革中创造的革命文化和社会主义先进文化，根植于中国特色社会主义伟大实践。"文化来源于地情，对地情资料的辑录，是对十八届六中全会、十九大精神的贯彻落实，对树立"四个自信"、传承优秀传统文化有着重要意义。

　　涪陵地处长江、乌江交汇处，地连五郡、舟会三川，自古为水陆要冲，百物辐辏、人文畅茂。对于涪陵地情，历代的涪陵地方志都有记述，但涪陵对各细分门类进行记述的地情类书并不多见，即使新中国成立后也只有寥寥数种。为了弥补涪陵地方志的缺憾，详细记录涪陵地情资料；同时为更好地按照国务院办公厅《全国地方志事业发展规划纲要（2015—2020年）》规定，履行"健全和完善地情资料收（征）集及管理"职责，我们编纂了本套"涪陵地情丛书"，不断收集整理涪陵地情资料，完成

一部出版一部，将涪陵地情展现给社会。

因为资料和学识的局限性，丛书中难免有疏漏和错误，望读者指正。同时望社会各界不吝将所掌握的涪陵地情资料与我们交流，以便我们充实完善本套丛书。

重庆市涪陵区地方志办公室

2018 年 11 月

前　言

　　涪陵是一个极其神秘的地方，因之也是一个催生奇观、奇迹的地方。这里，奇山秀水，人杰地灵，奇观迭现。这里有揭开巴文化"神秘面纱"的白涛小田溪巴王陵，这里是世界级水文明遗产白鹤梁题刻诞生地，并建有世界首座水下博物馆；这里有北宋思想家、哲学家、教育家、程朱理学奠基人程颐点注《易经》的"北岩胜境"；这里有世界首座被解密的"核洞"——816军事基地遗址；这里有太极集团、涪陵建峰等知名国企，曾经创造引领国企改革的"涪陵现象"……同样，在世界食坛百花园中有一朵美丽的奇葩，她就是名列"巴蜀四宝"之一、中国三大出口菜之首、世界三大名腌菜之一的涪陵榨菜。

　　涪陵榨菜于1898年诞生在涪陵城西下邱家湾邱寿安家。邱寿安、邓炳成等人将资中大头菜全形腌制技术、涪陵地域文化、现代商业文明结合起来，本着"实业救国""实业兴国""实业裕国""实业强国"的理念，化腐朽为神奇，推陈出新，将"咸菜一碟"演变成为一大产业。涪陵榨菜1910年打破邱氏独家经营格局，1926年发展成为一大产业，1935年发展到全川诸多县份广为种植芥菜，1949年获得新生发展良机，1974年蜚声寰宇成为世界三大名腌菜，1993年被联合国计划开发署列入世界扶贫模式纪实案例资助项目。1995年涪陵被确定为"榨菜之乡"，1998年涪陵榨菜百年华诞之际开启产业化风帆，2003年涪陵成为"全国果蔬十强区（市、县）""农产品深加工十强区（市、县）"，2004年涪陵进行原产地域保护，2005年成为"全国无公害农产品（种植业）生产示范基地""全国农产品加工业——榨菜加工示范基地"。2008年"涪陵榨菜传统制作记忆"进入国家级非物质文化遗产名录，2009年"涪陵榨菜"证明商标获评"2009年最具市场竞争力地理商标、农产品商标60强"，品牌价值不断飙升，至2016年"涪陵榨菜"品牌价值138.78亿元，"涪陵青菜头"品牌价值20.74亿元。涪陵榨菜一路走来，实为中国食品工业、民族工业不断开拓奋进的缩影和壮歌。

　　"好吃不过咸菜饭，好看不过素打扮"，涪陵榨菜自问世以来，"榨菜人"沿着"榨菜之路"，高扬"榨菜之魂"，创造了内涵极为丰富的榨菜文化。何谓文化？其实文化某种意义上说就是"人化"，就是"人化"的产物和结晶。涪陵榨菜诞生的传说、

青菜头的选育、榨菜的加工、榨菜标准的制定、榨菜市场的开拓、榨菜企业的管理、榨菜科研的研发、榨菜诗文歌赋的创作、榨菜电视剧的拍摄等无一不蕴含着丰富的文化意蕴，值得我们深入地挖掘、整理。

目前，虽然学界也有一些关于涪陵榨菜、涪陵榨菜文化的著述，如刘佩瑛等编的《中国芥菜》，曾超、蒲国树等编著的《涪陵榨菜百年》；何侍昌、李乾德等著的《榨菜产业经济学研究》，何侍昌著的《涪陵榨菜文化研究》等，但总体来看，因各书主旨不一，以致资料准确性需要进一步提升，更为重要的是缺乏时间的连续性、内容的大众性。何谓历史？历史乃广大人民大众的社会生活，系广大人民群众之创造、创新。涪陵榨菜问世以来，广大榨菜人不知付出多少辛勤和心智才筑就了涪陵榨菜发展的巍巍大厦。为了充分反映涪陵榨菜发展的"映痕"，充分体现涪陵榨菜发展的时间延续性，便于对涪陵榨菜做总体把握和深入研究，今作《涪陵榨菜年谱》，实为涪陵榨菜的资料长编。这就是本谱编修的原初、主旨和终极。

是为序。

巴渝散人曾超

2018 年 8 月书于集贤寒舍

凡　例

一、本书坚持以马克思列宁主义、毛泽东思想、邓小平理论、"三个代表"重要思想、科学发展观、习近平新时代中国特色社会主义思想为指导，坚持历史唯物主义和辩证唯物主义，坚持实事求是、据事实录的传统和精神。

二、采用纪事本末体形式，按年编修，先立细目，按年月日叙事。时间同日重复者采用"是日"字样，具体日期不明者采用"是月""是年"字样。

三、时限主体是榨菜诞生的 1989 年至 2016 年，略有追溯和下延。追溯主要是榨菜诞生前中国芥菜的历史演变，便于了解芥菜的起源与发展，下延主要是就其所知随录。

四、地域主体为今重庆市涪陵区，考虑到榨菜是一个整体，尤其是榨菜传播的影响力，故兼及丰都、长寿、巴南等地。

五、资料利用大体集中在 2000 年前多方收集到的与涪陵榨菜相关的各种资料，嗣后主要利用《涪陵年鉴》及其他相关资料；对《涪陵年鉴》的资料少有变动。

六、主要参考《涪陵市志》《涪陵榨菜志》《涪陵榨菜百年》《涪陵榨菜文化研究》《中国芥菜》等，参见"参考文献"。

七、附录了部分为文件、标准、调研报告及编著者部分研究文章。

目　录

史 前 期

前 4000 年左右，中华先民开始利用芥菜

张平真主编《中国蔬菜名称考释》（北京燕山出版社，2006年，下同）第100页载：陕西西安半坡村新石器时代晚期遗址出土的陶罐，内有碳化的芥菜种子，说明中华先民早在前4000年左右，已经开始利用芥菜。但刘佩瑛主编《中国芥菜》（中国农业出版社，1995年，下同）第17页载：1954年，中国考古学者在陕西省西安郊区半坡（仰韶文化）考古中，发掘出距今6800年前新石器原始社会文化遗址中原始人类存放于陶罐的碳化菜种，经放射性同位素14C测定，其年代距今6000—7000年；经中国科学院植物研究所鉴定，确认其属于芥菜或白菜一类种子。

先 秦

前 5—前 7 世纪芥菜的种植与栽培

刘佩瑛主编《中国芥菜》第18页载：早在公元前5—前7世纪，在今陕西、河南、河北、山东及湖北一带的广大区域内已有芥菜的种植和利用。

《诗经》对芥菜的记载

《诗经·谷风》云："采葑采菲，无以下体。""葑"，《尔雅疏》云："蕦与葑字虽异，音实同，则葑也，须也，芜菁也，蔓菁也，蕦芜也，荛也，芥也，七者一物也。"后历代专家均把"葑"诠释为芸薹、芜菁、芥菜一类蔬菜。1978年版《辞海》云："葑，蔓菁。"

《左传》对芥菜的记载

鲁昭公二十五年（前517），季氏与郈氏斗鸡，季氏用"芥菜籽"磨成粉末，撒在自家鸡的羽毛中，用以迷惑对方的鸡眼。此即"季郈之鸡斗，季氏介（芥）其

鸡"。参见张平真主编《中国蔬菜名称考释》第 100 页、刘佩瑛主编《中国芥菜》第 18 页。

《尹都尉书》设置"种芥"篇

《尹都尉书》，已经失传的先秦古籍，中有《种芥》篇。说明秦汉以前我国已经普及芥菜栽培技术。参见张平真主编《中国蔬菜名称考释》第 100 页。其《种芥》篇云："赵魏之交（郊）谓之大芥，其小者谓之辛芥，或谓之幽芥。"这表明当时芥菜存在植株大小方面的变异，当是自然和人工选择的结果。

汉　代

《礼记》对芥菜的记载

《礼记》系中国古代儒家经典，其《内则》篇记载有各类膳食名目，其中有"芥酱"。参见张平真主编《中国蔬菜名称考释》第 100 页。刘佩瑛主编《中国芥菜》第 18 页载：西汉时期的《礼记·内则》中有"鱼脍芥酱"的记载，表明当时的芥子主要做成酱，以之作为调味品。

马王堆一号汉墓芥菜遗物

刘佩瑛主编《中国芥菜》第 18 页载：中国考古工作者在湖南省长沙马王堆一号汉墓中发掘出异常丰富的出土文物，其中农产品数量大、种类多，反映了当时农业生产的发达。在这些文物中，既有实物，也有竹简文字记载。在 312 片竹简中，记载粮食作物（稻、小麦、黍稷、粟、大麻）名称的有 24 片，记载果品（枣、梨、梅、桔）名称的有 7 片，记载蔬菜（芥菜、葵菜、姜、藕、竹笋、芋）名称的有 7 片。同时，还发现上述植物的果实及种子，以及大豆、大麦、赤豆、杨梅等籽实和种子。

《说苑》对芥菜种植的记载

《说苑》，西汉刘向撰。据该书记载，公元前 100 年左右，瓜、芥菜、葵、蓼、葱等已在中国普遍种植。到 1 世纪时，"中原地区，七八月种芥，次年大暑中伏后收菜籽"。这说明芥菜生育期较长。

《四民月令》对芥菜种植的记载

《四民月令》，东汉崔寔撰。据该书记载，2世纪时，中原地区"七月种芜菁及芥……四月收芜菁及芥……八月种大小蒜、芥、牧宿（苜蓿）……大暑中伏后可畜（蓄）瓠、藏瓜，收芥子。"这表明当时人们已经将芜菁和芥菜分离。

《通俗文》对芸薹的记载

《通俗文》，东汉服虔撰。该书云："芸薹谓之胡菜。"这当与西部地区少数民族有关。明朝李时珍《本草纲目》考证说："羌、陇、氐、胡，其地苦寒，冬月多种此菜（芸薹），能历霜雪，种自胡来，故服虔《通俗文》谓之胡菜。"

汉代兼食芥菜叶片

汉代，人们除食用芥菜种子外，已经兼食芥菜的叶片。参见张平真主编《中国蔬菜名称考释》第100页。

三　　国

诸葛亮发明榨菜传说

在涪陵榨菜起源传说中，其中一种说法就是诸葛亮发明榨菜，榨菜被称为诸葛菜。按：关于涪陵榨菜的发明人，一说三国名臣诸葛亮，一说唐代高僧——涪陵天子殿聚云寺住持，一说涪陵叫化岩贫苦女黄彩，一说忠州移居涪陵富商邱正富，一说涪陵下邱家湾邱寿安，一说邱寿安家雇工四川资中邓炳成等。参见何侍昌《涪陵榨菜文化研究》第319—330页，曾超、蒲国树、黎文远主编《涪陵榨菜百年》第14—17页，何裕文等《涪陵榨菜（历史志）》第13—14页，蔺同《榨菜起源——从神秘的传说谈起》，涪陵榨菜（集团）有限公司、涪陵市枳城区晚晴诗社编《榨菜释文汇辑》，赵志宵《榨菜的传说》（《涪陵特色文化研究论文集》第二辑等）。

南 北 朝

叶用芥菜出现

南北朝时，叶用芥菜出现。参见张平真主编《中国蔬菜名称考释》第100页。

《千家文》对芥菜的记载

刘佩瑛主编《中国芥菜》第19页载：在南朝梁代周兴嗣著《千家文》中有"菜重姜芥"，李璠对此解释说："这是由于当时农民每天劳作辛苦，风吹雨淋，难免不感受风邪，如果经常吃一点芥菜、生姜之类的蔬菜，就可以兼收驱寒散风减少疾病的功效。"这表明当时人们已经认识到芥菜的菜用价值和药用功能。

《齐民要术》设置有"种芥"篇

《齐民要术》，北魏农学家贾思勰撰。该书设置有"种芥"篇。其"种蜀芥、芸薹、芥子第二十三"一节云："蜀芥、芸薹取叶者，皆七月半种，地欲粪熟。蜀芥一亩，用子一升，芸薹一亩，用子四升。种法与芜菁同。既生，亦不锄之。十月收芜菁讫时，收蜀芥。芸薹，足霜乃收。"另有小字标记"中为咸淡二菹，亦任为干菜"。"种芥子及蜀芥、芸薹取子者，皆二三月好雨泽时种。旱则畦种水浇。五月熟而收子。""三物性不耐寒，经冬则死，故须春种。"该记载表明在5—6世纪时芥菜已经传入四川盆地，并被称为"蜀芥"。同时，反映出此期芥菜已经分离出叶用芥菜。

《岭表录异》对芥菜的记载

唐刘恂撰《岭表录异》记载："南土芥，巨芥。"该记载表明在6—7世纪时芥菜已经扩展到岭南地区，且变异强烈，因植株显著增高变大而成为"巨芥"。

唐　代

唐代高僧发明榨菜传说

在涪陵榨菜起源传说中，其中一种说法就是唐代高僧发明榨菜。参见何侍昌《涪陵榨菜文化研究》（新华出版社，2017 年）第 319—330 页，曾超、蒲国树、黎文远主编《涪陵榨菜百年》（内部资料，1998 年）第 14—17 页，何裕文等《涪陵榨菜（历史志）》（内部资料，1984 年）第 13—14 页，蔺同《榨菜起源——从神秘的传说谈起》（《三峡纵横》，1997 年 1 期），涪陵榨菜（集团）有限公司、涪陵市枳城区晚晴诗社编《榨菜释文汇辑》（内部资料，1997 年）等。

宋　代

叶用芥菜品种增多

宋代以后，叶用芥菜的品种类型逐渐增多。参见张平真主编《中国蔬菜名称考释》第 100 页。

《图经本草》对芥菜的记载

宋嘉祐六年（1061），《图经本草》成书。该书记载："芥处处有之，有青芥似菘有毛，味极辣；紫芥，茎叶纯紫可爱，作齑最美。"这说明 11 世纪时，我国已经广泛栽培芥菜，其中有叶色较浅似白菜（菘）的类型，还出现了味极辣及紫色叶的变异。

苏轼咏赞芽用芥菜

宋代著名诗人、美食家苏轼（1036—1101）咏赞芽用芥菜。《撷菜》诗云："秋来霜露满东园，芦菔生儿芥有孙。"芥孙即再生的嫩芽。

薹用芥菜出现

南宋时期，薹用芥菜出现。参见张平真主编《中国蔬菜名称考释》第 100 页。

范成大咏赞薹用芥菜

南宋范成大（1126—1193）《春日田园杂兴十二首》咏赞薹用芥菜，诗云："桑下春蔬绿满畦，菘心青嫩芥薹肥。溪头洗择店头卖，日暮裹盐沽酒归。"芥薹即薹用芥菜的古称。

明　代

根用芥菜出现

明代出现根用芥菜，见于王世懋的《学圃杂疏》。参见张平真主编《中国蔬菜名称考释》第 100 页。按该书云："芥多种……芥之有根者想即蔓菁……携子归种之城北而能生。"这反映出 16 世纪时芥菜已经分化出根用芥菜，但时人则与蔓菁混为一谈。

籽用芥菜出现

明代出现籽用芥菜，见于李时珍的《本草纲目》。参见张平真主编《中国蔬菜名称考释》第 100 页。

王磐《野菜谱》对分蘖芥菜的记载

分蘖芥菜，又称分蘖芥、雪里蕻、春不老等。明代王磐《野菜谱》云："四明有菜名'雪里蕻'。雪深，诸菜冻损，此菜独青。"参见张平真主编《中国蔬菜名称考释》第 104—105 页。

王世懋《学圃杂疏》对分蘖芥菜的记载

明代王世懋《学圃杂疏·蔬疏》云："芥多种，以'春不老'为第一。"河北保定系"春不老"的著名产地，故有"保定府有三样宝：铁球、面酱、春不老"的民谚。参见张平真主编《中国蔬菜名称考释》第 105 页。

李时珍《本草纲目》对芥菜的记载

《本草纲目》，明代医学家李时珍撰。该书云："四月食者谓之夏芥，芥心嫩薹，谓之芥蓝，瀹食脆美。"该记载表明时人未能认识到芥菜已经分化出薹芥，而是错误地将其称为芥兰。

《农政全书》对野生芥菜的记载

《农政全书》，明代农学家徐光启撰。该书设置有"荒政"篇，云："水芥菜，水边多生，苗高尺许。叶似家芥叶极小，色微淡绿，叶多花叉，茎叉亦细，开小黄花，结细短小角儿，叶味微辛。救饥，采苗叶煤熟，水浸去辣气，淘洗过，油盐调食。"又云："山芥菜，生密县山坡及冈野中。苗高一二尺，叶似家芥菜叶，瘦短微尖而多花。又开小黄花结小短角儿。味辣，微甜，救饥。采苗叶拣择净，煤熟，油盐调食。"该记载表明野生芥菜具有度饥馑、救生命的功效。

清　　代

谭吉璁咏赞分蘖芥

清代谭吉璁（1624—1680）《鸳鸯湖棹歌》之七十咏赞分蘖芥，诗云："瓮菜但携春不老，匏尊莫问夜何其。"其中，瓮菜即腌菜，春不老即分蘖芥菜。

茎用芥菜出现

茎用芥菜起源于清代的四川涪陵（今重庆涪陵），其相关记载始见于光绪《南溪乡土志》。参见张平真主编《中国蔬菜名称考释》第100页。刘佩瑛主编《中国芥菜》第19页载："《涪陵县续修涪州志》中有'青菜有苞有薹，盐腌名五香榨菜'的记载。说明公元18世纪中叶以前在四川盆地东部的长江沿岸地区，芥菜又分化出茎芥。"

芽用芥菜出现

清代，在四川地区培育出芽用芥菜。参见张平真主编《中国蔬菜名称考释》第100页。

道光二十五年（1845）

[道光]《涪州志》对茎瘤芥的记载

清代德恩主修、石彦恬等纂《涪州志》12卷。该书《物产》载："又一种名包包菜，渍盐为菹，甚脆。"这是关于榨菜原料茎瘤芥（俗名包包菜、青菜头）最早的文献记载，并将其归入菜之属的青菜类。

光绪二十四年（1898）

邓炳成加工"榨菜"成功

《涪陵市志》第19页"大事记"云：春，州人邱寿安家长工邓炳成在涪陵民间加工咸菜的基础上，试制新型的青菜头腌菜。因之，1898年成为涪陵榨菜问世之年。次年，邱布置批量加工，并将其取名"榨菜"，首次投放于市场获得成功。后广泛传开，终成为举世闻名的涪陵榨菜。另参见何裕文等著《涪陵榨菜（历史志）》第14—15页，曾超、蒲国树主编《涪陵榨菜百年》，马培汶著《历史文化名人与涪陵》第123—125页"中国榨菜业创始人——邱寿安"，巴声、黄秀陵编著《历代名人与涪陵》第166—167页"涪陵榨菜商业加工首创者邱寿安"，冉光海主编《涪陵历史人物》第118—119页"涪陵榨菜品牌创始人邱氏兄弟"等。按：邓炳成，《涪陵榨菜简史》作邓炳盛，资阳人，曾做过酿造工人。文云："地主邱寿安家请的工人名叫邓炳盛（资阳人，曾做过酿造工人），仿造资州制造大头菜的方法，用菜头做成咸菜，主要是供给家庭食用，这便是做榨菜的开始。""为了想垄断市场，就嘱买工人邓炳盛，秘密制造，方法不许传给外人。""当时拜邓炳盛为掌脉师，纠合一套班子（他们比较相信的人）为邱家做榨菜，头年产量八十余坛，以后逐年增多。"

附：《涪陵市志》第1508页第二十九篇《人物·邱寿安　邱翰章》云：邱寿安，清末涪州人。光绪年间在湖北宜昌开设"荣生昌"酱园，兼营四川腌菜。光绪二十四年（1898），他用家乡带去的青菜头腌菜待客，客人一致称赞鲜香可口，为其他酱腌菜所不及。邱寿安遂萌发以此谋利之念。次年春，他在城西洗墨溪下邱家院老家开设作坊，批量制作青菜头腌菜，并将这种用木榨榨除盐水的新腌菜制品取名"榨菜"，当年生产80坛（每坛25公斤），全部运销宜昌，获得很丰厚的利润，从此连年扩大生产。清末，邱寿安的兄弟邱翰章在外经商，顺便捎带80

坛到上海销售，不料，时人不知味道美，竟无人购买。邱翰章并不气馁，四处贴出广告，宣传榨菜的特点，同时将它切成小块，包成小包，附上说明书，派人到茶社、餐馆、车站、码头等公共场所分送，请人品尝。经过艰苦努力，鲜香嫩脆的涪陵榨菜终于赢得了人们的喜爱，一月之内，货品抢购一空。榨菜在上海成了时鲜。民国三年，邱氏兄弟在上海东望平街设立"道生恒"榨菜庄，成为历史上第一家专营榨菜的商号。在此前后，上海鑫和、盈丰两大洋行已用榨菜向国外商人交换海产品，榨菜逐步进入国际市场，最终成为世界三大名腌菜之一。邱寿安和邱翰章先后在民国年间去世，其后人亦继续经营榨菜。1984年，下邱家院被公布为涪陵市重点文物保护单位。

邱寿安创办"荣生昌"

是年，地主兼商人邱寿安在荔枝乡创办"荣生昌"，系独资企业，这是第一个榨菜加工作坊，也是首家涪陵榨菜企业。1914年停业。参见《涪陵市志》第十篇《榨菜·涪陵县1898至1949年年产1000坛以上菜厂概况》、四川省志工矿志编辑组张耀荣《解放前四川的榨菜业》表一《解放前大型私营榨菜厂经营情况一览表》。

欧秉胜成为榨菜传统制作技艺代表

是年至1910年，据中国人民政治协商会议重庆市涪陵区委员会编《涪陵榨菜之文化记忆》第70页《涪陵榨菜传统制作技艺传承谱系的突出代表人物》，欧秉胜是涪陵榨菜传统制作技艺的代表。

榨菜产量

是年，涪陵榨菜2市担。参见《涪陵榨菜（历史志）》第40页、何侍昌《涪陵榨菜文化研究》第132页《传统市场经济阶段涪陵榨菜产量表》。

光绪二十五年（1899）

邱寿安定名"榨菜"并开辟宜昌市场

春，邱寿安在涪陵城西洗墨溪老家邱家院主持批量加工青菜头腌菜，并将它取名为"榨菜"，当年运80坛试销宜昌，获得厚利。涪陵榨菜进入国内市场自此始。《涪陵市志》第19页"大事记"云："次年（1899），邱布置批量加工，并将其取

名"榨菜",首次投放于市场获得成功。后广泛传开,终成为举世闻名的涪陵榨菜。按:邱寿安开设"荣生昌"经营酱腌菜,由此"荣生昌"成为涪陵榨菜史上第一家企业,宜昌市场成为涪陵榨菜第一个省外市场,并开启了涪陵榨菜邱氏兄弟独家经营的时代(1898—1909)。参见何侍昌《涪陵榨菜文化研究》第11—12页。何裕文《建国前的榨菜业》云:"邱寿安于一八九九年开始在宜昌试销榨菜,当时由于产品新奇,经营获利较多,每坛榨菜可盈利25元以上,销售数量也日渐增多,始终供不应求,所以宜昌一开始便成为第一个榨菜畅销市场。"

榨菜产量

是年,涪陵榨菜40市担。参见《涪陵榨菜(历史志)》第40页、何侍昌《涪陵榨菜文化研究》第132页《传统市场经济阶段涪陵榨菜产量表》。

光绪二十六年(1900)

榨菜产量

是年,涪陵榨菜年产量40市担。参见《涪陵榨菜(历史志)》第40页、何侍昌《涪陵榨菜文化研究》第132页《传统市场经济阶段涪陵榨菜产量表》。

光绪二十七年至三十一年(1901—1905)

榨菜产量

是年,涪陵榨菜年产量300市担。参见何裕文等《涪陵榨菜(历史志)》第40页、何侍昌《涪陵榨菜文化研究》第132页《传统市场经济阶段涪陵榨菜产量表》。

光绪三十二年至宣统元年(1906—1909)

榨菜产量

是年,涪陵榨菜年产量400市担。参见何裕文等《涪陵榨菜(历史志)》第40页、何侍昌《涪陵榨菜文化研究》第132页《传统市场经济阶段涪陵榨菜产量表》。

宣统二年（1910）

欧秉胜成功仿制榨菜

邱家厨师谭治合将加工过程告之商人欧秉胜，欧在李渡石马坝设厂仿制成功，成为涪陵第二家榨菜厂，系独资企业。这标志着涪陵榨菜开始走出由邱氏独家经营的局面。欧氏企业1919年停办。参见《涪陵市志》第十篇《榨菜·涪陵县1898—1949年年产1000坛以上菜厂概况》、四川省志工矿志编辑组张耀荣《解放前四川的榨菜业》表一《解放前大型私营榨菜厂经营情况一览表》。按：据《涪陵市志》第725页"涪陵县1898至1949年年产1000坛以上概况"表、《涪陵榨菜（历史志）》第19页"建国前大型私营榨菜厂一览表"，欧秉胜应为涪陵榨菜第二家榨菜厂。但《涪陵榨菜（历史志）》第16页载："邱氏邻居骆兴合，也经过长期试探，并常向邓炳成请教制造过程，终于掌握了榨菜加工的全部技术，于一九一〇年当了涪陵商人骆培之所办菜厂的掌脉师。一九一一年，邱家厨师谭治合将加工过程告之欧炳胜，欧便在李渡石马坝设厂仿制，一举成功。"张耀荣《解放前四川的榨菜业》云："宣统三年（1911），欧家厨师谭治合，将榨菜加工秘方告知邻人欧秉胜，欧即在李渡石马坝设厂仿造。"何裕文《建国前的榨菜业》云："邱氏邻居骆兴合，也经过长期试探，并常与邓炳成请教制造过程，终于掌握了榨菜加工的全部技术，于一九一〇年当上了涪陵商人骆培之所办菜厂的掌脉师。一九一一年邱家厨师谭治合将加工过程告之（知）欧炳胜，欧便在李渡石马坝设厂仿制，一举成功。"这里显然有误。其一是时序错误；其二是欧秉胜、骆培之办厂先后有误；其三是欧秉胜姓名有误。《涪陵榨菜简史》将业主姓名称为欧炳生，文云："1910年欧炳生在李渡石马坝和王爷庙等处设立厂坊，年产1000坛左右。"

榨菜产量

是年，涪陵榨菜500市担。参见何裕文等《涪陵榨菜（历史志）》第40页、何侍昌《涪陵榨菜文化研究》第132页《传统市场经济阶段涪陵榨菜产量表》。

宣统三年（1911）

骆培之创办榨菜厂

是年，邱寿安邻居骆兴合得到邱氏掌门大师邓炳成榨菜技术真传，涪陵商人骆培之在三抚庙开办榨菜厂，骆兴合成为其掌脉师，这是涪陵第三家榨菜厂，

系独资企业，1936 年停办。参见《涪陵市志》第十篇《榨菜·涪陵县 1898 至 1949 年年产 1000 坛以上菜厂概况》、四川省志工矿志编辑组张耀荣《解放前四川的榨菜业》表一《解放前大型私营榨菜厂经营情况一览表》。按：据《涪陵市志》第 725 页"涪陵县 1898 至 1949 年年产 1000 坛以上概况"表、《涪陵榨菜（历史志）》第 19 页"建国前大型私营榨菜厂一览表"、《解放前四川的榨菜业》，骆培之的榨菜厂应为涪陵榨菜第三家榨菜厂。何裕文《建国前的榨菜业》将骆培之视为涪陵榨菜第二家企业，文云："邱氏邻居骆兴合，也经过长期试探，并常与邓炳成请教制造过程，终于掌握了榨菜加工的全部技术，于一九一〇年当上了涪陵商人骆培之所办菜厂的掌脉师。一九一一年邱家厨师谭治合将加工过程告之（知）欧炳胜，欧便在李渡石马坝设厂仿制，一举成功。"参见"欧秉胜成功仿制榨菜"条。

骆兴合等成为榨菜传统制作技艺代表

据《涪陵榨菜之文化记忆》第 70 页《涪陵榨菜传统制作技艺传承谱系的突出代表人物》，1911—1930 年，涪陵榨菜传统制作技艺的代表有骆兴合、谭治合、张汉之。

榨菜产量

是年，涪陵榨菜 1000 市担。参见何裕文等《涪陵榨菜（历史志）》第 40 页、何侍昌《涪陵榨菜文化研究》第 132 页《传统市场经济阶段涪陵榨菜产量表》。

民　　国

民国元年（1912）

榨菜加工工艺首次大变革

春，有涪陵榨菜加工户开始对传统晾菜法（即连头带叶挂在屋檐下和房前屋后树枝或所扯竹绳上）进行改进，采用河边搭菜架、去叶留头剖成两半的晾菜方法，使工效大为提高。此法后为其他加工户普遍仿效，并流传至今。此为榨菜工艺的首次大变革。参见《涪陵市志》第十篇《榨菜·涪陵县 1898 至 1949 年年产 1000 坛以上菜厂概况》、四川省志工矿志编辑组张耀荣《解放前四川的榨菜业》。《解放前四川的榨菜业》云："1912 年以后，由于制造者逐渐增多，产量增大，屋檐、树枝渐不适应晾菜需要，乃有人开始在河边搭菜架，将菜头去叶，剖成两半挂在横绳上，利用河风吹干，干后，在篾筐中加盐，用手极力揉搓，盛大瓦缸内腌盐，俟盐透熟后加香料即为成品。是为榨菜腌制技术的初步改进。"

张彤云创办公和兴菜厂

是年，地主、同盟会会员张彤云在涪陵水井湾创办公和兴榨菜厂，收菜头加工榨菜，这是涪陵第四家榨菜厂，系独资企业，1936 年停办。参见《涪陵市志》第十篇《榨菜·涪陵县 1898 至 1949 年年产 1000 坛以上菜厂概况》、四川省志工矿志编辑组张耀荣《解放前四川的榨菜业》表一《解放前大型私营榨菜厂经营情况一览表》。又《解放前四川的榨菜业》将公和兴开业时间放在 1913 年，文云："同盟会会员张彤云见到榨菜利大，1913 年在水井湾设厂加工，使涪陵榨菜制造厂增加到四家。"何裕文《建国前的榨菜业》云："一九一二年，同盟会员张彤云在涪陵水井湾也办起了菜厂。"《涪陵榨菜简史》将业主称为张同荣，文云："地主张同荣叫佃户以菜头交租，于 1912 年也做起榨菜来了，在涪陵水井湾设立厂坊，自立牌号为'公和兴'，年产榨菜 1000 坛左右。"李祥麟《丰都榨菜史料》则将张彤云称为张彤荣。

邱汉章开辟上海市场

邱翰章——邱寿安之弟，曾在上海望平街开设行庄。1912 年邱翰章返家，见涪陵榨菜有利可图，因经商顺便捎运 80 坛试销上海，逐渐开辟上海市场。其后，上海市场成为涪陵榨菜最大的国内市场和外贸出口市场。四川省志工矿志编辑组张耀荣《解放前四川的榨菜业》云："同年（笔者注：1912 年），邱和其弟邱汉章为了开辟销场，以榨菜 80 坛运上海东望平街裕记栈设行庄，进行试销。在报上登载宣传广告，在公共场所以切细的小包榨菜，附以吃法说明书，分送行人。尝者都交口赞美，销路大畅，并有人转运他地销售者。当时，上海的榨菜销价每坛十八元，而成本和运费一起不过六元，计利润大于本钱两倍。"何裕文《建国前的榨菜业》云："（邱寿安）其弟邱汉章在上海开设行庄于东望平街，一九一二年返家后，见榨菜有利可图，便积极扩大销售市场，立即运 80 坛榨菜到上海试销，当时上海市民不知榨菜味道如何，并无人购买。邱即设法宣传，到处张贴广告，并登报宣传，同时又将榨菜切细装成小包，附上说明，派人在戏院、浴室、码头等公共场所销售，有好奇者买回赏（尝）试，感觉其味可口。经扩大宣传，陆续

有人前往求购，未经一月便销售一空。当时上海居民凡炒菜炖汤，添入少许榨菜，味极鲜美，所以深受欢迎。有的竟以榨菜作为茶会款待上宾之用，或作赠送友人的礼品。一九一三年，邱汉章又运了六百坛榨菜到上海销售，仍然畅销无余。一九一四年邱即在上海设立'道生恒'榨菜庄，以经营榨菜为主，兼营其他南货，这便是历史上老牌专业榨菜庄。于是运销数量连年增多，一九一四年达一千坛左右，所以上海也成了第二个榨菜销售市场。"

傅繁卿创办恒丰泰菜厂

是年，丰都商人傅繁卿在天上宫创办恒丰泰榨菜厂，先做连叶带皮腌菜头，改做榨菜，系独资企业，1924 年停办。参见四川省志工矿志编辑组张耀荣《解放前四川的榨菜业》表一《解放前大型私营榨菜厂经营情况一览表》。

僧德恒在洛碛创办榨菜厂

是年，洛碛和尚僧德恒在万天宫创办僧德恒榨菜厂，做泡菜头到汉口，系合伙企业。停业时间不详。参见四川省志工矿志编辑组张耀荣《解放前四川的榨菜业》表一《解放前大型私营榨菜厂经营情况一览表》。

榨菜产量

是年，涪陵榨菜 1500 市担。参见《涪陵榨菜（历史志）》第 40 页、何侍昌《涪陵榨菜文化研究》第 132 页《传统市场经济阶段涪陵榨菜产量表》。

民国二年（1913）

涪陵榨菜加工发展

是年，榨菜产量达到 50 吨，加工户从邱家 1 户发展到 5 户。

上海市场畅销榨菜

是年，邱汉章运送涪陵榨菜 600 坛到上海销售，畅销无余。

榨菜产量

是年，涪陵榨菜 1050 市担。参见《涪陵榨菜（历史志）》第 40 页、何侍昌《涪陵榨菜文化研究》第 132 页《传统市场经济阶段涪陵榨菜产量表》。

民国三年（1914）

丰都引进涪陵榨菜加工技术

是年，涪陵的同盟会会员张彤云把涪陵办榨菜厂的经验带到丰都，在城内与丰都县财务局长卢景明合办"公和兴"榨菜厂。丰都成为最早引进榨菜生产技术发展榨菜的第二个县。停业时间不详。参见《涪陵市志》、四川省志工矿志编辑组张耀荣《解放前四川的榨菜业》表一《解放前大型私营榨菜厂经营情况一览表》。又张耀荣《解放前四川的榨菜业》云："1914年涪陵县政府奉令捕拿同盟会员，张彤云避居丰都亲友卢景明家，与卢合伙办'公和兴'，榨菜又发展到丰都。"何裕文《建国前的榨菜业》云："一九一三年涪陵县政府奉令通缉同盟会员，公和兴厂商张彤云因是同盟会员，不得不出走避居丰都卢景明家，就把在涪陵办菜厂的经验带到丰都，于一九一四年就与卢在丰都合办'公和兴'菜厂。因此，丰都成为最早引进榨菜的县。"涪陵榨菜加工技术传丰都，丰都榨菜史料则存在极大的差异。其一是卢景明的亲戚叫作张彤荣，而非张彤云；其二是卢景明与张彤云合办的榨菜加工作坊，作"共和新"而非"公和兴"；其三榨菜加工时间是在1912及1913年，相差1—2年，甚至更多。《丰都文史资料》所载李祥麟遗稿《丰都榨菜史料》云："根据较可靠的资料，丰都榨菜起源的时间，当在1910年以前（注：涪陵开始是1898年，即光绪廿四年）。起源于'共和新'，店主卢景明，是他一位涪陵亲戚张彤荣带种子来我县引种成功。开始制运是在1912及1913年。"

邱汉章创办道生恒榨菜庄

是年，地主兼商人邱寿安在上海望平街东面裕记栈开设"道生恒"榨菜庄，以经营涪陵榨菜为主，兼营其他"南货"，此系中国榨菜史上第一个榨菜运销专营企业或专营榨菜庄，1919年停办。参见《涪陵市志》第十篇《榨菜·涪陵县1898至1949年年产1000坛以上菜厂概况》、四川省志工矿志编辑组张耀荣《解放前四川的榨菜业》表一《解放前大型私营榨菜厂经营情况一览表》。又《解放前四川的榨菜业》将道生恒榨菜庄设立时间置于1912年。文云："同年（笔者注：1912年），邱（寿安）和其弟邱汉章为了开辟销场……丰厚的利润，促使邱寿安扩大了他的生产计划，在为荣生昌酱园附属的榨菜作坊外，又开设'道生恒'榨菜庄，增加产量。"《涪陵榨菜简史》云："1914年邱汉章便在上海设立'道生恒'榨菜庄，专门经营榨菜，这便是历史上招牌最老的专业榨菜庄。"

上海成为涪陵榨菜的最大市场

是年，上海经销涪陵榨菜达到 1000 坛左右，由此上海成为国内最大的涪陵榨菜销售市场。

荣生昌停业

"荣生昌"——邱寿安所创办的涪陵榨菜首家企业，是年停业，改牌号为"道生恒"，以与邱汉章在上海的"道生恒"榨菜庄相呼应。

榨菜产地榨菜加工量

是年，榨菜加工量涪陵县 3000 市担，丰都县 150 市担，四川省共计 3150 市担。参见四川省志工矿志编辑组张耀荣《解放前四川的榨菜业·解放前制菜产量变化表》、《涪陵榨菜（历史志）》第 40 页、何侍昌《涪陵榨菜文化研究》第 132 页《传统市场经济阶段涪陵榨菜产量表》。

民国四年（1915）

涪陵榨菜获巴拿马万国国际博览会金奖

是年，涪陵"大地牌榨菜"参加巴拿马万国国际博览会，获金奖。这是涪陵榨菜首次获奖，而且是世界级金奖，标志着世界人民对涪陵榨菜的高度认可。但新近出版的有关涪陵榨菜的著作如何侍昌的《涪陵榨菜文化研究》等书未再采用此数据，理由是查无实据。

程汉章创办榨菜厂

是年，原骆培之经理（掌柜）程汉章在涪陵黄旗口开设涪陵第五家榨菜厂，系独资企业，最高年产量在 1000 坛以上，1937 年停办。关于该厂业主，四川省志工矿志编辑组张耀荣《解放前四川的榨菜业》表一《解放前大型私营榨菜厂经营情况一览表》作陈汉章。何裕文《建国前的榨菜业》云："一九一五年原骆培之经理也在黄旗口设厂加工。"未有言明创办者。《涪陵市志》第十篇《榨菜》言创办者为程汉章。

刘庆云创办同德祥榨菜厂

是年，刘庆云在荔枝乡创办同德祥榨菜厂。系独资企业，最高年产量在 1000 坛以上，1949 年停办。按：同德祥榨菜厂的创办者，《涪陵市志》第 725 页作刘庆云。《涪陵榨菜（历史志）》第 19 页作叶海丰。四川省志工矿志编辑组张耀荣《解放前四川的榨菜业》表一《解放前大型私营榨菜厂经营情况一览表》作商人叶海封。

叶海峰创办复兴胜榨菜厂

是年，叶海峰在涪陵城内创办复兴胜，系独资企业，最高年产量在 1000 坛以上，1949 年停办。按：复兴胜榨菜厂的创办者，《涪陵市志》第 726 页作叶海峰。《涪陵榨菜（历史志）》第 19 页作叶海丰。四川省志工矿志编辑组张耀荣《解放前四川的榨菜业》表一《解放前大型私营榨菜厂经营情况一览表》云：牌号为复兴盛，业主为商人叶海封，系同德祥的副牌，专门从事买卖。何裕文《建国前的榨菜业》云："同年（1915 年）叶海丰又在荔枝园设立'同德祥'菜厂。"《涪陵榨菜简史》将其业主称为叶海丰，将其牌号称为同德祥。可见，业主有叶海峰、叶海封、叶海丰之异，牌号有复兴盛、复兴胜、同德祥之别。

易养初创办永和长榨菜厂

是年，木材商人易养初在叫化岩独资创办永和长榨菜厂，时做时停，兼做窑厂。永和长榨菜厂系独资企业，最高年产量在 1000 坛以上，1936 年停办。参见《涪陵市志》第十篇《榨菜·涪陵县 1898 至 1949 年年产 1000 坛以上菜厂概况》、四川省志工矿志编辑组张耀荣《解放前四川的榨菜业》表一《解放前大型私营榨菜厂经营情况一览表》、何裕文《建国前的榨菜业》及《涪陵榨菜简史》。

涪陵榨菜加工技术传入洛碛

是年，商人白绍清等雇请涪陵两名榨菜腌制师傅，在重庆江北区洛碛镇创办 10000 担聚裕通榨菜厂，重庆江北区成为引进涪陵榨菜生产加工技术的第三个区县。或说：民国五年（1916）春，洛碛镇僧德恒（俗姓白）从涪陵雇请两名榨菜技师到该镇南华宫闭门授艺，后创办"聚裕通"字号，将榨菜运销汉口，获得成功。涪陵榨菜首次西传洛碛。四川省志工矿志编辑组张耀荣《解放前四川的榨菜业》表一《解放前大型私营榨菜厂经营情况一览表》云：商人陈德云在涪陵石柱坝创办聚裕通，系合伙企业，有 20 多人合伙，最高年产量 1 万坛。1954 年停业。又四川省志工矿志编辑组张耀荣《解放前四川的榨菜业》云："次年（笔者注：1915 年），洛碛商人白绍

青等从涪陵雇请了两名榨菜技师，在南华宫闭门秘密传授技术，于是榨菜又传到了洛碛，并创办了年产一万坛的最大榨菜厂'聚裕通'等。"何裕文《建国前的榨菜业》云："一九一五年，洛碛商人白绍清等从涪陵雇请两名制菜技师，在南华宫闭门秘密传授制菜技术，从此，制菜又传到洛碛，后来就创办了一个一万坛的'聚裕通'菜厂，规模较大，办法较多，声誉也高。"

榨菜产地榨菜加工量

是年，榨菜加工量涪陵县 5250 市担，丰都县 750 市担，江北县 7000 市担，四川省共计 13000 市担。参见四川省工矿志编辑组张耀荣《解放前四川的榨菜业·解放前制菜产量变化表》、何裕文等《涪陵榨菜（历史志）》第 40 页、何侍昌《涪陵榨菜文化研究》第 132 页《传统市场经济阶段涪陵榨菜产量表》。

榨菜运销

是年，榨菜开始运销南北各省。何裕文《建国前的榨菜业》云："榨菜的销售市场于一九一五年就开始运销南北各省。"

民国五年（1916）

涪陵榨菜销售市场扩大

是年，榨菜市场由上海扩大到北京、天津以及南洋各国。

佘梵凡创办菜根香菜厂

是年，地主佘梵凡在丰都和平路成立菜根香榨菜厂，系合伙企业，最高年产量在 1000 坛以上，1932 年停办。按：其子佘仲书为丰都菜业工会主席。参见四川省志工矿志编辑组张耀荣《解放前四川的榨菜业》表一《解放前大型私营榨菜厂经营情况一览表》。

榨菜产地榨菜加工量

是年，榨菜加工量涪陵县 7500 市担，丰都县 1875 市担，江北县 2250 市担，四川省共计 11625 市担。参见四川省志工矿志编辑组张耀荣《解放前四川的榨菜业·解放前制菜产量变化表》、《涪陵榨菜（历史志）》第 40 页、何侍昌《涪陵榨菜文化研究》第 132 页《传统市场经济阶段涪陵榨菜产量表》。

民国六年（1917）

黎炳烈创办怡亨永菜厂

是年，商人黎炳烈在李渡镇创办怡亨永榨菜厂，系独资企业，最高年产量在1000坛以上，1949年停办。按：怡亨永榨菜厂的创办者，《涪陵市志》第726页作黎炳烈。何裕文等《涪陵榨菜（历史志）》第19页作黎炳林，何裕文《建国前的榨菜业》作黎炳林，《涪陵榨菜简史》作黎炳林，且"黎"字误为"梨"字。参见《涪陵市志》第十篇《榨菜·涪陵县1898至1949年年产1000坛以上菜厂概况》、四川省志工矿志编辑组张耀荣《解放前四川的榨菜业》表一《解放前大型私营榨菜厂经营情况一览表》。

易绍祥创办榨菜厂

是年，易绍祥在叫化岩独资创办易绍祥榨菜厂，系独资企业，最高年产量在1000坛以上，1935年停办。按：易绍祥榨菜厂的停业时间，《涪陵市志》第726页作1935年。何裕文等《涪陵榨菜（历史志）》第19页未有记载。四川省志工矿志编辑组张耀荣《解放前四川的榨菜业》表一《解放前大型私营榨菜厂经营情况一览表》介绍：易绍祥，原系小菜商贩，停业时间不详。

榨菜产地榨菜加工量

是年，榨菜加工量涪陵县11250市担，丰都县2000市担，江北县3000市担，四川省共计16250市担。参见四川省志工矿志编辑组张耀荣《解放前四川的榨菜业·解放前制菜产量变化表》、何裕文等《涪陵榨菜（历史志）》第40页、何侍昌《涪陵榨菜文化研究》第132页《传统市场经济阶段涪陵榨菜产量表》。

民国七年（1918）

潘银顺创办宗银祥榨菜厂

是年，潘银顺在二磴岩独资创办宗银祥榨菜厂，系独资企业，最高年产量在1000坛以上，1950年停办。按：宗银祥榨菜厂的名称和创办者，《涪陵市志》第726页分别作宗银祥和潘银顺。《涪陵榨菜（历史志）》第19页分别作宗铬祥和潘荣胜，有误。四川省志工矿志编辑组张耀荣《解放前四川的榨菜业》表一《解放前大型私营榨菜厂经营情况一览表》云：牌号为宗铬祥，业主为地主潘荣顺，专做水八块，质

量差。何裕文《建国前的榨菜业》云：牌号为宗铭祥，厂址在世忠乡二层岩，业主为潘云胜。《涪陵榨菜简史》将其业主称为潘云胜，将其身份称为乡间地主，将前牌号称为"宗铭祥"。

榨菜产地榨菜加工量

是年，榨菜加工量涪陵县 14750 市担，丰都县 2500 市担，江北县 5250 市担，四川省共计 22500 市担。参见四川省志工矿志编辑组张耀荣《解放前四川的榨菜业·解放前制菜产量变化表》、何裕文等《涪陵榨菜（历史志）》第 40 页、何侍昌《涪陵榨菜文化研究》第 132 页《传统市场经济阶段涪陵榨菜产量表》。

榨菜加工技术传到巴县木洞

是年，榨菜加工技术传到巴县木洞。何裕文《建国前的榨菜业》云："一九一八年榨菜加工技术又由洛碛传到木洞。"

民国八年（1919）

涪陵榨菜史上首次市场大波折

夏，因有商人利用菜坛夹运鸦片在上海码头败露"机关"，当局下令凡到沪榨菜均要逐一开坛查验，导致货品变质，菜价陡降，涪商损失巨大，连菜业老字号邱翰章、欧秉胜等皆倒闭，造成次年涪陵菜业萎缩。这是涪陵榨菜史上首次市场大波折。四川省志工矿志编辑组张耀荣《解放前四川的榨菜业》云："1919 年在轮埠上运输不慎，打破了一坛，泄露了秘密（笔者注：指榨菜商人在榨菜坛内附运铁筒装的鸦片，蒙混出省，以图大利），海关从此对输出榨菜，要开坛检验，而一经开坛榨菜就易于变质发酸。上海销价曾降至五六元，菜商受了很大赔折，连创始人邱寿安、欧秉胜等也改营他业。"

涪陵县始征榨菜出口捐

是年，涪陵县开始征收榨菜出口（运出县外）捐，每坛征洋 2 角。《涪陵市志》第 23 页"大事记"就记载有：地方公款收支所始征榨菜出口捐，每坛征银洋 2 角。四川省志工矿志编辑组张耀荣《解放前四川的榨菜业》云："1919 年涪陵地方收支所开征榨菜出口捐，每坛征银元二角，是为统治者开征榨菜捐税的开始。"

附录：榨菜出口捐变迁。《涪陵市志》第 805—806 页第十二篇《财政税收》第二章《税收》第三节《工商各税》云：榨菜税收　民国 8 年始征榨菜出口（实为出境）税，每坛（合 31.25 公斤）征银洋 2 角，次年减为 1 角。民国 10 年以后，统捐、乐捐、印花税、关税、商会会费、护商费、盐库券等各种附加不断增多。23 年，每坛菜运上海的捐、税、费达 2.34 元，占进货总成本的 21.7%。至 40 年代，仍有营业税、所得税、乐捐（后名特别税）等名目。1950 年 2 月 24 日至 5 月 10 日对榨菜征收货物税 519 元。后停征。1954 年 3 月 17 日起复开征，税率 15%，以国营公司含税收购价为计税价格。后因成本增高，企业亏损大等因，经西南局财贸办公室批准，从 1963 年 1 月 1 日起按 7.5% 的税率征收。1964 年 10 月起，视同其他工业品按 5% 征收。至 1985 年的 32 年共征 1537.38 万元，占同期工商税总额的 4.9%，年均 48.04 万元。1985 年平均每担（50 公斤）税负 1.43 元，比 1954 年下降 65.1%。

涪陵榨菜的发展

是年，涪陵榨菜种植面积达到 3000 亩，榨菜厂发展至 50 多家，榨菜产量达 15000 多担。

张茂云创办茂记榨菜厂

是年，商人张茂云在沙溪沟独资创办茂记榨菜厂，系独资企业，最高年产量在 1000 坛以上。1936 年停办。按：茂记榨菜厂的名称，《涪陵市志》第 726 页、何裕文《建国前的榨菜业》和《涪陵榨菜简史》作茂记。《涪陵榨菜（历史志）》第 19 页分别作茂讫，有误。参见《涪陵市志》第十篇《榨菜·涪陵县 1898 至 1949 年年产 1000 坛以上菜厂概况》、四川省志工矿志编辑组张耀荣《解放前四川的榨菜业》表一《解放前大型私营榨菜厂经营情况一览表》。

道生恒停业

受涪陵榨菜史上首次市场大波折之累，邱寿安所创办的道生恒停业。按：道生恒榨菜厂的停业时间，《涪陵市志》第 726 页作 1919 年。何裕文等《涪陵榨菜（历史志）》第 19 页作 1929 年。《涪陵榨菜（历史志）》有误。

欧秉胜停业

受涪陵榨菜史上首次市场大波折之累，涪陵榨菜第二家榨菜厂欧秉胜停业。

榨菜产地榨菜加工量

是年，榨菜加工量涪陵县 16000 市担，丰都县 3000 市担，江北县 6000 市担，

四川省共计 25000 市担。参见四川省志工矿志编辑组张耀荣《解放前四川的榨菜业·解放前制菜产量变化表》、何裕文等《涪陵榨菜（历史志）》第 40 页、何侍昌《涪陵榨菜文化研究》第 132 页《传统市场经济阶段涪陵榨菜产量表》。

丰都榨菜始征"护商""药捐"

是年，军阀陈绍霆（又名陈揸胡子）驻扎丰都，开始征收"护商""药捐"。参见李祥麟遗稿《丰都榨菜史料》。

民国九年（1920）

榨菜出口捐降为每坛一角

是年，榨菜出口捐由每坛征银元二角降为一角。四川省志工矿志编辑组张耀荣《解放前四川的榨菜业》云："1920 年经菜商请求（榨菜出口捐）减征为一角。"

榨菜产地榨菜加工量

是年，榨菜加工量涪陵县 10750 市担，丰都县 2500 市担，江北县 6750 市担，四川省共计 20000 市担。参见四川省志工矿志编辑组张耀荣《解放前四川的榨菜业·解放前制菜产量变化表》、何裕文等《涪陵榨菜（历史志）》第 40 页、何侍昌《涪陵榨菜文化研究》第 132 页《传统市场经济阶段涪陵榨菜产量表》。

民国十年（1921）

袁家胜创办榨菜厂

是年，商人袁家胜在黄旗口创办袁家胜榨菜厂，系独资企业，先卖预货再加工，最高年产量在 1000 坛以上，1949 年停办。参见《涪陵市志》第十篇《榨菜·涪陵县 1898 至 1949 年年产 1000 坛以上菜厂概况》、四川省志工矿志编辑组张耀荣《解放前四川的榨菜业》表一《解放前大型私营榨菜厂经营情况一览表》。

白玉昆创办德裕永菜厂

是年，地主白玉昆在洛碛创办德裕永榨菜厂，是 20 多人合伙的合伙企业，各做各的，但总牌子一个，最高年产量在 10000 坛以上，1954 年停办。参见四川省志工矿志编辑组张耀荣《解放前四川的榨菜业》表一《解放前大型私营榨菜厂经营情况一览表》。

榨菜产地榨菜加工量

是年，榨菜加工量涪陵县 10000 市担，丰都县 5000 市担，江北县 5500 市担，四川省共计 20500 市担。参见四川省志工矿志编辑组张耀荣《解放前四川的榨菜业·解放前制菜产量变化表》、何裕文等《涪陵榨菜（历史志）》第 40 页、何侍昌《涪陵榨菜文化研究》第 132 页《传统市场经济阶段涪陵榨菜产量表》。但何侍昌《涪陵榨菜文化研究》误为 1000 市担。

民国十一年（1922）

潘玉顺创办泰和隆榨菜厂

是年，潘玉顺在石谷溪独资创办泰和隆榨菜厂，最高年产量在 1000 坛以上，1950 年停办。按：泰和隆榨菜厂的名称和创办者，《涪陵市志》第 726 页分别作泰和隆、潘玉顺。何裕文等《涪陵榨菜（历史志）》第 19 页分别作秦和隆、潘玉胜。《涪陵榨菜（历史志）》有误。四川省志工矿志编辑组张耀荣《解放前四川的榨菜业》表一《解放前大型私营榨菜厂经营情况一览表》载：业主潘玉生，商人，兼营苏浙百货。

榨菜产地榨菜加工量

是年，榨菜加工量涪陵县 13500 市担，丰都县 7500 市担，江北县 6000 市担，四川省共计 27000 市担。参见四川省志工矿志编辑组张耀荣《解放前四川的榨菜业·解放前制菜产量变化表》、何裕文等《涪陵榨菜（历史志）》第 40 页、何侍昌《涪陵榨菜文化研究》第 132 页《传统市场经济阶段涪陵榨菜产量表》。

民国十二年（1923）

辛玉珊创办榨菜厂

是年，辛玉珊在凉塘乡创办辛玉珊榨菜厂，系独资企业，最高年产量在 1000 坛以上，1937 年停办。参见《涪陵市志》第十篇《榨菜·涪陵县 1898 至 1949 年年产 1000 坛以上菜厂概况》、四川省志工矿志编辑组张耀荣《解放前四川的榨菜业》表一

《解放前大型私营榨菜厂经营情况一览表》。按:《解放前大型私营榨菜厂经营情况一览表》载:辛玉珊,河北省棉花帮商人,兼营鸦片、山货。1927年停业。

聚兴诚银行涪陵办事处以榨菜为抵押实物

《涪陵市志》第814页第十三篇《金融》第一章《金融机构》第二节《钱庄　银行》云:(一)聚兴诚银行涪陵办事处　民国十二年5月,在大东门(今涪陵地区中心航管站处)开业。初营桐油生意和小额汇款,未久即以存、放款和汇兑为主要业务,并设仓库3座存放棉纱、布匹、杂货、烟土、桐油、榨菜等抵押实物。十六年因不堪驻军勒索(借饷银)而歇业,十八年复业后因时局不稳定再于次年停业,二十三年再复业并在长寿泰昌荣、丰都高家镇玉盛祥等字号设代理处。二十四年8月,因涪陵特业倒号风潮影响而再停业,形成三起三落。

李俊卿创办源盛菜厂

是年,大地主李俊卿在丰都城镇创办源盛榨菜厂,系独资企业,兼营鸦片,最高年产量在2000坛以上,1953年停业。参见四川省志工矿志编辑组张耀荣《解放前四川的榨菜业》表一《解放前大型私营榨菜厂经营情况一览表》。

李云清创办隆裕菜厂

是年,地主李云清在洛碛创办隆裕榨菜厂,系合伙企业,最高年产量在1000坛以上,1932年停业。后政府曾在减租退押中发现所藏榨菜几百坛。参见四川省志工矿志编辑组张耀荣《解放前四川的榨菜业》表一《解放前大型私营榨菜厂经营情况一览表》。

榨菜产地榨菜加工量

是年,榨菜加工量涪陵县18350市担,丰都县8000市担,江北县9250市担,四川省共计35000市担。参见四川省志工矿志编辑组张耀荣《解放前四川的榨菜业·解放前制菜产量变化表》、何裕文等《涪陵榨菜(历史志)》第40页、何侍昌《涪陵榨菜文化研究》第132页《传统市场经济阶段涪陵榨菜产量表》。

民国十三年(1924)

上海首家榨菜业务商号出现

是年,上海协茂商行附设"益记报关行"专营榨菜批发零售,兼营运输报关和代理业务，系上海人开办的第一家专营榨菜业务的商号。

公和兴停业

是年，张彤云创办的涪陵榨菜老字号公和兴停业。按：公和兴榨菜厂的停业时间，《涪陵市志》第 725 页作 1936 年。《涪陵榨菜（历史志）》第 19 页作 1924 年。估计《涪陵榨菜（历史志）》有误。

榨菜产地榨菜加工量

是年，榨菜加工量涪陵县 14000 市担，丰都县 7500 市担，江北县 9500 市担，四川省共计 31000 市担。参见四川省志工矿志编辑组张耀荣《解放前四川的榨菜业·解放前制菜产量变化表》、何裕文等《涪陵榨菜（历史志）》第 40 页、何侍昌《涪陵榨菜文化研究》第 132 页《传统市场经济阶段涪陵榨菜产量表》。

民国十四年（1925）

胡国成创办鸿利源榨菜厂

是年，胡国成在洛碛新龙湾创办鸿利源榨菜厂，系合伙企业，兼营棉花、盐、糖。最高年产量在 5000 坛以上，1936 年停业。按：胡国成，原系盐商。参见四川省志工矿志编辑组张耀荣《解放前四川的榨菜业》表一《解放前大型私营榨菜厂经营情况一览表》。

杨树清榨菜厂创办

是年，商人杨树清在洛碛街上创办杨树清榨菜厂，系合伙企业，最高年产量在 1000 坛以上，1932 年停办。参见四川省志工矿志编辑组张耀荣《解放前四川的榨菜业》表一《解放前大型私营榨菜厂经营情况一览表》。

吴洪顺榨菜厂创办

是年，地主吴洪顺在洛碛街上创办吴洪顺榨菜厂，系独资企业，最高年产量在 1000 坛以上，1932 年停办。参见四川省志工矿志编辑组张耀荣《解放前四川的榨菜业》表一《解放前大型私营榨菜厂经营情况一览表》。

厉生永创办兴和行

是年，厉生永创办兴和行。四川省志工矿志编辑组张耀荣《解放前四川的榨菜业》

云:"兴和行的老板厉生永原是小菜商贩,于 1925 年左右赊买洛碛榨菜商白焕廷九个破坛榨菜,赚钱起本,生意逐渐发展壮大的(后还派人直接到涪陵设厂制造榨菜)。"

榨菜国税、海关税开征

是年后,榨菜国税、海关税、护商税开征。四川省志工矿志编辑组张耀荣《解放前四川的榨菜业》云:"1925 年以后,在军阀割据的防区制年代中,统治川东的军阀刘湘,为了搜括民财,扩充军备,征收榨菜的国税和海关税。同时驻沿江一带的二十一军各军部以'护商'为名收护商税,各地民团卡队也竞相仿效勒索过道捐。从重庆运榨菜到汉口,沿途驻军收护商税的,就有重庆、长寿、涪陵、丰都、高家镇(丰都属)、忠州、万县、云阳、奉节、巫山、巴东、秭归等十余处,至于地方民团更是关卡林立,勒索更多。"

榨菜产地榨菜加工量

是年,榨菜加工量涪陵县 15000 市担,丰都县 7500 市担,江北县 10000 市担,四川省共计 33000 市担。参见四川省志工矿志编辑组张耀荣《解放前四川的榨菜业·解放前制菜产量变化表》、何裕文等《涪陵榨菜(历史志)》第 40 页、何侍昌《涪陵榨菜文化研究》第 132 页《传统市场经济阶段涪陵榨菜产量表》。

民国十五年(1926)

《中华民国省区全志·秦陇羌蜀四省区志》出版发行

是年,《中华民国省区全志·秦陇羌蜀四省区志》出版发行。该志记载了涪陵榨菜的加工、销售情况,其中载道:"(涪陵县)其为特产品者,以榨菜为最著,近年上海、汉口等处均设有公司经理,每年售出价值达十万元以上。"(按:以该书记载的每百斤约值十七八元计算,年产量已在 5700 担以上。)今存有涪陵市地方历史资料索引卡,名称《民国初期的涪陵县》,陈垣题笺,出于 1926 年《中华民国省区全志》第四册《秦陇蜀羌四省区志》第 70—73 页,藏于重庆市图书馆,夏伯川用"涪陵市史志文稿"稿笺纸抄录,又喻洁 1986 年 7 月 5 日用"涪陵县群众文艺创作会演大会暨文艺创作评比大会、赛诗大会"为抬头的稿笺纸抄录于重庆市图书馆。

涪陵县成立榨菜帮

是年,涪陵县经营榨菜的商人联合成立榨菜帮,受涪陵县商会领导,首任帮董张子奎。榨菜帮系当时涪陵县商会"十三帮"（即 13 个商帮）之一。榨菜帮主要是为了控制市场，保护同行业利益。四川省志工矿志编辑组张耀荣《解放前四川的榨菜业》云："随着经营榨菜者的日益增多，涪陵、丰都、洛碛于 1926 年以后相继组织菜帮，三个菜帮凭信誉的高低，品质的好坏和上市的早迟等，在上海等销售市场相竞争。"何裕文《建国前的榨菜业》云："随着榨菜销售市场日益扩大，榨菜厂商逐渐增多，过去经营其他业务的商行和城乡间较大的厂商见有利可图，就于 1926 年组织了一个'菜帮'，由张子奎担任'帮首'。他们对上勾结官方，对下依靠地方势力，借此排挤小商，控制榨菜外销，企图垄断市场，随意抬价压价，左右市场局势，如果不取得他们的同意，任何人都不得将榨菜运往外地销售；并巧立名目征收会费，帮会收入的大部分都被他们装入私囊，从而帮会组织成了贪官污吏、地方势力搜括民财的工具，以致引起多数厂商的极大不满。"

涪陵榨菜业发展

是年，榨菜种植面积达到 10000 亩，榨菜产量近 50000 担。

江瑞林创办瑞记榨菜厂

是年，江瑞林在涪陵城内独资创办瑞记榨菜厂，1936 年停办。按：《涪陵榨菜（历史志）》无载。

张利贞创办亚美榨菜厂

是年，张利贞在李渡镇独资创办亚美榨菜厂，最高年产量在 1000 坛以上，1936年停办。按：亚美榨菜厂的创办者，《涪陵市志》第 726 页作张利贞。何裕文等《涪陵榨菜（历史志）》第 19 页作张利真。四川省志工矿志编辑组张耀荣《解放前四川的榨菜业》表一《解放前大型私营榨菜厂经营情况一览表》载，牌号为亚美，业主为张利贞，恶霸地主，做得少，买得多，兼营纺织、面粉。

况林樵创办榨菜厂

是年，况林樵在涪陵纯子溪独资创办况林樵榨菜厂，最高年产量在 1000 坛以上，1937 年停办。按：亚美榨菜厂的创办者，《涪陵市志》第 726 页作况林樵。《涪陵榨菜（历史志）》第 19 页作况连樵。四川省志工矿志编辑组张耀荣《解放前四川的榨菜业》表一《解放前大型私营榨菜厂经营情况一览表》载，牌号为况连桥，业主况连桥为地主，兼营棉纱。

全国柱创办榨菜厂

是年，据《涪陵榨菜（历史志）》第 19 页，全国柱在毛角溪独资创办全讫榨菜厂，最高年产量在 1000 坛以上，1936 年停业。按：《涪陵市志》第 726 页无载。同时，按照涪陵榨菜企业或牌号的命名，"全讫"当为"全记"。四川省志工矿志编辑组张耀荣《解放前四川的榨菜业》表一《解放前大型私营榨菜厂经营情况一览表》载，牌号为全记，地点在洛碛毛角溪，业主全国柱系商人，不加工，专门从事买卖。

徐洪顺创办福盛祥菜厂

是年，徐洪顺在丰都上河坝创办福盛祥榨菜厂，系独资企业，年产最高 3000 坛，还收购 8000 坛，1948 年停办。按：徐洪顺，原系船工，后成地主。参见四川省志工矿志编辑组张耀荣《解放前四川的榨菜业》表一《解放前大型私营榨菜厂经营情况一览表》。

恒森福菜厂创办

是年，商人甘云山在丰都火神庙创办恒森福榨菜厂，系合伙企业，兼营鸦片，最高年产量在 2000 坛以上，1937 年停办。参见四川省志工矿志编辑组张耀荣《解放前四川的榨菜业》表一《解放前大型私营榨菜厂经营情况一览表》。

裕昌源菜厂创办

是年，商人白绍青在洛碛、涪陵清溪创办裕昌源榨菜厂，系合伙企业，最高年产量在 1000 坛以上，1936 年停办。参见四川省志工矿志编辑组张耀荣《解放前四川的榨菜业》表一《解放前大型私营榨菜厂经营情况一览表》。

榨菜产地榨菜加工量

是年，榨菜加工量涪陵县 16000 市担，丰都县 7500 市担，江北县 12500 市担，四川省共计 36000 市担。参见四川省志工矿志编辑组张耀荣《解放前四川的榨菜业·解放前制菜产量变化表》、何裕文等《涪陵榨菜（历史志）》第 40 页、何侍昌《涪陵榨菜文化研究》第 132 页《传统市场经济阶段涪陵榨菜产量表》。

民国十六年（1927）

辛玉珊榨菜厂停业

是年，凉塘的辛玉珊榨菜厂停业。

裕发昌榨菜厂创办

是年，王尚文在洛碛创办裕发昌榨菜厂，系合伙企业，兼贩运成品，最高年产量在 1000 坛以上，1932 年停办。按：王尚文，原系糖果商人。参见四川省志工矿志编辑组张耀荣《解放前四川的榨菜业》表一《解放前大型私营榨菜厂经营情况一览表》。

况连宵菜厂创办

是年，地主况连宵在涪陵黄旗口创办况连宵榨菜厂，系独资企业，最高年产量在 1000 坛以上，1933 年停办。参见四川省志工矿志编辑组张耀荣《解放前四川的榨菜业》表一《解放前大型私营榨菜厂经营情况一览表》。

汉口市场开辟

是年，榨菜销售开辟汉口市场。四川省志工矿志编辑组张耀荣《解放前四川的榨菜业》云："1927 年（榨菜）开辟了汉口市场。"

榨菜产地榨菜加工量

是年，榨菜加工量涪陵县 21750 市担，丰都县 4500 市担，江北县 15750 市担，四川省共计 42000 市担。参见四川省志工矿志编辑组张耀荣《解放前四川的榨菜业·解放前制菜产量变化表》、参见何裕文等《涪陵榨菜（历史志）》第 40 页、何侍昌《涪陵榨菜文化研究》第 132 页。

《丰都县志》记载榨菜

是年，《丰都县志》印行。该书《食货志·物产编》有对榨菜的记载，文云："榨菜，原质为青菜，其头肥壮嫩脆，大如盘。制法，剔其皮叶，搭厂晒干，以榨杆榨去其液。腌以富盐，布以香料，装入瓦坛，重约五十斤，岁出约数千坛，载至宜、汉、上海等处卖之。每坛价约六七元，味极鲜美，此为菜蔬特产。"

民国十七年（1928）

榨菜加工工艺第二次大变革

春，涪陵榨菜加工行业在总结外地经验的基础上，对穿菜、腌制等工艺设备进行一系列改进，即改叠块穿菜为排块穿菜，改一次腌制为二次腌制，腌制容器由瓦缸改为水泥菜池，改手搓拌盐为脚踩，使之更有利于提高工效和产品质量，适应大批量商业加工，是为榨菜工艺的第二次大变革。四川省志工矿志编辑组张耀荣《解放前四川的榨菜业》云："1928年洛碛地区，改叠块晾菜为排块晾菜，改一道腌制为二道腌制，因而菜块干得均匀迅速，腌制透骨熟练，而涪、丰两地仍墨守陈规，从此洛碛产品质量较好，声誉也大为提高。同时由于产量大增，腌制用的大口瓦缸，窑厂生产不及，供不应求的情况渐趋严重，且用手揉搓效率低，工人双手搓得血泡连连，疼痛难忍。这种瓦缸设备和手搓的腌制方法，也不适应当时榨菜业发展的需要，乃进而改用菜坑、菜池（用石灰修建，小的叫坑，大的叫池）代替瓦缸，用足踩代替手搓。这既减轻了工人痛苦，又提高了工效，并且还增加了生产能力。是为榨菜腌制技术的第二次改进。"

《涪陵县续修涪州志》记载榨菜

8月，王鉴清等主修，施纪云总纂《涪陵县续修涪州志》成书付梓。《涪陵市志》第28页"大事记"云：8月，王鉴清等主修，施纪云总纂的《涪陵县续修涪州志》成书付印。该书有对涪陵榨菜的描述："近邱氏贩榨菜至上海，行销及海外，乡间多种之。""青菜有包有薹，盐腌，名五香榨菜。"

榨菜加工传巴县木洞

是年，榨菜加工技术西传巴县木洞。四川省志工矿志编辑组张耀荣《解放前四川的榨菜业》云："1928年，榨菜加工技术又由洛碛传到了巴县的木洞。木洞千藤厂厂商曾凡清与做豆芽生意的冉炳成、冉志成等利用当地的青菜头，在广阳乡雷公沱设厂制榨菜100多坛试销重庆，获得大利。次年又取得油商包银州的增加投资，在木洞河边搭架加工数百坛，并以'合兴'牌号运销上海。"

榨菜产地榨菜加工量

是年，榨菜加工量涪陵县34350市担，丰都县4500市担，江北县21000市担，巴县150市担，四川省共计60000市担。参见四川省志工矿志编辑组张耀荣《解放前四川的榨菜业·解放前制菜产量变化表》、何裕文等《涪陵榨菜（历史志）》第40

页、何侍昌《涪陵榨菜文化研究》第 132 页《传统市场经济阶段涪陵榨菜产量表》。

民国十八年（1929）

况凌霄创办榨菜厂

是年，况凌霄在黄旗口独资创办况凌霄榨菜厂，最高年产量在 1000 坛以上，1950 年停办。《涪陵市志》第十篇《榨菜·涪陵县 1898 至 1949 年年产 1000 坛以上菜厂概况》载，创办时间在民国十八年（1929）；四川省志工矿志编辑组张耀荣《解放前四川的榨菜业》表一《解放前大型私营榨菜厂经营情况一览表》载，创办时间在民国十六年（1927），牌号、业主为况凌霄。

杨仲先创办怡园榨菜厂

是年，杨仲先在涪陵城内独资创办怡园榨菜厂，最高年产量在 1200 坛以上，1950 年停办。按：怡园榨菜厂的名称，《涪陵市志》第 726 页作怡园，《涪陵榨菜（历史志）》第 20 页作贻园，当以《涪陵市志》为是。四川省志工矿志编辑组张耀荣《解放前四川的榨菜业》表一《解放前大型私营榨菜厂经营情况一览表》载，杨仲先系地主兼工商业主，牌号又作贻园，做酱园副业和榨菜门市买卖。

道生恒停业

是年，道生恒停业。但据何裕文等《涪陵榨菜（历史志）》，邱寿安的道生恒停业时间在 1929 年。按：道生恒榨菜厂的停业时间，《涪陵市志》第 726 页作 1919 年。《涪陵榨菜（历史志）》第 19 页作 1929 年。参见 1919 年"道生恒停业"条。

唐辅之菜厂创办

是年，地主唐辅之在洛碛创办唐辅之榨菜厂，系独资企业，兼收购成品，最高年产量在 1000 坛以上，1932 年停办。参见四川省志工矿志编辑组张耀荣《解放前四川的榨菜业》表一《解放前大型私营榨菜厂经营情况一览表》。

合兴菜厂创办

是年，工商业主包银州在巴县木洞创办合兴榨菜厂，系合伙企业，经营酱园酿酒、做榨菜，最高年产量在 1000 坛以上，1950 年停办。参见四川省志工矿志编辑组张耀荣《解放前四川的榨菜业》表一《解放前大型私营榨菜厂经营情况一览表》。参

见 1928 年"榨菜加工传巴县木洞"条。

榨菜销售开辟湖南市场

是年，榨菜销售开辟湖南市场。四川省志工矿志编辑组张耀荣《解放前四川的榨菜业》云："1929 年（榨菜销售）获得了湖南市场。"

榨菜产地榨菜加工量

是年，榨菜加工量涪陵县 46265 市担，丰都县 6000 市担，江北县 22500 市担，巴县 225 市担，四川省共计 74990 市担。参见四川省志工矿志编辑组张耀荣《解放前四川的榨菜业·解放前制菜产量变化表》、《涪陵榨菜（历史志）》第 40 页、何侍昌《涪陵榨菜文化研究》第 132 页《传统市场经济阶段涪陵榨菜产量表》。

20 世纪 20 年代

"地球牌"涪陵榨菜成为外贸出口主要品牌

据《涪陵市志》记载，20 世纪 20 年代至 50 年代，"地球牌"涪陵榨菜一直是外贸出口的主要品牌。

20 至 30 年代的榨菜捐税

《涪陵市志》第 801 页第十二篇《财政税收》第二章《税收》第三节《工商各税》云：榨菜，（20 世纪）20 至 30 年代除纳统税、关税、营业税、印花税、护商税及地方附加外，还要交出口捐、华洋义赈捐、剿赤捐、过道捐、慈善捐、乐捐及公会会费、商会事业费、自来水费、马路电灯费、报关费等。

民国十九年（1930）

涪陵榨菜在上海市场受损

春，涪陵"三义公"盐号倾囊营菜，偷工减料做"水八块"，企图牟取暴利，当年夏天运万余坛到上海，结果普遍变质发臭，致使涪陵榨菜在上海市场信誉大受影响，价格下降。四川省志工矿志编辑组张耀荣《解放前四川的榨菜业》云："1930 年，涪陵大盐烟字号'三义公'，将全部资本投入榨菜经营，专事贩运，乘一般小厂缺乏制菜资金的机会，采取低价订购、预交货款的办法，垄断生产，牟取暴利，但是'你有你的千条计，他有他的老主意'，卖方为了保持自己有利，乃采取偷工减料的办法制造交货。当年三义公共订购三万余坛，经上海卫生局检查，发现已大部生蛆发臭，不准销售。于是三义公贪图暴利的幻想失败，涪陵榨菜声誉也因而一落千丈。"另参见何裕文《建国前的榨菜业》，但牌号为"三义祥"，又参见《涪陵榨菜简史》。

余锡昭创办同庆昌榨菜厂

是年，余锡昭在涪陵城内独资创办同庆昌榨菜厂，最高年产量在1000坛以上，1936年停办。按：同庆昌，专门从事榨菜买卖生意。参见《涪陵市志》第十篇《榨菜·涪陵县1898至1949年年产1000坛以上菜厂概况》、四川省志工矿志编辑组张耀荣《解放前四川的榨菜业》表一《解放前大型私营榨菜厂经营情况一览表》。

1930年及其后榨菜之比价

《涪陵市志》第317页第四篇《综合经济》第五章《经济综合管理》第六节《物价·涪陵城1930至1936年主要工农业产品比价》云：1930年，50公斤青菜头可兑换食盐6.35公斤、红糖6.75公斤、白酒4.55公斤、白布3.9米、火柴15.3×10盒。1931年50公斤青菜头可兑换食盐9.65公斤、红糖8.3公斤、白酒6.4公斤、白布6.0米、火柴23.1×10盒。1932年50公斤青菜头可兑换食盐8.3公斤、红糖7.5公斤、白酒5.7公斤、白布5.23米、火柴21.5×10盒。1933年50公斤青菜头可兑换食盐13.2公斤、红糖12.0公斤、白酒11.55公斤、白布9.17米、火柴37.4×10盒。1934年50公斤青菜头可兑换食盐3.0公斤、红糖2.8公斤、白酒2.4公斤、白布2.37米、火柴9.5×10盒。1935年50公斤青菜头可兑换食盐3.55公斤、红糖4.1公斤、白酒3.3公斤、白布2.8米、火柴11.4×10盒。1936年50公斤青菜头可兑换食盐8.8公斤、红糖9.7公斤、白酒6.7公斤、白布7.23米、火柴28.4×10盒。1930至1936年50公斤青菜头平均可兑换食盐7.55公斤、红糖7.3公斤、白酒5.8公斤、白布5.2米、火柴20.9×10盒。

《涪陵市志》第326页第四篇《综合经济》第五章《经济综合管理》第六节《物价·涪陵市（县）1930至1985年部分年份主要农产品与工业品交换比价》云：1930至1936年50公斤青菜头可兑换食盐7.55公斤、白糖3.60公斤、白布5.2米、火柴20.9×10盒。1950年50公斤青菜头可兑换食盐2.40公斤、白糖0.55公斤、白布0.97米、火柴8.00×10盒。1952年50公斤青菜头可兑换食盐8.50公斤、白糖1.80公斤、白布3.20米、火柴22.80×10盒。1957年50公斤青菜头可兑换食盐7.05公斤、白糖1.65公斤、白布2.80米、火柴24.00×10盒。1962年50公斤青菜头可兑换食盐23.40公

斤、白糖 5.25 公斤、白布 9.13 米、火柴 31.80×10 盒。1965 年 50 公斤青菜头可兑换食盐 12.50 公斤、白糖 2.60 公斤、白布 4.30 米、火柴 21.30×10 盒。1970 年 50 公斤青菜头可兑换食盐 12.50 公斤、白糖 2.85 公斤、白布 4.30 米、火柴 21.30×10 盒。1975 年 50 公斤青菜头可兑换食盐 12.50 公斤、白糖 2.85 公斤、白布 4.30 米、火柴 21.30×10 盒。1980 年 50 公斤青菜头可兑换食盐 14.15 公斤、白糖 2.85 公斤、白布 4.30 米、火柴 21.30×10 盒。1985 年 50 公斤青菜头可兑换食盐 15.00 公斤、白糖 2.96 公斤、白布 4.54 米、火柴 15.00×10 盒。

青菜头与大米比价

是年，榨菜价 8.22 银圆，青菜头收购价 1.15 银圆，大米收购价 5.07 银圆，菜头与大米比价为 1∶0.23。参见何裕文等《涪陵榨菜（历史志）》第 23 页、何侍昌《涪陵榨菜文化研究》第 125 页。

张惠廷等成为榨菜传统制作技艺代表

据中国人民政治协商会议重庆市涪陵区委员会编《涪陵榨菜之文化记忆》第 70 页《涪陵榨菜传统制作技艺传承谱系的突出代表人物》，1930 年至 1940 年，涪陵榨菜传统制作技艺的代表有张惠廷、张千成、张云生、陈茂胜、陈德顺、周绍坤、周海清。

榨菜销售南洋市场开辟

是年，榨菜销售开辟南洋市场。四川省志工矿志编辑组张耀荣《解放前四川的榨菜业》云："1930 年（榨菜销售）打开南洋的国际销场。""1930 年以后更销至香港、南洋、日本、菲律宾及旧金山一带。"何裕文《建国前的榨菜业》云："一九三〇年后，榨菜已行销港澳，并输出南洋、日本、菲律宾及旧金山一带。榨菜的集散市场，首为上海，次为汉口，再次为宜昌。"

榨菜产地榨菜加工量

是年，榨菜加工量涪陵县 37500 市担，丰都县 6750 市担，江北县 24000 市担，巴县 375 市担，四川省共计 68625 市担。参见四川省志工矿志编辑组张耀荣《解放前四川的榨菜业·解放前制菜产量变化表》、何裕文等《涪陵榨菜（历史志）》第 40 页、何侍昌《涪陵榨菜文化研究》第 132 页《传统市场经济阶段涪陵榨菜产量表》。

榨菜厂家兴办

是年后，榨菜厂家纷纷兴办。何裕文《建国前的榨菜业》云："一九三〇年后，涪陵一些商人公开贩运鸦片，因此获利很多，掌握了雄厚的资金，均又想出开源之道，一些较大的商号也插手经营榨菜投资建厂。文梅生设厂于蔡家坡，文树堂设厂于袁家溪，夏颂尧设厂于李渡，王益辉设厂于龙安场，向树轩设厂于镇安，杨绍清设厂于黄角嘴。这些厂家资金雄厚，全是独资经营，每年产量在四至六千坛。从此大型菜厂正逐步增多。合资经营也不断涌现，有文德铭及其弟文德修与秦庆云、庞绍禹等在北拱合办'德厚生'菜厂；覃仲均与何志成、闵陶笙等在荔枝园合办'信义'菜厂，两厂年产八千至一万坛左右。当时还有五百至一千坛的小菜厂也四处兴起，黄旗则有袁家声、张烈光、张宏太等；龙志乡则有李庆云、戴焕廷、潘荣光等。"

民国二十年（1931）

丰都榨菜业同业公会成立

2月，丰都榨菜业同业公会成立。四川省志工矿志编辑组张耀荣《解放前四川的榨菜业》云："1931年—1934年间，政府为了加强对榨菜商人的摊捐派款，将帮会组织进行整顿改组，更名为榨菜业同业公会。反对的榨菜业同业公会于1931年2月成立，12月改组，佘仲书为主席。"

涪陵榨菜加工工艺第三次大变革

春，为适应榨菜出口外销需要，涪陵榨菜加工中开始对菜块进行修剪（剔筋和剪去飞皮、菜匙等），是为榨菜工艺的第三次大变革。四川省志工矿志编辑组张耀荣《解放前四川的榨菜业》云："1931年，上海鑫和、盈丰两大商行，把榨菜推销到南洋群岛，应国外消费者要求，将榨菜剪去飞皮、菜匙，抽尽老筋，于是榨菜比以前更为光滑美观，是为榨菜生产技术的第三次改进。"

涪陵县榨菜帮改名涪陵县菜业公会

3月17日，涪陵县榨菜帮改名涪陵县菜业公会，时有会员212家。涪陵县菜业公会常务会议议决，提请县商会转呈重庆海关税务局减轻榨菜征税估本。

涪陵榨菜同业公会公函

3月18日，涪陵榨菜同业公会公函，今存。署名有菜业工会主席张子奎，时间为中华民国二十年三月十八日。

重庆海关降低涪陵榨菜估本

4月中旬，重庆海关在涪陵菜业公会、县商会的强烈要求下，将运出省外的榨菜估本降为每担15.6元（约等于关平银10两），以此计征出口税。《涪陵市志》第30页"大事记"云：4月，重庆海关在涪陵菜业公会、县商会的强烈要求下，将运出省外的榨菜估本降为每担15.6元（约等于关平银10两），以此计征出口税。

浙江海宁引进涪陵榨菜种子

是年，一说海宁斜桥镇交界石桥（现仲乐村）农民钱有兴、钱祖兴和莲花庵一位修行的老太太等人从四川涪陵引入少量种子试种。其后，浙江成为中国榨菜的第二大省份。中国榨菜逐渐演变为两大榨菜系列：川式榨菜（涪陵榨菜、四川榨菜）、浙式榨菜（浙江榨菜）。

邓春山创办春记榨菜厂

是年，邓春山在荔枝园独资创办春记榨菜厂，最高年产量在1000坛以上。1937年停办。按：春记榨菜厂的名称，《涪陵市志》第726页作春记。何裕文等《涪陵榨菜（历史志）》第19页作春讫。当以《涪陵市志》为是。四川省志工矿志编辑组张耀荣《解放前四川的榨菜业》表一《解放前大型私营榨菜厂经营情况一览表》载，业主刘春山，原系农民，自种、自做、自运、自销榨菜。

余合　创办吉泰长榨菜厂

是年，余合瑄在涪陵城内合资创办吉泰长榨菜厂，最高年产量在5000坛以上。1949年停办。按：吉泰长榨菜厂的业主，《涪陵市志》第726页作余合瑄。《涪陵榨菜（历史志）》第20页作余合宣。四川省志工矿志编辑组张耀荣《解放前四川的榨菜业》表一《解放前大型私营榨菜厂经营情况一览表》载，余合瑄，系重庆银行业资本家，兼营其他生产。

三义公榨菜厂创办

是年，三义公榨菜厂在涪陵城内创办，系合资企业。同年停业。按："三义公"本系盐烟号，其创办者不详。四川省志工矿志编辑组张耀荣《解放前四川的榨菜业》表一《解放前大型私营榨菜厂经营情况一览表》载，三义公系大盐烟字号，创办者不详，专门从事大量贩运，只经营一年折本。

白金盛菜厂创办

是年，地主白金盛在洛碛、涪陵清溪创办白金盛榨菜厂，系独资企业，自制、自运、自销榨菜，最高年产量在 1000 坛以上，1936 年停办。参见四川省志工矿志编辑组张耀荣《解放前四川的榨菜业》表一《解放前大型私营榨菜厂经营情况一览表》。

李致臣菜厂创办

是年，商人李致臣在洛碛创办李致臣榨菜厂，系合伙企业，自制、自运、自销榨菜，最高年产量在 1000 坛以上，1936 年停。参见四川省志工矿志编辑组张耀荣《解放前四川的榨菜业》表一《解放前大型私营榨菜厂经营情况一览表》。

刘仲选菜厂创办

是年，地主刘仲选在洛碛创办刘仲选榨菜厂，系合伙企业，自制、自运、自销榨菜，最高年产量在 1000 坛以上，1936 年停办。参见四川省志工矿志编辑组张耀荣《解放前四川的榨菜业》表一《解放前大型私营榨菜厂经营情况一览表》。

鑫记菜厂创办

是年，韩鑫武在长寿王爷庙创办鑫记榨菜厂，系独资企业，最高年产量在 2000 坛以上，1938 年停办。四川省志工矿志编辑组张耀荣《解放前四川的榨菜业》表一《解放前大型私营榨菜厂经营情况一览表》载，韩鑫武，原在丰都经营鸦片。又《解放前四川的榨菜业》云："1931 年在丰都经营鸦片生意的韩鑫武鉴于榨菜生意利大、少风险，回到长寿，创办'鑫记'榨菜厂。"何裕文《建国前的榨菜业》云："一九三一年在丰都经营鸦片的韩鑫武回到长寿又创办了'鑫记'榨菜厂。"

榨菜产地组建同业公会

是年始，榨菜产地纷纷组建同业公会。四川省志工矿志编辑组张耀荣《解放前四川的榨菜业》云："1931—1934 年间，政府为了加强对榨菜商人的摊捐派款，将帮会组织进行整顿改组，更名为榨菜业同业公会。反对的榨菜业同业公会于 1931 年 2 月成立，12 月改组，佘仲书为主席；洛碛同业公会主席是'聚裕通'菜厂老板陈德云，全体菜商资本约十七八万元；涪陵于 1934 年，在建设科的组织下正式成立榨菜业同业公会，全体菜厂资金总额约 30 万元。"

榨菜产地榨菜加工量

是年，榨菜加工量涪陵县 47500 市担，丰都县 8250 市担，江北县 36750 市担，巴县 900 市担，长寿县 900 市担，四川省共计 94300 市担。参见四川省志工矿志编辑组张耀荣《解放前四川的榨菜业·解放前制菜产量变化表》、何裕文等《涪陵榨菜（历史志）》第 40 页、何侍昌《涪陵榨菜文化研究》第 132 页《传统市场经济阶段涪陵榨菜产量表》。

青菜头与大米比价

是年，榨菜价 8.87 银圆，青菜头收购价 1.80 银圆，大米收购价 8.09 银圆，比价为 1∶0.22。参见《涪陵榨菜（历史志）》第 23 页、何侍昌《涪陵榨菜文化研究》第 125 页。

丰都榨菜加工

是年，丰都榨菜加工 11000 坛。参见李祥麟遗稿《丰都榨菜史料》。

池子腌菜

是年，菜商陈玉春为了适应发展的需要，榨菜加工进一步改为池子腌制。参见《涪陵榨菜简史》。

榨菜外销南洋

是年，榨菜外销南洋等地。《涪陵榨菜简史》云："1931 年，上海金和（笔者注：《涪陵市志》作鑫和）、银丰两大洋行，由国外输入海味甚多，海味行有时将榨菜拿去交换，输入南洋群岛及新加坡等地，很受华侨欢迎，甚为适销，从此上海市价忽然腾涨，菜商又相继运往上海，从此榨菜便开始输出国外了，每年约出口 3—4 万坛。"

民国二十一年（1932）

丰都县菜业工会公函

4 月 12 日，公函丰都县菜业工会公函，署名主席佘仲书，时间为中华民国二十一年四月十二日。

涪陵榨菜首篇技术性文献——余必达的《榨菜》问世

是年，涪陵乡村师范学校出版的校刊《涪陵县立乡村师范学校一览·本校实施报告》，首次刊载教师余必达撰写的《榨菜》一文，是最早对榨菜（原料）生态、种植、加工进行详细记载的科技文献，并认为榨菜（原料）是普通青菜的变种。这是榨菜问世以来第一篇系统介绍青菜头种植、加工的技术性文献。

榨菜成为涪陵 37 个行业之一

是年，榨菜成为涪陵 37 个行业之一。《涪陵市志》第 263 页第四篇《综合经济》第二章《经济发展》第一节《近现代涪陵经济》云：从工业看，民国二十一年，全县有采煤、炼铁、火柴、肥皂、印刷、纺织、制革、碾米、面粉、榨菜加工等 37 个行业，工业、手工业厂（户）2932 家，从业人员 1.45 万人，产品年销售额 321 万银元。

1932 年之榨菜捐

《涪陵市志》第 802 页第十二篇《财政税收》第二章《税收》第三节《工商各税·1932 年度涪陵县 45 种税捐征收情况》云：据民国二十一年涪陵县建设科《科务报告》所载资料整理，榨菜捐总额 12000 元（银元），每坛征 0.2 元县财政经费。

裕记菜厂创办

是年，地主黄玉璩在丰都城镇创办裕记榨菜厂，系合伙企业，最高年产量在 3000 坛以上，1939 年停办。参见四川省志工矿志编辑组张耀荣《解放前四川的榨菜业》表一《解放前大型私营榨菜厂经营情况一览表》。

同福荣菜厂创办

是年，商人甘维勤在丰都东风旅馆创办同福荣榨菜厂，系合伙企业，曾买轮船一艘经营川江货运，最高年产量在 4000 坛以上，1955 年停办。参见四川省志工矿志编辑组张耀荣《解放前四川的榨菜业》表一《解放前大型私营榨菜厂经营情况一览表》。

榨菜产地榨菜加工量

是年，榨菜加工量涪陵县 22500 市担，丰都县 7500 市担，江北县 21750 市担，巴县 750 市担，长寿县 1163 市担，四川省共计 53663 市担。参见四川省志工矿志编辑组张耀荣《解放前四川的榨菜业·解放前制菜产量变化表》、何裕文等《涪陵榨菜（历史志）》第 40 页、何侍昌《涪陵榨菜文化研究》第 133 页《传统市场经济阶段涪

陵榨菜产量表》。但李祥麟遗稿《丰都榨菜史料》云：是年，丰都榨菜加工 10000 坛。

青菜头与大米比价

是年，榨菜价 8.81 银圆，青菜头收购价 1.68 银圆，大米收购价 5.44 银圆，比价为 1∶0.31。参见《涪陵榨菜（历史志）》第 23 页、何侍昌《涪陵榨菜文化研究》第 125 页。

民国二十二年（1933）

中国银行涪陵办事处政治经济调查报告

春，中国银行涪陵办事处在给总行的政治经济调查报告中称：涪陵为四川省榨菜出口（省）第一码头，年约销 7 万坛，价值 40 万元（银元）。

涪陵县榨菜同业公会召开会员大会

12 月 6 日，涪陵县榨菜同业公会召开会员大会议决：因各地捐税征取过重，菜业近年亏损甚巨，而各地捐税征收又以重庆海关税务司估本为据，故请县商会转呈税务司，对榨菜成本酌量减估，以示体恤。次年 3 月 19 日、4 月 5 日再请转呈。4 月 7 日，涪陵县商会函呈重庆关监督。4 月 12 日，重庆关税务司公署批复："碍难照办。"

三江榨菜厂创办

是年，江秉彝在丰都高家镇创办三江榨菜厂，系兄弟班，最高年产量在 4000 坛以上，1953 年停办。四川省志工矿志编辑组张耀荣《解放前四川的榨菜业》表一《解放前大型私营榨菜厂经营情况一览表》载：江秉彝，丰都国大代表，民社党党员；三江榨菜厂在洛碛有分厂，在汉口、上海、重庆有行庄。

鸿昌榨菜厂创办

是年，聂鸿昌在长寿下东街创办鸿昌榨菜厂，系独资企业，最高年产量在 1200 坛以上，1939 年停办。四川省志工矿志编辑组张耀荣《解放前四川的榨菜业》表一《解放前大型私营榨菜厂经营情况一览表》载，聂鸿昌，原系大杂商人，兼营鸦片。

聚义长榨菜厂创办

是年，地主蒋锡光在木洞中坝创办聚义长榨菜厂，系合伙企业，收购成品，垄断木洞榨菜业，最高年产量在 4000 坛以上，1950 年停办。参见四川省志工矿志编辑组张耀荣《解放前四川的榨菜业》表一《解放前大型私营榨菜厂经营情况一览表》。

榨菜产地榨菜加工量

是年，榨菜加工量涪陵县 52500 市担，丰都县 11250 市担，江北县 30000 市担，巴县 2250 市担，长寿县 1875 市担，其他地区 100 市担，四川省共计 97975 市担。参见四川省志工矿志编辑组张耀荣《解放前四川的榨菜业·解放前制菜产量变化表》、何裕文等《涪陵榨菜（历史志）》第 40 页、何侍昌《涪陵榨菜文化研究》第 133 页《传统市场经济阶段涪陵榨菜产量表》。但李祥麟遗稿《丰都榨菜史料》云：是年，丰都榨菜加工 15000 坛。

青菜头与大米比价

是年，榨菜价 11.17 银圆，青菜头收购价 2.70 银圆，大米收购价 3.71 银圆，比价为 1∶0.73。参见《涪陵榨菜（历史志）》第 23 页、何侍昌《涪陵榨菜文化研究》第 125 页。

民国二十三年（1934）

余必达发表《四川榨菜之栽培和调制》长篇论文

2 月 28 日，《四川农业月刊》第一卷第二期刊载有余必达《四川榨菜之栽培和调制》长篇论文（第 26—34 页），论文现藏北碚图书馆，详细介绍青菜头性状、栽培和榨菜加工的全部技术。具体内容是：第一、绪言；第二、用途；第三、产地；第四、性状；第五、分类；第六、风土；第七、轮作；第八、播种；第九、移栽；第十、施肥；第十一、管理；第十二、病虫害；第十三、选种；第十五、调制；第十六、产量；第十七、榨菜的制法（一、菜头的选择；二、划菜头；三、搭菜架；四、晾菜；五、晾菜叶；六、第一次腌盐；七、第二次腌盐；八、治菜；九、榨菜；十、看菜筋；十一、第三次腌盐，并加香料；十二、装菜；十三、封坛口；十四、制造副产物）；第十八、尾语。这是他在涪陵县立乡村师范学校指导学生进行种菜、加工、实验和产地进行较长时间考察的成果。

重庆关税务司公署批文

4 月 12 日，重庆关税务司公署批文，批涪陵县商会，呈一件为代榨菜同业公会请求减轻榨菜估本。内容为："呈悉，查榨菜市价业经本关详细调查确实，以为所估之根据，市价即系如此，故对于所请减轻估本一节，碍难照办。此批中华民国

二十三年四月十二日，本税务司李。"该文今存。

榨菜加工工艺大改革

是年，巴县木洞镇聚义长榨菜掌脉师胡国璋等对过去用石灰、猪血、豆腐等材料混合作涂料给菜坛封口的专项工艺进行改革，试用水泥封口，密封效果甚佳，但菜坛遇气温升高或震动很容易发生爆坛事故。后发明在用水泥封口时打一个小小的出气孔，从而完善了这项装坛工艺的革新，并一直沿用至今。参见《涪陵市志》第十篇《榨菜》、四川省志工矿志编辑组张耀荣《解放前四川的榨菜业》。《解放前四川的榨菜业》云："1934年，丰都高家镇三江实业社，创用瓦盖封口，盖与坛缘相接之处，涂以水泥黏合。这种方法，比以前用豆腐、猪肉、石灰混合涂料封口办法较为经久耐固。但坛盖压力不足，被坛中涨力冲破的情况又不可避免。同年，巴县木洞'聚义长'榨菜厂技师胡国璋，试行全用水泥封口，运到重庆即受热爆炸。后又想法在封口的水泥上打一两个小孔，避免了爆炸事故，全部获得成功。对保持榨菜品质经久不变、增加储存保管期，起了很大作用，是为加工技术的第四次改进。"

涪陵榨菜参加四川第十三次劝业会展览

是年，成都举办四川第十三次劝业会，会上陈列了各地生产的20余种榨菜产品。据当时银行界调查，川东榨菜加工厂户已发展到800余家，年销往省外的榨菜达4400多吨，价值76万元。

涪陵县建设科农场进行科学研究

是年，涪陵县建设科农场除试验种植外，曾进行过榨菜加工工艺改进研究和榨菜罐头试验研究，取得一些初步成果，并进行推广，但收效甚微。

侯双和创办榨菜厂

是年，侯双和在涪陵韩家沱独资创办侯双和榨菜厂，最高年产量在1000坛以上，1936年停办。参见《涪陵市志》第十篇《榨菜·涪陵县1898至1949年年产1000坛以上菜厂概况》、四川省志工矿志编辑组张耀荣《解放前四川的榨菜业》表一《解放前大型私营榨菜厂经营情况一览表》。《解放前大型私营榨菜厂经营情况一览表》载：侯双和，原系榨菜经纪、地主，请人种，请人做，专做水八块。

易永胜创办榨菜厂

是年，易永胜在涪陵永安场独资创办易永胜榨菜厂，最高年产量在1000坛以上，

1936年停办。按：易永胜榨菜厂的名称和业主，《涪陵市志》第726页均作易永胜。《涪陵榨菜（历史志）》第20页均作易永恒。参见《涪陵市志》第十篇《榨菜·涪陵县1898至1949年年产1000坛以上菜厂概况》、四川省志工矿志编辑组张耀荣《解放前四川的榨菜业》表一《解放前大型私营榨菜厂经营情况一览表》。《解放前大型私营榨菜厂经营情况一览表》载：易永胜，地主，请人种，请人做，专做水八块。

何森隆创办榨菜厂

是年，何森隆在涪陵黄旗口独资创办何森隆榨菜厂，最高年产量在1000坛以上。1936年停办。参见《涪陵市志》第十篇《榨菜·涪陵县1898至1949年年产1000坛以上菜厂概况》、四川省志工矿志编辑组张耀荣《解放前四川的榨菜业》表一《解放前大型私营榨菜厂经营情况一览表》。《解放前大型私营榨菜厂经营情况一览表》载：何森隆，农村地主，雇人种，雇人做。

永兴祥榨菜厂创办

据《涪陵榨菜（历史志）》第20页，是年，永兴祥创办，在涪陵无厂，只是专门贩卖点，系合资企业。其业主系内江布商，具体姓名不详。1936年停业。按：《涪陵市志》无载。四川省志工矿志编辑组张耀荣《解放前四川的榨菜业》表一《解放前大型私营榨菜厂经营情况一览表》载：永兴祥，内江帮商人创办，创办者不详，地点在涪陵，系合伙企业，专门从事贩运一万坛，到处有分庄、代庄，1936年停业。又张耀荣《解放前四川的榨菜业》云："1934年涪陵产生了专门从事买卖贩运榨菜的'永兴祥'商号。"

涪陵榨菜外运榨菜所交捐税统计

四川省志工矿志编辑组张耀荣《解放前四川的榨菜业》云："以涪陵1934年每外运榨菜一坛为例，各项税捐费共达四元多，占榨菜生产成本的百分之六十以上。（一）在涪陵本地抽取的有：国税五仙五星；护商税五仙；地方税五仙；商会事务费一仙；公会经费二仙；救济院经费一仙；出口捐一角。（二）路过长寿缴护商税二仙五星。（三）货抵重庆后要缴：报关费一角三仙五星；关税四角七仙；内地税二角五仙；在内地税下另收'剿赤捐'二仙五星；统捐五仙，在统捐项下另收'剿赤捐'五星；护商税五仙；在护商税项下另收"剿赤捐"五星；印花税一仙；自来水、马路电力厂捐共一角八仙；保水险费四仙五星。（四）货出重庆到省外沿途关卡码头护商税、过道捐、'剿赤捐'等共约二元左右。"何侍昌《涪陵榨菜文化研究》云："以1934年外运榨菜一坛为例，各项税捐费达4元多，占榨菜生产成本的60%以上。其具体情

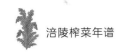

况是：涪陵本地抽取国税五分五厘、护商税五分、地方税五分、工会经费二分、救济院经费一分、出口捐一角；在长寿缴纳护商税二分五厘；在重庆缴纳报关费一角三分五厘、关税四角七分、内地税二角五分、剿赤捐二分五厘、统捐五分、统捐附加剿赤捐五厘、护商税五分、护商税附加剿赤捐五厘、印花税一分、自来水与马路电灯费一角八分、保险水费四分五厘；重庆到省外沿途关卡的护商税、过道捐、剿赤捐等二元左右。"《涪陵榨菜简史》云："1934年榨菜在重庆中转必须缴纳以下税捐：关税（百公斤）1.88元；内地税（百斤）0.5元、附加'剿赤捐'0.05元；统税（百斤）0.10元、附加'剿赤捐'0.01元；自来水、马路电灯费（百斤）0.01元；水脚费（件）2.80元；驳船（件）0.15元；小工力资（件）0.30元；从重庆起运，每坛要缴纳税捐0.82元；涪陵起运到重庆，每坛要缴纳0.40元。"

丰都榨菜业同业公会申请减税申诉书

是年，丰都榨菜业同业公会申请减税申诉书。四川省志工矿志编辑组张耀荣《解放前四川的榨菜业》云：丰都榨菜业同业公会，在1934年四月报请二十一军部减免税收的申诉书中说："窃年来时局多故，供应繁重，农村经济完全破产，除鸦片流毒而外，仅得榨菜一项为出口大宗，应恳上峰提倡奖励，以维农村而快民生。中央政府眷念及此，早将由宜至汉正杂各税，明命豁免在案。乃吾川关卡林立，苛捐奇重，每坛须纳正税四角四仙四星、杂税五角零七星，盐库券六仙，每两坛合重百斤须纳正杂税二元四角五仙二星，其他加上'剿赤费'以及沿途民团卡队勒索者又需洋八九角之多。以目前汉价而论，每百斤约十五六元左右，除去正杂各税，水脚、杂缴、制菜成本而外，不惟无利，反为赔本，商受其困，不肯购进，农被其困，金融愈紧。直接病商病农，间接影响税收，公私交困，莫逾于此。此次军部设立农民银行，以期救济农村，四川善后督办署召集生产会议，以冀集思广益，然而所谓救济者，须自提倡农产始，所谓生产者，应先减轻苛索始，否则托诸空谈，无补实际。直而言之，榨菜为农产之一种，关系国计民生，甚为重大，减轻苛索即系救济农村，增加农业生产。裕税恤商，数善俱备。兹特列表陈情大会协恳军部俯念农疲商困，准将高、忠、万、云、奉、巫、巴、建、归正杂各税分别减免，并将沿途民团卡队之勒索捐费一律裁撤，以维农业，而抒商困。"

涪陵榨菜业同业公会成立

是年，涪陵榨菜业同业公会成立。四川省志工矿志编辑组张耀荣《解放前四川的榨菜业》云："涪陵于1934年，在建设科的组织下正式成立榨菜业同业公会，全体菜厂资金总额约30万元。"何裕文《建国前的榨菜业》云："一九三四年，旧政府为了进一步达到向菜商摊捐派款的目的，在政府建设科出面组织下，将'菜帮'进行改组，正式成立'榨菜同业公会'，由欧炳益担任主席。第二届主席：张宇僧，第三届主席：何欲文；第四届主席：白云深；第五届主席：李庆云。"

榨菜产地榨菜加工量

是年，榨菜加工量涪陵县 63750 市担，丰都县 18750 市担，江北县 30000 市担，巴县 3000 市担，长寿县 2400 市担，其他地区 100 市担，四川省共计 118000 市担。参见四川省志工矿志编辑组张耀荣《解放前四川的榨菜业·解放前制菜产量变化表》、何裕文等《涪陵榨菜（历史志）》第 40 页、何侍昌《涪陵榨菜文化研究》第 133 页《传统市场经济阶段涪陵榨菜产量表》。但李祥麟遗稿《丰都榨菜史料》云：是年，丰都榨菜加工 20000 坛。

《四川之榨菜业》刊发

是年，《四川之榨菜业》于 1934 年第 5 卷第 5 期刊发，主要内容包括：产区、产量、种类、栽培、制造、办货、销售、副产等。

青菜头与大米比价

是年，榨菜价 8.22 银圆，青菜头收购价 0.63 银圆，大米收购价 4.45 银圆，比价为 1：0.14。参见《涪陵榨菜（历史志）》第 23 页、何侍昌《涪陵榨菜文化研究》第 125 页。

丰都榨菜获奖

是年，王诤友的食德公司罐头厂生产的榨菜罐头参加成都劝业展览会获特等奖。参见李祥麟遗稿《丰都榨菜史料》。

民国二十四年（1935）

涪陵县政府建设科会商改进菜业专案

2 月 10 日，涪陵县政府建设科召集菜帮经理人员会商改进菜业专案：一、由菜业协商组建榨菜罐头公司，以改良榨菜装置，增加品种，扩大销市；二、由政府通令全县种户，菜苗的松土、施肥，及菜头收获加工等，须听从建设科的新法指导，做到增加收入以裕财源。

涪陵县政府会商改善榨菜业办法

2月11日，涪陵县政府为提倡国产，振兴实业，召集榨菜帮经营人员会商改善榨菜业办法。

《丰都日报》刊登消息报道菜工生活

2月16日，《丰都日报》刊登消息报道菜工生活。《解放前四川的榨菜业》云："菜工：做榨菜的工人一般就是种青菜头的菜农，进厂后体力劳动繁重，每天工作时间最低16小时，最高时昼夜不下班，双足双手成天浸泡在盐水里，皮开肉绽血泡连连，有的因劳累而成疾病，有的搭架而堕地身死。1935年2月16日《丰都日报》曾刊登一则消息：'14日上河坝某商菜棚，有一人搭菜偶一不慎由上跌下，当即坠地气绝，闻者莫不惊叹。'菜工的工资，由'掌头'凭私人感情决定，加工结束一次算账，有的辛劳两月还买不到五六斗米，并且还要等到六七月资本家把榨菜卖脱手才能全部兑现。"

《四川农业月刊》"仿土法制榨菜"报道

2月，《四川农业月刊》报道：四川农业试验场已雇请工人仿土法制榨菜，观察研究水分变迁及淀粉、蛋白质、糖分等增减与盐分多少的关系，以及装坛方法可否改进等技术原理。

涪陵县榨菜同业公会致函县商会

3月19日，涪陵县榨菜同业公会致函县商会，请转呈重庆海关税务司，按本年榨菜产量较前数年特别增多、菜价愈贱的实际，将估本降至每担价洋6元左右。最后税务司终未采纳。

涪陵县榨菜业发展受损

春，涪陵县青菜头产量和加工户陡增，技术设备皆不足，产品质量普遍下降。到同年10月，上海市场榨菜存货20多万坛，菜价跌至每担5.7元左右，而涪陵至上海每担成本已达12元以上，涪商损失约13万元。

平汉铁路调查组对涪陵榨菜进行调查

8月，平汉铁路调查组详细采访涪陵县榨菜业同业公会的泰和隆等著名字号，写出榨菜专题调查报告，后编入1937年1月出版的《涪陵经济调查》一书。《涪陵市志》

第33页《大事记》云：（民国24年）国民政府铁道部长渝铁路调查队到涪陵进行经济调查，后于民国26年1月汇编出版《涪陵经济调查》一书。

《四川经济月刊》载文涪陵榨菜销场锐减

10月，《四川经济月刊》载文涪陵榨菜销场锐减。《解放前四川的榨菜业》云："1935年的榨菜产量为解放前最高峰，出现了严重的供过于求，榨菜厂商思想紧张，急于脱售，形成了一个跌价风潮，投机商人乘势兴风作浪，拒不进货。至十一月份上海仍积压二十万坛之多，虽跌价至七八元仍无人接手，一般大厂商尚能保本，而中小厂商则损失甚巨。1935年10月《四川经济月刊》曾以《涪丰榨菜销场锐减》为题，对当时菜商损失情况作了如下报导（道）：……本年市场及销售情况大非昔比，榨菜商人不唯无利可获，且合计资本损失共约百万元以上，榨菜业已完全破产。向来上市每担可售十三四元，今即七八元亦无人接手。丰都商人月前运汉共八十余坛，因上海市价低及六元零，极告疲惫，全县遂在万县以五元八九售出，因此受大损失甚众。目前涪、丰市场仍非常疲乏，零售亦不畅旺，业榨菜者大都灰心，以所受损失无法弥补，决明春卷旗收伞不复作是项营业。"另参见何裕文《建国前的榨菜业》。

涪陵县菜业同业公会成立

12月8日，依据国民政府实业部《工商同业公会章程准则》，重新登记会员，成立涪陵县菜业同业公会。选出委员和候补委员、常务委员、主席。主席曾海清，设有常务理事4人。并于本日午后宣誓就职。时有会员142家，会所住西门内协利商店，后迁关帝庙，每坛抽二仙为会费。

涪陵县榨菜业同业公会公函

12月，涪陵县榨菜业同业公会公函附章程一份、会员名册一份、出席代表履历一份，署名主席曾海清，常务委员蒋慎修、潘荣光、欧衡钰、黎明德，时间为中华民国二十四年十二月。《四川省涪陵县榨菜业同业公会会员名册》（二十四年十二月廿四日填报），署名主席曾海清，时间为中华民国二十四年十一月。

涪陵榨菜大发展

是年，四川省茎瘤芥的种植面积近6万亩，产量27000吨，成品榨菜近9000吨，遍及涪陵、巴县、丰都、长寿、江北、忠县、万县、江津、奉节、内江、成都等11县市的38乡镇。其中，涪陵青菜头种植面积近3万亩，产量14000吨，生产榨菜12万坛（4500吨），其种植面积、产量、产品均占四川省的50%左右。涪陵榨菜种

植加工技术传到四川省巴县、丰都、长寿、江北、忠县、万县、奉节、江津、内江、成都等 11 个县市 38 个乡镇。四川省志工矿志编辑组张耀荣《解放前四川的榨菜业》云："到 1935 年榨菜产地已遍及涪陵、丰都、江北、巴县、长寿、忠县、万县、江津、奉节、内江和成都等一十个市县的三十八个乡镇，大中小型厂连同农家副业在内，共达八百余家，产量高达二十九万余担。"何裕文《建国前的榨菜业》云："到一九三五年，榨菜生产已遍及涪陵、丰都、江北、巴县、忠县、万县、江津、奉节、内江、成都等十一个市县的三十八个乡镇，大中小型菜厂和个体加工户共达八百余家。全省产量高达二十九万余担。"

苏北娄榨菜厂创办

是年，地主兼工商业主在木洞中坝创办苏北娄榨菜厂，系合伙企业，托德裕永代卖，最高年产量在 1000 坛以上，1938 年停办。参见四川省志工矿志编辑组张耀荣《解放前四川的榨菜业》表一《解放前大型私营榨菜厂经营情况一览表》。

聂续光榨菜厂创办

是年，地主兼商人聂续光在巴县清溪坝创办聂续光榨菜厂，系独资企业，兼营酱园业，"土改"时被没收，最高年产量在 3000 坛以上，1950 年停办。参见四川省志工矿志编辑组张耀荣《解放前四川的榨菜业》表一《解放前大型私营榨菜厂经营情况一览表》，又作聂继光。

寸余榨菜厂创办

是年，天裕厚绸缎庄经理焦纯芜在长寿下东街创办寸余榨菜厂，系合伙企业，只做了一年，资金约 10000 元，最高年产量在 1200 坛以上，1936 年停办。参见四川省志工矿志编辑组张耀荣《解放前四川的榨菜业》表一《解放前大型私营榨菜厂经营情况一览表》。

江广平菜厂创办

是年，商人江广平在长寿扇沱创办江广平榨菜厂，系独资企业，最高年产量在 1000 坛以上，1936 年停办。参见四川省志工矿志编辑组张耀荣《解放前四川的榨菜业》表一《解放前大型私营榨菜厂经营情况一览表》。

江中吉榨菜厂创办

是年，商人江中吉在长寿扇沱创办江中吉榨菜厂，系独资企业，最高年产量在

1000 坛以上，1936 年停办。参见四川省志工矿志编辑组张耀荣《解放前四川的榨菜业》表一《解放前大型私营榨菜厂经营情况一览表》。

榨菜加工改用成都海椒

是年，榨菜加工改用成都海椒。四川省志工矿志编辑组张耀荣《解放前四川的榨菜业》云："1935 年，榨菜生产改用川西'成都辣椒'，这种海椒不仅比以前所用南川、石砫、丰都县属的高家镇等地海椒的肉质较厚、色泽较好，并且越放越红、越久越好看，增加了榨菜是鲜艳美观，是为榨菜生产上的第五次改进。"

榨菜著名技师

是年以前，涪陵榨菜的著名技师在涪陵有：邓炳成、陈德顺、周海清、毛共三、周绍坤、姜寿廷、石长清、姜有才、李海庭、张汉之等；在洛碛有：黄金山、白青云、胡玉田、余海成、余协成、王明泰、余和泰、何银发、白维善等；在丰都有：毛庭明、熊明安、姜生云、袁洪兴、廖晓成、杨国宝、王吉山等；在巴县有：朱银田、胡国璋、何兴成、雷炳全、白云山等。

涪陵榨菜行商工会成立

是年，涪陵榨菜行商工会成立。四川省志工矿志编辑组张耀荣《解放前四川的榨菜业》云："对于同业公会控制榨菜生产，涪陵县小厂商于 1935 年前后，曾另行组织一个'行商公会'与原工会（笔者注：指涪陵榨菜业同业公会）对抗，殊又为该县封建把头陈翼汝乘机钻入，反而变本加厉。他以行贿手段，与税局局长张智舫、盐务局局长易志伟等互相勾结，采取包收盐业税和掌握盐的配购等办法控制榨菜的生产和外运，并与原公会争会员，以达到多收会费多贪污捐税的目的。这就使得榨菜业在生产外运上受到了极大的限制，更引起了大家的不满，最后两个公会到省府大打官司，省府仲裁结果，原公会保留，行商公会撤销。"另参见何裕文《建国前的榨菜业》。又《涪陵榨菜简史》将陈翼汝称为陈异汝，封建把头。

涪陵榨菜销售波折

是年，涪陵榨菜出现销售大波折。四川省志工矿志编辑组张耀荣《解放前四川的榨菜业》云："在两个公会的把持人明争暗斗互相倾轧的情况下，产品质量下降，销区的信誉受到严重影响。1935 年涪陵运往上海的大批榨菜，由于在制造上偷工减料、品质低劣，销售价虽一再下跌到每坛四元，尚无销路，货款连交栈租、保险、押汇的利息都不够，有的愤而将榨菜投入黄浦江中，这就是同业公会阻碍榨菜生产

的结果，也是榨菜业史上最悲惨的一页。"

榨菜产地榨菜加工量

是年，榨菜加工量涪陵县193275市担，丰都县30150市担，江北县38250市担，巴县2500市担，长寿县5250市担，其他地区3000市担，四川省共计272425市担。参见四川省志工矿志编辑组张耀荣《解放前四川的榨菜业·解放前制菜产量变化表》、《涪陵榨菜（历史志）》第40页、何侍昌《涪陵榨菜文化研究》第133页《传统市场经济阶段涪陵榨菜产量表》。但李祥麟遗稿《丰都榨菜史料》云：是年，丰都榨菜加工40200坛，折合20100市担，成为解放前丰都县榨菜年产最高纪录。

丰都榨菜开征地方事业经费

是年，丰都榨菜开征地方事业经费。四川省志工矿志编辑组张耀荣《解放前四川的榨菜业》云："地方医院董事会，于1935年2月24日呈请县府，转饬丰都和高家镇菜业工会于每坛榨菜抽洋二角，以作该院经费。这个'主意'，经县府宣布后，遭到榨菜厂商的反对。县长孙醉白才不得不于3月14日出示布告，减为'以八折捐输'。"

榨菜加工技术传到浙江斜桥镇

是年，榨菜加工技术传到浙江斜桥镇。何裕文《建国前的榨菜业》云："一九三五年，榨菜技术又传到浙江省海宁县的斜桥镇，从而发展到省外。"

《涪陵特产调查表》问世

是年，《四川月报》第6卷第3期第127页刊发《土产报告·涪陵南充渠县岳池大足五县特产调查表》，民国二十四年三月出版。其中（一）为《涪陵特产调查表》，调查者纯修，表中所列涪陵特产有二，其一为鸦片烟，其二为榨菜。表格内容包括：出产地名、生产方法、生产产量、成本价值、运销地点及用途、运输交易方法、场所、出口数量及销场价值、沿途税率、备考等。

青菜头与大米比价

是年，榨菜价5.13银圆，青菜头收购价0.74银圆，大米收购价4.42银圆，比价为1∶0.17。参见何裕文等《涪陵榨菜（历史志）》第23页、何侍昌《涪陵榨菜文化研究》第125页。

民国二十五年（1936）

毛宗良教授考察涪陵榨菜

1月，国立四川大学农学院毛宗良教授等利用学校放寒假到到涪陵、丰都等产区考察柑橘和榨菜，回校后作了学术报告。4日，在《川大周刊》4卷28期上发表《柑橘与榨菜》一文，确认涪陵榨菜（俗名青菜头）为芥的一个变种，并给予 Brassica JunceacossVarbulbifera Mao. 的拉丁文命名。同年在《园艺》学刊第2期发表《四川涪陵的榨菜》一文。按：《园艺》（中华民国二十五年八月，国立中央大学农学院园艺学会编印，内政部登记证警字第五三六七号，中华邮政特准挂号认为新闻纸类）第二卷第八期（第689—692页）刊载毛宗良《四川涪陵榨菜（芥菜之一新变种）》一文，内容为：一、绪言；二、相状；三、榨菜之变形（鸡啄菜、凤尾菜、炒腰子、香炉菜、菱角菜、笔架菜、猪脑壳菜）；四、栽培法；五、收获期；六、制造；七、涪陵榨菜之产量。

涪陵榨菜传入浙江

是年，一说有一四川尼姑将青菜头种子带至浙江海宁县斜桥镇试种。试种成功后不断扩散，浙江榨菜自此始。参见1931年"浙江海宁引进涪陵榨菜种子"条。

涪陵榨菜企业纷纷停业与榨菜销售涨跌

是年，受抗战形势的影响，涪陵榨菜企业纷纷停业，主要有骆培之、永和长（易养初）、茂记（张茂云）、全记（全国柱）、亚美（张利贞）、同庆昌（余锡昭）、侯双和、易永胜、何森隆、永兴祥等。四川省志工矿志编辑组《解放前四川的榨菜业》云："1936年吸取上年教训，菜商改营鸦片，农民改种烟苗，种菜者减少一半。做菜者以涪陵为例，从上年的600余家减少到90家。但又因供不应求，至六月份，上海只到货一万坛，鑫和行一家独进三千坛，其余为他行分进。七月以后，虽继续到货五千多坛，距需要量相差仍远。洛碛上档鸿利沅（源）牌每坛价高达27元，德裕永牌26元8角，普通25.5元至24.5元，涪陵榨菜23.5元至22.5元。"

涪陵县特业同业公会成立

是年，涪陵县特业同业公会成立。《涪陵市志》第656页第9篇《商业》第三章《国内贸易》第二节《副食品》云：（民国）二十五年成立县特业同业公会，会员有王益辉、文梅生、杨焕章等14家，他们都是特业中的巨商富户。按：王益辉、文梅生、杨焕章等均曾经营榨菜。

榨菜产地榨菜加工量

是年，榨菜加工量涪陵县 45000 市担，丰都县 15000 市担，江北县 22500 市担，巴县 5700 市担，长寿县 2175 市担，其他地区 1500 市担，四川省共计 91875 市担。参见四川省志工矿志编辑组张耀荣《解放前四川的榨菜业·解放前制菜产量变化表》、《涪陵榨菜（历史志）》第 40 页、何侍昌《涪陵榨菜文化研究》第 133 页《传统市场经济阶段涪陵榨菜产量表》。但李祥麟遗稿《丰都榨菜史料》云：是年，丰都榨菜加工 20000 多坛。

青菜头与大米比价

是年，榨菜价 10.94 银圆，青菜头收购价 1.85 银圆，大米收购价 5.68 银圆，比价为 1 : 0.33。参见何裕文等《涪陵榨菜（历史志）》第 23 页、何侍昌《涪陵榨菜文化研究》第 125 页。

民国二十六年（1937）

《涪陵经济调查》

1 月，平汉铁炉经济调查组编《平汉丛刊》，其中经济类第三种《涪陵经济调查》有《长渝计划线经济调查特辑·长渝铁路线经济调查报告》，四川省档案馆藏。其中的《涪陵出口——榨菜》包括概述、交易量、交易季节、种类及用途、生产及加工、包装来源及运输、销场及运输、交易程序、市况市价；有《榨菜香料配制分量表（以千坛为单位）》《涪陵县榨菜业同业公会厂户表》《涪陵县榨菜业同业公会水客表》《最近五年来涪陵榨菜每担市价表》《最近五年来上海榨菜每担市价表》。

涪陵榨菜企业停业与榨菜销售价涨跌

是年，受抗战形势的影响，涪陵榨菜企业续有停业，主要有陈汉章、邓春山等。四川省志工矿志编辑组张耀荣《解放前四川的榨菜业》云："1937 年榨菜生产续有回升，但全川出产数量仅六万五千坛，沪汉各地销市良好，新货登市即售出四五万坛，省外各地买商纷纷赴产地进货，产地交货价上涨，每坛十九元二三角。"

榨菜产地榨菜加工量

是年，榨菜加工量涪陵县 48750 市担，丰都县 18750 市担，江北县 37500 市担，巴县 6900 市担，长寿县 3375 市担，其他地区 1500 市担，四川省共计 116775 市担。参见四川省志工矿志编辑组张耀荣《解放前四川的榨菜业·解放前制菜产量变化表》、《涪陵榨菜（历史志）》第 40 页、何侍昌《涪陵榨菜文化研究》第 133 页《传统市场经济阶段涪陵榨菜产量表》。李祥麟遗稿《丰都榨菜史料》云：是年，丰都榨菜加工 20000 坛。

《四川榨菜栽培概况及其改进意见》刊发

是年，《建设周刊》1937 年第 1 期第 5—9 页刊发陈希纯《四川榨菜栽培概况及其改进意见》，主要内容包括：前言、栽培之历史、气候、土质及地势、性状及品种、栽培法、病虫害、制造及包装、结论。

民国二十七年（1938）

陈春荣进行浙式榨菜加工

是年，沪商陈春荣（浙江斜桥人）来涪学习榨菜加工工艺，回浙江进行榨菜生产加工。

榨菜产地榨菜加工量

是年，榨菜加工量涪陵县 108000 市担，丰都县 14025 市担，江北县 325200 市担，巴县 13500 市担，长寿县 3000 市担，其他地区 1500 市担，四川省共计 465225 市担。参见四川省志工矿志编辑组张耀荣《解放前四川的榨菜业·解放前制菜产量变化表》、《涪陵榨菜（历史志）》第 40 页、何侍昌《涪陵榨菜文化研究》第 133 页《传统市场经济阶段涪陵榨菜产量表》。

榨菜销路受阻

是年，榨菜销路受阻。四川省志工矿志编辑组张耀荣《解放前四川的榨菜业》云："1938 年，抗日战争爆发的第二年，沪汉两市场相继沦陷，宜昌也渐受威胁，榨菜销路渐阻，而省内销量不多，获皆滞留原产地。初犹能由水道辗转运往长沙，后来此路亦不畅通。此时上海市价每坛九十元，也有菜商不顾战争风险由安南转运上海的，然数量仅三百坛左右。后来，虽经国民党军委会后方勤务部在涪陵采购一万坛，在洛碛采购八千坛，但仍解决不了菜商积压产品的困难。"

民国二十八年（1939）

《黔江吐纳——涪陵》记载有涪陵榨菜

中华民国二十八年二月二十一日《国民公报》第三版刊发本报记者仲痴的《黔江吐纳——涪陵》，藏四川省图书馆，1984年5月31日郑寿君抄录稿（稿笺纸下方有"中共涪陵县委党史资料征集办公室"字样），编号8892；又有人（抄录者不详）抄录稿（抄录于重庆图书馆，稿笺纸有"涪陵县志编辑委员会用笺"字样，编号000133-000135）。文中有对涪陵榨菜的记载。

李家文考察涪陵榨菜

3—4月，金陵大学园艺系教授李家文等人到涪陵等榨菜产区调查青菜头种植和榨菜产销情况，并访问榨菜技师和创始人亲属，后形成专题调查报告《榨菜调查报告》。按：《四川榨菜业调查报告及其改进之意见》，蓉字报告第七号，金陵大学农学院印行，民国二十八年四月，金陵大学农学院园艺系李家文，南京农学院图书馆馆藏，内容包括：绪论、榨菜之价值（榨菜之经济价值、榨菜之食用价值）、榨菜之发明、榨菜之产地、榨菜原料之供输、榨菜之制造等。

张肖梅发表《榨菜》一文

是年，张肖梅撰写了《四川经济参考资料》的第六节《榨菜》一文，系民国二十八年一月完成的讲义。

榨菜产地榨菜加工量

是年，榨菜加工量涪陵县67613市担，丰都县5325市担，江北县9000市担，巴县6000市担，长寿县1949市担，其他地区1013市担，四川省共计90900市担。参见四川省志工矿志编辑组张耀荣《解放前四川的榨菜业·解放前制菜产量变化表》、何裕文等《涪陵榨菜（历史志）》第40页、何侍昌《涪陵榨菜文化研究》第133页《传统市场经济阶段涪陵榨菜产量表》。李祥麟遗稿《丰都榨菜史料》云：是年，丰都榨菜加工7100坛，有大小厂户51户。

榨菜加工出现盐荒、榨菜产量锐减

是年，榨菜加工出现盐荒。四川省志工矿志编辑组张耀荣《解放前四川的榨菜业》云："1939年因川盐销湘、鄂，自流井加工赶制，以至川盐缺乏，几至盐荒。

据金陵大学李家文教授于 1939 年 4 月，亲自到各产地逐处调查，全省榨菜产量仅121200 坛，比战前最高年产量 1935 年的 389900 坛减少 69%，比战前正常年份产量22 万坛也减少 45%。由于省外销路阻塞，仅有少数运往三斗坪、贵阳等地，大多数厂商均囤积待战争后出售。"

丰都榨菜调查

是年，丰都榨菜调查。李祥麟遗稿《丰都榨菜史料》云："据四川省志编辑委员会资料，1939 年调查亩产青菜头二千至三千斤，买粪肥和其他材料要三十二元一角，还要加地租四元。"

丰都榨菜捐税调查

是年，据调查每担榨菜要缴纳二元四角五分二厘（当时成本每担十三元，占18% 以上）。其中，正税四角四分七，杂税五角零七，盐库券六分，小费二角一分二厘，每坛须交一元二角二分六厘，每担合计征二元四角五分二厘。此外还有"剿赤费"和沿途团卡勒索，需八至九角。参见李祥麟遗稿《丰都榨菜史料》。

20 世纪 30 年代

榨菜原料品种认定

20 世纪 30 年代初期认定草腰子为榨菜原料最佳种，羊角种次之，猪脑壳种再次之，还有犁头菜。

榨菜以坛计量

《涪陵市志》第 307 页第四篇《综合经济》第五章《经济综合管理》第五节《标准计量》云：榨菜以坛计，（20 世纪）30 年代每坛净重 62.5 市斤，40 年代每坛 90 市斤。

民国二十九年（1940）

涪陵县榨菜产量首次突破 20 万担

夏，涪陵县榨菜产量首次突破 20 万担，达 22 万担（折合 1.1 万吨），创历史最好水平。

傅益永编著《四川榨菜》出版发行

是年，傅益永编著的《四川榨菜》出版发行。该书以不足 6000 字的篇幅简明扼要地介绍榨菜在涪陵县的缘起、栽培和加工技术，并在每个汉字旁边辅以国音字母注音，系榨菜史上第一本形式新颖的科普读物。

陈德祥等成为榨菜传统制作技艺代表

据《涪陵榨菜之文化记忆》第 70 页《涪陵榨菜传统制作技艺传承谱系的突出代表人物》，1940—1950 年，涪陵榨菜传统制作技艺的代表有陈德祥、陈子元、张合清、张顺武、赵国太、郭友昭、苏金成、苏金和、高仕清、张官品、吴国春、向森木、姜寿建、张德音。

榨菜产地榨菜加工量

是年，榨菜加工量涪陵县 101000 市担，丰都县 3900 市担，江北县 7500 市担，巴县 600 市担，长寿县 563 市担，其他地区 600 市担，四川省共计 114163 市担。参见四川省志工矿志编辑组张耀荣《解放前四川的榨菜业·解放前制菜产量变化表》、何裕文等《涪陵榨菜（历史志）》第 40 页、何侍昌《涪陵榨菜文化研究》第 133 页《传统市场经济阶段涪陵榨菜产量表》。

榨菜加工锐减

是年，榨菜加工量锐减。四川省志工矿志编辑组张耀荣《解放前四川的榨菜业》云："由于 1939 年榨菜积压甚多，1940 年起菜商见战争不能结束，更不敢贸然多做。长寿厂商全部停业，涪陵加工榨菜者也由极盛时代的六百多家，减少到一百五十家；但由于省外入川人士增多，榨菜的省内销路打开，故 1940 年至 1945 年，仍保持生产榨菜十万担左右。"

民国三十年（1941）

涪陵榨菜厂创办

是年，张富珍在李渡合资创办隆和榨菜厂，1958 年停办。文奉堂在凉塘独资创办文奉堂榨菜厂，1943 年停办。按：文奉堂榨菜厂的名称和业主，《涪陵市志》第 726 页均作文奉堂。《涪陵榨菜（历史志）》第 20 页均作文秦堂。《涪陵榨菜（历史志）》当因形似而误。

榨菜产地榨菜加工量

是年，榨菜加工量涪陵县 105000 市担，丰都县 3750 市担，江北县 6000 市担，巴县 600 市担，长寿县 563 市担，其他地区 600 市担，四川省共计 116513 市担。参见四川省志工矿志编辑组张耀荣《解放前四川的榨菜业·解放前制菜产量变化表》、何裕文等《涪陵榨菜（历史志）》第 40 页、何侍昌《涪陵榨菜文化研究》第 133 页《传统市场经济阶段涪陵榨菜产量表》。

民国三十一年（1942）

曾勉、李曙轩对青菜头鉴定命名

是年，金陵大学教授曾勉、李曙轩对青菜头进行科学鉴定，认定它属于十字科芸薹属芥菜种的变种，并给予植物学的标准命名：Brassica junceacossvartumideTsem et lee。这一鉴定结论和命名，得到国际植物学界认可，一直沿用至今。

榨菜产地榨菜加工量

是年，榨菜加工量涪陵县 105000 市担，丰都县 2250 市担，江北县 6000 市担，巴县 600 市担，长寿县 563 市担，其他地区 600 市担，四川省共计 115013 市担。参见四川省志工矿志编辑组张耀荣《解放前四川的榨菜业·解放前制菜产量变化表》、《涪陵榨菜（历史志）》第 40 页、何侍昌《涪陵榨菜文化研究》第 133 页《传统市场经济阶段涪陵榨菜产量表》。

民国三十二年（1943）

陈翼汝创办榨菜产销合作社

是年，陈翼汝创办榨菜产销合作社，这是涪陵榨菜史上第一个产销合作社。次年解散。

文奉堂榨菜厂停业

是年，李渡的独资企业文奉堂榨菜厂停业。

榨菜产地榨菜加工量

是年，榨菜加工量涪陵县 105000 市担，丰都县 2250 市担，江北县 6000 市担，巴县 600 市担，长寿县 563 市担，其他地区 600 市担，四川省共计 115013 市担。参见四川省志工矿志编辑组张耀荣《解放前四川的榨菜业·解放前制菜产量变化表》、《涪陵榨菜（历史志）》第 40 页、何侍昌《涪陵榨菜文化研究》第 133 页《传统市场经济阶段涪陵榨菜产量表》。

民国三十三年（1944）

榨菜产销合作社解散

是年，陈翼汝创办榨菜产销合作社解散。

榨菜产地榨菜加工量

是年，榨菜加工量涪陵县 105000 市担，丰都县 2250 市担，江北县 6000 市担，巴县 600 市担，长寿县 563 市担，其他地区 600 市担，四川省共计 115013 市担。参见四川省志工矿志编辑组张耀荣《解放前四川的榨菜业·解放前制菜产量变化表》、《涪陵榨菜（历史志）》第 40 页、何侍昌《涪陵榨菜文化研究》第 133 页《传统市场经济阶段涪陵榨菜产量表》。李祥麟遗稿《丰都榨菜史料》云：是年丰都榨菜加工 9000 多坛，其中三江榨菜 8500 坛。

民国三十四年（1945）

匡盾论述榨菜加工工艺改革

是年，匡盾在《四川经济季刊》第 4 期刊发《涪陵榨菜业概述》一文，论述榨菜加工工艺改革。主要内容：一、前言；二、产制状况；三、业务状况；四、当前之困难情形；五、困难之解决及榨菜业之前途。文中有《涪陵榨菜历年产量及价值表》《榨菜原料丹口表（以每千坛为度）》《（民国）三十四年榨菜做户及产量》。民国三十四年七月一日印行。

秦仲君创办华大榨菜厂

是年，秦仲君在李渡合资创办华大榨菜厂，最高年产量在1000坛以上，1949年停办。按：《涪陵榨菜（历史志）》无载。

榨菜产地榨菜加工量

是年，榨菜加工量涪陵县22500市担，丰都县2250市担，江北县6000市担，巴县600市担，长寿县563市担，其他地区600市担，四川省共计32513市担。参见四川省志工矿志编辑组张耀荣《解放前四川的榨菜业·解放前制菜产量变化表》、何裕文等《涪陵榨菜（历史志）》第40页、何侍昌《涪陵榨菜文化研究》第133页《传统市场经济阶段涪陵榨菜产量表》。

民国三十五年（1946）

《为组织农业青菜生产运销公会救济农村经济告下川东农村同人书》发布

冬，下川东青菜头生产运销合作公会筹备处（驻重庆市储奇门96号）大量散发《为组织农业青菜生产运销公会救济农村经济告下川东农村同人书》，号召下川东各地榨（青）菜生产运销合作社及广大菜农联合起来经营，免受大资本商人压价盘剥，公会愿为各地提供加工、运销服务。

榨菜厂家纷纷兴办

是年，榨菜厂家纷纷兴办。何裕文《建国前的榨菜业》云："抗日战争胜利以后，运输渠道又渐畅通，榨菜销路日广，群商此时又蜂起办厂。一九四六年李宪章设厂于清溪场，相继童宪流又在瓦窑沱设'复园'菜厂，秦叙良在北岩寺设'森茂'菜厂，梁俊贤在叫化岩设'济美'菜厂，张成禄在川剧院设'齐中'菜厂，罗健民在叫化岩设'合生'菜厂，杨正业在石鼓溪设'海北桂'菜厂，叶海丰在街上建立了一个'复兴胜'菜厂，余锡昭也在街上建立一个'同庆昌'菜厂，杨海清设厂于黄桷嘴，何森隆设厂于黄旗，易永恒设厂于永安，袁家胜、潘世顺也分别设厂于黄旗，经营糖业的张富真也在李渡大竹林建立'隆和'菜厂，'怡民'酱园也在街上办起了菜厂，'信义公司'的何孝直在李渡建厂，该公司秦庆云又建厂于叫化岩，'老同兴'酱园的张宇僧也建厂八角亭。"

信义公榨菜厂创办

是年，重庆银行业资本家秦庆云在涪陵叫化岩合资创办信义公榨菜厂，最高年产量在 3000 坛以上，1949 年停办。参见《涪陵市志》第十篇《榨菜·涪陵县 1898 至 1949 年年产 1000 坛以上菜厂概况》、四川省志工矿志编辑组张耀荣《解放前四川的榨菜业》表一《解放前大型私营榨菜厂经营情况一览表》。又《解放前四川的榨菜业》云："信义公，重庆钱庄资本家秦庆云投资，雇张汉平为掌头，年产三四千坛，厂址设在涪陵叫化岩。"

济美榨菜厂创办

是年，成都烟商梁俊贤在涪陵叫化岩合资创办济美榨菜厂，最高年产量在 1000 坛以上，1952 年停办。参见《涪陵市志》第十篇《榨菜·涪陵县 1898 至 1949 年年产 1000 坛以上菜厂概况》、四川省志工矿志编辑组张耀荣《解放前四川的榨菜业》表一《解放前大型私营榨菜厂经营情况一览表》。又《解放前四川的榨菜业》云："济美，成都烟商梁俊贤投资，在涪陵叫化岩设厂，雇张光平为掌头。"

其中榨菜厂创办

是年，张成禄在涪陵城内合资创办其中榨菜厂，最高年产量在 4000 坛以上，1953 年停办。《涪陵市志》第十篇《榨菜·涪陵县 1898 至 1949 年年产 1000 坛以上菜厂概况》载，业主为张成禄；四川省志工矿志编辑组张耀荣《解放前四川的榨菜业》表一《解放前大型私营榨菜厂经营情况一览表》载，业主为王贻辉，其中榨菜厂设备齐全，被称为标准厂。按：王贻辉，当为王益辉。何裕文《建国前的榨菜业》云：牌号为齐中。

老同兴榨菜厂创办

是年，张宇僧在八角亭合资创办老同兴榨菜厂，最高年产量在 1000 坛以上，1949 年停办。参见《涪陵市志》第十篇《榨菜·涪陵县 1898 至 1949 年年产 1000 坛以上菜厂概况》、四川省志工矿志编辑组张耀荣《解放前四川的榨菜业》表一《解放前大型私营榨菜厂经营情况一览表》。《解放前大型私营榨菜厂经营情况一览表》载，业主为张玉申，原系上海老同兴资本家，厂址在八角嘴。又《解放前四川的榨菜业》云："老同兴，上海酱园业投资，厂设涪陵八角亭。"《涪陵榨菜简史》将张宇僧写成张于僧，说他是封建把头。

合生榨菜厂创办

是年，商人乐健民在涪陵叫化岩创办合生榨菜厂，系合伙企业，最高年产量在1000坛以上，1950年停办。《涪陵市志》第十篇《榨菜·涪陵县1898至1949年年产1000坛以上菜厂概况》作乐建铭、四川省志工矿志编辑组张耀荣《解放前四川的榨菜业》表一《解放前大型私营榨菜厂经营情况一览表》作乐健民。何裕文《建国前的榨菜业》云：业主为罗健民。

杨海清榨菜厂创办

是年，杨海清在黄桷嘴独资创办杨海清榨菜厂，最高年产量在1000坛以上。1947年停办。按：杨海清榨菜厂的名称和业主，《涪陵市志》第726页均作杨海清。何裕文等《涪陵榨菜（历史志）》第20页均作杨海亲。四川省志工矿志编辑组张耀荣《解放前四川的榨菜业》表一《解放前大型私营榨菜厂经营情况一览表》载：杨绍清，大地主，在涪陵黄角嘴创办杨绍清榨菜厂，系独资企业，兼营鸦片，新中国成立后厂房全部被没收，1947年停业。《解放前四川的榨菜业》又作杨绍青。何裕文《建国前的榨菜业》云：业主为杨海清。

怡民榨菜厂创办

是年，杨叔轩在易家坝独资创办怡民榨菜厂，最高年产量在1000坛以上。参见《涪陵市志》第十篇《榨菜·涪陵县1898至1949年年产1000坛以上菜厂概况》。何裕文《建国前的榨菜业》未言怡民业主。

复园榨菜厂创办

是年，田献骝在涪陵瓦窑沱合资创办复园榨菜厂，最高年产量在2000坛以上。1949年停办。复园榨菜厂的业主，《涪陵市志》第726页作田献骝。《涪陵榨菜（历史志）》第20页作田献留。四川省志工矿志编辑组张耀荣《解放前四川的榨菜业》表一《解放前大型私营榨菜厂经营情况一览表》作田献留。何裕文《建国前的榨菜业》云：复园业主为童宪流。

森茂榨菜厂创办

是年，秦叙良在北岩寺合资创办森茂榨菜厂，最高年产量在1000坛以上。1949年停办。参见《涪陵市志》第十篇《榨菜·涪陵县1898至1949年年产1000坛以上菜厂概况》、四川省志工矿志编辑组张耀荣《解放前四川的榨菜业》表一《解放前大

型私营榨菜厂经营情况一览表》、何裕文《建国前的榨菜业》。《解放前大型私营榨菜厂经营情况一览表》载,森茂系兄弟班,秦叙良弟秦荣光系地主。

李宪章榨菜厂创办

是年,地主李宪章在清溪场独资创办李宪章榨菜厂,最高年产量在 1000 坛以上,1949 年停办。参见《涪陵市志》第十篇《榨菜·涪陵县 1898 至 1949 年年产 1000 坛以上菜厂概况》、四川省志工矿志编辑组张耀荣《解放前四川的榨菜业》表一《解放前大型私营榨菜厂经营情况一览表》、何裕文《建国前的榨菜业》。《解放前大型私营榨菜厂经营情况一览表》载:李宪章,新中国成立后厂房被没收。

信义公司榨菜厂创办

是年,何孝质在叫化岩创办信义公司榨菜厂,系官办,最高年产量在 5000 坛以上,1949 年停办。参见《涪陵市志》第十篇《榨菜·涪陵县 1898 至 1949 年年产 1000 坛以上菜厂概况》、四川省志工矿志编辑组张耀荣《解放前四川的榨菜业》表一《解放前大型私营榨菜厂经营情况一览表》、何裕文《建国前的榨菜业》。《解放前大型私营榨菜厂经营情况一览表》载,何孝直廿一军军法处长,在涪陵叫化岩、李渡创办信义公司榨菜厂,兼收购成品 1—2 万坛。又《解放前四川的榨菜业》云:"信义公司,为二十一军军法处长、涪陵县银行经理何孝直投资经营。1946 年在涪陵叫化岩设厂,每年除自制三四千坛外,并收购成品一二万坛运销上海。1949 年解放前夕停业,何孝直逃往香港。"

杨正清榨菜厂创办

是年,商人杨正清在洛碛街上创办杨正清榨菜厂,系合伙企业,最高年产量在 1000 坛以上,1948 年停办。参见四川省志工矿志编辑组张耀荣《解放前四川的榨菜业》表一《解放前大型私营榨菜厂经营情况一览表》。

三江榨菜厂创办

是年,江志道在洛碛花朝门创办三江榨菜厂,系兄弟班,1954 年停办。四川省志工矿志编辑组张耀荣《解放前四川的榨菜业》表一《解放前大型私营榨菜厂经营情况一览表》载,江志道,系丰都立法委员、民社党员,洛碛花朝门三江榨菜厂为丰都三江榨菜厂的分厂。

大江榨菜厂创办

是年，重庆资本家吴□□在洛碛创办大江榨菜厂，系合伙企业，最高年产量在1000坛以上，1948年停办。参见四川省志工矿志编辑组张耀荣《解放前四川的榨菜业》表一《解放前大型私营榨菜厂经营情况一览表》。

川香美菜厂创办

是年，商人胡德善在洛碛街上创办川香美榨菜厂，系合伙企业，代上海商人加工榨菜，最高年产量在1000坛以上，1954年停办。参见四川省志工矿志编辑组张耀荣《解放前四川的榨菜业》表一《解放前大型私营榨菜厂经营情况一览表》。

成大榨菜厂创办

是年，商人陈万新在洛碛朝阳街创办成大榨菜厂，系合伙企业，兼收购成品三四千坛，1952年停办。参见四川省志工矿志编辑组张耀荣《解放前四川的榨菜业》表一《解放前大型私营榨菜厂经营情况一览表》。

菜珍香榨菜厂创办

是年，郑少安在丰都城镇独资创办菜珍香榨菜厂，最高年产量在4000坛以上，1955年停业。按：郑少安，原系店员，1958年曾做过丰都贸易公司副经理。参见四川省志工矿志编辑组张耀荣《解放前四川的榨菜业》表一《解放前大型私营榨菜厂经营情况一览表》。

许海荣榨菜厂创办

是年，地主兼工商业主在木洞街上独资创办许海荣榨菜厂，成品卖给聚义长，最高年产量在1000坛以上，1948年停业。参见四川省志工矿志编辑组张耀荣《解放前四川的榨菜业》表一《解放前大型私营榨菜厂经营情况一览表》。

金川榨菜厂创办

是年，地主殷学智在洛碛余家湾创办金川榨菜厂，系合伙企业，由重庆金城银行股东投资，最高年产量在1000坛以上，1948年停业。参见四川省志工矿志编辑组张耀荣《解放前四川的榨菜业》表一《解放前大型私营榨菜厂经营情况一览表》。又《解放前四川的榨菜业》云："为重庆金城银行几个股东合伙开办，负责人为段学智，雇唐绍谟为掌头，在洛碛上坝设厂。"

天府榨菜厂创办

是年，商人陈清云在洛碛蒋家湾创办天府榨菜厂，系合伙企业，由重庆一个大企业投资，最高年产量在 1000 坛以上，1948 年停业。参见四川省志工矿志编辑组张耀荣《解放前四川的榨菜业》表一《解放前大型私营榨菜厂经营情况一览表》。又《解放前四川的榨菜业》云："天府，厂址在洛碛上坝蒋家湾，是重庆天府企业投资，以资本家陈清云为主，1946 年开业。"

义大榨菜厂创办

是年，上海资本家李保森在洛碛下坝创办义大榨菜厂，系合伙企业，最高年产量在 1200 坛以上，1948 年停业。参见四川省志工矿志编辑组张耀荣《解放前四川的榨菜业》表一《解放前大型私营榨菜厂经营情况一览表》。又《解放前四川的榨菜业》云："义大，为上海榨菜商行李保森、向得山等大资本家投资，王叙伦经手，厂址设在洛碛下坝。"

杨正业创办海北桂榨菜厂

是年，杨正业在石鼓溪创办海北桂榨菜厂。参见何裕文《建国前的榨菜业》。

叶海丰创办复兴胜榨菜厂

是年，叶海丰在涪陵街上创办复兴胜榨菜厂。参见何裕文《建国前的榨菜业》。

余锡昭创办同庆昌榨菜厂

是年，余锡昭在涪陵街上创办同庆昌榨菜厂。参见何裕文《建国前的榨菜业》。

何森隆创办榨菜厂

是年，何森隆在黄旗创办榨菜厂。参见何裕文《建国前的榨菜业》。

易永恒创办榨菜厂

是年，易永恒在永安创办榨菜厂。参见何裕文《建国前的榨菜业》。

袁家胜创办榨菜厂

是年，袁家胜在黄旗创办榨菜厂。参见何裕文《建国前的榨菜业》。

潘世顺创办榨菜厂

是年，潘世顺在黄旗创办榨菜厂。参见何裕文《建国前的榨菜业》。

张富真创办隆和榨菜厂

是年，张富真在李渡大竹林创办隆和榨菜厂。参见何裕文《建国前的榨菜业》。

榨菜产地榨菜加工量

是年，榨菜加工量涪陵县 60000 市担，丰都县 25500 市担，江北县 22500 市担，巴县 5100 市担，长寿县 563 市担，其他地区 1000 市担，四川省共计 114663 市担。参见四川省志工矿志编辑组张耀荣《解放前四川的榨菜业·解放前制菜产量变化表》、何裕文等《涪陵榨菜（历史志）》第 40 页、何侍昌《涪陵榨菜文化研究》第 133 页《传统市场经济阶段涪陵榨菜产量表》。李祥麟遗稿《丰都榨菜史料》云：是年，丰都榨菜加工 30000 坛。

丰都榨菜运销香港

是年，江秉彝运丰都三江榨菜 500 多坛到香港试销，开辟香港市场。参见李祥麟遗稿《丰都榨菜史料》。

丰都兴办榨菜厂

是年至 1947 年，丰都榨菜厂除江秉彝、徐洪顺、甘维勤、黄玉啄等 10 来户外，新办主要有郑少安、樊瑞廷、梁搏斋、刘鹤雏、林世政、李岐山、唐洁身、傅晏清、刘万山等。

民国三十六年（1947）

《申报》报道榨菜市价

5 月，《申报》报道榨菜市场行情。洛碛榨菜每担 30 元，丰都榨菜每担 29 元，涪陵榨菜每担 28 元。参见李祥麟遗稿《丰都榨菜史料》。

丰都榨菜帮敬"太阳会"

冬，丰都榨菜帮聚餐敬"太阳会"，有菜厂老板、自产自制的菜农、菜业经纪人

余万才、陈海云等会员 150 多人。参见李祥麟遗稿《丰都榨菜史料》。

军委后勤部榨菜厂创办

是年，唐文华在北岩寺创办军委后勤部榨菜厂，系官办，最高年产量在 5000 坛以上 ,1947 年停办。后勤部榨菜厂的业主，《涪陵市志》第 726 页均作唐文华。《涪陵榨菜（历史志）》第 21 页均作唐文毕。四川省志工矿志编辑组张耀荣《解放前四川的榨菜业》表一《解放前大型私营榨菜厂经营情况一览表》载，唐文毕，经手人，在涪陵白岩寺创办蒋军后勤部榨菜厂，系官办企业，以营利为目的，1949 年停办。又《解放前四川的榨菜业》云："国民党军委会后勤部，于 1947 年在涪陵河对岸北岩寺设厂，经手人唐文毕，雇张汉芝为掌头。每年制菜五六千坛，所制成品并不供应军需，而是以赚钱为目的。"

华封榨菜厂创办

是年，资方代理人李月宾在洛碛街上创办华封榨菜厂，系重庆商人合伙投资企业，最高年产量在 1000 坛以上，1948 年停办。参见四川省志工矿志编辑组张耀荣《解放前四川的榨菜业》表一《解放前大型私营榨菜厂经营情况一览表》。

唐觉怡榨菜厂创办

是年，地主唐觉怡在鹤凤滩独资创办唐觉怡榨菜厂，最高年产量在 2000 坛以上，1949 年停办。参见《涪陵市志》第十篇《榨菜·涪陵县 1898 至 1949 年年产 1000 坛以上菜厂概况》、四川省志工矿志编辑组张耀荣《解放前四川的榨菜业》表一《解放前大型私营榨菜厂经营情况一览表》。《解放前大型私营榨菜厂经营情况一览表》载，唐觉怡，地主，在涪陵火风滩创办唐觉怡榨菜厂，兼营坛罐厂。

民生公司榨菜厂创办

是年，李朋久在涪陵龙王嘴创办民生公司榨菜厂，最高年产量在 3000 坛以上，1949 年停办。按：民生公司榨菜厂的业主，《涪陵市志》第 726 页均作李朋久。《涪陵榨菜（历史志）》第 21 页均作李朋文。四川省志工矿志编辑组张耀荣《解放前四川的榨菜业》表一《解放前大型私营榨菜厂经营情况一览表》载：李朋久，民生公司职员，在龙王嘴、清溪、八角亭有四个厂。又《解放前四川的榨菜业》云："重庆民生轮船公司物产部，在涪陵的龙王嘴、清溪场、八角亭和丰都的城南坪，共设五个加工厂，于 1947 年开业，每年制造四五千坛。"

民丰榨菜厂创办

是年，镇长卢泽浓在成大城镇创办民丰榨菜厂，大部分系民生公司投资，最高年产量在 5000 坛以上，1952 年停办。参见四川省志工矿志编辑组张耀荣《解放前四川的榨菜业》表一《解放前大型私营榨菜厂经营情况一览表》。

丰都县政府规定榨菜缴纳"称息"

是年，丰都县政府规定榨菜应缴纳"称息"。四川省志工矿志编辑组张耀荣《解放前四川的榨菜业》云："1947 年丰都县府还规定榨菜要缴纳'称息'，遭到了菜商的反对。菜商李祥林、向沛林、李益之等人去县府请愿，要求豁免'称息'，不仅县长黄达夫不接见，还受到财委会负责人卢景明的重斥，下令将李祥林等逐出衙门，反动统治者对民族工商业的敲诈勒索，于此可见。"

陈海云组建"太阳会"

是年，陈海云组建太阳会。四川省志工矿志编辑组张耀荣《解放前四川的榨菜业》云："1945 年抗日战争胜利后，丰都县官僚资产阶级陈海云更邀集各大小厂商于 1947 年成立'太阳会'，每年冬月十一日，借口给太阳神做生，大办筵席，以所谓统一牌号、统一运销为名，逼使小厂商及农家自制榨菜一律卖给大厂，成为控制榨菜生产外运的另一个封建组织形式。"

榨菜产地榨菜加工量

是年，榨菜加工量涪陵县 75000 市担，丰都县 25500 市担，江北县 37500 市担，巴县 6375 市担，长寿县 563 市担，其他地区 2000 市担，四川省共计 146938 市担。参见四川省志工矿志编辑组张耀荣《解放前四川的榨菜业·解放前制菜产量变化表》、何裕文等《涪陵榨菜（历史志）》第 40 页、何侍昌《涪陵榨菜文化研究》第 133 页《传统市场经济阶段涪陵榨菜产量表》。李祥麟遗稿《丰都榨菜史料》云：是年，丰都榨菜加工 35000 坛。

丰都榨菜试销天津

是年，向晏平运送丰都榨菜 300 多坛试销天津，开辟天津市场。参见李祥麟遗稿《丰都榨菜史料》。

丰都榨菜实行"秤息"

是年,丰都对榨菜实行"秤息",由县参议员秦哲明经手收管。向沛林、李镒之、李祥麟等 10 余人去县政府请愿,要求豁免"秤息",减轻负担,不仅县长黄达夫不接见,还受到卢景明的呵斥,"不准胡闹",并逐出衙门。参见李祥麟遗稿《丰都榨菜史料》。

民国三十七年(1948)

涪陵榨菜加工厂纷纷歇业

春,由于上年以来菜业盲目发展一哄而上,榨菜加工质量普遍下降,加上货币贬值,榨菜市场暗淡,至年终厂户大多停业。

银行贷款

《涪陵市志》第 833 页第十三篇《金融》第四章《贷款》第二节《银行贷款》云:清末及民国时期,涪陵的银行、钱庄向商界放款,以特业(鸦片烟)、桐油、榨菜、米粮、盐业为主要对象……(民国)三十七年十二月底,四川省银行涪陵分行经省行批准,向 64 家行号,包括银行、油业、粮食、榨菜、布业、盐业、桐油、药材、糖酒、烟叶、绸缎、干果、纸烟、木业、酱园、面粉、山货等行业发放贷款金圆券 44.9 万元。

榨菜产地榨菜加工量

是年,榨菜加工量涪陵县 210000 市担,丰都县 18000 市担,江北县 37500 市担,巴县 6300 市担,长寿县 563 市担,其他地区 2000 市担,四川省共计 274363 市担。参见四川省志工矿志编辑组张耀荣《解放前四川的榨菜业·解放前制菜产量变化表》。

韩洪钧忧愤投江

是年,榨菜厂商韩洪钧忧愤投江。四川省志工矿志编辑组张耀荣《解放前四川的榨菜业》云:"1948 年涪陵厂商韩洪钧运榨菜到上海销售,因纸币贬值,所售货款成了几张废纸,乘轮回家路过沙市,因顾虑没钱偿还债务,忧愤投江而死。"又参见《涪陵榨菜简史》。

丰都菜农倾菜下河

是年，丰都菜农倾菜下河。四川省志工矿志编辑组张耀荣《解放前四川的榨菜业》云："1948 年丰都县镇江乡菜农因价贱难卖，曾发生愤而倾菜下河的悲惨景象。"

《涪陵榨菜工业的展望》问世

是年，《四川经济汇报》1948 年 2 期刊发《涪陵榨菜工业的展望》一文，主要内容包括：一、概述；二、涪陵榨菜因何得名在四川经济上所占地位如何；三、近年来涪陵榨菜业销路的趋势；四、榨菜的播种及制造方法；五、涪陵榨菜工业展望之前途及其改进；六、结论。

《榨菜大头菜的栽培和制造》问世

是年，《榨菜大头菜的栽培和制造》出版，编者浙江农民学校师资培训班导师王儒林，发行者上海河南中路二二一号中华书局股份有限公司，印刷者上海澳门路四七七号中华书局永宁印刷厂，发行处各埠中华书局，印数 5000，主要内容包括：一、榨菜总说（产地、来历、名称、产销）；二、榨菜的栽培（性状、品种、气候、土宜、育苗、移植、施肥、管理、病虫害、收获、采种、轮作）；三、榨菜的用途；四、榨菜的制造（选头、切头、晾头、晾菜、腌盐、淘洗、压榨、去筋、加味腌盐、装坛、封口、副产品）。

榨菜产量

是年，涪陵榨菜 210000 市担。参见何裕文等《涪陵榨菜（历史志）》第 41 页、何侍昌《涪陵榨菜文化研究》第 133 页。另《涪陵榨菜简史》记载涪陵榨菜产量为 28 万担，是抗战后最高产年。

中华人民共和国

1949 年

卢泽浓等创办民丰榨菜厂

春，卢泽浓与重庆民生公司在城内大西门创办民丰榨菜厂。

涪陵榨菜加工厂纷纷停业

是年，受战争的影响，青菜头种植面积 5180 亩，青菜头产量 6175 吨，加工总数 575 担，产量仅有 1875 吨。涪陵加工户减至 200 余户。按：同德祥（刘庆云）、复兴胜（叶海峰）、怡亨永（黎炳烈）、华大（秦仲君）、复园（田献骝）、森茂（秦叙良）、李宪章、叫化岩信义公司（何孝直）、信义公（秦庆云）、老同兴（张宇僧）、唐觉怡、民生公司（李朋久）、军委后勤部（唐文华）、李渡信义公司（何孝直）等均在是年停业。

何孝质创办信义公司榨菜厂

是年，何孝质在李渡创办信义公司榨菜厂，系官办，最高年产量在 5000 坛以上，同年停办。

榨菜成为主要工业产品

是年，榨菜成为主要工业产品。《涪陵市志》第 462—463 页第六篇《工业》第一章《工业经济概况》第二节《生产结构·产品》云：1949 年，涪陵县有工业、手工业产品 400 余种，主要产品有原煤、电力、青砖、犁铧、铁锅、木材、松香、肥皂、火柴、棉布、植物油、榨菜和猪肉腌腊制品等。

榨菜酱油品牌

《涪陵市志》第 655 页第九篇《商业》第三章《国内贸易》第二节《副食品》云：民国时期，有怡园、怡民、李园等酱园开业，所产榨菜酱油、什锦咸菜等甚有特色。

1949—1985 年青菜头收购

《涪陵市志》第 658 页第九篇《商业》第三章《国内贸易》第三节《农副食品·1949—1985 年主要年份主要农副产品收购量》云：青菜头，1949 年 2175 吨，1952 年 20160 吨，1957 年 36645 吨，1962 年 2480 吨，1965 年 38840 吨，1970 年 25035 吨，1975 年 36995 吨，1978 年 64190 吨，1980 年 43645 吨，1985 年 35800 吨。榨菜，1952 年 4940 吨，1957 年 11105 吨，1962 年 793 吨，1965 年 10209 吨，1970 年 8343 吨，1975 年 12333 吨，1978 年 21396 吨，1980 年 14550 吨，1985 年 12114 吨。

榨菜营销

《涪陵市志》第 681—682 页第九篇《商业》第四章《对外贸易》第一节《经营体制》云：至（20 世纪）40 年代末的近百年间，市境尚无经营对外贸易的专门机构。涪陵及乌江中下游的产品出口，或由产地商贩、字号收购集中转运（售）给口岸商，口岸商再转售给洋行；或由口岸商或洋行的买办直接进入产区收购集运到有关口岸。洋行买进产品后，一般都要经过一定的加工整理，然后再运销出口。民国年间，涪陵和乌江中下游流域的山货运销重庆口岸，桐油大部分运万县，榨菜直运上海出口。民国二十五年，涪陵山货、桐油、榨菜同业公会中经营出口产品的字号（俗称走水字号）共有 62 家，其中山货有达记、源昌、益祥、福和、玉成祥、潘福泰、周积成等 8 家，桐油有渝帮的诚长儒、成丰记，万县帮的福达、和记，小河帮的福和、达记、五福公等 10 家，榨菜有怡亨永、同德祥、同记、致和祥、复裕厚、信利、益兴、正大、复兴胜、协裕公、合心永、泰记等 44 家。1952 年以后，出口农副土特产品由县供销社土产部门代组织发展生产，代收购产品（其中 1961—1962 年由县商业局外贸站办理），业务上受地区外贸经营部门的委托和指导。出口产品按国家计划部门下达的指标组织生产和收购，具体经营分 3 种情况：由国内商业统一经营的榨菜、生丝、棕树子、中药材等产品，由归口经营单位按出口规格进行生产，由涪陵地区外贸机构指导检验商品、收货并直接与供货单位结算付款；由国家外贸部门统一经营的茶叶、畜产品、珠宝玉器等，由地区外贸机构委托县供销社代购；由地区外贸机构直接在涪陵市（县）组织生产、收购的有蹄角粒、羽毛粉、羽毛枕芯、皮鞋、劳保手套、皮箱等产品。为保证大宗出口商品的质量和稳定供货，外贸部门设有榨菜、茶叶、猪鬃、裘衣加工等直属厂、定点厂（或专门车间）和生产基地，在资金、技术等方面予以扶持和指导。

出口商品

《涪陵市志》第 681 页第九篇《商业》第四章《对外贸易》云：涪陵的生漆、猪

鬃、山羊皮、牛皮以及桐油、榨菜等均是久负盛名的传统出口商品。《涪陵市志》第682—683页第九篇《商业》第四章《对外贸易》第二节《出口商品》云：清代后期和民国年间，涪陵的出口产品主要有桐油、生漆、青麻、五倍子、羊皮、牛皮、猪鬃、肠衣、鸭毛等，除榨菜、猪鬃等外，大部分来自乌江流域，少部分为涪陵县所产。《涪陵市志》第684页第九篇《商业》第四章《对外贸易》第二节《出口商品》云：土产品，主要为榨菜，次为蘑菇、甜叶菊、藠头、李干等。榨菜在清光绪二十五年（1899）开始商业加工。后运销上海，再由上海的洋行和其他商号转销至国外。民国元年以后外销数量逐渐增多。涪陵解放后，榨菜仍为主要出口商品。1982年以前，国家指定上海土产进出口公司统一经营，由四川按计划调拨商品；以后由四川省外贸部门经营，地区和市外贸部门组织货源向省上供货；不直接经营出口。50年代，出口主销苏联、东欧、朝鲜和中国香港地区，再由香港转销到国外。60年代末逐渐转向日本、东南亚各国。1950至1952年的出口由上海市场经营，数量未详。1953至1985年，涪陵榨菜出口累计供货75049吨，年均2274吨；最高为1982年，5190吨。

榨菜茶馆

《涪陵市志》第691页第九篇《商业》第五章《饮食服务》第二节《服务业·茶馆》云：涪陵人饮茶可远溯至汉代。清乾隆年间涪陵城已有茶馆业。民国初年，城内有茶馆84家。民国二十七年增至132家，其中兼营旅栈的占63.6%，其后最多时达165家。1949年减至53家，其中茶栈兼营的14家。涪陵城的茶馆大体有三类：一是多为工商业者聚会的商业茶馆，如糖、酒、油、盐、山货等大宗货物交易多在商帮茶馆，初由江津人宋国臣在县商会支持下开办；特业多在"三益居"，木业在"涪涛茶社"，榨菜业多在"陆卢茶园"等。

榨菜堆栈

《涪陵市志》第694—695页第九篇《商业》第五章《饮食服务》第二节《服务业·堆栈》云：民国年间涪陵城商品的储存，属经营单位自有固定仓库的有：盐务局的盐仓、粮食部门的粮库（仓）以及中国银行、四川省银行在涪陵办理抵押贷款所设的专用仓库等。榨菜储存一般以生产结束后的厂房作仓库。其他商业行业大多在各个私营堆栈（即货栈）存放货品，专营堆栈遂成为一个行业。据民国二十四年县商会调查，涪陵城有堆栈59家，其中乌江西岸从小东门外至崩土坎一线有42家，主要为乌江流域运出的桐油、山货和待运进的食盐、日用杂货的堆（存）放地；次为沿长江南岸的北门、西门外和盐店嘴一线共13家，主要堆放上运重庆下运万县各地的杂货、药材、食盐等货品；南门外 2 家，主要堆存杂粮；中山街 1 家，堆存百货、棉纱、布匹等；石柱子 11 家，堆存榨菜。蔺市、李渡、珍溪等沿江货物集散地，亦有经营堆栈业务的。这些堆栈可长期租用，可代存货品，少数还可受货主委托代为批发、转运和承销。经营堆栈业务的都比较注重信誉，如对存放的货品负有安全责任，若有被盗等损失照价括偿；随时检查，防止商品霉烂变质；与货主经常保持业务联系，告诉当地市场情况，为客商谋利等。

榨菜产地榨菜加工量

是年，榨菜加工量涪陵县 37500 市担，丰都县 8000 市担，江北县 30000 市担，巴县 3375 市担，长寿县 563 市担，其他地区 1000 市担，四川省共计 80438 市担。参见四川省志工矿志编辑组张耀荣《解放前四川的榨菜业·解放前制菜产量变化表》、何裕文等《涪陵榨菜（历史志）》第 40 页、何侍昌《涪陵榨菜文化研究》第 133 页《传统市场经济阶段涪陵榨菜产量表》。李祥麟遗稿《丰都榨菜史料》云：是年，丰都县是年产青菜头 838400 斤，熟菜 2620 担。

青菜头与被交换品比价

战前平均，青菜头与被交换品比价情况是：食盐 15.10 市斤、白糖 7.20 市斤、白布 15.90 尺、火柴 20.90×10 盒、煤油 6.30 市斤。参见何裕文等《涪陵榨菜（历史志）》第 114 页、何侍昌《涪陵榨菜文化研究》第 149 页。

1950 年

涪陵榨菜工商登记

11 月，涪陵县人民政府工商科按涪陵专署通知要求，开始办理工商登记，至年底结束。其中榨菜申请登记开业 407 户，资本最大者 1.5 万元，最小者 20 元。

涪陵榨菜纳入国家统一购销

是年，涪陵榨菜纳入国家统一购销。

涪陵榨菜厂开办

是年，涪陵榨菜厂开办。

涪陵榨菜加工

是年，青菜头种植面积 5185 亩，青菜头产量 3447 吨，加工总数 637.5 担。

榨菜比价

《涪陵市志》第 327 页第四篇《综合经济》第五章《经济综合管理》第六节《物价·涪陵城 1950 至 1985 年主要年份农副产品收购牌价》云：雨水节前砍收的青菜头 50 斤，其收购牌价是：1950 年 0.80 元，1952 年 2.73 元，1957 年 2.40 元，1962 年 7.95 元，1965 年 4.25 元，1970 年 4.25 元，1975 年 4.25 元，1980 年 4.25 元，1965 年 4.30 元。

《涪陵市志》第 328 页第四篇《综合经济》第五章《经济综合管理》第六节《物价·涪陵城 1950 至 1985 年主要年份国营商业零售牌价》云：每公斤甲级榨菜，国营商业零售牌价是：1950 年 0.17 元，1952 年 0.64 元，1957 年 0.48 元，1962 年 1.40 元，1965 年 0.75 元，1970 年 0.68 元，1975 年 0.68 元，1980 年 0.68 元，1965 年 0.68 元。

谢安品等成为榨菜传统制作技艺代表

据《涪陵榨菜之文化记忆》第 70 页《涪陵榨菜传统制作技艺传承谱系的突出代表人物》，1950—1960 年，涪陵榨菜传统制作技艺的代表有谢安品、况伯勋、蒋绍武、胡全中、袁树清、向奎云、任万福、胡光华、况世发、曾元和、刘树槐、金绍华、白永兴、邓思福、兰永胜、兰云胜。

青菜头与被交换品比价

是年，青菜头与被交换品比价情况是：食盐 4.80 市斤、白糖 1.10 市斤、白布 2.90 尺、火柴 8.00×10 盒、煤油 1.00 市斤。参见何裕文等《涪陵榨菜（历史志）》第 114 页、何侍昌《涪陵榨菜文化研究》第 149 页《青菜头与被交换品比价表》。

涪陵榨菜一级产品零售牌价

是年，涪陵榨菜一级产品零售牌价 0.085 元/市斤。参见何裕文等《涪陵榨菜（历史志）》第 114 页、何侍昌《涪陵榨菜文化研究》第 148 页《榨菜一级产品零售牌价表》。

1951 年

《关于制定榨菜标准的通告》发布

2月，涪陵县人民政府发布《关于制定榨菜标准的通告》。《涪陵市志》"大事记"第46页载：2月，县人民政府发布《关于制定榨菜制菜标准的通告》。《涪陵大事记》（1949—2009）第12页载：本月，涪陵县人民政府发布《关于制定榨菜制菜标准的通告》。

涪陵榨菜加工厂户登记

3月，进行榨菜加工厂户登记。涪陵县有加工厂户337家，其中国营菜厂1家；有职员155人，从业人员（不含临时工）743人，资本总额17.4万元。

涪陵榨菜专题调查组编印《榨菜》宣传册

4月，川东涪陵土产分公司在广泛深入调查的基础上，编印出《榨菜》小册子，对榨菜业历史及青菜头的种植、加工、销售经验作了比较系统的总结和介绍，用以指导恢复发展榨菜生产。

榨菜生产会议召开

8月10日，川东人民行政公署在涪陵召开榨菜生产会议，涪陵、丰都、江北、巴县、万县等主产县部分菜厂及涪、丰两县榨菜同业公会负责人共16人与会。会议主要内容为：讲明对私商复业的政策，号召恢复发展榨菜生产，国家予以贷款地支持；统一加工质量，私商由同业公会统一管理；要给菜农发放贷款，支持青菜头种植。会议决定成立川东区榨菜生产辅导委员会，产地县设分会，具体指导榨菜生产。《涪陵市志》"大事记"第47页载：8月18日，川东行署在涪陵召开榨菜生产会议，涪陵、丰都、万县、巴县、江北等主产县共16名代表出席会议。会议主要研究了发放贷款、鼓励私营厂商复业、统一质量标准、加强同业公会的统一管理等问题。《涪陵大事记》（1949—2009）第14页载：（8月）18日，川东行署在涪陵召开榨菜生产会议，涪陵、丰都、万县、巴县、江北等主产县共16名代表出席会议。会议主要研究发放贷款、鼓励私营厂商复业、统一质量标准、加强同业公会的统一管理等问题。

王戌德率队组建国营榨菜厂

8月，川东军区后勤部派总务科长王戌德等干部分赴江津至万县的长江沿岸榨菜产区县考察，投资筹建榨菜厂。至年底共建起11个榨菜厂，于次年春正式投产。工

作组驻黄旗菜厂，1953年移交地方。何裕文等《涪陵榨菜（历史志）》第42页载："一九五一年八月，川东军区后勤部才着手开办榨菜事业，派出原军区总务科长王戍德同志为负责人，率领部队抽出的数十名干部分赴巴县、江北、长寿、涪陵、丰都、万县等地，接管了已经停办的一些菜厂。由郭访贤、刘春来、宋海安、赵振江、程明辉等同志分段负责，王戍德同志坐镇涪陵黄旗口菜厂，共组织筹集恢复加工十一个菜厂，于一九五二年春天正式投入生产。所属厂有江津的油溪菜厂，巴县的木洞、清溪坝、鱼嘴沱三个厂，江北的洛碛菜厂，长寿的扇沱菜厂，涪陵的黄旗菜厂，丰都的城镇一、二厂，万县的碛夕石菜厂。"按：王戍德，《涪陵榨菜（历史志）》第47页作王戌德，戌、戍形似而误。

涪陵榨菜工作会议举行

9月17—18日，涪陵县榨菜工作会议在县人民政府会议室举行，传达9月上旬川东涪陵区榨菜生产会议精神。会上，菜头种植者代表（甲方）24人与制造厂方代表（乙方）签定《涪陵县榨菜菜头供应购买集体合同》；县榨菜生产辅导委员会与公私厂方代表签订了《涪陵县榨菜制造任务分配、品质规格、包装规格的集体合同》，县长吕才臣等党政干部22人在合同上签名作证，以保证全县次年春11万坛榨菜加工任务的完成。

丰都县榨菜生产辅导委员会成立

9月，丰都县榨菜生产辅导委员会成立，布置生产加工、检查加工过程，检验成品；平衡计划，调整关系；贯彻菜头价格政策，保障菜农菜工利益；组织菜坛生产等，协助国营菜厂的健全壮大。参见李祥麟遗稿《丰都榨菜史料》。

新榨菜同业公会成立

是年，成立新的榨菜同业公会，受涪陵县工商联领导。主要任务是改革不合理规章制度，进行调查研究，帮助政府恢复榨菜生产。

涪陵部分榨菜加工厂开办

是年，涪陵义和乡石板滩菜厂、黄旗菜厂开办。据何裕文等《涪陵榨菜（历史志）》第53页《榨菜厂简史》，黄旗菜厂，在1951、1952、1953、1955、1957、1958、1963、1965年的厂长或主要负责人分别是：李振林、李生财、赵振江、伍二万、吴海亮、邓元馨、杨子荣、李建国；其主管技师分别是：袁中武、袁中武、况成文、赵世云、白永兴、杨胜禄、彭增祥、赵国泰；其生产能力分别是：3000、

4000、8000、8000、8000、8000、10000、15000 担,其隶属关系分别是:军川(笔者按:当为委)后勤部、军川(笔者按:同上)后勤部、军川(笔者按:同上)后勤部、榨菜生产部、服务局、商业局、供销社、供销社。

涪陵榨菜生产与加工

是年,青菜头种植面积 15269 亩,青菜头产量 8245 吨,加工总数 2038.2 担。

榨菜批发

《涪陵市志》第 630 页第九篇《商业》第二章《商业体制》第一节《私营商业》云:在此前后(笔者注:1951 年),国家在粮食、油料、棉布、食盐、榨菜等行业建立企业,承担批发业务。

涪陵榨菜一级产品零售牌价

是年,涪陵榨菜一级产品零售牌价 0.270 元 / 市斤。参见何裕文等《涪陵榨菜(历史志)》第 114 页、何侍昌《涪陵榨菜文化研究》第 148 页《榨菜一级产品零售牌价表》。

1952 年

涪陵榨菜生产与加工

春,青菜头种植面积 36652 亩,青菜头产量 20393 吨,加工总数 4939.75 担。其中收购鲜菜 20360 吨,比 1950 年增长 6.4 倍。

国营榨菜厂加工能力增强

春,由于四川省供销社、涪陵专区贸易公司、涪陵县供销社联社及川东军区后勤部等单位上年以来增加投资建厂,国营榨菜加工能力已占涪陵全县的 80% 以上。榨菜总产量 98795 担,较上年增长 1.2 倍。

青菜头缩叶病蔓延

冬,涪陵县青菜头缩叶病蔓延,至次年 2 月收获时全县产量平均损失 19%,其中黄旗、李渡、蔺市一带损失严重者达 30% 以上。

涪陵榨菜辅导委员会成立

是年，受川东行署指导，成立涪陵榨菜辅导委员会，受涪陵专署工商科领导，其任务是发展生产，密切公私关系。下设榨菜校验委员会，对国营和私营菜厂的成品进行检验评级，签发出售合格证。辅导委员会工作于 1956 年结束。

涪陵部分榨菜加工厂开办

是年，蔺氏菜厂、清溪菜厂开办。据何裕文等《涪陵榨菜（历史志）》第 51 页《榨菜厂简史》，蔺市菜厂 1954、1957、1983 年的厂长或主要负责人分别是吴信侯、何将兵、吴盛乾，其主管技师分别是向森模、向森模、肖光模，其生产能力是 20000 担，其隶属关系分别是榨菜生产部、贸易公司、供销社。据《涪陵榨菜（历史志）》第 54—55 页《榨菜厂简史》，黄旗菜厂在 1955、1961、1962、1963、1973、1975、1979、1983 年的厂长或主要负责人分别是：刘来保、王老久、杨世昌、况云丰、吴庆国、何元芳、毛超国、郑超；其主管技师分别是：陈德顺、蒋绍武、蒋绍武、况伯勋、况伯勋、况伯勋、况伯勋、周华山；其生产能力 1979 年以前是 10000 担，1983 年是 15000 担，其隶属关系贸易公司（1955 年）、商业局（1962 年）、供销社（1963—1983 年）。

青菜头与被交换品比价

是年，青菜头与被交换品比价情况是：食盐 16.10 市斤、白糖 3.60 市斤、白布 9.60 尺、火柴 22.80×10 盒、煤油 6.40 市斤。参见何裕文等《涪陵榨菜（历史志）》第 114 页、何侍昌《涪陵榨菜文化研究》第 149 页《青菜头与被交换品比价表》。

涪陵榨菜一级产品零售牌价

是年，涪陵榨菜一级产品零售牌价 0.320 元 / 市斤。参见何裕文等《涪陵榨菜（历史志）》第 114 页、何侍昌《涪陵榨菜文化研究》第 148 页《榨菜一级产品零售牌价表》。

1953 年

榨菜加工原料收购划定范围

1 月 5 日，为解决榨菜加工原料收购矛盾，涪陵专员专署决定划分大致范围：四川省供销社所属菜厂收购涪陵长江北岸产区青菜头，涪陵贸易公司所属部分厂以长江南岸为限，涪陵县供销联社菜厂就地收购。经此协调，解决了各厂原料收购之忧。

四川省合作局涪陵榨菜推销处成立

4月30日，四川省合作局接管川东军区所属菜厂，成立四川省合作局涪陵榨菜推销处，是涪陵县第一个榨菜生产经营管理机构。《涪陵市志》"大事记"第50页载：4月30日，四川省合作局涪陵榨菜推销处成立（后改为四川省供销社涪陵榨菜生产部），为县第一个榨菜生产经营管理机构。《涪陵大事记》（1949—2009）第21页载：（4月）30日，四川省合作局涪陵榨菜推销处成立（后改为四川省供销社涪陵榨菜生产部），为涪陵专区第一个榨菜生产经营管理机构。据何裕文等《涪陵榨菜（历史志）》第42页载："一九五三年四月……由四川省合作局接管后，在涪陵成立四川省合作局涪陵榨菜推销处。"

川东军区所属菜厂移交

4月，川东军区所属菜厂（包括江津至万县的30多个菜厂）全部移交四川省供销社涪陵榨菜生产部管理和经营。据何裕文等《涪陵榨菜（历史志）》第42页载："一九五三年四月，川东军区所属菜厂又全部移交给地方经营。"

涪陵榨菜推销处更名涪陵榨菜生产经营部

7月，涪陵榨菜推销处改称涪陵榨菜生产经营部，除管理原属川东军区所属菜厂外，还管理涪陵县联社和原涪陵专署贸易公司恢复的菜厂。生产经营部驻老涪陵专署左侧，内设秘书、厂管、储运、财会4股和1个计划组。其行政隶属于涪陵专署，业务直属于四川省供销社。据何裕文等《涪陵榨菜（历史志）》第42—43页载："同年（编者注：1953年），（四川省合作局涪陵榨菜推销处）又改为四川省供销社涪陵榨菜生产部，这便是第一个榨菜管理机构。除将原军区所属菜厂接收外，原贸易公司恢复的一些菜厂和涪陵县联社的菜厂，全部移交给榨菜生产部统一经营。由王戌德任经理，李振林、程明辉任副经理。机构设在原专署左侧，现地区建设银行之内。下设秘书、厂管、储运、财会四个股，一个计划组。秘书股由郭昌任股长，厂管股由郭访贤任股长、徐维平任副股长，储运股由韩增贵任股长，向占彪任副股长，财会股由王富荣任股长，计划组由屈志豪负责，全员共计三十四人。其中业务直属省供销社领导，行政属于地区管理。业务范围，上自江津，下至万县，沿江一带三十多个菜厂的加工、调运业务，统一由涪陵榨菜生产部管理。"

榨菜工作组成立

秋冬，西南农业部责成西南农业科学研究所、西南农学院、江津园艺试验站和涪陵县农技站共同组成"榨菜工作组"，深入涪陵、丰都和重庆等主产区总结生产经验，收集和调查品种资源，总结老农丰产经验，发现、鉴定、培育良种，剔出劣种。并对茎用芥菜的生物学特性（生态、品种）和栽培技术，以及对榨菜威胁最大的"毒素病"进行试验研究。

涪陵榨菜纳入国家二类物资

是年，涪陵榨菜纳入二类物资管理，实行计划生产，成为定量供应各省、市、自治区和重要出口、军需商品。

涪陵部分菜厂开办

是年，李渡菜厂、石沱菜厂、镇安菜厂、凉塘菜厂、南沱菜厂、珍溪菜厂、石板滩菜厂开办。

据何裕文等《涪陵榨菜（历史志）》第52页《榨菜厂简史》，李渡菜厂在1953、1961、1962、1964、1976、1979、1980、1983年的厂长或主要负责人分别是：杨世昌、刘利华、胡定荣、勒洪才、查付生、周玉成、钟家富、黄金成；其主管技师分别是：兰永胜、兰永胜、兰永胜、兰永胜、王华均、周玉亨、吴明生、吴明生；其生产能力分别是3000、10000、10000、15000、20000、20000、25000、30000担，其隶属关系是榨菜生产部（1963年），余皆为供销社。

据《涪陵榨菜（历史志）》第51页《榨菜厂简史》，石沱菜厂在1953、1954、1955、1958、1959、1961、1963、1979、1983年的厂长或主要负责人分别是：王光泽、吴海亮、何将兵、邵景亮、汪汉臣、李承德、苏珍权、简真禄、黄昌成；其主管技师分别是：姜受廷（1953、1954年）、金绍华（1955、1958、1959、1961、1963、1979年）、方玉合（1983年）；其生产能力分别是8000（1953、1954、1955年）、10000（1958、1959、1961、1963年）、15000（1979年）、17000（1983年）担，其隶属关系分别是：榨菜生产部（1953、1954年）、贸易公司（1955年）、服务局（1958年）、商业局（1959、1961年）、供销社（1963、1979、1983年）。

据《涪陵榨菜（历史志）》第51页《榨菜厂简史》，镇安菜厂在1954、1959、1961、1978、1983年的厂长或主要负责人分别是：高子瑜、王观兰、苏金和、吴盛乾、张天明；其主管技师分别是：姜有才、曾元和、曾元和、石本礼、石本礼；其生产能力分别是3000（1954年）、5000（1959、1961年）、20000（1978年）、25000（1983年）担，其隶属关系分别是：榨菜生产部（1954年）、商业局（1959、1961年）、供销社（1978、1983年）。

据《涪陵榨菜（历史志）》第53—54页《榨菜厂简史》，凉塘菜厂在1953、1957、1959、1961、1962、1963、1982年的厂长或主要负责人分别是：曾光玉、吴世春、姚志豪、邓元馨、陈兴普、陈安云、郑超；其主管技师分别是：周海清、周海清、周海清、陈绍祥、张顺武、张官才、张德音；其生产能力分别是：15000、15000、15000、5000、5000、8000、8000担，其隶属关系分别是：贸易公司（1953、1957年）、商业局（1959年）、供销社（1961、1962、1963、1982年）。

据《涪陵榨菜（历史志）》第55页《榨菜厂简史》，南沱菜厂在1953、1957、1963、1971、1979、1982年的厂长或主要负责人分别是：李逢祥、李建国、吴胜乾、王传海、高启明；其主管技师分别是：张顺武、况伯勋、蒋绍武、邓思福、彭洪兴、彭洪兴；其生产能力分别是：5000、6000、6000、8000、10000、15000担，其隶属关系分别是：贸易公司、服务局、供销社（1963、1971、1979、1982年）。

据《涪陵榨菜（历史志）》第53页《榨菜厂简史》，珍溪菜厂在1953、1956、1958、1960、1961、1962年的厂长或主要负责人分别是：杨善、李呈祥、高子瑜、杨树林、苏珍权、李中华；其主管技师分别是：张云生、谢安品、谢安品、彭洪兴、彭洪兴；其生产能力分别是：10000（1953年）、15000（1956、1958、1960年）、20000（1961、1962年）担，其隶属关系分别是：贸易公司（1953、1956年）、商业局（1958、1960年）、供销社（1961、1962年）。

据《涪陵榨菜（历史志）》第52页《榨菜厂简史》，石板滩菜厂在1953、1957、1958、1959、1963、1964、1983年的厂长或主要负责人分别是：李生财、王光泽、樊晋芳、陈立生、吴信侯、张金明、周光碧；其主管技师分别是：赵国泰、赵国泰、赵国泰、赵国泰、兰永胜、兰永胜、刘井程；其生产能力分别是：4000、14000、14000、2000、7500、12000、19000担，其隶属关系分别是：榨菜生产部、贸易公司、服务局、商业局、供销社（1963、1964、1983年）。

涪陵县辣椒厂建立

是年，涪陵县辣椒厂建立，统一采购优质椒，统一加工辣椒粉和辅助香料粉。按：辣椒，涪陵榨菜辅助香料。

涪陵榨菜海椒辅料工艺改革

是年，开始对拌料辣椒去蒂去籽，以64孔罗底过筛，由于辣椒粉变细，拌出来的榨菜颜色更加鲜艳。

涪陵榨菜生产与加工

是年，青菜头种植面积 38622 亩，青菜头产量 23228 吨，加工总数 6373 担。又《涪陵榨菜简史》其产量为 127460 担。

榨菜供货量

《涪陵市志》第 684 页第九篇《商业》第四章《对外贸易》第二节《出口商品·1953 至 1985 年出口榨菜供货量》云：1953 年 94 吨，1954 年 152 吨，1955年 339 吨，1956 年 990 吨，1957 年 1890 吨，1958 年 1193 吨，1959 年 1188 吨，1960 年 1520 吨，1961 年 572 吨，1962 年 518 吨，1963 年 969 吨，1964 年 1472吨，1965 年 1461 吨，1966 年 1674 吨，1967 年 1810 吨，1968 年 1782 吨，1969年 1730 吨，1970 年 1635 吨，1971 年 2310 吨，1972 年 2362 吨，1973 年 3274吨，1974 年 4370 吨，1975 年 5199 吨，1976 年 3030 吨，1977 年 2943 吨，1978年 4842 吨，1979 年 4459 吨，1980 年 4402 吨，1981 年 3693 吨，1982 年 5190 吨，1983 年 3400 吨，1984 年 2548 吨，1985 年 2038 吨。

涪陵榨菜一级产品零售牌价

是年，涪陵榨菜一级产品零售牌价 0.245 元 / 市斤。参见何裕文等《涪陵榨菜（历史志）》第 114 页、何侍昌《涪陵榨菜文化研究》第 148 页何侍昌《涪陵榨菜文化研究》第 148 页《榨菜一级产品零售牌价表》。

1954 年

青菜头价格表

2 月 12 日，《菜头价格表》，1954 年 2 月 12 日制。今存。

青菜头脱水成率对比研究确定收菜标准

春，开始对立春至雨水节前后砍收的青菜头进行脱水成率对比研究，最后确定出收菜标准；立春前后上架的青菜头，下架成率掌握在 40%—42%，雨水节前上架的取 38%—40%，雨水节后取 36%—38%。

榨菜掌脉师改名榨菜技师

6月，四川省供销社涪陵榨菜生产部决定将榨菜加工高级技术人员由传统的"掌脉师"称谓改为"榨菜技师"，以后一直沿用。榨菜技师评定等级，共三级，以一级最高。

李新予总结出"茎瘤芥病毒病流行程度测报法"

是年，李新予开始进行茎瘤芥病毒病研究，并获得成功，总结出"茎瘤芥病毒病流行程度测报法"。

涪陵菜、酱、肉工业同业公会组建

是年，榨菜同业公会与酱园业、制肉业公会合并，组建为涪陵菜、酱、肉工业同业公会。

榨菜部分加工厂开办

是年，涪陵荣桂乡沙溪沟菜厂、永安菜厂、焦岩菜厂开办。

据何裕文等《涪陵榨菜（历史志）》第53页《榨菜厂简史》，沙溪沟菜厂在1955、1957、1959、1963、1978、1982年的厂长或主要负责人分别是：尹伊、毛超国、吴海亮、毛超国、杨昌和、王传海；其主管技师分别是：陈志元、陈志元、陈志元、李在容、李在容、李在容；其生产能力分别是：5000（1955、1957年）、7000（1963年）、11000（1978年）、15000（1982年）担，其隶属关系分别是：贸易公司（1955年）、商业局（1957、1959年）、供销社（1963、1978、1982年）。

据何裕文等《涪陵榨菜（历史志）》第56页《榨菜厂简史》，永安菜厂在1954、1958、1961、1962、1983年的厂长或主要负责人分别是：刘来保、杨俊卿、吴仲权、刘来保、何世信；其主管技师分别是：郭友启、谢安品、李在容、赵忠凡、张廷栋；其生产能力分别是：4000、10000、12000、12000、20000担，其隶属关系分别是：贸易公司（1954年）、商业局（1908年）、商业局（1961年）、供销社（1962年）、供销社（1983年）。

据《涪陵榨菜（历史志）》第55页《榨菜厂简史》，焦岩菜厂在1954、1958、1964、1974、1975、1976年的厂长或主要负责人分别是：毕成福、周直飞、姚志豪、李世发、王光荣、薛相元；其主管技师分别是：陈治平、曾洪昌、钟世康、钟世康、钟世康、向忠荣；其生产能力分别是：4000、5000、7000、8000、8000、10000担，其隶属关系分别是：贸易公司（1954年）、商业局（1958年）、供销社（964、1974、1975、1976年）。

榨菜生产与加工

是年，青菜头种植面积 64393 亩，青菜头产量 34490 吨，加工总数 10554.45 担。又《涪陵榨菜简史》记载产量为 211089 担。

《涪陵县一九五四年菜头生产数量统计表》

是年，有《涪陵县一九五四年菜头生产数量统计表》，今存。

涪陵榨菜一级产品零售牌价

是年，涪陵榨菜一级产品零售牌价 0.295 元／市斤。参见《涪陵榨菜（历史志）》第 114 页、何侍昌《涪陵榨菜文化研究》第 148 页《榨菜一级产品零售牌价表》。

1955 年

涪陵榨菜生产部并入涪陵专区贸易公司

7月6日，涪陵专员公署决定，将涪陵榨菜生产部并入涪陵专区贸易公司，原生产部所属菜厂全部交贸易公司统一经营。其榨菜加工科，具体负责涪陵专区所属菜厂的加工管理。《涪陵市志》"大事记"第 52 页载：7月6日，涪陵榨菜业开始由贸易公司统一经营。《涪陵榨菜（历史志）》第 43 页载："一九五五年，各地方的省级企业交给地方管理。原属省社的榨菜生产部即与涪陵专区贸易公司合并，机构仍设在原榨菜生产部，榨菜生产部的经理全部调离，其余人员也有所调整。由原贸易公司经理姜辅周抓榨菜生产，将原管榨菜的组织机构缩减为贸易公司下属的一个加工科，由郭访贤、费春霖任科长，共有十八人抓榨菜生产加工工作；购销业务纳入贸易公司业务科统一管理；业务范围只管涪陵地区的菜厂，其他城市的菜厂交由当地管理。"

涪陵榨菜同业公会撤销

7月30日，涪陵专员公署决定，撤销涪陵榨菜同业公会，原公会有关业务一律由涪陵贸易公司统一管理。

涪陵县茎用芥菜工作组组建

8月，由西南农科所、中共涪陵县委、江津园艺试验站各派技术干部 2 人组成涪陵县茎用芥菜工作组，下旬到黄旗乡做准备，进行综合栽培示范、品种观察、单因子对比试验，以及再次进行蚜虫与缩叶病关系的研究等工作。工作组工作至次年结束。

《人民日报》刊文介绍榨菜产量

9月8日，《人民日报》刊发黄振祖《四川榨菜产量大大提高》一文介绍榨菜产量提高情况。

《人民日报》刊文介绍榨菜畅销情况

11月18日，《人民日报》刊发林屏山《四川榨菜畅销国内外》一文介绍榨菜畅销情况。

榨菜部分加工厂开办

是年，涪陵荣桂乡袁家溪菜厂、韩家沱菜厂、百汇菜厂开办。

据《涪陵榨菜（历史志）》第52—53页《榨菜厂简史》，袁家溪菜厂在1955、1956、1958、1965、1972、1973、1983年的厂长或主要负责人分别是：冯俊、胡恒则、赵振江、吴海亮、周明科、贺太平、刘开志；其主管技师分别是：石长青、王鹤林、王鹤林、彭真祥、苏海清、苏海清、庞贵宇；其生产能力分别是：3000（1955、1956年）、3500（1958年）、4000（1965、1972年）、5000（1973年）、17000（1983年）担，其隶属关系分别是：贸易公司（1955、1956年）、商业局（1958、1965年）、供销社（1972、1973、1983年）。

据《涪陵榨菜（历史志）》第54页《榨菜厂简史》，韩家沱菜厂在1955、1957、1962、1979、1981、1982年的厂长或主要负责人分别是：周烈光、李玉皆、吴仲权、苏珍权、王秀龙、李安荣；其主管技师分别是：黄树山、黄树山、曾洪昌、曾洪昌、曾洪昌、曾洪昌、陈忠志；其生产能力分别是：8000、8000、10000、15000、20000、20000担，其隶属关系分别是：贸易公司（1955年）、服务局（1957年）、供销社（1962、1979、1981、1982年）。

据《涪陵榨菜（历史志）》第55页《榨菜厂简史》，百汇菜厂在1955、1958、1961、1976、1983年的厂长或主要负责人分别是：李建国、王老久、施达才、李安云、彭福荣；其主管技师分别是：张于成、湛银禄、李安云、杨长发、杨长发；其生产能力分别是：2000、4000、6000、10000、16000担，其隶属关系分别是：贸易公司（1955年）、商业局（1958年）、供销社（1961、1976、1983年）。

榨菜生产与加工

是年，青菜头种植面积68632亩，青菜头产量40271吨，加工总数1133.75担。又《涪陵榨菜简史》其产量为9000万斤，收购量为7400万斤。

涪陵榨菜一级产品零售牌价

是年，涪陵榨菜一级产品零售牌价 0.298 元 / 市斤。参见《涪陵榨菜（历史志）》第 114 页、何侍昌《涪陵榨菜文化研究》第 148 页《榨菜一级产品零售牌价表》。

1956 年

涪陵县人民政府农业科召开老农座谈会

1 月 26—27 日，涪陵县人民政府农业科在黄旗乡召开老农座谈会，收集青菜头播种施肥、移栽、防治病虫害等方面的群众经验。来自蔺市、珍溪、城关等 3 个区的 18 位老农，以及四川省供销社榨菜生产处、西南农科所和县农场、县生产教养院等 5 个单位的技术干部与会。会后对所收集经验进行了认真的书面总结。

丰都县榨菜生产辅导委员会撤销

6 月，丰都县榨菜生产辅导委员会裁撤，后于丰都县服务局成立食品加工股。参见李祥麟遗稿《丰都榨菜史料》。

公私合营涪陵榨菜总厂成立

8 月，涪陵县的私营菜厂经业主自己申请、政府批准，全部进入公私合营，成立公私合营涪陵榨菜总厂，隶属涪陵贸易公司统一领导和管理。

专门性榨菜种子基地建立

是年开始，在沿江主产区的集体生产单位开始建立专门性榨菜种子基地。

榨菜产量超过 100 万吨

是年，青菜头种植面积 44138 亩，青菜头产量 36646 吨，加工总数 11105.45 担。榨菜产量超过 100 万吨，是 1951 年的 85 倍。

榨菜纳入计划生产和计划价格管理

是年，榨菜纳入计划生产和计划价格管理。《涪陵市志》第 313 页第四篇《综合经济》第五章《经济综合管理》第六节《物价》云：1956 年 6 月，县规定对国营、合作企业生产的土布、针织品、皮革、肥皂、白酒、猪鬃、松香、棕丝、肉食品、火柴、煤炭、榨菜，以及竹、木、铁器等主要产品纳入计划生产和计划价格管理。

涪陵榨菜一级产品零售牌价

是年，涪陵榨菜一级产品零售牌价 0.241 元 / 市斤。参见何裕文等《涪陵榨菜（历史志）》第 114 页、何侍昌《涪陵榨菜文化研究》第 148 页《榨菜一级产品零售牌价表》。

1957 年

《人民日报》刊发新华社文

3月21日，《人民日报》刊发新华社《四川榨菜更好吃了》一文。

榨菜管理归入服务局

是年，榨菜管理归入服务局。何裕文等《涪陵榨菜（历史志）》第43页载："一九五七年精简机构时，专区贸易公司于七月又合并给专区服务局，局长邢华山，机构设在贸易公司。当时榨菜业务又随之交给服务局下属的加工科，郭访贤任科长，郑忠俊任副科长，共十八人负责全地区的榨菜业务。"

青菜头与被交换品比价

是年，青菜头与被交换品比价情况是：食盐14.10市斤、白糖3.30市斤、白布8.40尺、火柴24.00×10盒、煤油4.60市斤。参见何裕文等《涪陵榨菜（历史志）》第114页、何侍昌《涪陵榨菜文化研究》第149页《青菜头与被交换品比价表》。

涪陵榨菜一级产品零售牌价

是年，涪陵榨菜一级产品零售牌价 0.240 元 / 市斤。参见何裕文等《涪陵榨菜（历史志）》第 114 页、何侍昌《涪陵榨菜文化研究》第 148 页《榨菜一级产品零售牌价表》。

1958 年

鲜青菜头收购价实行三期价

2月1日，四川省商业厅决定将鲜青菜头收购价由每担（50公斤）2.40元提高到 4.00 元，并执行头期每担 4.50 元、中期 4.00 元，尾期 3.50 元的三期收购价，从本日起施行，直到 1964 年。参见何侍昌《涪陵榨菜文化研究》第 146 页《青菜头收购价表》。

周恩来视察丰都城关镇第二菜厂并作重要指示

3月4日，国务院总理周恩来视察丰都城关镇第二菜厂，做了"榨菜生产要讲卫生，要保护工人同志的健康，要搞工具改革，减轻工人同志的体力消耗"的重要指示，由此掀起榨菜机具改革热潮。

榨菜管理归入商业局

4月，榨菜管理归入商业局。《涪陵榨菜（历史志）》第 43 页载："一九五八年四月专区服务局又合并给专区商业局，机构设在电影院后面，现商业局所在地。榨菜业务又交给商业局下属的付（当为：副）食品科，由郭春霖、曾锡全任科长，负责业务的仅有八人。"

涪陵县商业局成立榨菜股

8月1日，榨菜业务下放各县商业局经营，涪陵专区商业局将榨菜业务移交给涪陵县商业局，县商业局成立榨菜股，统一管理全县国营、公私合营菜厂，办理榨菜加工、技术、采购、调拨、运输、财务等业务。何裕文等《涪陵榨菜（历史志）》第 43—44 页载："一九五八年八月，榨菜业务又放给各县经营，专区商业局又将业务和原付（当为：副）食品科的部分人员一并交给涪陵县商业局，由涪陵县商业局成立一个榨菜股，这便是县里经营榨菜的开始。由郭访贤任股长，赖立仁管调拨，修和兴管运输，向家惠管财会，苏金和管技术，温绍培、何裕文、徐明辉、赵恩隆、谢廷生、刘明全等搞生产业务，况世发、谭文生、贺荣昌搞采购。"李呈祥（1959 年 4 月）、苏珍权（1959 年 9 月）任过榨菜股股长，苏金和（1959 年 9 月）任过副股长，后三人分别升任凉塘、珍溪、叫化岩菜厂厂长。

红旗蔬菜农场建立

8月,涪陵县商业局在黄旗乡划地 820 亩,建立红旗蔬菜农场。

涪陵县属菜厂长期临时工问题解决

8月,涪陵县人民委员会决定,将县属菜厂长期临时工转为固定工,户口转到所属菜厂。

4 个国社联办菜厂转为国营

9月,涪陵县人民委员会批准新建大渡口、大沱铺、纯子溪、龙驹等 4 个国社联办菜厂,分别与世忠、清溪、永安、龙驹公社联办,每厂年加工能力 5000 担。至次年,以上 4 厂全部转为国营。

3 个公私合营菜厂转为国营

10月1日,涪陵县人民委员会批准,隆和、海北桂、双河三个公私合营菜厂转为国营,业务分别交当地李渡、叫化岩、韩家沱菜厂,实行统一核算管理。《涪陵市志》"大事记"第 56 页记载:10月1日,县人委批准公私合营榨菜厂转为国营,资产移交国营管理。《涪陵大事记》(1949—2009)第 40 页记载:(10月)1日,涪陵县人委批准公私合营榨菜厂全部转为国营,资产移交当地国营榨菜厂管理。

涪陵县商业局召开全县菜厂厂长、会计会议

12月,涪陵县商业局召开全县菜厂厂长、会计会议研究决定:全县榨菜加工设 8 个总厂、16 个分厂,以总厂为基本核算单位,分厂实行报账制。各总厂所辖分厂:一、蔺市总厂,含石沱、镇安两个分厂;二、李渡总厂含石板滩、鹤凤滩、南岸浦、沙溪沟、隆和 5 个分厂;三、叫化岩总厂含海北桂、凉塘两个分厂;四、黄旗总厂含碧筱溪、北岩寺两个分厂;五、清溪总厂含韩家沱、双河、黄鹄嘴 3 个分厂;六、永安总厂;七、珍溪总厂含焦岩分厂;八、南沱总厂含百汇分厂。

榨菜综合加工试验获得成功

是年,利用榨菜脱水原理,对小白菜、萝卜、黄瓜等 10 余种家种和野生蔬菜进行综合加工试验,获得成功。

榨菜生产与加工

是年，青菜头种植面积 45263 亩，青菜头产量 35740 吨，加工总数 11052.75 担。

涪陵榨菜一级产品零售牌价

是年，涪陵榨菜一级产品零售牌价 0.240 元 / 市斤。参见何裕文等《涪陵榨菜（历史志）》第 114 页、何侍昌《涪陵榨菜文化研究》第 148 页《榨菜一级产品零售牌价表》。

1959 年

涪陵地区农科所成立

1 月，在涪陵县世忠乡成立涪陵地区农科所，设专职技术人员专门研究茎瘤芥；中共涪陵地委即指示农科所开展榨菜的科学研究工作。

榨菜管理部门做出生产规划

3 月，榨菜管理部门做出生产规划，涪陵县政府下达任务到各公社，扩大种植面积。

榨菜生产与加工

春，青菜头种植面积 12898 亩，青菜头产量 7094 吨，加工总数 2094.75 担。因 1958 年"大炼钢铁"影响，栽种任务未完成，又缺乏管理，故收购鲜菜只有上年的 19.2%。

涪陵县开展反粮食瞒产运动

春，贯彻"少种、高产、多收"的方针，因过度密植，又贻误农时，加之连续干旱 60 余天，秋后粮食大幅度减产，涪陵县开展反粮食瞒产运动。

商业部在涪陵举办"全国榨菜训练班"

7 月 6 日，国家商业部在涪陵举办"全国榨菜训练班"开学，18 个省（市）派出 142 名学员参加学习，至次年 4 月结束。此后，青菜头种植和榨菜加工传播到全国更大范围。《涪陵市志》"大事记"第 58 页记载：7 月 6 日，商业部在涪陵开办全国榨菜训练班，18 个省（市）派出 142 名学员参加学习，历时 9 个月结束。《涪陵大事记》（1949—2009）第 44 页记载：（7 月）6 日，商业部在涪陵开办全国榨菜训练班，18 个省（市）派出 142 名学员参加学习。训练班历时 9 个月至次年 3 月结束。

榨菜机具改革会议召开

10 月 5 日，中共涪陵县委召开榨菜机具改革会议，县委号召"大战一冬春，实现榨菜加工机械化"。会上落实人员和改革项目计划，并强调各行各业都要全力支持，做到要人有人，要钱有钱，要物资有物资，保证改革计划的实现。迅即开展技术革新运动，研究试制辣椒切碎机等 21 种工具，但成功不多。

涪陵榨菜一级产品零售牌价

是年，涪陵榨菜一级产品零售牌价 0.240 元 / 市斤。参见《涪陵榨菜（历史志）》第 114 页、何侍昌《涪陵榨菜文化研究》第 148 页《榨菜一级产品零售牌价表》。

涪陵县召开榨菜专业会议

是年，涪陵县召开榨菜专业会议，区长、社长、区供销社主任、菜厂厂长、重点种菜管区（村）主任、榨菜技术人员等，共 600 余人，做出"全民动员，全力以赴，大战一年，保证完成 30 万担榨菜任务"的决定，因措施不力，出现高指标、高估产的虚假浮夸现象。结果次年产量只达到 10.6 万担，仅完成三分之一左右。

20 世纪 50 年代

榨菜原料优良品种培育

选出和培育有草腰子、三层楼、小枇杷叶、鹅公包、潲酒壶等优良榨菜原料品种。平均种植面积 3.4 万亩，最高达 6.9 万亩；全县平均亩产 625 公斤，最高达 800 公斤；全县年平均加工榨菜 7230.94 吨，最高年（1956 年）12180 吨。

1960 年

涪陵县"大战榨菜生产"动员会召开

1 月 5 日，中共涪陵县委召开全县"大战榨菜生产"动员会，各区、公社负责财

贸工作的领导，各区供销社主任，县级有关部门领导，以及各菜厂干部和部分职工共 600 余人与会。县委号召"全民动员，全力以赴，克服右倾保守，大战榨菜生产"；要求"少用原料，多出产品，一块不烂，块块特级"，还规定每担产品用青菜头不超过 250 斤。当时"左"的思想给榨菜生产造成严重不良形象。

涪陵开展"反菜头"运动

3 月，因"虚假浮夸"问题，因青菜头收购任务未能完成，收购青菜头 30 万担的"政治任务"未完成，县、公社、管理区（相当于村）及菜厂层层搞青菜头反瞒产（俗称"反菜头"）运动，使不少干部、群众受到不应有的伤害。故 1960 年的青菜头有"挨打菜"之称。《涪陵市志》第 58 页《大事记》云：（1960 年）春，开展反粮食、反菜头、反生猪瞒产运动。《涪陵大事记》（1949—2009）第 47 页记载：春，涪陵县开展"反粮食""反菜头""反生猪"的反瞒产运动。次年 10 月，对受到错误处理者分别予以平反甄别。《涪陵市志》第 998 页第十六篇《政党　社团》第一章《中国共产党》第二节《社会主义时期的中共涪陵市（县）委员会·重要工作》云：1960 年春开始的反青菜头瞒产、反生猪瞒产运动。

涪陵县商业局榨菜股撤销

5 月，撤销涪陵县商业局榨菜股，业务移交局属副食品站管理。何裕文等《涪陵榨菜（历史志）》第 44 页载："一九六〇年五月，商业局又撤销了榨菜股，将业务交给下属副食品站管理，由郑忠俊同志负责榨菜，肖风林具体负责业务，其余人员全部放到厂或调离，这也是历史上榨菜业务管理人员最少的机构。"

四川省榨菜生产座谈会召开

《涪陵市志》"大事记"第 59 页载：10 月 6—10 日，全省榨菜生产座谈会在涪陵召开，讨论榨菜价格和奖售等问题，以促进榨菜生产尽快恢复发展。《涪陵大事记》（1949—2009）第 47 页载：（10 月）6 日，四川全省榨菜生产座谈会在涪陵召开，讨论榨菜价格和奖售等问题，以促进榨菜生产尽快恢复发展。会议至 10 日结束。

榨菜产业政策调整

是年冬，各级党委总结历史教训，调整榨菜产业政策，采取系列举措，恢复发展榨菜生产。1962 年春，试产青菜头 3676 吨，收购 3493 吨。1964 年春，成量恢复到 1958 年的 81.6%。

榨菜热风脱水试验

是年，西南农学院园艺系教师刘兴恕指导，对榨菜进行热风脱水试验，方法可行，成本过高，因无推广价值而停止。

部分榨菜企业开办

是年，渠溪菜厂、安镇菜厂开办。

据何裕文等《涪陵榨菜（历史志）》第 56 页《榨菜厂简史》，渠溪菜厂在 1960、1963、1964、1968、1981 年的厂长或主要负责人分别是：代光福、郑超、薛相元、彭常武、何开禹；其主管技师分别是：胡光华、湛银禄、湛银禄、况守明、叶官华；其生产能力分别是：2000、3000、3000、5000、9000 担，其隶属关系分别是：商业局（1960 年）、供销社（1963、1964、1968、1981 年）。

榨菜生产与加工

是年，青菜头种植面积 56350 亩，青菜头产量 18461 吨，加工总数 530 担。

刘家吉等成为榨菜传统制作技艺代表

据《涪陵榨菜之文化记忆》第 70 页《涪陵榨菜传统制作技艺传承谱系的突出代表人物》，1960—1980 年，涪陵榨菜传统制作技艺的代表有刘家吉、汪光明、周玉亭、杨定荣、彭增祥、苏海清、李安荣、李在容、曾洪昌、赵忠凡、陈忠志、彭洪兴、湛银禄、王华均、张玉根、向忠荣、张廷栋、刘仲伦。

涪陵榨菜销售价

是年前，涪陵榨菜销售价每担售价 24.00 元。参见何侍昌《涪陵榨菜文化研究》第 147 页。

涪陵榨菜一级产品零售牌价

是年，涪陵榨菜一级产品零售牌价 0.240 元 / 市斤。参见何裕文等《涪陵榨菜（历史志）》第 114 页、何侍昌《涪陵榨菜文化研究》第 148 页《榨菜一级产品零售牌价表》。

1961 年

农产品奖售政策公布

1 月 10 日，四川省人民委员会公布农产品奖售政策，其中规定：每出售青菜头 50 公斤，国家奖售粮食和化肥各 5 公斤，以奖励种植。

青菜头平均收购价提高

1 月 25 日，四川省商业局通知，青菜头平均收购价每市担提高到 10.00 元，仍实行三期价：头期 12.00 元，中期 10.00 元，尾期 8.00 元。参见何侍昌《涪陵榨菜文化研究》第 146 页《青菜头收购价表》。

青菜头成量下降

是年春，受"虚假浮夸"和"反菜头"运动的影响，青菜头成量下降到新中国成立后的最低点。

全县第一个队办榨菜厂——清溪公社学堂八队榨菜厂创办

是年春，《涪陵市志》第 63 页《大事记》云：（1961 年）春，全县第一个队办榨菜厂——清溪公社学堂八队榨菜厂创办。此后加工半成品的大队、生产队榨菜厂陆续在产区社队建立。

中共涪陵地委多种经营领导小组主编《涪陵榨菜》一书

11 月，中共涪陵地委多种经营领导小组主编、何裕文执笔的《涪陵榨菜》一书由四川人民出版社出版。该书在大量调查研究基础上，全面记述了半个多世纪以来榨菜业的发展演变。《涪陵市志》"大事记"第 60 页载：11 月，由中共涪陵地委多种经营领导小组主编（何裕文执笔）的《涪陵榨菜》一书，由四川人民出版社出版发行。该书作者在大量调查研究的基础上，全面记述了半个多世纪以来榨菜业的发展演变。《涪陵大事记》（1949—2009）第 52 页载：本月（11 月），由中共涪陵地委多种经营领导小组主编（何裕文执笔）的《涪陵榨菜》一书，由四川人民出版社出版发行。该书作者在大量调查研究的基础上，全面记述了半个多世纪以来榨菜业的发展演变。按：该书内容包括赵一川于 6 月所作的序、概括、青菜头的栽培经验（选择良种、培育壮苗、适时移栽、合理施肥、防治病虫、收获与 选留良种）、榨菜的加工生产（加工厂房的建立、加工工具的准备、加工原料的选择、青菜头的脱水方法、菜块的腌制方法、菜块的修剪与淘洗、菜块的配料装坛和保存、副产品的利用）。

榨菜生产与加工

是年，青菜头种植面积 14019 亩，青菜头产量 3253 吨，加工总数 800 吨，成本 48.23 元。

涪陵榨菜销售价

是年，涪陵榨菜销售价每担 70.00 元。参见何侍昌《涪陵榨菜文化研究》第 147 页。

涪陵榨菜一级产品零售牌价

是年，涪陵榨菜一级产品零售牌价 0.700 元 / 市斤。参见《涪陵榨菜（历史志）》第 114 页、何侍昌《涪陵榨菜文化研究》第 148 页《榨菜一级产品零售牌价表》。

1962 年

榨菜业务移交

7月1日，经涪陵县人民委员会同意，涪陵县商业局副食品站榨菜业务及其管理人员移交涪陵县供销社农产品经营站。

榨菜生产与加工

是年，青菜头种植面积 19135 亩，青菜头产量 3676 吨，加工总数 793 担，出口 368 吨，成本每担 52.11 元 / 担。

青菜头收购价下降

是年，青菜头收购价下降到 8.00 元 / 担。参见何侍昌《涪陵榨菜文化研究》第 145 页。

青菜头与被交换品比价

是年，青菜头与被交换品比价情况是：食盐 46.80 市斤、白糖 10.50 市斤、白布 27.40 尺、火柴 31.80×10 盒、煤油 15.30 市斤。参见何裕文等《涪陵榨菜（历史志）》第 114 页、何侍昌《涪陵榨菜文化研究》第 149 页《青菜头与被交换品比价表》。

涪陵榨菜一级产品零售牌价

是年，涪陵榨菜一级产品零售牌价 0.700 元 / 市斤。参见何裕文等《涪陵榨菜（历史志）》第 114 页、何侍昌《涪陵榨菜文化研究》第 148 页《榨菜一级产品零售牌价表》。

1963 年

青菜头收购价调整

1 月 20 日，四川省供销社批准：青菜头收购价由上年的每市担 8.00 元调为 4.50 元，仍实行三期价：头期 5.00 元，中期 4.50 元，尾期 4.00 元；并取消上年实行的超计划每市担加价 2.00 元的奖励价。参见何侍昌《涪陵榨菜文化研究》第 146 页《青菜头收购价表》。

榨菜管理机构变更

是年春，撤销涪陵县供销社农产品经营站，榨菜组改属该社土经站。

涪陵县供销合作社编印《涪陵榨菜简史》

9 月 15 日，涪陵县供销合作社按四川省供销社要求编印的《涪陵榨菜简史》告竣。该简史编写历时 2 个月，在广泛查阅榨菜历史文献和采访老工人、老农民、老职员口碑资料的基础上整理编撰而成，共 1.5 万字。按：《四川省涪陵县供销合作社报送榨菜历史资料》（合土〔63〕第 216 号）文件今存，抄送单位包括：四川省供销社、涪陵县人委办公室、财办室、县委办公室、文化馆、专区土产站、县土产经理部、总社菜果局、县农业科。"榨菜历史资料"系指《涪陵榨菜简史》。《简史》内容包括：菜头的起源和榨菜的创始、运销市场的发展、市场中落的景象、菜商帮会的组织、陈规旧制的内幕、菜商的资金管理、生产的恢复和发展、对私营工商业的改造和过渡、前进中的曲折、认真贯彻政策及时拯救生产、工人与生活等内容。附有《历史榨菜的生产量（播种面积、菜坛产量、加工成品）》。

榨菜原料耐病品种"63001"培育成功

是年，在涪陵县石马公社太乙四队重病田选留"三转子"抗病单株 76 个，后经过多年培育，获得耐病品种"63001"。

榨菜生产与加工

是年，青菜头种植面积23064亩，青菜头产量11400吨，加工总数3237.3吨，出口968.5吨，成本55.21元。

涪陵榨菜销售价

是年，涪陵榨菜销售价每担61.50元。参见何侍昌《涪陵榨菜文化研究》第147页。

涪陵榨菜一级产品零售牌价

是年，涪陵榨菜一级产品零售牌价0.615元/市斤。参见何裕文等《涪陵榨菜（历史志）》第114页、何侍昌《涪陵榨菜文化研究》第148页《榨菜一级产品零售牌价表》。

1964 年

涪陵县供销合作社榨菜柑橘经理部成立

7月，榨菜、水果从涪陵县供销社土经站分立，成立涪陵县供销合作社榨菜柑橘经理部。

涪陵大山乡鹤凤滩菜厂、黄旗乡北岩寺菜厂开办

是年，涪陵大山乡鹤凤滩菜厂、黄旗乡北岩寺菜厂开办。

据何裕文等《涪陵榨菜（历史志）》第54页《榨菜厂简史》记载，北岩寺菜厂在1960、1974、1979年的厂长或主要负责人分别是：夏大胜、熊炳章、殷尚国；其主管技师分别是：杨定荣、张德音、叶德章；其生产能力分别是：6000、7000、15000担；其隶属关系是供销社。

据《涪陵榨菜（历史志）》第51—52页《榨菜厂简史》，鹤凤滩菜厂在1960、1965、1970、1979、1981、1983年的厂长或主要负责人分别是：赵振江、吴信侯、陈立生、钟家富、黄昌成、简真禄；其主管技师分别是：吴国春、吴国春、周玉亨、周玉亨、郑绍贤、陈兴体；其生产能力分别是：5000、9000、10000、15000、20000、23000担，其隶属关系分别是：商业局（1960年）、供销社（1965、1970、1979、1981、1983年）。

出口菜修剪增修团鱼边

是年，应外商要求，在对出口菜修剪时增修团鱼边，使菜块外形质量进一步提高。

涪陵榨菜加工

是年，青菜头种植面积 46940 亩，青菜头产量 32439 吨，加工总数 10086 吨，出口 465.2 吨，每担成本 27.68 元 / 担。

国营厂榨菜成本利润

是年，加工 201725 担，每担用菜量 289 斤，每担用工量 0.82 个，每担榨菜成本 27.38 元，工商利润总额 222.30 万元。参见何裕文等《涪陵榨菜（历史志）》第 104 页、何侍昌《涪陵榨菜文化研究》第 139 页。

涪陵榨菜销售价

是年，涪陵榨菜销售价每担 44.00 元。参见何侍昌《涪陵榨菜文化研究》第 147 页。

涪陵榨菜一级产品零售牌价

是年，涪陵榨菜一级产品零售牌价 0.440 元 / 市斤。参见何裕文等《涪陵榨菜（历史志）》第 114 页、何侍昌《涪陵榨菜文化研究》第 148 页《榨菜一级产品零售牌价表》。

1965 年

青菜头收购执行六期价

1 月，四川省供销社决定将青菜头收购价降至每市担 4.00 元，并执行六期价，一至六期每市担价分别为 4.50 元（2 月 4 日以前）、4.40 元（2 月 5—9 日）、4.20 元（2 月 10—14 日）、4.00 元（2 月 15—19 日）、3.80 元（2 月 20—24 日）、3.50 元（2 月 25 日以后）。六期价持续到 1974 年。参见何侍昌《涪陵榨菜文化研究》第 146 页《青菜头收购价表》。

榨菜开始实行调销送货制

是年，榨菜实行调销送货制。

榨菜研究列入国家科研项目

是年，国家科委将榨菜研究列为国家科研项目，下达给西南农学院。

涪陵榨菜优良品种蔺氏草腰子培育成功

是年，重庆市农科所、西南农学院、涪陵地区农科所等单位在蔺氏龙门公社胜利二队，从草腰子中挑选培育出榨菜原料新品种——蔺氏草腰子，成为 20 世纪 70、80 年代涪陵榨菜的优良品种。至 1978 年，涪陵地区栽种面积已达 4.6 万亩，并为河南、山东、广西、湖南等地引种，亦表现良好。

榨菜生产与加工

是年，青菜头种植面积 43495 亩，青菜头产量 40535 吨，加工总数 10982 吨，出口 1692 吨，成本每担 28.89 元 / 担，总利润 58.2 万元。

榨菜加工成本

是年后，涪陵县公司每年向各菜厂下达成本指标，主要包括用料 320 斤 / 担，用工 1 个 / 担，成本 28.50 元 / 担。参见何侍昌《涪陵榨菜文化研究》第 136 页。是年，榨菜加工原辅材料总计 19.783 元，包括青菜头 356.3 斤，单价 0.042 元，总计 14.843 元；盐巴 18.29 斤，单价 0.155 元，共计 2.831 元；海椒面 1.047 斤，单价 1.731 元，合计 1.813 元；花椒 0.029 斤，单价 2.892 元，合计 0.083 元；香料面 0.014 斤，单价 1.866 元，合计 0.212 元。包装费 3.021 元，包括坛子 1.278 个，单价 1.393 元，合计 1.780 元；竹箩子 1.278 个，单价 0.602 元，合计 0.769 元；封口物资费用 0.472 元。工资 3.089 元，包括工资及附加费 1.592 元、小工工资 1.497 元。工厂管理费 3.239 元，包括推销费 0.159 元、折旧费 0.071 元、修理费 0.908 元、物料用品 0.597 元、运费 0.417 元、其他费用 0.701 元、利息 0.386 元。合计 3.239 元。减负产品 0.752 元，包括盐水 0.064 元、菜耳 0.304 元、碎菜 0.384 元、管理费 0.511 元。实际成本 28.891 元 / 担。参见何裕文等《涪陵榨菜（历史志）》第 105 页、何侍昌《涪陵榨菜文化研究》第 136—137 页《榨菜生产成本对比表》。

国营厂榨菜成本利润

是年，加工 219638 担，每担用菜量 356 斤，每担用工量 0.98 个，每担榨菜成本 28.89 元，工商利润总额 58.30 万元。参见何裕文等《涪陵榨菜（历史志）》第 104 页、何侍昌《涪陵榨菜文化研究》第 139 页《1964—1983 年国营厂榨菜成本利润表》。

涪陵榨菜销售价

是年至 1983 年，涪陵榨菜销售价情况是：一级菜收购价 30.00 元、出厂价 33.00 元、地区差重庆 33.00 元、省内 33.00 元、省外 35.60 元、零售价 34.00 元；二级菜收购价 28.00 元、出厂价 28.70 元、地区差重庆 31.00 元、省内 31.00 元、省外 33.60 元、零售价 32.00 元；三级菜收购价 26.00 元、出厂价 26.70 元、地区差重庆 29.60 元、省内 29.00 元、省外 31.60 元、零售价 30.00 元；小块菜收购价 24.00 元、出厂价 24.70 元、地区差重庆 27.60 元、省内 27.00 元、省外 29.60 元、零售价 28.00 元；碎菜收购价 19.00 元、出厂价 17.80 元、地区差重庆 23.20 元、省内 22.80 元、省外 25.20 元、零售价 21.00 元；菜耳收购价 14.00 元、出厂价 12.00 元、地区差重庆 16.00 元、省内 15.70 元、省外 18.00 元、零售价 14.00 元；无头菜尖收购价 13.00 元、出厂价 12.00 元、地区差重庆 15.00 元、省内 14.70 元、省外 17.00 元、零售价 14.00 元；有头菜尖收购价 15.00 元、出厂价 14.00 元、地区差重庆 17.00 元、省内 16.70 元、省外 19.00 元、零售价 16.00 元；盐菜叶收购价 11.00 元、出厂价 9.00 元、地区差重庆 13.00 元、省内 12.80 元、省外 15.00 元、零售价 12.00 元；菜皮收购价 13.00 元、出厂价 11.00 元、地区差重庆 14.00 元、省内 13.80 元、省外 16.00 元、零售价 13.00 元；出口菜省外 40.60 元；军需小坛省外 38.65 元、军需中坛省外 37.00 元。参见何裕文等《涪陵榨菜（历史志）》第 110 页、何侍昌《涪陵榨菜文化研究》第 147—148 页《涪陵榨菜销售价格表》。

榨菜销售执行送货价

是年后，对部分省市的榨菜销售也执行送货价，即在沿江的直达港口货舱交货价。如南京每担 37.90 元，镇江每担 38.00 元，南通每担 38.20 元；天津（江海联运直达）每担 39.00 元；联运中转港重庆每担 36.75 元，汉口每担 37.70 元，九江每担 37.90 元；江河联运直达长沙每担 37.85 元，无锡每担 38.35 元；整驳直达长沙 37.65 元。参见何侍昌《涪陵榨菜文化研究》第 148 页。

青菜头与被交换品比价

是年，青菜头与被交换品比价情况是：食盐25市斤、白糖5.1市斤、白布12.90尺、火柴21.30×10盒、煤油9.90市斤。参见何裕文等《涪陵榨菜（历史志）》第114页、何侍昌《涪陵榨菜文化研究》第149页《青菜头与被交换品比价表》。

涪陵榨菜一级产品零售牌价

是年，涪陵榨菜一级产品零售牌价0.375元/市斤。参见何裕文等《涪陵榨菜（历史志）》第114页、何侍昌《涪陵榨菜文化研究》第148页《榨菜一级产品零售牌价表》。

1966 年

《榨菜厂使用亦工亦农季节工人试行草案》发布

1月13日，涪陵县人民委员会发布《榨菜厂使用亦工亦农季节工人试行草案》，对季节工的使用方式、范围、对象、工资福利，以及伤、因病和非因工负伤、死亡等费用问题做了明确规定。

榨菜正式实行调销送货制

3月12日，涪陵专区土产公司决定正式对榨菜调销实行送货制。除1965年试行送货的上海、湖北、湖南等省有关单位外，本年扩大到北京、天津、辽宁、江苏、江西、贵州、陕西等7个省市的有关购货单位。

榨菜管理机构变更

4月，涪陵县供销合作社榨菜柑橘经理部合并于该社土产经理部，设菜果组。10月，涪陵县供销合作社土产经理部菜果组改为土产公司菜果组。

国营菜厂下放为社办

12月5日，涪陵县人民委员会决定将石沱、镇安等12个国营菜厂下放给公社办。除每厂留厂长、会计、技师各1人为国营公司代表外，其余人员随厂下放，并发给相应退职费。至1968年，上述下放菜厂复收归国营。

榨菜生产与加工

是年，青菜头种植面积41791亩，青菜头产量28543吨，加工总数8790吨，出口1673.65吨，总利润42万元。

国营厂榨菜成本利润

是年，加工148620担，每担用菜量331斤，每担用工量1.10个，每担榨菜成本28.76元，工商利润总额42.10万元。参见何裕文等《涪陵榨菜（历史志）》第104页、何侍昌《涪陵榨菜文化研究》第139页《1964—1983年国营厂榨菜成本利润表》。

涪陵榨菜销售价

是年后，涪陵榨菜销售价每担34.00元。参见何侍昌《涪陵榨菜文化研究》第147页。

涪陵榨菜一级产品零售牌价

是年，涪陵榨菜一级产品零售牌价0.340元/市斤。参见何裕文等《涪陵榨菜（历史志）》第114页、何侍昌《涪陵榨菜文化研究》第148页《榨菜一级产品零售牌价表》。

1967 年

榨菜生产与加工

是年，青菜头种植面积54212亩，青菜头产量50552吨，加工总数15418.55吨，出口1535.2吨，成本28.92元/担，总利润66.7万元。

国营厂榨菜成本利润

是年，加工149642担，每担用菜量339斤，每担用工量1.40个，每担榨菜成本28.92元，工商利润总额66.80万元。参见何裕文等《涪陵榨菜（历史志）》第104页、何侍昌《涪陵榨菜文化研究》第139页《1964—1983年国营厂榨菜成本利润表》。

涪陵榨菜一级产品零售牌价

是年，涪陵榨菜一级产品零售牌价0.340元/市斤。参见何裕文等《涪陵榨菜（历史志）》第114页、何侍昌《涪陵榨菜文化研究》第148页《榨菜一级产品零售牌价表》。

1968 年

榨菜加工受到冲击

是年，受"文化大革命"无政府主义思潮影响，大批不合理规章制度出现，榨菜加工的正规经营管理制度被打乱，操作不按工艺标准，榨菜成品质量开始下降。其后数年，涪陵榨菜总体质量每况愈下，退货事件不断发生。

榨菜生产与加工

是年，青菜头种植面积 38491 亩，青菜头产量 41272 吨，加工总数 13456.1 吨，出口 1906.4 吨，成本每担 29.57 元 / 担，总利润 5 万元。

国营厂榨菜成本利润

是年，加工 226492 担，每担用菜量 315 斤，每担用工量 1.45 个，每担榨菜成本 29.57 元，工商利润总额 60.40 万元。参见何裕文等《涪陵榨菜（历史志）》第 104 页、何侍昌《涪陵榨菜文化研究》第 139 页《1964—1983 年国营厂榨菜成本利润表》。

涪陵榨菜一级产品零售牌价

是年，涪陵榨菜一级产品零售牌价 0.340 元 / 市斤。参见《涪陵榨菜（历史志）》第 114 页、何侍昌《涪陵榨菜文化研究》第 148 页《榨菜一级产品零售牌价表》。

1969 年

青菜头奖售政策改变

9 月 5 日，四川省革命委员会通知取消部分农产品奖售，其中青菜头奖售化肥取消，改为实行补助，即每交售 50 公斤鲜菜头补助化肥 1.5 公斤。

榨菜生产与加工

是年，青菜头种植面积 39505 亩，青菜头产量 18942 吨，加工总数 11371.5 吨，出口 1644.4 吨，成本 29.31 元 / 担，总利润 19.8 万元。

国营厂榨菜成本利润

是年，加工 162618 担，每担用菜量 321 斤，每担用工量 1.35 个，每担榨菜成本 29.76 元，工商利润总额 19.90 万元。参见何裕文等《涪陵榨菜（历史志）》第 104 页、何侍昌《涪陵榨菜文化研究》第 139 页《1964—1983 年国营厂榨菜成本利润表》。

涪陵榨菜一级产品零售牌价

是年，涪陵榨菜一级产品零售牌价 0.340 元/市斤。参见何裕文等《涪陵榨菜（历史志）》第 114 页、何侍昌《涪陵榨菜文化研究》第 148 页《榨菜一级产品零售牌价表》。

20 世纪 60 年代

榨菜原料地方品种收集与鉴定

涪陵地区农科所、西南农学院、重庆市农科所等合作，在涪陵收集榨菜原料地方品种 40 余个，整理出典型品种 27 个，并对其经济性状、含水量、空心率、耐病毒能力、成熟类型等进行全面鉴定。

榨菜生产与加工

60 至 70 年代中期，全县年平均种植 4 万亩左右，平均亩产 935 公斤；全县年平均加工榨菜 10193.8 吨，最高年（1972 年）达 19730 吨。

1970 年

涪陵榨菜进入世界三大名腌菜

是年，法国举行世界酱香菜评比会，涪陵榨菜与德国甜酸甘兰、欧洲酸黄瓜并称世界三大名腌菜。

榨菜生产与加工

是年，青菜头种植面积 38920 亩，青菜头产量 28217 吨，加工总数 8408.75 吨，出口 1452.35 吨，成本每担 31.95 元/担，总利润 –25 万元。

"涪陵榨菜"照片参加四川省工农业摄影展

是年，涪陵选送"整治乌江""涪陵榨菜"两帧照片参加四川省工农业摄影展。参见《涪陵市志》第1341页。

国营厂榨菜成本利润

是年，加工103969担，每担用菜量344斤，每担用工量1.42个，每担榨菜成本31.95元，工商利润总额 −25.20万元。参见何裕文等《涪陵榨菜（历史志）》第104页、何侍昌《涪陵榨菜文化研究》第139页《1964—1983年国营厂榨菜成本利润表》。

青菜头与被交换品比价

是年，青菜头与被交换品比价情况是：食盐25市斤、白糖5.10市斤、白布12.90尺、火柴21.30×10盒、煤油9.90市斤。参见何裕文等《涪陵榨菜（历史志）》第114页、何侍昌《涪陵榨菜文化研究》第149页《青菜头与被交换品比价表》。

涪陵榨菜一级产品零售牌价

是年，涪陵榨菜一级产品零售牌价0.340元/市斤。参见何裕文等《涪陵榨菜（历史志）》第114页、何侍昌《涪陵榨菜文化研究》第148页《榨菜一级产品零售牌价表》。

1971 年

榨菜生产与加工

是年，青菜头种植面积41828亩，青菜头产量50840吨，加工总数14541.4吨，出口2123.85吨，成本每担28.06元/担，总利润49.80万元。

国营厂榨菜成本利润

是年，加工270504担，每担用菜量356斤，每担用工量1.12个，每担榨菜成本28.06元，工商利润总额49.80万元。参见何裕文等《涪陵榨菜（历史志）》第104页、何侍昌《涪陵榨菜文化研究》第139页《1964—1983年国营厂榨菜成本利润表》。

涪陵榨菜一级产品零售牌价

是年，涪陵榨菜一级产品零售牌价 0.340 元 / 市斤。参见何裕文等《涪陵榨菜（历史志）》第 114 页、何侍昌《涪陵榨菜文化研究》第 148 页《榨菜一级产品零售牌价表》。

1972 年

涪陵县科技组发《涪陵榨菜》资料

11 月 1 日，四川省涪陵县科技组根据 10 月涪陵县土产公司供稿整理以《科技简讯》第十一期印发《涪陵榨菜（加工技术部分）》资料，全文 1.4 万字，详细介绍榨菜加工技术，以供加工、运销企业参考，推动多种经营生产。具体内容包括：加工厂房的建立、加工工具的准备、加工原料的选择、青菜头的脱水方法、菜块的腌制方法、菜块的修剪与淘洗、菜块的配料装坛和保存、副产品的利用。

涪陵县境国营菜厂合同工转正

12 月 31 日，按上级规定，涪陵县境国营菜厂 1971 年 12 月 31 日以前入厂的长期合同工全部转为正式工，并按政策规定予以定级。

榨菜生产与加工

是年，青菜头种植面积 51834 亩，青菜头产量 65837 吨，加工总数 19731.85 吨，出口 3364 吨，成本每担 28.43 元，总利润 118 万元。

国营厂榨菜成本利润

是年，加工 240214 担，每担用菜量 334 斤，每担用工量 1.09 个，每担榨菜成本 28.43 元，工商利润总额 114.50 万元。参见何裕文等《涪陵榨菜（历史志）》第 104 页、何侍昌《涪陵榨菜文化研究》第 139 页《1964—1983 年国营厂榨菜成本利润表》。

涪陵榨菜一级产品零售牌价

是年，涪陵榨菜一级产品零售牌价 0.340 元 / 市斤。参见何裕文等《涪陵榨菜（历史志）》第 114 页、何侍昌《涪陵榨菜文化研究》第 148 页《榨菜一级产品零售牌价表》。

全国榨菜加工产量

是年，全国榨菜产量 98 万担，全（四川）省 78 万担，涪陵地区 581008 担，其中垫江 8000 担，丰都 175635 担，丰都所产为全省总产的 22.5%，为全国总产的 17.9%。又，丰都县是年产青菜头 61440000 斤，熟菜 175635 担。参见李祥麟遗稿《丰都榨菜史料》。

丰都县革委榨菜办公室成立

是年，丰都县革委榨菜办公室成立，后改为丰都县土产公司榨菜组。参见李祥麟遗稿《丰都榨菜史料》。

1973 年

《四川茎用芥菜栽培》出版

10 月，由涪陵地区、重庆市两地农业科学研究所合编的《四川茎用芥菜栽培》一书出版，该书对四川榨菜的栽培（以涪陵榨菜为重点内容）做了系统而详细的记述和总结。

榨菜加工机具设计试制

是年，受参观浙江省榨菜加工机械化启发，设计试制踩池、淘洗、起池等加工机具获得成功，后在部分菜厂推广。

榨菜生产与加工

是年，青菜头种植面积 92294 亩，青菜头产量 55666 吨，加工总数 15011 吨，出口 3298.7 吨，成本每担 32.39 元，总利润 8.9 万元。

国营厂榨菜成本利润

是年，加工 172709 担，每担用菜量 360.50 斤，每担用工量 1.37 个，每担榨菜成本 32.39 元，工商利润总额 89.40 万元。参见何裕文等《涪陵榨菜（历史志）》第 104 页、何侍昌《涪陵榨菜文化研究》第 139 页《1964—1983 年国营厂榨菜成本利润表》。

涪陵榨菜一级产品零售牌价

是年，涪陵榨菜一级产品零售牌价 0.340 元／市斤。参见何裕文等《涪陵榨菜（历史志）》第 114 页、何侍昌《涪陵榨菜文化研究》第 148 页《榨菜一级产品零售牌价表》。

1974 年

青菜头收购价执行十五期价

9 月 22 日，涪陵县革命委员会以涪革发〔1974〕256 号文规定，青菜头收购期价由原 5 天一个价期改为两天，共 15 个价期，每市担平均价 4.00 元，最高 4.50 元，最低 3.50 元。新价期从次年青菜头收购开始执行。这是青菜头收购史上划分最细的价。该价一直执行到 1983 年。

《关于榨菜等级规定的规定》发布

12 月 20 日，四川省商业厅以川商副发〔1974〕687 号文发出《关于榨菜等级规定的规定》，从 1975 年榨菜加工时开始，榨菜质量全面执行"整形分级，以块定级"办法，对腌制后的菜坯进行整形分级，按一、二、三级和小菜、碎菜分别包装，改变了过去不整形，只分大小块，以水湿生办菜所占比重大小来决定所降等级的做法。这是榨菜史上等级规格的一次重大变革，以后逐渐推行全川。

李新予总结出"茎瘤芥病毒病流行程度测报法"

是年，李新予从 1954 年开始进行的茎瘤芥病毒病研究获得成果，总结出"茎瘤芥病毒病流行程度测报法"。

榨菜生产与加工

是年，青菜头种植面积 41791 亩，青菜头产量 36488 吨，加工总数 12086.5 吨，出口 4373.65 吨，总利润 16.2 万元。

《重庆菜谱》问世

是年，《重庆菜谱》（内部资料）问世。该书收录有"榨菜肉丝"（辅料：榨菜一两）、"榨菜肉丝汤"（辅料：涪陵榨菜一两）（辅料：榨菜五钱）、"素烧菜头"（主料：净青菜头一斤二两）。

国营厂榨菜成本利润

是年，加工 140171 担，每担用菜量 295 斤，每担用工量 1.36 个，每担榨菜成本 29.66 元，工商利润总额 51.90 万元。参见何裕文等《涪陵榨菜（历史志）》第 104 页、何侍昌《涪陵榨菜文化研究》第 139 页《1964—1983 年国营厂榨菜成本利润表》。

涪陵榨菜一级产品零售牌价

是年，涪陵榨菜一级产品零售牌价 0.340 元 / 市斤。参见何裕文等《涪陵榨菜（历史志）》第 114 页、何侍昌《涪陵榨菜文化研究》第 148 页《榨菜一级产品零售牌价表》。

1975 年

《关于榨菜等级的规定的规定》开始执行

1 月，开始执行四川省商业局《关于榨菜等级规定的规定》，对榨菜进行整形分级，以块定级，改变以往只分大小块不重视外观形状的做法，榨菜质量提高。《涪陵市志》"大事记"第 72 页：1 月，开始执行省商业局《关于榨菜等级规定的规定》，对榨菜进行整形分级，以块定级，改变以往只分大小块，不重视外观形状的做法，榨菜质量提高。《涪陵大事记》（1949—2009）第 85 页载：本月（1 月），开始执行省商业局《关于榨菜等级规定的规定》，对榨菜进行整形分级，以块定级，改变以往只分大小块，不重视外观形状的做法，榨菜质量提高。因整形分级的推行，本年全形菜占 6.6%—11.3%。

榨菜机具修造厂建立

是年，涪陵县革命委员会批准设立榨菜机具修造厂，集中试制榨菜加工机具，并为各菜厂提供机修服务。后因机具制造材料不耐食盐腐蚀，加工成本增大，该厂至 1980 年停业。

《榨菜栽培与加工》一书出版

是年，涪陵地区农科所李新予、陈材林参加编著《榨菜栽培与加工》一书，四川省科学技术出版社出版。

陈材林等开始进行榨菜"六改"探索

是年，陈材林等根据榨菜全形加工质量要求，开始进行榨菜"六改"探索，历经 3 年，后总结出茎瘤芥栽培"六改"技术方案。1978 年，在涪陵县大面积施行。因该成果获得显著经济效益，1979 年，获四川省科技成果三等奖，后又获涪陵地区科技成果推广一等奖。

榨菜生产与加工

是年，青菜头种植面积 45212 亩，青菜头产量 43350 吨，加工总数 12351.55 吨，出口 5118.15 吨，成本 31.48 元 / 担，总利润 44.9 万元。

研制 SE76-1 型榨菜踩池机立项

是年，研制 SE76-1 型榨菜踩池机立项。《涪陵市志》第 1235 页第二十二篇《科技·工业科研课题》云：1975 年 8 项：推广应用"优选法"，研制卧式镗床，研制 Y2-6 简易螺旋铣床，研制简易小麦、玉米脱粒机，研制红苕切片（丝）机、红苕打浆机，研制 SE76-1 型榨菜踩池机，研制格纯机，改进 153-160B 型机床。

国营厂榨菜成本利润

是年，加工 144702 担，每担用菜量 338 斤，每担用工量 1.27 个，每担榨菜成本 31.18 元，工商利润总额 45.00 万元。参见《涪陵榨菜（历史志）》第 104 页、何侍昌《涪陵榨菜文化研究》第 139 页《1964—1983 年国营厂榨菜成本利润表》。

青菜头收购执行十五期收购价

1975—1983 年，青菜头收购执行十五期收购价。第一期 4.50 元（1 月 31 日—2 月 1 日）；第二期 4.45 元（2 月 2—3 日）；第三期 4.40 元（2 月 4—5 日）；第四期 4.35 元（2 月 6—7 日）；第五期 4.30 元（2 月 8—9 日）；第六期 4.25 元（2 月 10—11 日）；第七期 4.20 元（2 月 12—13 日）；第八期 4.15 元（2 月 14—15 日）；第九期 4.10 元（2 月 16—17 日）；第十期 4.00 元（标准期，2 月 18—19 日）；第十一期 3.90 元（2 月 20—21 日）；第十二期 3.80 元（2 月 22—23 日）；第十三期 3.70（2 月 24—25 日）；第十四期 3.60 元（2 月 26—27 日）；第十五期 3.50 元（2 月 28 日—3 月 1 日）。参见《涪陵榨菜（历史志）》第 109 页、何侍昌《涪陵榨菜文化研究》第 146—147 页《青菜头收购价表》。

青菜头与被交换品比价

是年，青菜头与被交换品比价情况是：食盐 25 市斤、白糖 5.70 市斤、白布 12.90 尺、火柴 21.30×10 盒、煤油 11.20 市斤。参见何裕文等《涪陵榨菜（历史志）》第 114 页、何侍昌《涪陵榨菜文化研究》第 139 页《1964—1983 年国营厂榨菜成本利润表》。

涪陵榨菜一级产品零售牌价

是年，涪陵榨菜一级产品零售牌价 0.340 元 / 市斤。参见《涪陵榨菜（历史志）》第 114 页、何侍昌《涪陵榨菜文化研究》第 148 页《榨菜一级产品零售牌价表》。

1976 年

榨菜加工机械化生产线开始研制

春，开始榨菜加工机械化生产线（全国供销合作总社下达项目）的研制。涪陵地、县两级联合成立领导小组，由地区土产果品站陈汉荣任组长，县土产公司经理刘维新任副组长。韩家沱菜厂建立科研小组。地区新兴陶器厂、海陵内燃机总厂等为协作单位。全国供销合作总社、省供销社、省土产公司亦派员指导。至次年，韩家沱菜厂基本实现"五机一化"（踩池机、起池机、淘洗机、拌料机、装坛机及运输车子化），其后普遍推广，使传统榨菜加工生产面貌发生了划时代的变化。

涪陵榨菜种菜成本定点调查

是年，涪陵县物价局在百胜公社花地大队第二大队定点调查涪陵榨菜种菜成本。

龙驹菜厂开办

是年，龙驹菜厂开办。

榨菜生产与加工

是年，青菜头种植面积 41725 亩，青菜头产量 24463 吨，加工总数 7515.55 吨，出口 3136.45 吨，成本 29.75 元，总利润 5.71 万元。本年，涪陵县有国营榨菜厂 19 家，年加工能力 1.28 万吨，是 1951 年的 85 倍，加工量占全县 80% 以上。

创作组歌《榨菜香万里》

是年，创作组歌《榨菜香万里》。《涪陵市志》第 1325 页第二十五篇《文化》云：1976 年，文化馆以太平公社为基础，组织业余文艺骨干 45 人，创作组歌《榨菜香万里》等一批反映农业学大寨的节目参加涪陵地区文艺调演。

改革酱油生产工艺立项

是年，改革酱油生产工艺立项。《涪陵市志》第 1235 页第二十二篇《科技·工业科研课题》云：1976 年 3 项：研制拖板机耕船，研制标准足屯跎，改革酱油生产工艺。

国营厂榨菜成本利润

是年，加工 87480 担，每担用菜量 301 斤，每担用工量 1.32 个，每担榨菜成本 29.76 元，工商利润总额 19.70 万元。参见何裕文等《涪陵榨菜（历史志）》第 104 页、何侍昌《涪陵榨菜文化研究》第 139 页《1964—1983 年国营厂榨菜成本利润表》。

涪陵榨菜一级产品零售牌价

是年，涪陵榨菜一级产品零售牌价 0.340 元／市斤。参见《涪陵榨菜（历史志）》第 114 页、何侍昌《涪陵榨菜文化研究》第 148 页《榨菜一级产品零售牌价表》。

1977 年

全国第一条榨菜机械加工生产线开始研制

是年，开始研制全国第一条榨菜机械加工生产线。该项目由四川供销合作社下达，涪陵地区土产站牵头，涪陵地区新兴陶器厂、广播器材厂、海陵内燃机配件厂研制自控气动装坛机，菜厂等单位负责改进踩池、起池、淘洗机，并定型生产。

涪陵榨菜加工厂开办

是年，两汇菜厂、马武菜厂、仁义菜厂开办。

菜坛封口采用双层法

是年，取消干菜叶扎口，封口时采用双层法。口叶第一层用半斤以上能吃的香叶所扎口，第二层用一斤半以上的盐叶扎口。这样保证了口叶不变质，菜块不掉色，减少了霉口损失。

榨菜生产与加工

是年，青菜头种植面积 41825 亩，青菜头产量 35903 吨，加工总数 10549.4 吨，分别比 1949 年增长 707.4%、1229.7%、1734.6%。是年，出口 3501.2 吨，成本每担 28.76 元，总利润 20.05 万元。

选育青菜头优良品种——蔺市草腰子立项

是年，选育青菜头优良品种——蔺市草腰子立项。《涪陵市志》第 1233 页第二十二篇《科技·农业科研课题》云：1977 年 4 项：选配杂交玉米优良组合试验，选育青菜头优良品种——蔺市草腰子，推广柑橘老树复壮更新技术，推广无辕犁。

国营厂榨菜成本利润

是年，加工 129576 担，每担用菜量 314 斤，每担用工量 1.22 个，每担榨菜成本 28.76 元，工商利润总额 41.40 万元。参见何裕文等《涪陵榨菜（历史志）》第 104 页、何侍昌《涪陵榨菜文化研究》第 139 页《1964—1983 年国营厂榨菜成本利润表》。

榨菜生产成本收益与劳动生产率调查

1977—1983 年，榨菜生产成本收益与劳动生产率调查地点百胜公社花地二队，调查内容包括：调查面积，每亩产量之主产品、副产品；每亩平均收购价计产值之主产品、副产品、合计；每亩物质用量；每亩用工标准劳动日、用工作价，每亩总生产成本金额、占总产值比重、每亩负担税金、净产值、减税纯收益；每百市斤主产品生产成本、含税生产成本、平均收购牌价、标准品收牌价；每一标准劳动日主产品产值、净产值、实际分配值；附：按主产品实际出售价格计算，主产品实际平均价格、每亩总产值、每亩净产值、每亩减税纯收益、每劳动日净产值。参见何裕文等《涪陵榨菜（历史志）》第 104 页、何侍昌《涪陵榨菜文化研究》第 140 页《榨菜生产成本收益与劳动生产率调查表 1》。

是年，榨菜生产成本收益与劳动生产率调查地点在百胜公社花地二队，调查内容包括：调查面积 30.50 市亩，每亩产量之主产品 1803 市斤、副产品 1376 市斤；每亩平均收购价计产值之主产品 64.19 元、副产品 14.42 元、合计 78.61 元；每亩物质用量 17.64 元；每亩用工标准劳动日 23.20 个、用工作价 11.60 元，每亩总生产成本金额 29.24 元、占总产值比重 37.20%、每亩负担税金 5.70 元、净产

值 60.97 元、减税纯收益 43.67 元；每百市斤主产品生产成本 1.32 元，含税生产成本 1.64 元，平均收购牌价 3.56 元、标准品收牌价 4.00 元；每一标准劳动日主产品产值 77.70 市斤、净产值 2.63 元、实际分配值 0.50 元；附：按主产品实际出售价格计算，主产品实际平均价格 3.56 百斤/元、每亩总产值 78.61 元、每亩净产值 60.97 元、每亩减税纯收益 43.67 元、每劳动日净产值 2.63 元。参见何裕文等《涪陵榨菜（历史志）》第 111 页、何侍昌《涪陵榨菜文化研究》第 141 页《榨菜生产成本收益与劳动生产率调查表 2》。

青菜头每亩物质费用计算

是年，青菜头每亩物质费用计算情况是：每亩物质费用合计 17.64 元，其一，生产直接费用小计 17.26 元，包括种子费 0.33 元，肥料费 15.89 元，农药费 1.04 元；畜力费、机械作业费、排灌费、初制加工费、其他直接费未计算；其二，间接费用小计 0.38 元；包括固定资产折旧费 0.07 元、小农具购置费 0.15 元、修理费 0.02 元、管理及其他间接费 0.14 元、农田基建费（缺）；附记：每亩使用畜工量（缺）、每亩种子用量 0.22 市斤。参见何裕文等《涪陵榨菜（历史志）》第 112 页、何侍昌《涪陵榨菜文化研究》第 142 页《青菜头每亩物质费用计算表》。

青菜头每亩用工计算

是年，青菜头每亩用工计算情况是：折标准劳动日 23.20 个，每亩用工合计 36.40 个；其一，直接生产用工小计 26.80 个，包括播种前翻耕整地用工 7.30 个、种子准备与播种用工 3.20 个、中耕除草用工（缺）、施肥用工 8.90 个、排灌用工（缺）、其他田间管理用工（缺）、植保用工 0.90 个、收获用工 6.50 个、初制加工用工（缺）；其二，间接用工小计 9.60 个，包括集体积肥用工（缺）、经济管理用工 2.70 个、农田基建用工 5.10 元、其他间接用工 1.80 个；附记：每个中等劳动力出勤一天所得的实际劳动日数 1.57 日、当年实际劳动日分配值 0.317 元、折成标准劳动日分配值 0.50 元。参见何裕文等《涪陵榨菜（历史志）》第 113 页、何侍昌《涪陵榨菜文化研究》第 142—143 页《青菜头每亩用工计算表》。

涪陵榨菜一级产品零售牌价

是年，涪陵榨菜一级产品零售牌价 0.340 元/市斤。参见何裕文等《涪陵榨菜（历史志）》第 114 页、何侍昌《涪陵榨菜文化研究》第 148 页《榨菜一级产品零售牌价表》。

1978 年

全国供销合作总社榨菜机具科技流动现场会

3月4日，全国供销合作总社榨菜机具科技流动现场会在涪陵召开，全国供销合作总社、供销社果品局，四川省供销合作社、供销社果品公司，以及浙江、上海等10个省（市）有关单位的领导干部和技术人员等共80多人出席会议。会议由总社果品局干菜处孟处长主持。与会人员在会议期间，参观了韩家沱菜厂榨菜加工机械化现场。《涪陵市志》"大事记"第75页：2月16日，全国供销合作总社榨菜机具科技流动现场会在涪陵举行，出席会议的有全国供销合作总社、供销社果品局，四川省供销合作社、供销社果品公司以及浙江、上海等10省（市）有关单位的领导干部及技术人员等共80多人出席会议。会议期间，与会人员参观了韩家沱菜厂榨菜加工机械化现场。《涪陵市志》第1229页第二十二篇《科技》云：1978年2月，全国供销合作社榨菜机具科技流动现场会在涪陵召开，韩家沱菜厂为会议提供榨菜加工机械化现场，并向与会代表介绍经验。《涪陵大事记》（1949—2009）第96页载：（2月）16日，全国供销合作总社榨菜机具科技流动现场会在涪陵召开，全国供销合作总社、供销合作社果品局，四川省供销合作社、供销社合作果品公司，六省（市）有关单位负责人以及农艺师、技术人员等共80多人出席。会议期间，涪陵县委副书记介绍了涪陵榨菜加工机械化简况，现场参观涪陵、丰都榨菜机具和榨菜加工厂。

韩家沱菜厂实现"五机一化"

春，韩家沱菜厂的加工生产实现"五机一化"。

科教片《榨菜气动自控装坛机》摄制

5月5—15日，峨眉电影制片厂在韩家沱菜厂摄制科教片《榨菜气动自控装坛机》，后编入《科技新花》第十号在全国放映。《涪陵市志》"大事记"第75页：5月5—15日，峨眉电影制片厂在韩家沱菜厂摄制科教片《榨菜气动自控装坛机》，后编入《科技新花》第十号映出。《涪陵大事记》（1949—2009）第97页：5月15日，峨眉电影制片厂在韩家沱菜厂摄制科教片《榨菜气动自控装坛机》历时11天封镜。该片后编入《科技新花》第十号映出。

《涪陵榨菜工艺标准和操作规程》讨论通过

12月5日，涪陵地县土产公司召开全县榨菜厂厂长、技师会议，讨论通过了

《涪陵榨菜工艺标准和操作规程》。该规程从次年 2 月榨菜加工时开始施行。《涪陵市志》"大事记"第 76 页载：12 月 5 日，召开全县榨菜厂厂长、技师会，讨论通过《涪陵榨菜工艺标准和操作规程》。《涪陵大事记》(1949—2009) 第 99 页载：(12 月) 5 日，召开涪陵全县榨菜厂厂长、技师会，讨论通过《涪陵榨菜工艺标准和操作规程》。

川 Q27-80 四川省出口榨菜标准发布

是年至 1979 年，川 Q27-80 四川省出口榨菜标准修订并发布，这是榨菜史上的第一个标准。

"榨菜优良品种——'蔺氏草腰子'63001"获奖

是年，涪陵地区农科所、西南农业大学园艺系、重庆市农科所李新予、陈材林、邓隆秀完成的"榨菜优良品种——'蔺氏草腰子'63001"被四川省革委会（四川省农牧厅）授予四川省科学大会荣誉奖。

陈材林发表《涪陵榨菜研究进展》一文

是年，陈材林在《四川农业科技》第 4 期发表《涪陵榨菜研究进展》一文。

复合塑料薄膜袋方便榨菜研究试制

是年开始，西南农学院李友霖教授、刘心恕教授在榨菜公司的配合下研究试制复合塑料薄膜袋方便榨菜。

陈材林主持四川省农牧厅课题"榨菜抗病毒病品种选育"

是年，陈材林主持四川省农牧厅课题"榨菜抗病毒病品种选育"，起止年限为 1978—1986 年。

涪陵榨菜加工厂开办

是年，北拱菜厂、双河菜厂、南沱乡大石鼓菜厂、永义菜厂开办。

榨菜生产与加工

是年，青菜头种植面积 50050 亩，青菜头产量 69082 吨，加工总数 21286.25 吨，出口 5184.9 吨，成本 27.28 元 / 担，总利润 79.79 万元。本年，全形菜提高到 36.7%—54.5%。

榨菜良种蔺市草腰子种植推广

是年，涪陵地区种植蔺市草腰子 3000 多公顷，占全区播种面积的 36%。据主产区 8 个公社的调查统计，当年平均每公顷产青菜头 11535 公斤，较 1975 年每公顷增产 2662.5 公斤，增幅为 30%。

研制 SF79-8 榨菜起池机立项

是年，研制 SF79-8 榨菜起池机立项。《涪陵市志》第 1235 页第二十二篇《科技·工业科研课题》云：1978 年 14 项，其中有 SF79-8 榨菜起池机研制。

"榨菜抗病毒病品种选育"课题立项

是年，"榨菜抗病毒病品种选育"课题四川省农牧厅立项，起止时限 1978—1986。

国营厂榨菜成本利润

是年，加工 256183 担，每担用菜量 311 斤，每担用工量 0.88 个，每担榨菜成本 27.28 元，工商利润总额 161.50 万元。参见何裕文等《涪陵榨菜（历史志）》第 104 页、何侍昌《涪陵榨菜文化研究》第 139 页《1964—1983 年国营厂榨菜成本利润表》。

榨菜生产成本收益与劳动生产率调查

是年，榨菜生产成本收益与劳动生产率调查地点在百胜公社花地二队，调查内容包括：调查面积 36.00 市亩，每亩产量之主产品 2004 市斤、副产品 473 市斤；每亩平均收购价计产值之主产品 80.16 元、副产品 1.89 元、合计 82.05 元；每亩物质用量 16.39 元；每亩用工标准劳动日 37.60 个、用工作价 21.06 元，每亩总生产成本金额 37.45 元、占总产值比重 45.65%、每亩负担税金 3.33 元、净产值 65.66 元、减税纯收益 41.27 元；每百市斤主产品生产成本 1.83 元，含税生产成本 2.00 元，平均收购牌价 4.00 元、标准品收牌价 4.00 元；每一标准劳动日主产品产值 53.30 市斤、净产值 1.75 元、实际分配值 0.56 元；附：按主产品实际出售价格计算，主产品实际平均价格 4.00 元 / 百斤、每亩总产值 81.05 元、每亩净产值 65.66 元、每亩减税纯收益 41.27 元、每劳动日净产值 1.75 元。参见何裕文等《涪陵榨菜（历史志）》第 111 页、何侍昌《涪陵榨菜文化研究》第 141 页《榨菜生产成本收益与劳动生产率调查表 1》。

青菜头每亩物质费用计算

是年，青菜头每亩物质费用计算情况是：每亩物质费用合计 16.39 元，其一，生产直接费用小计 15.33 元，包括种子费 0.56 元，肥料费 12.81 元，农药费 1.95 元；畜力费、机械作业费、排灌费、初制加工费、其他直接费未计算；其二，间接费用小计 1.07 元；包括固定资产折旧费 1.01 元、小农具购置费 0.02 元、修理费（缺）、管理及其他间接费 0.04 元、农田基建费（缺）；附记：每亩使用畜工量（缺）、每亩种子用量 0.25 市斤。参见何裕文等《涪陵榨菜（历史志）》第 112 页、何侍昌《涪陵榨菜文化研究》第 142 页《榨菜生产成本收益与劳动生产率调查表 2》。

青菜头每亩用工计算

是年，青菜头每亩用工计算情况是：折标准劳动日 37.60 个，每亩用工合计 65.37 个；其一，直接生产用工小计 43.50 个，包括播种前翻耕整地用工 10.00 个、种子准备与播种用工 3.20 个、中耕除草用工（缺）、施肥用工 15.00 个、排灌用工（缺）、其他田间管理用工 2.30 个、植保用工 0.50 个、收获用工 8.60 个、初制加工用工（缺）；其二，间接用工小计 21.87 个，包括集体积肥用工（缺）、经济管理用工 9.59 个、农田基建用工 11.20 元、其他间接用工 1.08 个；附记：每个中等劳动力出勤一天所得的实际劳动日数 1.74 日、当年实际劳动日分配值 0.323 元、折成标准劳动日分配值 0.56 元。参见何裕文等《涪陵榨菜（历史志）》第 113 页、何侍昌《涪陵榨菜文化研究》第 142—143 页《青菜头每亩用工计算表》。

涪陵榨菜一级产品零售牌价

是年，涪陵榨菜一级产品零售牌价 0.340 元 / 市斤。参见何裕文等《涪陵榨菜（历史志）》第 114 页、何侍昌《涪陵榨菜文化研究》第 148 页《榨菜一级产品零售牌价表》。

1979 年

《人民日报》刊文介绍涪陵地区努力提高榨菜产量

5 月 6 日，《人民日报》以《涪陵地区努力提高四川榨菜产量》为题介绍涪陵地区努力提高榨菜产量。

沈大兴撰成《中国榨菜之乡——涪陵访问记》

5月10日,《人民中国》记者沈大兴到涪陵采访,后撰成《中国榨菜之乡——涪陵访问记》,刊于同年《人民中国》日文版第八期。《涪陵市志》"大事记"第76—77页载:5月10日,《人民中国》记者沈大兴来涪陵采访,后撰成《中国榨菜之乡——涪陵访问记》刊于同年《人民中国》日文版第八期。《涪陵大事记》(1949—2009)第102页载:(5月)10日,《人民中国》记者沈大兴来涪陵采访。后撰成《中国榨菜之乡——涪陵访问记》刊于同年《人民中国》日文版第8期。

涪陵县榨菜生产布局调整

7月10日,涪陵县革命委员会决定对全县榨菜生产布局进行适当调整。白涛、焦石、龙潭3个区全部及李渡区的石龙,珍溪区的丛林,蔺市区的堡子、青龙,马武区的梓里、蒲江、太和、兴隆,新妙区的三合、增福,城郊区的天台等公社均不安排青菜头种植计划;废除白大叶、水冬瓜、露酒壶、立耳朵、绣球菜等传统品种,凡废除品种的青菜头一律不予收购;对个头过大的青菜头做等外级菜处理。

李祥麟完成《丰都榨菜史料》

10月20日,李祥麟完成《丰都榨菜史料》,刊载于《丰都文史资料》。

《涪陵榨菜工艺标准和操作规程》通过讨论

12月5日,涪陵县土产公司召开全县榨菜厂厂长、技师会议,讨论通过了《涪陵榨菜工艺标准和操作规程》。参见何侍昌《涪陵榨菜文化研究》第119页。

川 Q27-80 四川省出口榨菜标准起草

是年,四川省土产果品公司组织起草川 Q27-80 四川省出口榨菜标准,1980年由四川省标准计量局颁布实施。该标准对榨菜感官指标、理化指标、卫生指标做出具体规定,并把榨菜术语规范为标准术语。涪陵榨菜始有地方标准。参见何侍昌《涪陵榨菜文化研究》第119页。

涪陵榨菜科研获奖

是年,李新予、张发明、秦华主持完成的"茎用芥菜病毒病流行程度测报方法及综合防治研究",从1969—1978年历经10年观测、试验,被四川省人民政府授予重大科技成果三等奖。《涪陵市志》第1238页第二十二篇《科技·获

奖项目·获省人民政府奖励项目》云："涪陵地区茎用芥菜病毒流行程度、测报方法及综合防治研究"的研究单位是涪陵地区农科所，主研人员是李新予。内容为：通过从 1969—1978 年连续 10 年的调查测试，基本摸清了芥菜病源特性，传播媒介，主要群体及周期消长与气候、病情的相互关系，提出了预报方法，并在此基础上推广选用抗耐病品种，适时播种培育壮苗或异地客苗，减少病毒感染和早期防病等一系列措施，有力地控制了大面积病情，获省 1979 年重大科技成果三等奖。

是年，涪陵地区、重庆市农科所陈材林、杨以耕等人完成的"青菜头适应'全形加工'的栽培技术改革"，经 1975—1978 年试验推广，取得显著效益。该成果获本年度四川省重大科技成果三等奖，后又获涪陵地区科技成果推广一等奖。《涪陵市志》第 1238 页第二十二篇《科技·获奖项目·获省人民政府奖励项目》云：青菜头适应"全形加工"的栽培技术改革的研究单位是涪陵地区农科所、重庆市农科所，主研人员是陈材林、杨以耕等，内容为以"六改"提高榨菜质量和"全形加工"成功率。"六改"后的 1978 年较之"六改"前的 1975 年青菜头亩产平均增加 38.9%，"全形加工"菜增加约 66%。获省 1979 年重大科技成果三等奖。

涪陵榨菜加工厂开办

是年，四合菜厂、开平菜厂、金银菜厂、义和菜厂、百胜菜厂、世忠乡大渡口菜厂、中峰菜厂开办。

涪陵榨菜生产与加工

是年，青菜头种植面积 61515 亩，青菜头产量 80449 吨，加工总数 22253.55 吨，出口 4149.65 吨，成本 30.53 元，总利润 –25.14 万元。

研制榨菜陶洗机、研制气动往复式榨菜装坛机立项

是年，研制榨菜陶洗机、研制气动往复式榨菜装坛机立项。《涪陵市志》第 1235 页第二十二篇《科技·工业科研课题》云：1979 年 28 项，其中有研制榨菜陶洗机、研制气动往复式榨菜装坛机。

国营厂榨菜成本利润

是年，加工 247553 担，每担用菜量 360 斤，每担用工量 1.00 个，每担榨菜成本 30.53 元，工商利润总额 98.00 万元。参见何裕文等《涪陵榨菜（历史志）》第 104 页、何侍昌《涪陵榨菜文化研究》第 139 页《1964—1983 年国营厂榨菜成本利润表》。

榨菜生产成本收益与劳动生产率调查

是年，榨菜生产成本收益与劳动生产率调查地点在百胜公社花地二队，调查内容包括：调查面积 70.50 市亩，每亩产量之主产品 1152 市斤、副产品 269 市斤；每亩平均收购价计产值之主产品 46.08 元、副产品 1.07 元、合计 47.15 元；每亩物质用量 9.27 元；每亩用工标准劳动日 30.80 个、用工作价 20.02 元，每亩总生产成本金额 29.29 元、占总产值比重 62.12%、每亩负担税金 2.25 元、净产值 37.88 元、减税纯收益 15.61 元；每百市斤主产品生产成本 2.48 元，含税生产成本 2.68 元，平均收购牌价 4.00 元、标准品收牌价 4.00 元；每一标准劳动日主产品产值 37.40 市斤、净产值 1.23 元、实际分配值 0.65 元；附：按主产品实际出售价格计算，主产品实际平均价格 4.00 元／百斤、每亩总产值 47.15 元、每亩净产值 37.88 元、每亩减税纯收益 15.61 元、每劳动日净产值 1.23 元。参见何裕文等《涪陵榨菜（历史志）》第 111 页、《榨菜生产成本收益与劳动生产率调查表 1》。

青菜头每亩物质费用计算

是年，青菜头每亩物质费用计算情况是：每亩物质费用合计 9.27 元，其一，生产直接费用小计 8.67 元，包括种子费 0.36 元，肥料费 7.80 元，农药费 0.51 元；畜力费、机械作业费、排灌费、初制加工费、其他直接费未计算；其二，间接费用小计 0.60 元；包括固定资产折旧费 0.45 元、小农具购置费 0.06 元、修理费 0.06 元、管理及其他间接费 0.03 元、农田基建费（缺）；附记：每亩使用畜工量（缺）、每亩种子用量 0.23 市斤。参见何裕文等《涪陵榨菜（历史志）》第 112 页、何侍昌《涪陵榨菜文化研究》第 142 页《青菜头每亩物质费用计算表》。

青菜头每亩用工计算

是年，青菜头每亩用工计算情况是：折标准劳动日 30.80 个，每亩用工合计 49.20 个；其一，直接生产用工小计 35.10 个，包括播种前翻耕整地用工 8.00 个、种子准备与播种用工 9.00 个、中耕除草用工（缺）、施肥用工 10.00 个、排灌用工（缺）、其他田间管理用工 1.00 个、植保用工 0.40 个、收获用工 6.70 个、初制加工用工（缺）；其二，间接用工小计 14.10 个，包括集体积肥用工（缺）、经济管理用工 4.60 个、农田基建用工 2.50 元、其他间接用工 7.00 个；附记：每个中等劳动力出勤一天所得的实际劳动日数 1.60 日、当年实际劳动日分配值 0.404 元、折成标准劳动日分配值 0.65 元。参见《涪陵榨菜（历史志）》第 113 页、何侍昌《涪陵榨菜文化研究》第 142—143 页《青菜头每亩用工计算表》。

涪陵榨菜一级产品零售牌价

是年，涪陵榨菜一级产品零售牌价 0.340 元 / 市斤。参见《涪陵榨菜（历史志）》第 114 页、何侍昌《涪陵榨菜文化研究》第 148 页《榨菜一级产品零售牌价表》。

全国榨菜加工产量

是年，全国榨菜产量 270 万担，全（四川）省 170 万担，涪陵地区 800000 担，其中垫江 80000 担，丰都 240000 担，丰都所产为全省总产的 14.1%，为全国总产的 8.9%。又，丰都是年产鲜菜头 78000000 斤，熟菜 240000 担。参见李祥麟遗稿《丰都榨菜史料》。

20 世纪 70 年代

"蔺市草腰子"良种培育成功

涪陵地区农科所、涪陵县农科所、重庆市农科所和西南农学院园林系 4 家科研单位，在涪陵蔺市区龙门乡胜利二社发掘和培育出"蔺市草腰子"良种，成为 20 世纪 70—80 年代涪陵青菜头主要品种。

"蔺市草腰子"提纯复壮

20 世纪 70 年代，涪陵地区农科所在提纯复壮"蔺氏草腰子"过程中，采用单株系选法，获得新的高产株系和杂交品系。

榨菜主产品深度加工

开始对主产品进行改进和深度加工，如生产盐渍菜头、小坛和小罐装的榨菜丝（片）、直接腌制（不经风脱水）压榨制成的榨菜罐头等。小容器包装的低盐和怪味、广味、鱼香等风味的中袋菜制品开始出现（但还未大批量生产）。

1980 年

榨菜生产加工领导小组成立

1 月 14 日，涪陵县革命委员会决定成立榨菜生产加工领导小组，以指导全县青菜头收购和加工工作。

《关于启用"涪陵县榨菜公司"印章的通知》发布

1月17日，四川省涪陵县供销合作社文件《关于启用"涪陵县榨菜公司"印章的通知》（合秘〔81〕第02号）发布，根据涪陵县革委涪革发〔1980〕第244号《关于成立涪陵县榨菜公司的批示》，现机构业已筹备就绪，设在涪陵县土产公司内办公，现刻制"涪陵县榨菜公司"印章一枚，自一九八一年一月一日起启用。

涪陵县榨菜管理办公室成立

2月，涪陵县人民政府批准成立涪陵县榨菜管理办公室，与涪陵县食品工业办公室合署办公，隶县（市）榨菜工作（管理）领导小组。

谭启龙参观东方红榨菜厂

4月，中共四川省委第一书记谭启龙视察涪陵，参观东方红榨菜厂（今涪陵榨菜研究所）。《涪陵市志》"大事记"第78页：中共四川省委第一书记谭启龙视察涪陵，参观东方红榨菜厂。

四川出口榨菜检验专业会议召开

5月12日，重庆进出口商品检验局、四川土产进出口公司、省土产果品公司联合在涪召开四川出口榨菜检验专业会议。会议讨论通过《四川省企业标准川 Q27-80 号（出口榨菜）》《标准有关检验项目的解释和检验掌握幅度的说明》和《四川出口榨菜实施商品检验方案》。参见何侍昌《涪陵榨菜文化研究》第119页。

《关于转发开展出口榨菜检验有关文件的通知》发布

5月15日，中华人民共和国重庆商品检验局发布《关于转发开展出口榨菜检验有关文件的通知》（渝检〔81〕农字第119号）。参见何侍昌《涪陵榨菜文化研究》第119页。

"乌江牌榨菜"获准注册

6月15日，涪陵县土产公司申报的"乌江牌榨菜"获中华人民共和国国家工商行政管理局商标局批准注册。注册号137962。

涪陵地区社队企业工作会议召开

6月，中共涪陵地委、涪陵地区行署召开全地区社队企业工作会议。会议着重研究了社队企业大发展、解决丰都县社队企业自销榨菜要维护国家计划、农副产品加工企业下放要按照中共四川省委指示办等问题。参见中国重庆市涪陵区委党史研究室编《重庆市涪陵区改革开放二十年大事记1978.12–1998.12》（重庆出版社，2001年，下同）第19页。

涪陵榨菜科研所成立

7月8日，涪陵榨菜科研所成立。参见中国重庆市涪陵区委党史研究室编《重庆市涪陵区改革开放二十年大事记（1978.12—1998.12）》第19页。

榨菜"六改"栽培技术训练班举办

8月，涪陵地区农科所、县土产公司联合举办榨菜"六改"栽培技术训练班，培育技术骨干87名。9月份播种前，又在全县31个公社培训生产技术人员2756人；10月菜苗移栽季节又组织菜厂技术人员135人分赴各公社具体指导。"六改"栽培技术在全县普遍推广。

涪陵地区财贸工作会议

9月，涪陵地区行署财办召开全地区财贸工作会议，财办主任夏宗明做了《扩权试点、农商联营的情况和今后工作意见》的报告，地区行署副专员李凤翔对四季度财贸工作作了部署。会上，地区供销、商业、粮食、财政、外贸、工商、税务、农行、人行、建行、多种经营办公室的负责人作了专题发言，丰都三元供销社介绍了关于农副产品联营的情况，涪陵县焦岩榨菜联营厂介绍了实行农商联营抓好榨菜生产的经验。参见中国重庆市涪陵区委党史研究室编《重庆市涪陵区改革开放二十年大事记（1978.12—1998.12）》第21页。

《榨菜之乡》和涪陵外景拍摄

10月下旬，中央电视台《长江》电视片中日联合摄制组到涪陵拍摄《榨菜之乡》和涪陵外景。涪陵县土产公司榨菜技师何裕文、县文化馆干部蒲国树向日方编导介绍榨菜和涪陵历史情况。《涪陵市志》"大事记"第79页载：10月下旬，中央电视台《长江》电视片中日联合摄制组来涪陵拍摄《榨菜之乡》和涪陵外景。《涪陵大事记》（1949—2009）第111页载：（10月）下旬，中央电视台《长江》电视片中日联合摄制组来涪陵拍摄《榨菜之乡》和涪陵外景。

国营菜厂与社队联营

10月25日，涪陵县革命委员会以县革发〔1980〕字第94号文发出通知：国营菜厂与社队实行全面联营，厂名相应改为联营菜厂。并规定：原菜厂全部财产为联营厂所有，但社队不得挪用；原菜厂固定职工性质不变；产品实行产销直接见面，县公司提供产销服务只收取3%手续费；联营厂获利除交所得税外，与社队按规定比例分成，如无利润，社队也不补贴。

第一批榨菜质检化验员培训

12月10日至15日，重庆商检局工程师唐文定到涪陵培训第一批榨菜质检化验员。《涪陵市志》"大事记"第79页载：12月10日，重庆商检局工程师唐文定来涪培训第一批榨菜质检化验员。至15日结束。《涪陵大事记》（1949—2009）第112页：（12月）10日，重庆商检局工程师唐文定来涪培训第一批榨菜质检化验员。至15日结束。

榨菜科研成果获奖

是年，涪陵地区情报研究所、涪陵地区农科所、涪陵县榨菜公司阮祥林、罗贤芝、陈材林、何裕文、余异武完成的"提高榨菜质量的情报调研"，荣获四川省人民政府重大科技成果四等奖。《涪陵市志》第1239—1240页第二十二篇《科技·获奖项目·获省人民政府奖励项目》云：提高涪陵榨菜质量的情报研究的研究单位是涪陵地区榨菜专题情报研究组。主研人员为阮祥林、何裕文、罗贤芝、陈材林。内容为通过分析研究找出了涪陵榨菜质量差的塑料袋包装、改革体制、实行专业化和工农联营等有效措施。采用上述措施后，仅涪陵县加工的30万担榨菜即减少损失12万元。

榨菜科研论文发表

是年，陈材林在《涪陵科技》第2期发表《榨菜"六改"栽培技术研究及其初步应用效果》一文。

榨菜科研课题

是年，周芳雄主持四川省农牧厅课题"榨菜加工的机理研究"，起止年限为1980—1990年；

是年，四川省原子能应用研究所朱绍安实验室研究"四川省涪陵榨菜软包装技术试验"取得成功。但因用Y射线杀菌，成本高，不适应大生产，推广困难，未被

采用。

涪陵榨菜加工厂开办

是年，酒井菜厂、新乡镇火麻岗菜厂开办。

涪陵榨菜生产与加工

是年，青菜头种植面积 41883 亩，青菜头产量 53361 吨，加工总数 15372.1 吨，出口 4435.7 吨，成本 30.40 元，总利润 –8.40 万元。

榨菜气动装坛机获涪陵地区行署奖励项目二等奖

是年，榨菜气动装坛机获涪陵地区行署奖励项目二等奖。《涪陵市志》第 1242页第二十二篇《科技·获奖项目·获涪陵地区行署奖励项目》云：涪陵地区联合设计组的"榨菜气动装坛机"，1980 年获涪陵地区行署奖励项目二等奖，主研人员是谭松、蔡旭东。

海椒营养土假植试验立项

是年，海椒营养土假植试验。《涪陵市志》第 1233 页第二十二篇《科技·农业科研课题》云：1980 年有 13 项科研课题，分别是：涪陵农业土壤区划，苎麻秋播试验，冬瓜密植高产栽培试验，海椒营养土假植试验，豇豆高产栽培试验，水稻化学除草试验，白僵菌生产及防治松毛虫效果试验，杂交猪育肥品比试验，推广猪、牛人工授精技术，应用牛鼻补缺技术，生猪配合饲料的生产和推广，配合饲料喂肉蛋兼用鸡试验，农村人民公社生产队财务账本改革。

《榨菜研究》创刊

《涪陵市志》第 1226 页第二十二篇《科技》云：1980 年以来，市科协及有关部门，先后创办和编印 20 余种科技刊物和图书，到 1985 年底，已发行 33 万余份（册）。编印的主要刊物有《榨菜研究》等。

重庆市涪陵宝巍食品有限公司成立

《涪陵年鉴（2004）》云：重庆市涪陵宝巍食品有限公司（原名为重庆市涪陵川陵食品有限责任公司）成立于 1980 年，是一家有 20 多年生产、加工、销售涪陵榨菜产品的专业厂家，公司具有独立法人资格，是涪陵区农业产业化重点龙头企业之一。公司位于涪陵榨菜之腹心区——百胜镇，占地面积 10000 平方米，企业总资产 1200

余万元，有员工 226 人，年设计生产能力 10000 吨。公司生产设备检测设备齐全，工艺先进，具有完整的现代企业管理体系和质量保证体系，其生产的"川陵"牌、"亚龙"牌系列方便榨菜从原料到加工，严格执行国家 GH／T1012–1998 年方便榨菜和国家绿色食品标准，均属于中低盐无化学防腐剂产品。主要产品有"川陵"牌千里香麻辣榨菜片、王中王榨菜丝、老板榨菜片；"亚龙"牌儿童榨菜丝、榨菜芯、爽口榨菜芯、鲜脆榨菜丝、大老板榨菜丝、全形盐渍出口榨菜等。产品畅销全国 10 多个省、市，远销俄罗斯及香港、台湾地区。公司拟定了"以质取胜，诚信经营，争创名牌，冲出国门"的企业总体发展目标，强化管理，务求质量，不断提高企业和产品知名度。1995 年以来，公司多次被重庆市评为"重合同守信用企业""乡镇企业先进集体""文明乡镇企业""乡企系统先进企业""涪陵区榨菜生产经营先进企业"；公司生产的"川陵"和"亚龙"牌系列榨菜产品多次获得省部优级金奖，在中国国际食品博览会上被评为"中国名牌产品"。2000 年 12 月，"川陵"和"亚龙"牌榨菜产品在涪陵榨菜行业中首批获准使用"涪陵榨菜"证明商标。2002 年，公司取得商品自营进出口经营权资格，同年通过 ISO9001：2000 国际质量管理体系认证；2002 年，"川陵"牌榨菜商标被评为"重庆市著名商标"。2003 年，"亚龙"牌榨菜商标被评为"重庆市著名商标"。公司把无公害榨菜产业开发项目作为企业发展壮大的后劲。从 2002 年开始，投入资金近 70 万元，扶持了 20 户种植大户，在当地开发新建无公害榨菜原料生产基地 10000 亩，建成了"公司＋农户"的产业化经营模式，充分发挥了农业产业化重点龙头企业的骨干作用。近年来，公司的经济社会效益都得到持续健康发展，在涪陵榨菜行业中稳居前列。2003 年，公司生产销售榨菜 8000 吨，实现销售收入 2800 万元，出口创汇 20 万美元，实现利税 265 万元。

何裕文等成为榨菜传统制作技艺代表

据《涪陵榨菜之文化记忆》第 70 页《涪陵榨菜传统制作技艺传承谱系的突出代表人物》记载，是年至今，涪陵榨菜传统制作技艺的代表有何裕文、杜全模、万绍碧、向瑞玺、杨盛明、赵平。按：万绍碧、向瑞玺、杨盛明、赵平，参见《涪陵榨菜之文化记忆》第 73—74 页《涪陵榨菜传统制作技艺代表性传承人》。

国营厂榨菜成本利润

是年，加工 136551 担，每担用菜量 329 斤，每担用工量 1.27 个，每担榨菜成本 30.40 元，工商利润总额 71.90 万元。参见何裕文等《涪陵榨菜（历史志）》第 104 页、何侍昌《涪陵榨菜文化研究》第 139 页《1964—1983 年国营厂榨菜成本利润表》。

榨菜生产成本收益与劳动生产率调查

是年，榨菜生产成本收益与劳动生产率调查地点在百胜公社花地二队，调查内容包括：调查面积 40.00 市亩，每亩产量之主产品 1503 市斤、副产品不详；每亩平均收购价计产值之主产品 60.12 元、副产品不详、合计 60.12 元；每亩物质用量 11.69 元；每亩用工标准劳动日 14.90 个、用工作价 9.98 元，每亩总生产成本金额 21.67 元、占总产值比重 36.04%、每亩负担税金 2.51 元、净产值 48.43 元、减税纯收益 35.94 元；每百市斤主产品生产成本 1.44 元，含税生产成本 1.61 元，平均收购牌价 4.00 元、标准品收牌价 4.00 元；每一标准劳动日主产品产值 101.10 市斤、净产值 3.26 元、实际分配值 0.67 元；附：按主产品实际出售价格计算，主产品实际平均价格 4.00 百斤/元、每亩总产值 60.12 元、每亩净产值 48.43 元、每亩减税纯收益 35.94 元、每劳动日净产值 3.26 元。参见何裕文等《涪陵榨菜（历史志）》第 111 页、《榨菜生产成本收益与劳动生产率调查表 1》。

青菜头每亩物质费用计算

是年，青菜头每亩物质费用计算情况是：每亩物质费用合计 11.69 元，其一，生产直接费用小计 10.83 元，包括种子费 0.65 元，肥料费 9.04 元，农药费 1.14 元；畜力费、机械作业费、排灌费、初制加工费、其他直接费未计算；其二，间接费用小计 1.86 元；包括固定资产折旧费 1.41 元、小农具购置费 0.38 元、修理费（缺）、管理及其他间接费 0.07 元、农田基建费（缺）；附记：每亩使用畜工量（缺）、每亩种子用量 0.27 市斤。参见《涪陵榨菜（历史志）》第 112 页、何侍昌《涪陵榨菜文化研究》第 142 页《青菜头每亩物质费用计算表》。

青菜头每亩用工计算

是年，青菜头每亩用工计算情况是：折标准劳动日 14.90 个，每亩用工合计 21.70 个；其一，直接生产用工小计 12.50 个，包括播种前翻耕整地用工 4.00 个、种子准备与播种用工 0.80 个、中耕除草用工（缺）、施肥用工 6.00 个、排灌用工（缺）、其他田间管理用工（缺）、植保用工 0.30 个、收获用工 1.40 个、初制加工用工（缺）；其二，间接用工小计 9.20 个，包括集体积肥用工（缺）、经济管理用工 5.41 个、农田基建用工 0.81 个、其他间接用工 2.98 个；附记：每个中等劳动力出勤一天所得的实际劳动日数 1.46 日、当年实际劳动日分配值 0.459 元、折成标准劳动日分配值 0.67 元。参见何裕文等《涪陵榨菜（历史志）》第 113 页、何侍昌《涪陵榨菜文化研究》第 142—143 页《青菜头每亩用工计算表》。

青菜头与被交换品比价

是年，青菜头与被交换品比价情况是：食盐 28.30 市斤、白糖 5.70 市斤、白布 12.90 尺、火柴 21.30×10 盒、煤油 11.20 市斤。参见何裕文等《涪陵榨菜（历史志）》第 114 页、何侍昌《涪陵榨菜文化研究》第 149 页《青菜头与被交换品比价表》。

涪陵榨菜一级产品零售牌价

是年，涪陵榨菜一级产品零售牌价 0.340 元 / 市斤。参见何裕文等《涪陵榨菜（历史志）》第 114 页、何侍昌《涪陵榨菜文化研究》第 148 页《榨菜一级产品零售牌价表》。

1981 年

涪陵县榨菜公司成立

1 月 1 日，涪陵县榨菜公司成立，隶属涪陵县供销社。内设秘书、人事保卫、厂管、生产、业务、储运、物资、财会等 8 股和 1 个展销门市部、1 个船队，负责涪陵县产、购、运、销业务。经涪陵地区行署批准，涪陵榨菜研究所正式成立。行署批准作试验基地的东方红榨菜厂，其人员和资产正式归研究所接收。《涪陵市志》"大事记"第 79 页：1 月 1 日，成立涪陵县榨菜公司，隶县供销社。《涪陵大事记》（1949—2009）第 113 页：（1 月）1 日，涪陵县榨菜公司成立，隶县供销社。1983 年 9 月更名为涪陵市榨菜公司，1990 年，与三峡移民榨菜厂、涪陵市罐头厂、涪陵市塑料彩印厂合并成立涪陵市榨菜集团公司，下辖企业 24 个，有固定资产 16000 万元。1993 年，国家经委定其为食品加工大二型企业，成为我国最大的榨菜加工经营企业。

钟家富等职务任免

1 月 7 日，中共涪陵县委组织部文件《关于钟家富等十同志职务任免的通知》（〔1981〕18 号），任命钟家富为李渡榨菜厂党支部书记、厂长，免去其鹤凤滩榨菜厂党支部书记、厂长职务；任命黄昌成为鹤凤滩榨菜厂副厂长，免去其李渡榨菜厂副厂长职务；任命何开禹为渠溪榨菜厂党支部书记、代家学为渠溪榨菜厂副厂长、马其常为黄旗榨菜厂副厂长、殷尚国为北岩寺榨菜厂副厂长、陈立生为江东凉塘榨菜厂副厂长、郭荣鹏为日杂合作商店党支部书记；免去段发平日杂合作商店党支部书记职务；免去陈安荣凉塘榨菜厂党支部书记、厂长职务。

自控气动榨菜装坛机通过鉴定并获奖

1月9日，涪陵县韩家沱菜厂试制成功的自控气动榨菜装坛机通过涪陵地区科委、供销社鉴定。该成果获1980年度涪陵地区重大科技成果二等奖。

涪陵榨菜研究所成立

1月，涪陵榨菜研究所成立，专门研究榨菜加工。《涪陵市志》"大事记"第80页载：（1981年1月）涪陵榨菜研究所成立，隶地区供销社。《涪陵大事记》（1949—2009）第114页载：（1月）涪陵榨菜研究所成立，隶涪陵地区供销社。

《中国农民报》刊载史齐报道

3月14日，《中国农民报》第8版刊载史齐《再谈四川的榨菜》的报道。

《提高涪陵榨菜质量的情报研究》获奖

4月5日，由涪陵地区榨菜专题情报研究组完成、涪陵地区农业局阮祥林、陈材林和涪陵县榨菜公司何裕文共同研究的《提高涪陵榨菜质量的情报研究》，获四川省人民政府颁发的1980年度重大科技成果四等奖。该成果由研究组于上年5月组织涪陵、丰都两县科研人员考察浙江榨菜后形成。

榨菜产销转向市场

4月，国家不再统一调拨涪陵榨菜，榨菜产业由统产统销转向市场调节。

四川出口榨菜检验专业会议召开

5月12日，重庆进出口商品检验局、四川土产进出口公司、省土产果品公司联合在涪召开四川出口榨菜检验专业会议。会议讨论通过了《四川省企业标准川Q 27-80号（出口榨菜）》《标准有关检验项目的解释和检验掌握幅度的说明》和《四川出口榨菜实施商品检验方案》。

《关于转发开展出口榨菜检验有关文件的通知》发布

5月15日，中华人民共和国重庆商品检验局发布渝检〔81〕农字第119号文件《关于转发开展出口榨菜检验有关文件的通知》。

涪陵县榨菜公司举办培训班

5月，涪陵县榨菜公司举办榨菜生产、栽培、化验培训班，参加人员70多人。

涪陵地区榨菜科研所成立

6月，涪陵地区供销社为推动涪陵榨菜研究，促进榨菜发展，经四川省供销社批准，将涪陵市榨菜公司的所属东方红榨菜厂（教化岩榨菜厂）改建成涪陵地区榨菜科研所，将东方红榨菜厂改名为涪陵榨菜厂，实行二块牌子一套人马、以厂养科研的办法，成为自收自支的事业单位。

何裕文获"榨菜工艺技师"职称

6月，经涪陵地区技术职称评定委员会考评、地区行署批准，涪陵县榨菜公司副经理何裕文获"榨菜工艺技师"职称，系榨菜行业至此唯一获得该技术职称者。

乌江牌榨菜获国家质量奖银奖

7月19日，国营涪陵珍溪榨菜厂生产的乌江牌榨菜被全国榨菜优质产品鉴评会评为第一名，并经国家质量奖审定委员会审定，后被全国第二次优质产品授奖大会授予"中华人民共和国国家质量奖银奖"，成为2007年止全国酱腌菜行业中唯一获此殊荣的最高质量奖项。《涪陵市志》"大事记"第80页载：7月中旬末，珍溪榨菜厂生产的乌江牌榨菜被全国榨菜优质产品鉴评会评为第一名，不久由全国第二次优质产品授奖大会授予银质奖。《涪陵大事记》（1949—2009）第118页载：（7月）19日，涪陵县珍溪榨菜厂生产的乌江牌榨菜被全国榨菜优质产品鉴评会评为第一名，不久由全国第二次优质产品授奖大会授予银质奖。9月25日在全国第二次优质产品授奖大会上，被授予银质奖。这是全国酱腌菜行业的第一块，也是最高的质量名牌。参见《涪陵市榨菜志（续志）（讨论稿）》第108页。

四川省榨菜优质产品获奖

9月20日，四川省榨菜优质产品在成都鉴评，蔺市榨菜厂生产的古桥牌榨菜被评为第一名，获省级优质产品称号。韩家沱菜厂和沙溪沟菜厂生产的榨菜分别获得四川省供销系统第一名和第三名。《涪陵市志》"大事记"第81页载：9月20日，全省榨菜优质产品在成都鉴评，蔺市榨菜厂生产的古桥牌榨菜被评为第一名，获省级优质产品称号；韩家沱榨菜厂和沙溪沟榨菜厂的榨菜分别获得省供销系统第一名和第三名。《涪陵大事记》（1949—2009）第119页载：（9月）20日，四川省榨菜优质

产品在成都鉴评，蔺市榨菜厂生产的古桥牌榨菜被评为第一名，获省级优质产品称号；韩家沱榨菜厂和沙溪沟榨菜厂的榨菜分别获得省供销系统第一名和第三名。

榨菜出口质量工作会议召开

10月20日，榨菜出口质量工作会议召开。《涪陵大事记》（1949—2009）第119页载：（10月）20日，涪陵行署召开全区榨菜出口质量工作会议历时3天结束。会上，地区外贸局汇报赴日本考察榨菜销售情况，地区供销社对出口榨菜加工问题做了发言，地委书记、行署副专员夏宗明就进一步提高质量、增加出口作了讲话，并向荣获国家银质奖的涪陵县国营珍溪榨菜厂颁发奖品。中国重庆市涪陵区委党史研究室编《重庆市涪陵区改革开放二十年大事记（1978.12—1998.12）》第30页载：1981年10月18日—20日，涪陵地区行署召开全地区榨菜出口质量工作会议。会上，地区外贸局副局长张美让汇报了赴日本考察榨菜销售的情况，地区供销社主任王坤礼对加工出口榨菜质量的有关问题做了发言，中共涪陵地委书记、地区行署副专员夏宗明就如何进一步提高榨菜质量、增加出口讲了话。会议向荣获国家银质奖的涪陵县国营珍溪榨菜厂颁发了奖品。

《四川日报》刊发张跃荣文

11月5日，《四川日报》第3版刊发张跃荣《古四川的酱腌菜》一文。

"白鹤牌榨菜"批准注册

12月15日，涪陵榨菜厂的"白鹤牌榨菜"获中华人民共和国国家工商行政管理局商标局批准注册。注册号152478。

焦岩公社榨菜生产"四定一奖赔"介绍推广

12月，中共涪陵地委在全区农林工作会上介绍推广焦岩公社榨菜生产"四定一奖赔"（定面积、任务、投资、交队金额、全奖全赔）责任制经验。该社1980年种青菜头2748亩，产青菜头887万斤，总收入44.88万元，户平均收入226元，分别比1976年增长110%、200%、250%和31%。

涪陵榨菜研究所开始研制袋装小包装榨菜

下半年，涪陵榨菜研究所开始研制袋装小包装榨菜。次年3月试制出第一批产品。

"榨菜适应的'全形加工'的栽培技术"成果获奖

是年，涪陵地区农科所、重庆市农科所陈材林、余家兰完成的"榨菜适应的'全形加工'的栽培技术"被涪陵地区行署授予重大科技成果一等奖，被四川省农牧厅授予农业技术推广二等奖，被四川省人民政府授予重大科技成果三等奖。

《榨菜生产工艺标准和操作规程》完成

是年，涪陵县榨菜公司何裕文完成《榨菜生产工艺标准和操作规程》，被商业部作为内部资料印发全国榨菜生产企业执行。

《提高涪陵榨菜质量情报研究》成果获奖

是年，涪陵地区科技情报所、涪陵地区农科所、涪陵县榨菜公司的阮祥林、陈材林、何裕文共同研究成果"提高涪陵榨菜质量情报研究"获省政府重大科技成果四等奖，对涪陵榨菜质量提高和生产发展提出了很好建议和意见。

《茎用芥菜病毒病流行程度预测预报及综合防治》一文发表

李新予在《植物保护》第2期发表《茎用芥菜病毒病流行程度预测预报及综合防治》一文，并收入《中国植物病理学会1981年第二次代表大会论文摘要集》。

聚乙烯复合塑料薄膜包装技术获得突破性进展

是年，聚乙烯复合塑料薄膜包装技术，历经6年试验，获得突破性进展，开始批量生产袋装方便榨菜。

榨菜加工含量科学测定

是年，对腌制过程中青菜头的物理化学变化及成品菜的水、盐、酸的含量进行科学测定。

乡镇榨菜企业和社办榨菜企业产量突破1万吨

是年，乡镇榨菜企业和社办榨菜企业产量突破1万吨，占涪陵县总量36.9%，至1985年达到60%。

茎瘤芥种质资源搜集、整理和特征特性鉴定研究

是年始至1995年，涪陵农科所先后3次专题对茎瘤芥种质资源搜集、整理和特

征特性鉴定研究。

涪陵榨菜加工厂开办

是年，深沱菜厂、永安乡纯子溪菜厂开办。

涪陵榨菜生产与加工

是年，青菜头种植面积 55639 亩，青菜头产量 96421 吨，加工总数 27306.09 吨，出口 3344.35 吨。

"榨菜'六改'栽培技术推广"获涪陵地区行署奖励项目一等奖

是年，"榨菜'六改'栽培技术推广"获涪陵地区行署奖励项目一等奖。《涪陵市志》第 1242 页第二十二篇《科技·获奖项目·获涪陵地区行署奖励项目》云：涪陵地区农科所、涪陵县榨菜公司的"榨菜'六改'栽培技术推广"1981 年获涪陵地区行署奖励项目一等奖。

四川省出口榨菜软包装法获四川省 1981 年重大科技成果四等奖

是年，四川省出口榨菜软包装法获四川省 1981 年重大科技成果四等奖。《涪陵市志》第 1240 页第二十二篇《科技·获奖项目·获省人民政府奖励项目》云：四川省出口榨菜软包装法的研究单位为四川省原子核应用技术研究所、涪陵地区土产进出口公司，协作单位为涪陵地区防疫站、涪陵东方红榨菜厂。它的主研人员是宋绍安。内容为：榨菜改用塑料袋包装后易因发酵而胖袋，经研究采用直接进袋、大地储存后再包装的方法。软包装法解决了常温下胖袋的问题，且方法简单，不需要大的投资和设备。获省 1981 年重大科技成果四等奖。

商办工业管理

《涪陵市志》第 701—702 页第九篇《商业》第六章《商业管理》第三节《商办工业管理》云：全市商办工业创造了一大批优质产品。1981 至 1985 年，计有 51 种产品先后获得各级命名的优质产品称号：乌江牌外贸出口榨菜、桂楼牌广式香肠分别于 1981、1985 年获国家银质奖；乌江牌一级榨菜、白鹤牌一级榨菜、乌江牌一级川式榨菜、乌江牌糖醋榨菜丝、乌江牌鲜味榨菜丝、白鹤牌鲜味榨菜丝等 14 个产品获部优奖；古桥牌内贸榨菜等 22 种获省优和商业厅优质产品奖。

乌江牌榨菜获中商部优质奖

是年，乌江牌榨菜获中商部优质奖。参见《涪陵市榨菜志（续志）（讨论稿）》第 108 页。

王国光创作歌曲《榨菜》收入《中国民间音乐（歌曲）集成本·涪陵市卷》

是年，王国光为四川省涪陵地区首届乌江音乐会所做的词曲《榨菜》，收入《中国民间音乐（歌曲）集成本·涪陵市卷》（油印本）。

茎瘤芥种质资源搜集、整理和特征特性鉴定

是年至 1995 年，地农科所先后 3 次专题进行茎瘤芥种质资源搜集、整理和特征特性鉴定。研究表明外地品种都是几十年或十几年前从川东引种出去的，如浙江品种，是 20 世纪 30 年代从涪陵引入浙江海宁、余姚等地，经过多年变异、淘汰和选择，形成适合浙江生态环境生长形成的品种类型。

《榨菜工艺标准和操作规程》印行

是年，涪陵市榨菜公司何裕文编写《榨菜工艺标准和操作规程》，被商业部作为内部资料印发全国榨菜生产企业执行。参见何侍昌《涪陵榨菜文化研究》第 119 页。

国营厂榨菜成本利润

是年，加工 263258 担，每担用菜量 339 斤，每担用工量 0.96 个，每担榨菜成本 29.56 元，工商利润总额 75.70 万元。参见何裕文等《涪陵榨菜（历史志）》第 104 页、何侍昌《涪陵榨菜文化研究》第 139 页。

榨菜生产成本收益与劳动生产率调查

是年，榨菜生产成本收益与劳动生产率调查地点在百胜公社花地二队，调查内容包括：调查面积 47.00 市亩，每亩产量之主产品 2910 市斤、副产品 2910 市斤；每亩平均收购价计产值之主产品 118.80 元、副产品 5.94 元、合计 124.74 元；每亩物质用量 42.92 元；每亩用工标准劳动日 39.80 个、用工作价 31.21 元，每亩总生产成本金额 14.13 元、占总产值比重 59.43%，每亩负担税金 5.85 元、净产值 81.82 元、减税纯收益 44.76 元；每百市斤主产品生产成本 2.38 元，含税生产成本 2.58 元，平均收购牌价 4.00 元、标准品收牌价 4.00 元；每一标准劳动日主产品产值 75.20 市斤、

净产值 2.01 元、实际分配值 0.79 元；附：按主产品实际出售价格计算，主产品实际平均价格 4.00 元 / 百斤、每亩总产值 124.74 元、每亩净产值 81.82 元、每亩减税纯收益 44.76 元、每劳动日净产值 2.07 元。参见何裕文等《涪陵榨菜（历史志）》第 111 页、《榨菜生产成本收益与劳动生产率调查表 1》。

青菜头每亩物质费用计算

是年，青菜头每亩物质费用计算情况是：每亩物质费用合计 42.92 元，其一，生产直接费用小计 42.36 元，包括种子费 0.66 元，肥料费 40.2 元，农药费 1.50 元；畜力费、机械作业费、排灌费、初制加工费、其他直接费未计算；其二，间接费用小计 0.56 元；包括固定资产折旧费（缺）、小农具购置费 0.47 元、修理费 0.06 元、管理及其他间接费 0.03 元、农田基建费（缺）；附记：每亩使用畜工量（缺）、每亩种子用量 0.28 市斤。参见何裕文等《涪陵榨菜（历史志）》第 112 页、何侍昌《涪陵榨菜文化研究》第 142 页《青菜头每亩物质费用计算表》。

青菜头每亩用工计算

是年，青菜头每亩用工计算情况是：折标准劳动日 39.50 个，每亩用工合计 58.10 个。其一，直接生产用工小计 53.50 个，包括播种前翻耕整地用工 10.00 个、种子准备与播种用工 13.00 个、中耕除草用工（缺）、施肥用工 15.00 个、排灌用工（缺）、其他田间管理用工 0.50 个、植保用工 1.50 个、收获用工 13.50 个、初制加工用工（缺）；其二，间接用工小计 4.60 个，包括集体积肥用工（缺）、经济管理用工 2.60 个、农田基建用工（缺）、其他间接用工 2.00 个；附：每个中等劳动力出勤一天所得的实际劳动日数 1.47 日、当年实际劳动日分配值 0.540 元、折成标准劳动日分配值 0.79 元。参见何裕文等《涪陵榨菜（历史志）》第 113 页、何侍昌《涪陵榨菜文化研究》第 142—143 页《青菜头每亩用工计算表》。

青菜头收购价执行地区差

是年后，青菜头收购价开始执行地区差。按长江边为准，15 公里以上者每担少 0.30 元，25 公里以上者每担少 0.50 元。

青菜头与被交换品比价

是年，青菜头与被交换品比价情况是：食盐 28.30 市斤、白糖 5.70 市斤、白布 12.90 尺、火柴 21.30×10 盒、煤油 11.20 市斤。参见何裕文等《涪陵榨菜（历史志）》第 114 页、何侍昌《涪陵榨菜文化研究》第 149 页《青菜头与被交换品比价表》。

涪陵榨菜一级产品零售牌价

是年，涪陵榨菜一级产品零售牌价 0.340 元 / 市斤。参见何裕文等《涪陵榨菜（历史志）》第 114 页、何侍昌《涪陵榨菜文化研究》第 148 页《榨菜一级产品零售牌价表》。

1982 年

涪陵县榨菜研究会成立

1 月 5 日，涪陵县榨菜研究会成立，首批会员 61 人。内设栽培、工艺、机改、管理 4 个研究组。至 1991 年 9 月，有会员 169 人，涪陵市榨菜（集团）公司董事长侯远洪任理事长。1 月，涪陵县科协批准成立涪陵县榨菜研究会，制定和会员通过"会章"。研究会下设栽培、工艺、机改、管理等 4 个研究组。后于 1995 年 9 月改为涪陵市榨菜行业协会。《涪陵市志》"大事记"第 82 页载：1 月 5 日，县榨菜研究会成立，首届会员 61 名。《涪陵大事记》（1949—2009）第 122 页载：（1 月）5 日，涪陵县榨菜研究会成立，首届会员 61 名。《涪陵市志》第 1221 页第二十二篇《科技·1985 年市级学会、协会、研究会基本情况》云：榨菜研究会，1982 年 1 月 5 日成立，时有会员 69 人，理事 14 人。

涪陵地区榨菜办公室成立

2 月 3 日，涪陵地区榨菜办公室成立，主要负责处理榨菜生产、加工、调运中的问题。参见中国重庆市涪陵区委党史研究室编《重庆市涪陵区改革开放二十年大事记（1978.12—1998.12）》第 34 页。

涪陵地区榨菜科研所试制成功第一批塑料复合薄膜袋装方便榨菜并获奖

3 月，涪陵地区榨菜科研所试制成功第一批无毒塑料复合薄膜袋装方便榨菜，实现涪陵榨菜由单一陶坛包装向多样化精制小包装转变，这是中国榨菜史上一项重大改革创新。当年生产 38 吨，受到消费者欢迎，并在涪陵地区推广生产方便榨菜。同年 8 月获涪陵地区科技成果三等奖。3 月，涪陵榨菜研究所试制成功第一批塑料复合薄膜袋装方便榨菜，后在涪陵地区推广。同年 8 月，该技术成果获地区科技成果三等奖。是年，无毒塑料袋小包装榨菜问世后，陆续打开上海、成都、重庆市场，当年产销 38 吨，次年销量 168 吨，其后逐年上升，至 1985 年涪陵方便榨菜销量增至1803 吨，长江沿岸主要港口城市以及广州、北京、西安、兰州等城市均有销售，与

坛装榨菜销售齐头并进。

《四川出口榨菜标准》开始实施

4月1日，涪陵县开始实施四川省标准计量局于1980年11月5日发布的《四川出口榨菜标准》。《涪陵市志》"大事记"第82页：4月1日，全县开始实施省标准计量局于1980年11月5日发布的《四川出口榨菜标准》。《涪陵大事记》（1949—2009）第123页：（4月）1日，涪陵县开始实施省标准计量局于1980年11月5日发布的《四川出口榨菜标准》。参见何侍昌《涪陵榨菜文化研究》第119页。

榨菜运输协作单位座谈会召开

5月6日，涪陵县人民政府召开榨菜运输协作单位座谈会，研究解决涪陵榨菜运输紧张等问题。

榨菜优质产品鉴评

6月20—22日，涪陵百胜、珍溪、焦岩及涪陵县属榨菜厂生产的榨菜经中商部在上海召开的优质产品鉴评会鉴评，获商业部优质产品称号。《涪陵市志》"大事记"第83页载：下旬初，涪陵百胜、珍溪、焦岩及涪陵县属榨菜厂生产的榨菜经中商部在上海召开的优质产品鉴评会鉴评，获商业部优质产品称号。《涪陵大事记》（1949—2009）第124页载：（6月）下旬，涪陵百胜、珍溪、焦岩及县属榨菜厂生产的榨菜经中商部在上海召开的优质产品鉴评会鉴评，获商业部优质产品称号。参见《涪陵市榨菜志（续志）（讨论稿）》第108页。

榨菜"六改"栽培技术推广获奖

6月，涪陵县榨菜公司1981年与涪陵地区农科所合作，全面推广榨菜"六改"栽培技术效果显著，获四川省农业系统推广成果三等奖。12月，获涪陵地区行署科技成果一等奖。《涪陵市志》"大事记"第83页载：6月，县榨菜公司上年与涪陵地区农科所合作，全面推广榨菜"六改"栽培技术效果显著，获省农业系统推广成果三等奖；12月，获地区行署科技成果一等奖。《涪陵大事记》（1949—2009）第124页载：本月（6月），涪陵县榨菜公司上年与涪陵地区农科所合作，全面推广榨菜"六改"栽培技术效果显著，获省农业系统推广成果三等奖；12月，获地区行署科技成果一等奖。

《四川榨菜（内销）企业标准》开始执行

12月23日，四川省供销社提出，四川省土产果品公司组织起草，四川省标准计量局于当年 12 月 23 日发布《四川省榨菜企业标准》（川 Q357–82）。从 1982 年 12 月 31 日试行。《涪陵市志》"大事记"第 83 页载：12 月 31 日，县开始执行省供销社批准的《四川榨菜（内销）企业标准》。《涪陵大事记》（1949—2009）第 127 页载：（12 月）31 日，涪陵县开始执行省供销社批准的《四川榨菜（内销）企业标准》。参见何侍昌《涪陵榨菜文化研究》第 119 页。

涪陵县榨菜工人技术职称评定领导小组成立

12 月 31 日，经涪陵县人民政府批准，涪陵县榨菜工人技术职称评定领导小组成立。工人进行技术职称评定，由此形成制度。

涪陵县榨菜公司办公地迁移

是年，涪陵县榨菜公司由中山东路 87 号迁枣子岩街 10 号。

大池贮藏榨菜半成品开始研究

1982—1993 年，涪陵地区榨菜科研所研究成功用大池贮藏榨菜半成品，并向涪陵地区推广应用。

"风脱水加工与环境条件关系的研究"开始

1982—1983 年，四川省土产公司、涪陵地区榨菜科研所进行"风脱水加工与环境条件关系的研究"，主要针对青菜头风脱水与环境中的风力、光照、干湿度的关系研究，寻求最佳风脱水加工环境，探索机械化风脱水加工新路。该试验得出有成果报告。

"手持糖量仪快速测定榨菜含水量的探索"开始

1982—1983 年，四川省土产公司、涪陵地区榨菜科研所进行"手持糖量仪快速测定榨菜含水量的探索"，力图用手持糖量仪解决榨菜含水量的快速测定问题，因偏差较大，推广困难，未产生效益，但得出有成果报告。

"榨菜对不同氮、磷、钾用量及其配比的试验研究"

是年，涪陵地区农科所、成都地质矿产研究所、涪陵县农业局联合指导开展"榨菜对不同氮、磷、钾用量及其配比的试验研究"，至 1985 年取得初步成果。

芥菜品种资源鉴定研究开始

是年后，涪陵地区农科所、重庆市农科所对芥菜品种资源进行深入鉴定研究，

至 1985 年已经取得一些重要成果，其中包括对榨菜（原料）植物学汉文名称的确认。

李新予"芥菜品种（系）对病毒病的抗性鉴定"课题

是年，李新予主持涪陵地区科委课题"芥菜品种（系）对病毒病的抗性鉴定"，起止年限为 1982—1987 年。

陈材林主持"芥菜分类与分布"课题

是年，陈材林主持农业部课题"芥菜分类与分布"，起止年限为 1982—1987 年。

涪陵榨菜加工厂开办

是年，石和乡范家嘴菜厂、酒店菜厂、大柏菜厂、大山菜厂、致韩菜厂、石龙菜厂、百花菜厂开办。

涪陵榨菜生产与加工

是年，青菜头种植面积 75400 亩，青菜头产量 106000 吨，加工总数 33586.95 吨，小包装榨菜 38 吨。

榨菜小包装精加工生产工艺诞生

是年，榨菜小包装精加工生产工艺诞生，其后迅速推广普及，该工艺由半成品初加工、坛装榨菜加工和贮存、精加工方便菜、综合开发 4 部分组成。

榨菜加工转向

是年，涪陵一些大的榨菜企业逐步转向小包装榨菜加工，坛装榨菜逐步转向个体户生产为主。

方便榨菜试销价

是年，方便榨菜国内试销价每吨平均 2574 元。

国营厂榨菜成本利润

是年，榨菜加工 295082 担，每担用菜量 349 斤，每担用工量 1.05 个，每担榨菜成本 30.79 元，工商利润总额 69.20 万元。参见《涪陵榨菜（历史志）》第 104 页、何侍昌《涪陵榨菜文化研究》第 139 页何侍昌《涪陵榨菜文化研究》第 139 页《1964—1983 年国营厂榨菜成本利润表》。

涪陵榨菜调拨情况

是年，涪陵榨菜调拨情况总计单位个数 266 个，产品担数 702880 担。具体情况是：北京 1 个 55825 担、天津 1 个 10350 担、上海 6 个 28446 担、湖南 26 个 26561 担、湖北 45 个 115913 担、山西 2 个 994 担、辽宁 6 个 5865 担、黑龙江 9 个 13070 担、吉林 5 个 3585 担、内蒙古 13 个 12351 担、广东 5 个 5900 担、广西 13 个 18481 担、江西 14 个 19764 担、江苏 13 个 55492 担、浙江 2 个 5004 担、安徽 5 个 2860 担、河北 5 个 5209 担、河南 21 个 16725 担、山东 2 个 16029 担、陕西 9 个 12203 担、新疆 8 个 9875 担、青海 3 个 7555 担、甘肃 10 个 11000 担、贵州 6 个 6910 担、云南 1 个 517 担、部队 8 个 26882 担、省内 19 个 82803 担、地区内 7 个 15000 担、出口 1 个 90026 担。参见《涪陵榨菜（历史志）》第 107 页、何侍昌《涪陵榨菜文化研究》第 144—145 页《1982 年涪陵榨菜调拨情况表》。

涪陵榨菜一级产品零售牌价

是年，涪陵榨菜一级产品零售牌价 0.340 元 / 市斤。参见《涪陵榨菜（历史志）》第 114 页、何侍昌《涪陵榨菜文化研究》第 148 页《榨菜一级产品零售牌价表》。

涪陵县乡镇企业局成立农副产品公司

是年，涪陵县乡镇企业局成立农副产品公司，主要经营榨菜，从此涪陵县集中统一经营涪陵榨菜的独家格局被打破。参见何侍昌《涪陵榨菜文化研究》第 149 页。

1983 年

涪陵榨菜加工受限

春，涪陵县青菜头产量达到 15.74 万吨，其加工量超过实际设备承受能力的 1 倍，加之运销体制骤然改变，行业管理一时跟不上，乡镇加工户产品质量差，涪陵榨菜信誉下降，当年市场严重滞销，加工企业大面积亏损。至 1985 年，全市 39 个乡办厂和 27 个村办厂总亏损 320 万元，欠银行贷款 600 多万元。

榨菜运输协作单位座谈会召开

5 月 6 日，涪陵县人民政府召开榨菜运输协作单位座谈会，研究解决涪陵榨菜运输紧张等问题。长航重庆分局、武汉港务局、南京港务局及涪陵港务局等协作单位

的 52 名代表应邀出席会议。

四川省社队企业榨菜优质评比会召开

5 月 26 日，四川省社队企业局在涪陵召开四川省社队企业榨菜优质评比会，涪陵两汇菜厂生产的榨菜获得第一名，金银、北拱、大石鼓、马武、义和、百胜等菜厂生产的榨菜获得优胜奖。《涪陵市志》"大事记"第 84 页载：5 月 26 日，省社队企业局在涪召开全省社队企业榨菜优质评比会，涪陵两汇菜厂生产的榨菜获第一名，金银、北拱、大石鼓、马武、义和、百胜等社办厂获优胜奖。《涪陵大事记》（1949—2009）第 131 页载：（5 月）26 日，四川省社队企业局在涪召开全省社队企业榨菜优质评比会，涪陵两汇菜厂获第一名，金银、北拱、大石鼓、马武、义和、百胜等社办厂获优胜奖。

涪陵榨菜获奖

6 月，涪陵市金银榨菜厂生产的坛装榨菜获四川省农牧厅社队企业局优秀奖（奖状）；涪陵市开平榨菜厂生产的涪州牌坛装榨菜获四川省乡企局优质奖（奖状）；涪陵市酒井榨菜厂生产的涪州牌坛装榨菜获四川省农牧厅、乡企局优良奖（奖状）。

榨菜专业座谈会召开

7 月 17—19 日，涪陵县政协召开榨菜专业座谈会，邀请地、县两级有关部门领导和部分科技人员 30 余人与会。会议着重讨论涪陵榨菜发展的指导方针、前景展望，并向县委、县政府提出调整目前榨菜产销政策的若干合理化建议。

全国榨菜制标工作会召开

8 月 1—5 日，由中国副食品公司等单位主持的全国榨菜制标工作会在四川省峨眉县召开，四川、浙江等省市主产地、县的代表 29 人与会。会议讨论修改榨菜标准第一稿，形成第二稿。15 日，中国副食品公司发出通知，标准修订稿定于 1984 年 1 月 1 日起执行。参见何侍昌《涪陵榨菜文化研究》第 119—120 页。

《关于 1984 年度榨菜生产工作意见的通知》发布

8 月 19 日，涪陵县人民政府发出《关于 1984 年度榨菜生产工作意见的通知》。其主要内容是：因受全国"榨菜热"影响，涪陵青菜头产量猛增，造成超负荷加工，产品质量下降，库存增大，加工企业普遍亏本，为此决定明年榨菜生产总的指导方针是："调整结构，发挥优势，以销定产，计划收购，改善经营，提高效益"，在战略上实行暂退却，在战术应继续前进。本年青菜头种植面积压缩 40%，并实行种植、收购、加工三对口，菜农按计划分配数与加工单位签订购销合同，计划数的75%按牌价、25%按浮动价（最大下浮30%）收购，牌价收购部分，每50公斤青菜头补助化肥0.5公斤。

榨菜历史资料报送

9月15日，四川省涪陵县供销合作社报送榨菜历史资料（合土〔83〕第216号）。资料内容包括两部分，第一部分主要内容是青菜头的起源和榨菜的创始、运销市场的发展、市场中的景象、菜商帮会的组织、陈规旧制的内幕、菜商的资金管理；第二部分主要内容是生产的恢复和发展、对私营工商业的改造和过渡、技术革新的途径、前进中的挫折、认真贯彻政策及时拯救生产、工人与生活。

"涪陵县榨菜公司"更名为"涪陵市榨菜公司"

10月17日，因涪陵正式宣布撤县设市，"涪陵县榨菜公司"更名为"涪陵市榨菜公司"。

康仲伦涪陵检查工作

10月19日，四川省轻工业厅厅长康仲伦一行8人来涪检查工作。康仲伦一行察看了榨菜科研站等轻工企业，对这些企业生产中的有关问题发表了意见，研究了改进措施。参见中国重庆市涪陵区委党史研究室编《重庆市涪陵区改革开放二十年大事记（1978.12—1998.12）》第63页。

涪陵县榨菜管理办公室更名

10月，涪陵县榨菜管理办公室更名为涪陵市榨菜办公室。

《关于提任工人榨菜加工技师的通知》发布

11月7日，涪陵市供销合作社联合社文件《关于提任工人榨菜加工技师的通知》（〔1983〕字第75号）发布，通知涪陵市榨菜公司，李成元、李绍奎、吴权俸、叶官华、王升碧、王传文、何明高、周朝靖、王永祥、易乾亨、张学仁、胡宗元、肖荣龙、江坤伦、刘茂生、陶益禄、李道善、叶高楼、陶道志、黄维平、张德贵、汤君华、杨大富、白光余、周朝均、皮友林、李春树、罗地生、陈兴林、余学伦、石大席、方玉和、周礼荣、陈灿洪、何首明、龙顺元、何义贵、胡光明、庞贵孝、刘德元、刘安国为工人榨菜加工技师。

农村技术人员职称考评委员会成立

12 月，农村技术人员职称考评委员会成立。《涪陵市志》第 1251 页第二十二篇《科技·技术职称评定》云：1983 年 12 月，市成立农村技术人员职称考评委员会，开展对全市农村技术人员的职称评审工作。市评委会共分作物栽培、种子、榨菜加工、蔬菜等 23 个专业考评小组。

《中国民间音乐（歌曲）集成本·涪陵市卷》问世

12 月，《中国民间音乐（歌曲）集成本·涪陵市卷》（油印本）收录有黄家崎演唱、黄传喜采录、况幸福记谱的清溪龙驹公社菜场的《莲花调》（榨菜调），黄家喻演唱、黄传喜采录、况幸福记谱的清溪龙驹公社的《榨菜号子》（踩池号），冉志民演唱、黄传喜采录、况幸福记谱的清溪龙驹公社的《榨菜号子》，王国光 1981 年为四川省涪陵地区首届乌江音乐会所做的词曲《榨菜》，佚名的《榨菜号子》（踩池号）。

试生产小包装精制袋装榨菜成功

是年，在西南农学院食品学系李友林教授的指导下，涪陵市榨菜公司在北岩榨菜厂试生产小包装精制袋装榨菜获得成功。参见中国重庆市涪陵区委党史研究室编《重庆市涪陵区改革开放二十年大事记（1978.12—1998.12）》第 67 页。

涪陵榨菜降为三级物资

是年，涪陵榨菜由国家二级物资降为三级物资，对榨菜的生产经营产生了极大的影响。榨菜生产经营走向市场。参见何侍昌《涪陵榨菜文化研究》第 149 页。

榨菜切丝机研究成功

是年，涪陵地区榨菜科研所研究成功榨菜切丝机，并对生产方便榨菜生产设施进行改造。

热风脱水工艺研究开始

是年至 1984 年，为解决榨菜风脱水受自然气候影响问题，涪陵地区榨菜科研所和涪陵市榨菜公司，进行热风脱水工艺研究，初获成功，因设备投入和生产成本过大，未能继续深入研究及推广应用。

何裕文撰写《涪陵榨菜志》

是年，涪陵市榨菜公司何裕文撰写《涪陵榨菜志》一文，被四川省文史办选用。

《涪陵榨菜栽培技术》刊用

是年，涪陵市榨菜公司、涪陵县科委杜全模、骆长贵撰写《涪陵榨菜栽培技术》一文，被涪陵地区科委农村普及读物刊用。

涪陵榨菜加工厂开办

是年，增福菜厂、惠民菜厂、五马菜厂、蒲江菜厂、镇安乡均田坝菜厂、梓里菜厂、天台菜厂、清溪镇麻辣溪菜厂、河岸菜厂、坝上菜厂开办。

涪陵榨菜生产与加工

是年，青菜头种植面积 94100 亩，青菜头产量 157390 吨，加工总数 49000 吨，小包装榨菜 168 吨。《涪陵市志》第 380 页第五篇《农业》第三章《种植业》第一节《农作物·经济作物》云：经济作物，主要有青菜头、油菜、花生、芝麻、烟叶、甘蔗、海椒、苎麻、棉花、西瓜以及药材等。历史上还种过罂粟（鸦片）、蓝靛等。种植面积较大的经济作物有青菜头、油菜、烟叶、海椒、花生、甘蔗、苎麻等 7 种。清道光末期到民国二十七年以前，涪陵广种罂粟，成了当时的主要经济作物。清光绪二十四年（1898）开始生产榨菜以来，青菜头至今仍为拳头产品。民国二十九年全县经济作物种植面积 17.9 万亩。1949 年 2.35 万亩。青菜头，（20 世纪）50 至 70 年代，常年种植 4.5 万亩，1983 年上升到 10.51 万亩。产青菜头 8.5 万吨，创历史最好水平（详见《榨菜篇》）。

海椒种植

《涪陵市志》第 381 页第五篇《农业》第三章《种植业》第一节《农作物·经济作物》云：（20 世纪）50 至 60 年代，常年收购量只有一二十吨，每年需从外地调进生产榨菜等用的干海椒 500 多吨。1972 年，县委提出尽快解决榨菜用海椒的自给问题。县土产公司牵头，一面派人去资阳等地参观学习，一面引进"大二金条"良种，从外地请来海椒生产技术员指导推广"五改"种植新技术，海椒的种植面积和产量猛增，1977 年种植 3770 亩，收购 56 吨。1978 年种植 6545 亩，收购 119 吨。1983 年种植 9295 亩，收购 541 吨，创历史最好水平。1984 年种植 11779 亩，由于库存积压，只收购了 140 吨。1985 年海椒种植面积降为 5560 亩。

榨菜腌制工艺正交试验，快速测定榨菜水分研究，设计改造海椒面生产线立项

是年，榨菜腌制工艺正交试验，快速测定榨菜水分研究，设计改造海椒面生产线立项。《涪陵市志》第 1236 页第二十二篇《科技·工业科研课题》云：1983 年有 8 项，其中有榨菜腌制工艺正交试验、快速测定榨菜水分研究、设计改造海椒面生产线等。

银行贷款

《涪陵市志》第 830 页第十三篇《金融》第四章《贷款》第二节《银行贷款》云：1980 年开办多种经营及商品生产贷款，重点支持发展生猪、青菜头、油菜、茶叶、水果、蚕桑、药材、油桐、副业加工及饲养小家禽家畜等项目。此项贷款利率低（1981 年月息 1.8 厘）、期限长（3—5 年还清）、手续简便（支行审批后委托所在信用社发放）；由分行增拨指标，不影响当年农贷资金的周转，到 1983 年 9 月底止，累计发放 1093 万元，帮助社队办起了一批场、园、站。

"榨菜良种提纯复壮"课题立项

是年，"榨菜良种提纯复壮"课题获四川省供销社立项，起止时限 1983—1987 年。

全国性榨菜销量出现饱和

是年，开始出现全国性榨菜销量饱和，年末库存量达 35 万吨，涪陵榨菜因超负荷加工，其存量亦多。

建成涪陵第一条方便榨菜生产线

是年，涪陵地区榨菜科研所研制成功榨菜切丝机，建成涪陵第一条方便榨菜生产线，方便菜加工生产工艺在涪开始全面推广，并很快传播到全国各地。

涪陵榨菜始有仪器化验

是年，涪陵榨菜始有仪器化验。按：20 世纪 80 年代前榨菜鉴定全凭感官，无统一检验标准。1980 年四川省出口榨菜标准发布后，有了行业统一标准。1999 年 3 月，坛装、方便两个行业《标准》对各规格榨菜负偏差、技术要求作了具体规定，并制定了具体的产品检测方法及检验规则。同期不少企业已建有化验室和质检机构。卫生监督部门对榨菜生产企业场所卫生条件、卫生防护、从业人员卫生及身体状况每年检测两次；要求厂家生产用水水质必须符合生活饮用水标准，凡各项卫生指标达不到国家规定的，一律不予发放或注销卫生许可证。质监部门常年深入榨菜生产企业抽检产品，要求所有榨菜企业产品每年必须送检一次，凡不符合标准者，一律整改，复检合格后，方能生产和销售。

榨菜加工成本

是年，榨菜加工原辅材料总计 20.331 元，比 1965 年增加 0.55 元，包括青菜头 357.3 斤，单价 0.040 元，总计 14.440 元，比 1965 年减少 0.40 元；盐巴 23.46 斤，单价 0.134 元，共计 3.149 元，比 1965 年增加 0.32 元；海椒面 1.063 斤，单价 2.143 元，合计 2.279 元，比 1965 年增加 0.45 元；花椒 0.029 斤，单价 3.482 元，合计 0.103 元，比 1965 年增加 0.02 元；香料面 0.016 斤，单价 3.131 元，合计 0.362 元，比 1965 年增加 0.15 元。包装费 4.855 元，比 1965 年增加 1.83 元，包括坛子 1.617 个，单价 1.873 元，合计 3.028 元，比 1965 年增加 1.25 元；竹箩子 1.543 个，单价 0.830 元，合计 1.277 元，比 1965 年增加 0.50 元；封口物资费用 0.550 元，比 1965 年增加 0.08 元。工资 3.422 元，比 1965 年增加 0.33 元，包括工资及附加费 0.931 个，单价 2.00 元，合计 1.863 元，比 1965 年增加 0.27 元；小工工资 1.560 元，比 1965 年增加 0.06 元。工厂管理费 4.388 元，比 1965 年增加 1.15 元，包括推销费 0.175 元，比 1965 年增加 0.02 元；折旧费 0.282 元，比 1965 年增加 0.21 元；修理费 1.474 元，比 1965 年增加 0.57 元；物料用品 0.990 元，比 1965 年增加 0.39 元；运费 0.083 元，比 1965 年减少 0.33 元；其他费用 0.649 元，比 1965 年减少 0.05 元；利息 0.734 元，比 1965 年增加 0.35 元。合计 4.371 元，比 1965 年增加 1.13 元。减负产品 0.999 元，包括盐水 0.113 元、菜耳 0.262 元、碎菜 0.547 元、管理费 0.077 元。实际成本 31.997 元，比 1965 年增加 3.11 元。参见何裕文等《涪陵榨菜（历史志）》第 106 页、何侍昌《涪陵榨菜文化研究》第 138 页《榨菜生产成本对比表》。

国营厂榨菜成本利润

是年，加工 366426 担，每担用菜量 357 斤，每担用工量 0.93 个，每担榨菜成本 32.00 元。参见何裕文等《涪陵榨菜（历史志）》第 104 页、何侍昌《涪陵榨菜文化研究》第 139 页何侍昌《涪陵榨菜文化研究》第 139 页《1964—1983 年国营厂榨菜成本利润表》。

涪陵榨菜一级产品零售牌价

是年，涪陵榨菜一级产品零售牌价 0.340 元／市斤。参见《涪陵榨菜（历史志）》

第 114 页、何侍昌《涪陵榨菜文化研究》第 148 页《榨菜一级产品零售牌价表》。

1984 年

涪陵榨菜获奖

2 月 8 日,涪陵地区乡镇企业局通报:涪陵市两汇、开平、大石鼓、百胜、金银、马武等 6 家菜厂生产的榨菜获得四川省乡镇企业局优质产品奖。北拱菜厂生产的榨菜获得优良产品奖。《涪陵市志》"大事记"第 85 页载:2 月 8 日,涪陵地区乡镇企业局通报:涪陵市两汇、开平、大石鼓、百胜、金银、马武等 6 家菜厂的产品获四川省乡镇企业局优质产品奖,北拱菜厂的产品获优良产品奖。《涪陵大事记》(1949—2009)第 139 页载:(2 月)8 日,涪陵地区乡镇企业局通报:涪陵市两汇、开平、大石鼓、百胜、金银、马武等 6 家菜厂的产品获四川省乡镇企业局优质产品奖,北拱菜厂的产品获优良产品奖。

榨菜质量管理站成立

2 月 29 日,涪陵市标准计量局(后改为技术监督局)成立榨菜质量管理站,王升壁任站长,主要对榨菜的产品质量进行检查、监督。参见何侍昌《涪陵榨菜文化研究》第 120 页。

邱寿安故居被公布为涪陵市文物保护单位

3 月 15 日,榨菜发源地邱家院被涪陵市人民政府批准列为市级重点文物保护单位。《涪陵市志》第 1508 页第二十九篇《人物·邱寿安 邱翰章》云:1984 年,下邱家院被公布为涪陵市重点文物保护单位。

"利用红心萝卜提取食用红色素"试验成功

3 月,涪陵市酿造厂承担商业部和四川省科委下达的"利用红心萝卜提取食用红色素"的科研任务。在四川大学、四川医学院等高等院校协助下试验成功。次年 7 月 10 日,通过部级鉴定,投入批量生产。《涪陵市志》"大事记"第 86 页载:市酿造厂承担商业部和省科委下达的"利用红心萝卜提取食用红色素"的科研任务。后在四川大学、四川医学院等高等院校的协助下试验成功。次年 7 月 10 日通过部级鉴定,投入批量生产。《涪陵大事记》(1949—2009)第 141 页载:(3 月)涪陵市酿造厂承担商业部和省科委下达的"利用红心萝卜提取食用红色素"的科研任务。

后在四川大学、四川医学院等高等院校的协助下试验成功。次年 7 月 10 日通过部级鉴定。

《涪陵县榨菜志》定稿

4 月，由涪陵市榨菜公司副经理何裕文（主笔）等人编撰的《涪陵县榨菜志》定稿，最后形成打印本，全书 13 万字。

《丰都文史资料选辑》第一辑问世

4 月，中国人民政治协商会议四川省丰都县委员会文史资料组编印内部资料《丰都文史资料选辑》第一辑问世。该书第 7—11 页收录有邓嘉诚、戴寿银、戴正柏、何嘉万《周总理视察丰都》一文，第 68—78 页收录有李祥麟遗稿《丰都榨菜史料》。

涪陵榨菜生产与加工

是年春，因 1983 年种植茎瘤芥 10.5 万亩，收购青菜头 15.74 万吨，收购 14.34 万吨，制作榨菜 4.1 万吨，占当年全国产量的 16.4%、四川省产量的 27.3%。是年，青菜头种植面积 77800 亩，青菜头产量 63100 吨，加工总数 4750 吨，小包装榨菜 530 吨。

涪陵榨菜科研成果获奖

6 月，涪陵县榨菜公司 1981 年与涪陵地区农科所合作，全面推广榨菜"六改"栽培技术效果显著，获四川省农业系统推广成果三等奖。12 月，获涪陵地区行署科技成果一等奖。

涪陵榨菜获奖

7 月 26 日，农牧渔业部主持召开的全国乡镇企业系统榨菜优质产品评比会在涪陵举行，两汇、马武、酒店、纯子溪 4 家菜厂生产"涪州牌一级坛装榨菜"作为四川省乡镇企业系统名优产品参加评比，获得 6 个名次中的前 5 名。《涪陵市志》"大事记"第 86 页载：7 月 26 日，由农牧渔业部主持召开的全国乡镇企业系统榨菜优质产品评比会在涪陵举行，两汇、马武、酒店、纯子溪 4 家乡办菜厂的产品作为四川省乡镇企业系统名优产品参加评比，获得 6 个名次中的前五名。中国重庆市涪陵区委党史研究室编《重庆市涪陵区改革开放二十年大事记（1978.12—1998.12）》第 77—78 页载：1984 年 7 月 24 日，农牧渔业部在涪陵召开全国乡镇企业系统榨菜优质产品评比会议，涪陵马武榨菜厂获第一名，涪陵两汇、酒店、河岸、纯子溪榨菜厂

和丰都十直榨菜厂分别获二、四、五名。

涪陵地区榨菜生产工作会议召开

8月25日，涪陵地区行署召开全地区榨菜生产工作会议。会议总结了两年来的经验教训，要求继承和发扬涪陵榨菜的优势，坚持以质取胜，振兴涪陵榨菜，促进富民、升位。参见中国重庆市涪陵区委党史研究室编《重庆市涪陵区改革开放二十年大事记（1978.12—1998.12）》第79页。

"涪州牌榨菜"获准注册

9月15日，涪陵市农副产品工业公司的"涪州牌榨菜"获中华人民共和国国家工商行政管理局商标局批准注册。注册号212528。

邱寿安故居被公布为涪陵市文物保护单位

11月30日，涪陵市人民政府公布邱寿安故居为涪陵市文物保护单位。

涪陵市农副产品工业公司成立

11月，涪陵市农副产品工业公司成立，为全民所有制企业，并履行涪陵市乡镇企业局对乡、镇榨菜厂的加工、生产、技术培训、业务指导等工作。

涪陵榨菜产品获奖

12月，涪陵市马武榨菜厂生产的涪州牌方便榨菜获中国农牧渔业部质量奖（奖牌、证书）；涪陵市酒店榨菜厂生产的涪州牌方便榨菜获中国农牧渔业部质量奖（奖牌）；涪陵市两汇榨菜厂生产的涪州牌坛装榨菜获中国农牧渔业部优质奖（奖牌、奖状）。

方便榨菜生产线正式形成

是年，涪陵地区榨菜科研所进行生产线配套研究，解决生产过程工艺流程问题，榨菜切丝机问题及其他设备、设施问题，历时2年，正式形成一套完整的方便榨菜生产线，当年生产销售方便榨菜530吨。

大池腌制发酵贮藏半成品原料加工工艺研究开始

是年始，涪陵地区榨菜科研所进行大池腌制发酵贮藏半成品原料加工工艺研究，1985年获成功，使每吨方便榨菜降低成本120元。

《精制榨菜生产工艺》应用

是年，涪陵县榨菜公司何裕文完成《精制榨菜生产工艺》一文，被商业部列为全国商业应用教材。

《榨菜盐酸水含量与蛋白质转化关系》获奖并发表

是年，涪陵地区榨菜科研所杜全模、朱世武撰写《榨菜盐酸水含量与蛋白质转化关系》，获涪陵市科委优秀科技二等奖，后刊载于《中国酿造》1989 年 2 期。

《发挥我省资源优势，发展芥菜商品生产》

是年，杨以耕、陈材林提交《发挥我省资源优势，发展芥菜商品生产》参加四川农业发展战略学术讨论会，获四川省农学会优秀论文二等奖。

何裕文《榨菜》一文被刊用

何裕文《榨菜》一文被商业部出版的《商品知识》（1985 年）刊用。

多味榨菜研究成功

是年，涪陵地区榨菜科研所研究成功六味榨菜，即麻辣、鲜味、怪味、甜香、爽口、甜酸等榨菜，同时生产出榨菜肉丝，海味榨菜，蒜味榨菜；榨菜科研所研制成功纸盒装榨菜，分别生产六味、四味榨菜。1986 年，榨菜公司生产一味、二味、四味、六味盒装榨菜。

《四川榨菜加工的基本原理及其在生产上的应用》一文发表

是年，杜全模在《调味副食品科技》1 期发表《四川榨菜加工的基本原理及其在生产上的应用》一文。

《芥菜的一个新变种》一文发表

是年，涪陵地区农科所陈材林、杨以耕在《园艺学》4 期发表《芥菜的一个新变种》一文。

贯子寺菜厂开办

是年，涪陵焦岩乡贯子寺菜厂开办。

联合开展科技活动

是年，联合开展科技活动。《涪陵市志》第 1251 页第二十二篇《科技·科技支乡活动》云：联合开展科技活动中，西南农业大学食品系副教授刘心恕于 1984 年三次回涪指导榨菜科研，解决了涪陵榨菜小包装胖袋技术难题。

干制青榨菜试验、精制榨菜酱油研究、红心萝卜粉末添加食品研究、榨菜大包装改革试验立项

是年，干制青榨菜试验、精制榨菜酱油研究、红心萝卜粉末添加食品研究、榨菜大包装改革试验立项。《涪陵市志》第 1236 页第二十二篇《科技·工业科研课题》云：1984 年有 15 项：引进木质塑料生产工艺，引进 801 外墙涂料生产工艺，引进人造大理石制作技术，引进洋芋制粉丝技术，引进红苕制乳酸工艺，引进冷制淀粉粘结剂技术，引进薯类淀粉成套设备和工艺，引进茶叶汽酒和茶乳品生产技术，引进猪脂人造黄油技术，杂交猪在工业上的经济效益研究，蜂产品综合利用研究，干制青榨菜试验，精制榨菜酱油研究，红心萝卜粉末添加食品研究，榨菜大包装改革试验。

浙江榨菜总产量首次超过四川榨菜

是年，因改革开放，浙江榨菜异军突起，总产量首次超过四川榨菜，对川菜尤其是涪菜的调销造成压力。

方便榨菜正价

是年，方便榨菜国内正价每吨平均 2500 元。

1985 年

“双鹊牌榨菜”获准注册

1 月 5 日，涪陵地区工矿饮食服务公司的“双鹊牌榨菜”获中华人民共和国国家工商行政管理局商标局批准注册。注册号为 221491。

“石鱼牌榨菜”获准注册

1 月 15 日，涪陵地区农工商联合公司的“石鱼牌榨菜”获中华人民共和国国家工商行政管理局商标局批准注册。注册号为 218260。

"黔水牌榨菜" 获准注册

6月15日, 涪陵地区榨菜精加工厂的"黔水牌榨菜"获中华人民共和国国家工商行政管理局商标局批准注册。注册号为228139。

涪陵榨菜优质产品鉴评获奖

6月下旬, 经四川省供销社评选推荐, 涪陵市珍溪、沙溪沟、永安菜厂生产的乌江牌一级坛装榨菜参加国家商业部在南京举行的全国榨菜优质产品鉴评, 全部获奖。《涪陵大事记》(1949—2009) 第153页载: (6月) 21日, 商业部在南京召开全国榨菜优质产品评比会, 涪陵地区有8个榨菜品牌获部优产品称号。

第一个方便榨菜标准 (川Q涪236-85) 发布

6月, 涪陵地区供销社提出制定方便榨菜地区标准, 地区榨菜科研所组织起草, 杜全模、钱永忠、王虹等人执笔, 涪陵地区标准计量局发布第一个方便榨菜标准 (川Q涪236-85)。标准的质量要求分感官指标、理化指标、卫生指标、包装指标四个方面, 对运输、贮藏、检验也作了具体规定。

涪陵地区农业商品基地建设工作会议召开

7月21日, 中共涪陵地委、涪陵地区行署召开全地区农业商品基地建设工作会议, 研究十大商品基地建设规划和翌年的农业生产安排, 讨论实现规划的措施和农业翻番问题。其中十大商品基地之九即以榨菜、魔芋、食用菌为重点的干菜基地。24日, 地委、行署正式印发《关于加快十大商品基地建设的意见》, 要求各县 (市) 和地级有关部门认真贯彻执行。参见中国重庆市涪陵区委党史研究室编《重庆市涪陵区改革开放二十年大事记 (1978.12—1998.12)》第96页。

涪陵榨菜商标获准注册

7月30日, 涪陵地区农科所榨菜厂的"松屏牌榨菜"获中华人民共和国国家工商行政管理局商标局批准注册。注册号为230339。

商品生产基地工作会召开

8月15日, 中共涪陵市委、市政府召开全市商品生产基地工作会, 规划农村商品基地7个, 其中要求: 建设以榨菜为主的商品生产基地, 规划榨菜基地乡25个, 5年内实现平均每乡年产青菜头2500吨; 要求做好厂乡 (户) 购销衔接工作。

涪陵市精制榨菜厂建立

8月，中商部投资70万元，建立涪陵市精制榨菜厂，年生产能力3000吨。《涪陵大事记》（1949—2009）第156页载：（10月）14日，涪陵市移民局与涪陵市榨菜精加工厂（涪陵市第一个移民试点项目单位）签订《三峡库区涪陵市移民生产开发使用合同书》。

举办榨菜培训班

11月，涪陵市榨菜公司在蔺市榨菜厂举办榨菜培训班，100多人参加。

涪陵榨菜产品获奖

12月，涪陵市百胜乡综合食品厂生产的石鱼牌小包装方便榨菜获国家农牧渔业部优质产品奖（奖杯）。

《"将军"之后的思考——关于四川涪陵榨菜发展趋势的调查》一文发表

12月21日，张利泉在《四川日报》发表《"将军"之后的思考——关于四川涪陵榨菜发展趋势的调查》一文。

涪陵食品工业体系形成

《涪陵大事记》（1949—2009）第158页载：涪陵市食品工业产值达到11018万元，首次突破1亿元，基本形成以榨菜加工为"龙头"的门类齐全的食品工业体系。《涪陵市志》第748页第十一篇《商业》第一章《经济构成》第二节《产业　行业》云：1985年，全市乡镇工业已由1983年以前的15个门类41个行业（或品种）发展到36个门类57个行业（或品种）；并已形成五大骨干行业，即以榨菜、茶叶为主要产品的食品工业，以水泥、机制砖为主的建材工业，以铁锅、马铁件等为定型产品的机械工业，以机制纸为主的造纸工业，以小水电为主的能源工业。《涪陵市志》第749页第十一篇《商业》第一章《经济构成》第二节《产业　行业》云：食品工业包括粮油加工、糖果糕点制造、屠宰及肉类加工、罐头食品制造、蔬菜加工、淀粉及其制品、调味品制造、饮料制造和制茶等行业。1980年全县食品工业产值605万元，其中公社办占67.5%，大队办占32.5%；产值中，各行业所占比重（%）：榨菜加工48.5、碾米19.7、茶叶加工18.6、酿酒10.0、榨油3.0、糖果糕点0.2。以后，村以下办食品业迅速发展，1985年村以下办食品企业2638个，从业人员5225人，产值753万元，分别占总数的比重（%）为85.6、58.2、27.7。1985年全部食品工业产值 2721 万元，各行业所占比重（%）：榨菜加工 42.3、粮食加工 23.3、饮料制造 8.0、制茶 13.5、屠宰及肉类加工 4.9、其他 8.0。榨菜加工有企业 1364 个，从业人员 3836 人，产值 1152 万元，其中乡办 41 个，766 人，640 万元；村办 40 个，442 人，215 万元，村以下办 1283 个，2628 人，297 万元，食品业是乡镇企业投资重点，"六五"期间，全市新建 120 个乡办工业企业中有 90 个属于食品行业。1985 年榨菜、茶叶、饮料酒的产量分别比 1980 年增长 2.62 倍、2.1 倍、0.4815 倍。《涪陵市志》第 750—751 页第十一篇《商业》第一章《经济构成》第二节《产业　行业》云：创优产品，1980 年以来，全市乡镇工业产品获省局以上奖励、表彰的有 35 个次。在全国乡镇企业同行业产品质量评比中，1984 年马武、两汇、绳子溪、酒店菜厂生产的"涪州牌一级坛装榨菜"，1985 年百胜菜厂生产的"川陵牌小包装榨菜"分别获国家农牧渔业部优质产品称号。在四川省社队（乡镇）企业同行业产品质盘评比中：1980 年兴隆酒厂生产的玉米白酒获优质产品称号，罗云纸厂、涪陵市造纸二厂生产的瓦楞纸质量受到通报表彰；1982 年，致韩酒厂生产的玉米酒被评为优良产品，大石鼓、马武、两汇、龙驹、致韩、堡子榨菜厂生产的坛装榨菜以及大同、酒井纸厂生产的瓦楞纸获产品质量优胜奖；1983 年，靖黔水泥厂生产的 425 号普通硅酸盐水泥获 1982 年度质量优胜奖；酒店、复兴水泥厂生产的 425 号普硅水泥质量受到通报表彰；同年，酒店水泥厂的 425 号普硅水泥获质量优胜奖，两汇、马武、百胜、开平、金银、义和榨菜厂生产的坛装榨菜分别获同行业产品质量的第一、三、六、七、八、十名；蔺市合成化工厂生产的油漆获优胜产品奖；1985 年，大同、酒井纸厂的二号瓦楞纸，四合纸厂的薄型纸，凉塘水泥厂的 425 号普硅水泥，大胜、龙潭酒厂的曲酒，天台饮料厂的饮料被评为优良产品。1982 至 1985 年，白酒、纸、榨菜、丝绸、水泥行业被涪陵地区乡镇企业局评为优质、优良产品的有 22 个次，1980 至 1985 年，白酒、饮料、榨菜、纸、服装、小农具被市（县）乡镇企业局评为优质、优良、优胜产品的有 32 个次。《涪陵市志》第 751 页第十一篇《商业》第一章《经济构成》第二节《产业　行业·1978 至 1985 年乡镇企业构成》云：以 1980 年不变价计算，1978 年，有榨菜企业 17 个，从业人员 318 人，产值 145 万元；1980 年，有榨菜企业 40 个，从业人员 519 人，产值 293 万元；1983 年，有榨菜企业 64 个，从业人员 1119 人，产值 1411 万元；1985 年，有榨菜企业 1364 个，从业人员 3836 人，产值 1152 万元，其中村以下 297 万元。《涪陵市志》第 752 页第十一篇《商业》第一章《经济构成》第二节《产业　行业·1980、1985 年乡镇工业主要产品产量》云：1980 年，榨菜产量 4659.7 吨，占全市 46.9%；1985 年，榨菜产量 16857.0 吨，占全市 60.5%。《涪陵市志》第 753—754 页第十一篇《商业》第一章《经济构成》第二节《产业　行业·1985 年工业产值 20 万元及其以上乡镇企业基本情况》云：义和乡义和菜厂，1979 年开工，年末固定资产原值 14.5

万元，有职工 37 人，主要产品为酱腌菜，产量 40 吨，产值 20.7 万元，税金 1.2 万元，利润 –1.4 万元；大山乡大山菜厂，1982 年开工，年末固定资产原值 19.0 万元，有职工 35 人，主要产品为酱腌菜，产量 30 吨，产值 25.8 万元，税金 1.5 万元，利润 –3.7 万元；开平乡开平菜厂，1979 年开工，年末固定资产原值 9.8 万元，有职工 42 人，主要产品为酱腌菜，产量 36 吨，产值 25.0 万元，税金 1.1 万元，利润 –0.5 万元；酒井乡酒井菜厂，1980 年开工，年末固定资产原值 8.9 万元，有职工 24 人，主要产品为酱腌菜，产量 25 吨，产值 22.6 万元，税金 1.1 万元，利润 –0.9 万元；马武镇马武菜厂，1977 年开工，年末固定资产原值 16.1 万元，有职工 42 人，主要产品为酱腌菜，产量 50 吨，产值 22.0 万元，税金 0 万元，利润 1.7 万元；河场乡双河菜厂，1978 年开工，年末固定资产原值 14.2 万元，有职工 12 人，主要产品为酱腌菜，产量 15 吨，产值 25.9 万元，税金 0 万元，利润 –2.7 万元；百胜乡百胜菜厂，1981 年开工，年末固定资产原值 17.2 万元，有职工 20 人，主要产品为酱腌菜，产量 50 吨，产值 23.7 万元，税金 1.0 万元，利润 –2.0 万元；河岸乡纯子溪菜厂，1981 年开工，年末固定资产原值 13.9 万元，有职工 27 人，主要产品为酱腌菜，产量 15 吨，产值 33.0 万元，税金 1.7 万元，利润 –1.4 万元；河岸乡河岸菜厂，1983 年开工，年末固定资产原值 7.5 万元，有职工 15 人，主要产品为酱腌菜，产量 6 吨，产值 32.6 万元，税金 1.1 万元，利润 1.5 万元；南沱乡大石鼓菜厂，1978 年开工，年末固定资产原值 16.9 万元，有职工 14 人，主要产品为酱腌菜，产量 30 吨，产值 27.6 万元，税金 0 万元，利润 –1.5 万元。《涪陵市志》第 764 页第十一篇《商业》第三章《效益》第二节《社会效益》云：1981 至 1985 年，全市社会总产值增长 1.04 倍，乡镇企业总产值增长 3.09 倍；全市工业产值年均增长 20.43%，乡镇工业年均增长 30.64%。1985 年乡镇工业产值已超过市属国营工业产值，占全市工业总产值（含中、省、地企业）的 20.93%，比 1980 年提高 7 个百分点。乡镇工业电力、中小铁农具、水泥、砖、日用陶瓷、服装、榨菜、茶叶等十多种主要产品产量分别占全市同类产品的一半以上。《涪陵市志》第 765 页第十一篇《商业》第三章《效益》第二节《社会效益》云：地处市东北长江边的河岸乡，历来盛产青菜头，1983 年青菜头大丰收，致使附近的国营永安榨菜厂超负荷加工，造成巨额损失，为此当年限种，次年限量收购，又造成全乡农民减少卖菜收入 60 多万元。乡党委、政府总结这一沉痛教训，决定以发展社队企业带动榨菜种植、加工、销售一条龙致富工程，办起乡、村、户菜厂 773 个，组建一支 13 人的推销服务队伍，1985 年全乡加工青菜头 1.2 万吨，占总产量的 85%，生产榨菜成品 3000 多吨，当年销毕，创产值 206 万元，占全乡乡镇企业产值的 80%，占全乡工农业总产值的 32.25%。榨菜产值第一次超过粮食产值，居全乡经济收入首位，当年全乡农民获榨菜种植、加工纯收入 147 万元，人均 110 元。

涪陵榨菜产品获奖

是年，涪陵市酒店榨菜厂生产的涪州牌坛装榨菜获四川省农牧厅质量奖（证书）；涪陵榨菜（集团）有限公司"乌江牌"坛装榨菜获中商部优质奖。

CB6094—85坛装榨菜标准颁布

是年，中国商业部提出，唐文定、易泽洪、何久艺、罗纪年负责起草，国家标准局颁布CB6094-85坛装榨菜标准，这是榨菜行业统一实施的国家标准。

涪陵市榨菜个体经销商出现

是年，涪陵市开始有榨菜个体经销商出现。参见何侍昌《涪陵榨菜文化研究》第149页。

涪陵出现盐脱水榨菜

是年，涪陵地区开始出现盐脱水加工的榨菜，以后不断泛滥。

《精制榨菜生产工艺》被商业部列为内部教材

是年，何裕文撰写的《精制榨菜生产工艺》被商业部列为内部教材，作为榨菜专业培训班教学用。

"四川蔬菜品种资源调查收集"获奖

是年，陈材林完成的"四川蔬菜品种资源调查收集"被四川省人民政府授予重大科技成果四等奖。

《涪陵榨菜加工过程盐、酸、水变化初探》报告形成

是年，涪陵地区榨菜科研所杜全模对榨菜含水量、含盐量、总酸度之间的关系进行探索，得出报告《涪陵榨菜加工过程盐、酸、水变化初探》。

《榨菜合理施肥》一文发表

是年，涪陵地区农科所季显权、刘泽君在《土壤通讯》4期发表《榨菜合理施肥》一文。

王军主持"芥菜新产品开发利用研究"

是年，王军主持四川省农牧厅课题"芥菜新产品开发利用研究"，起止年限为

1985—1988 年。

谷坤华主持"榨菜早、中、晚熟品种配套选育"

是年，谷坤华主持四川省农牧厅课题"榨菜早、中、晚熟品种配套选育"，起止年限为 1985—1990 年。

涪陵榨菜生产与加工

是年，青菜头种植面积 84350 亩，青菜头产量 103155 吨，加工总数 19500 吨，小包装榨菜 1803 吨。本年，涪陵市榨菜加工大小厂户 1955 家，其中国营、集体企业 154 家，加工榨菜成品 2.79 万吨，是 1951 年 17.4 倍，1978 年的 1.9 倍，工业产值 1673 万元，是当年涪陵市属工业总产值的 8.7%。本年，涪陵地区实行"六改"技术和使用良种的面积已达 60% 以上，其中涪陵市达 70%。主产区平均每公顷产量达 22500 公斤，全形菜上升到 70% 以上。

"研制榨菜软包装自动杀菌、干燥、冷却装置"立项

是年，"研制榨菜软包装自动杀菌、干燥、冷却装置"立项。《涪陵市志》第 1236 页第二十二篇《科技·工业科研课题》云：1985 年 12 项：真空干燥机的研究和生产，设计修建直线吊车式内涂 PVF 钢桶表面处理生产线，引进旋转真空干燥机生产工艺，引进高效液体肥皂生产技术，塑料中孔容器制作试验，推广使用国际先进标准发展食品工业综合试验，研制榨菜软包装自动杀菌、干燥、冷却装置，食用菌培养基综合试验，大曲和特曲的勾对试验，李子酒发酵技术研究，研制花粉系列保健食品。

红心萝卜提纯复壮立项

是年，红心萝卜提纯复壮立项。《涪陵市志》第 1234 页第二十二篇《科技·农业科研课题》云：1985 年 17 项：其中有红心萝卜提纯复壮等。

《干制青榨菜》《精制榨菜酱油》《红心萝卜粉末添加食品》《低盐榨菜》等专题调研成果问世

是年，《干制青榨菜》《精制榨菜酱油》《红心萝卜粉末添加食品》《低盐榨菜》等专题调研成果问世。《涪陵市志》第 1227 页第二十二篇《科技》云：1979 年 8 月，在县科委主持下，由科情所、农业局、食品公司等单位联合组成生猪专题调研小组，经过 52 天的调查研究，向县委写了《关于涪陵县生猪发展专题情报调查研究报告》，

涪陵地区科委后将此报告转发到全区各县。从 1983 年起，县科委通过科研计划正式安排经费，加强对软科学的研究。迄 1985 年，先后开展专题调查研究的主要项目有：《干制青榨菜》《精制榨菜酱油》《红心萝卜粉末添加食品》《花粉强化食品》《低盐榨菜》《天然食用色素系列产品》等，这些调研成果，为市委、市政府决策提供了重要的依据和参考。

榨菜产业发展

《涪陵市志》第 91 页《大事记》云：（1985 年）全市食品工业产值达到 11018 万元，首次突破 1 亿元，基本形成以榨菜加工为"龙头"的门类齐全的食品工业体系。《涪陵市志》第 353 页第五篇《农业·农业科技水平不断提高》云：现已建起农科所、林科所、农机研究所、榨菜研究所、水产研究所等科研单位及农技、植保、土肥、种子、蚕桑、果品、蔬菜等科研和技术推广机构，共有农业科技干部 600 余人，乡镇专职农技人员 376 人。《涪陵市志》第 353 页第五篇《农业·农业结构日趋合理》云：榨菜、柑橘、蚕桑、茶叶、油料、瘦肉型猪及用材林等商品基地已初具规模。

榨菜优质产品

《涪陵市志》第 462 页第六篇《工业》第一章《工业经济概况》第二节《生产结构·产品·1979 至 1985 年工业优质产品名录》云：涪陵县珍溪菜厂生产的乌江牌外贸出口榨菜，1981 年获国家银质奖；涪陵地区菜厂生产的白鹤牌外贸出口榨菜，1981 年获部优质奖；涪陵县百汇菜厂生产的乌江牌一级榨菜，1982 年获部优质奖；涪陵县珍溪菜厂生产的乌江牌一级榨菜，1982 年获部优质奖；涪陵县焦岩菜厂生产的乌江牌一级榨菜，1982 年获部优质奖；涪陵地区菜厂生产的白鹤牌一级榨菜，1982 年获部优质奖；涪陵市马武菜厂生产的涪江牌一级坛装榨菜，1984 年获部优质奖；涪陵市两汇菜厂生产的涪江牌一级坛装榨菜，1984 年获部优质奖；涪陵市绳子溪菜厂生产的涪江牌一级坛装榨菜，1984 年获部优质奖；涪陵市酒店菜厂生产的涪江牌一级坛装榨菜，1984 年获部优质奖；涪陵市百胜食品榨菜综合加工厂生产的石鱼牌小包装榨菜，1985 年获部优质奖；涪陵市沙溪沟菜厂生产的乌江牌一级川式榨菜，1985 年获部优质奖；涪陵市珍溪菜厂生产的乌江牌一级川式榨菜，1985 年获部优质奖；涪陵市永安菜厂生产的乌江牌一级川式榨菜，1985 年获部优质奖；涪陵市榨菜公司生产的乌江牌鲜味榨菜丝，1985 年获部优质奖；涪陵市榨菜公司精制榨菜厂生产的乌江牌糖醋榨菜丝，1985 年获部优质奖；涪陵地区菜厂生产的白鹤牌鲜味榨菜丝，1985 年获部优质奖；涪陵县蔺市菜厂生产的古桥牌内贸榨菜，1985 年获部优质奖。

调味品

《涪陵市志》第 467—468 页第六篇《工业》第二章《工业门类》第二节《食品烟草·调味品》云：汉代蜀出蒟酱，流味南越。唐代涪州贡蒟酱，天下闻名。清光绪二十二年（1896），州城已设有长春酱园，经营形式为前店后坊，品种有酱油、麦酱等。民国初年，榨菜业兴起，榨菜厂商将腌菜盐水熬制成榨菜酱油（俗称菜酱油），其味鲜美独特，大多为酱园经销，因而涪陵有豆酱油与菜酱油之分。民国三十四年（1945），全县酱园发展到 17 家，其中怡园、怡民、李园 3 家以设备齐全质量讲究、品类多样在同行中名列前茅。怡民酱园在 20 世纪 30 年代后期即有职工 6 人，设备有石磨、木砻各 1 乘，蒸笼 1 套，黄席 50 铺，大锅 3 口，大酒缸 100 口，产品有红、白酱油，头醋、二醋，老酱、甜酱，卫生豆瓣、大市豆瓣、麻油豆瓣，榨菜、什锦咸菜等 20 余个。其中什锦咸菜甚为有名。年产调味品 30 余吨。民国三十五年（1946）酱园业成立同业公会，怡民酱园店主杨叔轩被推为理事长。同年底，昌记酱园店主刘世昌从丰都高家镇酱园厂购回日本菌种发酵豆子，使发酵期由原 1—2 年缩短为 6 个月，降低了成本，提高了产品质量，此为新法制作酱油的开始。1982 至 1984 年，市海椒香料加工厂、大山海椒加工厂，麻辣溪酱园厂相继建成投产。1985 年 1 月，涪陵市酿造厂一分为三，各水溪分厂、蔺市分厂分别建为涪陵市酿造二厂、三厂。年末，全市有调味品生产厂 7 个，企业占地面积 8266 平方米，建筑面积 6412 平方米。固定资产原值 149 万元。职工总数 212 人，其中工程技术人员 1 人，管理人员 45 人。主要产品有红、白酱油，特、甲醋，金钩、麻辣豆瓣，以及辣椒油、花椒油、芝麻酱、豆豉、什锦咸菜等 20 余种，年总产量 2469 吨（其中酱油 1352、醋 654、各类酱 127 吨），工业产值 138 万元。税利总额 13 万元，其中税金 10.6 万元。产品约 50% 供应本地，其余销往上海、南京、武汉、宜昌等市和垫江、长寿等县地。

《川菜烹饪事典》出版

是年，张富儒主编的《川菜烹饪事典》由重庆出版社出版。该书收录有"鱼羹菜头"提到有"青菜头""金钩菜头""干贝菜头""蟹黄菜头""奶油菜心""干贝菜心"；"油茶"提到有"榨菜粒"；"鸡丝豆腐脑"有"榨菜粒"；"杂烩席"冷盘有"香油榨菜"；"田席"提到"四八寸盘"有"泡菜头"；"随饭菜"有"红油菜头"；"素席"有"韭黄榨菜"；有始建于 1957 年的涪陵著名餐馆——清香饭店，其供应菜品有榨菜海参等。

国家标准局颁布坛装榨菜国家标准

是年，国家标准局颁布坛装榨菜国家标准（GB6094-85），全国榨菜行业始有统一标准。

涪陵榨菜加工出现"盐脱水"工艺

是年，外地经销商到涪陵永安乡采购坛装榨菜，主张取消传统"风脱水"工艺，直接将鲜青菜头下池盐腌脱水，并承诺"盐脱水"榨菜全部由他们包销。盐脱水工艺简单、成本低；随着市场变化，一些盐脱水榨菜产品也能被消费者接受，如口口脆、美味菜片等，这使涪陵盐脱水榨菜在市场上逐渐占有较大份额，至1993年，涪陵的坛装盐脱水榨菜已占到总量的40%。至1995年涪陵市（县级）的坛装榨菜及小包装榨菜半成品生产使用盐脱水工艺的已占到总量的90%。

坛装榨菜销售价格

是年，国内市场坛装菜平均销售价格800元/吨，国外市场1100—1200元（人民币）/吨。

1986 年

《中华人民共和国国家标准榨菜》（GB6094-85）正式实施

2月1日，国家标准局于1985年6月10日正式颁布的《中华人民共和国国家标准榨菜》（GB6094-85），本日起正式实施。参见何侍昌《涪陵榨菜文化研究》第120页。

"鉴鱼牌榨菜"获准注册

2月28日，涪陵市利民食品厂的"鉴鱼牌榨菜"获中华人民共和国国家工商行政管理局商标局批准注册。注册号为244365。

涪陵龙腾贸易公司开业

2月，涪陵龙腾贸易公司在广东省珠海市拱北区建立开业，主营涪陵榨菜等农副产品，兼办招商引资洽谈等业务。

沙溪榨菜厂方便榨菜生产车间建成投产

2月，中商部投资243万元，涪陵市沙溪榨菜厂方便榨菜生产车间建成投产。年生产能力4000吨。

木鱼牌小包装榨菜获农牧渔业部 1985 年优质产品称号

3 月 8 日，《群众报》报道，涪陵市百胜食品榨菜综合加工厂生产的木鱼牌小包装榨菜获农牧渔业部 1985 年优质产品称号。《涪陵市志》第 1568 页《附录·1986 至 1993 年大事记》云：（1986 年 3 月）22 日，《群众报》报道，市百胜食品榨菜综合加工厂生产的木鱼牌小包装榨菜获农牧渔业部 1985 年优质产品称号。《涪陵大事记》（1949—2009）第 161 页载："（3 月）22 日，涪陵市百胜食品榨菜综合加工厂生产的木鱼牌小包装榨菜获农牧渔业部 1985 年优质产品称号。"《重庆市涪陵区大事记》（1986—2004）第 4 页载："22 日，《群众报》报道，市百胜食品榨菜综合加工厂生产的木鱼牌小包装榨菜获农牧渔业部 1985 年优质产品称号。"

日本客商考察涪陵榨菜

3 月 13 日，《群众报》报道：最近日本日棉、大崛、新兴、挑屋等株式会社长期经销榨菜的客商，分两批先后在珍溪、蔺市等地榨菜厂进行实地考察。客商们参观有关生产工艺，对其产品质量和卫生条件均感满意。

红山榨菜厂联营兴办

4 月，涪陵市农副产品工业公司在北京海淀区与水利工程基础处理大队联营兴办红山榨菜厂。

榨菜生产现场会召开

4 月 12 日，涪陵地区乡镇企业局在涪陵市河岸乡召开榨菜生产现场会，总结该乡大力发展户办加工销售并加强管理的发展榨菜生产好经验。该乡有榨菜加工企业 773 个，其中户办占 767 个；由于加工有保障，全乡今年春收获青菜头 181900 斤，产值 181.9 元，首次超过粮食产值。

《涪陵日报》报道四川省涪陵榨菜（集团）有限公司成立

6 月 2 日，《涪陵日报》第 3 版以《热烈庆祝四川省涪陵榨菜（集团）有限公司成立》为题报道公司成立的相关情况。

"浮云牌榨菜"获准注册

6 月 30 日，涪陵市川宁榨菜厂的"浮云牌榨菜"获中华人民共和国国家工商行政管理局商标局批准注册。注册号为 254364。

全国首次小包装榨菜优质产品评比会举办

6月，国家商业部在南京举办全国首次小包装榨菜优质产品评比会，涪陵市榨菜公司精制菜厂生产的乌江牌鲜味糖醋小包装榨菜被评为第一名，获部优产品奖。《涪陵大事记》（1949—2009）第164页载：（6月）涪陵市榨菜公司精制榨菜厂生产的乌江牌鲜味糖醋小包装榨菜获商业部部优质产品奖。中国重庆市涪陵区委党史研究室编《重庆市涪陵区改革开放二十年大事记（1978.12—1998.12）》第113页载：1986年6月，涪陵榨菜公司精制榨菜厂生产的乌江牌鲜味糖醋小包装榨菜荣获商业部优质产品奖。《重庆市涪陵区大事记》（1986—2004）第7—8页载："是月，涪陵市榨菜公司精制榨菜厂生产的'乌江'牌鲜味糖醋小包装榨菜荣获商业部优质产品奖。"

涪陵地区榨菜生产和加工座谈会召开

8月13—15日，涪陵地区榨菜生产和加工座谈会召开，涪陵地区行署副专员谢贻奎参加会议并讲话。会议在总结1986年榨菜生产的基础上，分析研究了当前榨菜的产销形势，部署了1987年度榨菜的生产和加工任务。参见中国重庆市涪陵区委党史研究室编《重庆市涪陵区改革开放二十年大事记（1978.12—1998.12）》第115页。

涪陵市狠抓榨菜质量监督

8月16日，《群众报》报道，涪陵市标准计量局会同食品协会等部门狠抓榨菜质量监督。全市本年加工榨菜51.78万担，受检率96.89%，比上年提高6.49%。截至7月底，全市加工的榨菜已基本销完。

涪陵市榨菜精加工厂动工新建

10月，涪陵市榨菜精加工厂动工新建，1987年10月竣工，生产能力3000吨。公司地点在荔枝办事处各水溪，占地面积近8000平方米，建筑面积近5000平方米，年生产能力8000吨，主要经营"水溪牌"榨菜，曾三次获得金奖，一次获得银质奖。这是原三峡省筹备组移民办安排给涪陵市的第一个移民试点企业项目，移民安置经费拨款75万元。乔石、李鹏、田纪云、邹家华、陈慕华、陈俊生、李贵鲜、王光英、关世雄、刁金祥等亲临并题词。

涪陵市研制生产低盐榨菜获得成功

10月21日，《四川信息报》报道，涪陵市榨菜公司研制生产低盐榨菜获得成功，

榨菜含盐量由过去的 12%—15% 降到 8%。当年生产 2000 吨，已销售一空。《涪陵市志》"附录·1986 至 1993 年大事记"第 1570 页载：10 月 21 日，《四川信息报》报道，涪陵市榨菜公司研制生产低盐榨菜获得成功，榨菜含盐量由过去的 12%—15% 降到 8%。《涪陵大事记》(1949—2009) 第 168 页载：(10 月) 21 日，涪陵市榨菜公司研制生产低盐榨菜获得成功，榨菜含盐量由过去的 12%—15% 降低到 8%。是年，低盐榨菜 (含盐量 6% 以下) 问世，并运销日本，获得成功。中国重庆市涪陵区委党史研究室编《重庆市涪陵区改革开放二十年大事记 (1978.12—1998.12)》第 119 页载：1986 年 10 月，涪陵榨菜公司低盐榨菜研制成功。《重庆市涪陵区大事记》(1986—2004) 第 12 页载："21 日，《四川信息报》报道，涪陵市榨菜公司研制生产低盐榨菜获得成功，榨菜含盐量由过去 12%—15% 降低到 8%。"

乌江牌榨菜获四川省包协优秀包装奖

是年，涪陵榨菜 (集团) 有限公司乌江牌榨菜获四川省包协优秀包装奖。

榨菜科研论文发表

是年，涪陵地区榨菜科研所杜全模、朱世伦对榨菜含盐量、含水量、蛋白质转化关系进行探索，其报告发表于《中国调味品》杂志。该成果获涪陵市科协优秀论文二等奖。

是年，《四川榨菜加工的基本原理及其在生产上的应用》，刊登在《中国酿造》杂志上。首次对榨菜加工原理进行系统论述。

富民榨菜厂创办

是年，南沱民政办公室在南沱关东桥创办富民榨菜厂，生产坛装榨菜，这是民政系统第一个榨菜生产厂家。《涪陵市榨菜志 (续志)(讨论稿)》第 88 页载：民政榨菜系统始于 1986 年，由南沱民政办公室在南沱关东桥 (买下以前的知青点，租用村上的地盘) 办起了富民榨菜厂，生产坛装榨菜，这是民政系统第一个榨菜生产厂家。

榨菜原料良种培育

是年，涪陵地区农科所在涪陵市永安场附近选择培育出来的地方优良品种"永安小叶"。植株高 45—60 厘米，开展度 60—65 厘米；叶片较小易于密植，亩植可达 6000—7000 株；膨大茎近圆球形，利于加工全形菜；含水量少；平均亩产 1800—2000 公斤，高的可达 2500—3000 公斤，比草腰子高 15%—20%。

榨菜科研课题发布

是年，谷坤华主持四川省农牧厅课题"榨菜新品种选育"，起止年限为 1986—1990 年。

是年，季显权主持四川省农牧厅课题"榨菜施肥原理及技术研究"，起止年限为 1986—1990 年。

榨菜生产与加工

是年，青菜头种植面积 70334 亩，青菜头产量 89325 吨，加工总数 25890 吨，小包装榨菜 3192 吨。

涪陵地区榨菜生产与加工

是年，涪陵地区 5 县市（涪、丰、垫、南、武主产地）总产青菜头 13.46 万吨，加工出成品榨菜 38318 吨，分别比 1980 年及上年增长（％）189.2、2.7 和 767.8、5.0；涪陵市青菜头产量 10.37 万吨，加工榨菜 29732 吨，其中乡镇企业 22653 吨，分别比 1980 年和上年增长（％）95.7、199.0、686.1 和 –1.3、6.6、34.4。

榨菜产业化发展

是年，涪陵市乡镇企业有榨菜加工单位（企业）3048 个、从业人员 7899 人、产品产量 22653 吨、工业产值 1785 万元，分别较 1978 年增长 178.2 倍、23.8 倍和 1.8 倍和 11.3 倍；乡企榨菜产量占同年全市总数的 76.2%，占涪陵地区涪陵等 5 县市乡企榨菜总产量的 82.2%。这是继 1980、1984 年两次收缩之后的恢复性增长。

榨菜公司加强榨菜质量管理

是年起，涪陵市榨菜公司（榨菜集团公司）多次举办产品质量培训班，把产品质量作为厂长年终目标考核重要内容，实行一票否决制。对进厂原料、操作流程、出厂产品实行严格监控，把产品质量事故杜绝在发生之前。

1987 年

日本客商考察涪陵榨菜

2 月 8—9 日，日本国新、挑屋株式会社商务代表团来涪考察，参观珍溪菜厂、

涪陵榨菜研究所榨菜加工基本过程并录像。参见何侍昌《涪陵榨菜文化研究》第151页。

加拿大国际工程项目专家考察涪陵

3月14日，涪陵地区行署外办配合有关部门，接待长江流域规划办公室外事处来涪陵考察工作的加拿大国际工程项目扬子江联合企业经济学家斯高特·弗格森和农业、柑橘作物专家耶乎达·萨德。斯高特一行先后参观了榨菜精加工厂、农科所等。参见中国重庆市涪陵区委党史研究室编《重庆市涪陵区改革开放二十年大事记（1978.12—1998.12）》，第124—125页。

文德铭《涪陵榨菜》一文收录

3月，四川省涪陵市政协文史委编撰有《涪陵文史资料选辑》第三辑（内部资料），收录有文德铭《涪陵榨菜》一文，见于第59—69页。

《中国经济日报》介绍涪陵地区名特产

4月15日，《中国经济日报》第4版以《涪陵地区名特产品奉献给各国朋友》为题介绍涪陵地区的名特产。

涪陵市精制榨菜厂出口精制榨菜车间竣工

4月中旬，涪陵市精制榨菜厂出口精制榨菜车间竣工，这是全市食品工业第一个按出口生产车间标准修建的厂房。

四川省科委对涪陵榨菜进行跟踪调查

4月25日，《涪陵日报》报道，据四川省科委跟踪调查表明，自8年前开始推广涪陵地、市联合组建"榨菜联合协作小组"完成的《提高涪陵榨菜质量的情况研究》科技成果以来，在推广青菜头良种、改进榨菜装坛封口材料、提高辣椒利用率、开发新产品等方面均取得显著经济效益，仅1986年一年即新增产值1174万元。

涪陵精制榨菜生产实行许可证制度

6月4日，《群众报》报道，涪陵市切实加强榨菜行业管理，防止国营、集体、个体一哄面起，盲目发展。最近决定对精制榨菜生产实行许可证制度。

榨菜科研成果通过鉴定

《涪陵大事记》（1949—2009）第 177—178 页载：（6 月）涪陵地区榨菜公司、地区榨菜科研所和涪陵市榨菜公司共同完成的《榨菜（青菜头）提纯复壮良种选育试验》《优质榨菜产品储存的研究》《四川榨菜包装改革的研究》《四川榨菜方便小包装"胖袋"原因及其防止方法的研究》《符合薄膜材料 500 克块型榨菜包装试验》等 5 项研究成功，通过国家商业部组成的评审鉴定。

榨菜新产品开发通过验收

8 月 15 日，《涪陵日报》报道，涪陵榨菜研究所最近研制出肉丝、金钩、海带、糖醋等 5 种低盐榨菜小包装下列产品，上旬通过涪陵地区科委、食品工业协会等部门的初审验收，不久即可投入批量生产。

"龙驹牌榨菜"获准注册

10 月 10 日，涪陵市龙驹榨菜厂的"龙驹牌榨菜"获中华人民共和国国家工商行政管理局商标局批准注册。注册号为 301204。

小包装榨菜生产实行联营

12 月，涪陵市糖果厂与地区农机公司、劳动服务公司、珍溪双河乡菜厂、地区榨菜厂等单位实行小包装榨菜生产的松散性联营，以此提高产品质量扩大销路。

"四川榨菜包装改革的研究技术报告"完成

是年，涪陵地区榨菜科研所完成"四川榨菜包装改革的研究技术报告"。

深涪榨菜厂兴办

是年，涪陵市榨菜公司在深圳与中港海燕有限公司富山（香港）企业有限公司联营兴办深涪榨菜厂。

铁听装榨菜生产并出口

是年，涪陵地区罐头厂生产出铁听装榨菜。1994 年百胜新盛食品厂生产铁听装榨菜运销美国、东南亚、欧洲、中东 35 个国家和地区受到欢迎。

乌江牌榨菜获中国包协包装奖

是年，涪陵榨菜（集团）有限公司乌江牌榨菜获中国包协包装奖。

榨菜科研课题发布

是年，杨以耕主持农业部课题"中国芥菜起源分类研究及品种资源的主要性状鉴定"，起止年限为 1987—1990 年。

李新予主持四川省农牧厅课题"四川'榨菜'病毒病原种群及其分布研究"，起止年限为 1987—1989 年。

陈材林主持四川省科委课题"涪陵榨菜优质丰产及加工新技术开发"，起止年限为 1987—1989 年。

李新予主持中国农科院蔬菜研究所课题"四川芥菜品种资源种子征集入库"，起止年限为 1987—1989 年。

季显权主持四川省农牧厅课题"榨菜优质丰产施肥技术研究"，起止年限为 1987—1990 年。

榨菜新产品开发

是年，涪陵榨菜公司研制出肉丝、金钩、海带等低盐榨菜系列产品。参见中国重庆市涪陵区委党史研究室编《重庆市涪陵区改革开放二十年大事记（1978.12—1998.12）》第 134 页。

榨菜生产与加工

是年，青菜头种植面积 100097 亩，青菜头产量 144283 吨，加工总数 44249 吨，小包装榨菜 6449 吨。又言，是年春，涪陵市青菜头面积 7066.7 公顷（折合 10.6 万亩），产量 14.8 万吨，分别较 1985 年增长 26% 和 41%。

《四川烹饪丛书·川菜宴席大全》出版

是年，侯汉初主编的《四川烹饪丛书·川菜宴席大全》由四川科学技术出版社出版。该书收录有"（二）万县地区筵席席谱之二"饭菜（二荤二素）中有"榨菜肉末"；"（三）首届全国烹饪名师技术表演鉴定会川菜厨师献艺制作的筵席席谱之二"热菜有"奶汤菜头"；"（十四）成都市'天府酒家'高级筵席席谱"饭菜有"榨菜肉丝""第五类分季节的筵席席谱五例"；"（一）春季筵席席谱之一"热菜有"干贝烩菜头"、饭菜有"泡青菜头"、"说明"中提到有"青菜头"；"（三）豆花筵席席谱"饭菜有"榨菜肉丝""泡青菜头";"'素席'筵席谱"有"韭黄榨菜""香油菜薹""红油菜头";其"说明"提到有"红油菜头";该菜品为顾问、特级厨师刘建成、曾亚光口授的素席席谱。"(十)豆腐席席谱"热菜有"榨菜软浆叶豆腐汤";"第十一类家宴筵席席谱三例"之"(一)高档筵席席谱"饭菜有"榨菜肉丝";"(二)中档筵席席谱"热菜有"金钩烩菜头",其"说明"中提到有"金钩烩菜头";"(三)普通家宴席谱"饭菜有"榨菜肉丝";"第十二类农村田席席谱八例"之"(五)涪陵地区农村田席席谱",具体情况是:"起席:葵瓜子;大菜(八大碗):扣杂烩、扣鸡、扣榨菜鸡条、红烧肘子、肉烩笋子、焖大脚菌、扣酥肉、攒丝汤",该席谱提供人为涪陵地区饮食服务公司刘国辅、王海泉、张聚兴;这是涪陵地区农村普遍采用的筵席格局。"瓜蔬类素菜"中有"金钩菜头";"(十五)座汤 4.猪肉类"有"榨菜肉丝汤";"第三类饭菜(一)俏荤菜"中有"榨菜碎末""肉末泡菜头""雪里蕻炒牛肉末";"(二)素菜"中有"红油榨菜""泡青菜头"。

深涪榨菜厂创办

是年,市榨菜公司在深圳与中港海燕有限公司富山(香港)企业有限公司联营兴办深涪榨菜厂。

1988 年

榨菜成为河岸乡支柱产业

1月23日,《涪陵日报》报道,榨菜已成为河岸乡支柱产业,全乡10个村,村村有菜厂,户户搞加工,形成乡、村、组联产、户办榨菜的"多轮齐转"格局。近年先后办起了1920个榨菜加工企业,其中户办加工实体1831个,占全乡总数的63%,直接从事榨菜加工、销售的人员占全乡总人口的70%以上,结束了农民只种青菜头卖原料的历史。《涪陵大事记》(1949—2009)第185页载:(1月)23日,《涪陵日报》报道,榨菜已成为河岸乡支柱产业,全乡10个村,村村有菜厂,户户搞加工,形成乡、村、组、联产、户办榨菜的"多轮齐转"格局。1988年该乡先后办起了1920个榨菜加工企业,其中户办加工实体1831个,占全乡总数的63%;直接从事榨菜加工、销售的人员占全乡总人口的70%以上,结束了农民只种青菜头卖原料的历史。

榨菜经营实行"三证一照"制度

1月30日,涪陵市人民政府发出通知(涪府发〔1988〕11号),规定凡是从事

榨菜产销的单位和个人，必须具备"三证一照"（生产许可证、食品卫生合格证、税务登记和营业执照）；并授权市食品工业办公室对全市榨菜业进行行业管理；外来企业须按工商、税务办理手续后方可进行采购（原料和产品）；原料收购实行划片（区）定点经营。《涪陵大事记》（1949—2009）第185页载：（1月）30日，涪陵市政府规定，凡是从事榨菜产销的单位和个人，必须具备"三证一照"（生产许可证、食品卫生合格证、税务登记证和工商营业执照）；并授权市食品工业办公室对全市榨菜业进行行业管理。参见何侍昌《涪陵榨菜文化研究》第120页。

榨菜列入涪陵"五个一"工程

春，涪陵市委、涪陵市府将榨菜生产发展定为涪陵振兴"五一"工程（涪陵市5个骨干上亿元项目）之首，并成立涪陵市"五一"工程榨菜指挥部。对榨菜生产发展的可行性、发展规划、实施举措进行了系列论证。经4个多月考察论证后，制定的"五个一"工程方案出台，其中要求青菜头产量达到10亿斤，加工榨菜300万担，总收入1亿元以上。

金洪生来涪考察榨菜生产

4月1—2日，四川省副省长金洪生在涪陵市考察榨菜企业和听取汇报后指出：地、市榨菜行业联合起来，成立榨菜集团公司，从科研、种植、加工、销售等方面配套成龙，形成优势。要对多民族消费者的口味进行研究，不能死抱着四川麻辣不放。当榨菜公司负责人汇报到榨菜小包装尚未出口时，金副省长当场拍板，由地、市榨菜公司生产加工、省外贸易负责包销出口，共担风险，利益均沾。《涪陵大事记》（1949—2009）第187页：（4月1日），四川省副省长金洪生来涪考察榨菜生产。

《文摘周报》摘录《羊城晚报》文

4月8日，《文摘周报》第2版以《四川榨菜香味特佳探秘》为题摘录自《羊城晚报》森玲文。

国家标准计量局发布方便榨菜国家标准

4月30日，由国家商业部副食品局提出制定方便榨菜国家标准，由四川省涪陵榨菜科研所和浙江海宁蔬菜厂负责起草，朱世武、胡晓忠、蒋润浩执笔，国家标准计量局于是日发布方便榨菜国家标准（GB9173-88）。于同年7月1日起实施。参见何侍昌《涪陵榨菜文化研究》第120页，但时间误作1989年。

涪陵榨菜集团公司成立

5月25日，决定由涪陵地、市70多家榨菜企业联合组建涪陵榨菜集团公司。公司主要任务是：为各成员企业搞好销售、包装、技术人才引进、物资供应等服务；与科研单位配合搞好新产品开发；协助各企业搞好科学管理；努力扩大涪陵榨菜市场，特别要争取多出口，直接出口。《涪陵市志》第1578页《附录·1986至1993年大事记》云：（1988年6月）27日，由70余家榨菜企业联合组成的涪陵榨菜（集团）有限公司成立。《涪陵大事记》（1949—2009）第189页载：（5月）25日，中国首家榨菜集团公司"四川省涪陵榨菜（集团）有限公司"成立。该公司由70余家榨菜产销企业联合组建。6月18日，成立涪陵榨菜（集团）有限公司，由涪陵榨菜公司联合涪陵70余家榨菜企业组成，涪陵市（市）榨菜公司，是涪陵区历史最长榨菜企业之一。涪陵榨菜（集团）有限公司是中国最大榨菜生产经营集团。2007年总资产4.2亿元，净资产2亿元，从业人员3000多人。有32个销售分公司，年生产能力12万吨。2007年，公司产销各类榨菜9.6万吨，实现工业总产值6.02亿元、销售收入44423万元、利税8198万元。《涪陵市志》"附录"第1578页载：27日，由70余家榨菜企业联合组成的榨菜集团公司成立。《重庆市涪陵区大事记》（1986—2004）第38页载："（6月）27日，由70余家榨菜企业联合组成的涪陵榨菜集团公司成立"。

《涪陵日报》报道涪陵榨菜集团公司成立

5月27日，《涪陵日报》第1版以《适应新形势，联合发展，涪陵榨菜集团公司成立》为题报道涪陵榨菜集团公司的成立情况。

低盐榨菜通过检定

5月30日，涪陵市榨菜公司生产的低盐榨菜，通过了中国商检局重庆分局检定。该项目自1985年开始研制，在不使用化学防腐剂的条件下，含盐量比原榨菜降低25%—40%，保存期与原榨菜一样。《涪陵大事记》（1949—2009）第189页载：（5月）30日，涪陵市榨菜公司生产的低盐榨菜，通过中国商检局重庆分局检定。该项目自1985年开始研制，在不使用化学防腐剂的条件下，含盐量比原榨菜降低25%—40%，保存期与原榨菜一样。

川陵牌榨菜等获奖

5月，涪陵市百胜综合食品厂生产的川陵牌方便榨菜、石鱼牌坛装榨菜分获四川省质协金杯奖（金杯）、质量奖（银杯）。涪陵市百胜综合食品厂生产的川陵牌方便榨菜、

石鱼牌坛装榨菜、川陵牌方便榨菜分获四川省乡企局优质奖（奖状）、优秀奖（奖状）、优秀奖（奖状）。涪陵市酒井榨菜厂生产的涪州牌坛装榨菜获四川省乡企局优秀奖（奖状）。涪陵市北拱榨菜厂生产的涪州牌方便榨菜获四川省乡企局优秀奖（奖状）。涪陵市两汇榨菜厂生产的涪州牌坛装榨菜、涪州牌方便榨菜分获四川省乡企局优秀奖（奖状）。涪陵市金银榨菜厂生产的坛装榨菜获四川省乡企局优秀奖（奖状）。

《涪陵日报》报道四川省涪陵榨菜（集团）有限公司成立相关情况

6月2日，《涪陵日报》第3版以《热烈庆祝四川省涪陵榨菜（集团）有限公司成立》为题专版报道四川省涪陵榨菜（集团）有限公司成立相关情况。主要内容包括：

集团公司简介：由涪陵市榨菜公司、涪陵市农副产品工业公司、涪陵地区土产果品站（共八十余个生产厂家和一个榨菜科研所）等生产、经营榨菜的单位组成，从事榨菜生产、经营。独立核算，自负盈亏。跨地区、跨所有制形式、具有法人地位的开放型、多层次的经济实体。名誉董事长：代世杰；董事长：张汝成；常务副董事长：彭洪达；副董事长：殷尚国、周元旦；总经理：殷尚国；副总经理：张春浓；高级顾问：吴非、尼世强；顾问：何裕文；法律顾问：项远胜；地址：涪陵市中山东路15号；电话：22377；电挂：7162。

经营方针：立足国内，面向国际市场，扩大出口，质量第一，信誉至上，为生产、消费服务，为振兴涪陵经济服务。

经营范围：主营：涪陵榨菜系列产品及其所需的原料、辅料、包装材料；兼营：干菜、调味、海产品、糖、食品、罐头。

四川省涪陵榨菜（集团）有限公司成员：涪陵市榨菜公司（下属20个厂、1个储运站、1个经营部、1个联营的中外合资企业）：涪陵市精制榨菜厂、涪陵市珍溪榨菜厂、涪陵市沙溪榨菜厂、涪陵市蔺市榨菜厂、涪陵市百汇榨菜厂、涪陵市李渡榨菜厂、涪陵市凉塘榨菜厂、涪陵市焦岩榨菜厂、涪陵市石沱榨菜厂、涪陵市榨菜海椒香料加工厂、涪陵市清溪榨菜厂、涪陵市石板滩榨菜厂、涪陵市镇安镇菜厂、涪陵市世忠榨菜厂、涪陵市黄旗榨菜厂、涪陵市南沱榨菜厂、涪陵市永安榨菜厂、涪陵市鹤凤滩榨菜厂、涪陵市袁家溪榨菜厂、涪陵市渠溪榨菜厂、涪陵市榨菜公司经营部、涪陵市供销社储运站、深涪榨菜工贸有限公司；涪陵市农副产品工业公司（下属50个厂）：涪陵市榨菜精加工厂、农副产品工业公司武汉经营部、四川省涪陵市榨菜精加工厂北京分厂、龙驹榨菜厂、大石鼓榨菜厂、纯子溪榨菜厂、百胜榨菜厂、百花榨菜厂、大山榨菜厂、马安榨菜厂、义和榨菜厂、金银榨菜厂、大渡口榨菜厂、马武榨菜厂、梓里榨菜厂、新妙榨菜厂、酒井榨菜厂、罐子寺榨菜厂、草鱼塘榨菜厂、中丰榨菜厂、河岸榨菜厂、永义榨菜厂、义和榨菜厂、均田坝榨菜厂、致韩榨菜厂、石泉榨菜厂、二登岩榨菜厂、蒲江榨菜厂、两汇榨菜厂、深沱榨菜厂、开平榨菜厂、北拱榨菜厂、龙驹榨菜厂、土地坡榨菜厂、罗丝榨菜厂、上桥榨菜厂、桥头榨菜厂、保安榨菜厂、雷音榨菜厂、同协榨菜厂、酒店榨菜厂、安镇榨菜厂、刘家槽榨菜厂、三台榨菜厂、水口榨菜厂、新阳榨菜厂、元角榨菜厂、汪家塘榨菜厂、增福榨菜厂、五马榨菜厂；涪陵市乡镇企业局劳动服务公司（下属6个厂）：红庙榨菜厂、幸福榨菜厂、百胜联办厂、均安榨菜厂、大柏树榨菜厂、石龙榨菜厂；涪陵市对外经济贸易公司；四川省土产果品公司涪陵经营站（直属科研所1个）；四川省涪陵榨菜科研所；涪陵地区民政工业公司。

祝贺单位：中共涪陵地委、涪陵地区行署、四川省供销社联合社、四川省乡镇企业管理局、中共涪陵市委、涪陵市政府、涪陵市人大、政协涪陵市委、北京市干菜调味品贸易中心、上海市食品杂货公司、青海省农副公司、青海省副食品公司、宁夏回族自治区土产果品公司、四川省土产果品公司、甘肃省土特产果品公司干调经营部、江苏省南京市蔬菜公司干调部、湖北省武汉市蔬菜公司干鲜菜批发部、广东省珠海市糖酒公司、湖北省武汉市副食调料贸易中心、甘肃省兰州市果品公司干调部、福建省黑州市干鲜果采供站、江西省南昌市食杂批发部、湖南省长沙市供销综合贸易公司、四川省成都塑料厂、航天部兰州万里机械厂、黑龙江省大庆市果品公司、黑龙江省黑河市蔬菜公司、广西壮族自治区梧州市蔬菜公司、广西壮族自治区柳州市蔬菜公司、浙江省衢州塑料彩印厂、湖北省监利县土产公司、四川省重庆市土产公司、四川省重庆市冠生园食品公司、河南省洛阳市蔬菜副食品公司、四川省成都酿造公司、上海市虹口区副食品公司经理部、四川省绵阳市经济贸易公司、四川省重庆市印刷五厂、四川省重庆市红岩纸箱厂、四川省万县市土产果品公司、上海市宝山县果品日杂公司、江苏省无锡市农贸中心农副经营部、江苏省常州市果品公司、江苏省连云港市华东铝塑制品工业公司、四川省重庆山城商场、四川省重庆大阳沟副食品商场、河南省信阳市东方商场、四川省丰都县榨菜公司、四川省垫江县土产果品公司、四川省长寿县土产果品公司、上海市杨浦区副食品综合二厂、四川省忠县土产果品公司、江西省南昌市副食调味品批发部、青年之声报、山东烟台塑料四厂、中共涪陵地委办公室、涪陵地区农委、涪陵地区财办、涪陵地区经委、涪陵地区农业银行、涪陵地区工商银行、涪陵地区建设银行、涪陵地区供销社、涪陵地区乡镇企业局、涪陵港务局、涪陵地区外贸局、涪陵地区标准计量局、涪陵日报社、涪陵地区税务局、涪陵地区商业局、涪陵地区土产进出口公司、涪陵地区粮油进出口公司、涪陵地区防疫站、涪陵地区糖酒公司、涪陵地区经济发展总公司、涪陵地区罐头厂、涪陵地区农科所、涪陵地区商业发展公司、涪陵地区轮船公司、涪陵地区物资协作公司、涪陵地区农资经营站、中共涪陵市委办公室、涪陵市政府

办公室、涪陵市计划经济委员会、涪陵市财贸工作委员会、中共涪陵市委组织部、涪陵市农业委员会、涪陵市科委、涪陵市体改委、涪陵市食品工业办公室、中共涪陵市委政策研究室、涪陵市经济研究室、涪陵市侨务办公室、涪陵市农业银行、涪陵市工商银行、涪陵市建设银行、涪陵市经济协作办公室、涪陵市财政局、涪陵市税务局、涪陵市工商局、涪陵市供销社、涪陵市乡镇企业局、涪陵市商业局、涪陵市移民局、涪陵市外贸局、涪陵市标准计量局、涪陵市劳动局、涪陵市物价局、涪陵市审计局、涪陵市防疫站、涪陵市保险公司、涪陵市物资协作开发公司、涪陵市土产公司、涪陵市农资公司、涪陵市果品公司、涪陵市轮船公司、涪陵市第一税务所、涪陵市蔬菜公司、涪陵市百货公司、涪陵市航管站、涪陵市榨菜质检站、涪陵市糖酒公司、涪陵市综合贸易公司、涪陵市企业登记管理所、涪陵市罐头厂、涪陵市新妙区公所、涪陵市焦石区公所、涪陵市白涛区公所、中共涪陵市白涛区委、涪陵市龙潭区公所、中共涪陵市龙潭区委、涪陵市李渡区公署、涪陵市珍溪区公署、涪陵市城郊区公所、中共涪陵市城郊区委、涪陵市清溪区公署、涪陵市新妙镇政府、涪陵市酒井乡政府、涪陵市开平乡政府、涪陵市焦岩乡政府、涪陵市黄旗乡政府、涪陵市李渡镇政府、涪陵市南沱乡政府、涪陵市马武镇政府、涪陵市大胜乡政府、涪陵市镇安乡政府、涪陵市大山乡政府、涪陵市义和乡政府、涪陵市百胜乡政府、涪陵市石龙乡政府、涪陵市马安乡政府、涪陵市河岸乡政府、涪陵市焦岩乡政府、涪陵市世忠乡政府、涪陵市金银乡政府、涪陵市酒店乡政府、涪陵市梓里乡政府。

方便榨菜国家标准发布

7月1日，国家商业部副食品局提出制定的方便榨菜国家标准，四川省涪陵榨菜科研所和浙江海宁蔬菜厂负责起草，朱世武、胡晓忠、蒋润浩执笔，国家标准计量局于当年4月30日发布方便榨菜国家标准（GB9173-88）。是日起实施。这是方便榨菜的首个国家标准。参见何侍昌《涪陵榨菜文化研究》第120页。

涪陵榨菜厂建成投产

7月5日，《涪陵日报》报道，由涪陵市榨菜公司与深圳中港海燕企业有限公司、香港富山企业有限公司合资经营的涪陵榨菜厂建成正式投产，产品开始销往香港市场。该厂总投资100万元，年产量1000吨，外销量占80%。

涪陵榨菜企业获殊荣

7月22日，涪陵市榨菜公司、涪陵榨菜厂被评为西南地区"双信"（银行信得过，社会信得过）特优级企业，获得荣誉证书。该评选由中国农业银行四川省分行、云南省分行、贵州省分行和西南农村金融报社联合举办。

《重庆市涪陵区榨菜生产管理暂行规定》印发

8月29日，涪陵区政府印发《重庆市涪陵区榨菜生产管理暂行规定》（〔1988〕第2号令）。对榨菜生产条件、原料收购、加工管理、榨菜质量监督、卫生管理、出厂出境管理、市场管理、新产品开发、奖励与处罚等作了具体规定。《规定》发布后，区榨菜办在全区范围内广泛宣传，要求榨菜企业严格按《规定》实施。至2007年，涪陵榨菜市场管理均按此规定严格执行。

《涪陵市榨菜管理规定》通过

9月2日，涪陵市第十一届人民代表大会第十一次常务委员会通过《涪陵市榨菜管理规定》。该《规定》共7章27条。该规定至1993年12月宣布废止。为加强对榨菜的管理，由榨菜管理办公室代涪陵市政府起草，由涪陵市人大会批准，颁发第一个《涪陵榨菜管理规定》，该规定对榨菜行业进行全面管理，包括生产、加工、运销、卫生、产品质量、奖惩均有详细规定，并印成小册子在全国范围发放。根据情况变化，1994年又修改为《暂行规定》。参见《涪陵市榨菜志（续志）（讨论稿）》第83、97—104页。按：《涪陵市榨菜管理规定》，1988年9月2日涪陵市第十一届人民代表大会第十一次常务委员会通过，内容包括总则2条、第一章产销管理5条、第三章质量管理7条、第四章卫生管理5条、第五章行业管理3条、第六章奖惩1条、第七章附则3条，总计27条。参见何侍昌《涪陵榨菜文化研究》第120页。

《关于榨菜生产许可证、榨菜管理服务费收取标准的批复》发布

9月3日，涪陵市物价局发布《关于榨菜生产许可证、榨菜管理服务费收取标准的批复》（涪市物价发〔88〕81号）。为加强对涪陵市榨菜行业管理，对加工榨菜的单位和个体户实行"生产许可证"制度，并收取质量管理服务费。生产许可证，精制小包装榨菜生产厂收费30元，坛装榨菜厂收费5元；质量管理服务费，凡质检部门检验合格的外调坛装榨菜每50公斤收取0.12元，收取的费用必须用于榨菜质量管理的开支。要求涪陵市食品工业办公室向涪陵市财政局领购统一收费收据。参见《涪陵市榨菜志（续志）（讨论稿）》第96—97页。

榨菜产品获部优

9月7日，《涪陵日报》报道：石沱、凉塘和石板滩菜厂生产的乌江牌一级坛装榨菜、市精制榨菜厂生产的乌江牌糖醋方便榨菜和鲜味方便榨菜等5个乌江牌榨菜

产品，最近获国家商业部优质产品称号。《涪陵市志》"附录"第 1580 页载：9 月上旬，在 1988 年商业部优质产品评比中，涪陵市榨菜集团公司生产的乌江牌一级坛装榨菜和糖醋、鲜味方便榨菜被评为优质产品。《涪陵大事记》（1949—2009）第 192 页载：（9 月）上旬，在 1988 年商业部优质产品评比中，涪陵市榨菜（集团）有限公司生产的乌江牌一级坛装榨菜和糖醋、鲜味方便榨菜被评为优质产品。

片区定点收购榨菜原料的规定出台

10 月，涪陵市榨菜办第一次出台了片区定点收购榨菜原料的规定。《涪陵市榨菜志（续志）（讨论稿）》第 87 页载：1988 年时市榨菜管理办公室出台了榨菜生产企业与原料加工专业户实行划片定点经营（划片定点收购）的原则，并具体下达企业与乡、镇挂钩的联系点计划。

涪陵市榨菜个体加工户迅猛发展

11 月 10 日，《涪陵日报》报道，目前全市榨菜个体加工户已达 14370 户，产量猛增，由于管理不配套、不完善、不严格，个别单位和个体户在生产加工中有粗制滥造、掺杂使假的情况，严重影响涪陵榨菜的质量。对此，市人民政府已决定成立榨菜管理办公室，采取一系列措施加强管理。

"榨菜之乡"交易会举办

11 月 27 至 29 日，涪陵市政府举办"榨菜之乡"交易会，全国各地 1000 人参加。会期 3 天，总成交额 1.39 亿元，其中现货交易 3059.1 万元。榨菜成交额 3877 万元，占总额的 31.4%，其中供销系统 2014 万元，乡镇企业系统 863 万元。《涪陵市志》"附录·1986 至 1993 年大事记"第 1581 页载：涪陵市首届榨菜之乡商品交易会开幕，会期三天，总成交额 1.39 亿元，其中现货交易 3059.1 万元。《涪陵大事记》（1949—2009）第 194 页载：（11 月）29 日，涪陵市首届榨菜之乡商品交易会历时 3 天结束。总成交额 1.39 亿元，其中榨菜产品成交额 3877 万元，占成交总额的 31.4%，其中供销系统 2014 万元，乡镇企业系统 863 万元。《重庆市涪陵区大事记》（1986—2004）第 44 页载："27 日，涪陵市首届榨菜之乡商品交易会开幕。会期 3 天，总成交额 1.39 亿元，其中现货交易 3059 万元。"

涪陵榨菜获奖

12 月 27 日，四川省涪陵市榨菜公司生产的乌江牌榨菜参加 1988 年首届中国食品博览会名、特、优、新产品评选，荣获博览会金奖。马武、酒井菜厂生产的涪州牌方便榨菜，两汇菜厂生产的涪州牌坛装榨菜分别获银质奖。涪陵市百胜综合食品厂生产的石鱼牌方便榨菜获中国食品博览会优质奖（奖杯）。涪陵市马武榨菜厂生产的涪州牌方便榨菜获中国食品博览会银奖（证书）。涪陵市酒井榨菜厂生产的涪州牌方便榨菜获首届中国食品博览会银质奖（证书）。涪陵市两汇榨菜厂生产的涪州牌坛装榨菜获首届中国食品博览会银奖（证书、银杯）。

涪陵榨菜产品获奖

12月，涪陵市百胜马武榨菜厂生产的涪州牌方便榨菜获四川省乡企局质量奖（证书）。涪陵市北拱榨菜厂生产的涪州牌方便榨菜获四川省质协优秀奖（奖状）。涪陵市两汇榨菜厂生产的涪州牌坛装榨菜获四川省级六单位龙年特别金奖（金杯、奖状）。涪陵市北拱榨菜厂生产的涪州牌方便榨菜获四川省乡企局优秀奖（奖状）。涪陵市北拱榨菜厂生产的剪峡牌方便榨菜获四川省质协名优奖（证书）。涪陵市马武榨菜厂生产的涪州牌坛装榨菜获中国农牧渔业部金杯奖（金杯）。涪陵市酒店榨菜厂生产的涪州牌坛装榨菜获中国农牧渔业部银质奖（银杯）。涪陵市酒店榨菜厂生产的涪州牌坛装榨菜获四川省质量协会特别金奖（证书）。是年，马武、酒店、两汇菜厂生产和涪州牌坛装榨菜分别获国家农牧渔业部金杯奖，四川省质量协会特别金奖和四川省六单位主办的龙年特别金奖。涪陵榨菜（集团）有限公司生产的"乌江牌"坛装榨菜荣获中国食品博览会金奖。

涪陵三峡榨菜厂成立

12月30日，涪陵三峡榨菜厂在新妙区正式成立。由中国三峡经济技术开发公司、涪陵市移民局和新妙区联合投资175万元兴建，设计年产能力5000吨小包装榨菜。该项目属扶贫、移民建设项目。

年产7000吨小包装榨菜生产线扩建

12月，涪陵市榨菜公司扩建年产7000吨小包装榨菜生产线，经过1年4个月建设，于本月竣工验收投产。该生产线有两条：一在沙溪沟菜厂，年产能力5000吨；一在北岩寺菜厂，年产2000吨。

涪陵市榨菜成品产量首次突破5万吨

是年，涪陵市榨菜成品产量首次突破5万吨，达74861吨。《涪陵大事记》（1949—2009）第195页载：本年（1988年），涪陵市（县级）成品榨菜产量首次突破5万吨，达74861吨。

500 克整形包装榨菜研究成功

是年，榨菜市榨菜公司研究 500 克整形包装榨菜成功，投放市场受到欢迎。

榨菜科研研究报告完成

是年，涪陵地区榨菜公司、地区榨菜科研所、农科所、涪陵市榨菜公司、农副产品公司、丰都县榨菜公司完成"榨菜包装的研究及生产技术的推广运用"。涪陵市榨菜公司和涪陵地区榨菜科研所分别完成"方便榨菜统检规定"和"方便榨菜生产工艺"。

榨菜科研成果获奖

是年，涪陵地区农科所周光凡、陈材林、范永红完成的"榨菜良种'蔺氏草腰子'提纯复壮"被四川省农牧厅授予农业技术推广三等奖。涪陵地区榨菜公司、榨菜科研所、涪陵地区农科所、涪陵市榨菜公司、涪陵市农副产品公司、丰都榨菜公司杜全模、郭诚忠、陈材林、殷尚国、王秀龙、彭洪达、吴顺江完成的"四川省榨菜包装改革的研究及生产技术的推广应用"被四川省人民政府授予星火科技二等奖。李新予、王彬完成的"榨菜病毒病大面积综合防治示范"被四川省农牧厅授予农牧技术进步二等奖。涪陵地区榨菜科研所杜全模完成的《方便榨菜生产工艺》荣获四川省人民政府星火科技二等奖。涪陵市榨菜公司何裕文参与制定的《榨菜国家标准》，荣获商业部科技进步四等奖。涪陵市榨菜公司何裕文、殷尚国、周朝清完成的"塑料袋装低盐方便榨菜的研究"，荣获四川省人民政府科技进步三等奖。

榨菜科研论文发表

是年，李新予、余家兰在《植物病理学报》第 1 期发表《芥菜品种（系）对芜菁花叶病毒抗病性鉴定研究》一文。并在同年北京国际植物病理学术讨论会交流。

何裕文起草《方便榨菜统检规定》

是年，涪陵市榨菜公司何裕文起草《方便榨菜统检规定》，由涪陵地区标准局作为统检实施细则执行。

榨菜研究所成立

是年，涪陵农科所成立榨菜研究所，对茎瘤芥良种培育、土壤、种植技术、病虫害防治等列专题研究。

榨菜生产与加工

是年，青菜头种植面积 129752 亩，青菜头产量 194629 吨，加工总数 72581 吨，小包装榨菜 13038 吨。

《川菜大全家庭泡菜》出版

是年，张燮明等编写的《川菜大全家庭泡菜》由重庆出版社出版。该书收录有"青菜头""青菜头皮"（嫩皮 500g）。

涪陵地区榨菜生产与加工

是年末，涪陵地区 5 县市产青菜头 29.56 万吨，产榨菜 96287 吨。涪陵全市青菜头种植面积 9520 公顷，产量 25.4 万吨，加工榨菜 74861 吨，占四川榨菜的 82%，其中精制小包装方便菜 13038 吨，工业总产值 6578 万元（80 年不变价），占全市工业总产值的 10.8%。

涪陵市榨菜公司完成《方便榨菜统检规定》

是年，涪陵市榨菜公司完成《方便榨菜统检规定》。

涪陵地区榨菜科研所完成《方便榨菜生产工艺》

是年，陵地区榨菜科研所分别完成《方便榨菜生产工艺》。

坛装榨菜实行商标挂牌和（坛）口印编码管理

是年起，对坛装榨菜实行商标挂牌和（坛）口印编码管理；青菜头收购和成品菜销售实行指导性价格。

1989 年

涪陵市榨菜管理办公室成立

1 月 18 日，涪陵市政府批准成立涪陵市榨菜管理办公室，为正局级单位。

"涪仙牌榨菜"获准注册

1 月 20 日，涪陵市鹤风食品罐头厂的"涪仙牌榨菜"获中华人民共和国国家工

商行政管理局商标局批准注册。注册号为 335890。

"乌江牌榨菜"等获奖

2 月 9 日,《涪陵日报》报道,在首届中国食品博览会上,涪陵市榨菜(集团)有限公司生产的乌江牌榨菜和涪陵市食品厂生产的桂楼牌广式香肠均获得金奖,涪陵市酒厂生产的百花潞牌百花潞酒获得银奖。《涪陵市志》"附录·1986 至 1993 年大事记"第 1581—1582 页载:(2 月)9 日,《涪陵日报》报道,在首届中国食品博览会上,涪陵市榨菜(集团)有限公司生产的乌江牌榨菜和涪陵市食品厂生产的桂楼牌广式香肠双双获得金奖,涪陵市酒厂生产的百花潞牌百花潞酒获银奖。《涪陵大事记》(1949—2009)第 196 页载:(2 月)9 日,《涪陵日报》报道,在首届中国食品博览会上,涪陵市榨菜(集团)公司生产的乌江牌榨菜和市食品厂生产的桂楼广式香肠双双获得金奖,涪陵市酒厂生产的百花潞牌百花潞酒获银奖。《重庆市涪陵区大事记》(1986—2004)第 48 页载:"(2 月)9 日,《涪陵日报》报道,在首届中国食品博览会上,涪陵市榨菜(集团)有限公司生产的乌江牌榨菜和市食品厂生产的桂楼广式香肠双双获得金奖,涪陵市酒厂生产的百花潞牌百花潞酒获银奖。"

"巴都牌榨菜"获准注册

2 月 20 日,涪陵市城郊榨菜厂的"巴都牌榨菜"获中华人民共和国国家工商行政管理局商标局批准注册。注册号为 339970。

坛装榨菜受骗闹事事件处理

4 月,涪陵市委、涪陵市府派出两个工作组到世忠、永安、百胜等乡处理坛装榨菜受骗闹事事件,历时长达 180 天。

邹家华视察参观各水溪菜厂并题词

5 月 30 日,国务院副总理邹家华来涪陵视察参观各水溪菜厂并题词。

榨菜科研论文发表

5 月,《园艺学报》第 16 卷 2 期发表杨以耕、陈材林等 6 位农业科技专家完成的《芥菜分类研究》论文。该成果系涪陵地区农科所与重庆市农科所合作研究历经 5 年研究形成,首次确定榨菜原料——青菜头的正规植物学中文名称,其拉丁文名仍用 1942 年曾勉、李曙轩二人命名的 B rassica juncea var.tumida Tsen et Lee,它属于十字花科芸薹属芥菜种 16 个变种中的 1 个变种。《芥菜分类研究》又见于涪陵农科所、重庆市农科所《园艺学》第二期。

榨菜广告进入中央电视台

5 月，涪陵榨菜集团公司投资 5 万元在中央电视台三、八频道进行"乌江牌榨菜"和企业广告宣传（动画片形成），开涪陵企业在中央电视台打广告先河。《涪陵大事记》（1949—2009）第 207 页载：（1988 年）中央电视台二、八频道进行为期一个月的乌江榨菜广告宣传，这是涪陵企业第一次在中央电视台做广告。

榨菜产品获殊荣

5 月，涪陵市马武榨菜厂生产的涪州牌方便榨菜获四川省乡企局优秀奖（奖状）。涪陵市新妙榨菜厂生产的涪州牌坛装榨菜获四川省乡企局优秀奖（奖状）。涪陵市两汇榨菜厂生产的涪州牌方便榨菜获四川省乡企局优秀奖（奖状）。涪陵市马鞍榨菜厂生产的涪州牌坛装榨菜获四川省乡企局优秀奖（奖状）。涪陵市利民食品厂生产的鉴鱼牌方便榨菜获四川省乡企局优秀奖（奖状）。

"川马牌榨菜"获准注册

6 月 20 日，涪陵市马武榨菜厂的"川马牌榨菜"获中华人民共和国国家工商行政管理局商标局批准注册。注册号为 351865。

"川陵牌榨菜"获准注册

6 月 20 日，涪陵百胜食品榨菜精加工厂的"川陵牌榨菜"获中华人民共和国国家工商行政管理局商标局批准注册。注册号为 351866。

"川涪牌榨菜"获准注册

6 月 20 日，涪陵市百胜精制榨菜厂的"川涪牌榨菜"获中华人民共和国国家工商行政管理局商标局批准注册。注册号为 351888。

"龙飞牌榨菜"获准注册

6 月 20 日，涪陵市黄旗精制榨菜厂的"龙飞牌榨菜"获中华人民共和国国家工商行政管理局商标局批准注册。注册号为 351875。

"河岸牌榨菜"获准注册

6月20日，涪陵市河岸榨菜厂的"河岸牌榨菜"获中华人民共和国国家工商行政管理局商标局批准注册。注册号为351858。

"涪纯牌榨菜"获准注册

6月30日，涪陵市纯子溪榨菜厂的"涪纯牌榨菜"获中华人民共和国国家工商行政管理局商标局批准注册。注册号为359570。

"陵江牌榨菜"获准注册

6月30日，涪陵市罐头食品厂的"陵江牌榨菜"获中华人民共和国国家工商行政管理局商标局批准注册。注册号为353098。

涪陵市榨菜质量进行统检

6月30日，涪陵市食品工业办公室、榨菜办公室、质检站等政府职能部门派员组成联合检查组，对全市榨菜质量进行了统检，其总的情况是：质量合格率较上年同期上升45.55%，但销售慢，产品积压多，加工单位亏损面不断扩大，生产经营形势严峻。

"天涪牌榨菜"获准注册

7月20日，涪陵市土产公司榨菜厂的"天涪牌榨菜"获中华人民共和国国家工商行政管理局商标局批准注册。注册号为355130。

"水溪牌榨菜"获准注册

8月30日，涪陵市榨菜精加工厂的"水溪牌榨菜"获中华人民共和国国家工商行政管理局商标局批准注册。注册号为359571。

中国山水旅游文学研究会第二届年会举办

10月11日，涪陵举办历时3天的中国山水旅游文学研究会第二届年会，展示了中国榨菜发源地的历史文化风貌。

"南方牌榨菜"获准注册

11月20日，涪陵地区南方食品厂的"南方牌榨菜"获中华人民共和国国家工商行政管理局商标局批准注册。注册号为504395。

"榨菜之乡" 交易会举办

11 月 27—29 日，涪陵市政府举办为期 3 天的"榨菜之乡"交易会，全国各地 1000 人参加，总成交额 1.39 亿元，其中，榨菜产品成交额 3877 万元，占成交总额的 31.4%。

"涪孚牌榨菜" 获准注册

11 月 30 日，涪陵三峡榨菜厂的"涪孚牌榨菜"获中华人民共和国国家工商行政管理局商标局批准注册。注册号为 505351。

涪陵榨菜产品获奖

是年，涪陵榨菜（集团）有限公司乌江牌榨菜获南京消费者最喜爱食品"长江杯"奖。

《涪陵榨菜优质的原因》一书出版

是年，涪陵市农业局高级农艺师庞在祥、成都理工学院教授李正积，对榨菜生长环境——土壤进行系统研究，编著《涪陵榨菜优质的原因》一书，由四川省科学技术出版社出版。

榨菜科研专利通过注册

是年，涪陵地区农科所完成的"微波杀菌保鲜在塑料袋装方便榨菜上的应用工艺"通过国家专利局专利注册。

榨菜生产与加工

是年，青菜头种植面积 133950 亩，青菜头产量 204945 吨，加工总数 75000 吨，小包装榨菜 17175 吨。

20 世纪 70、80 年代

榨菜营养成分测定

1981 年，中国预防科学院营养与食品卫生研究所出版《食物成分表》记载，每 100 克榨菜含蛋白质 4.1 克，脂肪 0.2 克，糖 9 克，粗纤维 2.2 克，无机盐 10.5 克，

胡萝卜素 0.04 毫克，核黄素 0.09 毫克，尼克酰胺 0.7 毫克，硫胺素 0.04 毫克，抗坏血酸 0.02 毫克，水分 74 克，以及热量 54 千卡。

1990 年

三峡榨菜厂北京分厂兴办

4 月，涪陵新妙三峡榨菜厂在北京兴办涪陵市三峡榨菜厂北京分厂。

杨汝岱视察涪陵百胜榨菜厂

5 月 6 日，中共中央政治局委员、四川省委书记杨汝岱视察涪陵百胜榨菜厂。《涪陵大事记》（1949—2009）第 213 页载：（5 月）6 日，中共中央政治局委员、四川省委书记杨汝岱率省财政厅长李达昌、商业厅副厅长赵正民、省人民银行副行长秦福禄等从垫江来涪，下午视察涪陵百胜榨菜厂等。

"川牌榨菜"获准注册

5 月 10 日，涪陵地区榨菜公司的"川牌榨菜"获中华人民共和国国家工商行政管理局商标局批准注册。注册号为 518595。

邹家华视察各水溪榨菜厂并题词

5 月 30 日，国务院副总理邹家华来涪陵视察各水溪榨菜厂，并题词。

"健牌榨菜"获准注册

6 月 20 日，涪陵榨菜（集团）有限公司的"健牌榨菜"获中华人民共和国国家工商行政管理局商标局批准注册。注册号为 521748。

"天富牌榨菜"获准注册

6 月 20 日，涪陵榨菜（集团）有限公司的"天富牌榨菜"获中华人民共和国国家工商行政管理局商标局批准注册。注册号为 522562。

涪陵榨菜产品获奖

6 月，涪陵地区罐头食品厂上年开发的涪乐牌榨菜软罐头新产品，经国家技术监督局有关和各部质量司组成的评奖委员会评审，在"中国妇女儿童用品 40 年博览会"

上获银奖。《涪陵大事记》（1949—2009）第 214 页载：（6 月）涪陵地区罐头食品厂开发的涪乐牌榨菜软罐头新产品，经国家技术监督局和各部质量司组成的评奖委员会评审，在"中国妇女儿童用品 40 年博览会"上获银质奖。

"川东牌榨菜"获准注册

7 月 20 日，涪陵市大石鼓榨菜厂的"川东牌榨菜"获中华人民共和国国家工商行政管理局商标局批准注册。注册号为 524137。

涪陵市 1990 年度坛装榨菜统检评比揭晓

8 月 8 日，涪陵市 1990 年度坛装榨菜统检评比揭晓。统检 83 个生产企业，有72 个被评为合格企业。对不合格企业由有关部门会同当地政府进行复查整顿，符合规定标准后才准生产。

亚运会"熊猫"包装标志乌江牌榨菜展销

8 月 25 日，《涪陵日报》报道，涪陵市榨菜公司以亚运会"熊猫"包装标志生产乌江牌榨菜 4 吨已于近日送北京亚运村购物中心展销。10 月，涪陵榨菜（集团）有限公司的乌江牌榨菜获在北京召开的亚运会"熊猫"包装标志产品，共生产 1000 吨，并送 10 吨专供亚运会代表。中国重庆市涪陵区委党史研究室编《重庆市涪陵区改革开放二十年大事记（1978.12—1998.12）》第 181 页载：1990 年，涪陵榨菜公司为第十一届亚运会生产亚运会标志产品榨菜 1000 吨。

《关于认真做好 1991 年度榨菜生产、经营秩序清理整顿工作的通知》发布

11 月 3 日，涪陵市榨菜办、计量局、工商局、税务局、农行、防疫站等 6 个单位联合发出《关于认真做好 1991 年度榨菜生产、经营秩序清理整顿工作的通知》。

乔石视察涪陵榨菜厂

11 月 18 日，全国人大常务委员长乔石来涪陵视察各水溪榨菜厂、沙溪沟榨菜厂。《涪陵大事记》（1949—2009）第 218 页载：（11 月）17 日，中共中央政治局常委、中纪委书记乔石来涪陵视察，并听取涪陵地委、行署暨丰都县党政主要领导人关于社会经济发展、三峡移民等情况汇报，次日还到涪陵沙溪沟榨菜厂及丰都新城等地参观考察。

"涪龙牌榨菜"获准注册

12月20日，涪陵市青龙精制榨菜厂的"涪龙牌榨菜"获中华人民共和国国家工商行政管理局商标局批准注册。注册号为537195。

涪陵市1990年度小包装方便榨菜统检评比结果公布

12月20日，涪陵市食品工业办公室、市榨菜管理办公室、市榨菜质量监督检验站、市卫生防疫站等部门在《涪陵日报》四版发布公告，公布今年全市小包装方便榨菜统检评比结果：27个榨菜加工企业被评为合格企业，其中李渡菜厂、蔺市菜厂、珍溪菜厂、精制菜厂、百胜食品厂、地农科所榨菜实验加工厂等6个企业被评为优胜企业。

涪陵市榨菜产销工作会召开

12月22日，涪陵市政府召开涪陵市榨菜产销工作会，对产销工作成绩显著的李渡、百胜等12个榨菜厂颁发了奖金和奖状。

川陵牌方便榨菜获奖

12月，涪陵市百胜综合食品厂生产的川陵牌方便榨菜获中国农业部质量奖（奖状）。

涪陵榨菜获奖

是年，涪陵市马武榨菜厂生产的涪州牌坛装榨菜获中国农牧渔业部部优奖（证书）。涪陵宝巍食品有限公司生产的川陵牌方便榨菜荣获中国农业部质量奖。

涪陵榨菜销路增长

是年，据市榨菜办公室综合统计：向市国营菜厂订货的客商有全国29个省市的427个单位。向市乡镇企业菜厂（公司）订货的有全国20余个省市的200多个单位。

榨菜科研成果获奖与利用

是年，涪陵食品办何裕文《议促进榨菜生产健康发展的问题和对策》一文获1990年涪陵地区科协优秀论文二等奖。何裕文撰写的《刍议促进榨菜生产健康发展的问题和对策》一文被涪陵地区商经学会批准全区执行。

榨菜生产与加工

是年，青菜头种植面积122903亩，青菜头产量115680吨，加工总数38717吨，小包装榨菜 19702 吨。

富民榨菜厂转债民政局

是年，富民榨菜厂厂长龙启合装货到武汉，翻船，人亡货损，欠账太多，乡里无法偿还，南沱民政办将富民榨菜厂和所欠债务转给民政局。参见《涪陵市榨菜志（续志）（讨论稿）》第 82 页。

榨菜产业化发展

是年，全市乡镇榨菜企业 7995 个，从业人员 13880 人，加工榨菜 46684 吨，完成工业产值 3075 万元，这次收缩和震荡就更大，国营企业数还是 20 个，但产量也比上年下降 54.2 个百分点。

榨菜出现个体专业户

是年起，坛装榨菜开始有个体专业户收购，运至长江沿线城市经销。1993 年以后，除涪陵榨菜（集团）有限公司外，涪陵榨菜加工企业均走上自产自销道路。

涪陵市政府整顿榨菜市场

是年，涪陵市政府整顿榨菜市场，推动企业改革，减少产量，促进价格上扬。

1991 年

《榨菜种子分级标准》制标专家来涪考察

1 月下旬，《榨菜种子分级标准》制标专家来涪考察。《涪陵大事记》（1949—2009）第 221 页载：（1 月）下旬，参加全国制定、修订《农作物种子分级标准》座谈会的专家、教授来涪实地考察榨菜栽培情况，以制定《榨菜种子分级标准》，填补国家标准中的空白。参见何侍昌《涪陵榨菜文化研究》第 120 页。

《关于调整完善涪陵市榨菜集团公司的决定》

2 月 21 日，涪陵市委、市府做出《关于调整完善涪陵市榨菜集团公司的决定》。

《涪陵地区方便榨菜生产许可证试行办法的通知》批转

2 月 25 日，涪陵地区行署批转《涪陵地区方便榨菜生产许可证试行办法的通知》。

《涪陵大事记》（1949—2009）第 222 页载：（2 月 25 日）涪陵地区行署发出批转《涪陵地区方便榨菜生产许可证试行办法的通知》的通知，从即日起执行。参见何侍昌《涪陵榨菜文化研究》第 120 页。

特大经济案犯周廷惠、朱丹夫妇遭批捕

2 月，特大经济案犯周廷惠、朱丹夫妇遭批捕。《涪陵市志》"附录·1986 至 1993 年大事记"第 1589 页载：（2 月）经市检察院批准，市公安局将贪污挪用公款 36 万元的特大经济案犯周廷惠（市榨菜公司职工）、朱丹夫妇逮捕。《涪陵大事记》（1949—2009）第 222 页载：（2 月 25 日）经涪陵市检察院批准，市公安局依法将挪用公款 36 万元的特大经济案犯周廷惠（市榨菜公司职工）、朱丹夫妇逮捕。

《榨菜之乡》专题片获奖

3 月 24 日，《涪陵日报》报道中央电视台和涪陵电视台联合拍摄的《榨菜之乡》专题片在中视艺委举办的第二届"神州风采优秀节目"评选中获二等奖。《涪陵市志》"附录·1986 至 1993 年大事记"第 1590 页载：3 月 24 日，《涪陵日报》报道，由中央电视台和涪陵电视台联合摄制的电视专题片《榨菜之乡》，最近在中国电视艺术委员会举办的第二届神州风采优秀节目评选活动中荣获二等奖。中国重庆市涪陵区委党史研究室编《重庆市涪陵区改革开放二十年大事记（1978.12—1998.12）》第 213 页载：1991 年，涪陵榨菜公司与中央电视台、涪陵电视台联合摄制的《榨菜之乡》电视专题片在中央电视台二、八频道播出。

百胜镇榨菜同业公会成立

4 月 5 日，涪陵市百胜镇榨菜同业公会成立，首批会员 80 余名，本日召开成立大会。此系涪陵市乡镇建立的第一个榨菜同业组织。该会属民间商业社会组织，主要是统筹、协调该镇榨菜企业间的生产、加工和销售工作。实行自我管理、自我服务、自我协商、自我约束、自我教育机制，积极探索榨菜产销行业管理新途径。《涪陵大事记》（1949—2009）第 224 页载：（4 月）5 日，涪陵市百胜乡榨菜同业公会成立。是年，百胜镇成立榨菜同业协会。

陈俊生视察各水溪榨菜厂并题词

4 月 19 日，国务委员陈俊生来涪视察各水溪榨菜厂，并题词。《涪陵大事记》（1949—2009）第 224 页载：（4 月）19 日，国务委员、国务院三峡工程审查委员会副主任陈俊生率考察组一行 34 人来涪，在涪陵地区领导白在林、唐闻一、宫家和等

陪同下，历时 2 天考察了涪陵市移民试点建设项目各水溪榨菜厂等。

邹家华视察涪陵市榨菜精加工厂

4 月 29 日，邹家华视察涪陵市榨菜精加工厂。《涪陵大事记》（1949—2009）第 225—226 页载：（4 月）29 日，国务院副总理、国家计委主任、国务院三峡工程审查委员会主任邹家华率三峡工程审查委员会考察团一行 40 人来涪考察。考察团听取涪陵行署专员王鸿举等人情况汇报，冒雨视察涪陵市榨菜精加工厂等移民试点工程项目。邹家华对涪陵地区积极进行开发性移民试点工作给予充分肯定和赞赏。

全国榨菜产销座谈会召开

5 月 22—24 日，国家商业部在涪召开全国榨菜产销座谈会，来自全国榨菜产区和主销区的代表 80 余人与会。会议就如何搞好"质量、品种、效益年"活动和制定"八五"发展计划进行了认真讨论。

榨菜加工专利认定

6 月 5 日，涪陵榨菜集团公司申请的小包装方便榨菜包装袋图案获国家专利局授予的专利权。这是中国榨菜包装图案获得的首项专利。该专利到期后，又于 1996 年申办了续展。《涪陵大事记》（1949—2009）第 226 页载：（6 月 5 日）涪陵榨菜公司小包装方便榨菜包装图案获国家专利局授予的专利权，这是中国榨菜包装图案的首项专利。中国重庆市涪陵区委党史研究室编《重庆市涪陵区改革开放二十年大事记（1978.12—1998.12）》第 196 页载：1991 年 6 月 5 日，涪陵榨菜公司小包装方便榨菜包装图案获得国家专利局授予的专利权，这是中国榨菜包装图案获得的首项专利。《重庆市涪陵区大事记》（1986—2004）第 83 页载："同日（指 6 月 5 日），涪陵榨菜公司小包装方便榨菜包装袋图案获得国家专利局授予的专利权，这是中国榨菜包装图案的首项专利。"

中国首届饮食文化国际研讨会召开

6 月 24 日，被中国食品工业协会列为中国名特食品之一的乌江牌榨菜样品及技术资料送往北京参加中国首届饮食文化国际研讨会。《涪陵市志》"附录·1986 至 1993 年大事记"第 1591 页载：（6 月）24 日，被中国食品工业协会列为中国名特食品之一的乌江牌榨菜样品及技术资料送往北京参加首届中国饮食文化国际研讨会。《涪陵大事记》（1949—2009）第 226 页载：（6 月）24 日，乌江牌榨菜样品及技术资料送往北京参加首届中国饮食文化国际研讨会。此前，乌江牌榨菜已被中国食品工业协会列为中国名特食品。《重庆市涪陵区大事记》（1986—2004）第 83 页载："乌江牌榨菜样品及技术资料送

首届中国饮食文化国际研讨会 （6月）24日，被中国食品工业协会列为中国名特食品之一的乌江牌榨菜样品及技术资料送往北京参加首届中国饮食文化国际研讨会。"

乌江牌榨菜在中国名特食品展览会展出

7月中旬，乌江牌榨菜和资料参加在北京举办的中国名特食品展览会展出。该展品系中国食品工业协会指名列为"首届中国饮食文化国际研讨会"会期参展的中国名特食品之一。

涪陵榨菜（集团）有限公司召开股东大会

9月5日，涪陵榨菜（集团）有限公司召开股东大会，宣布实行新的经营机制，实行董事会领导下的总经理负责制。

《四川日报》刊载周国庆报道

9月17日，《四川日报》第3版刊载周国庆《归去兮，四川榨菜》的报道。

王光英、关世雄视察各水溪榨菜厂并题词

10月23日，全国政协副主席王光英、关世雄来涪陵视察各水溪榨菜厂，并题词。《涪陵大事记》（1949—2009）第229页载：（10月）23日，全国政协副主席王光英率全国政协三峡视察团一行60人来涪，当天视察榨菜精加工厂等移民试点项目。中国重庆市涪陵区委党史研究室编《重庆市涪陵区改革开放二十年大事记（1978.12—1998.12）》第206页载：1991年10月23日，全国政协副主席王光英率政协三峡工程视察团一行60余人来涪陵，视察了涪陵市榨菜精加工厂等移民工程试点项目。

涪陵榨菜产品获奖

10月，涪陵市马武榨菜厂生产的涪州牌方便榨菜获四川省质协优秀奖（奖状）。是年，涪陵榨菜（集团）有限公司乌江牌榨菜获全国部分食品质量监评"金杯"奖。

陈慕华视察沙溪沟榨菜厂

11月15日，全国人大常委会副委员长陈慕华视察沙溪沟榨菜厂。《涪陵大事记》（1949—2009）第230页载：（11月）14日，全国人大常委会副委员长陈慕华率全国人大三峡工程考察团一行69人，视察涪陵城三峡淹没淹没水位线移民开发建设项目，对榨菜精加工厂提出了改进生产工艺的意见。参见《涪陵年鉴（2001）》第11页《党

和国家领导人视察涪陵工作概况（1980 年 1 月—2000 年 12 月）》。

乔石视察涪陵榨菜生产

11 月 17—18 日，全国人大委员会委员长乔石视察涪陵榨菜生产，先后视察了各水溪榨菜加工厂和沙溪沟榨菜厂。参见《涪陵年鉴（2001）》第 10 页《党和国家领导人视察涪陵工作概况（1980 年 1 月—2000 年 12 月）》。

日本桃屋株式会社捐资

11 月，日本桃屋株式会社为涪陵长期对其供应榨菜而捐赠 40 万元人民币，用于修建涪陵望州公园科技馆和儿童乐园。馆、园工程于次年 5 月底竣工。并于 1992 年 6 月 1 日落成典礼时派人来祝贺并参加剪彩。

坛装榨菜外运实行编码制度

12 月 12 日，涪陵市标准计量局对坛装榨菜外运实行编码制度。

榨菜科研论文发表

是年，李新予、余家兰、王彬、蔡岳松在《云南农业大学学报》第 3 期发表《四川"榨菜"病毒病原种群分析》一文。

蔡岳松、李新予、王彬、余家兰在《西南农业学报》第 4 期发表《四川榨菜病毒病的毒原种群及其分布》一文。

李新予、王彬在《四川农业科技》第 4 期发表《榨菜病毒病的大面积综合防治》一文。何侍昌《涪陵榨菜文化研究·涪陵榨菜科研论文成果统计表（部分）》未有收录。

涪陵地区农科所唐地元、陈材林、余燕三在《食品科学》第 9 期发表《无防腐剂方便榨菜——微波杀菌保鲜工艺研究报告》一文。

何裕文起草《榨菜加工企业生产经营管理制度》

是年，何裕文起草《榨菜加工企业生产经营管理制度》，涪陵地区食品工业办公室批发及至全地区有关企业执行。

榨菜科学研究

是年，涪陵地区农科所应用微波对榨菜进行杀菌，试验成功。因包装袋成本、生产成本等问题，未能推广应用。

榨菜原料良种培育

1992—2000 年，涪陵农科所在全国率先育成茎瘤芥杂交新品种"涪杂 1 号"，2000 年通过重庆市农作物鉴定委员会审定并命名。

榨菜科研成果获奖

是年，涪陵农科所陈材林、艾邦杰、余燕三、周光凡、唐地元完成的"榨菜优质丰产及加工新技术开发"，荣获四川省人民政府星火科技成果二等奖。

涪陵地区植保站、丰都植保站完成的"榨菜病毒大面积综合防治示范"，荣获四川省农牧厅科技进步二等奖。

榨菜生产与加工

是年，青菜头种植面积 133765 亩，青菜头产量 192594 吨，加工总数 63040 吨，小包装榨菜 24003 吨。

1992 年

《关于坚决取缔生产经营伪劣榨菜的通告》颁布

1 月 10 日，涪陵市人民政府颁布《关于坚决取缔生产经营伪劣榨菜的通告》（涪府告 1 号）。严禁伪劣榨菜的生产和出境，确保榨菜质量。对维护榨菜声誉，打击和制止伪劣产品生产、出境起到一定作用。印发 2000 份在各乡镇、港口、码头、生产企业张贴。其后，1996 年、1997 年再次发布《关于坚决取缔生产经营伪劣榨菜的通告》。参见《涪陵市榨菜志（续志）（讨论稿）》第 105—108 页。

鲜青菜头运销北京

1 月 13 日，由涪陵地区蔬菜公司组织收购并委托重庆蔬菜公司经销和代办运输的 7.8 万公斤鲜青菜头运销北京。这是涪陵鲜青菜头首次运销北方。《涪陵大事记》（1949—2009）第 232 页载：（1 月）13 日，由涪陵地区蔬菜公司组织收购并委托重庆蔬菜公司经销和代办运输的 7.8 万公斤鲜青菜头运销北京，为涪陵鲜青菜头首次运销北方蔬菜市场。

"申陵牌榨菜"获准注册

3 月 30 日，涪陵市水果榨菜食品厂的"申陵牌榨菜"获中华人民共和国国家工商行政管理局商标局批准注册。注册号为 588274。

"涪永牌榨菜" 获准注册

3 月 30 日，涪陵市永义榨菜厂的"涪永牌榨菜"获中华人民共和国国家工商行政管理局商标局批准注册。注册号为 588731。

川马榨菜厂兴办

3 月，涪陵市马武榨菜厂在江西省南昌市兴办川马榨菜厂。

鉴鱼牌广味方便榨菜获四川省乡企局科技三等奖

3 月，涪陵市利民食品厂生产的鉴鱼牌广味方便榨菜获四川省乡企局科技三等奖（奖状）。

张家恕、杨爱平创作《神奇的竹耳环》剧本

4 月，张家恕、杨爱平创作了《神奇的竹耳环》剧本，这是有关涪陵榨菜的第一个剧本。该剧描写为抢夺涪陵榨菜加工秘方而发生的悲壮、曲折、缠绵而寓意深刻的故事。该剧本文本参见《涪陵榨菜之文化记忆》。

电视剧《乌江潮》摄制

4 月，涪陵市（县级）邀请四川电视台、西安电影制片厂联合摄制以涪陵榨菜为主题的 3 集电视剧《乌江潮》（原名《榨菜魂》），该剧描写为抢夺涪陵榨菜加工秘方而发生的悲壮、曲折、缠绵而寓意深刻的故事，在四川电视台播出。中国重庆市涪陵区委党史研究室编《重庆市涪陵区改革开放二十年大事记（1978.12—1998.12）》第 244 页载：1992 年，涪陵榨菜公司、西安电影制片厂、四川省引进经济技术中心社和涪陵市人民政府联合拍摄的 3 集电视连续剧《乌江潮》（原名《榨菜魂》）在四川电视台和涪陵电视台播出。

涪丰 14 号通过鉴定

4 月，涪陵地区农科所 1981 年开始在世忠乡邓家村传统青菜头地方品种"柿饼菜"的大田种植地中发现和选择 261 个自然变异植株，经过筛选、试验、示范，历时 8 年，于是年经省级品种审定委审定定名涪丰 14 号。该品种植株高 55—60 厘米，开展度 65—70 厘米；营养生长期 160—165 天，中晚熟，适应性强，丰产性好，一般亩产 2000—2200 公斤，最高可达 3000 公斤以上，各项品种指标优于草腰子。是年

起开始在四川、重庆及长江流域菜区大面积推广应用。

涪陵榨菜厂出口软包装榨菜技改工程通过验收

5月，耗资235万元，经过近5年建设的涪陵榨菜厂出口软包装榨菜技改工程（年产软包装榨菜2000吨）通过验收。该厂系当时全国唯一定点生产出口软包装榨菜的专业厂家。《涪陵市志》第1595页《附录·1986至1993年大事记》云：（1992年5月）耗资235万元、经近5年建设的涪陵榨菜厂出口软包装榨菜技改工程（年产软包装榨菜2000吨）通过验收。该厂系目前全国唯一定点生产出口软包装榨菜的专业厂家。《涪陵大事记》（1949—2009）第238页载：（5月）16日，涪陵榨菜厂出口软包装榨菜技改工程通过验收。该工程历近5年建设，耗资235万元，年产软包装榨菜2000吨；该厂系目前全国唯一定点生产出口软包装榨菜的专业厂家。《重庆市涪陵区大事记》（1986—2004）第97页载："涪陵榨菜厂出口软包装榨菜技改工程通过验收 （5月）16日，耗资235万元，经近5年建设的涪陵榨菜厂出口软包装榨菜技改工程（年产软包装榨菜2000吨）通过验收。该厂系目前全国唯一定点生产出口软包装榨菜的专业厂。"

日本桃屋株式会社捐资

6月1日，日本桃屋株式会社派代表来涪陵为1991年捐赠40万元修建的儿童乐园参加落成典礼剪彩。

"江碛牌榨菜"获准注册

8月10日，涪陵市珍溪望江榨菜厂的"江碛牌榨菜"获中华人民共和国国家工商行政管理局商标局批准注册。注册号为605540。

鉴鱼牌方便榨菜获四川省人民政府三等奖

9月2日，涪陵市利民食品厂生产的鉴鱼牌方便榨菜获四川省人民政府三等奖（奖牌）。

川陵牌方便榨菜获首届巴蜀食品节质量奖

9月17日，涪陵市百胜综合食品厂生产的川陵牌方便榨菜获首届巴蜀食品节质量奖（奖牌、证书）。

乌江牌榨菜获首届巴蜀食品节多奖

9月，乌江牌榨菜获首届巴蜀食品节五个金奖，两个银奖，一个优秀奖。另涪陵市肉联厂选送的7种产品获6个金奖和1个银奖，涪陵市啤酒厂选送的两种产品分别获得银奖和优秀奖。《涪陵市志》"附录·1986至1993年大事记"第1597页载：本月，在首届巴蜀食品节上，涪陵榨菜（集团）有限公司选送的5种成品均获金奖，市肉联厂选送的7种产品获6个金奖和1个银奖，市啤酒厂选送的两种产品分别获得银奖和优秀奖。《涪陵大事记》（1949—2009）第243页载：本月（9月），在首届巴蜀食品节上，涪陵榨菜（集团）有限公司选送的5种成品均获金奖，市肉联厂选送的7种产品获6个金奖和1个银奖，市啤酒厂选送的两种产品分别获得银奖和优秀奖。《重庆市涪陵区大事记》（1986—2004）第102页载："是月，在首届巴蜀食品节上，涪陵榨菜（集团）有限公司选送的5种产品均获金奖，市肉联厂选送的7种产品获6个金奖和一个银奖，市啤酒厂选送的两种产品分别获银奖和优秀奖。"

涪州牌方便榨菜获四川省人民政府金奖

9月，涪陵市农副产品公司生产的涪州牌方便榨菜获四川省人民政府金奖（证书）。

涪陵市榨菜办迁移办公地址

11月，涪陵市委决定：涪陵市榨菜办迁乌江大厦8楼办公。同月，按涪陵市委决定涪陵市榨菜研究会随市榨菜办迁乌江大厦8楼办公，挂靠涪陵榨菜（集团）有限公司。

李鹏视察各水溪榨菜厂并题词

11月13日，国务院总理李鹏来涪陵视察各水溪榨菜厂，并题词。《涪陵大事记》（1949—2009）第244页载：（11月）13日，国务院总理李鹏一行来涪陵视察涪陵四环路、乌江大桥、三环路和各水溪榨菜厂。李鹏总理为菜厂题词："加快建设步伐，振兴涪陵经济。"

四川电视台播出电视剧《乌江潮》

11月15日21时，首部以反映涪陵榨菜业历史为主线的3集电视连续剧《乌江潮》（原名榨菜魂）在四川电视台播出。该片由西安电影制片厂、四川省引进经济技术中心社和涪陵市人民政府联合拍摄。《涪陵大事记》（1949—2009）第244页载：（11月）15日21时，首部以反映涪陵榨菜业历史为主线的3集电视连续剧《乌江潮》（原

名《榨菜魂》）在四川电视台播出。该片由西安电影制片厂、四川省引进经济技术中心社和涪陵市人民政府联合拍摄。《重庆市涪陵区大事记》（1986—2004）第106页载："《乌江游》在四川电视台和涪陵电视台播出。是年，涪陵榨菜公司与西安电影制片厂、四川省引进经济技术中心社和涪陵市人民政府联合拍摄的3集电视剧《乌江游》，在四川电视台和涪陵电视台播出。"按：《乌江游》，误。当为《乌江潮》。何侍昌《涪陵榨菜文化研究》置于10月。

四川省首届著名商标评选揭晓

11月21日，《涪陵日报》报道，四川省首届著名商标评选最近揭晓，涪陵市榨菜集团公司的"乌江牌"获著名商标称号，系涪陵地区唯一获得者。《涪陵大事记》（1949—2009）第246页：（1992年）涪陵榨菜公司生产的"乌江牌"榨菜获四川省著名商标称号。《重庆市涪陵区大事记》（1986—2004）第106页载："是年，涪陵榨菜公司产品商标'乌江牌'获四川省著名商标称号。"中国重庆市涪陵区委党史研究室编《重庆市涪陵区改革开放二十年大事记（1978.12—1998.12）》第244页载：1992年，涪陵榨菜公司生产的"乌江牌"榨菜荣获"四川省著名商标"称号。

四川涪陵佳福食品有限公司成立

12月14日，四川涪陵佳福食品有限公司成立，公司地点在涪陵市建设路72号，占地面积2472平方米，建筑面积3298平方米，公司注册资金850万元，主要生产经营云峰牌坛装榨菜和方便榨菜。这是首家涪陵榨菜的中外合资企业。参见何侍昌《涪陵榨菜文化研究》第151页。

榨菜香辣酱获国家专利

12月23日，《涪陵日报》报道，涪陵地区科委科研人员刘晓峰研制的榨菜香辣酱最近获国家专利。该产品以榨菜精加工而产生的副产品制成酱类佐餐调味品，具有味鲜、香辣、滋味绵醇的特点。该产品已转让给市粮油工业公司生产。

涪州牌方便榨菜获四川省人民政府金奖

是年，涪陵市酒店榨菜厂生产的涪州牌方便榨菜获四川省人民政府金奖（金杯）。

乌江牌榨菜获"年年香"金奖

是年，涪陵榨菜（集团）有限公司乌江牌榨菜获全国部分市场食品质量监评"年年香"金奖。

乌江牌榨菜获四川省首届消费者最喜爱商品称号

是年，乌江牌榨菜获四川省首届消费者最喜爱商品称号。

乌江牌榨菜获意大利波伦比亚国际博览会金奖

是年，涪陵榨菜（集团）有限公司乌江牌榨菜获得意大利波伦比亚国际博览会
金奖。

乌江牌榨菜获马来西亚吉隆坡亚洲食品技术展金奖

是年，乌江牌榨菜获马来西亚吉隆坡亚洲食品技术展金奖（荣誉证书）。

涪州牌榨菜荣获四川省人民政府金奖

是年，涪陵酒店榨菜厂生产的涪州牌榨菜荣获四川省人民政府金奖。

涪陵市榨菜产量首次突破 10 万吨

是年，涪陵市榨菜产量首次突破 10 万吨。《涪陵市志》第 1598 页《附录·1986
至 1993 年大事记》云：（1992 年）全市榨菜成品产量达 10.4 万吨，比上年增产
53.1%，创历史最好水平。销售收入 1.5 亿元，增 57.7%。《涪陵大事记》（1949—2009）
第 246 页载：（1992 年）据统计，涪陵市榨菜产量首次突破 10 万吨，达 11.46 万吨。《重
庆市涪陵区大事记》（1986—2004）第 106 页载："是年，全市榨菜成品产量达 11.46
万吨，比上年增产 53.1%，创历史最好水平；销售收入 1.5 亿元，增 57.7%。"

《榨菜》作为涪陵市初中劳动教材应用

是年，何裕文编写的《榨菜》作为涪陵市初中劳动教材应用。

榨菜科研论文发表

是年，涪陵地区农科所与重庆市农科所合作研究在《西南农业学报》第 3 期发
表《中国芥菜起源探讨》一文，明确中国是芥菜原生起源中心或起源中心之一，中
国西北地区是中国芥菜起源地。1500 年前芥菜由中原地区传入四川盆地后逐渐演化
发展，18 世纪中叶前在川东长江流域分化形成茎瘤芥。

季显权、刘泽君、林合清在《土址农化通报》第 7 卷第 3 期发表《茎瘤芥优质
丰产施肥原理及应用技术研究》一文。

李新予、王彬、余家兰在《植物保护》第 2 期发表《芥菜品种资源对芜菁花叶

病毒抗病性鉴定研究》一文。

蔡岳松、李新予、王彬、余家兰在《四川农业大学学报》第 1 期发表《四川主要芥菜病毒种群分析》一文。

李新予、蔡岳松在《植物病理学报》第 3 期发表《四川"榨菜"花叶病毒鉴定及不同季节和地点发生情况调查》一文。

李新予、蔡岳松、王彬、余家兰在《中国病毒学》第 3 期发表《酶联免疫吸附法（ELISA）检测四川榨菜病毒种类》一文。

季显权的《茎瘤芥目标产量施肥程序设计》收入《全国计算机应用技术学术交流会论文集》。

榨菜科研研究报告完成

是年，涪陵地区农科所完成"涪陵榨菜优质生产及加工新技术开发"。涪陵农科所陈材林、胡代文、周光凡、殷莉完成的"榨菜新品种'涪丰'14 选育"经过四川省品会审定。

《四川蔬菜品种志》出版

是年，陈材林参加编著《四川蔬菜品种志》（芥菜）一书，四川省科技技术出版社出版。

榨菜科研成果获奖

是年，唐地元、陈材林、余燕三、廖克礼、秦华完成的"方便榨菜应用微波杀菌保鲜技术研究"被涪陵地区行署授予科技进步三等奖。

陈材林、艾邦杰、余燕三、周光凡、唐地元、廖克礼、万勇、范永红、彭中平完成的"涪陵榨菜优质丰产及加工新技术开发"被四川省人民政府授予星火科技二等奖。

李新予、余家兰、王彬完成的"四川'榨菜'病毒病原种群及其分布研究"被涪陵地区行署授予科技进步一等奖。1995 年被四川省人民政府授予科技进步三等奖。

陈材林完成的"四川蔬菜品种志"被四川省人民政府授予科技进步三等奖。

周光凡、范永红完成的"蔬菜种子资源的搜集、研究和利用"被农业部授予科技进步二等奖。1993 年被国家授予科技进步二等奖。

榨菜外销良好

是年，榨菜（集团）有限公司研制成功 500 克、1000 克袋装销售台湾、香港。

涪陵地区外贸分司研究成功 10 公斤袋装整形榨菜，出口日本，受到欢迎。

榨菜科研课题发布

是年，李新予主持涪陵地区科委课题"《四川省茎瘤芥病毒病》编写"，起止年限为 1992—1994 年。

季显权主持涪陵地区科委课题"茎瘤芥不同熟性品种营养特性及施肥技术研究"，起止年限为 1992—1995 年。

陈材林主持涪陵地区科委课题"榨菜（茎瘤芥）杂种优势利用研究"，起止年限为 1992—1996 年。

榨菜生产与加工

是年，青菜头种植面积 152156 亩，青菜头产量 222846 吨，加工总数 92982 吨，小包装榨菜 31856 吨。

陵江食品厂创办

是年，百胜红花民政榨菜厂挂靠民政局，民政局利用原敬老院菜地，创办陵江食品厂。其后，百胜精粉加工厂、鸿兴食品厂、世忠食品厂、焦石福利加工厂、桂花食品厂、民政工业公司食品厂、东方菜厂（后更名涪都榨菜厂）加入民政福利企业。参见《涪陵市榨菜志（续志）（讨论稿）》第 82 页。

重庆国光绿色食品有限公司成立

重庆国光绿色食品有限公司，始建于 1992 年，系太极集团子公司，是一家以榨菜系列食品生产、科研、开发为主，融入财物、产供销于一体，具有较大生产规模和先进设备的现代化新型农副产品加工企业，其前身为"涪陵国光榨菜罐头食品厂"。公司坐落在涪陵城东美丽的乌江之滨，交通便利，厂区占地面积 50 亩，厂区内树林成列，绿草如茵，绿化面积占厂区的 41%，环境优美，是一座典型的花园式食品加工厂。公司现有员工 500 人，大专以上学历 116 人，各类专业技术人员 229 人。企业总资产 3000 万元，年生产能力达 1 万吨。公司生产的"巴都"牌系列榨菜从原料到加工，严格按照国家 GH／T1012–1998 方便榨菜标准和国家绿色食品标准，精选涪陵优质茎瘤芥（青菜头）为原料，秉承传统的"风脱水"加工工艺，糅合现代食品生产技术组织生产，产品采用真空包装，高温杀菌，全部无化学防腐剂。其主导产品有：太极软包装袋装榨菜、太极玻璃瓶装极品榨菜、太极彩色易拉罐榨菜、太极瓶装榨菜牛肉酱等。产品有美味、鲜香、五香、麻辣、甜酸等多种味型。"巴都"牌系

列榨菜，不仅富含多种氨基酸，而且加有中药成分，具有开胃健脾、补气添精、增食助神之作用，深受广大消费者喜爱，是馈赠亲友之佳品。目前，产品畅销全国各地，并打入香港市场和东南亚等国际市场。2002年，公司生产、销售榨菜产品1200吨，实现销售收入1140万元，实现利税280万元。公司遵循"忠诚、团结、努力、责任"的企业理念，强化管理，务求质量，不断开发新产品，增加产品科技含量及附加值。1995年，公司产品获国家商检出口认证。1998年，首家获国家"绿色食品"使用证书。2000年12月，首批获准使用"涪陵榨菜"证明商标。"巴都"牌榨菜先后获"首届重庆食品博览会金奖"、"重庆市用户满意产品"和"名牌农产品"、第三届中国特产文化节"名特产品金奖"。公司是全区榨菜行业从1999—2005年唯一获得涪陵区卫生系统颁发的"双信"（生产环境信得过、食品质量信得过）称号的企业，曾迎来江泽民总书记等党和国家领导人的多次亲临视察。

榨菜集团实现三级计量达标

是年，涪陵市榨菜集团有限公司实现三级计量达标，产品得到消费者好评，获得多项国内外产品质量奖。

《涪陵榨菜优质生产及加工新技术开发》完成

是年，涪陵地区农科所完成的《涪陵榨菜优质生产及加工新技术开发》。

1993 年

涪陵市榨菜产销工作实行目标管理办法

1月4日，涪陵市榨菜办对全市榨菜产销工作实行目标管理办法，并发出通知。

"渝陵牌榨菜"获准注册

1月10日，涪陵地区金星食品加工厂的"渝陵牌榨菜"获中华人民共和国国家工商行政管理局商标局批准注册。注册号为624959。

乌江牌榨菜获全国首届科技人才技术交流洽谈会指定科技金窗奖

3月18日，四川涪陵榨菜（集团）有限公司参加中国科协、国家科委、中国科学院、国防科工委、北京市人民政府联合主办的全国首届科技人才技术交流洽谈会，公司生产的乌江牌榨菜定为本次活动指定科技金窗奖。

榨菜新产品开发

3月，涪陵榨菜（集团）有限公司、涪陵地区科委共同研究成功脱水榨菜设备，脱水保鲜榨菜、榨菜干、榨菜松、榨菜汤料等，并获得专利。该设备可用于生产保鲜榨菜、榨菜干、榨菜松、榨菜汤料等。《涪陵大事记（1949—2009）》第250页载：（3月18日），涪陵榨菜（集团）有限公司与涪陵地区科委联合研制的榨菜脱水设备取得成功，试制的保鲜榨菜等获得专利。《重庆市涪陵区大事记（1986—2004）》第112页载："（3月）18日，涪陵榨菜公司与涪陵地区科委联合研制的榨菜脱水设备取得成功，试制的保鲜榨菜等获得专利。"

1993年榨菜目标管理考评结果公布

6月5日，涪陵市榨菜办公布1993年榨菜目标管理考评结果：综合奖5个单位，产量质量奖15个单位，产品销售奖5个单位，资金组织奖5个单位。有67个方便榨菜厂参加评比。

川陵牌榨菜获奖

6月，涪陵市百胜综合食品厂生产的川陵牌方便榨菜获四川省卫生防疫站质量奖（奖牌）。

乌江牌榨菜获奖

6月，涪陵榨菜（集团）有限公司乌江牌榨菜获四川省卫生防疫站、四川省食品卫生监督检查所"食品卫生质量信得过产品"称号。

鉴鱼牌榨菜获奖

6月，涪陵市利民食品厂生产的鉴鱼牌方便榨菜获四川省卫生防疫站、四川省食品监督站质量信得过荣誉称号（证书）。

"发展涪陵榨菜研讨会"召开

8月24日，涪陵市政府召开"发展涪陵榨菜研讨会"，到会专家、学者和榨菜主管、经营部门80多人，其中专家、学者50余人，会议收到论文30余篇。与会者对当前榨菜业存在的问题和今后发展方向各自发表见解，提出不少意见和建议。《涪陵市志》第1602页"附录·1986至1993年大事记"载：（8月）市政府召开"发展涪陵榨菜研讨会"，省、地、市大专院校、科研单位及有关部门50余名专家出席，会

议收到论文 30 余篇。中国重庆市涪陵区委党史研究室编《重庆市涪陵区改革开放二十年大事记（1978.12—1998.12）》第 262 页载：1993 年 8 月 24—25 日，涪陵市召开发展涪陵榨菜研讨会。会上，来自四川省地、市大专院校、科研单位及部门领导共 50 多名专家、学者，献计献策，共商发展涪陵榨菜的大计，提出了许多宝贵的意见和建议。《重庆市涪陵区大事记（1986—2004）》第 117—118 页载："（8 月）24 日，市政府召开'发展涪陵榨菜研讨会'，省、地、市大专院校、科研单位及有关部门 50 余名专家出席，会议收到论文 30 余篇。"

乌江牌榨菜获奖

9 月 16 日，涪陵榨菜（集团）有限公司乌江牌榨菜获四川旅游商品"熊猫"金奖。

乌江牌榨菜获奖

9 月 24 日，《涪陵日报》报道，涪陵榨菜（集团）有限公司生产的乌江牌低盐方便榨菜，在广州举行的"1993 全国食品加工技术交易会暨食品博览会"上获得金杯奖。《涪陵市志》第 1602 页"附录·1986 至 1993 年大事记"载：（9 月）24 日，《涪陵日报》报道，市榨菜集团公司生产的乌江牌低盐方便榨菜，最近在广州举行的"1993 全国食品加工技术交易会暨食品博览会"上获金杯奖。《涪陵大事记（1949—2009）》第 257 页载：本月（9 月）24 日，涪陵榨菜集团公司生产的乌江牌低盐方便榨菜，在广州 1993 全国食品加工技术交易会暨食品博览会上获金杯奖。《重庆市涪陵区大事记（1986—2004）》第 118 页载："（9 月）24 日，《涪陵日报》报道，市榨菜集团公司生产的乌江牌低盐方便榨菜，最近在广州举行的'1993 全国食品加工技术交易会暨食品博览会'上获金杯奖。"

乌江牌榨菜获首届新加坡国际名优产品博览会金奖

9 月 26 日，四川涪陵榨菜（集团）有限公司生产的乌江牌榨菜参加首届新加坡国际名优产品博览会，被授予金奖。

"女君牌榨菜"获准注册

10 月 21 日，涪陵地区经济协作公司的"女君牌榨菜"获中华人民共和国国家工商行政管理局商标局批准注册。注册号为 662126。

鉴鱼牌榨菜获 93（香港）国际食品博览会金奖

12 月 5 日，涪陵市利民食品厂生产的鉴鱼牌广味方便榨菜获 93（香港）国际食品博览会金奖。此系四川省乡镇企业榨菜行业首次获得此项奖牌。

中央电视台采访涪陵

12月5日，中央电视台采访涪陵。《涪陵大事记（1949—2009）》第259页载：（12月）5日，中央电视台记者吕大庆、国务院移民开发局刘海清等一行6人来涪对涪陵城淹没水位线，三环路、二水厂等城市基础设施建设，（涪陵）市榨菜精加工厂、珍溪镇移民果园等移民项目进行实地采访、摄像，以如实宣传三峡工程。

涪陵小包装方便榨菜生产企业增加

涪陵市全年新增小包装方便榨菜生产企业69家，新增生产能力6万吨．至此，全市方便榨菜生产企业已达116家，总生产能力13万吨，已能基本满足全市小包装加工需要。

涪陵榨菜企业获殊荣

是年，百胜镇精制榨菜厂获评一级企业。《涪陵大事记（1949—2009）》第260页载：（1993年）涪陵市百胜镇精制榨菜厂被国家农业部、四川省乡镇企业局评为一级企业。《重庆市涪陵区大事记（1986—2004）》第121—122页载："是月（12月），涪陵市百胜镇精制榨菜厂被国家农业部、四川省乡镇企业局评为一级企业。"

榨菜科学研究

是年，涪陵榨菜（集团）有限公司、成都科技大学为解决出口榨菜的卫生质量问题，决定研究榨菜自动计量、装袋、抽空、热合联动设备。经两年努力，该项目已能自动计量、装袋、抽空、热合，但精密度和生产率未达到要求，加之榨菜（集团）有限公司领导班子变换，1996年该项目搁浅。

榨菜（集团）有限公司进行榨菜叶试制饮料研究，未获成功。

榨菜（集团）有限公司在涪陵地区科委支持和配合下，开展脱水榨菜设备、脱水保鲜榨菜、榨菜干、菜松、榨菜汤料研究，并取得成功，5项成果均获国家专利。但未投产。

榨菜科研论文发表

是年，蔡健鹰在《四川农业科技》第4期发表《涪陵榨菜主要品种及其栽培要点》一文。

余贤强在《中国蔬菜》第3期发表《涪陵地区茎用芥菜选育概述》一文。

周光凡、范永红、陈材林在《西南农业学报》第 3 期发表《芥菜的种内进化及进化机制探讨》一文。

榨菜产业发展列入世界扶贫模式纪实案例资助项目

是年，联合国计划开发署将榨菜产业发展列入世界扶贫模式纪实案例资助项目。

榨菜生产与加工

是年，青菜头种植面积 254805 亩，青菜头产量 330964 吨，加工总数 149839 吨，出口 4500 吨，小包装榨菜 62000 吨，坛装榨菜 45424 吨，总利润 736 万元。

榨菜卫生评奖

《涪陵市榨菜志（续志）（讨论稿）》第 80 页载：1993 年，区卫生局防疫站组织了涪陵榨菜（集团）有限公司乌江牌榨菜、市农副产品工业公司涪州牌榨菜、市榨菜精加工厂水溪牌榨菜、市川陵食品有限责任公司川陵牌榨菜、市利民食品厂鉴鱼牌榨菜、市大石鼓榨菜厂川东牌榨菜、市金银榨菜厂精制榨菜酱油共 7 个单位 7 个产品参加了"四川省首届食品卫生质量信得过产品"评选活动，经省级专家评审委员会评定，都获得荣誉证书和奖牌，在《四川日报》和《涪陵日报》分别登报公布。

正式收取榨菜服务费

是年，经物价局批准，开始正式收取榨菜服务费。每吨收取 2.4 元，其中 30%交涪陵市榨菜管理办公室，用作活动费、会议费、奖金发放；50% 留乡自用，20%交区上开支。参见《涪陵市榨菜志（续志）（讨论稿）》第 84 页。

榨菜企业必须具备三证一照

是年起，榨菜生产企业必须具备三证一照（营业执照、卫生许可证、生产许可证、税务登记证），方可生产经营榨菜。参见《涪陵市榨菜志（续志）（讨论稿）》第 84 页。

重庆市涪陵区紫竹食品有限公司成立

是年，重庆市涪陵区紫竹食品有限公司成立，位于涪陵榨菜之腹心区——百胜镇，是一家专业研发、生产、销售涪积、涪积、大地通等系列榨菜、酱菜、泡菜的现代化食品工业企业。企业占地 30 亩，建筑面积 15000 平方米，注册资金 500 万元，总资产 4435 万元，职工人数 160 人（其中管理人员 18 人，科研技术人员 12 人），年生产能力 25000 吨，2015 年产值 1.32 亿元，利税 1103 万元，企业旗下有 1 个食品工业园区、1个直属生产厂、1个市级企业技术中心、1个专卖店，在全国建立了20多个销售办事处，产品销往国内20多个省、市、自治区。企业先后荣获重庆市中小企业局"农产品加工示范企业"、重庆农业产业化"市级龙头企业"、国家农业部"全国农产品加工示范企业"、重庆市农业综合开发"重点龙头企业"、认定为"市级企业技术中心"、涪陵区农业产业化"十强龙头企业"、涪陵区"守合同重信用单位"等荣誉。"涪枳""大地通"牌获重庆市著名商标。公司的发展离不开各级政府、社会的支持，公司也努力回报社会，除给当地居民提供大量就业机会外，公司每年都会不同程度地为百胜镇贫困学生、敬老院、贫困村、扶贫办等捐资。公司将秉承"科技至上、质量至尊、信誉至诚"的经营理念，以"志强不息、奋力拼搏"的工作作风，运用传统风脱水和先进科学的食品加工工艺加快企业持续健康发展，为推动涪陵区农业产业化和城乡协调发展不懈努力。

重庆市涪陵区紫竹食品有限公司成立

重庆市涪陵区紫竹食品有限公司始建于1993年，专门从事涪陵榨菜产品的生产、加工和销售。公司位于百胜镇，占地12000平方米。现拥有固定资产1688万元，总资产3338万元，年销售收入超过1亿元。公司拥有干部职工250人，其中有专业技术职称23人，大专以上学历32人。公司主要生产涪枳牌、涪积牌、大地通牌系列涪陵榨菜，自生产以来从未发生过任何质量事故，各级各地质检部门检验均为合格产品。公司2007年被评为重庆市涪陵区农业产业化重点龙头企业、2009年被评为重庆市农业产业化市级龙头企业。公司已通过ISO9001：2008国际质量管理体系认证。先后获四川省"3·15"诚信维权消费者"金口碑"称号、中国产品推广评价中心"全国消费者信得过产品"称号、中国质量网"全国质量诚信示范企业"称号。2009年，涪枳牌商标获"重庆市著名商标"，2010年，中国农业部授予公司"全国农产品加工业示范企业"，2012年，大地通牌商标获"重庆市著名商标"。

涪陵坛装盐脱水榨菜比例提升

是年，涪陵的坛装盐脱水榨菜已占到总量的40%。按：1985年首次出现盐脱水工艺榨菜。

榨菜销售收益

是年，全市榨菜销售收入14981万元，实现利润739.6万元，入库税金707.2万元。

1994 年

四川省首批旅游食品定点

1月10日,《涪陵大事记（1949—2009）》第262页载:（1月10日）接四川省旅游局通知,涪陵榨菜集团公司为第一批"四川省旅游食品定点生产企业",定点商品名称为"乌江牌低盐榨菜"。2月15日,《涪陵日报》报道,最近涪陵榨菜（集团）有限公司被四川省旅游局定为第一批"四川省旅游产品定点生产企业"。定点产品为乌江牌低盐方便榨菜。

《涪陵市榨菜管理暂行规定》印发

2月3日,涪陵市人民政府关于印发《涪陵市榨菜管理暂行规定》的通知。参见何侍昌《涪陵榨菜文化研究》第116页。

《政务通报》刊文谈榨菜

2月5日,涪陵地区行署办公室以《政务通报》第十三期刊登中共涪陵地委书记王鸿举2月4日关于"加强榨菜行业管理,确保质量,恢复商誉,务必于1994年力挽颓势"的批示,并全文印发涪陵地区农科所季显权、刘泽君撰写的《涪陵榨菜的潜在危机及对策探讨》6000字论文。

涪陵榨菜（集团）有限公司被定为"省级旅游产品定点生产企业"

2月15日,涪陵榨菜（集团）有限公司被定为"省级旅游产品定点生产企业"。《重庆市涪陵区大事记（1986—2004）》第127页载:"（2月）15日,《涪陵日报》报道,涪陵市榨菜（集团）公司被四川省旅游局定为第一批'四川省旅游产品定点生产企业',其产品乌江牌低盐榨菜被列为省级旅游产品。"

《关于整顿榨菜生产秩序,加强行业管理的通知》发布

2月19日,涪陵地区行署发布《关于整顿榨菜生产秩序,加强行业管理的通知》。参见何侍昌《涪陵榨菜文化研究》第116页。

何裕文获殊荣

3月22日,何裕文获殊荣。《涪陵大事记（1949—2009）》第265页载:（3月）22日,《涪陵日报》报道,涪陵市榨菜集团总公司技术顾问何裕文长期深入山区,发展榨菜

生产，帮助农民脱贫致富，最近获"全国智力扶贫先进工作者"称号。《重庆市涪陵区大事记（1986—2004）》第 129 页载："（3 月）22 日，《涪陵日报》报道，涪陵市榨菜集团总公司技术顾问何裕文长期深入山区，发展榨菜生产，帮助农民脱贫致富，最近获'全国智力扶贫先进工作者'称号。"

舞蹈《榨菜之乡的笑声》等获奖

4 月 28 日，舞蹈《榨菜之乡的笑声》等获奖。《涪陵大事记（1949—2009）》第 267 页载：（4 月）28 日，涪陵地区歌舞团表演的舞蹈《榨菜之乡的笑声》《猎韵》分获第二届中国民族歌舞周二、三等奖。这是涪陵地区专业文艺团体首获全国大赛奖。《重庆市涪陵区大事记（1986—2004）》第 132 页载："（4 月）28 日，涪陵地区歌舞团表演的舞蹈《榨菜之乡的笑声》《猎韵》分获第二届中国民族歌舞周二、三等奖。这是涪陵地区专业文艺团体首获全国大赛奖。"为此，黄节厚还专门写有《观舞蹈〈榨菜之乡的笑声〉·调寄长相思》，诗云：天青青，水粼粼，榨菜之乡锦绣陈。悦目更倾心。弦歌精，舞姿新，演罢人人有笑声。夜阑闻余音。

榨菜换气包装培训会举办

4 月，四川工业学院食品系苏履端教授来涪陵在沙溪沟榨菜厂举办换气包装培训会，有 130 多人参加。该会对换气抑菌的原理、工艺操作进行讲解和示范，后在涪陵各水溪榨菜厂试验成功"充气抑菌"法，但由于包装、运输等问题未能推广。

新盛企业发展有限公司成立

4 月，成立新盛企业发展有限公司，其前身为涪陵新盛罐头食品有限公司，是以农副产品为原料，集生产加工、科研开发、直销为一体的出口食品、蚕丝跨行业外向型民营企业。

潘永兴生产榨菜坛

5 月 1 日，潘永兴生产榨菜坛。《涪陵大事记（1949—2009）》第 268 页载：（5 月）1 日，荔枝街道办事处红旗居委会农民潘永兴以 55.8 万元买下乡镇企业涪陵市民生陶器厂，生产榨菜坛子，供不应求。

四川省涪陵榨菜（集团）有限公司更名

5 月 6 日，按四川省人民政府关于完善企业股份制改革的要求，原"四川省涪陵榨菜集团公司"更名为"四川省涪陵榨菜（集团）有限公司"。

榨菜集团等接受媒体采访。

5月26日,榨菜集团等接受媒体采访。《涪陵大事记(1949—2009)》第269页载:(5月)26日,由中央新闻单位和省内主要新闻单位组成的94三峡库区采访团一行24人来涪采访,听取地市领导的情况介绍,重点采访了(涪陵)榨菜(集团)公司等企业。

涪陵榨菜产品获奖

6月14日,涪陵市榨菜精加工厂生产的水溪牌榨菜获第五届亚洲及太平洋国际博览会金奖(金杯)。《涪陵大事记(1949—2009)》第270页载:(6月6日)涪陵市榨菜精加工厂生产的水溪牌榨菜在今年6月举办的第五届亚太国际博览会上获金奖。《重庆市涪陵区大事记(1986—2004)》第136页载:"(6月)6日,市榨菜精加工厂生产的'水溪牌'榨菜在今年6月举办的第五届亚太国际博览会上获金奖。"

《关于涪陵地区方便榨菜和坛装榨菜基本生产条件及其考核细则》印发

7月1日,涪陵地区行署关于印发涪署发〔1994〕95号文件《关于涪陵地区方便榨菜和坛装榨菜基本生产条件及其考核细则》。

四川名优特新产品博览会获佳绩

7月3日,四川名优特新产品博览会喜获佳绩。《涪陵大事记(1949—2009)》第271页载:(7月)3日,94四川名优特新产品博览会闭幕,涪陵市宏声牌香烟、金鹤牌墙地砖、儿康宁牌糖浆、乌江牌榨菜、水溪牌榨菜、白鹤牌榨菜等7个产品获金奖。《重庆市涪陵区大事记》(1986—2004)第138页载:"(7月)3日,在'94四川名优特新产品博览会上,涪陵市'宏声'牌香烟、'金鹤'牌墙地砖、'儿康宁'牌糖浆、'乌江'牌榨菜、'水溪'牌榨菜、'白鹤'牌榨菜等7个商品获金奖。"

"绿色圈牌榨菜"获准注册

7月21日,涪陵市旅游食品厂的"绿色圈牌榨菜"获中华人民共和国国家工商行政管理局商标局批准注册。注册号为698416。

四川乐味食品有限公司成立

7月30日,四川省进出口公司与日本桃屋株式会社、新新贸易株式会社签约成都,决定在涪陵市马武镇(原马武榨菜厂)成立四川乐味食品有限公司,占地24.33亩,建筑面积 4387 平方米，总投资 344 万元，其产品主要销往日本。1995 年 7 月 9 日正式开业。这是一家大型的涪陵榨菜中外合资企业。乐味食品有限公司系由日本桃屋株式会社、新新株式会社、四川省土产进出口公司共同投资组建的合资企业，其前身涪陵马武榨菜厂是专业生产榨菜、盐渍菜，以国际市场为主的食品加工企业。公司驻马武镇，厂区占地 23 亩，厂房建筑面积 7500 平方米，从业人员 80 人。企业总资产 1100 万元，年生产能力 8000 吨。2007 年，公司生产销售出口全形榨菜 5693 吨，榨菜片 1265 吨，实现销售收入 3922 万元，创汇 443 万美元，实现利税 329 万元。公司主导产品有：坛装全形榨菜、方便榨菜、换装全形盐渍菜头、盐渍藠头、盐渍茄子。公司在当地发展榨菜原料基地上万亩，直接带动农民增收致富。2002 年 2 月，公司被命名为"区级农业产业化重点龙头企业"。1999—2002 年均被涪陵区政府评为先进企业。2000 年 12 月，公司云峰牌榨菜首批获准使用"涪陵榨菜"证明商标。公司全面引入 ISO9002 品质管理理念，取得 ISO9002 国际质量管理体系认证。2007 年 7 月通过 HACCP 国际质量卫生管理体系认证。公司坚持涪陵榨菜"风脱水"工艺，经过 10 多年努力，在国际市场上建立了较为广泛的销售网络。参见何侍昌《涪陵榨菜文化研究》第 151 页。

乌江牌榨菜获奖

7 月，涪陵榨菜（集团）有限公司乌江牌榨菜获四川名优特新产品博览会金奖。

"振兴涪陵榨菜研讨会"召开

8 月 31 日，涪陵地区榨菜办公室、地区商经学会联合召开"振兴涪陵榨菜研讨会"，至 9 月 1 日结束，会上交流论文 24 篇。会上，还讨论了修改 GB9173-88 方便榨菜川式部分的建议。《涪陵市榨菜志（续志）（讨论稿）》第 94—96 页有 1994 年 9 月 28 日四川省涪陵地区榨菜办公室编印的《简报》第七期。

涪陵市民政榨菜工业有限责任公司成立

8 月，民政局成立涪陵市民政榨菜工业有限责任公司，由涪陵市人民政府〔1994〕号文件批准，为全民所有制企业单位。《涪陵市榨菜志（续志）（讨论稿）》第 82 页载：由于榨菜企业增多，民政局于 1994 年 8 月成立了涪陵市民政榨菜工业有限责任公司，由涪陵市人民政府〔1994〕号文件批准，为全民所有制企业单位，有临时办公人员 2 人，专人负责给榨菜办报表。公司还购买了原鸿兴食品厂的商标——红山牌。

"亚龙牌榨菜"获准注册

9 月 4 日，涪陵市百胜榨菜厂的"亚龙牌榨菜"获中华人民共和国国家工商行政

管理局商标局批准注册。注册号为705325。

"涪胜牌榨菜"获准注册

9月21日，涪陵市大胜乡榨菜厂的"涪胜牌榨菜"获中华人民共和国国家工商行政管理局商标局批准注册。注册号为706419。

"弘川牌榨菜"获准注册

10月21日，涪陵市吉隆榨菜厂的"弘川牌榨菜"获中华人民共和国国家工商行政管理局商标局批准注册。注册号为711090。

水溪牌榨菜获金奖

10月，涪陵市榨菜精加工厂生产的水溪牌方便榨菜获四川省人民政府金奖（证书）。

乌江牌榨菜等获奖

11月9日，《四川食品报》报道乌江牌鲜味方便榨菜、美味方便榨菜获四川省食品工业名牌产品称号。涪陵市百胜精制榨菜厂生产的川涪牌方便榨菜获四川省食品协会优秀奖（证书）。涪陵市榨菜精加工厂生产的水溪牌方便榨菜获四川省质协名优奖（证书）。涪陵市新妙榨菜厂生产的木鱼牌方便榨菜获四川省食品协会优秀奖（证书）。涪陵市百胜综合食品厂生产的川陵牌方便榨菜获四川省食品协会优秀奖（证书）。

"顺仙牌榨菜"获准注册

11月28日，涪陵地区三峡食品加工厂的"顺仙牌榨菜"获中华人民共和国国家工商行政管理局商标局批准注册。注册号为717543。

乌江牌榨菜等获殊荣

11月29日，乌江牌榨菜获殊荣。《涪陵大事记（1949—2009）》第278页载：（11月）29日，《涪陵日报》报道，"乌江牌"塑料袋系列方便榨菜获四川省第二届消费者喜爱商品称号。《重庆市涪陵区大事记（1986—2004）》第145页载：（11月）29日，《涪陵日报》报道，乌江牌塑料袋系列方便榨菜等获四川省第二届消费者喜爱商品称号。

味美思牌榨菜获奖

11月，涪陵市酒店榨菜厂生产的味美思牌方便榨菜获四川省食品协会名优奖（证书）。

"涪特牌榨菜" 获准注册

12月7日，涪陵地区农贸公司的"涪特牌榨菜"获中华人民共和国国家工商行政管理局商标局批准注册。注册号为718695。

鉴鱼牌榨菜获奖

是年，涪陵市利民食品厂生产的鉴鱼牌方便榨菜获巴蜀食品优秀组委会称号（奖状）。

乌江牌榨菜获奖

是年，四川省涪陵榨菜（集团）有限公司生产的低盐榨菜获93全国食品加工技术交易会暨食品博览会金奖。

乌江牌榨菜等获奖

是年，涪陵地区卫生防疫站组织涪陵榨菜（集团）有限公司乌江牌榨菜、涪陵市农副产品工业公司涪州牌榨菜、涪陵市榨菜精加工厂水溪牌榨菜、涪陵市川陵食品有限责任公司川陵牌榨菜、涪陵市利民食品厂鉴鱼牌榨菜、涪陵市大石鼓榨菜厂川东牌榨菜、涪陵市金银榨菜厂精制榨菜酱油，共7个单位7种产品参加"四川省首届食品卫生质量信得过产品"评选活动，经省级专家评审委员会评定，获得荣誉证书和奖牌，其结果在《四川日报》和《涪陵日报》分别登报公布。

涪州牌榨菜获奖

是年，涪陵市马武榨菜厂生产的涪州牌方便榨菜获国家技术监督局银奖。

榨菜科学研究

是年，涪陵榨菜（集团）有限公司、重庆大学为解决收购半成品质量问题和低盐榨菜脱水问题，共同研究榨菜含水量、含盐量快速测定仪。经过一年努力，该项目可测定榨菜含水量和含盐量，因误差较大和集团公司领导班子变换，未继续进行。

榨菜科研成果获奖

是年，涪陵区种子协会学术交流会评奖，陈材林、周光凡、范永红的《中国芥菜起源探讨》获一等奖；周光凡的《中国芥菜资源及其研究利用》、余家兰的《茎瘤芥新品种"永安小叶"人工接种芜菁花叶病毒的抗性鉴定》获二等奖；李昌满、范永红的《茎瘤芥与芸薹属近缘植物人工杂交试验及应用》获三等奖。

涪陵地区农科所完成的"芥菜新变种的发现和芥菜分类研究",荣获四川省人民政府科技进步二等奖。

涪陵地区农科所、西南农业大学李新予、余家兰、王彬、蔡岳松完成的"涪陵榨菜病毒病病原种群组成及其分布的研究",荣获四川省人民政府科技进步三等奖。

榨菜杂种优势利用研究

是年,"榨菜杂种优势利用研究"获国家科委立项,研究时间1994—1999年。

榨菜科研论文发表

是年,李新予、余家兰、王彬在《山东大学学报》增刊发表《芥菜抗病毒病品种"弥度绿杆"》一文。

榨菜生产经营许可证制度全面推行

是年,推行榨菜生产经营许可证制度。榨菜生产企业必须具备三证一照,即营业执照、卫生许可证、生产许可证、税务登记证。

《中国芥菜》一书出版

刘佩英出版《中国芥菜》一书,认为青菜头在植物学上属十字花科,芸薹属,芥菜种,茎瘤芥变种,其植物学标准命名 Brssica coss var tnmida Tsenet lee,植物学汉文名称为茎瘤芥。

榨菜科研课题发布

是年,周光凡主持国家科委课题"榨菜杂种优势利用研究",起止年限为1994—1999年。

榨菜生产与加工

是年,青菜头种植面积273062亩,青菜头产量334235吨,加工总数133100吨。

方便榨菜均价

是年,方便榨菜国内正价每吨平均3000元,最高价3750元。

1995 年

涪陵国光榨菜罐头食品厂建成投产

1月1日，涪陵国光榨菜罐头食品厂建成投产。总投资 2000 多万元，设计规模年产榨菜系列产品 6000 吨。目前已采用高新技术试制成"三低一高一无"（低盐、低脂肪、低糖、高营养、无化学防腐剂）的美味、广味、川味、五香肉丁、榨菜肉丝等 5 大类 12 个品种的产品，质量达到出口商检要求。《涪陵大事记（1949—2009）》第 280—281 页载：（1月1日）涪陵国光榨菜罐头食品厂建成投产。该厂为涪陵地区第一个优质农产品出口加工基地，总投资 2000 万元，设计规模年产榨菜系列产品 6000 吨。

涪陵市榨菜管理办公室更名升级

1月18日，县级涪陵市榨菜管理办公室改为涪陵市榨菜管理局，正局级单位，核定编制 17 人。内设办公室、质管科、开发科、生产科。1995 年 1 月—1996 年 4 月，涪陵市榨菜局由王春伦任局长，先后由周暂、黄明斌、侯远洪任副局长。《涪陵大事记（1949—2009）》第 281 页载：（1月）15日，涪陵市榨菜管理局成立，负责统筹协调全市青菜头种植和榨菜加工、销售及新产品开发、质量评查等工作，并在宏观上予以指导和服务。《重庆市涪陵区大事记（1986—2004）》第 150 页载："（1月）15日，涪陵市榨菜管理局成立，负责全市青菜头种植和榨菜加工、销售及新产品开发、质量评查等方面工作，并在宏观上予以指导服务和统筹协调。"

黄旗镇榨菜业大发展

1月22日，《涪陵日报》报道，黄旗镇去年年底统计，全镇从事半成品、成品加工的农户已达 3248 家，是 10 年前的 5 倍多，其中 400 多户还将自己的产品运到省外销售。仅榨菜加工一项，全镇户平均收入 1500 元以上，占全年经济收入的 40%。

"岳氏牌榨菜"获准注册

2月21日，涪陵市华兴食品股份有限公司的"岳氏牌榨菜"获中华人民共和国国家工商行政管理局商标局批准注册。注册号为 730813。

涪陵市榨菜加工质量联合检查

2月28日，涪陵市人大农工委和市榨菜管理局、工商技术监督局、卫生防疫站

等单位联合检查全市榨菜加工质量，10余个企业和个体加工户因粗制滥造受到查处，分别按情节轻重处以1000—6000元罚款。

涪陵地区榨菜生产领导小组办公室成立

2月，涪陵地区榨菜生产领导小组办公室成立，为行署管理全地区榨菜产销职能机构，是涪陵地级最早榨菜管理部门。对外是地区榨菜办，对内为地区财贸委员会的科室。编制3名，其中领导职数1名。主要职责是：制定和完善全地区榨菜发展的有关政策措施；协调有关部门对榨菜行业监督检查；制发《涪陵榨菜生产许可证》及其实施办法等。1997年6月更名涪陵市榨菜管理办公室。1995年2月—1997年6月，涪陵地区榨菜办由瞿光烈任主任。

涪陵榨菜（集团）有限公司列入国家大二型工业企业

3月1日，《涪陵日报》报道，涪陵榨菜（集团）有限公司被列入国家大二型工业企业之一。该类企业全国1014户，其中四川40户。《涪陵大事记（1949—2009）》第283页载：（3月1日）《涪陵日报》报道，涪陵榨菜（集团）有限公司被列入国家1014户大型工业企业之一。四川省列入大型工业企业的共40户。《重庆市涪陵区大事记》（1986—2004）第152页载："（3月）1日，《涪陵日报》报道，涪陵榨菜（集团）有限公司被列入国家1014户大型工业企业之一。四川省列入大型工业企业的共40户。"

《关于调整、充实榨菜工作领导小组的通知》发布

3月5日，涪陵市委做出《关于调整、充实榨菜工作领导小组的通知》。参见何侍昌《涪陵榨菜文化研究》第116页。

《方便榨菜国家标准》修改审订会举行

3月16日，由国家国内贸易部农业服务司主持召开的《方便榨菜国家标准》修改审订会在涪陵举行。浙江、四川、上海、天津等省市的40多位专家与会，围绕方便榨菜含水量、含盐量、产品保存期等修改内容进行了讨论，最后一致通过修改后的送审稿。《涪陵大事记》（1949—2009）第283页载：由国家国内贸易部农业服务司主持召开的《方便榨菜标准》国家修改审订会在涪举行。浙江、四川、上海、天津等省市的40多位专家与会，围绕方便榨菜含水量、含盐量、产品保存期等修改内容进行讨论，最后一致通过修改后的送审稿报国家国内贸易部核准发布实施。参见何侍昌《涪陵榨菜文化研究》第120—121页。

"蜀陵牌榨菜"获准注册

3月21日，涪陵市蜀陵榨菜厂的"蜀陵牌榨菜"获中华人民共和国国家工商行政管理局商标局批准注册。注册号为736445。

榨菜国标修定会召开

3月29日，商业部在涪陵召开榨菜国标修定会，全国各地有50多名代表参加。

涪陵市青菜头种植面积扩大

春，县级涪陵市1.34万公顷种植，收获青菜头24.5万吨。至1999年，基地面积达到1.83万公顷，产量27.5万吨。

涪陵被命名为"中国榨菜之乡"

4月6日，在北京人民大会堂举行的首批百家中国特产之乡命名大会上，涪陵市被正式授予"中国榨菜之乡"称号。这次大会是由中国农学会、中国优质农产品开发服务协会等部门联合举办的，特产之乡的评选由各方面专家组成的评议组确定。《涪陵大事记》（1949—2009）第284页载：在北京人民大会堂举行的首批百家"中国特产之乡"命名大会上，涪陵市被正式授予"中国榨菜之乡"称号。《重庆市涪陵区大事记》（1986—2004）第154页载："（5月）6日，在北京人民大会堂举行的首批百家'中国特产之乡'命名大会上，涪陵市被正式授予'中国榨菜之乡'称号。"参见何侍昌《涪陵榨菜文化研究》第122页。

《中国特产报》报道"中国榨菜之乡"命名

4月10日，《中国特产报》记者卢兴益在第1版以《特产之乡走向辉煌》为题报道了"中国榨菜之乡"命名的情况，在第4版有《热烈祝贺首批百家中国特产之乡金榜题名·首批百家中国特产之乡》，四川省涪陵市被命名为"中国榨菜之乡"。

涪陵榨菜产品获奖

4月24日，在北京举办的95国际食品及加工技术博览会上，涪陵地区土产果品（榨菜）公司生产的川牌小包装榨菜获金奖。此会由联合国驻亚太地区经济社会发展研究中心、国家科委、中国食品工业总公司等单位联合举办。川牌在申报评奖的13个榨菜产品中名列榜首。《涪陵大事记》（1949—2009）第285页载：（4月）24日，川牌小包装榨菜获95国际食品及加工技术博览会金奖。《重庆市涪陵区大事记》

（1986—2004）第 155 页载："（4 月）24 日，'川牌'小包装榨菜获 '95 国际食品及加工技术博览会金奖。"

涪陵榨菜（集团）有限公司打假

4 月，涪陵榨菜（集团）有限公司针对 1993 年下半年以来国内一些不法厂商和个人盗用、仿冒、制售乌江牌商标，给公司和涪陵 30 万菜农造成上千万元损失的实际，专门成立"打假办公室"，以加强打假力度。至年底，在全国各地检察、工商等部门大力支持下，打假取得显著成效，为企业挽回经济损失 40 余万元。《重庆市涪陵区大事记》（1986—2004）第 161 页载："是月（8 月）国家工商行政管理局发出通知，在全国范围内深入开展打击假冒乌江牌榨菜的违法行为。涪陵地区工商局、公安处等部门执法人员深入全国各大市场配合检查整治，共查获假冒涪陵乌江牌榨菜 33.6 万件，制假乌江牌商标、标识 253.4 万套、外包装箱 1300 个，为涪陵榨菜集团公司挽回损失数百万元。"

涪陵正式命名为"中国榨菜之乡"

5 月 4 日，经国家特产委员会正式命名涪陵市为"中国榨菜之乡"。参见何侍昌《涪陵榨菜文化研究》第 122 页。

"涪陵榨菜"证明商标申请注册启动

6 月，涪陵市（县级）榨菜管理局向国家工商局申请注册"涪陵榨菜"证明商标。11 月，申报工作移交给地级涪陵市榨菜管理办公室。参见何侍昌《涪陵榨菜文化研究》第 122 页。

"桂楼牌榨菜"获准注册

6 月 21 日，涪陵市肉类联合加工厂的"桂楼牌榨菜"获中华人民共和国国家工商行政管理局商标局批准注册。注册号为 736443。

"鑫鼎牌榨菜"获准注册

7 月 7 日，涪陵市河岸山城榨菜厂的"鑫鼎牌榨菜"获中华人民共和国国家工商行政管理局商标局批准注册。注册号为 754449。

"美林牌榨菜"获准注册

7 月 7 日，涪陵市第江食品有限公司的"美林牌榨菜"获中华人民共和国国家工商行政管理局商标局批准注册。注册号为 754354。

四川乐味食品有限公司开业

7月9日，四川乐味食品有限公司开业。参见何侍昌《涪陵榨菜文化研究》第151页。

振兴涪陵榨菜问题专题办公会召开

7月19日，中共涪陵地委召开专题办公会，研究振兴涪陵榨菜问题。会上，地委书记王鸿举强调要进一步加强管理，集中力量保名牌、保原料、保资金、保平安。《涪陵大事记》（1949—2009）第287页载：涪陵地委召开专题办公会，研究振兴涪陵榨菜问题。参见何侍昌《涪陵榨菜文化研究》第116页。

涪陵榨菜打假成效显著

7月，涪陵榨菜打假成效显著。《涪陵大事记》（1949—2009）第289页载：（7月）涪陵地区工商局在浙江省当地工商局的协助下，查获桐乡崇福复合包装厂生产的假冒乌江牌榨菜商标标识膜卷3卷430公斤，可制袋20多万套；查获粤海塑料包装材料实业公司的假冒乌江牌榨菜商标标识印辊5根。

食品行业打假推优展览会举行

8月上旬，涪陵市人民政府副市长邓祖阔率代表团上北京参加最高人民检察院主办的获国家级名牌产品称号的"食品行业打假推优展览会"。15日，涪陵市在京举行新闻发布会，通报去年以来涪陵榨菜集团公司配合有关执法部门，在浙江、广州、天津、成都等地查获大量假冒乌江牌榨菜的情况。会后，中央电视台、《人民日报》《光明日报》《法制日报》等30余家新闻报刊对此进行了报道。

《中国青年报》刊载任春魁文

8月25日，《中国青年报》第8版刊载任春魁《"涪陵榨菜"爆发真假之战》一文。

乌江牌榨菜专供第四届世界妇代会

8月，涪陵乌江牌榨菜运送10吨到联合国在北京召开的第四届世界妇代会，专供到会代表，同时还为这次大会赞助人民币13万元。《涪陵大事记》（1949—2009）第290页：（8月）27日，涪陵榨菜集团股份有限公司向第四次世界妇女大会赠送10吨特制"乌江"牌小包装榨菜（总值10万元人民币），两部专车起运上京，同时公

司还向大会捐赠现金 3 万元。

国家工商行政管理局发文打击假冒乌江牌榨菜的违法行为

8 月，国家工商行政管理局发文打击假冒乌江牌榨菜的违法行为。《涪陵大事记》（1949—2009）第 290—291 页载：（8 月）国家工商行政管理局发出通知，在全国范围内深入开展打击假冒乌江牌榨菜的违法行为。涪陵地区工商局、公安处等部门派出执法人员深入全国各大市场配合检查整治，共查获假冒涪陵乌江牌榨菜 33.6 万件，制假乌江牌商标、标识 253.4 万套，外包装箱 1300 个，为涪陵榨菜（集团）股份有限公司挽回损失数百万元。

涪陵市榨菜行业协会成立

9 月 12 日，为进一步对全行业加强相互协调工作，以涪陵市（县级）榨菜研究会为基础成立涪陵市榨菜行业协会。协会有团体会员 40 个，个人会员 80 人。市委书记周浩义、代理市长（副市长）许世伦任名誉会长，市榨菜管理局局长王春伦兼任协会会长，黄继胜、侯远洪、陈长军、黄国华任副会长，向北平任秘书长。9 月 14 日，涪陵市榨菜研究会经民政社团管理部门批准更名为涪陵市榨菜行业协会。

"发源牌榨菜" 获准注册

9 月 21 日，涪陵市发源榨菜厂的"发源牌榨菜"获中华人民共和国国家工商行政管理局商标局批准注册。注册号为 767547。

"涪渝牌榨菜" 获准注册

10 月 7 日，涪陵市涪闽榨菜厂的"涪渝牌榨菜"获中华人民共和国国家工商行政管理局商标局批准注册。注册号为 781184。

"亚星牌榨菜" 获准注册

10 月 7 日，涪陵市黄旗望江榨菜厂的"亚星牌榨菜"获中华人民共和国国家工商行政管理局商标局批准注册。注册号为 780854。

建锋牌榨菜专用复合肥实用技术推广会召开

10 月 13 日，涪陵市人民政府主持召开建锋牌榨菜专用复合肥实用技术推广会。该肥系涪陵地区农科所土肥研究室研制，1994 年在 5000 余亩菜地大面积试验示范，平均亩产量达 2800 余公斤，最高 3100 公斤，亩增效益 50 元。《涪陵大事记》（1949—

2009）第 293 页载：（10 月）13 日，涪陵市政府主持召开建锋牌榨菜专用复合肥实用技术推广会。该肥系涪陵地区农科所土肥研究室研制，1994 年在 5000 余亩菜地大面积试验、示范，平均亩产 2800 公斤，最高 3100 公斤，亩增效益 50 元。参见何侍昌《涪陵榨菜文化研究》第 116 页。

乌江牌榨菜等获奖

10 月中旬，在四川省人民政府主办，省食品工业协会等 4 家承办的 95 中国成都国际食品精品、食品机械及食品包装设备博览会暨第二届巴蜀食品节展销会上，涪陵"乌江牌""口口福""涪州""水溪""福康""味美思"等 6 个品牌 8 种产品获金奖，"川东"等 2 个品牌 2 种产品获银奖。《涪陵大事记》（1949—2009）第 293 页载：（10 月）中旬，在第二届巴蜀食品节上，乌江牌铝袋小包装榨菜、桂楼牌广式香肠获特别金奖，乌江牌礼品盒榨菜等 10 个产品获金奖，桂楼牌灯影牛肉 3 个产品获银奖。涪陵 15 个参展产品全部获奖。《重庆市涪陵区大事记》（1986—2004）第 164—165 页载："（10 月）中旬，在第二届巴蜀食品节上，乌江牌铝袋小包装榨菜、桂楼牌广式香肠获特别金奖，乌江牌礼品盒榨菜等 10 个产品获金奖，桂楼牌灯影牛肉 3 个产品获银奖。涪陵 15 个参展产品全部获奖，这在四川省尚无先例。"

《关于深入开展打假活动，保护涪陵名优榨菜商标的通告》发布

10 月 19 日，涪陵地区工商行政管理局在本日《涪陵日报》第四版发布《关于深入开展打假活动，保护涪陵名优榨菜商标的通告》。《涪陵大事记》（1949—2009）第 293 页载：（10 月）19 日，涪陵地区工商在《涪陵日报》刊发《关于深入开展打假活动保护涪陵名优商标的通告》，要求各县（市）工商局加强商标印刷管理，指导榨菜商标注册人加强商标管理，以保护商标专用权为核心，强化查处商标违法行为的力度。

"口口香牌榨菜"获准注册

10 月 21 日，涪陵市东方榨菜厂的"口口香牌榨菜"获中华人民共和国国家工商行政管理局商标局批准注册。注册号为 764769。

涪陵名特产品获奖

10 月 29 日，涪陵名特产品获奖。《涪陵大事记》（1949—2009）第 293—294 页载：（10 月）29 日，在 95 四川工业产品博览会上，涪陵卷烟厂生产的新产品金狮盾、乌江牌系列榨菜、金鹤牌彩釉墙地砖获金奖。《重庆市涪陵区大事记》（1986—2004）第 165 页载："（10 月）29 日，在'95 四川工业产品博览会上，涪陵的'金狮盾'香烟、

'乌江牌'系列榨菜、'金鹤牌'彩釉墙地砖获金奖。涪陵柴油机厂的各种型号气缸体获银奖。"

方便榨菜许可证评审工作结束

10 月，涪陵地区方便榨菜许可证评审工作结束，全区有 85 个生产企业达到合格标准。

"中涪牌榨菜"获准注册

11 月 7 日，涪陵市康乐园榨菜开发公司的"中涪牌榨菜"获中华人民共和国国家工商行政管理局商标局批准注册。注册号为 788855。

枳城区榨菜管理办公室成立

11 月，县级涪陵市分设为枳城区和李渡区。1996 年 9 月，枳城区榨菜管理办公室成立，核定编制 10 名，内设办公室、质量管理科、生产开发科。1996 年 6 月—1998 年 5 月枳城区榨菜办由袁永明任主任，侯远洪、杜全模、张廷明任副主任。

乌江牌榨菜打假

11 月，涪陵榨菜（集团）有限公司"打假"办公室与天津市工商局配合于 10 月下旬一举查获浙江个体户李明兴等经销的仿冒"乌江牌榨菜"1300 余件；11 月 17 日又在西安市查获浙江个体商户沈祖根经销的仿冒"乌江牌榨菜"400 余件，分别于 11 月 15 日、21 日予以销毁并处以罚款。

全地区榨菜工作会议召开

12 月 1 日，涪陵地区行署召开全地区榨菜工作会议。会议研究部署了进一步强化榨菜行业管理、深入开展打假治劣的工作。参见中国重庆市涪陵区委党史研究室编《重庆市涪陵区改革开放二十年大事记（1978.12—1998.12）》第 323 页。

"涪都牌榨菜"获准注册

12 月 28 日，涪陵市涪都精制榨菜厂的"涪都牌榨菜"获中华人民共和国国家工商行政管理局商标局批准注册。注册号为 802917。

涪陵榨菜打假

是年，榨菜集团公司，在检察院、工商局的大力支持下，派人到两广、江、浙一带打击假冒"涪陵榨菜"侵权违法犯罪活动，时间长达半年，先后查出浙江一带假冒"乌江""黔水""涪州""川陵"等多个榨菜商标，总计索赔罚款达 10 余万元。打击了对外地假冒"涪陵榨菜"之风，保证了涪陵榨菜声誉。

榨菜新产品研发

是年，涪陵市榨菜局与西南农业大学共同研制榨菜叶生产绿叶榨菜酱油，1997 年中试成功试产的产品质量超过国家一级酱油标准。

辣妹子集团有限公司成立

是年，成立辣妹子集团有限公司，是以生产、销售、科研、开发辣妹子牌系列榨菜为主的企业集团，是中国最大的酱腌菜生产经营民营企业之一。公司占地 93338 平方米，拥有资产 6000 多万元，从业人员 600 多人，下设 2 个直属厂、9 个分厂及 1 个运输车队，年生产能力 3 万吨。2007 年，公司产销榨菜产品 20000 吨，实现销售收入 9500 万元，利税 550 万元。

公司拥有国内一流的榨菜生产线和完善的产品检测设备，汇集了大批优秀的企业管理人才和食品研发人才，并建立了大规模巩固的优质榨菜原料基地。目前，公司除专业生产经营辣妹子牌系列方便榨菜外，逐步向泡菜、酱菜、什锦蔬菜、调味品等方面拓展，产品畅销全国 20 多个省、市、自治区，并远销美国、加拿大、澳大利亚、日本及东南亚等国家和地区。其主要产品有鲜味中盐榨菜丝、低盐榨菜丝、海带榨菜丝、黄花榨菜丝、芝麻榨菜片、瓶装红油榨菜丝、低盐手提礼品盒榨菜、泡菜、菜芯、粹米榨菜、盐渍藠头、翡翠泡椒等 20 多种。产品严格执行国家 GH/T1012-1998 方便榨菜标准和公司制定的 QLMZ1-2000 辣妹子方便榨菜企业标准、Q/LMZ2-2000 辣妹子泡菜企业标准。"辣妹子"牌系列产品营养、安全、卫生、健康，倍受消费者青睐，是馈赠亲友之佳品。

辣妹子集团有限公司坚持"创造一流，追求完美"的企业经营宗旨，依靠科技，励精图治，围绕市场，精心经营，企业和产品知名度不断提高。自 1995 年公司建立和创牌以来，公司先后获得"《中国质量万里行》质量定点单位"、重庆市农行"2000 年度 AAA 级信用企业""重庆市重合同守信用企业""中国特产之乡开发建设优秀企业""重庆市农业产业化重点龙头企业""涪陵区重点工业企业管理规范考评一级企业"和"涪陵区农业产业化重点龙头企业"等殊荣。自 1998 年以来，公司连年被评为"涪陵榨菜生产经营先进企业"；产品先后获得"首届中华名优食品博览会金奖""江苏市场综合竞争力金牌产品"、江苏省"用户评价满意商品"、重庆市"最佳食品品牌"、国家"绿色食品 A 级产品"等奖项；辣

妹子牌商标荣获"重庆市著名商标"称号。1999年10月，公司获得商品自营进出口经营权。2000年12月，公司通过了ISO9001：2000国际质量管理体系认证、美国FDA营养注册登记；12月，辣妹子牌榨菜产品在涪陵榨菜行业中首批获准使用"涪陵榨菜"证明商标。

公司自成立以来，建立健全了企业管理的各项规章制度和产品生产的企业标准，强化企业生产经营和产品质量管理，使企业取得了良好的经济效益。2003年，公司产销榨菜产品10000吨，实现销售收入4000万元，实现利税400多万元。目前，公司拟定投入4500万元，在涪陵区珍溪镇将新建辣妹子现代食品工业园区，立足榨菜主业，加快技改进程，综合利用开发，调整产品结构，稳步推进建成具有大型综合食品加工能力的企业集团。

榨菜科研论文发表

是年，李新予、王彬的《"榨菜"病毒病的综合防治》收入《植物病害综合防治学术讨论会论文摘要汇编》。

李新予的《茎芥菜（榨菜）病毒病》，收入《中国农作物病虫害》第二版。

陈材林、周光凡、范永红在《国际园艺学报》（荷兰出版）第402期发表《中国芥菜起源探讨》一文。

《涪陵市志》出版

是年，四川省涪陵市志编纂委员会编纂《涪陵市志》由四川人民出版社出版。概述第十篇为榨菜。包括：第一章原料——青菜头；第二章加工运销；第三章榨菜研究。

榨菜生产与加工

是年，青菜头种植面积200838亩，青菜头产量302479吨，加工总数100000吨。

涪陵市榨菜质检站获四川省产品质量监督检验先进单位称号

《涪陵市榨菜志（续志）（讨论稿）》第77页载：1995年该站（笔者注：涪陵市榨菜质检站）获四川省产品质量监督检验先进单位称号。

涪陵榨菜行业协会出台最低销价的规定

是年，为稳定涪陵市榨菜销价，涪陵市榨菜管理办公室通过榨菜行业协会，出台实行最低销价的规定，并由各企业签订责任书。

涪陵盐脱水工艺榨菜比例

是年，涪陵市（县级）的坛装榨菜及小包装榨菜半成品生产使用盐脱水工艺的已占到总量的90%。

乌江牌榨菜市场开拓

是年前后，涪陵榨菜集团抓住在浙江、江苏、安徽、南京、上海等地对假冒"乌江"榨菜的产品予以"打假"（得到全国工商总局等有关部门的大力支持）的机遇，巩固了成都、深圳、珠海、广东等农民工多的"老根据地"市场，恢复和开辟上海、武汉、长沙、石家庄、济南、郑州、兰州、乌鲁木齐、昆明等市场。1997年，集团将全国划为11个销区，设8个销售部、20多个办事处或营业点，专业销售队伍由90年代初期的300多人增至1100多人；同年投入1200万元在中央电视台推出乌江牌榨菜广告，进一步提高了产品的知名度和美誉度；至同年末，公司年销售方便菜28453吨，较上年增长39%。

坛装榨菜销售价格

是年，国内坛装榨菜1000—1200元/吨，国外380—390美元/吨（人民币3260—3354元/吨），利润15%—20%。

方便榨菜均价

是年，国外市场每吨均价，1995年7500—8500元（人民币）。

榨菜销售收益

是年，全市榨菜销售收入2.5亿元，利税2350万元。

严厉打击假冒名优品牌、包装装潢侵权行为，以及外地企业以假充真行为

1995—2007年，严厉打击假冒名优品牌、包装装潢侵权行为，以及外地企业以假充真行为。涪陵榨菜行业管理部门密切配合有关执法部门，大力进行打假治劣。先后查出区内11户家榨菜企业有手续不完备、不符合基本生产条件、产品质量低劣、防腐剂超标、计量不足等问题，均被责令停产整顿，其中关停查封6户；端掉"三无"（无营业执照、无企业品牌、无生产场地）制假窝点1个；查处侵权"涪陵榨菜"证明商标企业131户（次），销毁侵权包装箱、包装袋50余万个、伪劣产品30余吨，关闭侵权证明商标企业1户。在区外，先后到北京、呼和浩特、包头、南京、

广州、三亚、武汉、宜昌、沙市、长沙、浏阳、成都、眉山等地及丰都、垫江、长寿等周边区县开展打假工作，共打击曝光假冒、侵权企业 28 家，销毁侵权包装箱、包装袋 150 余万个、伪劣榨菜产品 320 吨。通过打假治劣维护涪陵榨菜的质量信誉。

1996 年

"步步高牌榨菜"获准注册

1 月 14 日，涪陵市经济发展总公司的"步步高牌榨菜"获中华人民共和国国家工商行政管理局商标局批准注册。注册号为 930564。

"天子牌榨菜"获准注册

1 月 21 日，涪陵地区轻纺供销总公司榨菜厂的"天子牌榨菜"获中华人民共和国国家工商行政管理局商标局批准注册。注册号为 809073。

涪陵榨菜（集团）有限公司产值超亿

1 月 31 日，《涪陵日报》报道，涪陵榨菜（集团）有限公司 1995 年实现技改投资、产量、销量、销售收入、税利五个翻番，其中实现税利 377 万元，较上年同期增长 281.34%；工业产值突破 1 亿元，成为川东地区商办食品工业中第一家产值超亿元的企业。

"州陵牌榨菜"获准注册

2 月 21 日，涪陵市百胜食品加工厂的"州陵牌榨菜"获中华人民共和国国家工商行政管理局商标局批准注册。注册号为 817119。

《荣生茂风云》剧本创作

2 月，涪陵创作《荣生茂风云》剧本，该剧以涪陵榨菜兴衰史为主题。

电视连续剧《荣生茂风云》拍摄

2 月，涪陵行署邀请峨眉电影制片厂来涪陵拍摄了以涪陵榨菜兴衰史为主题的 18 集电视连续剧《荣生茂风云》，在四川电视台播出。参见何侍昌《涪陵榨菜文化研究》第 116、343 页。

乌江牌榨菜在中央电视台广告宣传

2月，乌江牌榨菜再次出资1200万元在中央电视台电影频道做广告宣传。《涪陵大事记》（1949—2009）第299页载：（2月）乌江牌榨菜广告宣传开始在中央电视台电影频道播出（时间1年）。

"玉鹅牌榨菜"获准注册

3月7日，涪陵市荔枝榨菜厂的"玉鹅牌榨菜"获中华人民共和国国家工商行政管理局商标局批准注册。注册号为821437。

《四川日报》介绍乌江牌榨菜

3月30日，《四川日报》以《乌江牌榨菜，世界名腌菜》为题介绍乌江牌榨菜。

"川香牌榨菜"获准注册

3月31日，涪陵市连丰榨菜厂的"川香牌榨菜"获中华人民共和国国家工商行政管理局商标局批准注册。注册号为825268。

"永柱牌榨菜"获准注册

3月31日，涪陵市黄旗永柱榨菜厂的"永柱牌榨菜"获中华人民共和国国家工商行政管理局商标局批准注册。注册号为825264。

《中国芥菜》出版

3月，涪陵地区农科所高级农艺师陈材林、周光凡参加由西南农业大学教授刘培英主持的《中国芥菜》一书的编导，由中国农业出版社出版。该书介绍了榨菜原料——茎瘤的起因发展，栽培，加工等。对中国芥菜包括（茎瘤芥）进行了详细研究。

李渡区设立榨菜管理办公室

3月，李渡区设立榨菜管理办公室，与区财贸办公室、贸易局、医药管理局等部门合署办公，实行几块牌子一套班子体制，工作人员2名。1995年3月—1998年6月，李渡区榨菜办主任由李渡区财贸办副主任张孝明兼任。

《市场与消费报》刊文介绍访谈陈长军情况

4月29日，《市场与消费报》刊发谢向红《扬"乌江"美名，创世界名牌——访

四川涪陵榨菜集团总公司总经理陈长军》一文介绍访谈陈长军情况。

"细毛牌榨菜"获准注册

5月21日，涪陵市荔枝榨菜厂的"细毛牌榨菜"获中华人民共和国国家工商行政管理局商标局批准注册。注册号为841100。

"蜀威牌榨菜"获准注册

5月28日，涪陵市国光榨菜罐头食品厂的"蜀威牌榨菜"获中华人民共和国国家工商行政管理局商标局批准注册。注册号为843074。

《涪陵市志》举行首发式

《涪陵大事记》（1949—2009）第304—305页载：（8月）1日，《涪陵市志》正式出版发行举行首发式。全书约200万字，含数据7万余个，是研究原县级涪陵市地方历史的资料性工具书。《重庆市涪陵区大事记》（1986—2004）第178页载："（8月）1日，《涪陵市志》正式出版发行的首发式举行。全书约200万字，含7万余数据，是研究原县级涪陵市地方历史的资料性工具书。"按：《涪陵市志》专门设有榨菜专篇，即第十篇榨菜，包括第一章、原料——青菜头，有第一节性状品种，第二节栽培，第三节产量与成本；第二章、加工运销，有第一节缘起，第二节加工，第三节运销；第三章、榨菜研究，有第一节队伍，第二节研究概况；第四章、菜业管理，有第一节机构，第二节管理。

枳城区榨菜管理办公室成立

6月，枳城区榨菜管理办公室正式成立，核定编制10名，其中行政编制2名，领导职数3名，内设办公室、质量管理科、生产开发科。1995年6月—1998年5月，枳城区榨菜办由袁永明任主任，侯远洪、杜全模、张廷明任副主任。

涪陵榨菜产品获奖

8月，乌江牌榨菜获四川省包装装潢设计"星星"金奖。

榨菜科研研究报告完成

9月18日，涪陵市榨菜专题调查组历时两月调查研究，完成《关于目前榨菜现状问题及发展规划的调查报告》。《报告》对枳城区、李渡区、丰都县榨菜业1991年以来存在的产品质量、科技投入、经营管理的主要问题、原因进行了揭示，并提出详尽的改进建议。该项调查系按涪陵市人民政府涪府办〔1996〕31号通告要求开展。

"枳城牌榨菜"获准注册

11月14日，涪陵市江北榨菜食品厂的"枳城牌榨菜"获中华人民共和国国家工商行政管理局商标局批准注册。注册号为899568。

《关于切实加强榨菜质量管理的通告》发布

12月11日，涪陵市枳城区人民政府发布《关于切实加强榨菜质量管理的通告》（枳府告〔1996〕5号）。参见何侍昌《涪陵榨菜文化研究》第116页。

涪陵区榨菜质量整顿工作会

12月18日，中共涪陵市枳城区委、区人民政府召开全区榨菜质量整顿工作会，并决定：从有关职能部门抽调干部30余人组建枳城区榨菜质量整顿工作团，由区委和区人大、区政府、区政协领导任工作团正副团长，组成8个工作队分赴榨菜主产乡镇开展榨菜加工质量整顿工作，历时100天结束。参见何侍昌《涪陵榨菜文化研究》第116—117页。

乌江牌低盐无防腐剂榨菜获第二届中国国际食品博览会国际名牌酿造品称号

12月26日，四川省涪陵榨菜（集团）有限公司生产的乌江牌低盐无防腐剂榨菜获第二届中国国际食品博览会国际名牌酿造品称号。

"路路通牌榨菜"获准注册

12月28日，涪陵市经济发展总公司的"路路通牌榨菜"获中华人民共和国国家工商行政管理局商标局批准注册。注册号为922821。

"华涪牌榨菜"获准注册

是年，涪陵市北山榨菜厂的"华涪牌榨菜"获中华人民共和国国家工商行政管理局商标局批准注册。注册号为845234。

乌江牌方便榨菜荣获中国国际食品博览会名牌产品称号

是年，涪陵榨菜（集团）有限公司生产的"乌江牌"方便榨菜荣获中国国际食品博览会名牌产品称号。

李渡区榨菜管理办公室设立

是年，李渡区设立榨菜管理办公室，与涪陵区财贸办公室、贸易局、医药管理局等部门合署办公，实行几块牌子一套班子体制。1996年3月至1998年6月，李渡区榨菜办主任由李渡区财贸办副主任张孝明兼任。

榨菜科研成果获奖

是年，季显权、刘泽君、刘华强、季晓凡完成的"茎瘤芥优质丰产施肥原理及技术研究"被四川省人民政府授予科技进步三等奖。

季显权、刘泽君完成的"茎瘤芥优质丰产施肥原理及技术研究论文集"被涪陵市人民政府授予科技进步二等奖。

《中国蔬菜品种志》出版

是年，陈材林、陈学群编著《中国蔬菜品种志》（上卷）（第三章芥菜类）一书，中国农业出版社出版。

榨菜科研课题发布

是年，余家兰主持涪陵市科委课题"芥菜品种资源的保存和利用"，起止年限为1996—1999年。

红花菜厂开办生产红山牌榨菜

是年，红花菜厂开办生产"红山牌"榨菜。《涪陵市榨菜志（续志）（讨论稿）》第82—83页载：1996年初，由红花菜厂将开办生产红山牌榨菜，并销往重庆、成都、广州等地，年生产能力500吨左右。随后，又发展了平原菜厂、陵江食品分厂。

涪陵市榨菜生产与加工

是年春，榨菜加工时地级涪陵全市青菜头种植面积21467公顷，产青菜头52.6万吨、收购（加工榨菜）43.8万吨（其余供应居民鲜食和自做咸菜），加工成品菜19.7万吨（含半成品盐菜块）；总有加工企业18287户（其中丰都县983户，其余全为枳城、李渡两区数）总有从业人员5.5万人（含企业临时工、个体户用工），青菜头及榨菜现价总产值4.5亿元，带动相关产业产值1.5亿元，交纳税费4000万元；菜业兴旺，让全市菜农70万人受益。

榨菜产业调查

据是年调查，1995 年末地级涪陵市榨菜企业 18287 户，其中市（地级）13 户，枳城、李渡两区 17283 户，丰都县 983 户，其余垫江、武隆、南川三县（市）共 8 户；总户数中，国营 51 户，集体 344 户，私营及个体 17892 户；年产 500 吨以上小包装榨菜加工企业（户）153 户，年产 100 吨以上坛装（全形菜）的 1069 户；常年总从业人员 5.5 万余人；加工成品榨菜 18.7 万吨（其中方便菜 8 万吨，坛装 10.7 万吨），枳城、李渡两区占全市的 90%，丰、垫、南三县（市）分别占（%）8.0、1.5 和 0.5。

1997 年

民政系统新增黄旗、飞腾、三友榨菜厂家

年初，民政系统新增黄旗、飞腾、三友榨菜厂家。《涪陵市榨菜志（续志）（讨论稿）》第 83 页载：1997 年初，又新增黄旗精制榨菜厂、飞腾榨菜食品厂、三友食品厂。

涪陵市榨菜生产加工工作会召开

1 月 10 日，中共涪陵市委、市人民政府召开全市榨菜生产加工工作会。副市长秦文武在会上做了“确保榨菜产品前期初加工质量，努力完成 1997 年度榨菜收购、加工任务，为振兴涪陵榨菜业打下坚实基础”的重要讲话。参见何侍昌《涪陵榨菜文化研究》第 117 页。

涪陵榨菜（集团）有限公司正式在中央电视台电影频道进行广告宣传

1 月 11 日，涪陵榨菜（集团）有限公司从本日起在中央电视台电影频道进行广告宣传（时间 1 年），仅半个月时间销售 8.5 万件，比上年同期增长 50%。

涪陵榨菜产品获奖

1 月 12 日，《涪陵日报》报道，最近在武汉举办的第二届中国国际食品博览会上，涪陵市的乌江牌鲜味榨菜、黔水牌方便榨菜、涪州牌方便榨菜获“国际名牌调味品”称号。《涪陵大事记》（1949—2009）第 312 页载：（1 月）12 日，《涪陵日报》报道，在最近于武汉举办的第二届中国国际食品博览会上，涪陵市的乌江牌鲜味榨菜、黔水牌方便榨菜、涪州牌方便榨菜获“国际名牌调味品”称号。《重庆市涪陵区大事记》

（1986—2004）第187页载："（1月）12日，《涪陵日报》报道，在最近于武汉举办的第二届中国国际食品博览会上，涪陵市的'乌江牌'鲜味榨菜、'黔州牌'方便榨菜、'涪州牌'方便榨菜获'国际名牌调味品'称号。"按：《涪陵大事记》（1949—2009）作"黔水牌"；《重庆市涪陵区大事记》（1986—2004）作"黔州牌"；当为"黔水牌"。

《涪陵市志》获奖

1月16日，《涪陵市志》获奖。《涪陵大事记》（1949—2009）第312页载：（1月）16日，《涪陵日报》报道，四川省地方志优秀成果评选最近揭晓，《涪陵市志》获"四川省地方志优秀成果一等奖"。按：《涪陵市志》设有"榨菜"专篇，参见"《涪陵市志》举行首发式"。

百胜镇私营新盛罐头食品有限公司获榨菜产品出口权

2月16日，《涪陵日报》报道，百胜镇私营新盛罐头食品有限公司1996年生产榨菜罐头3000吨，全部销往海外27个国家和地区，向国家交税70万元。11月，该公司的榨菜产品出口权获重庆市外经委确认，并进入重庆市私营企业50强行列。《涪陵大事记》（1949—2009）第313页载：（2月）16日，据《涪陵日报》报道，百胜镇私营新盛罐头食品有限公司上年生产的300吨榨菜罐头，全部销往海外27个国家和地区，向国家交税70万元。11月，该公司的榨菜产品出口权获重庆市外经委确认，并进入市私营企业50强行列。

乌江牌榨菜被公布为首批名牌产品

2月20日，《涪陵日报》报道，最近乌江牌榨菜被全国供销合作总社公布为首批名牌产品，系涪陵市入选的唯一产品。《涪陵大事记》（1949—2009）第314页载：（2月25日）《涪陵日报》报道，涪陵"乌江牌"榨菜入选首批全国供销合作总社名牌产品。《重庆市涪陵区大事记》（1986—2004）第188页载："（2月）20日《涪陵日报》报道，涪陵'乌江牌'榨菜入选首批全国供销合作社名牌产品。"按：《涪陵大事记》（1949—2009）作2月25日，《重庆市涪陵区大事记》（1949—2009）作2月20日。

《工人日报》报道榨菜情况

4月5日，《工人日报》以《百年老菜注重形象》为题介绍涪陵榨菜情况。

民政榨菜工业有限责任公司恢复

4月，民政榨菜工业有限责任公司恢复，租用涪陵地区粮食局（良友酒楼3楼）办公用房两间，正式办公，统一生产、销售红山牌方便榨菜。参见《涪陵市榨菜志（续志）（讨论稿）》第83页。

"辣妹子牌榨菜"获准注册

5月21日，涪陵市辣妹子食品总厂的"辣妹子牌榨菜"获中华人民共和国国家工商行政管理局商标局批准注册。注册号为1013124。

"聚康牌榨菜"获准注册

5月28日，涪陵宝康食品厂的"聚康牌榨菜"获中华人民共和国国家工商行政管理局商标局批准注册。注册号为1019031。

涪陵榨菜厂拍卖

6月29日，宣告破产的涪陵榨菜厂，经过公开招标拍卖，重庆银星物业发展有限公司中标。评标小组成员、四川省社科院经济体制改革研究所所长、《经济体制改革》杂志社社长杨钢认为，这次招标系严格依照《破产法》要求进行、开四川和重庆产权交易规范化的先河。《涪陵大事记》（1949—2009）第320页载：（6月）29日，宣告破产的涪陵榨菜厂公开招标拍卖成功。重庆银星物业发展有限公司以808万元人民币夺标。此次招标拍卖，开四川省和重庆市产权交易先河。《重庆市涪陵区大事记》（1986—2004）第194页载："（6月）29日，宣告破产的涪陵榨菜厂公开招标拍卖成功，重庆银星物业发展有限公司以808万元人民币夺标。此次招标拍卖，开四川省和重庆市产权交易先河。"

涪陵市榨菜管理办公室成立

6月，涪陵市榨菜管理办公室成立。参见涪市编委发〔1997〕27号文件《涪陵市机构编制委员会关于同意设立涪陵市榨菜管理办公室的通知》。涪陵市榨菜管理办公室由涪陵市财贸办公室代管，是全额拨款事业单位，副处级，核定编制8名。内设综合科和业务科。榨菜管理办公室与榨菜管理领导小组办公室合署办公，实行两块牌子一套班子体制。1997年6月—1998年7月涪陵市榨菜办由张源发任主任，曾广山、瞿光烈（未到职）任副主任。

中央电视台记者到涪陵市榨菜办公室采访

7月29日，中央电视台记者到涪陵市榨菜办公室采访。《涪陵大事记》（1949—2009）第323页载：（7月）29日，中央电视台记者尹文、陈锋到涪陵市榨菜办公室采访，后以《冲破临界点一线生机》为题，于8月18日20点30分在中央电视台二套节目《经济半小时》栏目中播出。

渝杨榨菜有限公司成立

7月，渝杨榨菜有限公司成立，其前身为渝杨食品厂，是专业生产经营榨菜、泡菜、酱油的现代化食品民营企业。公司驻百胜镇紫竹村6组，占地8亩，厂房建筑面积3000平方米，总资产950余万元，从业人员250人。年产能力10000吨。2007年，公司产销榨菜10000吨，实现销售收入6000万元，利税600万元。2002年，公司杨渝、渝新牌榨菜获准使用"涪陵榨菜"证明商标。2003年8月，通过ISO9001：2000国际质量管理体系认证。2006年9月，获《全国工业品生产行业许可证》（QS认证），产品主要销往武汉、南京、广州、东北等地。公司在当地建立无公害标准化榨菜原料种植基地2万亩。2005年，被命名为区级"农业产业化重点龙头企业"。2001—2004年，公司榨菜连年获得湖北省"消费者信得过品牌"荣誉称号。2002—2005年，公司均被涪陵区乡镇企业局评为"乡镇企业先进企业"。

乌江牌榨菜获殊荣

8月13日，乌江牌榨菜获殊荣。《涪陵大事记》（1949—2009）第323页载：（8月）13日，乌江牌方便榨菜系列等7个产品获重庆市1996年度名牌产品称号。

《涪陵市志》获奖

8月20日，《涪陵市志》再次获奖。《涪陵大事记》（1949—2009）第324页载：（8月）20日，在浙江省宁波市举行的"全国地方志优秀成果"颁奖大会上，《涪陵市志》获二等奖，为重庆市两部获奖志书之一。《重庆市涪陵区大事记》（1986—2004）第198页载："（8月）20日，在浙江省宁波市召开的'全国地方志优秀成果'颁奖大会上，《涪陵市志》获二等奖。"按：《涪陵市志》设有"榨菜"专篇，参见"《涪陵市志》举行首发式"。

乌江牌榨菜获殊荣

8月26日，乌江牌榨菜获殊荣。《涪陵大事记》（1949—2009）第325页载：（8

月）26 日，《涪陵日报》报道，在中国食品工业协会最近举办的全国名优饮料、调味品、饼干行业产品质量推荐及技术、经济交流会上，乌江牌榨菜获"全国食品行业名牌产品"称号。《重庆市涪陵区大事记》（1986—2004）第 199 页载："（8 月）26 日，《涪陵日报》报道，最近，在中国食品工业协会举办的全国名优饮料、调味品、饼干行业产品质量推荐及技术、经济交流会上，'乌江牌'榨菜获'全国食品行业名牌产品'称号。"

涪陵市榨菜工作会召开

8 月 29 日，涪陵市人民政府召开全市榨菜工作会，总结分析产销形势，安排部署明年榨菜生产任务。会议确定明年全市榨菜产销工作的指导思想是：继续整顿生产经营秩序，严格加强质量管理，大力提高产品质量，加快科研开发步伐，努力拓展产销市场，提高行业整体效益。参见何侍昌《涪陵榨菜文化研究》第 117 页。

重庆市农业产业化工作会议召开

9 月 7—8 日，重庆市人民政府召开全市农业产业化工作会议，榨菜业被市政府列为全市十大主导产业中的 12 个重点项目之一，被重庆市列入七大农业产业化项目之一。参见何侍昌《涪陵榨菜文化研究》第 122 页。

乌江牌榨菜被列为中共十五大《辉煌的五年》建设成就展品

9 月，涪陵榨菜（集团）有限公司生产的乌江牌榨菜被列为中共十五大召开期间举办的《辉煌的五年》建设成就展品。此系中华全国供销总社从众多产品挑选出的两件参展品之一。中国重庆市涪陵区委党史研究室编《重庆市涪陵区改革开放二十年大事记（1978.12—1998.12）》第 388 页载：1997 年，涪陵榨菜（集团）有限公司生产的乌江牌榨菜被列为中共十五大《辉煌的五年》成就展品。

企业形象设计塑造战略理论讲解

11 月 18 日，《涪陵日报》报道，应涪陵榨菜（集团）有限公司邀请，西南师大、重庆商学院、重庆工业管理学院、重庆渝州大学的 CI 专家学者一行 7 人，最近来涪向公司和直属企业领导、经营管理人员讲解企业形象设计塑造战略理论，并对学员提出的各方面问题做了解答。

蒲海清视察涪陵为"太极榨菜"题词

11 月 25 日，原四川省副省长蒲海清视察涪陵，为"太极榨菜"题词，词云："哪

里有人类哪里就有涪陵榨菜"。该题词见于重庆市涪陵区地方志编纂委员会所编《涪陵图录》(重庆出版社，2005 年，第 30 页)。

涪陵榨菜（集团）有限公司 CIS（企业系统识别设计）导入招标会结束

11 月 30 日，涪陵榨菜（集团）有限公司 CIS（企业系统识别设计）导入招标会结束，北京极品、广州新境界广告公司和重庆市科委 CIS 专家团、成都小林设计公司等 4 家公司被择优录用为合作伙伴。企业采用招标形式导入 CIS 在重庆市辖区尚属首次。《涪陵大事记》(1949—2009) 第 330 页载：(11 月) 30 日，《涪陵日报》报道，乌江牌榨菜近日获美国 FDA 认证。FDA 即美国国家食品与医药管理局，FDA 认证的获得，标志着"乌江牌"榨菜取得了进军美国市场的"通行证"。

《榨菜诗文汇辑》问世

11 月，为庆祝涪陵榨菜百年华诞，涪陵榨菜（集团）有限公司、涪陵市枳城区晚情诗社联合编印了《榨菜诗文汇辑》。该书收载诗文 200 余首（篇），系榨菜文化史上问世的首部诗文集。诗歌方面，《汇辑》收录有陈长军的《涪陵榨菜百年颂》、童敏的《榨菜谣》、向瑞玺的《乌江榨菜礼赞》、李逐现的《榨菜销售员宣言》、冉从文的《涪陵即咏（外二首）〈涪陵榨菜世纪香〉〈效益手中拿〉》、蒲国树的《乌江榨菜十二品》与《"乌江"吟》、杨通才的《祝涪陵榨菜百年十四韵》、王克生的《巴乡特产五洲香（二首）》、周子瑜的《赞榨菜故乡——涪陵市（外三首）〈涪陵榨菜三题〉》、秦继尧的《腌尊上品誉寰中（外二首）〈榨菜浑身都是宝〉〈骤雨打新荷·百年庆——兴旺繁荣勿忘总设计师邓小平〉》、汤裕的《百胜菜农夺丰年（五首）》、谭干的《清馨榨菜满涪州》、黄节厚的《赞金奖乌江牌涪陵榨菜（外四首）》（其一《在宴请日本桃屋株式会社榨菜电影摄制组会上口占助兴》、其二《参加榨菜电视连续剧〈荣生茂风云〉拍摄随赋》）、夏家绪的《涪陵"榨菜之乡"交易会（外九首）》、熊炬的《在美国食涪陵榨菜有感（外一首）》、徐希明的《一身奉献全无悔》、戴祖文的《一盘榨菜赛山珍（外一首）》、郭占奇的《竹枝词（七首）》、徐如恩的《一坛榨菜注亲情（外一首）〈切磋磨琢可争先〉》、刘德胜的《堪称味苑一枝花（二首）》、张鸿宾的《乌江牌榨菜列头名（外二首）〈榨菜之乡二首〉》、赵继清的《独特名优代代传（四首）》、邹甚切的《一年一度榨菜香》、梁明炎的《短歌一曲赞"乌江"（外五首）〈夸情妹〉〈九二年车过百胜〉〈涪陵风情画〉〈涪陵人民夸榨菜〉〈榨菜酱油最鲜香〉》、曾持平的《咏涪陵榨菜（三首）》、金家富的《下邱家院感怀》、张超的《涪陵榨菜远流长》、王敦文的《榨菜谣（外一首）〈精制榨菜酱油出国门〉》、陈纪芳《榨菜飘香誉枳城》、徐永德的《忆榨菜丰收季节（二首）》、田齐的《乌江名牌更鲜妍（四首）》、陈懋章的《榨菜之歌〈环球食客翘手夸〉〈榨菜走俏〉〈种菜头〉〈晾菜头〉〈点我所爱〉〈乌江牌榨菜〉〈十里菜架〉〈吃榨菜〉〈榨菜打假〉》、李建威的《年年高唱丰收乐（外四首）〈借风脱水〉〈赞不绝口〉〈榨菜之乡〉〈百年纪念〉》、王宗藩的《咏榨菜诞辰百周年（外一首）〈访涪陵乌江牌榨菜国家奖获得者——李中华〉〈受命〉〈敬业〉〈依旧〉》、谭淑贵的《特产百年喜》、陶代仁的《涪陵榨菜有七绝（四首）》、王世君的《涪陵榨菜巴江情（外二首）〈竹枝词（二首）〉》、周彬的《一入嘴口味开》、刘汉瑶的《榨菜美（外二首）〈涪陵榨菜嫩脆鲜香〉〈菜农忙〉》、李丞丕的《涪陵榨菜》、戴家琮的《竹枝词（十二首）》、黎梦的《奉和〈"乌江"吟〉十一韵》、李玉舒的《南乡子·岭上望涪州（外七首）》之《莫负先辈创业辛》《竹枝词（四首）〈榨菜酱油〉〈剔菜筋〉〈榨菜恋情〉〈酸菜颠〉》《美声传百载（二首）》等诗歌；词有黄节厚的《赞金奖乌江牌涪陵榨菜（外四首）》之《调寄长相思》《钗头凤·涪陵榨菜》、夏家绪的《涪陵"榨菜之乡"交易会（外九首）》之《江南春·创百载》、张季农的《忆江南·为涪陵榨菜问世百年作（八首）》、李正鹄的《蝶恋花·弥佛莲台座满地（外一首）》及《卜算子·飞雪迎春来》、孟滋敏的《蝶恋花·江岸披霜呈稔岁》、郑意的《鹧鸪天·何处飘来异样香（三首）》、戴祖文的《一盘榨菜赛山珍（外一首）》之《榨菜铭》、李玉舒的《南乡子·岭上望涪州（外七首）》等词。辞赋有陶懋勋的《榨菜赋》、杨通才的《腌菜王记》；对联有陶懋勋（一幅）、黄节厚（一幅）、谭淑贵（二幅）、周彬（一幅）、秦继尧（三幅）、朱治昭（五幅）、又村（蒲国树）（四幅）；况守愚的金钱板唱词，以及蒲国树的"榨菜文化纵横"11篇文章。该书收载诗文200余首（篇），系榨菜文化史上问世的首部诗文集。

陈长军作《涪陵榨菜百年颂》

11月，陈长军所作《涪陵榨菜百年颂》收入《榨菜诗文汇辑》。诗云：一百年艰苦创业，一百年名播万邦，榨菜之乡隆奉献，锦绣中华增辉光。一百年上下求索，一百年秋露冬霜，造就巴乡一株菜，凝成榨菜万里香。一百年市场开拓，一百年风雷激荡，闯几多漩流险滩，捧出个世纪辉煌。一百年激流勇进，一百年乘风破浪，涪州大地金龙飞，乌江品牌美名扬。一百年历史回顾，一百年前程展望，继承传统创名牌，乌江集团争领航。按：陈长军，时任涪陵榨菜（集团）有限公司董事长、总经理。

童敏作《榨菜谣》

11月，童敏所作《榨菜谣》收入《榨菜诗文汇辑》。诗云：昆仑山，武陵山，北纬三十出奇观。乌江美，一线天，涪陵榨菜味道鲜。清末创，民国传，名菜工艺巧

钻研。新中国，五十年，发展变革开新篇。营养好，嫩又鲜，水土气候不一般。工有精，业有专，人和地利得天然。香又脆，劝加餐，常吃常乐舞翱趾。八方情，好牵连，榨菜一包重如山。大地牌，乌江牌，名满百年不画圈。保名牌，创名牌，涪陵榨菜代代传。按：童敏，时任涪陵榨菜（集团）有限公司党委副书记。

向瑞玺作《乌江榨菜礼赞》

11月，向瑞玺所作《乌江榨菜礼赞》收入《榨菜诗文汇辑》。诗云：玛瑙红晶晶亮，碧玉翠绿油油；鲜又香味殊美，嫩而脆足温柔。丝片丁品味全，营养富质地优；中华名特精品，世界腌菜一流。哪怕刀山森严，何惧鼎镬滚翻；真诚禀性难移，依然嫩脆香鲜。不管凉拌热煎，不管便餐盛筵；可口留香玉齿，美味奉献人间。五洲四海翠涎，万户千家盛赞；二九风流占尽，名牌春色永年。按：向瑞玺，时任涪陵榨菜（集团）有限公司副总经理。

李逐现作《榨菜销售员宣言》

11月，李逐现所作《榨菜销售员宣言》收入《榨菜诗文汇辑》。诗云：丝丝厚意，片片深情。利惠万户，诚待客宾。奉献美味，求实存真。服务大众，无悔人生。按：李逐现，时任涪陵榨菜（集团）有限公司副总经理。

冉丛文作《涪陵即咏（外二首）》

11月，冉丛文所作《涪陵即咏（外二首）》收入《榨菜诗文汇辑》。诗云：扬子江中水，乌江榨菜香。巴蜀一珍宝，美名四海扬。又《涪陵榨菜世纪香》，诗云：涪陵榨菜世纪香，乌江品牌美名扬。独特工艺创佳品，人间美味永流芳。小菜一碟品味长，营养卫生保健康。誉满五洲同翘首，扬子江畔是故乡。又《效益手中拿》，诗云：质量心里挂，效益手中拿。色香味俱妙，业绩争最佳。乌江企业路，开拓永无涯。迎接新世纪，名牌艳奇葩。按：冉丛文，涪陵榨菜（集团）有限公司工艺美术师。

蒲国树作《乌江榨菜十二品》

11月，蒲国树所作《乌江榨菜十二品》收入《榨菜诗文汇辑》。诗云：乌江如画景色新，榨菜清香味入神。型品十二调众口，浓郁清淡皆由君。咸鲜美味最宜人，味厚麻辣满口津。香辣咸酸亦可口，甜酸回味最深沉。五香榨菜侑佳茗，醇厚香甜待上宾。清淡原汁本清爽，葱香总是人鼻馨。辛辣姜蒜性分明，海带金钩略有腥。汇聚麻辣咸甜味，怪哉怪菜怪多情。

杨通才作《祝涪陵榨菜百年十四韵》

11月，杨通才所作《祝涪陵榨菜百年十四韵》收入《榨菜诗文汇辑》。诗云：共祝百年庆，吟哦步众君。川原抱涪邑，二水绕州城。枳地多青菜，经冬尚绿茵。异乡皆不育，故土特繁生。岂止阳光足，还由壤质灵。玉肌丰乳块，翠叶展绸裙。著世非无以，超凡更有因。氨基酸既富，微量素尤珍。榨制成精品，加工写巨文。杜康添酒樽，陆羽佐茶樽。味美闻中外，肴佳冠古今。清新宜此馔，营养胜群伦。四海膺金奖，五洲列大名。潜龙应得举，华夏一枝春。

王克生作《巴乡特产五洲香（二首）》

11月，王克生所作《巴乡特产五洲香（二首）》收入《榨菜诗文汇辑》。诗云：涪陵榨菜早名扬，小袋大包出国疆。冬末农家售菜急，春初商户搭棚忙。风干上榨滴油美，料拌加盐鲜味长。致富脱贫百岁史，巴乡特产五洲香。既辣且香滋味长，乌江榨菜品名扬。巴川农户千年种，涪市商家百代忙。零售批销到海外，今来古往贡天堂。旅游世界众常带，口味依然在故乡。

周子瑜作《赞榨菜故乡——涪陵市（外三首）》

11月，周子瑜所作《赞榨菜故乡——涪陵市（外三首）》收入《榨菜诗文汇辑》。诗云：特产扬名日，地方名亦扬。山川崇壮秀，榨菜脆鲜香。四海飞声誉，五洲知枳乡。闻风游者涌，购物并观光。又《涪陵榨菜三题》，诗云：源远流长推榨菜，追根到底自民间。邱家大院初坊作，销出夔门天下传。时代不同歌不同，大昌榨菜业兴隆。乌江上市登金榜，巴枳城头旭照红。如今榨菜争相造，千里江滨设厂多。此品祖家休喟叹，投身商海战洪波。

秦继尧作《腌尊上品誉寰中（外二首）》

11月，秦继尧所作《腌尊上品誉寰中（外二首）》收入《榨菜诗文汇辑》。诗云：红泥沃土展姿容，绿角肥茎叶舞风。喜历霜秋挺垄亩，惯经寒腊比梅松。冰侵冒压色增艳，玉润珠圆香更浓。幸遇邱翁早点化，腌尊上品誉寰中。傲雪凌霜别具容，才华不与众芳同。鲜香嫩脆丰民食，煎炒熬蕴药功。水土天时佳气候，科研技艺倚人工。一身尽献连涓滴，始信邱湾多寿翁。碧玉青葱产量丰，得天独厚仰涪宗。中华名品震寰宇，巴国乌江展大鹏。民族图存振工贸，农家特产逐贫穷。改良科技宜多种，华夏腾飞起卧龙。又《榨菜浑身都是宝》，诗云：榨菜浑身都是宝，人人爱吃赞声高。嫩尖巧制碎腌菜，烧白笼蒸香气飘。桌上堆盘厌肉腻，筷挑腌菜口

中捞。莫嫌菜皮老梭鞭，佐酒佐餐胜美肴。榨菜酱油原汁料，能工巧匠熬通宵。酸甜可口紫黄色，味美鲜香难画描。菜酱油拌上气饭，营肝健脾暖肾腰。润心开胃富营养，意畅心欢我敢包。春暖夏炎凉拌菜，秋凉各冷暖心梢。面条包饺把汤调，奇妙酱油显药疗。究竟是何营养料，药功使人寿练高。邱湾老者智多寿，以菜代粮脏腑调。榨菜之乡今百载，回观史实忆萧条。农民苦难难宫状，幸有邱翁眼界高。民族图存工贸路，民生产业展鹏霄。腌尊上品环球誉，科技攻关乘大潮。又《骤雨打新荷·百年庆——兴旺繁荣勿忘总设计师邓小平》，诗云：扬子乌江，涌碧波滚滚，环绕古城。松屏迭翠，山水秀武陵。地沃人勤敦厚，欣物华红土绿菌。茎瘤芥，艰辛育妙种，腌菜美馐珍。晨风展帜，显中华特色，改革潮兴。科研求索，精制更装新。榨菜广销出口，获金奖举世驰名。济民生，扶轮总设计，伟迹照乾坤。

汤裕作《百胜菜农夺丰年（五首）》

11月，汤裕作《百胜菜农夺丰年（五首）》收入《榨菜诗文汇辑》。诗云：只闻征雁已秋残，百胜菜农夺丰年。未曙清晨人相唤，已烧高烛战犹酣。肥沃良田皆种满，瘠薄硗地尽栽完。一片汪洋榨菜海，得天独厚美山川。千山鸟绝正冬寒，榨菜加工人不闲。串串菜头挂满架，纷纷玉片装成坛。家家户户说香脆，社社村村讲嫩鲜。丝丝缕缕随风去，万里漂洋送宇寰。各种名牌都齐全，久负盛名多少年。国内畅销乡土产，全球蜚誉大名腌。中央地方评论好，国际博览奖牌颁。创汇增收百千万，一花迎来众花鲜。榨菜收入年年添，奔赴小康在眼前。高楼拔地几多处，广厦连云千万间。物质文明大改善，精神生活展新颜。山乡百胜能先富，榨菜增收是状元。榨菜涪陵是特产，历经沧海与桑田。百年生产百年庆，几度艰危几度攀。改革开放大发展，脱贫致富今领先。科技加工活力大，长征新途越雄关。

谭干作《清馨榨菜满涪州》

11月，谭干作《清馨榨菜满涪州》收入《榨菜诗文汇辑》。诗云：大地春回柳弄柔，清馨榨菜满涪州。色如翡翠青罗缎，质似羊脂碧玉球。独具幽芳奇妙品，别开殊味美珍馐。佳肴什锦耐玩赏，入口生香津润喉。

黄节厚作《赞金奖乌江牌涪陵榨菜（外四首）》

11月，黄节厚作《赞金奖乌江牌涪陵榨菜（外四首）》收入《榨菜诗文汇辑》。诗云：涪陵榨菜菜中帅，鲜香嫩脆誉中外。精益求精创名牌，榨菜之乡春常在。又《在宴请日本桃屋株式会社榨菜电影摄制组会上口占助兴》，诗云：千山翠绿似锦屏，大江滚滚献歌声。百舸竞流通四海，榨菜香处乃涪陵。又《参加榨菜电视连续剧〈荣生茂风云〉拍摄随赋》，诗云：榨菜先河在涪陵，榨菜之乡早有名。百菜之魁标金榜，风雨百年见银屏。又《观涪陵市歌舞团演出保留节目〈榨菜之乡的笑声〉调寄长相思》，诗云：天青青，水㶚㶚，榨菜之乡锦绣陈。悦目更倾心。弦歌精，舞姿新，演罢人人有笑声。夜闲闻余音。又《钗头凤·涪陵榨菜》，诗云：山伟伟，水美美，榨菜之乡图画美。菜中宝，世难找。涪陵人巧，首创斯宝。早，早，早！人磊磊，事累累，百年风雨不却退。老带少，大帮小。争创名牌，举世佼佼。好，好，好！

夏家绪作《涪陵"榨菜之乡"交易会（外九首）》

11月，夏家绪作《涪陵"榨菜之乡"交易会（外九首）》收入《榨菜诗文汇辑》。诗云：名声远播菜留香，晚菊迎宾尚傲霜。枳邑高朋来四海，乌江珍味下西洋。生财当学陶公道，创业勿忘巴妇芳。经贸古城红似火，波涛细听诉沧桑。又《江南春·创百载》，诗云：一、创百载，庆佳期。宾朋来四海，评说展华姿。人间齐赞鲜香脆，荣誉新程千里驰。二、根碧玉，叶青苍。风吹吴楚远，涪邑菜飘香。江南江北茎瘤芥，谈笑千家先小康。三、荫绿树，建新房。挥锄歌伴舞，衣着换新装。儿孙欢笑乡校去，何见愁容钱满囊。四、江两岸，架千行。春风吹脱水，晾菜上山岗。腾空香气随风溢，游客观光讴菜乡。五，人似海，厂如林。加工求细腻，商贾乐光临，春来秋去新工艺，销售寰宇稀世珍。六，舟竞发，意昂扬。香飘中土外，东国复南洋。珍馐佳味谁能比，筵宴香甜相得彰。七，精品味，美装潢。名声闻宇宙，酬赠赏芳香。亲朋探望携将去，情重如山天地长。八，人喜悦，市繁荣。如云商旅集，牵动百行兴。精心筹划邦家富，财若流泉充库存。九，歌事业，念风霜。流芳千百载，功绩著辉煌。邱翁创业同声颂，今日腾飞何可忘。

张季农作《忆江南·为涪陵榨菜问世百年作（八首）》

11月，张季农作《忆江南·为涪陵榨菜问世百年作（八首）》收入《榨菜诗文汇辑》。诗云：历百载，遐迩早闻名。昔日瓦坛输海上，今朝铝袋进京城。南亚更多情。沙滩岸，木架列成行。排块穿连悬脱水，整形修剪择优良。新菜正登场。谈榨菜，谁不赞涪陵。育种培苗勘管理，江风江南独肥茎。特产号明星。夸榨菜，十道细加工。磷钙多维增蛋白，强身健骨首推崇。金奖记丰功。三大菜，榨菜显高明。嫩脆鲜香无匹敌，生烹炖炒胜山珍。喜煞外乡人。

李正鹄作《蝶恋花·弥佛莲台座满地（外一首）》

11月，李正鹄作《蝶恋花·弥佛莲台座满地（外一首）》收入《榨菜诗文汇辑》。诗云：弥佛莲台座满地，绿伞常撑盎然有生意。那怕苦寒风共雨，羞同蝴蝶作游戏。

绞架刀山浑不避，剔骨抽筋重压浑无惧。一身馨香难夺去，五洲游遍获嘉誉。又《卜算子·飞雪迎春来》，诗云：飞雪迎春来，弥勒身肥大。立志为民作牺牲，舍得一身剐。清香喷四壁，闻者唾涎挂。凤胆龙肝同席列，榨菜飞声价。

熊炬作《在美国食涪陵榨菜有感（外一首）》

11月，熊炬作《在美国食涪陵榨菜有感》收入《榨菜诗文汇辑》。诗云：一别神州赴美洲，他乡异国任遨游。山珍海味都尝遍，不及涪陵榨菜头。又《硅谷超市买榨菜》，诗云：嫩脆奇鲜味道长，一丝一片溢清香。买回榨菜沉吟久，思友思亲思故乡。

徐希明作《一身奉献全无悔》

11月，徐希明作《一身奉献全无悔》收入《榨菜诗文汇辑》。诗云：身本菱形角已圆，扎根沃土绿家园。宁经雪浸千斤榨，但愿食美万户腌。不妒婿红连广宇，只求青白在人间。一身奉献全无悔，嫩脆清香麻辣鲜。

孟滋敏作《蝶恋花·江岸披霜呈稔岁》

11月，孟滋敏作《蝶恋花·江岸披霜呈稔岁》收入《榨菜诗文汇辑》。诗云：江岸披霜呈稔岁。垄垄行行，叶下茎瘤翠。味比珍馐独嫩脆，不求身价却名贵。寻遍全球无匹配。也是乡情，生只涪陵美。任使烹调终不溃，香飘过海人欣慰。

郑意作《鹧鸪天·何处飘来异样香（三首）》

11月，郑意作《鹧鸪天·何处飘来异样香（三首）》收入《榨菜诗文汇辑》。诗云：何处飘来异样香，追根摸底到乌江。匆匆急急忙寻觅，缕缕丝丝榨菜香。筵宾客，宴高堂，赏心乐事景辰良。殷勤敬酒三巡后，客喜主欢众口扬。解放西南大进军，逢山开道作先行。木兰女子今朝见，巾帼英雄昔日闻。霜月照，晓星明，裹粮壶水上征程。路旁小憩晨餐急，榨菜团团美味珍。解甲归来住枳城，山青水秀怡闲身。人和物美同乡里，国泰民安慰夙心。川味美，巴俗淳，一盘榨菜富亲情。不忘当日行军苦，只乐今朝改革新。

戴祖文作《一盘榨菜赛山珍（外一首）》

11月，戴祖文作《一盘榨菜赛山珍（外一首）》收入《榨菜诗文汇辑》。诗云：盛宴高堂待贵宾，一盘榨菜赛山珍。三餐饮食常相见，万里逢迎倍感亲。月下侑茶开别味，楼中陪酒紧随身。邀赏特产舒心意，长有馨香留齿唇。又《榨菜铭》，诗云：衣不在多，时髦则新；食不在丰，可口则珍。斯是榨菜，特产涪陵。生得翡翠绿，制成玛瑙晶。北京六必居，重庆稻香村。难得鲜脆味芳馨。开坛浓香扑鼻，入口美味满唇。欧洲黄瓜酸，德国甘蓝醇，总不如菜名远震。

徐如恩作《一坛榨菜注亲情（外一首）》

11月，徐如恩作《一坛榨菜注亲情（外一首）》收入《榨菜诗文汇辑》。诗云：曾去万州看六妹，一坛榨菜注亲情；俄惊云鬓皆沾雪，且喜乡蔬尚播馨；咸辣香甜耐咀嚼，悲欢离合听枯荣；古今论过思采日，美味长留身影明。又《切磋磨琢可争先》，诗云：常夸榨菜肥腴美，丽质岂知生自天；碧玉茎瘤涪地产，雪花井盐贡都传；春阳送暖和风助，佐料增香味道鲜；美食不离人手巧，切磋磨琢可争先。

郭占奇作《竹枝词（七首）》

11月，郭占奇作《竹枝词（七首）》收入《榨菜诗文汇辑》。诗云：涪陵榨菜世人夸，嫩脆鲜香风味佳。榨菜虽然也称菜，山珍海味不如它。涪陵榨菜美无伦，异地近年多效颦。芍药牡丹全不似，乌江一品便能分。涪陵榨菜有令名，到处皆闻称赞声。四海五湖人聚首，敢夸我是涪陵人！涪陵榨菜小包装，六味齐全运四方。南北东西都适应，人人吃了话家乡。涪陵榨菜最当讴，腊月新收青菜头。数截香肠一齐煮，家常美味冠神州。涪陵榨菜暗生香，不信请闻泡菜缸。里外浸成血红色，除了涪陵哪去尝？涪陵榨菜菜中王，一上荧屏名更扬。物美价廉销路好，财源滚滚似长江。

刘德胜作《堪称味苑一枝花（二首）》

11月，刘德胜作《堪称味苑一枝花（二首）》收入《榨菜诗文汇辑》。诗云：问世百年谁不夸，堪称味苑一枝花。麻辣香脆人人爱，煎炒煮蒸样样佳。沐雨经风出故土，渡洋跨海走天涯。时逢今日期颐庆，共举金樽颂中华。涪陵特产榨菜王，畅销中外四大洋。盘中可口风云扫，席上争雄比箸香。海味山珍难与比，家肴小品不能忘。清名独具方传远，无怪芬芳日月长。

李玉舒作《南乡子·岭上望涪州（外七首）》

11月，李玉舒作《南乡子·岭上望涪州（外七首）》收入《榨菜诗文汇辑》。诗云：岭上望涪州，一片葱茏绿满畴。滚滚双江输玉液，如油！润育腌香五大洲。盛事喜相伴，香港回归雪国羞。榨菜百年新起点，齐讴！永葆瀛寰第一流。又《莫负先辈创业辛》，诗云：世界三大名腌菜，涪陵榨菜风味醇。畅销中外经百载，长盛不衰席上珍。繁荣经济靠改革，支柱产业待振兴。岂容伪劣鱼目混，严打偷工毁誉人。小

康基石牢且固，乌江品牌美名芬。涪陵腾飞抓机遇，百尺竿头奋力奔。榨菜飘香四海赞，莫负先辈创业辛。又《竹枝词》（四首），《榨菜酱油》诗云：消暑佳肴佐料多，酱油提味胜香蘑。味鲜原是菜腌水，千滤百熬漾紫波。《踢菜筋》诗云：春风脱水恰时分，河坝抢收急扩军。干部娇儿闲不住，也奔菜厂学剔筋。《榨菜恋情》诗云：阿妹房前种菜忙，阿哥有意暗相帮。交流科技常采往，待到腌香入洞房。《酸菜颂》诗云：送走芥茎剩菜颠，窖腌多日味呈酸。市场争买烧鱼好，又使菜农收入添。又《美声传百载》（二首），诗云：涪陵山水秀，青菜遍坡栽。供厂作原料，助农广进财。伴茶诗韵雅，佐餐胃口开。美声传百载，腾飞上九陔。榨菜之乡美，寒霜育芥茎。膏皮裹碧玉，红料点失唇。细作千翻弄，妆成百媚生。畅销海内外，馈赠友情增。

张鸿宾作《乌江牌榨菜列头名（外二首）》

11月，张鸿宾作《乌江牌榨菜列头名（外二首）》收入《榨菜诗文汇辑》。诗云：千里乌江第一城，乌江榨菜列头名。首家金奖蜚声远，独特加工佐料精。岁岁空航销世界，年年国宴款嘉宾。五洲盛赞名腌菜，应谢巴渝大地情。名牌开创已多年，风靡全球处处传。菜种选优精技艺，河风脱水得天然。泡腌用料皆佳品，铝箔包装利保鲜。清洁卫生风味好，更新换代靠科研。又《榨菜之乡》（二首），诗云：榨菜之乡在何方，川东涪陵好风光。巴国古都钟灵秀，望州重镇寓宝藏。二江汇流傍城郭，八景奇妙如天堂。上通渝蓉下京沪，内外贸易财源昌。世界三大名腌菜，涪陵榨菜列前茅。鲜香嫩脆特羹味，拌炒炖烩皆佳肴。味型多种携带便，营养丰富品位高。独树一帜工艺巧，享誉百年众口褒。

赵继清作《独特名优代代传（四首）》

11月，赵继清作《独特名优代代传（四首）》收入《榨菜诗文汇辑》。诗云：涪陵榨菜百周年，风味独优世领先。难怪人人都喜爱，辣麻嫩脆又香鲜。榨菜之乡遍地香，寒冬时节尚农忙。高架脱水借风力，绿映双江十里长。榨菜鲜香四海扬，精工制作不能忘。若将次劣冒充好，自毁名声自作戕。百年庆典众心欢，独特名优代代传。珍惜前人勤创业，争光为国再高攀。

邹甚切作《一年一度榨菜香》

11月，邹甚切作《一年一度榨菜香》收入《榨菜诗文汇辑》。诗云：春风初拍长江岸，一年一度榨菜香。剥穿晾晒风脱水，鲜香嫩脆味无双。人颂涪陵不识涪，缘有榨菜传四方。市场竞争优者胜，不断创新正辉煌。

梁明炎作《短歌一曲赞"乌江"（外五首）》

11月，梁明炎作《短歌一曲赞"乌江"（外五首）》收入《榨菜诗文汇辑》。诗云：东风骀荡厂喜迎朝阳，梨花初绽广柳枝吐黄。农民喜形于色，车船运菜正繁忙。榨菜问世百周岁，乌江牌再创辉煌。乘改革之风帆，面向国际市场。紧握科技，加工精良，品种多样，大小包装，味美价廉，五洲名扬。为家乡添彩，为祖国增光，人人交口赞乌江。又《夸情妹》，诗云：菜乡情妹美无双，心灵手巧不寻常。做成榨菜赛全县，好似天仙七姑娘。又《九二年车过百胜》，诗云：榨菜又是丰产年，百胜榨菜种上天。千家万户齐操作，路上菜车一线牵。又《涪陵风情画》，诗云：自古三秋地荒凉，唯有涪陵着盛装。漫山遍野种青菜，举目四望闪绿光。眼看春节将临近，家家户户分外忙。收菜晾菜又腌菜，做成榨菜溢清香。又《涪陵人民夸榨菜》，诗云：榨菜不是自家夸，色香味道样样佳。菜船才出夔门口，浓香已闻全中华。百般吃法随君喜，教你越吃越想它。涪陵人民心手巧，川东特产誉天涯。又《榨菜酱油最鲜香》，诗云：世间调料数那桩？榨菜酱油最鲜香。用它来下上气饭，越吃味道越更长。

曾持平作《咏涪陵榨菜（三首）》

11月，曾持平作《咏涪陵榨菜（三首）》收入《榨菜诗文汇辑》。诗云：得天独厚涪州生，嫁与他乡移性情。串串绿珠采风雪，块块碧玉味生津。华筵一碟香四座，白发红颜共倾心。五洲三珍誉为首，谁记黄彩历艰辛？青女素娥总关情，嫩玉丰肌献众生。金窗年年香四季，五洲独占一枝春。五洲独占一枝春，九型风味惹人怜。应惕逆子违祖训，假冒伪劣毁名声。

金家富作《下邱家院感怀》

11月，金家富作《下邱家院感怀》收入《榨菜诗文汇辑》。诗云：高天厚土惠涪陵，榨菜行时肇此门。风雨百年人去后，华光满屋照乾坤。

张超作《涪陵榨菜远流长》

11月，张超作《涪陵榨菜远流长》收入《榨菜诗文汇辑》。诗云：来自家庭主妇创，涪陵榨菜远流长。冬月前后收青菜，去皮和盐瓦罐装。麻辣嫩脆色泽美，凉拌煮汤味溢香。席上嘉宾称道好，近销各省远漂洋。

王敦文作《榨菜谣（外一首）》

11月，王敦文作《榨菜谣（外一首）》收入《榨菜诗文汇辑》。诗云：峨眉秀，

长江长，流到涪陵白鹤梁。涪陵县，我故乡，又产榨菜又产粮。人民勤劳多才干，涪陵是个好地方。涪陵菜头是特产，腊尽春初嫩汪汪。农家正是休闲季，人人做菜有规章。菜头切块架上晾，风干三成收回房。百斤菜块五斤盐，翻池两次沙淘光。上箱榨干水，出箱修筋忙。辣椒一斤半，香料要适当。块菜装坛置阴处，碎菜制成小包装。顾客翘起大拇指，开坛剪包喷喷香。一百年采多兴旺，走欧闯美下东洋。金牌银奖数不尽，世界名菜第一桩。长江之滨涪陵县，白鹤石梁榨菜乡。山清水秀稻麦熟，涪陵是个好地方。又《精制榨菜酱油出国门》，诗云：涪陵刘氏绍贤君，长住美国四十春。八五回国省亲友，乐为家乡献爱心。走遍世界几十国，榨菜酱油数奇珍。若能打出国外去，一斤价值几美金。别时外贸赠样品，静候海外传佳音。要把卫检关通过，最终好事可办成。神州专家才辈出，高科产品有创新。安得奇才显圣手，精制酱油出国门。

陈纪芳作《榨菜飘香誉枳城》

11月，陈纪芳作《榨菜飘香誉枳城》收入《榨菜诗文汇辑》。诗云：榨菜飘香誉枳城，寰球媲美独占春。百年创业沧桑史，再造辉煌励后人。

徐永德作《忆榨菜丰收季节（二首）》

11月，徐永德作《忆榨菜丰收季节（二首）》收入《榨菜诗文汇辑》。诗云：晨曦初露喊声连，农家送菜人不闲。一路欢歌一路算，收入增多苦也甜。微风习习二月天，晾架十里耸云间。江边劳作人如海，丰收胜似万亩田。

田齐作《乌江名牌更鲜妍（四首）》

11月，田齐作《乌江名牌更鲜妍（四首）》收入《榨菜诗文汇辑》。诗云：佳肴美味孰冠军？三大腌菜天下名。到底还是榨菜好，飘香万里处处春。世界三大名腌菜，举世公认谁不知。巴都枳城多奇志，榨菜飘香四海驰。鲜香嫩脆独特味，百年历史创奇迹。喜看今日乌江牌，传统质量当第一。举世瞩目成就展，业绩辉煌列其间。改革发展跨世纪，乌江名牌更鲜妍。

陈懋璋作《榨菜之歌》

11月，陈懋璋作《榨菜之歌》收入《榨菜诗文汇辑》。其《环球食客翘手夸》，诗云：涪陵菜头出农家，层层菜圃满山洼。万户千村勤劳作，五洲四海赞誉佳。早年受宠东南亚，迩来畅销欧罗巴。鲜香嫩脆风味特，环球食客翘手夸。其《榨菜走俏》，诗云：涪州特产数榨菜，畅销中外乌江牌。口味嫩脆包装好，技术革新好运来。

其《种菜头》，诗云：宵青菜圃遍坡田，层层相连接云天。待到春来收成好，菜头成山人不闲。其《晾菜头》，诗云：篾穿菜头上晾架，挂满路旁与水涯。晾风缩水生奇效，鲜香嫩脆举世夸。其《点我所爱》，诗云：来到餐馆点菜台，各种炒菜一长排。哪样菜肴我最爱，榨菜肉丝口胃开。其《乌江牌榨菜》，诗云：老王涪陵出公差，请他带坛榨菜来。哪种牌子信得过，最好选购乌江牌。其《十里菜架》，诗云：风和日丽好风光，正是农家收菜忙。菜头成堆沿山路，十里菜架靠长江。其《吃榨菜》，诗云：榨菜下茶早有闻，生吃热炒任随君。榨菜肉丝榨菜面，榨菜酱油更风行。其《榨菜打假》，诗云：特产榨菜产涪陵，三大名腌举世钦。近年频见假冒品，奉劝顾客要眼明。

李建威作《年年高唱丰收乐（外四首）》

11月，李建威作《年年高唱丰收乐（外四首）》收入《榨菜诗文汇辑》。诗云：涪陵土质甚肥沃，四处耕作挺适合；农户家家种榨菜，年年高唱丰收乐。又《借风脱水》，诗云：砍下菜头挂上架，风吹日晒水蒸发；敢比盐脱质量好，原是传统好技法。又《赞不绝口》，诗云：榨菜可口风味特，神州名菜榜上列；走俏市场销中外，食者无不称赞绝。又《榨菜之乡》，诗云：榨菜之乡誉涪陵，五湖四海尽知名；招待客商引资进，涪陵辉煌数当今。又《百年纪念》，诗云：种菜历史经考证，生产年代百年整；遥想再过一世纪，纪念比今更为盛。

王宗藩作《咏榨菜诞辰百周年（外一首）》

11月，王宗藩作《咏榨菜诞辰百周年（外一首）》收入《榨菜诗文汇辑》。诗云：枳城瞩目好地方，得天独厚跨两江。涪陵榨菜百年史，鲜香嫩脆世无双。又《访涪陵乌江牌榨菜国家奖获得者——李中华》，其《受命》诗云：辗转一生玉无疵，临难受命赴珍溪。榨菜守成谈何易，为求发展朝夕思。其《敬业》诗云：敬业爱业立规章，孜孜学习拜群芳。过关斩将知难进，为民立业争大光。其《依旧》诗云：弹指挥间七旬余，老骥伏枥志不移。欣看后起群星灿，依然粝食与粗衣。

谭淑贵作《特产百年喜》

11月，谭淑贵作《特产百年喜》收入《榨菜诗文汇辑》。诗云：秋播粒粒籽，春收溪头洗。精品小包装，特产百年喜。

王世君作《涪陵榨菜巴江情（外二首）》

11月，王世君作《涪陵榨菜巴江情（外二首）》收入《榨菜诗文汇辑》。诗云：

涪陵榨菜巴江情，山青水绿笑微微。菜头长在灵气中，农民冬闲细栽培。八月下种腊月熟，嫩碧葱葱肉质肥。收获上架长江边，河风脱水始收回。下池盐腌去涩汁，修剪淘洗上榨轨。五香八角巧佐料，封坛陈储增鲜味。天地人和生一菜，一菜哪能不精微。漂洋过海走四方，家宴国宴紧拌随。侑茶佐餐待宾客，蒸炒焖炖任君炊。涪陵榨菜千百款，款款品味令人醉。乌江老牌居第一，博览评优屡夺魁。客人远游过菜乡，回家哪能空手归。买上榨菜三五包，宴宾送礼足可贵。人生难得百年寿，口福争得青春回。涪陵榨菜巴江情，水绿山青韵飞飞。又《竹枝词二首》，诗云：灵山秀水韵非常，菜含紫气润肝肠。小哥拿它煨粑肉，十里楼头妹觉香。巴乡妹子语憨平，时以笑靥盛殷勤。几碗上气榨菜饭，留住郎君不负心。

周彬作《一入嘴口味开》

11月，周彬作《一入嘴口味开》收入《榨菜诗文汇辑》。诗云：涪陵榨菜满山栽，世界名菜乌江牌。鲜香嫩脆高格调，一入嘴来口味开。

刘汉瑶作《榨菜美（外二首）》

11月，刘汉瑶作《榨菜美（外二首）》收入《榨菜诗文汇辑》。诗云：雪后菜叶绿茵茵，成片成坡满山青。叶儿肥美球茎壮，拳拳菜头靠农勤。肩挑背磨送进厂，换回吃穿全家欣。夜以继日忙加工，悬灯夜战到天明。剥皮去筋穿排块，脱水腌制工艺精。辣麻香鲜调料好，榨干生水包装新。佳味香气溢涪城，榨菜之乡扬美名。畅销全球各大洲，名菜美誉天下闻。又《涪陵榨菜嫩脆鲜香》，诗云：涪州地灵小山城，陵丘特产有佳珍；榨出菜汁酱油美，菜花盛开遍地金；嫩绿菜头如碧玉，脆在口中脏腑清；鲜美榨菜垂涎滴，香飘遐迩永留芳。又《菜农忙》，诗云：榨菜香自菜农苦，风霜雨雪全不顾。深锄细耘种菜秧，除草施肥防虫蛀。收获菜头正隆冬，北风凛冽霜铺路。闲人穿裘拥炉火，菜农收菜冷肌肤。洗菜加工浸透骨，先苦后甜心亦足。实实在在碧玉宝，青青白白翡翠珠。叶子风干作盐菜，烧白垫底味特殊。男女老少齐上阵，作好榨菜得幸福。

李丞丕作《涪陵榨菜》

11月，李丞丕作《涪陵榨菜》收入《榨菜诗文汇辑》。诗云：世界同声赞，鲜香众口夸；驰名中外菜，风味独天涯。

戴家琮作《竹枝词（十二首）》

11月，戴家琮作《竹枝词（十二首）》收入《榨菜诗文汇辑》。诗云：唯有涪州风水好，百年繁衍遍山乡。菜头腌制成珍品，嫩脆鲜香誉远洋。秋采育种入冬栽，雪浸霜砸发芥芽。不似芬芳争艳丽，叶茎青翠色无杂。不占农家园圃地，肥田瘦土可栽插。丰年拌饭解油腻，荒岁当粮又代瓜。菜粮兼作在山庄，四季各有好风光。锦绣画图勤绘染，菜乡丰稔乐安康。膳尽春回暖菜乡，摸黑起早菜农忙。妻儿收菜田中去，我卖菜头去赶场。日丽风和二月天，排排菜架在河边。小儿知我谋生苦，穿菜挣得学费钱。莫丢榨菜盐腌水，慢火细熬菜酱油。拌菜入席香四溢，爽心可口味长留。东家妹子手勤巧，咸菜鲜香自有方。小伙品尝情意动，日思夜想断肝肠。农家一日三餐饭，席上不离榨菜盘。老少喜欢食不厌，佐餐下肚胃肠安。莫说待客少油荤，榨菜清香情亦真。自古涪州人恳挚，勤劳诚朴菜农亲。家常咸菜不缺少，腌制收藏费母心。年长他乡常作客，三餐独自忆亲情。码头靠岸逛街市，笛响方知船要开。游子远行难改味，买包榨菜乌江牌。

黎梦作《奉和〈"乌江吟"〉十一韵》

11月，黎梦作《奉和〈"乌江吟"〉十一韵》收入《榨菜诗文汇辑》。诗云：播下艰辛育菜龙，福地洞天孕春风。人生轻易登百岁，寰宇响彻乌江功。品质天成蕴玄机，尽收精气君可知。山水妙融传神处，珍奇美肴让人思。巴乡淳朴君可尝，歌韵百里风景廊。压惊须是酒极品，酒佐榨菜味道长。下下上上未足奇，里里外外堪称稀。巴情浓郁赠君享，入文风土掩灵芝。荔枝榨菜冠北南，子子孙孙臆名鲜。香飘万里扫却憾，茗烹乌江留佳篇。诗篇传处自芳华，书简镌刻俭与智。作庖须作文章菜，枕石激流集大家。巴山葱茏伴东流，丘峦披翠岁月悠。碧畴绿畦田原后，水清赖有活源头。五湖四海俱纳涪，洲中豪有亚字殊。流风千年说橘枳，味出赤县不多乎。乌水碧波菜入缸，江花茎瘤味悠长。涪陵巍峨随境过，郡归渝辖名更香。菜推极品自然香，品尽天下亦平常。筵有百肴岂堪比，席中小碟最久长。榨出动力追五粮，菜中统帅位尊煌。丰茂依附乌江水，收奇罗珍靠自强。

蒲国树作《"乌江"咏》

11月，蒲国树作《"乌江"咏》收入《榨菜诗文汇辑》。诗云：一从大地滚金龙，浪激乌江助劲风。播福人寰益百岁，名牌惊世著奇功。仙香妙韵蕴天机，奇特深幽恨未知。品尽山珍心醉处，乌江风味最相思。巴歌压酒劝君尝，槛外黔峡尽画廊。画妙乌江牌里品，歌香榨菜味中长。下里巴人亦有奇，简单未必不珍稀。天时地利兼收享，榨菜常食胜紫芝。从来美味饶巴南，荔枝香茗哑酒鲜。山谷当年真遗憾，未尝榨菜谱佳篇。浓妆淡抹洗铅华，素肴平生愿已奢。一碟乌江鲜嫩菜，诗书作枕近仙家。乌江汇入大江流，两岸巴丘碧水悠。惊看风光冬腊后，山山都是青菜

头。五洲流味本之涪，端品乌江世界殊。淮北淮南分橘枳，莫非水土有玄乎？云山匝绕似陶缸，腌就巴鲜日月长。不是乌江涪郡过，何来榨菜五洲香。菜品筵席人品香，民风涪地重家常。加工腌菜年年比，巧妇贤妻论短长。榨菜丰收且茂粮，工商带动更辉煌。冬闲巧借光热水，种菜增盈岁岁强。

陶懋勋作《榨菜赋》

11月，陶懋勋作《榨菜赋》收入《榨菜诗文汇辑》。赋云：四川涪陵，物华天宝，榨菜之乡，名声远噪，与世界三大腌菜齐名，为我国三大名菜之一。嫩脆鲜香，独具丽质；蒸煮炒煎，各有所适。佐餐而口胃大开，侑酒而长鲸海吸。巨富豪门，陋巷棚壁；户贮家藏，登堂入室。有益营养，方便携行；高贵礼品，乡土浓情。学名茎瘤芥，俗称青菜头，涪陵之气候土壤，培植而品质独优。白露播种，寒露移栽，霜冻雪压，突角肥薹。收获悬挂，日晒风干，剥皮去屑，加盐渍腌。池沤槽榨，作料和修，青虹错杂，色泽斑斓，分门别类，装襄盛坛。卤水别有所用，熬成榨菜酱油，调味独具一格，沾染朵颐爽喉。品位既高，顾客不少，四季常青，产销走俏，农村老妇，世代祖传，小家碧玉，风味领先。提篮背篓，少女联翩，卖钱购物，脂粉裙衫，更买柴而后米，亦沽酒而裹盐。余款累积，致富万千，生财有道，世代相沿，八十年首，有邱寿安，规模经营，名幕出川。自发源而导流，竞跨海而扬帆，藐涓涓之细水，开公私之银山。生之者多，食之者众，众口不同，各得其用。若夫华堂高宴，贵客丑门，驼峰熊掌，海味山珍，即妖心而腻。厌单著而沾唇。榨菜肉丝，别有韵味；榨菜肉汤，清炖杂烩。激食欲之骤增，乃鼓腹而大蚌。则有故人久别，痛饮三杯，食具鸡黍，果摘杨梅，盘飧无兼味，榨菜新坛开。面轩外之场圃，盼庭柯之榆槐，慢尝细品，畅叙情怀，沧海事罢，白日西颓，佳味难得，何日再来？更有衡门高士，饮食箪瓢，庖无肥肉，衣敝锦袍，榨菜佐膳，美味佳肴。耻追臊而逐臭，视富贵如鸿毛。咬得菜根，百事可为；耐得贫贱，清名永标。至于西山农户，播谷种瓜，谷雨催耕，清明采茶，芒种插禾，立秋收稼。农事繁忙，人无闲暇，腊肉不烧，肥鸡不杀，新腌榨菜，清香麻辣，下饭伴酒，两可俱佳。午饭野餐，细丝入口和汤嚼；暮归共酌，碎片堆盘随手抓。如此种种，语焉难详，宜乎推广，遍及城乡，土特名产，创利家邦。银牌金奖，灿烂辉煌。改革开放，百业俱兴，迁幽谷于乔木，沐生意于阳春，弘扬旧绩，再展新程。乘直辖之东风，鹏飞万里；浇高峡之湖水特色长青。

杨通才作《腌菜王记》

11月，杨通才作《腌菜王记》收入《榨菜诗文汇辑》。赋云：黔水北汇长江，汁甘若乳；涪邑带居亚热。紫壤超凡。阳气三连，灵光养生万物；月阴六断，精华繁育奇种。有十字花科芸薹野生芥者，历年千百，涅辗转，栖迟金土，化曰茎瘤。迭经邦漠奉朝，周煌训主，茎芥之族，螽斯蛰蛰。凛寒遍野碧畴，春立珠鳞山架。迨于邱氏名腌竟成。此则涪陵榨菜之童稚期也。已而八年东倭肆虐，三年石城泛腐，人经丧乱，物痛流离，民无温饱之望，野无嘉禾之征。然而，荔园妃影，风韵古城长留；菜坊叩存，百代过客为证。寒凝大地，春花必发；新华隆诞，云开日丽。菜随粮茂，财以政兴。尤幸东方老人，时空洞察；披荆斩棘，革故鼎新。致使，天道清明，地安宁，人道兴神，三才一体，混合乾坤。彼岸无狂飙之险，极品有可达之期。斯芥也，苗壮三秋，株全数九，夺农暇以欣荣，让黍稷而繁茂。质赖科研登极，量扶青云直上。名牌层出，夺桂"乌江"。碧玉雕成，鲜株熟也；玛瑙晶莹，物象透也；营养异常，氨基酸也；绿色食品，维生素也。其形若何？狮头丰乳；其色若何？彩染高林；其香若何？兰芷蕙菊；其味若何？舌撼醇芳。品列山珍无愧，质比海鲜尤强。詹厨点首，易牙惊徨。榨菜之乡，三腌之王。坛封罐储，盒盛包装；近售京港，远销重洋。百年之绩，改革之光；国中唯一，世界无双。于是，昂首歌曰：国运昌隆百运昌，茎瘤腌芥菜中王。"乌江"夺彩飞金风，夏土流丹寄热肠。千古雄文歌胆剑，一湾春水润渝疆。邓公若问人间事，万里荒原尽小康。

秦继尧作《（榨菜）对联》

11月，秦继尧作《（榨菜）对联》收入《榨菜诗文汇辑》。联云：乌江滚滚，扬子滔滔，万里洪流绕古邑。波涌浪翻，两江天堑飞长虹。西拱巴渝，东屏夔万，昔阻山区多困守。幸土励椅，民风敦厚，勤劳生活布衣暖。根瘤芥苦育奇种，制腌菜香传世界。节俭持身志逐贫，勘能刨业自增富。兴家庭工贸，添集市名优，先辈经营多惨淡。承先启后，菜业兴隆，黎庶千家争富裕。鹅岭巍巍，松屏迷迷，千寻绝峰峙雄关。云蒸霞蔚，三峡平湖拥翠黛。北耸铁框，南倚武陵，今欣雄镇起宏图。逢多边开放，众志驱贫，媲美山珍菜根香。青菜头崛起名牌，膺金奖誉驰环球。菜根常嚼人长寿，苦叶甜心志更高。趁改革新潮，增涪城风韵，今朝规划抓科研。继往开来，市场丰茂，大潮百业竞辉煌。精制名腌，出口飘香世界，开拓工贸兴，先辈经营多惨淡。荣获金奖，广销饮誉环球，创汇乘潮涌，后来居上看辉煌。

陶懋勋作《（榨菜）对联》

11月，陶懋勋作《（榨菜）对联》收入《榨菜诗文汇辑》。联云：几代人试制成功，精腌茎瘤芥，四海飘香，入席登堂调鼎味；百周岁经营堪庆，获奖乌江牌，五洲驰誉，开源刨汇裕民生。

黄节厚作《（榨菜）对联》

11月，黄节厚作《（榨菜）对联》收入《榨菜诗文汇辑》。联云：榨原木窄。枳地巧匠开先将硬木块做为菜榨，古妙新奇，曾经传名世界；菜木草采，涪陵能人首创以青菜头腌咸榨菜，鲜香嫩脆，早已饮誉全球。

谭淑贵作《（榨菜）对联》

11月，谭淑贵作《（榨菜）对联》收入《榨菜诗文汇辑》。联云：天上蟠桃，美宴麻姑添寿；人间榨菜，味香黎庶增年。一江春水，涪陵榨菜流不尽；四季飘香，乌江名牌誉远洋。

周彬作《（榨菜）对联》

11月，周彬作《（榨菜）对联》收入《榨菜诗文汇辑》。联云：甜嫩脆香，可比西德甜甘菜；酸鲜麻辣，能赛巴黎酸黄瓜。

朱治昭作《（榨菜）对联》

11月，朱治昭作《（榨菜）对联》收入《榨菜诗文汇辑》。联云：榨菜寿诞百年如此娇娆人共喜，涪陵伟业千秋这般壮丽众咸欢。人生不满巴国名珠你今满；世上难逢乌江榨菜我竟逢。涪陵榨菜春不老；乌江寿域日增祥。人杰地灵巴蜀明珠家丰裕；物华天宝乌江榨菜国昌隆。得其名得其寿明昭百岁，多所见多所闻彪炳千秋。

又村作《（榨菜）对联》

11月，又村作《（榨菜）对联》收入《榨菜诗文汇辑》。联云：千里乌江，雄奇清秀；百年榨菜，嫩脆鲜香。涪陵榨菜，乌江榨菜，绿色食品数榨菜，榨菜之乡喜庆百载；环境特殊，原料特殊，加工腌制亦特殊，特殊有味飘香五洲。煮磴磴，渺片片，泡块块，切丝丝，下刀山油锅不改性；蘸酱酱，熬汤汤，裹粑粑，吃耍耍，凡妇孺老幼必称高。

况守愚作《庆祝榨菜百周年（唱词)》

11月，况守愚作《庆祝榨菜百周年（唱词)》收入《榨菜诗文汇辑》。词云：榨菜原本土特产，如今鸡毛飞上天。卫星电视也露面，涪陵榨菜美名传。榨菜历史颇久远，开创早在光绪年间。创始之人啥名姓？名字就叫邱寿安。邱氏祖辈务农产，男耕女织乐田园。菜根香来布衣暖，自食其乐苦中甜，生活安定要求发展，他去到宜昌开酱园。雇请技师当采办，资中人邓炳臣为他帮长年，戊戌年大制青菜头腌菜，邓炳诚捎两坛去供主人尝鲜，邱寿安待客请尝土产，客人们吃得笑语欢天。邱寿安一听客人称赞，心中就在打算盘。青菜头不过咸菜一碗，时来运转要赚大钱。第二年回到涪陵试着干，取个名叫榨菜一下试制八十坛。运到宜昌试试看，结果是一抢而空赚了几千（元）。邱寿安从此悄悄生产，把产量搞到千多坛。邱寿安做生意很有远见，又派弟邱翰章上海试探。山货出川搭榨菜，要让那更多人尝尝。邱翰章敢想又敢干，登广告送样品逢人宣传，客人们品尝后都有好感，百把坛没多久全部卖完。从此后榨菜市场打开局面，行销川鄂江汉上海滩。仿造榨菜遍及邻近州县，销量年年往上翻。民国初期市场好看，上海年销十万坛，还转销南洋和欧美，国内畅销更是不待言，世界上三大名菜也入选，中国榨菜可算状元。涪陵榨菜碧如玉，吃起嫩脆又香鲜。卫生部门进行检验，它含有多种营养成分不简单。原来坛装笨重容易破烂，现改成小包装轻巧美观。不只是运销食用都方便，馈赠亲友也人人喜欢。各处的展销都去参展，榨菜的金杯银奖说不完。李鹏总理乔石委员长都称赞，涪陵榨菜不简单。不特办菜的人有钱赚，带动许多行业都赚钱。办榨菜农村脱贫致富好门路，办榨菜涪陵食品工业半边天。而今涪陵年产榨菜四百多万担，国内外市场广阔前程无边。世界名牌应该大发展，振兴经济努力开财源。九七年香港回归了，今年又是榨菜诞生百周年，可算得喜事重重一连串，应当热热闹闹庆贺一番！

王钰光作《涪陵榨菜硬是香（唱词）》

11月，王钰光作《涪陵榨菜硬是香（唱词）》收入《榨菜诗文汇辑》。词云：涪陵榨菜硬是香，荤炒肉丝素熬汤。包你送饭梭得快，好比放船下宜昌。嫩咸麻辣鲜又脆，胃口大开好加钢。五洲四海都说妙，宝贝出在我家乡。

新盛罐头进入重庆市私营企业 50 强

12月2日，百胜镇新盛罐头食品厂进入重庆市私营企业50强。《涪陵大事记》（1949—2009）第330页载：（12月2日）《涪陵日报》报道，百胜镇新盛罐头食品厂最近进入重庆市私营企业50强。《重庆市涪陵区大事记》（1986—2004）第204—205页载："（12月）2日《涪陵日报》报道，百胜镇新盛罐头食品厂最近进入重庆市私营企业50强。"

涪陵榨菜集团被批准为重庆市级农业产业化龙头企业

是年，涪陵榨菜集团公司被重庆市农业产业化办公室批准为重庆市级农业产业化龙头企业。

涪陵市榨菜行业工作会召开

12月23日，涪陵市召开榨菜行业工作会。与会人员一致表示要抓好榨菜质量和市场的整顿，以崭新姿态迎接涪陵榨菜诞生百周年。副市长刘启明在会上强调，要及早部署，通过政府搭台，企业唱戏，真正达到振兴涪陵榨菜业、振兴经济的目的。参见何侍昌《涪陵榨菜文化研究》第117页。

涪陵榨菜企业获殊荣

《涪陵日报》报道，涪陵榨菜（集团）有限公司生产的乌江牌榨菜最近获美国FDA（美国国家食品与医药管理局）认证。《重庆市涪陵区大事记》（1986—2004）第204页载："（12月）30日，《涪陵日报》报道，'乌江牌榨菜'近日获美国FDA认证。FDA即美国国家食品与医药管理局，FDA认证的取得，标志着'乌江'牌榨菜取得了进军美国市场的'通行证'。"

12月，涪陵榨菜（集团）有限公司自1995年开始申办"乌江牌榨菜"国际注册以来，已在美国、加拿大、菲律宾、韩国、俄罗斯联邦、越南、日本、泰国、马来西亚、新加坡等10多个国家和香港特区注册。《涪陵大事记》（1949—2009）第332页载：本年（1997年），涪陵榨菜集团公司乌江商标在美国、加拿大、菲律宾、俄罗斯、日本等十多个国家注册成功。中国重庆市涪陵区委党史研究室编《重庆市涪陵区改革开放二十年大事记（1978.12—1998.12）》第389页载：同年（1997年），涪陵榨菜集团公司乌江牌商标在美国、加拿大、菲律宾、韩国、俄罗斯、日本等十多个国家申办国际注册。《重庆市涪陵区大事记》（1986—2004）第207页载："是年（1997年），涪陵榨菜集团公司'乌江'商标在美国、加拿大、菲律宾、韩国、俄罗斯、日本等十多个国家注册成功。"

是年，涪陵榨菜（集团）有限公司生产的乌江牌方便榨菜荣获全国食品行业名牌产品称号。

涪陵市（地级）成品榨菜产量首次突破20万吨

1997年，涪陵市（地级）成品榨菜产量首次突破20万吨。《涪陵大事记》（1949—2009）第331页载：（1997年）据统计，涪陵市（地级）成品榨菜产量首次突破20万吨，达21.05万吨。

涪陵榨菜产业纳入重庆市7大农业产业化项目

是年，涪陵榨菜产业纳入重庆市7大农业产业化项目之一。自1998年获国家财政扶持资金 350 万元和国家计委划拨榨菜产业化发展资金 800 万元后，据不完全统计，至 2007 年涪陵区榨菜产业化建设共获国家各级无偿扶持资金近 3000 万元、财政贴息资金 6500 万元。

榨菜科研论文发表

是年，唐地元、罗永统在《食品科学》第 3 期发表《降低"微波榨菜"包装成本试验》一文。

榨菜新产品开发

是年，涪陵榨菜（集团）有限公司开发出乌江牌"四川泡菜""虎皮碎椒"。

榨菜科研成果获奖

是年，涪陵地区农科所完成的"茎瘤芥施肥原理及技术研究"，荣获四川省人民政府科技进步三等奖。

榨菜科研课题发布

是年，陈材林主持重庆市科委课题"榨菜杂种优势利用研究"，起止年限为 1997—2001 年。

余家兰主持涪陵市科委课题"鲜食茎用芥菜新品种选育"，起止年限为 1997—2000 年。

《三峡纵横》开辟"榨菜文化纵横"栏目

是年起，《三峡纵横》为迎接涪陵榨菜 100 周年华诞，开辟"榨菜文化纵横"栏目，先后登载蔺同（蒲国树）文章 11 篇。其中本年 1 期是《榨菜起源于何时——从神秘的传说谈起》，2 期是《咸菜一盘有学问——榨菜·青菜头·茎瘤芥》，4 期是《天时地利育特产——涪陵榨菜的"五个特"》，5 期是《一荣俱荣百业旺——榨菜业与致富工程》，6 期是《一菜百味任君爱——榨菜吃法与用途种种》《好吃不过咸菜饭——榨菜与健康长寿》。次年 1 期是《竹耳环里藏玄妙——涪陵榨菜的神秘文化色彩》《涪陵风情话菜乡——榨菜民俗琐谈》，3 期是《为看为尝千里来——涪陵榨菜与旅游业》，4 期是《无限风光乌江牌——涪陵榨菜名牌古今》《百年难逢金满斗——榨菜业的历史机遇》。蔺同的"榨菜文化纵横"系列论文收入进《榨菜诗文汇辑》。

陵榨菜产业化形成三种模式

是年，涪陵榨菜实施产业化经营，已具雏形，主要有三种模式：其一是公司＋农户；其二是公司＋基地＋大户；其三是公司＋专业合作社。

榨菜辅料卫生监督

《涪陵市榨菜志（续志）（讨论稿）》第78页载：（到1997年）共计抽检辅料和食品添加剂样品213件，合格157件，合格率73.71%。不合格样品主要为1988—1990年海椒面中检出人工合成色素。

榨菜用水监督

《涪陵市榨菜志（续志）（讨论稿）》第78页载：1986—1997年抽检水样450件，合格375件，合格率83.33%。

榨菜成品卫生检验

《涪陵市榨菜志（续志）（讨论稿）》第78—79页载：1986—1997年抽样榨菜样品2580件，除苯甲酸钠外，合格2464件，合格率95.50%。不合格样品为大肠菌群超标。

榨菜卫生宣传培训

《涪陵市榨菜志（续志）（讨论稿）》第79页载：1990—1992年组织了榨菜生产加工人员1800人，参加了四川省食品从业人员卫生知识广播培训和考试，发给了结业证。

榨菜从业人员管理

《涪陵市榨菜志（续志）（讨论稿）》第79页载：1986—1997年共体检9850人次，查出患有职业禁忌疾病的人员723人次。

榨菜销售收益

是年，地级涪陵市产榨菜21万吨（坛装9.7万吨，方便10.6万吨，出口7000吨），榨菜企业完成产值4亿元，销售收入4.7亿元，利润1200万元，入库税金4000万元。

1998 年

涪陵榨菜（集团）有限公司举行应聘大学生迎春座谈会

1月1日，涪陵榨菜（集团）有限公司在重庆协信商厦举行应聘大学生迎春座谈会，来自重庆大学等院校的近50名大学生与会，畅谈自己对涪陵榨菜业的看法和建议。

"榨菜行标修订小组"成立

1月，涪陵市（地级）榨菜管理办公室组织涪陵有关部门和部分重点企业成立"榨菜行标修订小组"，着手修订国家榨菜行业标准。参见何侍昌《涪陵榨菜文化研究》第121页。

重庆市涪陵区红日升榨菜食品有限公司成立

1月，重庆市涪陵区红日升榨菜食品有限公司成立，位于涪陵地区百胜镇紫竹村八社，是一家专业生产、销售涪陵榨菜的食品企业。公司占地5000平方米，公司拥有资产800万元，拥有职工200人，年生产能力12000吨，拥有国内一流的榨菜生产线和完善的产品检测设备。公司主要生产"红昇牌""懒妹子牌"榨菜、泡菜系列。产品荣获国家标准合格单位质量放心品牌。公司于2006年10月通过了食品QS认证（B级）历次经涪陵区质检部门、卫生部门抽检产品均为合格产品。公司的经营方针和宗旨是："诚信、精品、创新、奋进"，已通过IS09001国际质量认证。企业将以全新的形象面向社会，以诚信取信于消费者，用真诚回报社会。

榨菜质量整顿工作现场会召开

2月16—17日，中共枳城区委、区人民政府分别在清溪镇和珍溪镇召开榨菜质量整顿工作现场会。会议前后抽调机关干部组成8个督查组，乡镇、村、社层层落实责任制，要求切实把好榨菜风脱水质量关。参见何侍昌《涪陵榨菜文化研究》第117页。1998—2007年，中共涪陵区委、区政府每年都召开全区榨菜收购加工暨质量整顿工作会，部署榨菜初加工质量整顿工作；区榨菜管理办公室，把质量监管列为常年工作，在原料收购加工期间，与质监、卫生、工商等部门共同组成榨菜质量整顿工作组，深入产区及企业，巡回检查执法，严厉打击粗制滥造、偷工减料等不法行为，并常年定时、不定时地对产品进行监督检查。通过各级各部门狠抓质量管理，传统风脱水工艺逐步恢复，初加工半成品质量和成品榨菜质量逐年提高。企业为了

生存发展，"质量第一"的观念已深入人心，特别是大中型榨菜企业，制定了一系列加强计量、标准化、产品质量管理的具体措施和方法，形成一整套质量管理操作规程和网络体系。

涪陵市人民政府接受记者采访

2月18日，《涪陵日报》报道，近日涪陵市人民政府副市长刘启明就当前榨菜加工关键时节，如何抓产品质量问题，接受记者采访。刘副市长说，总的是要逐步恢复风脱水加工工艺，要力保榨菜质量上台阶，市政府已决定采取7条措施予以保障，并逐条进行介绍和解释。

榨菜科研成果获奖

2月22日，《涪陵日报》报道，涪陵榨菜（集团）有限公司完成的《榨菜软罐头生产工艺》科技成果，获1997年度涪陵市科技进步一等奖。

枳城区农村信用社发放榨菜加工贷款

2月28日，《涪陵日报》报道，枳城区农村信用社去年冬末以来发放贷款2472万元支持加工户搞风脱水榨菜加工，对搞盐脱水加工和收购盐脱水半成品的企业一律不发放贷款。

《文汇报》报道榨菜肉松

2月28日，《文汇报》第8版报道：台湾著名作家龙应台在《上海的一日》中描述说："这一天，我从里弄出来，在巷口'永和豆浆'买了个粢饭团——包了肉松榨菜的，边走边吃。"

榨菜发展目标确定

《涪陵年鉴（2001）》中《1998—2000年涪陵区政府工作报告》第29—30页1998年工作安排云："积极推进农业产业化。加大农业产业结构、产品结构的调整力度，着力提高畜牧、蚕桑、蔬菜、水果、青菜头、水产品六大增收项目的规模经济效益。全年出栏生猪70万头……青菜头种植面积25万亩，产量45万吨……积极探索农业产业化的多种组织形式，以榨菜产业化建设为突破口，全力启动骨干多经产业化项目。""积极实施驰名品牌战略，立足卷烟、中成药、榨菜、摩配件、建筑陶瓷等拳头产品，努力争创全国驰名品牌。""推进商贸流通改革。加大商贸企业改组、改制力度，依托榨菜、食品、医药等优势产业和骨干企业，组建大中型商贸流通企业。"

乌江牌榨菜获殊荣

3月2日，涪陵榨菜（集团）有限公司生产的乌江牌榨菜被新疆维吾尔自治区消费者协会评为"1998—1999年度推荐商品"称号。

乌江牌榨菜获殊荣

3月5日，《涪陵日报》报道，涪陵榨菜（集团）有限公司的乌江牌榨菜，1997年产值1.8亿元，居重庆市商业系统25家企业重点产品产值首位。

巴都牌榨菜获绿色食品证书

3月16日，太极集团生产的巴都牌榨菜获中国绿色食品发展中心颁发的"绿色食品"证书，获得中国绿色食品发展中心质量检测认证。巴都牌榨菜成为涪陵区首家"绿色食品"，全部产品无化学防腐剂。中国重庆市涪陵区委党史研究室编《重庆市涪陵区改革开放二十年大事记（1978.12—1998.12）》第395页载：1998年3月16日，太极集团生产的巴都牌榨菜获得中国绿色食品发展中心颁发的证书。《重庆市涪陵区大事记》（1986—2004）第210页载："（3月）16日，太极集团国光食品厂生产的'巴都牌'榨菜获中国绿色食品发展中心颁发的绿色食品证书，成为重庆市首家取得绿色食品称号的品牌。"

第六届"乌江文艺奖"评选

3月中旬至5月下旬，涪陵区委宣传部、区文化局、区文联主办，区文联承办，对1996—1997年面世的、参与申报的40多件作品进行第六届"乌江文艺奖"评选，共评出获奖作品18件。其中吴建国的长篇小说《邱家大院》（四川人民出版社，1999年）荣获特别奖。

重庆市作协到涪陵采风

3月25日—4月3日，重庆市作协副主席余德庄带领重庆市作家赴三峡库区采风团涪陵分团一行15人到涪陵采风，先后到涪陵化学工业公司、太极集团、涪陵烟厂、涪陵榨菜集团公司、釉面砖厂、南沱移民新村等地采访。参见《涪陵年鉴（2001）》第109页"重庆市作家采风团来涪陵采风"。

榨菜著名商标认定

3月27日，涪陵榨菜（集团）有限公司的"乌江牌"注册商标被重庆市工商局认定公布为重庆市首批著名商标。《涪陵大事记》（1949—2009）第335页载：（3月）27日，涪陵烟厂的"宏声"、涪陵建陶的"金鹤"、涪陵榨菜集团的"乌江"以及太极集团的"太极""山水"等5个商标，被命名为重庆市首批著名商标。《重庆市涪陵区大事记》（1986—2004）第211页载："（3月）27日，涪陵烟厂的'宏声'、涪陵建陶的'金鹤'、榨菜集团的'乌江'及太极集团的'太极''山水'等5个商标，被命名为重庆市首批著名商标。"

《榨菜美食荟萃》问世

3月，涪陵区榨菜管理办公室会同涪陵榨菜（集团）有限公司与涪州宾馆餐饮部联合编印的《榨菜美食荟萃》一书打印成稿。系榨菜文化史上问世的首部榨菜菜谱。该书分凉菜、热菜（荤、素）、面食三个种类共80余个菜品，印刷5000册对外发送。

榨菜产业化基地首次座谈会召开

4月8日，涪陵区榨菜办公室、涪陵榨菜（集团）有限公司联合召开榨菜产业化基地首次座谈会。来自李渡、义和、镇安等乡镇的9个村支部书记、村委会主任就基地建设交换了意见，达成了共识。

榨菜新产品开发

4月14日，《涪陵日报》报道，宏声实业（集团）公司在成功开发邱家牌榨菜的基础上，最近又独家推出邱家牌榨菜香辣酱新产品，在试销中受到消费者欢迎。

是年，涪陵华粹食品有限公司首家试用乳化调味辅料获得成功。

榨菜企业并购

4月16日，私营榨菜企业"辣妹子食品厂"业主黄正禄，于1997年出资180万元收购珍溪镇办企业"珍惠服饰有限公司"，建立一座年产7000吨小包装榨菜的食品总厂，本日正式挂牌。

江泽民、温家宝视察太极集团重庆国光榨菜罐头食品厂

4月16日，中共中央总书记、国家主席江泽民、国务院副总理温家宝视察太极集团重庆国光榨菜罐头食品厂，对巴都牌榨菜给予高度赞誉。1998年4月16日江

泽民视察涪太极集团，关心涪陵榨菜发展。时任中共中央总书记、国家主席、中央军委主席江泽民在中共中央政治局委员、书记处书记、国务院副总理温家宝，中央军委委员、总参谋长傅全有，中央政策研究室主任滕文生，中央财经领导小组副秘书长、办公室主任华建敏，国家经贸委主任盛华仁，农业部部长陈耀邦，中央办公厅副主任、中办警卫局局长由喜贵，以及成都军区政委张志坚、重庆市领导张德邻、蒲海清、张文彬、刘志忠、王鸿举、甘宇平等陪同下，第二次前来涪陵视察。江泽民视察的第一站是太极集团涪陵制药厂。在样品展销平台，解说员向总书记介绍了急支糖浆、太极通天液、衡生颗粒、风温马钱片、藿香口服液、极品榨菜等产品。"总书记拿着榨菜的玻璃瓶包装讲：'这种包装可以更好地保证质量。'张德邻书记补充着：'榨菜酱可以直接下饭，适合出差、加班的人员。'"参见《涪陵年鉴（2001）》特载《江泽民总书记视察涪陵纪实》第1—2页。

榨菜加工专利认定

4月26日，《涪陵日报》报道，涪陵区外贸局查志宏研制的"螺旋式连续脱盐榨水机"和"软包装食品连续杀菌机"，最近获国家专利局授予的专利权。这两项技术主要用于小包装榨菜生产工艺。《涪陵大事记》（1949—2009）第336页载：（4月）26日，《涪陵日报》报道，涪陵区外贸局的查志宏发明的"螺旋式连续脱盐榨水机"和"软包装食品连续杀菌机"最近获国家专利局授予专利权。这两项技术主要用于小包装榨菜生产中的脱盐、脱水和预热、杀菌、冷却，是涪陵榨菜行业首次获得的技术专利。《重庆市涪陵区大事记》（1986—2004）第212页载："（4月）26日，《涪陵日报》报道，涪陵市外贸局的查志宏发明的'螺旋式连续脱盐机'和'软包装食品连续杀菌机'最近获国家专利局授予专利权。这两项技术主要用于小包装榨菜生产中的脱盐、脱水和预热、杀菌、冷却。"

新盛罐头食品有限责任公司获自营进出口权

4月30日，新盛罐头食品有限责任公司获自营进出口权。《涪陵大事记》（1949—2009）第336页载：（4月）30日，涪陵区新盛罐头食品有限责任公司最近经国家外贸部批准，获自营进出口权。这是涪陵首家获进出口权的民营企业。《重庆市涪陵区大事记》（1986—2004）第212页载："（4月）30日，涪陵区新盛罐头食品有限责任公司最近经国家外贸部批准，获自营进出口权。这是涪陵首家获进出口权的民营企业。"

涪陵加入中国农学会特产经济委员会

4月，涪陵作为团体会员正式加入中国农学会特产经济委员会，并首次参加在北京举行的中国农学会特产经济委员会工作会议。参见何侍昌《涪陵榨菜文化研究》第122页。

榨菜产业统计

截至是年5月底统计，涪陵区有生产成品榨菜的企业167户，其产小包装方便菜的109户（已评审颁证71户，评审中38户），产坛装菜的58户（不含未办营业执照的加工户）；109户中，国营24户，集体63户，私营（个体）22户，产方便菜企业拥有商标75个。加工半成品的个体户依然大量存在。

重庆市政协参观涪陵

6月14日，重庆市政协副主席韦思琪在涪陵区政府、区政协有关领导陪同下，考察太极集团、榨菜（集团）有限公司，还参观了沙溪沟菜厂。对涪陵重视实施榨菜产业化工程予以高度评价。

《关于举办首届涪陵榨菜文化节暨百年庆典活动并成立组委会的通知》发布

6月30日，中共重庆市涪陵区委、区人民政府发出《关于举办首届涪陵榨菜文化节暨百年庆典活动并成立组委会的通知》（涪区委〔1998〕15号）。组委会由常务副市长胡健康任主任，区委宣传部部长张世俊、副市长伍策禄、区人大常委会副主任王天义任副主任；下设办公室负责具体事宜。参见何侍昌《涪陵榨菜文化研究》第117页。

巴都牌榨菜获奖

6月，重庆国光绿色食品有限公司生产的巴都牌榨菜被重庆市食品博览会组委会评为"重庆市首届食品博览会金奖"。

重庆市涪陵德丰食品有限公司成立

6月，成立重庆市涪陵德丰食品有限公司，是专业从事加工销售榨菜、肉类和蔬菜等系列罐头食品的自营出口型民营企业。公司驻李渡示范区马鞍工业园区，占地面积24700平方米，建筑面积5800平方米，总资产2500万元，从业人员250人，年生产能力1万吨。2007年，公司生产销售榨菜等产品9000吨，实现销售收入6850万元，出口创汇700多万美元，实现利税800多万元。

筹建重庆市涪陵区榨菜行业协会

6月，开始筹建重庆市涪陵区榨菜行业协会。次年4月9日正式成立。

湖北来凤考察涪陵榨菜和生姜生产

7月2日，湖北来凤县副县长苏成扬率湖北来凤县党政代表团到涪陵，考察涪陵榨菜和生姜生产。

首例榨菜专利侵权案判决

7月10日，《重庆晚报》报道，涪陵榨菜（集团）有限公司状告涪陵区新妙榨菜厂、金星食品厂、利民食品厂等6家榨菜生产企业未经专利法人许可，擅自在木鱼、渝陵、川牌、川溪、广味方便榨菜、涪渝牌榨菜包装袋上使用近似于"乌江牌"的装潢设计，侵害了公司的专利权。受理此案的重庆市第三中级人民法院近日做出判决：责令6家企业立即停止侵权，并赔礼道歉，赔偿公司经济损失数万元。27日，《中国专利报》亦对此案作了报道。这是重庆市范围内判决的首例榨菜专利侵权案。

李渡镇双庙榨菜生产合作社成立

7月28日，李渡镇双庙榨菜生产合作社正式挂牌成立。这是目前全国首家股份制榨菜生产合作社。它由双庙一社李国才与103户农户、涪陵榨菜（集团）有限公司自愿组成；各方按合作社章程办事，真诚合作，积极探索"公司＋基地＋农户"的榨菜农业产业化的路子。重庆市、涪陵区人民政府有关领导和区级有关部门对此表示祝贺。《涪陵大事记》（1949—2009）第342页载：（7月）28日，由李渡双庙一社103户农民和涪陵榨菜（集团）有限公司自愿组成的全国首家股份制榨菜生产合作社成立。《重庆市涪陵区大事记》（1986—2004）第218页载："（7月）28日，由李渡双庙一社103户农民和涪陵榨菜（集团）有限公司自愿组成的全国首家股份制榨菜生产合作社成立。"。

李渡建设"万亩榨菜生产基地"考察论证

7月30日，《涪陵日报》报道，涪陵榨菜（集团）有限公司积极推进农业化进程，请来中国工程学院院士、重庆市科协主席、西南农大校长向仲怀等一批专家，就在李渡建设"万亩榨菜生产基地"进行考察论证。专家们考察后，一致认定这一方案可行。

涪陵区榨菜管理办公室成立

7月，涪陵市榨菜办与枳城区榨菜办合并成立重庆市涪陵区榨菜管理办公室，驻新华中路64号，后迁兴华东路20号，为区政府直属事业单位，副处级，由区商委代管，内设综合科、业务科、质量监督管理科。主要职责：制定全区榨菜发展方针、政策、总体规划和年度计划；负责审查全区榨菜企业基本生产条件；负责全区榨菜生产、销售等行业管理，搞好统筹协调、指导服务；对榨菜生产加工进行业务指导和技术服务，组织实施榨菜科技攻关和新产品开发；负责榨菜企业职工职业技能培训和考核鉴定；负责全区榨菜企业正确使用"涪陵榨菜"证明商标；负责榨菜质量管理和监督检查，配合有关执法部门开展榨菜打假治劣；负责榨菜原产地域产品保护和依法治菜等工作。1998年7月—2007年12月，区榨菜办由张源发任主任，先后任副主任的有曾广山、张孝明、汤勇、陈林辉。

乌江牌榨菜获绿色食品证书

7月，涪陵榨菜（集团）有限公司生产的乌江牌榨菜获"绿色食品"证书。

"首届涪陵榨菜文化节"新闻发布会召开

8月18日，涪陵区人民政府在北京钓鱼台国宾馆召开"首届涪陵榨菜文化节"新闻发布会。全国政协副主席杨汝岱等出席发布会。参见何侍昌《涪陵榨菜文化研究》第117页。

涪陵榨菜（集团）有限公司捐赠抗洪救灾

8月21日，在由文化部、民政部联合举办的赈灾义演中，涪陵榨菜（集团）有限公司再次奉献爱心，向抗洪军民捐赠榨菜方便食品100余吨，价值100万元人民币。中国重庆市涪陵区委党史研究室编《重庆市涪陵区改革开放二十年大事记（1978.12—1998.12）》第407页载：1998年8月中旬，连日来，长江中下游及嫩江流域遭受特大洪灾。广大军民奋力抗洪救灾的感人场景，牵动了涪陵人民的心，社会各界纷纷捐款捐物大力支援灾区。涪陵榨菜（集团）有限公司率先向湖北省抗洪救灾部队捐赠200余件30000多盒（包）乌江牌榨菜，受到官兵们的热烈欢迎。

发布《重庆市涪陵区榨菜生产管理暂行规定》

8月29日，根据《产品质量法》《食品卫生法》《商标法》等法律和有关规定，结合涪陵榨菜生产实际，涪陵区人民政府发布《重庆市涪陵区榨菜生产管理暂行规定》（〔1998〕第2号）。该规定系重庆市涪陵区人民政府令第2号，由中共涪陵区委副书记、区长姚建全签发。该规定包括10章36条，其中总则5条、第二章榨菜产品生产基本条件3条、第三章原料收购和加工管理4条、第四章榨菜产品质量监督5条、第五章卫生管理4条、第六章出厂出境管理2条、第七章市场管理4条、第八章新产品开发2条、第九章奖励与处罚4条、第十章附则2条。对榨菜生产条件、原料收购、加工管理、榨菜质量监督、卫生管理、出厂出境管理、市场管理、新产品开发、奖励与处罚等做出了具体规定。参见何侍昌《涪陵榨菜文化研究》第121页。

四川榨菜更名为"涪陵榨菜"

9月22—23日，中华全国供销合作总社在涪陵中山宾馆召开全国榨菜行业标准审定会，来自全国各地的30多位榨菜行业领导和专家以及企业代表就榨菜行业标准重新审定，坛装榨菜和方便榨菜两个标准修改稿均获通过，形成新的国家榨菜行业标准，以GH/T1011-1998（坛装榨菜标准）、GH/T1012-1998（方便榨菜标准）分别取代GB6094-85、GB9173-88。过去与浙江榨菜并列的四川榨菜更名为"涪陵榨菜"。参见中国重庆市涪陵区委党史研究室编《重庆市涪陵区改革开放二十年大事记（1978.12—1998.12）》第410页。《重庆市涪陵区大事记》（1986—2004）第221页载："（9月）22日，来自北京、浙江、重庆的有关专家在涪陵初步审定了由涪陵'国标修订小组'起草的全国榨菜行业标准草案，'四川榨菜'正式更名为'涪陵榨菜'。"《涪陵大事记》（1949—2009）第346页载：（9月）23日，中华全国供销合作总社在涪陵召开国家榨菜行业标准审定会历时2天结束。会上，来自北京、浙江、重庆的有关专家在涪初步审定了由涪陵"国标修订小组"起草的全国榨菜行业标准草案，"四川榨菜"正式更名为"涪陵榨菜"；审定通过了新的国家榨菜行业标准。以GH/T1011-1998（坛装榨菜标准）和GH/T1012-1998（方便榨菜标准）取代了原国家标准局发布实施的GB6094-85（坛装榨菜标准）和GB9173-88（方便榨菜标准）。此标准由中华全国供销合作总社于1998年11月9日，次年3月1日起施行。参见何侍昌《涪陵榨菜文化研究》第121页。

榨菜文化节主题歌《古老的希望城》MTV片拍摄

9月27—30日，中央电视台来涪拍摄榨菜文化节主题歌《古老的希望城》MTV片。这是涪陵的第一张MTV片。《涪陵大事记》（1949—2009）第346—347页载：（9月）29日，涪陵第一张MTV电视片、涪陵榨菜文化节主题歌《古老的希望城》在涪陵封镜。该片由中央电视台拍摄、中央民族歌舞团一级演员曲比阿乌演唱。《重庆市涪陵区大事记》（1986—2004）第221页载："（9月）29日，涪陵第一张MTV电视

片、涪陵榨菜文化节主题歌《古老的希望城》在涪陵封镜。该片由中央电视台拍摄、中央民族歌舞团一级演员曲比阿乌演唱。"

李鹏视察涪陵并为涪陵榨菜文化节题词

10月5日，中共中央政治局常委、全国人大常委会委员长李鹏视察涪陵，参观了涪陵卷烟厂和宏声实业集团生产的"邱家牌榨菜"、插旗村山体滑坡受灾现场、涪陵金帝集团有限公司及清溪镇龙云村三社移民新村，并为涪陵榨菜文化节题词："榨菜之源，香飘百年"。《涪陵大事记》（1949—2009）第350页载：（10月）28日，全国人大常委会委员长李鹏为涪陵榨菜文化节题词："榨菜之源，香飘百年"。《重庆市涪陵区大事记》（1986—2004）第221—222页有10月5日"李鹏、布赫一行视察涪陵"，无关于涪陵榨菜的具体内容。

涪陵区农业产业化领导小组

10月6日，涪陵区农业产业化领导小组成立，组长姚建全，副组长龙正学、伍策禄、包定有、万伯仲、刘启明、伍国福，成员为区级相关部门负责人，下设榨菜、畜牧、茧丝绸、中药材、蔬菜、果品6个协调小组。领导小组负责研究、协调、解决实施农业产业化战略中的重大问题，协调小组具体负责各产业的决策和指导。领导小组下设办公室在涪陵区农办。参见何侍昌《涪陵榨菜文化研究》第118页。

涪陵榨菜企业获殊荣

10月13日，2家涪陵榨菜企业进入重庆市"1997年百户重点私营企业"。《涪陵大事记》（1949—2009）第349页载：（10月）13日，《涪陵日报》报道，涪陵新盛罐头食品有限公司、涪陵四强实业有限公司近日被中共重庆市委、市人民政府命名为"1997年百户重点私营企业"。《重庆市涪陵区大事记》（1986—2004）第223页载："（10月）13日，《涪陵日报》报道，涪陵新盛罐头食品有限公司、涪陵四强实业有限公司近日被中共重庆市委、市人民政府命名为'1997年百户重点私营企业'。"

《中国特产报》报道重庆涪陵榨菜文化节相关情况

10月29日，《中国特产报》报道重庆涪陵榨菜文化节相关情况，主要内容包括：一、《重庆涪陵榨菜文化节主要活动安排一览表》；二、《榨菜民俗琐谈》；三、《竹耳环里藏玄妙——涪陵榨菜的神秘文化色彩》；四、陶懋勋的《榨菜铭》；五、涪陵榨菜文化节主题歌《古老的希望城》；六、高建设《孩子与榨菜》等多幅相关图片；七、榨菜文化节会徽；八、中共重庆市涪陵区委书记聂卫国《巴国故都 榨菜之乡 乌

江门户　重庆市涪陵区昂首阔步迈向新世纪》；九、重庆市涪陵区人民政府区长姚建全《举杯贺华诞　携手铸辉煌——'98涪陵榨菜文化节欢迎辞》；十、《三峡明珠——涪陵》电视专题片解说词。

榨菜文化研讨会举行

10月，榨菜文化研讨会举行。《涪陵年鉴（2001）》第75页"理论研究深入开展"云："10月与社科联联合举办了涪陵榨菜文化研讨会，对涪陵榨菜文化和振兴涪陵榨菜产业进行了深入研讨。"

榨菜新产品开发课题

《重庆市涪陵区大事记》（1986—2004）第223页载："是月（10月），由原涪陵市枳城区蔬菜水产公司与天津轻工学院合作的科研项目'从涪陵特产红心萝卜中提取红色素'，通过天津市科委、教委组织的专家鉴定。"

涪陵榨菜产品获奖

10月，重庆国光绿色食品有限公司生产的巴都牌榨菜被重庆市质量技术监督局评为"重庆市用户满意产品"称号。

《中国特产报》专刊介绍涪陵榨菜

10月29日，《中国特产报》以专刊全面介绍涪陵榨菜的悠久历史和发展现状，展示涪陵经济社会成就。

熊佑荣编制《坛装榨菜工艺歌诀》

10月，熊佑荣在20世纪70年代歌诀的基础上，为庆祝涪陵榨菜100周年华诞编制了《坛装榨菜工艺歌诀》。歌诀云：菜块老筋剥尽，划块大小均匀。穿串排块靠拢，两端回头穿紧。工架必留窗眼，便于空气通行。阴天干风最好，脱水迅速白净。时晴时雨起雾，菜块最易受病。必须随时检查，防止生芽发梗。上架久雨无风，必须见机而行。及时入池脱水，以免菜块唐心。下架干湿适度，菜块柔软才行。下池菜盐称准，食盐分层撒匀。下少上多牢记，抽来补足面层。踩池先踩四边，四角尤要踩紧。池内两次腌制，每天追踩两轮。腌制时间要足，菜块才能熟匀。超池上囤重要，排去多余水分。囤子不宜过高，明水才能滤尽。注意气候变化，严防发热烧囤。菜块淘洗三次，泥沙必须淘尽。修剪光滑美观，大小分别选匀。拌料工作要细，辅料拌和均匀。菜块装坛应紧，五次装紧压平。毛口贮存发酵，便于盐水翻升。定时

检查清口，以防掸口发生。发酵成熟生香，封口及时调运。水泥河沙适当，封口不软不硬。封后别忘打眼，必须盖上口印。标明毛皮净重，注意等级分明。装车装船轻放，尽量减少破损。破坛一经发现，立即换坛装进。换坛必加红盐，为了保色杀菌。坛装榨菜工序，必须环环卫生。加强督促检查，严格操作规程。坚持质量第一，保证优质产品。参见《涪陵榨菜之文化记忆》第 72 页。

吴邦国视察涪陵榨菜生产

11 月 5—7 日，国务院副总理吴邦国视察涪陵，考察了华粹榨菜厂。参见《涪陵年鉴（2001）》第 10 页《党和国家领导人视察涪陵工作概况（1980 年 1 月—2000 年 12 月）》。

吴邦国视察华粹榨菜厂

11 月 7 日，国务院对口支援会议在涪陵召开，中央政治局委员、书记处书记、国务院副总理吴邦国视察华粹榨菜厂。

涪陵榨菜文化节开展仪式举行

11 月 7 日，涪陵榨菜文化节榨菜百年历史展、重点企业产品展示、招商项目展示、商品展销会展厅开展仪式在关帝大厦门前举行。涪陵区领导和中外记者首批参观展览。中国重庆市涪陵区委党史研究室编《重庆市涪陵区改革开放二十年大事记（1978.12—1998.12）》第 415 页载：1998 年 11 月 7 日，涪陵榨菜文化节榨菜百年历史展、重点企业产品展示、招商项目展示、商品展销会开展仪式隆重举行。中国涪陵区委、涪陵区人大、区政府、区政协全体领导，原涪陵地、市老领导、涪陵区级各部门和参展企业领导及中外记者参加了开展剪彩仪式。区委副书记龙正学致辞，向前来参加商品展销的企业和进行经贸活动的客商以及新闻记者表示欢迎。龙正学同时表示：政府搭台，企业唱戏，涪陵将以更加优良的环境、优惠的政策、优质的服务，为来涪陵投资兴业的企业和客商提供商机。参见何侍昌《涪陵榨菜文化研究》第 117 页。

招商引资新闻发布会举行

11 月 7 日，首届榨菜文化节组委会在涪陵中山宾馆举行招商引资新闻发布会。涪陵区长姚建全致新闻发言辞。中共重庆市委副书记、常务副市长王鸿举，中共中央候补委员、涪陵区委书记聂卫国分别讲话。来自《人民日报》、中央电视台、新华社、《经济日报》《科技日报》、中国新闻社、中国记者协会、《中国文化报》《中国绿色时报》《中国特产报》《国际金融信息》、广东电视台、香港《文汇报》、香港《大公报》、美国《南华早报》、美国之音、日本《每日新闻》、日本《赤旗报》《重庆日报》、重庆电视台、重庆电台、《重庆晨报》《重庆晚报》《重庆商报》《西南经济日报》《西南工商报》《三峡都市报》《涪陵日报》、涪陵电视台、涪陵电台等 70 余名中外记者参加新闻发布会。参见何侍昌《涪陵榨菜文化研究》第 117—118 页。

浙江参加首届涪陵榨菜文化节

11 月 7 日，浙江省副省长卢文舸率浙江省对口支援考察团参加首届涪陵榨菜文化节。

首届涪陵榨菜文化节举行

11 月 8—11 日，首届涪陵榨菜文化节在涪陵举行。榨菜文化节由涪陵区人民政府主办，区委宣传部、区财贸办公室、区榨菜管理办公室、宏声集团、太极集团、榨菜集团等单位和企业协办。文化节期间，260 余户区外客商来涪参加经贸活动，与涪陵区 21 个工业生产部门（企业）签订 1999 年商品购销合同 26.56 亿元。何侍昌《涪陵榨菜文化研究》第 122 页载："8—11 日，首届涪陵榨菜文化节在涪陵举行。榨菜文化节期间，共签订商贸投资合同或协议 288 份，总金额 40.96 亿元。其中销售合同 260 份金额 26.56 亿元，达成招商引资项目协议 12 份，引进资金 9.31 亿元。"同时，举办多种游乐活动如"乌江风"文艺晚会、"乌江杯"篮球赛等隆重庆祝涪陵榨菜品牌创立 100 周年。

涪陵榨菜诞生 100 周年文化节开幕

11 月 8 日，涪陵榨菜诞生 100 周年文化节在涪陵体育场开幕。期间，组委会邀请数位当红歌星倾情演出，其中中国著名女高音歌唱家宋祖英演唱了歌曲《辣妹子》。节后，自组委会发行了《100 周年榨菜文化节纪念邮册》。《涪陵大事记》（1949—2009）第 351 页载：（11 月）8 日，首届涪陵榨菜文化节开幕。中国重庆市涪陵区委党史研究室编《重庆市涪陵区改革开放二十年大事记（1978.12—1998.12）》第 415—416 页载：1998 年 11 月 8 日，重庆涪陵榨菜文化节开幕式隆重举行。中共涪陵区委副书记姚建全主持开幕式。区委书记聂卫国致热情洋溢的开幕词。中共重庆市委副书记、常务副市长王鸿举在祝词中说：涪陵榨菜文化节隆重开幕，这既是涪陵塑造新形象、奔向新世纪、实现新的振兴的重大举措，也是 3000 万重庆人民经济文化生活的一件盛事。他代表中共重庆市委、重庆市政府，向涪陵人民表示热烈的祝贺和诚挚的问候。开幕式结束后，声势浩大的街头游乐活动开始。太极集团、涪陵卷烟厂、建峰化工总厂、川陵食品厂、宏声集团、辣妹子集团和驻涪武警部队等单位共 3000

多人进行了精彩表演。《重庆市涪陵区大事记》（1986—2004）第 225 页载："（11 月）8 日，首届涪陵榨菜文化节开幕。"

首届重庆市涪陵榨菜文化节举办内容

11 月 8—11 日，值涪陵榨菜诞生 100 周年之际，涪陵区政府举办首届"重庆市涪陵榨菜文化节"。 1998 年 10 月，全国人大常委会委员长李鹏为涪陵榨菜文化节题了词："榨菜之源香飘百年"。主要活动内容有：（1）宣传活动。一是编印画册《三峡明珠——涪陵》10000 册；二是摄制电视专题片《三峡明珠——涪陵》、《榨菜之源香飘百年》在中央电视台第四套、第七套节目中播出；三是在北京钓鱼台国宾馆举办新闻发布会；四是电台、电视台广告宣传，发布榨菜文化节信息；五是组织新闻采访团到涪陵采访，举行记者招待会；六是报刊宣传，《中国特产报》于 1998 年 10 月 29 日以专刊全面介绍了涪陵榨菜的悠久历史和发展现状，展示涪陵经济社会成就；七是设榨菜文化节倒计时显示牌。（2）文化活动。一是举办了阵容浩大的"榨菜杯"歌咏比赛；二是组织丰富多彩的方队游乐活动暨开幕式；三是开展文艺演出和体育比赛。（3）招商引资和经贸活动。一是举办"涪陵榨菜百年历史展览"；二是举办涪陵重点企业展示暨商品展销会；三是举行重大经贸合同签字仪式。（4）研讨论坛会。一是榨菜文化专题研讨；二是特产经济专家论坛会。

张德邻参加榨菜文化节

11 月 9 日，张德邻等参加榨菜文化节。《涪陵大事记》（1949—2009）第 351 页载：（11 月 9 日）中共重庆市委书记张德邻、市政协主席张文彬一行来涪视察涪陵体育馆、关帝大厦的榨菜文化节展厅、涪陵广场，对涪陵举办榨菜文化节的重要经济、文化意义给予充分肯定。中国重庆市涪陵区委党史研究室编《重庆市涪陵区改革开放二十年大事记（1978.12—1998.12）》第 416 页载：1998 年 11 月 9 日，中共重庆市委书记张德邻，市委副书记、常务副市长王鸿举等视察了涪陵区体育馆、榨菜文化节展厅和涪陵广场。张德邻称赞本次榨菜文化节有重要的经济意义和文化意义。《重庆市涪陵区大事记》（1986—2004）第 225—226 页载："（11 月）9 日，中共重庆市委书记张德邻、市政协主席张文彬一行视察涪陵。张德邻一行视察了涪陵体育馆、关帝大厦的榨菜文化节展厅、涪陵广场，对涪陵举办榨菜文化节的重要经济和文化意义给予了充分肯定。"

榨菜集团获授牌

《重庆市涪陵区大事记》（1986—2004）第 225 页载："（11 月）9 日，涪陵榨菜

（集团）有限公司获国家农业部、中国农学会两项'首批全国科教企联姻典型'和'首批全国农业产业化协会'授牌。"

涪陵榨菜集团获殊荣

《涪陵大事记》（1949—2009）第351页载：（11月）9日，涪陵榨菜（集团）有限公司获中国农业部、中国农学会"首批全国社教企联姻典型企业"和"首批全国农业产业化协会副理事长单位"称号。

涪陵榨菜文化节表演赛

12月11日，美国美洲风暴篮球队12名队员来涪，为涪陵榨菜文化节进行表演赛，副区长何也余会见了全体会员。参见重庆市涪陵区人民政府主办《涪陵年鉴2001》第85页。《重庆市涪陵区大事记》（1986—2004）第226页载："（11月）11日，由中国篮球协会主办的'98美国美洲风暴队篮球巡回挑战赛在涪陵体育馆举行，美洲风暴队以105：82战胜中国北欧雪队。"按：该比赛系榨菜文化节主要内容或项目之一。《涪陵年鉴（2001）》第256页"美洲风暴队来涪献技"云："1998年11月11日，美洲风暴男子篮球队和重庆北欧雪男子篮球队在涪陵体育馆比赛，美队终以105：82取胜。此为涪陵首次举办国际赛事。重庆市市长蒲海清，人大常委会主任王云龙，副书记刘志忠、王鸿举和涪陵区委书记聂卫国、区长姚建全等四大班子领导及榨菜文化节的来宾和3000多名观众观看了比赛。"

蒲海清等参观涪陵榨菜百年展

11月12日，重庆市领导蒲海清、王云龙、刘志忠、王鸿举参观了涪陵榨菜百年展和重点企业展示、展销会。重庆市市长蒲海清说：涪陵因为榨菜而驰名，也会因为榨菜的推动走向世界。参见中国重庆市涪陵区委党史研究室编《重庆市涪陵区改革开放二十年大事记（1978.12—1998.12）》第416页。《重庆市涪陵区大事记》（1986—2004）第226页载："（11月）12日，重庆市领导蒲海清、王云龙、刘志忠、王鸿举视察涪陵。"

中外植物考察团涪陵拍摄科教片

11月13日，日本NHK广播公司与中国科学院联合植物考察团一行7人来涪拍摄科教片，考察了涪陵榨菜种植基地和森林绿化情况。参见重庆市涪陵区人民政府主办《涪陵年鉴2001》第85页。

中外记者对首届涪陵榨菜文化节海量报道

11 月 20 日，据中国涪陵区委宣传部统计：中外记者对首届涪陵榨菜文化节作了大量的报道，各新闻媒体共发稿 1800 多条，其中涪陵区以外的新闻媒体发稿 800 多条，中央电视台新闻中心、海外中心、经济半小时等节目组分布在 1、2、4、8 等频道播出了涪陵榨菜文化节的盛况，新华社播发了 3 次以上的通讯稿，《人民日报》《经济日报》等大报也在显著位置报道了这一活动。美国之音，日本《朝日新闻》《赤旗报》，香港《大公报》《文汇报》等媒体也从不同角度对涪陵榨菜文化节作了多方位的报道。重庆的报纸、电台、电视台报道更多。所有这些报道，对宣传涪陵、提高涪陵在国内外的知名度将发挥重要的作用。《涪陵年鉴（2001）》第 75 页"新闻宣传跃上台阶"云："1998 年组织了重庆市首届榨菜文化节的新闻宣传，在北京钓鱼台国宾馆成功举办了文化节新闻发布会，中央电视台、《人民日报》、新华社、香港《大公报》、美国之音等国内外 50 多家新闻媒体对文化节活动进行了报道；编印了宣传画册《三峡明珠——涪陵》和《榨菜之源香飘百年》，较好地展示了涪陵的经济建设成就和文化底蕴。"《涪陵年鉴（2001）》第 75 页"成功举办首届涪陵榨菜文化节"云："1998 年，涪陵区举办'首届涪陵榨菜文化节'，隆重庆典涪陵榨菜品牌创立 100 周年。8 月 18 日，涪陵区人民政府在北京钓鱼台国宾馆举行'首届涪陵榨菜文化节'新闻发布会，邀请全国政协副主席杨汝岱等领导出席了新闻发布会。11 月 7 日，组委会在涪陵中山宾馆举行招商引资新闻发布会，区长姚建全致新闻发言辞。11 月 8—11 日，'首届涪陵榨菜文化节'成功举办。开幕式上，中共重庆市委副书记、常务副市长王鸿举，中共中央候补委员、涪陵区委书记聂卫国分别讲话。节日期间，来自《人民日报》、新华社、中央电视台、《经济日报》《科技日报》、中国新闻社、中国记者协会、《中国文化报》《中国绿色时报》《中国特产报》《国际金融信息》、广东电视台、香港《文汇报》、香港《大公报》、美国《南华早报》、美国之音、日本《每日新闻》、日本《赤旗报》《重庆日报》、重庆电视台、重庆电台、《重庆晨报》《重庆晚报》《重庆商报》《西南经济日报》、涪陵电视台、涪陵电台等新闻单位的 70 余名记者作了相关的新闻报道。举办'首届涪陵榨菜文化节'所取得的主要成效：一是展现了涪陵形象，弘扬了涪陵精神；二是扩大了涪陵的知名度，确立了涪陵作为中国榨菜的源头、宗祖地位；三是高质量、高规格的文化活动丰富多彩，如'涪陵风'文艺晚会、'乌江杯'篮球赛；四是经贸活动、招商引资成效显著，260 余户区外客商来涪参加经贸活动，共与涪陵区 21 个工业生产部门（企业）签订 1999 年商品购销合同 26.56 亿元；五是为今后举办榨菜节积累了宝贵的经验。"参见中国重庆市涪陵区委党史研究室编《重庆市涪陵区改革开放二十年大事记（1978.12—1998.12）》第 416 页。

首届涪陵榨菜文化节经贸活动成绩显著

11 月 27 日，有资料显示，在首届涪陵榨菜文化节期间，经贸活动成绩显著。据不完全统计，共签订投资商贸合同 280 个，合同金额 35.54 亿元。参见中国重庆市涪陵区委党史研究室编《重庆市涪陵区改革开放二十年大事记（1978.12—1998.12）》第 417 页。

华粹牌榨菜获殊荣

11 月，涪陵华粹食品有限公司生产的华粹牌榨菜被中国调味品协会列为"中国调味品协会监制产品"。

涪陵榨菜百年华诞纪念邮册问世

《涪陵年鉴（2001）》第 170 页载："1998 年 11 月涪陵区举办首届榨菜文化节，区邮政局与榨菜节组委会合作制作的《涪陵榨菜百年华诞纪念邮册》，深受集邮爱好者喜爱，一售而空（原定 1000 册，后两次加印到 4000 册）。该邮册被涪陵区委、区政府誉为'首届榨菜节留给涪陵精神文化产品。'"

辣妹子牌榨菜获殊荣

是年，涪陵辣妹子集团有限公司生产的辣妹子牌榨菜被江苏省贸易厅等单位评为"江苏市场综合竞争力金牌产品"。

涪陵榨菜文化专题研讨会举办

是年，举办涪陵榨菜文化专题研讨会并评奖，参会论文有涪陵师专曾超《涪陵榨菜的根气神魂》（获一等奖）、涪陵区委党校瞿仁有《涪陵榨菜文化溯源》、涪陵榨菜集团公司冉崇文《涪陵榨菜包装的演变》、王天义《百年沧桑再铸辉煌》、涪陵区方志办蒲国树《涪陵榨菜百年辉煌与展望》、高级经济师熊佑荣《回顾历史展望未来——再谈振兴涪陵榨菜之我见》、涪陵宏声实业集团谭英利《论榨菜产业一体化》、万志鹏《名牌战略与涪陵榨菜》、涪陵区社科联冉光海《榨菜业在涪陵农业产业化链条中的重要作用》、涪陵榨菜集团公司何裕文《依靠科技进步勇于改革创新——重振涪陵榨菜雄风》、涪陵区委政策研究室王平与汪成抗《确保名牌产业振兴涪陵榨菜》、太极集团国光厂计晓龙《榨菜产品结构调整的基本思路》与《实现榨菜产业化经营是振兴涪陵榨菜必由之路》、涪陵区委党校李乾德《我看涪陵特产——榨菜之"特"》、

涪陵区委宣传部王自力《刍论涪陵榨菜文化》等。

《榨菜病虫害及其防治》出版

是年，李新予独著《榨菜病虫害及其防治》，中国农业出版社出版。

《涪陵榨菜百年》问世

是年，蒲国树、曾超等编著《涪陵榨菜百年》一书。

《涪陵市榨菜志续志》问世

是年，涪陵市枳城区榨菜管理办公室编纂有内部资料《涪陵市榨菜志续志》。

榨菜著名商标认定

是年，涪陵榨菜（集团）有限公司生产的"乌江牌"方便榨菜被重庆市人民政府确定为著名商标。

榨菜科研课题发布

是年，刘华强主持重庆市科委课题"榨菜专用复合肥的研究与开发"，起止年限为 1998—2001 年。

范永红主持重庆市科委课题"榨菜杂一代制种技术研究"，起止年限为 1998—2000 年。

榨菜生产与加工

是年，据《涪陵年鉴（2001）》，涪陵区青菜头种植面积 22.1 万亩，产鲜菜头 32.2 万吨，种植收入 8047 万元，占全区农业总产值的 8.6%；菜农人均青菜头销售收入 168.95 元；加工成品榨菜 13.6 万吨，销售收入 4 亿元，占全区国内生产总值的 7%；出口创汇 600 万美元，利税 4100 万元。《涪陵年鉴 2001》中《1998—2000 年涪陵区政府工作报告》第 32 页载：青菜头产量 27.9 万吨。

青菜头根肿病蔓延

是年，涪陵区青菜头根肿病蔓延到百胜、珍溪、南沱等镇的部分村社，受灾面积达 8000 余亩。根据涪陵区人民政府的部署，涪陵区榨菜管理办公室拟订《青菜头根肿病综合防控实施方案》，在全区榨菜生产乡镇、办事处大力实施青菜头根肿病综合防控工作。

涪陵区调整榨菜种植结构

是年，涪陵区榨菜管理办公室对全区榨菜生产的种植品种结构、种植区域、加工产品结构进行合理调整。其一是调整榨菜种子品种，把"涪丰14""永安小叶""涪杂1号"作为主推品种，以提高青菜头产量；其二是调整种植区域，由沿江种植区向中后山区推移；其三是调整产品结构。

国家支持涪陵榨菜产业化发展

是年，国家支持涪陵榨菜产业化发展，划拨第二次农业产业化项目拨款350万元；国家计委专项拨款800万元。据不完全统计，至2007年涪陵区榨菜产业化建设共获国家各级无偿扶持资金近3000万元、财政贴息资金6500万元。

《重庆市涪陵区榨菜产业化经营五年规划暨实施方案》拟订

是年，拟订《重庆市涪陵区榨菜产业化经营五年规划暨实施方案》，对实施榨菜产业化进行了具体部署。其一是加强领导，建立机构，确保榨菜产业化健康发展；其二是加强榨菜产业化基地建设；其三是建立完善榨菜产业化运作机制。

《榨菜美食》问世

是年，为庆祝涪陵榨菜问世百年，涪陵榨菜集团专门推出系统性的榨菜食谱《榨菜美食》。将涪陵榨菜分为热菜类鱼虾菜：泡菜鱼头炖豆腐、乌江泡菜鱼头火锅、柴把榨菜鱼、榨菜龙舟鱼、石鱼兆丰年、榨菜回锅鱼、榨菜五柳鱼、榨菜鱼丝、榨菜鱼脯、榨菜烧鱼划水、三色鱼圆、竹排榨菜虾、五彩虾仁、榨菜海参、榨菜鲜贝、三色烩鱿鱼片、榨菜三鲜鱼肚、乡村鱼；热菜类鸡鸭菜：巴王炙鸡、榨菜烧鸡、榨菜溜鸡丝、三色鸡片、三色鸡丁、榨菜炒鸡片、么果鸡丁、一鸡六吃（榨菜鸡）、鸡皮参果、榨菜托凤翅、榨菜鸡丝白菜卷、榨菜穿凤翅、榨菜凤尾鸡丝、三丝榨菜卷、榨菜炖鸡汤、榨菜烧仔鸭、榨菜全鸭、榨菜带丝全鸭、榨菜爆鸭丝、泡菜炒鸭脯、榨菜砂锅什锦；热菜类猪、牛、兔、肉菜：榨菜肉丝、榨菜火腿夹、榨菜碎米、榨菜鹅黄肉、榨菜腐皮卷、榨菜蒸肉饼、榨菜排骨、榨菜扒肘子、榨菜牛肉包、榨菜葡萄、榨菜狮子头、泡菜杂办、铁板泡菜鳝段、榨菜珍珠丸子、榨菜腰鼓蛋、榨菜炒牛排、榨菜偏牛肉丝、豆脑牛肉、榨菜烧兔、榨菜黄火焖、鱼香榨菜兔丝、宫保兔丁、榨菜焖兔、榨菜兔丁；热菜类素菜：吉庆榨菜、清炒榨菜、榨菜双菇、蝴蝶榨菜、虾仁烩榨菜、棋牌榨菜、泡菜粉皮、榨菜冬瓜、雪兆丰年、榨菜绍子蛋、榨菜烘蛋。凉菜类：麻辣榨菜丝、双色榨菜拼、酸辣榨菜条、香油菜头丝。小吃类：榨菜手工面、榨菜担担面、榨菜蒸饺、榨菜葱饺、

小包子榨菜、榨菜玻璃烧麦、白菜饺、三鲜子耳面、鲜虾仁面、麻圆、涪陵油醪糟。

涪陵榨菜（集团）有限公司创作《榨菜》剧本

是年，涪陵榨菜（集团）有限公司创作《榨菜》剧本，这是有关涪陵榨菜的又一个剧本。该剧本包括有缘起、工艺、发展三篇。缘起篇是《邱寿安与榨菜创始》，主要讲述榨菜创始鼻祖邱寿安与榨菜发展的故事。其内涵包括场景一：初尝腌制；场景二：初识美味；场景三：榨菜得名；场景四：试销宜昌；场景五：营销上海。工艺篇是《榨菜的制作》，主要讲述榨菜的制作工艺与流程。其内涵包括：第一、加工原材料；第二、六大工艺变革；第三、工艺流程。特别介绍了乌江榨菜"三腌三榨"核心工艺，即第一，"三清三洗"：一清一洗，翡翠洗；二清二洗，去盐霜；三清三洗，黄玉洗；第二，"三腌三榨"：一腌一榨，榨龙骨；二腌二榨，榨龙髓；三腌三榨，榨龙涎。发展篇是《繁盛的榨菜贸易》，主要讲述榨菜行业的繁盛发展。主要内容包括：第一，技术外传；第二，产量与市场。

《涪陵榨菜历史文化系列连环画》问世

是年，涪陵榨菜（集团）有限公司创作《涪陵榨菜历史文化系列连环画》之一《乌江牌巴国青菜头故事》，总计16页；之二《榨菜创始的故事》，总计12页；之三《泡菜鱼头的故事》，总计12页；之四《天子殿神菜故事》，总计16页；之五《咸菜豆花饭故事》，总计16页。

巴渝风情丛书"乌江牌榨菜食品系列"问世

是年，巴渝风情丛书"乌江牌榨菜食品系列"之《榨菜豆花饭传奇》《虎皮碎椒》《奇妙的辣椒》等。此外，涪陵榨菜（集团）有限公司还制作有《榨菜工艺画》《壁画》等。

涪陵天然食品有限责任公司成立

是年，涪陵天然食品有限责任公司成立，是一家专业生产和销售"小字辈"系列榨菜、酱腌菜等的重庆市农业产业化市级龙头企业。公司注册资本金1300万元，是具有科学、先进、严谨的生产工艺和管理体系的现代企业。主要销售区域有南京、上海、广州等全国二十多个省市区，产品有小字辈菜丝、小字辈菜芯、小字辈下饭菜等自主品牌系列产品。为中国调味品协会副会长单位广州市渝龙工贸有限公司、中国调味品协会副会长单位大连大雷物流贸易有限公司、中国调味品协会副会长单位上海荣进食品有限公司、南京云露调味品有限公司、兰州正林农垦食品有限公司、成都希望集团旗下四川得益绿色食品（集团）有限公司、上海欧发管理咨询公司等企业加工生产各类系列产品。公司位于全国乃至世界闻名的榨菜之乡——涪陵，以得天独厚的自然优势和科学严谨的经营理念，开发生产出天然、健康的名特产品，奉献给广大消费者。公司以人为本，以质量为生命。采用天然的原料、天然的辅料，运用保持天然品质的现代工艺所形成的天然食品。以良好的信誉和热情的服务为宗旨，以"小字辈"系列高中档产品来满足不同消费需求而谋求企业不断发展。国内首家采用天然香料浸提液，保持纯天然特色，香纯味鲜、爽辣可口、绝无化学防腐剂。高投入、高起点、高标准、高品质是公司经营发展的基本思路，从中也获得了高回报，得到了国内不少知名企业的认可。公司获得了涪陵区重点龙头企业称号，被区政府评为"先进企业"，连续多年被区工商局评为"重合同守信用"单位。小字辈方便榨菜被中国特产协会授予"知名特产"称号，并被评为"我最喜欢的榨菜""小字辈"商标 2012 年获"重庆市著名商标"，2014 年更喜获重庆市农业产业化市级龙头企业称号，2015 年获"涪陵区科技创新企业"称号，2015 年获"重庆市农业综合开发重点龙头企业"称号。同时 2015 年公司喜获"重庆农产品加工企业 100 强"称号。企业有良好的发展前景，财务管理制度健全，银行资信状况良好，注重环境保护，近几年无重特大安全生产事故，诚信守法经营、照章纳税，未发生有恶劣影响的事件。公司秉承"质量求生存、创新谋发展、诚信赢客户、惠农促增收"的经营理念，将百年榨菜传统制作工艺与现代科技创新相结合，从榨菜原料种植、原辅材料采购、产品生产加工、质量检测到产品入库，每一环节都严格落实技术规范，严把产品质量关，使我公司产品在市场销售无重大质量投诉，产品供不应求，深受消费者喜爱。公司为了加快发展满足市场需求，不断扩大生产经营规模，公司于 2014 年 6 月开工建设标准化的现代食品加工厂。在涪陵区南沱镇关东村征地 29.77 亩，新建厂房和综合楼面积 20000 平方米。购置数字化食品（榨菜）加工生产线 3 条，设备 85 台套，其中数字化自动灌装封口一体机 5 台套。配套建设环保（污水处理）、消防、厂区道路、绿化等设施。新增现代化检测检验等设备。建设企业产品质量可追溯体系的现代化厂房。本项目是农产品深加工项目，是企业扎根乡村，谋求长期发展，以工促农，推动城乡统筹发展的重大举措。项目建成后可极大地增加当地农民的收入，促进充分就业，对缓解二元结构矛盾、提高城市化水平、缩小城乡差距，加快城乡统筹发展，全面建设小康社会将产生积极的作用。展望未来，公司将不断以"扩规模、创品牌、拓市场、育文化"的发展规划，让天然食品快速走出国门，走向世界！

华粹食品首家试用乳化调味辅料获得成功

是年，涪陵华粹食品有限公司首家试用乳化调味辅料获得成功。

涪陵榨菜企业制定企业标准

是年，榨菜企业为提高产品质量，在全国标准的基础上制定各自的产品标准，涪陵榨菜（集团）有限公司制定了涪市 QCSX2601-91 乌江牌低盐方便榨菜标准，涪陵辣妹子集团有限公司制定了 Q/LMZ1-2005、Q/LMZ2-2005 等。

方便榨菜均价

是年，方便榨菜国内正价每吨平均 3600 元。

涪陵区政府制订《榨菜产业化经营五年规划及实施方案》

是年，涪陵区政府制订《榨菜产业化经营五年规划及实施方案》。其要点是：一是加强领导，将榨菜产业化纳入全区各部门重要议事日程，强化原有的专业管理机构；二是加强产业化基地建设，把全区青菜头种植面积的 90% 安排在区境长江沿线 18 个乡镇（街道），大力推广良种良法（栽培）；三是统筹安排加工企业原料基地，原则上就近划片定点收购，督促企业为菜农服好务；四是基地建设、投资管理实行政府、企业"两条腿走路"方针，督促企业把生产"第一车间"建在原料基地上，坚持"谁扶持、谁收购、谁受益"原则。

榨菜成为国家第二批农业产业化项目

是年，榨菜列入国家第二批农业产业化项目，并对此拨款 350 万元。同年，国家计委亦拨专款 800 万元支持涪陵榨菜农业产业化。

榨菜农业产业化运作机制建立

是年，建立起比较完善的榨菜农业产业化运作机制，初步形成"公司＋农户""公司＋基地＋大户""公司＋（榨菜农业）专业合作社"三种经营模式，做到市场引导企业、企业带动基地，基地连接农户的一体化经营发展。

严把生产条件关

是年起，每年对 10 吨以上半成品榨菜加工户，进行全面基本生产条件审查，符合条件的颁发《生产加工证》，不符合条件者取缔。

1999 年

乌江食品工业城动工兴建

2月10日，涪陵榨菜（集团）有限公司所属移民搬迁技改企业——乌江食品工业城在涪陵城西高山湾破土动工。工程占地13万平方米，总投资23265万元。

榨菜发展目标确定

《涪陵年鉴（2001）》中《1998—2000年涪陵区政府工作报告》第35页1999年工作安排云："加速推进农业产业化经营。重点抓好榨菜、蚕桑、果品、蔬菜等基地建设。持之以恒地抓好沿江地区榨菜……的发展……加快对榨菜等传统产业的技术改造。"

国家榨菜行业标准正式实施

3月1日，国家榨菜行业标准正式实施。《涪陵大事记》（1949—2009）第360页载：（3月）1日，国家榨菜行业标准GH／T1011-1998（坛装榨菜标准）和GH／1012—1998（方便榨菜标准）在全国正式实施。

浙江考察涪陵榨菜工作

3月6日，浙江省上虞市常务副市长严永泰率浙江省上虞市党政代表团到涪陵，考察涪陵榨菜工作。

《关于加快农业产业化发展的意见》发布

3月29日，中共涪陵区委、涪陵区人民政府发布涪区委发布〔1999〕33号文件《关于加快农业产业化发展的意见》，明确了涪陵区农业产业化推进的指导思想、发展目标、政策措施，确立了以榨菜为首的六大主导产业（榨菜、畜牧、茧丝绸、中药材、蔬菜、果品）。参见何侍昌《涪陵榨菜文化研究》第118页。《涪陵年鉴（2001）》第16页载："发展目标是：全区农业产业化着重抓好榨菜、畜牧、茧丝绸、中药材、蔬菜、果品六大主导产业，至2002年，其总产值达到25.4亿元，实现利税4.06亿元，其中工业产值13亿元，种养业收入12.4亿元。逐步培育15—20个能带动各产业发展的龙头组织，建立产加销一条龙，贸工农一体化的网络服务体系……"

涪陵区榨菜管理办公室设立

3月，枳城区榨菜管理办公室和涪陵区榨菜管理办公室合并，设立新的涪陵区榨菜管理办公室。为区政府直属事业单位，内设综合科、业务科、质量监督管理科。2004年8月，核定编制15名，副处级，由区商委代管。内设综合科、业务科、质量监督管理科、证明商标管理科。主要职责是：制定全区榨菜发展方针、政策、总体规划和年度计划；负责审查全区榨菜企业基本生产条件；负责全区榨菜生产、销售等行业管理，搞好统筹协调、指导服务；对榨菜生产加工进行业务指导和技术服务，组织实施榨菜科技攻关和新产品开发；负责榨菜企业职工职业技能培训和考核鉴定；负责全区榨菜企业正确使用"涪陵榨菜"证明商标；负责榨菜质量管理和监督检查，配合有关执法部门开展榨菜打假治劣；负责榨菜原产地域产品保护和依法治农等工作。1998年7月至2007年12月，涪陵区榨菜办由张源发任主任，先后由曾广山、张孝明、汤勇、陈林辉任副主任。

涪陵区榨菜行业协会成立

4月9日，重庆市涪陵区榨菜行业协会成立，协会由榨菜企业、榨菜行业管理部门及榨菜企业主管部门为主的团体会员和个人会员自愿组成，由团体会员中重点龙头企业、行业管理部门和企业主管部门组成理事会。协会有团体会员91个，个人会员18人。副区长伍策禄、刘启明任名誉会长，区榨菜办主任张源发兼任会长，曾广山、张孝明、陈长军、吴涛林、韩志刚、房家明任副会长，张孝明兼秘书长。

榨菜著名商标认定

7月23日，"乌江"牌商标列为全国重点保护商标。《涪陵大事记》（1949—2009）第373页：（7月）23日，《涪陵日报》报道，涪陵榨菜"乌江"牌商标最近被国家工商局列为全国重点保护商标。

涪陵榨菜企业获殊荣

8月21日，涪陵榨菜（集团）有限公司进入全国5000家重点企业直报信息网。《涪陵大事记》（1949—2009）第375页载：（8月）21日，《涪陵日报》报道，涪陵榨菜（集团）有限公司等6家企业最近进入全国5000家重点企业直报信息网。《重庆市涪陵区大事记》（1986—2004）第242页载："6家企业最近进入全国5000家重点企业直报信息网 （8月）21日，《涪陵日报》报道，涪陵榨菜（集团）有限公司、建峰化工总厂、太极集团、涪陵化工总公司、建陶公司、涪陵卷烟厂等6家企业最近进入全国 5000 家重点企业直报信息网。"

于保平考察榨菜产业化

9 月 16 日，国务院战略发展中心主任于保平到涪陵，考察榨菜产业化。

涪陵广场文化艺术墙揭幕

9 月 29 日，涪陵广场文化艺术墙竣工揭幕。该墙长 81.6 米，以白鹤梁题刻为主线，以巴文化、榨菜文化等为依托，充分展示涪陵历史文化特色。该墙是涪陵城首座艺术墙。《重庆市涪陵区大事记》（1986—2004）第 245—246 页载："（9 月）29 日，涪陵广场文化艺术墙竣工揭幕。该墙长 81.6 米，以白鹤梁题刻为主线，以巴枳文化、榨菜文化等为依托，充分展示了涪陵历史文化特色，系涪陵出席的首座艺术墙。"

涪陵区榨菜管理办公室获殊荣

9 月，涪陵区榨菜管理办公室被中国特产之乡推荐暨宣传活动组委会、中国农学会特产经济专业委员会评为"特产之乡开发建设先进单位"，并授牌。

重庆市涪陵绿陵实业有限公司创建

10 月，重庆市涪陵绿陵实业有限公司创建，注册资本 450.00 万元，企业法定代表人周坤林，经营地址在重庆市涪陵区清溪镇平原村五组。公司具有独立的进出口经营权。是一家集出口榨菜食品产、销为一体的民营企业。公司系 ISO22000 质量管理体系认证企业，安全生产标准化三级达标企业，守合同、重信用企业，涪陵区榨菜产销暨质量整顿先进企业，涪陵区榨菜出口量最大的企业，重庆市农业产业化市级龙头企业，重庆市农产品加工示范企业，重庆市农产品加工业协会"十二五"先进会员单位，涪陵区榨菜出口量最大的生产加工企业。公司产品也被选为涪陵区"奥海·御江苑"杯最受欢迎土特产。公司自成立以来，定位于服务三农，推行榨菜特色产业化发展。在出口榨菜食品的经营管理过程中，注重品质，其产品质量得到业界及海内外客户的一致好评，产量和出口量逐年增长稳居同行业之首。公司先后与日本、韩国、马来西亚、泰国、新加坡等国家和台湾地区的客商建立了良好、稳定的贸易合作关系。目前，公司产品已占据以上国家或地区大部分市场份额。近二十年来，公司遵循"诚信立业、质量兴业"的企业方针和"诚信为本、敬畏客户、踏实肯干、共同成长"的核心理念，在激烈的市场竞争中树立了良好的经营信誉。

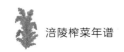

"榨菜产业化综合技术开发"列入国家科技攻关计划项目

11月，"榨菜产业化综合技术开发"列入国家科技攻关计划项目。《涪陵大事记》（1949—2009）第385页载：（11月）国家科技部将涪陵区申报的"榨菜产业化综合技术开发"等3个项目列入了国家科技攻关计划项目。《重庆市涪陵区大事记》（1986—2004）第250页载："（11月）19日，《涪陵日报》报道，涪陵区申报的'榨菜产业化综合技术开发''龙眼优质丰产栽培研究及产业化示范''涪陵荒芜茶园恢复改造及制茶工艺改进研究与示范'三项目最近被国家科技部列入国家科技攻关计划项目。"

乌江牌榨菜获"99中国国际农业博览会"的"经贸成果奖"

12月27日，涪陵榨菜（集团）有限公司生产的乌江牌榨菜参加重庆市人民政府农村工作办公室组办的"99中国国际农业博览会"活动，被评为"经贸成果奖"。

涪陵榨菜集团被评为"中国食品工业优秀企业"

12月，涪陵榨菜（集团）有限公司被中国食品工业协会评为"中国食品工业优秀企业"。

涪陵辣妹子集团被评为"《中国质量万里行》质量定点示范单位"

12月，涪陵辣妹子集团有限公司被中国质量万里行质量大家行活动组织委员会评为"《中国质量万里行》质量定点示范单位"。

"榨菜根肿病发生危害规律及防治技术研究"获重庆市科委立项

是年，彭洪江主持重庆市科委课题"榨菜根肿病发生危害规律及防治技术研究"，起止年限为1999—2002年。

辣妹子牌榨菜被评为"用户评价满意产品"

是年，涪陵辣妹子集团有限公司生产的辣妹子牌榨菜被江苏省质协用户委员会评为"用户评价满意产品"。

辣妹子牌榨菜获重庆"最佳食品品牌"和"重庆市著名商标"称号

是年，涪陵辣妹子集团有限公司生产的辣妹子牌榨菜荣获重庆"最佳食品品牌"

和"重庆市著名商标"称号。

榨菜科研论文发表

是年,刘义华在《中国蔬菜》第 3 期发表《茎芥菜(茎瘤芥)单株产量与主要性状的关系》一文。

曾超在《三峡新论》3—4 期(合刊)发表《试论枳巴文化对涪陵榨菜文化的影响》一文;收入是年中国财经出版社《中国湘鄂渝黔边区研究》(第四卷)。

曾超在《土家学刊》3 期发表《涪陵榨菜文化中的枳巴文化因子》一文。

曾超在《四川三峡学院学报》发表《涪陵榨菜文化中的枳巴文化因素》一文。

曾超在《涪州论坛》发表《涪陵榨菜的根气神魂》一文。

榨菜研究成果应用

是年,《榨菜加工及操作技术》,作为涪陵区榨菜生产加工及榨菜职业能力鉴定、榨菜称职评审培训教材应用。

《涪陵区榨菜企业基本生产条件》制定

是年,制定《涪陵区榨菜企业基本生产条件》。

榨菜原料良种培育

1999—2006 年,涪陵农科所培育出茎瘤芥新一代杂交早熟品种"涪杂 2 号",2006 年 6 月通过重庆市农作物鉴定委员会审定并命名。"涪杂 1 号"和"涪杂 2 号"填补了我国芥菜类蔬菜不育系利用和优势育种空白。

榨菜生产与加工

1999 年,据《涪陵年鉴(2001)》,涪陵区青菜头种植面积 24.8 万亩,产鲜菜头 35.8 万吨,种植收入 1.65 亿元,占全区农业总产值的 17.5%;菜农人均青菜头销售收入 329.54 元;加工成品榨菜 12.5 万吨,销售收入 5 亿元,占全区国内生产总值的 8%;出口创汇 700 万美元,利税 3420 万元。

"榨菜根肿病发生危害规律及防治技术研究"立项

是年,"榨菜根肿病发生危害规律及防治技术研究"获重庆市科委立项,起止时限 1999—2002 年。

重庆市涪陵绿洲食品有限公司成立

是年，重庆市涪陵绿洲食品有限公司成立，公司现有资产总值5000万，固定资产1500万元，占地面积3000平方米，生产车间占地2500平方米，办公住宿占地1500平方米。有员工60余人，设计生产能力10000吨，现公司年生产量达5000吨以上。公司已通过《环保标准化》《安全标准化》达标，并是重庆市食品卫生A级单位，2005年被评为区农业龙头企业，2014年被评为市农业龙头企业，并是国家榨菜行业标准起草单位之一。公司每年向农民收购鲜菜10000吨以上，加工成品菜8000吨以上，公司生产的"绿洲""98""涪佳"牌榨菜畅销全国各地，深受消费者欢迎，全年销售收入在3000万元以上，上交税费150万元，实现税利350万元。公司的经营理念是以质量取信于消费者，以信誉建立为基础，以环境保护取信于民，公司投入上百万元进行了污水处理，公司内部建立了质检、安全、环保等重要机构，对各个环节进行监测，凡原、辅材料不合格的坚决不能进厂，并建立了产品质量责任追究制，多年来我公司生产的产品在全国各地市场上没一例反应有质量问题和退货现象发生。以领先品质，取信天下顾客；狠抓质量，保证食品安全；加强管理，开拓科技新高；回报社会，共创绿洲品牌。

方便榨菜均价

是年，方便榨菜国内正价每吨平均3600元。

20世纪90年代

榨菜原料良种培育

20世纪90年代涪陵地区农科所选育出新型良种"永安小叶""涪丰14"两个品种，成为重庆市青菜头当家品种。

20世纪90年代和21世纪初，涪陵区农科所又在全国率先育成杂交新品种"涪杂1号"和"涪杂2号"。

2000年

"涪杂1号"通过审定

1月12日，涪陵地区农科所历时10年研制出的"涪杂1号"良种通过市（省）

级审定，并于同年秋投入在百胜、南沱、义和、新妙等乡镇示范推广应用，推广面积3万亩（2000公顷），然后陆续扩大到5万亩，20万亩以上。该品种具有播种期弹性大、抽薹晚、抗逆性强、耐肥、抗病毒能力较强、皮薄、含水量低、丰产性好、加工成率高、不能自繁蓄种等特点，在同等区域、土质等条件下，较蔺市草腰子增产25%，较"永安小叶""涪丰14号"增产15%以上。同年，区政府拟定大面积推广实施方案，计划用3年时间使全区青菜头种植基本实现杂交化。在研制"涪杂1号"期间，培育出青菜头早熟品种"涪杂2号"，以适应青菜头鲜销。至2007年，涪陵青菜头基地良种普及率达98%以上。

乌江牌榨菜获"重庆名牌产品奖"

1月，涪陵榨菜集团有限公司生产的乌江牌榨菜获"重庆名牌产品奖"。

榨菜发展目标确定

1月，《涪陵年鉴（2001）》中《1998—2000年涪陵区政府工作报告》第40—41页2000年工作安排云："加快建立现代企业制度步伐，组建金帝工业、涪陵榨菜股份有限公司，完善太极集团、化学化工企业等一批重点企业的法人治理结构和运营机制。""着力抓好青菜头等区域性骨干基地建设，进一步加大青菜头等传统产业的技术改造力度。"

第八届"乌江文艺奖"评奖

3—5月中旬，第八届"乌江文艺奖"由区委宣传部、区文化局、区文联主办，评选1998年至1999年两年间面世的小说、散文、诗歌、报告文学、文学评论和文艺理论等文学作品共20多件。其中吴建国的长篇小说《邱家大院》（四川人民出版社，1999年，20万字）荣获特别奖。参见重庆市涪陵区人民政府主办《涪陵年鉴2001》，第110页。

《巴渝都市报》报道涪陵榨菜打假

4月6日，文光辉在《巴渝都市报》撰文《涪陵工商阆中打假保护驰名商标》一文，言及为保护涪陵榨菜驰名商标，在阆中收缴假冒乌江牌榨菜包装装潢上10万件，扣留封存假冒乌江牌榨菜1.6万袋。

"涪陵榨菜"证明商标核准注册

4月21日，"涪陵榨菜"证明商标经国家工商行政管理局商标局核准注册，注册

证第 1389000 号，商品分类第 29 类，重庆市涪陵区榨菜管理办公室是"涪陵榨菜"证明商标注册人，享有"涪陵榨菜"标志商标专用权，有效期 10 年，从 2001 年 1 月 1 日正式使用，受法律保护。"涪陵榨菜"证明商标是当年重庆市唯一获得注册的证明商标。后涪陵区人民政府向全区转发国家工商行政管理局《涪陵榨菜证明商标使用管理章程》，并提出实施意见"涪陵榨菜"证明商标注册使用，这是涪陵经济生活中一件大事。《涪陵大事记》(1949—2009) 第 396 页载：(4 月) 20 日，"涪陵榨菜"证明商标经国家工商行政管理局商标局核准，商标注册证第 1389000 号商品第 29 类榨菜商品，有效期 10 年，从 2001 年 1 月 1 日起。这是重庆市获得的首个证明商标。按：《涪陵榨菜证明商标使用管理章程》共 8 章 26 条，包括第一章总则 3 条、第二章"涪陵榨菜"证明商标的条件 1 条、第三章使用"涪陵榨菜"证明商标的申请手续 5 条、第四章使用"涪陵榨菜"证明商标的权利 4 条、第五章使用"涪陵榨菜"证明商标的义务 2 条、第六章"涪陵榨菜"证明商标的管理 3 条、第七章"涪陵榨菜"证明商标的保护与违约责任 6 条、第八章附则 2 条。其贯彻落实的具体意见：其一是建章立制。按《章程》要求，区榨菜办制定《涪陵榨菜证明商标使用管理办法》，每年根据新情况、新问题修订，规范使用条件、申请程序、被许可使用企业的权利、义务及违约责任。其二是严格审批。对申请使用"涪陵榨菜"证明商标的企业，坚持"严格条件、从严把关、严格审批、宁缺毋滥"原则，不具备《章程》规定者，一律不准使用。其三是加强监管。对使用证明商标的企业不遵守《章程》和《使用管理办法》的进行严厉查处，情节严重的取消资格。对违规使用证明商标的清理整顿，令其停止侵权。其四是建立档案。对使用"涪陵榨菜"证明商标企业申请使用时间、生产能力、设备设施、内外包装以及检查情况建立档案，以便管理。参见何侍昌《涪陵榨菜文化研究》第 122 页。

浙江上虞考察涪陵榨菜生产

6 月 30 日，浙江省上虞市政协副主席周渭安率浙江省上虞市党政代表团到涪陵，考察涪陵榨菜生产。

开展榨菜行业职业技能培训及鉴定工作

6 月，涪陵区榨菜办与区劳动局、区供销社联合开展榨菜行业职业技能培训及鉴定工作，部分榨菜企业厂长（经理）、榨菜技师及技工参加培训，经考试合格后，有 46 人取得重庆市劳动局颁发的国家高级技能《职业资格证书》。2001 年 6 月、2002 年 7 月、2003 年 10 月，区榨菜办先后 3 次与区劳动和社会保障局开展榨菜高级技工和技师培训。全区共有 24 人、115 人分获酱腌菜（榨菜）加工制作技师、高级技工，3 人获得中级技能《职业资格证书》。2004 年 10 月，区榨菜办开展榨菜专业技术职

务任职资格培训，86 人参训，通过考试和区榨菜专业技术职务评审委员会审定，74
人晋升榨菜工程师、6 人获得助理工程师、1 人获得技术员任职资格。

吉林九台考察涪陵榨菜生产

7 月 25 日，吉林省九台市人大副主任王云礼率吉林省九台市党政代表团到涪陵，
考察涪陵榨菜生产。

涪陵榨菜企业获殊荣

10 月，涪陵华粹食品有限公司被中国质量万里行、质量大家行活动组织委员会
评为"《中国质量万里行》质量定点示范单位"。

还珠食品有限责任公司成立

10 月，成立还珠食品有限责任公司，是专业生产、销售榨菜、萝卜干、豆类及
酱腌食品民营企业。公司驻罗云乡，占地面积 17333.3 平方米，厂区建筑面积 10500
平方米，固定资产 600 多万元，流动资金 500 多万元，从业人员 100 余人，年设计
生产能力 1.5 万吨。2007 年，公司产销榨菜等产品 5000 吨，实现销售收入 1800 万
元，利税 180 万元。公司拥有先进榨菜生产线、全自动高温杀菌设备及产品检测设备。
2003 年，涪渝牌榨菜获准使用"涪陵榨菜"证明商标。2006 年 3 月，公司获《全国
工业产品生产许可证》（QS 认证）。涪渝牌榨菜系列产品远销福建、广东、广西、海
南等省及香港、台湾地区和加拿大等国。公司在罗云、焦石乡建立无公害榨菜原料
基地 1 万余亩，2005 年被命名为区级"农业产业化重点龙头企业。"

《关于实施"三个一"工程的决定》发布

11 月 15 日，为加快涪陵区工业化进程，中共重庆市涪陵区委、重庆市涪陵区人
民政府发布《关于实施"三个一"工程的决定》，决定在"十五"期间实施"三个一"
工程，即选定 12 户重中之重的工业企业进行重点扶持，到 2005 年销售收入总额突
破 100 亿元，实现利润总额突破 10 亿元，培植 10 个国家级名牌产品。其中涪陵榨
菜（集团）有限公司为 12 户企业之一，到 2005 年的目标是：销售收入 4 亿元，利税
8000 万元，利润 4500 万元，创国家级名牌产品 1 个。参见《涪陵年鉴（2001）》第
26 页。

涪陵区政府印发《涪陵榨菜证明商标使用管理章程》

11 月 20 日，重庆市涪陵区人民政府发布《关于印发〈涪陵榨菜证明商标使用管

理章程〉的通知》(涪府发〔2000〕277号),《通知》强调要充分认识实施涪陵榨菜证明商标管理的重大意义、要认真做好涪陵榨菜证明商标的实施宣传工作、要以贯彻《章程》为契机切实提高榨菜生产质量、要严格依法管理切实维护涪陵榨菜证明商标使用者的合法权益、要实行政策优惠扶持使用涪陵榨菜证明商标的榨菜企业发展壮大、要加强领导确保涪陵榨菜证明商标顺利实施。

新盛食品公司榨菜获奖

12月28日,涪陵新盛食品有限公司生产的仙子牌榨菜被重庆市乡镇企业局评为"可视速食菜"一等奖,茉莉花牌榨菜被评为"可视速食菜"二等奖。

榨菜生产与加工

是年,青菜头种植面积23万亩,产量40万吨,龙头企业发展到208个,其他乡镇发展到18个,涪陵榨菜(集团)有限公司被确定为国家级龙头企业,加工能力15万吨,辐射带动农户16万。

榨菜科研论文发表

是年,曾超的《涪陵榨菜文化中的枳巴文化因素》收入中国财经出版社出版的《中国湘鄂渝黔边区研究》(第四卷)一书。

《榨菜加工及操作技术培训讲义》问世

是年,杜全模编撰有内部资料《榨菜加工及操作技术培训讲义》。

榨菜科研课题发布

是年,余家兰主持重庆市科委课题"杂交榨菜新品种'涪杂1号'应用推广",起止年限为2000—2002年。

榨菜生产与加工

是年,据《涪陵年鉴(2001)》,涪陵区有榨菜生产企业201家,其中方便榨菜企业110家,全形(坛装)榨菜企业91家(不含未办营业执照的坛装榨菜、半成品榨菜加工户)。涪陵区青菜头种植面积27.5万亩,产鲜菜头43吨,种植收入8172.9万元,占全区农业总产值的8.4%;菜农人均青菜头销售收入163.46元;加工成品榨菜15.5万吨,销售收入5.65亿元,占全区国内生产总值的8.2%;出口创汇650万美元,利税5949.5万元。

榨菜商标认定

《涪陵年鉴（2001）》第 136 页载："截至 2000 年底，全区注册商标总计达 488 件，其中马德里国际注册商标 6 件，榨菜集团的乌江牌等 8 件注册商标被重庆市工商局认定为著名商标。2000 年 4 月 21 日，涪陵榨菜证明商标获准注册，是全市唯一一个证明商标。"

粮食播种面积调减

《涪陵年鉴（2001）》第 142 页"农业结构调整步伐加快"云："1998 至 2000 年共调减粮食播种面积 21 万亩，其中 1998 年调减 4 万亩，1999 年调减 8 万亩，2000 年调减 9 万亩，用于发展榨菜、苎麻蚕桑、蔬菜、水果等优质高效多经项目。"

青菜头种植

《涪陵年鉴（2001）》第 145 页"种植业·概况"云：2000 年，青菜头 43 万吨。

薛柯明进入创业者名录

《涪陵年鉴（2001）》第 145 页《涪陵区外出务工返乡创业者名录（部分）》云：薛柯明，清溪镇龙云村六社人，原在武汉务工，返乡创业项目"榨菜拉丝厂"，总投资 30 万元，年产值 40 万元，年上缴税金 1 万元，安排就业人数 10 人。

涪陵区农业产业化领导小组成立

《涪陵年鉴（2001）》第 143 页"农业产业化建设快速推进"云："1998 年 10 月 6 日，涪陵区成立了以区委副书记、区长姚建全为组长，区委副书记龙正学、区人大常委会副主任包定有和万伯仲、区政府副区长伍策禄和刘启明、区政协副主席伍国福为副组长，区级有关部门负责人为成员的涪陵区农业产业化领导小组和榨菜、畜牧、茧丝绸、中药材、蔬菜、果品 6 个协调小组。领导小组负责研究、协调、解决实施农业产业化战略中的重大问题；协调小组负责各产业的决策和指导。"

《关于加快农业产业化发展的意见》发布

《涪陵年鉴（2001）》第 143 页"农业产业化建设快速推进"云："1999 年 3 月 29 日，区委、区政府以涪区委发〔1999〕13 号文件下发了《关于加快农业产业化发展的意见》，明确了全区农业产业化推进的指导思想、发展目标、政策措施，全区初步确立了榨菜、畜牧、茧丝绸、中药材、蔬菜、果品六大主导产业。"

涪陵榨菜被确定为突破性发展产业

《涪陵年鉴（2001）》第143页"农业产业化建设快速推进"云："2000年，根据产业发展状况，区委区政府决定对区内现有产业分三个层次推进，突破性发展榨菜、蚕桑、苎麻产业，改造提高畜牧、蔬菜、果品产业，培育推进林业、水产、中药材产业。"

涪陵榨菜（集团）有限公司被确定为市级农业产业化龙头企业

《涪陵年鉴（2001）》第143页"农业产业化建设快速推进"云：1997年，从事榨菜产业开发的涪陵榨菜（集团）有限公司被重庆市农业产业化办公室批准为重庆市级农业产业化龙头企业。第144页"农业产业化龙头企业迅速崛起"云："涪陵农业资源十分丰富，榨菜、中药材、畜牧、果品、蔬菜、蚕桑六大支柱产业各具特色，围绕农业结构调整和农业产业化经营发展乡镇企业，提高现有农副产品加工企业与基地和农户的关联度，农业产业化企业的发展空间十分广阔。三年来，以苎麻加工企业金帝集团、中药材加工企业太极集团、榨菜加工企业榨菜集团和辣妹子集团、榨菜及畜牧加工企业新盛罐头食品厂、德丰食品有限公司、江南食品厂、花卉种植经销企业李渡园林绿化公司为代表的一批农业产业化龙头企业正在不断发展壮大。在激烈的市场竞争中，不少企业大力拓展国外市场，获得了自营出口权，已向农业创汇企业发展。"

榨菜新品种开发

《涪陵年鉴（2001）》第146页"农业科技取得实效"云："2000年，农科所研制出榨菜新品种'涪杂1号'，填补了国内芥菜雄性不育系列利用和优势育种空白，在国内居领先地位，已在涪陵区示范推广。"

涪陵"九个一"已具雏形

《涪陵年鉴（2001）》第155页"工业·概况"云："自1998年以来，工业以结构调整为主线，以科技进步和技术创新为动力，基本形成了独具地方特色的产业结构、产品结构和企业组织机构。目前，食品、医药、化工、建材、机械、纺织、有色金属等7大行业已成为涪陵工业的支柱产业。代表涪陵工业特色的一包烟、一盒药、一瓶水、一袋肥、一碟菜、一块砖、一匹布、一锭铝、一个件等'九个一'产品已具雏形。"按：一碟菜，即涪陵榨菜。

乌江牌榨菜等成为市级名牌

《涪陵年鉴（2001）》第 158 页"工业企业实施名牌战略成效显著"云："三年来，工业企业通过大力实施名牌战略，现有 24 个工业产品被评为省（市）级名牌产品。"包括有太极集团的巴都牌系列榨菜、榨菜集团的乌江牌榨菜、涪陵乐味食品公司的云牌坛装榨菜、涪陵辣妹子集团的辣妹子榨菜等。

辣妹子集团等通过 ISO9000 质量认证

《涪陵年鉴（2001）》第 158 页"工业企业积极落实 ISO9000 质量认证体系"云："工业企业狠抓质量管理工作，认真开展 ISO9000 系列质量认证体系贯标工作。"涪陵辣妹子集团、涪陵华粹食品公司等企业相继通过认证。

榨菜集团股金清退

《涪陵年鉴（2001）》第 173 页"清理整顿基层社社员股金维护农民利益"云："区联社集中大量的人、财、物，狠抓了社员股金的全面清理、基层社的清产核算、各种应收款的催收、商品和资产变现等工作。2000 年 3 月 3 日，区联社将涪陵榨菜集团有限公司整体出售给涪陵区国有资产管理局，向政府举债，实现了首期 1999 年 10 月 12 日至 11 月底、二期 2000 年 10 月 16 日至 11 月 15 日社员股金清退的平稳过渡。两年共清退 4556.3 万元，占应兑现的 57.03%，最大限度地维护了农民社员的利益，维护了农村社会稳定。"

榨菜成为涪陵区出口商品 41 个品种之一

《涪陵年鉴（2001）》第 180 页"全区主要出口商品达 10 大类 41 个品种"云："自 1998 年以来，全区出口商品涉及纺织、化工、粮油食品、五矿、轻工、光电、医药、机械、运输工具及建材等 10 大类 41 个品种。"其中包括榨菜。在出口份额中，"榨菜等粗加工农副土特产品出口额下降，所占比例减少。"仅 2000 年，"榨菜出口 191 万美元，同比下降 10.3%。""肉类罐头、榨菜罐头等深加工农产品 225 万美元，同比下降 1.3%。"

涪陵有出口实绩的榨菜加工企业

《涪陵年鉴（2001）》第 181 页"涪陵有进出口实绩企业 27 家"云："涪陵区成立三年来，有进口实绩企业 9 家……有出口实绩企业 18 家。"在出口实绩企业中，与榨菜有关的企业有：榨菜集团、太极集团、新盛食品有限公司、德丰食品有限公司、

重庆乐味食品有限公司、涪陵佳福食品有限公司。

涪陵区培育出口创汇大户

《涪陵年鉴（2001）》第181页"区外经委静心培植出口大户"云："为扩大出口规模，壮大出口实力，区外经委采取措施，精心培植出口大户。一是加强对出口有潜力的生产性企业、三资企业、外贸企业的业务指导，帮助人们分析国际贸易形势，指导他们利用新的贸易手段，进行网上交易。二是组织头目到国外进行商务考察，开阔眼界，增强紧迫感、忧患意识和出口意识。三是为出口企业排忧解难，协调关系，解决一些实际问题。通过以上措施，力争在一两年内，使……新盛、榨菜集团、巴王、涪柴等企业的出口创汇规模达500万美元以上……德丰、辣妹子、佳福等企业出口创汇额达200万美元以上。"

首届涪陵榨菜节成功签约

《涪陵年鉴（2001）》第182页"积极开展多层次对外经济技术合作"云："1998年成功举办了首届涪陵榨菜文化节，共有260多户外来客商签订金额达26.56亿元的合作协议。"

榨菜科技取得显著进步

《涪陵年鉴（2001）》第221—222页"农业科技取得明显进步"云："农业科技着眼于农业产业化和农业结构调整，开展了科技进步示范区建设，加大了农业科技工作力度。3年安排实施大农业科技计划项目52项，投入科技三项费337.7万元。其中列入国家级科技计划项目5项，投入85万元；列入市级科技计划项目3项，投入经费21万元……'红萝卜色素提取中试''榨菜产业化综合技术开发''榨菜杂一代制种技术研究'等一批项目达到了国内先进水平，产生了重大经济和社会效益。特别是'涪杂1号'品种，是具有自主知识产权和全国领先水平的成果，为涪陵区榨菜三年达到杂交化打下基础。"

小包装榨菜自动计量装袋列入涪陵信息化工程

《涪陵年鉴（2001）》第223页"信息产业试点区工作推动涪陵信息化进程"云："1998年6月，涪陵被列入重庆市首家信息产业试点区，市科委在工作、项目、经费上连续三年给予重点扶持……围绕涪陵卷烟、食品、机械、化工等重点行业企业，多渠道投入科技经费8430万元，重点抓了……'小包装榨菜自动计量装袋'等14个传统产业改造重点示范项目，推进企业信息化工作，提升产品档次并增加企业效益。"

"虎皮碎椒新产品开发"项目获奖

据《涪陵年鉴（2001）》第228页《2000年度涪陵区科技进步奖项目一览表》，涪陵榨菜（集团）有限公司沈哲、贺云川、谢晔、何家林完成的"虎皮碎椒新产品开发"项目获2000年度涪陵区科技进步奖一等奖。

榨菜文化节文化活动

《涪陵年鉴（2001）》第239页"榨菜文化节文化活动"云："开幕式游乐活动。1998年11月8日，13家重点企业和21个厂矿、企业、机关、学校近万人参加。其中有区农办、经贸委、交委、教委组织的千人大合唱；有学校师生组成的4000人五彩方队；有建峰化工总厂、金帝工业集团有限公司、教委系统、港务局等单位组成的4000人街头游乐。三大块活动与开幕式珠联璧合，使榨菜文化节的热烈气氛达到了高潮。'榨菜杯'歌咏比赛。10月18日，由党政群机关18个系统22个单位19支队伍近5000人参加的'榨菜杯'歌咏赛在涪陵体育馆进行，榨菜文化节主题歌'古老的希望城'响彻涪城上空。中央民族歌舞团来涪陵演出。11月8—10日，中央民族歌舞团应邀在涪陵体育馆演出3场，著名演员腾格尔、曲比阿乌等参加了演出。'涪陵风'文艺晚会。由区歌舞剧团创作演出的'涪陵风'文艺晚会在区委大礼堂连续演出4场，涪陵电视台连续播放两次，《涪陵日报》作了专题新闻报道。"

《辉煌的榨菜之乡——我们可爱的家园》获奖

《涪陵年鉴（2001）》第249页"加大'三个'贴近，广播电视节目质量逐年提高"云：电视音乐《辉煌的榨菜之乡——我们可爱的家园》获1999年度重庆电视节文艺节目三等奖。

李渡镇青菜头增115%

《涪陵年鉴（2001）》第266页"李渡示范区·概况"云：2000年，李渡镇青菜头产量9948吨，增115%。境内盛产榨菜，有德丰食品公司、必恒特风食品公司等。

荔枝街道办事处青菜头增50%

《涪陵年鉴（2001）》第272页"荔枝街道办事处·概况"云：2000年，荔枝街道办事处，青菜头产量282吨，增50%。

江北街道办事处青菜头增 12.21%

《涪陵年鉴（2001）》第 274 页"江北街道办事处·概况"云：2000 年，江北街道办事处，青菜头产量 61296 吨，增 12.21%。

江东街道办事处青菜头增 18.1%

《涪陵年鉴（2001）》第 275 页"江北街道办事处·概况"云：2000 年，江东街道办事处，青菜头产量 2738 吨，增 18.1%。

百胜镇青菜头增 12.16%

《涪陵年鉴（2001）》第 277 页"百胜镇·概况"云：2000 年，百胜镇，青菜头产量 1 万吨，增 12.16%。年产值（销售收入）100 万元以上的企业 10 个：川陵食品公司、新盛罐头食品公司、渝川食品公司、秋月圆食品厂、东方农副产品公司、紫竹榨菜厂、瑞星食品厂、裕益食品厂等等。

百胜镇抓榨菜产业结构

《涪陵年鉴（2001）》第 277—278 页"抓榨菜、蚕桑骨干项目调结构"云："榨菜、蚕桑是全镇两大优势骨干项目。近年稳步扩大青菜头种植面积，2000 年全镇种植 4 万亩；加强优良品种的推广，大胆引进涪陵农业科学研究所研制的'涪杂 1 号'，先在黄桷村试种成功后在全镇大面积推广，为青菜头高产打下了坚实基础；狠抓榨菜加工质量整顿，提高产品质量，切实发挥其主导产业作用。"

百胜镇加强榨菜乡镇企业管理

《涪陵年鉴（2001）》第 277—278 页"加强乡镇企业管理"云："一是深入贯彻执行《乡镇企业法》，依法管理，增强企业干部、职工搞好企业的信心和决心；二是全力扩大对外开放，坚持走出去、请进来，引进知名企业、名牌产品，发展名特优新产品，增强企业活力；三是突出重点抓发展，大力支持新盛公司、川陵食品公司……百胜榨菜精制厂、渝川食品公司等重点企业的发展，做好规划、指导、协调等服务工作，坚持重点企业无小事的办事原则，千方百计促进重点企业持续、稳定、健康发展；四是加强名牌产品保护，积极开展'打假'，遏制不正当竞争行为，维护'川陵'品牌的权益和信誉；五是着力发展私营企业，培植新的增长点；六是进一步营造宽松的投资环境，广泛开展招商引资活动。2000 年招商引资 500 万元。新盛食品有限公司引进一套'聚氯乙烯无毒旋盖装榨菜生产线'，此线的引入将使该公司开发的 6 种新产品实现批量生产，从而打入国际市场。"

丛林乡青菜头增 377.24%

《涪陵年鉴（2001）》第 279 页"丛林乡·概况"云：2000 年，丛林乡，青菜头产量 12327 吨，增 377.24%。

珍溪镇青菜头增 14.47%

《涪陵年鉴（2001）》第 281 页"珍溪镇·概况"云：2000 年，珍溪镇，青菜头产量 25630 吨，增 14.47%。境内主要特产有榨菜，还有国营菜厂，有辣妹子集团有限公司等较大的民营企业。

珍溪镇优化榨菜产业结构

《涪陵年鉴（2001）》第 281 页"调整和优化农业结构"云："连续 3 年增加青菜头种植面积，更新扩大桑园，发展蔬菜和优质水果。至 2000 年，基本建成榨菜、蚕桑、水果、生猪、蔬菜五大多种经营骨干基地，'桑菜模式''瓜果模式'基本形成；粮经、种养比例分别调至 4∶6 和 7∶3。"

中峰乡青菜头增 181.69%

《涪陵年鉴（2001）》第 282 页"中峰乡·概况"云：2000 年，中峰乡，青菜头产量 2.7 万吨，增 181.69%。境内主产和特产有榨菜。境内有国营渠溪菜厂，乡办企业中峰菜厂、大胜菜厂，村办企业坪水菜厂、石堰菜厂、水口菜厂。

中峰乡优化榨菜等产业结构

《涪陵年鉴（2001）》第 283 页"调整和优化农业结构"云："连续 3 年扩大青菜头种植面积，新育桑苗 1000 亩，新增桑树 800 万株。基本建成榨菜、蚕桑、柑橘、西瓜四大多经骨干基地。"

仁义乡青菜头增 24.80%

《涪陵年鉴（2001）》第 284 页"仁义乡·概况"云：2000 年，仁义乡，青菜头产量 19400 吨，增 24.80%。境内盛产榨菜，有乡镇企业鸿博菜厂。

清溪镇青菜头增 33.91%

《涪陵年鉴（2001）》第 286 页"清溪镇·概况"云：2000 年，清溪镇，青菜头

产量 17739 吨，增 33.91%。

清溪镇优化榨菜等产业结构

《涪陵年鉴（2001）》第 286 页"调整和优化农业结构"云："连续 3 年新建蔬菜大棚 50 床、25 亩，增加青菜头种植面积 800 亩，发展水产养殖和优质水果，基本建成蔬菜、水果、畜牧、榨菜、蚕桑五大多经骨干基地，粮经、种养比例分别调至 4∶6 和 7∶3。"

清溪镇青龙菜厂拍卖

《涪陵年鉴（2001）》第 286 页"抓乡镇企业改革促发展"云："抓改革促发展，大力推进企业租赁、承包、拍卖、兼并重组工作，实现企业生产要素的优化组合，接收代兼并企业 1 个，搬迁兼并企业 1 个，拍卖企业 3 个。"清溪镇青龙菜厂属于拍卖的 3 个企业之一。

南沱镇青菜头减 16.67%

《涪陵年鉴（2001）》第 287 页"南沱镇·概况"云：2000 年，南沱镇，青菜头产量 4.5 万吨，减 16.67%。境内榨菜在全镇经济中占有重要地位，有国营企业榨菜集团公司焦岩榨菜厂、华民榨菜厂，民营企业龙驹榨菜厂、涪陵华粹食品公司、大石鼓菜厂、连丰榨菜厂、万利食品厂、东方食品厂、胡家榨菜、长沙菜厂、治贤食品厂等。

土地坡乡青菜头增 32.31%

《涪陵年鉴（2001）》第 289 页"土地坡乡·概况"云：2000 年，土地坡乡，青菜头产量 6359 吨，增 32.31%。境内主产有青菜头，特产有榨菜。

土地坡乡优化榨菜等产业结构

《涪陵年鉴（2001）》第 289 页"调整和优化农业结构"云："连续增加青菜头种植面积共 2180 亩……基本建成畜牧、榨菜、蚕桑、蔬菜、水产五大多经骨干基地，粮经、种养比例分别调至 4∶6 和 7∶3。"

罗云乡青菜头增 126.28%

《涪陵年鉴（2001）》第 291 页"罗云乡·概况"云：2000 年，罗云乡，青菜头产量 3530 吨，增 126.28%。境内主产有榨菜，有鱼亭榨菜厂、还珠食品公司等民营企业。

罗云乡优化榨菜等产业结构

《涪陵年鉴（2001）》第291页"调整和优化农业结构"云："依托长江防护林工程，建设商品梨基地；增加青菜头种植面积，大种反季蔬菜；新增桑园面积。至2000年，全乡已种植商品梨5000亩，青菜头6000亩，商品蔬菜2000亩，粮经比例调至4：6。"

焦石镇青菜头增130.8%

《涪陵年鉴（2001）》第292页"焦石镇·概况"云：2000年，焦石镇，青菜头产量6490吨，增130.8%。境内主产有青菜头，特产有榨菜，有声威食品厂等企业。

焦石镇优化榨菜等产业结构

《涪陵年鉴（2001）》第292页"调整和优化农业结构"云："1998至2000年连续3年增加青菜头种植面积7000亩……基本上形成榨菜、蚕桑、烤烟、蔬菜、水果、畜牧6大多经骨干项目，粮经比例得到调整，农村产业结构得到优化。"

武陵榨菜厂转让

《涪陵年鉴（2001）》第292页"企业改革成效显著"云："原武陵榨菜厂转让为声威食品厂，企业从此出现生机和活力。"具体转让时间不详，今系于2000年。

卷洞乡青菜头增125倍

《涪陵年鉴（2001）》第294页"卷洞乡·概况"云：2000年，卷洞乡，青菜头产量504吨，增125倍。境内主产有青菜头。

卷洞乡优化榨菜等产业结构

《涪陵年鉴（2001）》第294页"调整和优化农业结构"云："……增加青菜头种植面积恢复更新桑园，发展蚕桑2000亩，逐步形成'桑套菜'种植结构。"

山窝乡青菜头增6.3倍

《涪陵年鉴（2001）》第297页"山窝乡·概况"云：2000年，山窝乡，青菜头产量2438吨，增6.3倍。境内主产有榨菜。

山窝乡优化榨菜等产业结构

《涪陵年鉴（2001）》第297页"产业结构调整初具规模"云："按照'扭住骨干

多经、突出重点村社、改造传统农业、确保农民增收’的思路，围绕‘一蚕二烟三菜四畜’的结构框架，掀起农业结构调整热潮……青菜头栽种面积3636亩……”

龙塘乡青菜头减78.43%

《涪陵年鉴（2001）》第299页“龙塘乡·概况”云：2000年，龙塘乡青菜头产量11吨，减78.43%。

白涛镇青菜头减8.53%

《涪陵年鉴（2001）》第300页“白涛镇·概况”云：2000年，白涛镇青菜头产量493吨，减8.53%。

天台乡优化榨菜等产业结构

《涪陵年鉴（2001）》第302页“调整和优化农业结构”云：“1998年建乡以来，围绕‘生态农业，旅游观光’示范乡的发展定位思路，着力进行农业产业结构调整。大力发展青菜头、生猪、蔬菜等多经项目，2000年发展青菜头种植2500亩……”

梓里乡青菜头减48.46%

《涪陵年鉴（2001）》第303页“梓里乡·概况”云：2000年，梓里乡，青菜头产量468吨，减48.46%。境内主产有青菜头。

酒店乡青菜头增10.38%

《涪陵年鉴（2001）》第304页“酒店乡·概况”云：2000年，酒店乡，青菜头产量7303吨，增10.38%。境内主产有青菜头。

酒店乡优化榨菜等产业结构

《涪陵年鉴（2001）》第304页“调整优化农业结构”云：“连续3年培育蔬菜种植大户，增加青菜头种植面积，发展蚕桑生产，培育更新果园，种植木瓜、油桃等，发展水产养殖，至2000年，基本建成蔬菜、水果、养殖、榨菜、蚕桑五大多经骨干基地，农业经济从粮油型转变为多经型。”

马武镇青菜头增25.26%

《涪陵年鉴（2001）》第306页“马武镇·概况”云：2000年，马武镇青菜头产量5227吨，增25.26%。境内主产有青菜头，有乐味食品公司等企业。

马武镇优化榨菜等产业结构

《涪陵年鉴（2001）》第 306 页"调整和优化农村经济结构"云："近两年逐渐形成以榨菜、蚕桑、蔬菜、生猪为主的多经骨干项目，其中重点以中日乐味食品有限公司为龙头，走'公司＋基地＋农户'的榨菜农业产业化之路，全镇青菜头种植扩大到 8000 亩。同时，狠抓其他多经项目的发展。"

太和乡青菜头增 26.09%

《涪陵年鉴（2001）》第 307 页"太和乡·概况"云：2000 年，太和乡青菜头产量 29 吨，增 26.09%。

青羊镇青菜头减 11.36%

《涪陵年鉴（2001）》第 308 页"青羊镇·概况"云：2000 年，青羊镇青菜头产量 788 吨，减 26.09%。

同乐乡青菜头增 49.12%

《涪陵年鉴（2001）》第 310 页"同乐乡·概况"云：2000 年，同乐乡青菜头产量 170 吨，增 49.12%。

新村乡青菜头增 66.67%

《涪陵年鉴（2001）》第 314 页"新村乡·概况"云：2000 年，新村乡青菜头产量 20 吨，增 66.67%。

新村乡优化榨菜等产业结构

《涪陵年鉴（2001）》第 310—311 页"调整和优化农村经济结构"云："新增苎麻、青菜头种植面积……至 2000 年底，建成苎麻、榨菜、海椒、畜牧四大多经骨干基地；粮经、种养比例分别调整至 4:6 和 7:3。"

明家乡青菜头减 36.78%

《涪陵年鉴（2001）》第 315 页"明家乡·概况"云：2000 年，明家乡青菜头产量 153 吨，减 36.78%。

增福乡青菜头减 44.91%

《涪陵年鉴（2001）》第 317 页"增福乡·概况"云：2000 年，增福乡青菜头产量 547 吨，减 44.91%。

惠民乡青菜头增 69.26%

《涪陵年鉴（2001）》第 318 页"惠民乡·概况"云：2000 年，惠民乡青菜头产量 2263 吨，增 69.26%。

堡子镇青菜头减 10.29%

《涪陵年鉴（2001）》第 320 页"堡子镇·概况"云：2000 年，堡子镇青菜头产量 1247 吨，减 10.29%。

堡子镇优化榨菜等产业结构

《涪陵年鉴（2001）》第 320 页"调整和优化农村经济结构"云："……稳步发展油菜、青菜头、商品蔬菜、苎麻、蚕桑等多经作物……"

龙桥镇青菜头增 231.97%

《涪陵年鉴（2001）》第 321 页"龙桥镇·概况"云：2000 年，龙桥镇青菜头产量 8110 吨，增 231.97%。境内主产有青菜头，特产有榨菜，有国营企业沙溪沟菜厂。

龙桥镇优化榨菜等产业结构

《涪陵年鉴（2001）》第 322 页"调整和优化农村经济结构"云："连续 3 年新建蔬菜大棚，增加青菜头种植面积……至 2000 年，基本建成蔬菜、水果、畜牧、榨菜、蚕桑五大多种经营骨干基地；粮经、种养比例分别调整至 4∶6 和 7∶3。"

蔺市镇青菜头减 0.96%

《涪陵年鉴（2001）》第 324 页"蔺市镇·概况"云：2000 年，蔺市镇青菜头产量 2995 吨，减 0.96%。境内特产有榨菜，有蔺市菜厂。

蔺市镇优化榨菜等产业结构

《涪陵年鉴（2001）》第 324 页"调整和优化农村经济结构"云："近 3 年实施农业三条经济带的发展目标……现已基本建成蔬菜、水果、畜牧、榨菜、蚕桑五大多经骨干基地。"

两汇乡青菜头减 3.04%

《涪陵年鉴（2001）》第 325 页"两汇乡·概况"云：2000 年，两汇乡青菜头产量 1785 吨，减 3.04%。境内盛产榨菜，有两汇榨菜厂。

两汇乡优化榨菜等产业结构

《涪陵年鉴（2001）》第 326 页"调整和优化农村经济结构"云："重点推进传统粮猪型结构向粮、牧、渔复合性结构转变，突出抓好蚕桑、青菜头、苎麻和慈竹等现有多经项目的发展提高。到目前全乡农业产业结构调整面积已突破 1 万亩，其中苎麻达到 2700 亩，蚕桑 4600 亩，柑橘 1500 亩，青菜头 4000 亩，稻鱼 400 亩。"

新妙镇青菜头增 14.86%

《涪陵年鉴（2001）》第 327 页"新妙镇·概况"云：2000 年，新妙镇青菜头产量 3162 吨，增 14.86%。境内主产榨菜。

新妙镇优化榨菜等产业结构

《涪陵年鉴（2001）》第 327 页"调整和优化农村经济结构"云："……基本建成蚕桑、水果、榨菜、畜牧四大多经骨干基地。"

石沱镇青菜头增 11.19%

《涪陵年鉴（2001）》第 328 页"石沱镇·概况"云：2000 年，石沱镇青菜头产量 6092 吨，增 11.19%。境内主产青菜头。

石沱镇优化榨菜等产业结构

《涪陵年鉴（2001）》第 328 页"调整和优化农村经济结构"云："经近 3 年努力，全镇蔬菜、青菜头、蚕桑、苎麻等多经骨干产品已初具规模，农业经济已由单一的粮猪型结构向多元化经济结构转变。现已基本建成蔬菜、家禽两大基地和榨菜、水果、蚕桑三大重点产业。"

石和乡青菜头增 55.22%

《涪陵年鉴（2001）》第 330 页"石和乡·概况"云：2000 年，石和乡青菜头产量 520 吨，增 55.22%。境内主产青菜头。

石和乡优化榨菜等产业结构

《涪陵年鉴（2001）》第322页"调整和优化农村经济结构"云："增加青菜头种植面积……至2000年，基本建成水果、畜牧、蚕桑、芝麻、榨菜五大多经骨干基地；粮经、种养比例分别调至4∶6和7∶3。"

镇安镇青菜头增76.61%

《涪陵年鉴（2001）》第331页"镇安镇·概况"云：2000年，镇安镇青菜头产量3232吨，增76.61%。境内主产榨菜，有国营企业镇安菜厂。

镇安镇优化榨菜等产业结构

《涪陵年鉴（2001）》第331页"农业结构调整取得突破性进展"云："在稳定粮食生产的同时，坚持以市场为导向，以科技为动力，以效益为中心，加快结构调整步伐。1997至2000年调减粮食种植面积3000亩，发展蔬菜、蚕桑、榨菜等多经项目。"

义和镇青菜头增169.23%

《涪陵年鉴（2001）》第332页"义和镇·概况"云：2000年，义和镇青菜头产量21186吨，增169.23%。境内主产有青菜头，特产有榨菜，有国有企业鹤凤滩榨菜厂、石板滩榨菜厂，民营企业义和榨菜厂、金作坊食品公司、义和农产品开发中心。

义和镇形成农业产业化经营体系

《涪陵年鉴（2001）》第332页"推进农业产业化经营"云："目前已基本建成蔬菜、水果、榨菜、蚕桑、畜禽五大多经骨干基地……2000年末，初步形成义和榨菜厂、农产品开发中心等为龙头企业、合作社为中介服务组织的农业产业化经营体系。"

致韩镇青菜头增150.27%

《涪陵年鉴（2001）》第334页"致韩镇·概况"云：2000年，致韩镇青菜头产量8507吨，增150.27%。境内主产有青菜头。

致韩镇优化榨菜等产业结构

《涪陵年鉴（2001）》第334页"调整农业产业结构"云："对畜牧、蚕桑、榨菜3个传统产业项目予以升级，扩大种植面积和推广良种。"

石龙乡青菜头减 23.2%

《涪陵年鉴（2001）》第 335 页"石龙乡·概况"云：2000 年，石龙乡青菜头产量 4466 吨，减 23.2%。境内主产有青菜头。

石龙乡优化榨菜等产业结构

《涪陵年鉴（2001）》第 336 页"农业结构在调整中得到优化"云："近 3 年共调减种粮面积 3500 亩，突出发展青菜头、蚕桑、苎麻三大骨干产品……全乡基本建成蚕桑、苎麻、水果、榨菜、畜禽五大骨干产业基地；粮经、种养比例分别调至 5:5 和 7:3。"

"杂交榨菜新品种'涪杂 1 号'应用推广"立项

是年，"杂交榨菜新品种'涪杂 1 号'应用推广"获重庆省科委立项，起止时限 2000—2002 年。

方便榨菜均价

是年，方便榨菜国内正价每吨平均 3600 元。

2001 年

"涪陵榨菜"证明商标正式使用

1 月 1 日，"涪陵榨菜"证明商标正式使用。其证明商标于 2000 年 4 月 21 日经国家工商行政管理局商标局核准，在商标注册证第 1389000 号商品分类第 29 类榨菜商标上注册。这是重庆市范围内唯一获得的一个证明商标。《重庆市涪陵区大事记》（1986—2004）第 269 页载："（1 月）1 日，'涪陵榨菜'证明商标正式启用。该证明商标经国家工商行政管理局商标局于 2000 年 4 月 21 日核准注册，是重庆市首个证明商标。"当年，全区有 38 户榨菜企业提出申请，批准 8 家。2002—2006 年，分别有 32、30、45、54、46 户榨菜企业获准使用。2001—2005 年，区内外共有 100 多户榨菜企业不同程度侵权，误导消费者，均受到严厉查处。

大木无公害蔬菜基地验收

《重庆市涪陵区大事记》（1986—2004）第 271 页载："（1 月）18 日，大木无公害蔬菜基地通过了市级验收，被重庆市政府正式确定为重庆市无公害蔬菜基地。"

涪陵区榨菜种植检查

1月22—23日，涪陵区委、区政府分两片对全区榨菜种植乡镇和部分加工企业进行深入细致的检查，要求各单位要严格执行政府的指导价格，严防菜贱伤农，生产加工要按照传统工艺，严格加工质量。参见何侍昌《涪陵榨菜文化研究》第118页。

"控制榨菜防腐剂"课题进行现场实验

3月16日，涪陵区卫生防疫站、第三军医大学联合开展的"控制榨菜防腐剂"课题在涪陵进行现场实验。

"太极""乌江"牌榨菜商标被认定为重庆市著名商标

3月，"太极""乌江"牌榨菜商标被认定为重庆市著名商标。《涪陵大事记》（1949—2009）第419页：本月（3月），"太极""乌江""金鹤"三件商标被重庆市工商行政管理局认定为重庆市著名商标。

乌江牌系列低盐方便榨菜获金奖

6月上旬，在"中国西部名牌产品贸易洽谈会"上，涪陵榨菜集团公司生产的乌江牌系列低盐方便榨菜喜获金奖。《涪陵大事记》（1949—2009）第425页：（6月）上旬，在"中国西部名牌产品贸易洽谈会"上，涪陵榨菜（集团）有限公司生产的乌江牌系列低盐方便榨菜获金奖。《重庆市涪陵区大事记》（1986—2004）第278页载："（6月）上旬，在'中国西部名牌产品贸易洽谈会'上，涪陵榨菜（集团）有限公司生产的'乌江'牌系列低盐方便榨菜获金奖。"

陈材林获表彰

6月22日，涪陵区农科所研究员陈材林（长期从事榨菜研究）与太极集团涪陵制药厂高级工程师秦少容在中国科协第六次代表大会上被授予"全国优秀科学工作者"荣誉称号。

涪陵榨菜打假

8月中旬，涪陵区榨菜办组织涪陵区工商部门和涪陵辣妹子集团有限公司到南京市场开展榨菜打假工作，取得显著成效。

乌江牌榨菜获 2001 年第三届中国特产文化节经贸展洽会金奖

10 月 11 日，涪陵榨菜（集团）有限公司生产的乌江牌榨菜获 2001 年第三届中国特产文化节经贸展洽会特色产品评选，被中国特产文化节组委会授予金奖。

巴都牌榨菜获 2001 年第三届中国特产文化节经贸展洽会金奖

10 月 11 日，太极集团国光绿色食品有限公司生产的巴都牌榨菜获 2001 年第三届中国特产文化节经贸展洽会特色产品评选，被中国特产文化节组委会授予金奖。

榨菜科研论文发表

10 月 20 日，13 篇论文入选《中国科协第四届青年学术年会重庆市卫星会议暨重庆市第二届青年学术年会论文集》。《涪陵大事记》（1949—2009）第 434 页载：（10 月 20 日），涪陵区有 13 篇论文入选《中国科协第四届青年学术年会重庆市卫星会议暨重庆市第二届青年学术年会论文集》，其中区农学会范永红等人撰写的《茎瘤芥胞质雄性不育系的选育及主要性状表现》一文，获优秀学术论文奖。

涪陵榨菜集团获《质量认证管理体系认证证书》

10 月 22 日，重庆市榨菜（集团）有限公司获《质量认证管理体系认证证书》，准予注册，注册号 1501B001898RDM，有效期至 2003 年 12 月 14 日。

涪陵榨菜企业获殊荣

10 月，云南省文山州举办第三届中国特产文化节暨中国特产之乡工作总结会，涪陵榨菜（集团）有限公司、涪陵辣妹子集团有限公司、涪陵新盛罐头食品有限公司被中国特产之乡组委会评为"中国特产之乡开发建设优秀企业"，受到大会表彰。

乌江牌榨菜等首批获准使用"涪陵榨菜"证明商标

12 月，涪陵榨菜（集团）有限公司生产的乌江牌榨菜、太极集团重庆国光绿色食品有限公司生产的巴都牌榨菜、重庆辣妹子集团有限公司生产的辣妹子牌榨菜、涪陵乐味食品有限公司生产的云峰牌全形（坛装）榨菜等首批获准使用"涪陵榨菜"证明商标。是年，涪陵区有 38 家榨菜企业申请使用"涪陵榨菜"证明商标，涪陵区榨菜办根据涪陵区政府要求，坚持"宁缺毋滥，合格一个审批一个"的原则，严格按照《涪陵榨菜证明商标使用管理章程》审查，有 8 家企业符合使用条件，获准使用"涪陵榨菜"证明商标。是年，对涪陵区内未使用"涪陵榨菜"证明商标的

企业进行清查。在全区 111 家方便榨菜企业中，6 家企业存在不符合榨菜生产基本条件、产品质量差、防腐剂超标、计量不足等问题，被勒令停产整顿；有 46 家企业存在程度不同侵权"涪陵榨菜"证明商标和误导消费者的行为，受到相关部门严厉查处。

华安、华富、华康、华龙榨菜生产厂兴建

12 月，涪陵榨菜（集团）有限公司投入移民资金 13947 万元，开工兴建华安、华富、华康、华龙榨菜生产厂，至次年底，华安、华康已经竣工，华龙、华富即将竣工，还有华飞、华凤、华舞、华民待建。

涪陵辣妹子集团有限公司系列产品全部取消化学防腐剂

12 月，涪陵辣妹子集团有限公司系列产品全部取消化学防腐剂。

乌江牌榨菜被授予金奖

是年，重庆市涪陵榨菜（集团）有限公司生产的乌江牌榨菜、太极集团重庆国光绿色食品有限公司生产的巴都牌榨菜参加 2001 年第三届中国特产文化节经贸展洽会特色产品评选，被中国特产文化节组委会授予金奖。

乌江牌榨菜获系列荣誉和称号

是年，涪陵榨菜（集团）有限公司生产的乌江牌榨菜先后获得"重庆名牌产品"、重庆"食品卫生信得过产品"、中国食品工业"国家质量达标产品"、中国食品工业"安全优质承诺食品"、第三届中国特产文化节"中国名特产品金奖"等荣誉和称号。

重庆市举行首届名牌农产品评选

是年，重庆市举行首届名牌农产品评选，共评出 73 个重庆市名牌农产品，涪陵区 7 个农产品均榜上有名，其中榨菜品牌 2 个，即重庆市涪陵榨菜（集团）有限公司生产的乌江牌榨菜、太极集团重庆国光绿色食品有限公司生产的巴都牌榨菜。

榨菜科研论文发表

是年，曾超在《土家学刊》2 期发表《试论涪陵榨菜文化的构成》一文。

涪陵区农科所范永红、周光凡、陈材林在《中国蔬菜》5 期发表《茎瘤芥胞质雄性不育系的选育及其主要性状调查》一文。

涪陵特色文化研究会编《涪陵特色文化研究论文集》第一辑（内部，2001 年）"榨菜文化溯源"栏目有曾超《试论涪陵榨菜文化的构成》、夏述华《涪陵榨菜文化的特殊历史贡献》二文。

榨菜原料良种推广

是年，涪陵区大面积推广由涪陵区农科所培育的青菜头杂交良种"涪杂 1 号"，共种植良种 30000 亩，据预测，可增产青菜头 23587 吨。

巴氏杀菌法取得成功

是年，涪陵榨菜（集团）有限公司投资 2000 多万元研究杀菌新方法——巴氏杀菌法取得成功，8 月，取消苯甲酸钠杀菌防腐保鲜。这在全国榨菜食品行业中率先取消化学防腐剂，攻克长期困扰涪陵榨菜质量一大难题。2002 年，涪陵区有 26 个榨菜生产企业（厂）采用这种杀菌法。至 2007 年底，61 家榨菜生产企业（厂）普及此种这种杀菌法。

榨菜新产品开发

是年，榨菜行业开发出"袖珍珍品"（涪陵榨菜集团）、瓶装"口口脆"、"红油榨菜肉丝""开胃菜头""可视速食榨菜"等 8 个榨菜新品种和"橄榄菜"（涪陵榨菜集团）、"水豆豉""满堂红调味辣""红油竹笋"4 个附产物产品。

榨菜技师培训工作开展

是年，涪陵区榨菜办开展榨菜技师培训工作。经审查评定，涪陵区有 24 人获得重庆市职业技能鉴定指导中心颁发的酱腌菜制作技师的《职业资格证书》。

榨菜科研成果获奖

是年，陈材林、周光凡、余家兰、胡代文、范永红、万勇、王彬完成的"榨菜新品种选育发掘及换代推广"被涪陵区人民政府授予科技进步一等奖。

曾超《试论涪陵榨菜文化的构成》一文获四川省社会科学院"西部大开发"学术研讨会一等奖。

涪陵区进行第二届（2001 年度）自然科学优秀学术论文评奖，其中与涪陵榨菜有关的是：范永红、周光凡、陈材林的《茎瘤芥胞质雄性不育系的选育及其主要性状表现》获一等奖；王旭伟、彭洪江、高明泉、韩海波、肖崇刚的《茎瘤芥（榨菜）根肿病及发病影响因素初探》获一等奖；刘义华、周光凡、范永红、林合清、陈材林的《榨菜（茎瘤芥）杂种一代优势的研究》获一等奖；高明泉、彭洪江、王旭伟、韩海

波的《茎瘤芥（榨菜）根肿病发生规律及综合防治研究（1）——关于病害症状与危害损失》获二等奖；李昌满、刘华强、孙小红、罗永统的《茎芥菜（榨菜）杂交种物质积累规律研究》获二等奖；孙小红、刘华强、李昌满、何晓蓉、罗永统的《茎芥菜杂交种 N 积累规律研究》获二等奖；刘义华、范永红、周光凡的《榨菜（茎瘤芥）"涪杂 1 号"制种产量构成因素分析》获三等奖。

榨菜科研课题发布

是年，涪陵榨菜（集团）有限公司高质绿色出口榨菜项目与金帝集团麻纺项目、化工公司年产 6 万吨合成氨项目成为国家技改财政专项项目。3 个项目固定资产总投资 16322 万元，预计贴息 1230 万元。

周光凡主持的课题"涪陵榨菜杂交良种'涪杂 1 号'产业化配套技术试验示范"获科技部立项，起止年限为 2001—2003 年。

范永红主持的"早熟丰产茎瘤芥（榨菜）杂一代品种选育"课题获重庆市科委立项，起止年限为 2001—2005 年。

周光凡主持的"涪陵榨菜杂交良种规范化繁育及推广"课题获重庆市扶贫办，起止年限为 2001—2003 年。

榨菜生产与加工

是年，涪陵区种植青菜头的农户为 15 万户 55 万人；榨菜生产企业 202 家，其中方便榨菜企业 111 家，全形（坛装）榨菜企业 91 家，榨菜生产加工常年从业人员 5.5 万人左右；青菜头种植面积 29.08 万亩，鲜菜头 49.46 万吨，种植收入 12601.1 万元，占涪陵区农业总产值的 12.87%；加工成品榨菜 16.97 万吨，销售收入 5 亿元，占涪陵区国内生产总值 6.55%；出口创汇 875.4 万元，利润 4488.8 万元，入库税金 1785.4 万元；产品销往全国（包括港澳台地区），出口日本、美国、俄罗斯、韩国、东南亚、欧美等 30 多个国家和地区。

榨菜移民迁建项目完成

是年，涪陵顶顺榨菜食品有限公司投入移民资金 327 万元、涪陵大石鼓榨菜厂投入移民资金 240 万元、涪陵百胜三台榨菜厂投入移民资金 300 万元，完成相应移民迁建项目。

涪陵区榨菜管理办公室获表彰

是年，涪陵区榨菜管理办公室因成绩突出，被中国特产之乡推荐暨宣传活动组织委员会和中国农学会特产经济专业委员会评为"中国特产开发建设先进单位",在第三届中国特产文化节暨中国特产之乡工作总结会上受到表彰。

沈哲获表彰

是年,涪陵榨菜(集团)有限公司食品研究中心助理沈哲因榨菜研究与开发的突出贡献,获首届"重庆市青年科技创新奖"优秀奖。

《涪陵年鉴(2001)》设"榨菜"专题

是年,重庆市涪陵区人民政府主办的《涪陵年鉴(2001)》设有"榨菜"专题部分。从此,涪陵区编纂的《涪陵年鉴》均设有"榨菜"专题部分。目前,已经编到2015年。

乌江榨菜集团国际质量管理体系认证。

是年,乌江榨菜(集团)有限公司通过ISO9001:2000国际质量管理体系认证。

2002 年

乌江牌榨菜被评为"中国放心食品信誉品牌"

1月28日,涪陵榨菜(集团)有限公司生产的乌江牌榨菜系列产品经国家内贸局食品流通开发中心检测审查,被评为"中国放心食品信誉品牌"。参见《涪陵年鉴(2003)》。

涪陵榨菜集团被命名为"重庆市农业产业化市级龙头企业"

1月,重庆市农业产业化工作领导小组审查批准涪陵榨菜集团有限公司被命名为"重庆市农业产业化市级龙头企业"。参见《涪陵年鉴(2003)》。

"新一代无防腐剂中盐榨菜新产品"科研项目通过鉴定

2月上旬,"新一代无防腐剂中盐榨菜新产品"科研项目通过鉴定。《涪陵大事记》(1949—2009)第441页载:(2月)上旬,由涪陵榨菜(集团)有限公司承担的"新一代无防腐剂中盐榨菜新产品"科研项目通过市级鉴定。涪陵榨菜成功突破中盐榨菜普遍使用防腐剂的技术难题。《重庆市涪陵区大事记》(1986—2004)第292页载:"(2月)上旬,由涪陵榨菜集团公司承担的'新一代无防腐剂中盐榨菜新产品'科

研项目通过了市级鉴定。涪陵榨菜成功突破了中盐榨菜普遍使用防腐剂的技术难题。"

朱　基、曾培炎视察涪陵榨菜原料基地

2月，国务院总理朱镕基、国家计委主任曾培炎视察涪陵榨菜原料基地。

6家榨菜企业被命名为区级"农业产业化重点龙头企业"

2月，6家榨菜企业被命名为区级"农业产业化重点龙头企业"。《涪陵大事记》（1949—2009）第442—443页载：（2月）涪陵榨菜（集团）有限公司、涪陵辣妹子集团有限公司、涪陵川陵食品有限公司、涪陵新盛食品发展有限公司、涪陵乐味食品有限公司、涪陵德丰食品有限公司6家榨菜生产企业被涪陵区人民政府命名为区级"农业产业化重点龙头企业"，这是区政府首批命名的区级"农业产业化重点龙头企业"。

万绍碧被评为"十大女杰"之一

3月4日，涪陵区委宣传部、涪陵区妇联隆重召开涪陵区首届"十大女杰"表彰大会，涪陵辣妹子集团有限公司总经理万绍碧被评为"十大女杰"之一。《重庆市涪陵区大事记》（1986—2004）第293页载："（3月）4日，涪陵区首届'十大女杰'评选揭晓，万绍碧、王明淑、冉光珍、邵敏、李江萍、张桦、赵咏梅、秦少容、钱秀英、彭中英10女杰受到表彰。"按：万绍碧，系涪陵辣妹子集团有限公司总经理。

涪陵榨菜集团榨菜加工专利认定

3月28日、29日，涪陵榨菜（集团）有限公司1999—2001年研制开发的宜兴紫砂榨菜包装罐（"袖珍珍品"榨菜，小坛500g）、宜兴紫砂包装罐（"袖珍珍品"榨菜，大坛1000g）、纸制礼品盒包装盒（"好心情"旅游榨菜，大坛1000g）、榨菜包装袋（"鲜脆菜丝"）、榨菜包装袋（"鲜脆菜片"）、桦木雕刻榨菜包装箱（木箱"珍品榨菜"）、纸制榨菜包装盒（"礼"盒榨菜）、纸制包装盒（精制"六味"榨菜）、纸制包装盒（"红油榨菜丝"）、纸制包装盒（"口口脆"榨菜）、纸制包装盒（"橄榄菜"）、纸制包装盒（"满堂红"榨菜）、纸制包装盒（"虎皮碎椒"）、纸制包装盒（立式"合家欢"榨菜）、纸制包装盒（瓶装"合家欢"榨菜）等15个榨菜包装设计获国家专利局专利认证。《涪陵年鉴（2003）》云：涪陵榨菜（集团）有限公司15个产品包装设计获国家专利。涪陵榨菜（集团）有限公司从1999年至2001年研制开发的宜兴紫砂榨菜包装罐（"袖珍珍品榨菜"小坛500g）、宜兴紫砂榨菜包装罐（"袖珍珍品榨菜"大坛1000g）、纸制礼品盒包装盒（"好心情"旅游榨菜）、榨菜包装袋（"鲜脆菜丝"）、榨菜包装袋（"鲜脆菜片"）、桦木雕刻榨菜包装箱（木箱"珍品榨

菜"）、纸制榨菜包装盒（"礼"盒榨菜）、纸制包装盒（精制"六味"榨菜、纸制包装盒（"红油榨菜丝"）、纸制包装盒（"口口脆"榨菜）、纸制包装盒（"橄榄菜"）、纸制包装盒（"满堂红"榨菜）、纸制包装盒（"虎皮碎椒"）、纸制包装盒（立式"合家欢"榨菜）、纸制包装盒（瓶装"合家欢"榨菜）等15个榨菜包装设计，分别于2002年3月28日和2002年3月29日获国家专利局专利认证。涪陵榨菜（集团）有限公司新开发的这15个榨菜包装，设计美观新颖，风格独特，既展示了涪陵现代的包装水准，又宣传了涪陵悠久的榨菜文化，有力推进了涪陵榨菜包装更新换代的改革步伐。

新建华安榨菜厂竣工投产

3月，涪陵榨菜（集团）有限公司2000年12月动工新建的华安榨菜厂竣工投产，总投资2600万元，设备全部采用现代化自动生产线，年产乌江牌中盐小包装方便榨菜6000吨。《涪陵年鉴（2003）》云：涪陵榨菜（集团）有限公司2000年12月动工新建的华安榨菜厂，于2002年3月竣工正式投产。华安榨菜厂总投资2600万元，设备全部采用现代自动化生产线，年产乌江牌中盐小包装方便榨菜6000吨。

"采用新工艺生产中盐榨菜"通过鉴定

4月3日，重庆市经委召集西南农业大学食品科学学院、第三军医大学等部门领导和专家对涪陵榨菜（集团）有限公司承担的"采用新工艺生产中盐榨菜"项目进行鉴定。至此，新一代健康的乌江牌榨菜（无防腐剂）正式获准上市。《涪陵大事记》（1949—2009）第445—446页载：（4月）3日，由涪陵榨菜（集团）有限公司承担的"采用新工艺生产中盐榨菜"项目通过重庆市经委组织的专家鉴定。《重庆市涪陵区大事记》（1986—2004）第295页载："（4月）月初，由涪陵榨菜（集团）有限公司承担的'采用新工艺生产中盐榨菜'项目通过重庆市经委组织的专家鉴定。"按：项目鉴定时间，《涪陵大事记》（1949—2009）定在4月3日，《重庆市涪陵区大事记》（1986—2004）定在4月初，无具体时间。

沈哲获重庆市"劳动创新奖章"

4月30日，涪陵榨菜（集团）有限公司食品研究中心助理沈哲因榨菜研究与开发的突出贡献，获重庆市"劳动创新奖章"。

涪陵华粹食品有限公司榨菜厂更名

5月，涪陵榨菜（集团）有限公司2001年底购买的原"涪陵华粹食品有限公

司"榨菜厂，更名为"涪陵榨菜（集团）有限公司华民榨菜厂"，被列为该公司新调整合并后的"龙""飞""凤""舞""富""民""安""康"八大榨菜生产厂之一。2002 年初，涪陵榨菜（集团）有限公司投入技改资金 300 万元，对厂房、设备进行全面维修和技术改造，于 2002 年 5 月底完工投产。技改后的"华民榨菜厂"，可年产乌江牌中盐小包装方便榨菜 6000 吨。《涪陵年鉴（2003）》云：涪陵榨菜（集团）有限公司 2001 年底购买的原"涪陵华粹食品有限公司"榨菜厂，更名为"涪陵榨菜（集团）有限公司华民榨菜厂"，被列为该公司新调整合并后的"龙""飞""凤""舞""富""民""安""康"八大榨菜生产厂之一。2002 年初，涪陵榨菜（集团）有限公司投入技改资金 300 万元，对厂房、设备进行全面维修和技术改造，于 2002 年 5 月底完工投产。技改后的"华民榨菜厂"，可年产中盐小包装方便榨菜 6000 吨。

乌江牌榨菜被评为中国名牌商品

6 月上旬，涪陵榨菜集团有限公司生产的乌江牌榨菜，被中国商业联合会评为"中国名牌商品"。此为涪陵区唯一获此殊荣的产品。《涪陵大事记》（1949—2009）第 449—450 页载：（6 月）上旬，涪陵榨菜（集团）有限公司生产的乌江牌涪陵榨菜被中国商业联合会评为"中国名牌商品"。《重庆市涪陵区大事记》（1986—2004）第 296 页载："（6 月）上旬，涪陵榨菜（集团）有限公司生产的'乌江牌'涪陵榨菜被中国商业联合会评为'中国名牌商品'。"《涪陵年鉴（2003）》将其时间定在 5 月。

榨菜科研课题列入重庆市科委 2002 年度科技计划

（7 月）18 日，"榨菜深加工及附产物综合利用产业化关键技术研究与示范"列入重庆市科委 2002 年度科技计划。《涪陵大事记》（1949—2009）第 453 页载：（7 月）18 日，涪陵榨菜（集团）有限公司与西南农业大学共同承担的"榨菜深加工及附产物综合利用产业化关键技术研究与示范"列入重庆市科委 2002 年度科技计划。《重庆市涪陵区大事记》（1986—2004）第 299 页载："（7 月）中旬，涪陵榨菜（集团）有限公司与西南农业大学共同承担的项目'榨菜深加工及附产物综合利用产业化关键技术研究与示范'列入市科委 2002 年度科技计划。"按：项目发布时间，《涪陵大事记》（1949—2009）定在 7 月 18 日，《重庆市涪陵区大事记》（1986—2004）定在 7月中旬，无具体时间。

乌江牌无防腐剂中盐榨菜获高新技术产品认定证书

7 月，经重庆市高新技术产品技术专家评审委员会评审通过，并报重庆市科委核准，涪陵榨菜集团有限公司生产的乌江牌无防腐剂中盐榨菜获高新技术产品认定证书。乌江牌无防腐剂中盐榨菜被列为 2002 年重庆市第一批高新技术产品，开创涪陵榨菜被评为高新技术产品的先河，成为迄今为止全国酱腌菜行业唯一获得高新技术产品称号的品牌。《涪陵大事记》(1949—2009) 第 454 页载：(7 月) 涪陵榨菜 (集团) 有限公司生产的乌江牌无防腐剂中盐榨菜获高新技术产品认定证书，被列为 2002 年重庆市第一批高新技术产品，成为全国酱腌菜行业唯一获得高新技术产品称号的产品。《重庆市涪陵区大事记》(1986—2004) 第 300 页载："是月 (7 月)，涪陵榨菜 (集团) 有限公司生产的'乌江'牌'无防腐剂中盐榨菜'获高新技术产品认定证书，被列为 2002 年重庆市第一批高新技术产品，成为全国酱腌菜行业唯一获得高新技术产品称号的商品。"

乌江牌榨菜被授予"中国驰名品牌"称号

8 月 2 日，涪陵榨菜 (集团) 有限公司生产的乌江牌系列榨菜产品，经中国品牌发展促进委员会审定，被授予"中国驰名品牌"称号。《涪陵大事记》(1949—2009) 第 454 页载：(8 月 2 日) 涪陵榨菜 (集团) 有限公司生产的乌江牌系列榨菜产品，经中国品牌发展促进委员会审定，被授予"中国驰名品牌"称号。《重庆市涪陵区大事记》(1986—2004) 第 300 页载："(8 月) 2 日，涪陵榨菜 (集团) 有限公司生产的'乌江'牌系列榨菜产品，经中国品牌发展促进委员会审定，被授予'中国驰名品牌'称号。"

"无防腐剂中盐榨菜"被批准为高新技术产品

8 月 6 日，"无防腐剂中盐榨菜"被批准为高新技术产品。《涪陵大事记》(1949—2009) 第 455 页载：(8 月) 6 日，榨菜集团公司的"无防腐剂中盐榨菜"等 4 个产品被批准为高新技术产品。

涪陵区榨菜工作会议召开

8 月 27 日，涪陵区榨菜工作会议召开。会议提出：为着力抓好 2003 年青菜头生产工作及为再次举办榨菜文化节作准备，必须进一步加快全区榨菜产业化进程，研究完善榨菜产业化经营的规范措施。参见何侍昌《涪陵榨菜文化研究》第 118 页。

涪陵榨菜集团被列为"争创全国绿色生产线示范单位"

9 月，涪陵榨菜 (集团) 有限公司因成功采用"巴氏"杀菌法，在全国榨菜食品行业中率先取消化学防腐剂，攻克榨菜采用添加苯甲酸钠进行杀菌保鲜的难题，经

全国三绿工程工作办公室审定，被列为"争创全国绿色生产线示范单位"。

榨菜集团被确定为全国绿色加工线示范单位

11月，榨菜集团被确定为"全国绿色加工线示范单位"。《重庆市涪陵区大事记》（1986—2004）第307页载："（11月）上旬，在全国'三绿工程'工作会上，涪陵榨菜（集团）有限公司的榨菜加工生产线被确定为'全国绿色加工线示范单位'。"

乌江牌榨菜获"中国绿色食品2002福州博览会畅销产品"称号

11月，涪陵榨菜（集团）有限公司因成功采用"巴氏"杀菌法，在全国榨菜食品行业中率先取消化学防腐剂，经中国绿色食品2002福州博览会组委会评审，授予乌江牌榨菜"中国绿色食品2002福州博览会畅销产品"奖。成为重庆展团唯一获此殊荣的企业。参见《涪陵年鉴（2003）》。

"杂交榨菜新品种'涪杂1号'产业化开发"列入2002年国家星火计划

11月，"杂交榨菜新品种'涪杂1号'产业化开发"列入2002年国家星火计划。《涪陵大事记》（1949—2009）第464页载：本月（11月），国家科技部发出通知，涪陵区"杂交榨菜新品种'涪杂1号'产业化开发"……3项目列入2002年国家星火计划。按：该课题由周光凡主持，起止年限为2002—2004年。

"川陵"商标被评为重庆市著名商标

11月，重庆市工商行政管理局授予重庆市涪陵宝巍食品有限公司商标为重庆市著名商标。《涪陵大事记》（1949—2009）第465页载：（11月）重庆市涪陵宝巍食品有限公司的"川陵"商标被重庆市著名商标评定委员会认定为重庆市著名商标。

重庆市涪陵野田通商榨菜工厂动工兴建

11月，日本商人野田健投资人民币110万元，在涪陵中峰乡兴办榨菜加工企业，注册厂名"重庆市涪陵野田通商榨菜工厂"。本月动工，预计次年上半年竣工投产，可年产榨菜3000吨，产品直接销往日本。《涪陵大事记》（1949—2009）第465页载：（11月）日本商人野田健投资人民币110万元，在涪陵中峰乡兴办榨菜加工企业，注册厂名"重庆市涪陵野田通商榨菜工厂"。当月破土动工，预计在2003年上半年竣工投产，竣工后可年产榨菜3000吨，产品直销日本市场。《涪陵年鉴（2003）》云：是年，日本国商人野田健投资人民币110万元，在涪陵中峰乡兴办榨菜加工企业，注册厂名"重庆市涪陵野田通商榨菜工厂"。该厂于2002年11月破土动工，占地面积 6 亩，预计在 2003 年上半年竣工投产，竣工后年产榨菜 3000 吨，产品直接销往日本国市场。为招商引资，欢迎日本客商来中峰乡兴办榨菜企业，中峰乡党委、政府筑巢引凤，为外商提供了良好的投资环境。一是投资 105 万元，硬化 3 公里公路，直通日本客商兴建的厂房；二是免费为日本客商建厂搞好"三通一平"；三是在政策方面给予了最大限度的优惠。日本客商野田健先生对此深感满意，决心与中峰乡政府和人民友好合作，扎根中峰乡。日本客商落户中峰乡兴办榨菜企业，为促进当地经济发展和农民增收致富创造了条件。参见何侍昌《涪陵榨菜文化研究》第 151—152 页。

《关于授予易从宽等 69 人为涪陵区第一届第二批科技拔尖人才称号的决定》发布

12 月 27 日，《关于授予易从宽等 69 人为涪陵区第一届第二批科技拔尖人才称号的决定》发布，中共涪陵区委、涪陵区人民政府批准命名的涪陵区第一届第二批科技拔尖人才，共计 69 名。其中与涪陵榨菜有关的有涪陵区农科所榨菜研究室主任、高级农艺师范永红；涪陵区农科所农艺师王旭祎等。《涪陵大事记》（1949—2009）第 465 页载：（12 月 27 日），涪陵区委、区政府做出《关于授予易从宽等 69 人为涪陵区第一届第二批科技拔尖人才称号的决定》。

榨菜科研成果获奖

12 月，涪陵区 2001 年度科技进步奖揭晓，涉及涪陵榨菜的有涪陵区农科所、涪陵绿原农业科技发展公司陈材林、周光凡、余家兰、胡代文、彭中平、范永红、万勇、王彬的《榨菜新品种选育、发掘及换代推广》获一等奖；

涪陵榨菜（集团）有限公司向瑞玺、赵平、沈哲、方明强、谢晔的《新一代无防腐剂中盐榨菜新品种》获二等奖；

涪陵区卫生防疫站、涪陵区卫生监督所蒲朝文、夏传福、谢朝怀、李科武、封雷、汪瑜的《酱腌菜腌制过程中亚硝酸盐含量动态变化及消除措施的研究》获三等奖。

涪陵榨菜（集团）有限公司被评为"农业产业化国家重点龙头企业"

12 月，经国家农业部、国家发展计划委员会、国家经济贸易委员会、国家财政部、国家对外贸易经济经济合作部、中国人民银行、国家税务总局、国家证券监督管理委员会、全国供销合作总社等 9 个国家部、委、局、社审查通过，涪陵榨菜集团有限公司被评为"农业产业化国家重点龙头企业"。《涪陵大事记》（1949—2009）第 465 页：本月（12 月），涪陵榨菜（集团）有限公司经国家 9 部、委、局、

社审查通过，被评为"农业产业化国家重点龙头企业"。《重庆市涪陵区大事记》（1986—2004）第 300 页载："本月（12 月），涪陵榨菜（集团）有限公司经国家 9 部、委、局、社审查通过，被评为'农业产业化国家重点龙头企业'。"参见《涪陵年鉴（2003）》。

涪陵区 26 家榨菜生产企业采用巴氏杀菌法

12 月，涪陵区有 26 家榨菜生产企业采用巴氏杀菌法，全部取消化学防腐剂，涪陵榨菜真正成为广大消费者食后放心的绿色健康食品。《涪陵年鉴（2003）》云：随着人们对绿色健康食品日益增长的需要和中国加入 WTO 后国际市场对出口食品的要求，继涪陵榨菜（集团）有限公司 2001 年率先宣告乌江牌榨菜系列产品全部取消化学防腐剂后，2002 年涪陵区又有一批榨菜生产企业进行了技改，增添高温杀菌设备，采用巴氏杀菌法取代了过去靠添加苯甲酸钠对榨菜产品进行杀菌防腐保鲜。至 2002 年 12 月底，全区共有 26 个榨菜生产企业（厂）生产的榨菜产品全部取消了化学防腐剂，使涪陵榨菜真正成为了广大消费者食后放心的绿色健康食品。

涪陵区政府命名 10 个"农业产业化重点龙头企业"

是年，涪陵区人民政府命名的 10 个"农业产业化重点龙头企业"，有 6 个是榨菜企业。

"榨菜新品种选育、发掘及换代推广"获涪陵区人民政府一等奖

是年，涪陵地区农科所完成的"榨菜新品种选育、发掘及换代推广"荣获涪陵区人民政府一等奖。

涪陵榨菜（集团）有限公司获涪陵区科技进步奖

涪陵榨菜（集团）有限公司完成的"采用新工艺生产中盐榨菜""新一代无防腐剂中盐榨菜新产品"获涪陵区科技进步奖。

"一步法榨菜"研制成功

是年，由太极集团重庆国光绿色食品有限公司与西南农业大学食品工程学院研制成功的"一步法榨菜"，彻底改变了涪陵榨菜的加工工艺，直接利用机械将鲜青菜头（榨菜原料）风干脱水，采用拌料包装的后熟工艺而成。整个工艺过程最大限度地保留了原料的各种营养成分，避免了传统榨菜工艺盐渍过程营养成分随盐水流失的问题。"一步法榨菜"既保持了涪陵榨菜嫩脆鲜香的特点，又融入了涪陵农家"水

盐菜"的风味，其味道醇厚，鲜香可口，品质脆爽，盐分含量适中。经重庆市科学技术委员会鉴定，"一步法榨菜"工艺技术可靠，产品品质高，风味独特，营养丰富，可谓榨菜中的极品。"一步法榨菜"由于采用鲜青菜头直接机械风干，整个工艺过程不产生盐水，实现了榨菜加工的清洁生产，对环境不造成污染，是一项绿色环保食品加工工艺。"一步法榨菜"的成功开发，将对涪陵榨菜生产的未来发展产生较大影响。参见《涪陵年鉴（2003）》。

榨菜原料良种推广

是年，在涪陵区南沱、清溪、江北、百胜、珍溪、镇安等地推广新一代杂交优质良种"涪杂1号"，种植面积50000亩，据对比测产，平均亩产3340.8公斤，较"永安小叶"常规榨菜良种增产22.4%，最高亩产可达3817.2公斤。《涪陵年鉴（2003）》云："涪杂1号"优质榨菜良种推广种植面积50000亩"涪杂1号"是涪陵榨菜原料（青菜头）种植的新一代杂交优质良种，它具有抽薹较晚、抗病性强、瘤茎含水量低、皮薄、脱水速度快、丰产性好、加工成率高等特点。2002年，在涪陵区南沱、清溪、江北、百胜、珍溪、李渡、义和、镇安、致韩等乡镇办事处推广种植面积50000亩。经在南沱、江北、百胜、珍溪、镇安等地对比测产，平均亩产达3340.8公斤，较"永安小叶"常规榨菜良种增产22.4%，最高亩产量达3817.2公斤。

榨菜科研论文发表

是年，刘义华、范永红、周光凡在《西南园艺》第3期发表《"涪杂1号"榨菜制种产量构成因素分析》一文。

刘义华、周光凡、范永红、林合清、陈材林在《西南农业学报》第3期发表《茎瘤芥杂种一代的优势研究》一文。

王旭祎、高明泉、彭洪江、张建红在《西南园艺》第4期发表《榨菜根肿病可控栽培因子控害技术研究》一文。

高明泉、彭洪江、王旭祎、韩海波、张建红在《植物保护》第6期发表《涪陵榨菜根肿病的危害与产量损失测定》一文。

彭洪江、王旭祎、高明泉、韩海波在《植物保护》第2期发表《涪陵榨菜上严重发生根肿病》一文。

刘义华、周光凡、范永红、林合清、陈材林在《耕作与栽培》第6期发表《茎瘤芥瘤芥生长量与瘤芥相关性状的回归分析》一文。

王旭祎、彭洪江、高明泉、韩海波、张建红、肖崇刚在《西南农业学报》第4期发表《茎瘤芥（榨菜）根肿病病原初步鉴定及发病影响因素》一文。

刘华强、李昌满、孙小红、罗永统在《长江蔬菜》学术专刊发表《"保得"生物肥在茎瘤芥（榨菜）上的应用效果》一文。

榨菜新产品开发

是年，涪陵榨菜（集团）有限公司对乳化辅料加工技术进一步研究论证，形成香料液加入榨菜产品，使香气、口感、色泽、品质均衡稳定和提升产品嫩度。

太极集团国光绿色食品公司，研制出"大豆菜汁酱油"。

涪陵区 26 家方便榨菜生产企业（厂）进行技改，增添新设备，采用新工艺，采用新型杀菌法。至 2005 年底，境内方便榨菜生产企业（厂）均采用这种杀菌法，全部取消化学防腐剂。

《涪陵榨菜加工技术》收藏

是年，《涪陵榨菜加工技术》作为涪陵区内部资料保存。

榨菜陈列馆修建

是年，涪陵榨菜（集团）有限公司在李渡工业园区修建了榨菜陈列馆，首次展示了涪陵榨菜种植、加工、销售以及榨菜文化历史。

《涪陵年鉴（2002）》"榨菜"专题

是年，重庆市涪陵区人民政府主办的《涪陵年鉴（2002）》设有"榨菜"专题部分。

榨菜产业化发展

是年，涪陵区青菜头种植面积 30.3 万亩，产量超过 53.67 万吨，收购青菜头 43.22 万吨，外运鲜销青菜头 4.28 万吨，外销一盐盐菜块 3.85 万吨（折合青菜头 4.8 万吨），菜农自食 1.37 万吨；有榨菜生产企业 120 家（其中停产 24 家），加工能力 25 万吨以上，常年产销成品榨菜 18 万吨左右，有企业产品品牌 100 余个；常年从业人员 5.5 万人左右（包括季节工、临时工）；总收入 11 亿元，其中农民种植、加工收入 2.5 亿元左右，成品榨菜销售收入 6 亿元左右、包装、辅料、运输等相关产业收入 2.5 亿元左右，利税 9000 余万元。涪陵榨菜产品主要分为三大包装系列：一是以坛装为主的全形榨菜；二是以铝薄、镀铝袋装为主的精制小包装方便榨菜；三是瓶、听、罐、木制盒装的高档榨菜。产品销往全国各省、市、自治区及港、澳、台地区，出口日本、美国、俄罗斯、韩国、东南亚和欧美各国等 30 多个国家。

全区青菜头种植面积、产量分别突破 30 万亩和 50 万吨大关

是年，涪陵区加大农业结构调整，各榨菜生产乡、镇、街道办事处实施菜桑套种的科学种植模式，提高了经济效益，扩大了青菜头种植面积，特别是大力推广种植青菜头杂交良种，使青菜头种植面积和产量分别突破了 30 万亩和 50 万吨大关。2002 年，涪陵区青菜头种植面积为 30.3 万亩，实现青菜头产量 53.67 万吨，分别比 2001 年增长 4% 和 8.5%。

榨菜产销势头良好

是年，涪陵区种植青菜头的社会总产量 53.67 万吨，其中收购加工青菜头 43.22 万吨，外运鲜销青菜头 4.28 万吨、外销一盐盐菜块 3.85 万吨（折合成青菜头 4.8 万吨）、菜农自食 1.37 万吨，实现青菜头销售总收入 7352.79 万元。加工榨菜半成品原料（三盐盐菜块）20.08 万吨，实现销售收入 1.6 亿元，剔除加工成本（450 元／吨），实现销售纯收入 7260 万元。全区共生产成品榨菜 1629 万吨，其中生产方便榨菜 11.68 万吨、全形（坛装）榨菜 3.05 万吨、出口榨菜 156 万吨，分别比 2001 年增长 3.1%、-27.2%、7.3%，共销售成品榨菜 1547 万吨，产销率达 95%，全区实现成品榨菜产值 40047.5 万元，实现销售收入 52436.6 万元，创汇 939.7 万美元，实现榨菜总收入 6.9 亿元，利润 6090.6 万元，缴纳税金 31476 万元，分别比 2001 年增长 0.7%、3.1%、7.3%、8.7%、35.7%、76.3%。

榨菜产业化实施"651"工程

是年，榨菜产业化实施"651"工程，即涪陵区榨菜管理办公室重点联系和扶持发展由中共涪陵区委、涪陵区人民政府挂牌命名的 6 户农业产业化重点榨菜龙头企业，即涪陵榨菜（集团）有限公司、涪陵辣妹子集团有限公司、涪陵宝巍食品有限公司、涪陵乐味食品有限公司、涪陵德丰有限公司、涪陵新盛罐头食品有限公司；李渡管委会农业局，各有关乡镇（街道办事处）农林技术推广站、榨菜办、社会事务办重点联系和扶持发展 50 户榨菜生产企业和 1000 户榨菜加工大户。《涪陵年鉴（2003）》载：为切实配合涪陵区委、区政府规划实施的"双十百万"特色农业经济工程，推动涪陵区榨菜产业规模经营，促进榨菜产业化发展，2002 年，涪陵区榨菜产业实施了"651"工程。榨菜产业"651"工程的内容是：涪陵区榨菜管理办公室重点联系和扶持发展由涪陵区委、区政府挂牌命名的 6 户农业产业化重点榨菜龙头企业，即涪陵榨菜（集团）有限公司、涪陵辣妹子集团有限公司、涪陵宝巍食品有限公司、涪陵乐味食品有限公司、涪陵德丰食品有限公司、涪陵新盛罐头食品有限公司；李渡

管委会农业局，各有关乡镇（街道办事处）农林技术推广站、榨菜办、社会事务办重点联系和扶持发展 50 户榨菜生产企业和 1000 户榨菜加工大户。涪陵区榨菜产业实施"651"工程要达到的目标是：力争通过 5 年的大力扶持发展，使全区榨菜生产企业、半成品原料加工大户产品产销量、销售收入、利税在现有的基础上增长 50%以上，产品质量提高（全区榨菜生产企业生产的产品全部取消化学防腐剂），新产品开发能力增强，销售市场拓展，产业化经营规范，辐射带动菜农收入增长，全区农民人均纯收入在 150 元以上。

华安榨菜厂竣工投产

涪陵榨菜（集团）有限公司 2000 年 12 月动工新建的华安榨菜厂，于 2002 年 3 月竣工正式投产。华安榨菜厂总投资 2600 万元，设备全部采用现代自动化生产线，年产乌江牌中盐小包装方便榨菜 6000 吨。

华民榨菜厂技改完工投产

涪陵榨菜（集团）有限公司 2001 年底购买的原"涪陵华粹食品有限公司"，更名为"涪陵榨菜（集团）有限公司华民榨菜厂"，被列为该公司新调整合并后的龙、飞、凤、舞、富、民、安、康八大榨菜生产厂之一。2002 年初，涪陵榨菜（集团）有限公司投入技改资金 300 万元，对厂房、设备进行全面维修和技术改造，于 2002 年 5 月底完工投产。技改后的华民榨菜厂，可年产乌江牌中盐小包装方便榨菜 6000 吨。

榨菜新品种选育、发掘及换代推广

是年，榨菜新品种选育、发掘及换代推广由涪陵区农科所、涪陵绿原农业科技发展公司完成，获得 2001 年度涪陵区科技进步一等奖。主要完成人员有陈材林、周光凡、余家兰等。项目于 1993—2001 年先后进行株系选择试验、大区试验、多点试验、区域试验示范、加工适应性试验和抗病性鉴定试验等系列研究，成功选育出榨菜新品种"涪丰 14"，并发掘出榨菜地方优良品种"永安小叶"。1993—2001 年，仅在涪陵区内就累计推广 144.23 万亩，占榨菜原料种植面积 80% 以上，累计新增产值 1.17 亿元。参见《涪陵年鉴（2003）》。

"涪杂 1 号"优质榨菜良种推广种植面积 50000 亩

"涪杂 1 号"是涪陵榨菜原料（青菜头）种植的新一代杂交优质良种，它具有抽薹较晚、抗病性强、瘤茎含水量低、皮薄、脱水速度快、丰产性好、加工成率高等特点。2002 年，在涪陵区南沱、清溪、江北、百胜、珍溪、李渡、义和、镇安、致韩等乡镇办事处推广种植面积 50000 亩。经在南沱、江北、百胜、珍溪、镇安等地对比测产，平均亩产达 3340.8 公斤，较"永安小叶"常规榨菜良种增产 22.4%，最高亩产量达 3817.2 公斤。

榨菜加工脱盐采用"定时定量定容"新工艺

涪陵榨菜自 1981 年起从笨重的坛装榨菜改进为轻型的小包装方便榨菜，从单一的高盐度麻辣咸调味副食品改进为中、低盐度的多味型调味、休闲食品以来，将高盐度的半成品盐菜块加工成中低盐度的方便榨菜食品，其脱盐工艺一直是采用经水浸泡后，凭技师的口感经验掌握榨菜原料脱盐后的含盐度，误差较大，影响着榨菜的口味及质量。为解决这一难题，近两年全区部分方便榨菜企业纷纷加大技改力度，将过去的人工脱盐工艺改进为半机械化或机械化的"定时、定量、定容"科学脱盐工艺，有效解决了原来因不同批次榨菜原料脱盐后含盐度不稳定，误差较大的难题，为全面提高涪陵榨菜质量奠定了基础。参见《涪陵年鉴（2003）》。

榨菜加工新增加全形淘洗工序

在榨菜精制产品加工工序流程中，过去是将腌制好的榨菜半成品原料起池淘洗后，经修剪看筋，直接进入切削成形、脱盐、脱水、调味、拌料、装袋工序。随着人们生活水平的提高，对食品卫生标准的要求也越高。为适应市场消费者对榨菜食品卫生标准的要求，2002 年全区不少方便榨菜企业在榨菜精制产品加工工艺流程中，新增加了一道全形淘洗的工序。即在将腌制好的榨菜半成品原料起池进入选料车间首先进行初淘、修剪看筋、原料精选，再次用净化水采用滚筒式或抖动式淘洗机对精选后的榨菜半成品的原料进行机械化清洗（全形淘洗工序），而后才进入下道加工工序。全形淘洗工序的要求较高，一是要求淘洗用水水质好（净化水）；二是要求淘洗的水要有冲压力，能将污物杂质随污水冲到排污设施中；三是要求被淘洗的盐菜块在滚动中不断向前，避免在浑水中反复循环。增加全形淘洗工序的主要目的是去掉盐菜块经修剪看筋后所带有的污物杂质及泥沙，使榨菜半成品原料更加洁净，从而提高榨菜产品卫生标准和质量。参见《涪陵年鉴（2003）》。

《重庆乡土菜》出版

是年，邓开荣编写的《重庆乡土菜》由重庆出版社出版。该书收录有"好汉鸡"，其原料有"榨菜酱油""涪州榨菜鸭"，其原料有"榨菜 125g"；"侧耳根炖老鸭"，其原料"榨菜酱油（适量）"；"砂锅糊涂鸭"，其原料有"涪州榨菜（25g）"，其"制作"也提到有"榨菜""榨菜片"等。这个菜起源于民间传说：有个糊涂厨师贪杯之后烂

醉如泥，醉昏倒地，等到厨师酒醒，开饭时间快到，方慌忙动手，糊里糊涂做出了一道糊涂鸭，主人吃后竟大加赞扬，从此糊涂鸭在乡间流传开来。同时有"荷叶包烧鱼"，其原料有"涪陵榨菜（50g）"，其"制作"提到有"榨菜"。这是一款流传于涪陵、丰都的民间菜，相传当年刘伯承在丰都打败了北洋军阀的进攻，在一农户家召开军事会议，老农将从河沟捕得的鲜鱼破腹洗净后，鱼腹内塞泡菜，用荷叶包裹好，放入柴灶内烤熟，招待打了胜仗的"少年军神"刘伯承，后代厨师根据传说，将此菜加以改进推出，受到食家的广泛好评。还有"瓦罐煨牛杂"，其原料有"榨菜块（100g）"，其"制作"提到有"榨菜块"，其"特点"提到有"青菜头"。

成功开发出新型营养"大豆菜汁酱油"

是年，重庆国光绿色食品有限公司在不断开发榨菜新产品的同时，又综合开发研制出新一代调味品——新型营养"大豆菜汁酱油"。该产品以含有优质植物蛋白的大豆和营养丰富的榨菜汁为主要原料，经微生物发酵后，采用现代食品生产技术制作而成，富含多种营养氨基酸和维生素。新型营养"大豆菜汁酱油"具有酱香浓郁，滋味鲜美，品质纯正，营养丰富之特点。至年底，该产品已经涪陵区产品质量检测所检测，各项指标符合酿造酱油质量标准，新型营养"大豆菜汁酱油"的成功开发，将为涪陵区榨菜生产的盐水排污找到新的出路，为社会和企业创造良好的效益。

榨菜产业化发展

是年，全区有企业201户（含年内停产24户），其中产方便菜的110户，坛装91户，年生产能力已达25万吨以上，常年产销18万吨以上，半成品加工户（含合作社、联户、个体户）有1.5万户。区政府为促进榨菜产业化发展，年内开始实施"651"工程，即对已挂牌命名的6户榨菜农业产业化龙头企业（即涪陵榨菜集团、辣妹子集团有限公司及宝巍、乐味、德丰、新盛罐头食品有限公司），区榨菜办等部门重点联系的50户榨菜加工企业、1000户半成品加工大户予以扶持发展，力争5年后产品产量、销售收入、利税等指标在现有基础上增长50%，使全区农民人均纯收入增加150元以上。在此前后，因三峡水库蓄水和沿江受淹企业、种菜农户的搬迁，以及企业技改升级等因，企业结构不断调整而趋于优化。

榨菜香料液制成

是年，涪陵榨菜（集团）有限公司对香料添加技术进一步改进，制成香料液加入榨菜产品，使其香气、口感、色泽、品质稳定度且和产品感官嫩度得以增加和提升。将原搅拌式调味拌料改为离心螺旋式，使调味辅料在榨菜中显得更加均匀。

榨菜管理办公室获殊荣

是年，涪陵区榨菜管理办公室因成绩突出，被中国特产之乡推荐暨宣传活动组织委员会和中国农学会特产经济专业委员会评为"中国特产开发建设先进单位"，在第三届中国特产文化节暨中国特产之乡工作总结会上受到表彰。参见何侍昌《涪陵榨菜文化研究》第 123 页。

2003 年

涪陵榨菜（集团）有限公司获"全国守合同重信用企业"证书

1 月，国家工商行政总局授予涪陵榨菜（集团）有限公司"全国守合同重信用企业"证书。参见《涪陵年鉴（2004）》。

乌江牌榨菜被评为重庆市"最受消费者欢迎名牌产品"

1 月，经重庆市第二届农业暨优质农产品展示展销组委会评审，涪陵榨菜（集团）有限公司生产的乌江牌榨菜被评为重庆市"最受消费者欢迎名牌产品"。参见《涪陵年鉴（2004）》。

乌江牌榨菜被评定为重庆市"消费者喜爱产品"

1 月，在重庆第五届名优特新产品迎春展销会上，涪陵榨菜（集团）有限公司生产的乌江牌榨菜被重庆市商业委员会评定为重庆市"消费者喜爱产品"，并授予奖牌。参见《涪陵年鉴（2004）》。

乌江牌中盐榨菜被认定为"重庆市市级新产品"

2 月，涪陵榨菜（集团）有限公司开发研究，采用新工艺生产的乌江牌中盐榨菜，经重庆市经济委员会评审，被认定为"重庆市市级新产品"。《涪陵年鉴（2004）》云：2003 年 2 月，涪陵榨菜（集团）有限公司开发研究，采用新工艺生产的乌江牌中盐榨菜，经重庆市经济委员会评审，被认定为"重庆市市级新产品"。

乌江牌中盐榨菜被评为"优秀新产品二等奖"

2 月，涪陵榨菜（集团）有限公司采用新工艺生产的乌江牌中盐榨菜新产品，被重庆市人民政府评为"优秀新产品二等奖"。《涪陵年鉴（2004）》云：涪陵榨菜（集团）

有限公司采用新工艺生产的乌江牌中盐榨菜新产品，2003 年 2 月被重庆市人民政府评为"优秀新产品二等奖"。

涪陵区被授予"中国果菜（专指榨菜）十强区（市、县）"称号

3 月，重庆市涪陵区被首届中国果菜产业论坛组委会在北京评审认定，授予"中国果菜（专指榨菜）十强区（市、县）"称号。参见《涪陵年鉴（2004）》、何侍昌《涪陵榨菜文化研究》第 123 页。

重庆市涪陵区凤娃子食品有限公司成立

3 月，重庆市涪陵区凤娃子食品有限公司成立，位于重庆市涪陵区南沱镇睦和村六组。公司占地面积 10000 平米，建筑面积 7000 平米，现有资产总额 1667 万元，其中固定资产 953 万元，负债总额 561 万元，净资产 1106 万元。现有职工 40 余人，其中高级职称 1 人，中级职称 3 人，初级职称和技工 10 人。公司现有"凤娃"、"成红""耕牛"等商标，有菜丝，菜片，菜芯等系列产品四十余种，年生产能力 5000 吨，年可创产值 3500 万元。2017 年 1—8 月已实现营业收入 1709 万元，预计全年可实现营业收入 2360 万元。公司的产品在历年来经过涪陵检测中心的定期和不定期的监督检验，全部为合格产品，无一例不合格情况。由于有较好的产品质量作保障，加上公司的健全完善的营销网络，公司的系列产品在市场上深受消费者的喜爱，现公司有海口、玉林、贵阳等三个办事处和 20 多个总经销机构，产品遍及北京、广东、海南、广西、贵州、江西等地的各大中小城市。公司现着手对营销网络进行进一步细化，在现有市场的基础上，力争使公司的产品达到全覆盖，让更多的消费者能够与公司共享消费高品质产品所带来的快乐，也同时促进公司的产品的进一步提档升级。

华富榨菜厂竣工投产

涪陵榨菜（集团）有限公司以三峡移民迁建为契机，将原公司的 23 个生产厂调整归并为 8 个生产厂，以"华"字为头，龙、飞、凤、舞、富、民、安、康八个字命名的三峡 II 线水位移民迁建项目之一的华富榨菜厂自 2001 年 4 月动工新建，于 2003 年 3 月竣工正式投产。华富榨菜厂总投资 3100 万元，设备采用国内最先进的现代自动化生产线，年产乌江牌中低盐小包装方便榨菜可达 10000 吨，产品全部无化学防腐剂。参见《涪陵年鉴（2004）》。

台湾林肯考察榨菜生产

4 月 17 日，台湾正林集团董事长、总经理林肯先生来涪陵考察榨菜生产情况，

拟投资榨菜生产项目。

涪陵榨菜集团有限公司捐款抗非典

4月30日，涪陵榨菜（集团）有限公司总经理周斌全将满载着公司同仁深厚情谊的10万元捐款，送到涪陵区卫生局，用于防治非典工作。这是涪陵区卫生局接受的首笔捐款。

"无防腐剂中盐榨菜加工技术"入选2003年国家科技成果重点推广项目

5月，国家科学技术部组织相关专家，经过综合评审产生了2003年国家科技成果重点推广项目403项，涪陵榨菜（集团）有限公司的"无防腐剂中盐榨菜加工技术"项目榜上有名，这是涪陵区唯一获此殊荣的项目。《涪陵大事记》（1949—2009）第476页载：（5月）下旬，涪陵榨菜（集团）有限公司的"无防腐剂中盐榨菜加工技术"入选2003年国家科技成果重点推广项目。

涪陵榨菜（集团）有限公司被评定为"2002年度重庆市质量效益型企业"

5月，涪陵榨菜（集团）有限公司被重庆市经济委员会、重庆市商业委员会、重庆市建设委员会、重庆市质量技术监督局、重庆市统计局、重庆市总工会6个市级部门联合评定为"2002年度重庆市质量效益型企业"，并授予奖牌。参见《涪陵年鉴（2004）》。

涪陵辣妹子集团有限公司11个产品包装设计获国家专利

涪陵辣妹子集团有限公司研制开发的榨菜包装袋（80g碎米榨菜粒、80g香辣榨菜丝、80g美味榨菜片、100g鲜脆榨菜芯、香妹仔包装袋）、榨菜包装纸箱（80g碎米榨菜粒、80g香辣榨菜丝、80g美味榨菜片、100g鲜脆榨菜芯、70g低盐榨菜丝）等10个榨菜包装及350g瓶装榨菜瓶贴设计，分别于2003年2月和2003年5月通过国家专利局认证，获国家专利。

黔江考察涪陵（榨菜）

7月8日，中共黔江区委副书记、黔江区人民政府区长张宗清、区委副书记、区人大常委会主任石小川、区委副书记、区政协主席刘作禄率领黔江区党政考察团30余人来涪，先后考察了依蝶购物广场、体育场、太极集团、娃哈哈涪陵公司、华富榨菜厂等。

涪陵榨菜集团获《质量认证管理体系认证证书》

7月31日，重庆市涪陵榨菜（集团）有限公司通过四川三峡认证有限公司认

证，获其总经理傅世乾签发的《质量认证管理体系认证证书》，准予注册，注册号01903Q10252RIM，国家认可注册号：CNAB019-Q，有效期至 2006 年 7 月 30 日。

《涪陵辞典》出版发行

7月，涪陵辞典编纂委员会编纂的《涪陵辞典》，由重庆出版社正式出版发行。《涪陵大事记》（1949—2009）第 486 页载：（7月）下旬，由《涪陵辞典》编纂委员会组织编纂的《涪陵辞典》由重庆出版社正式出版发行。《重庆市涪陵区大事记》（1986—2004）第 323 页载："（7月）下旬，由《涪陵辞典》编纂委员会组织编纂的《涪陵辞典》由重庆出版社正式出版发行。"该书词条设置有"榨菜"部分，收录有与"榨菜"相关的词条包括：榨菜、中国榨菜之乡、涪陵榨菜文化节、涪陵市首届榨菜之乡商品交易会、"涪陵榨菜"证明商标、青菜头基地、茎瘤芥、蔺市草腰子、永安小叶、涪丰 14 号、涪杂 1 号、菜架、菜池、榨菜机具修造厂、涪陵榨菜加工企业、荣生昌、道生恒榨菜庄、公和兴、怡亨永、乐味食品公司、德丰食品公司、走水字号、做户、囤户、包袱客、风脱水榨菜、盐脱水榨菜、盐菜块、坛装榨菜、小包装榨菜、方便榨菜、低盐榨菜、地球牌榨菜、口口脆菜心、巴都牌榨菜、辣妹子牌榨菜、云峰牌榨菜、榨菜酱油、榨菜质量标准、《榨菜》《四川涪陵的榨菜》《四川榨菜之栽培和调制》《涪陵榨菜优质原因》《中国芥菜》、榨菜包装改革、《榨菜病虫害及其防治》《芥菜新变种的发现和芥菜的分类研究》《榨菜美食荟萃》、涪陵县榨菜同业公会、榨菜行业协会、榨菜办。又"名牌产品"部分收录有乌江牌榨菜；"土特产品"部分收录有涪陵榨菜；"名小吃"部分收录有什锦咸菜；又"经济概况"部分有"七大优势产业"（其一为以优质卷烟、榨菜、饮料为主的食品工业）、"十五户重点企业"（包括太极集团、榨菜集团等）、"九个一"（其一为"一碟菜"，即以榨菜（集团）公司为主生产的乌江牌等品牌的涪陵榨菜系列）；"工业经济"部分有"涪陵榨菜（集团）有限公司""新盛罐头食品公司""川陵食品公司""怡民酱园厂"；"邮政"部分有《涪陵榨菜百年华诞纪念邮册》；"自然科学科研成果、论著"部分有"青菜头'全形加工'的栽培技术改革"、《茎用芥菜病毒流行程度、测报方法及综合防治研究》；"文化"部分有：榨菜文化、《乌江潮》《涪陵县榨菜志》《涪陵市榨菜志续志》、榨菜踩池号子、玩菜龙；"民俗"部分有"做咸菜"；"人物"部分有邱寿安、邱汉章等。

涪陵榨菜集团获"高新技术企业认定"证书

7月，涪陵榨菜（集团）有限公司申报重庆市高新技术企业，重庆市科学技术委员会以渝科发高字〔2003〕22 号文件认定，并颁发"高新技术企业认定"证书，编号0351102B0006，有效期 2 年。《涪陵大事记》（1949—2009）第 486 页载：（7月）30 日，重庆市科委批准：涪陵榨菜（集团）有限公司为高新技术企业。参见《涪陵年鉴（2004）》。

黄镇东视察华富榨菜厂

8月27日，黄镇东视察华富榨菜厂。《涪陵大事记》（1949—2009）第489页载：（8月）27日，重庆市委书记黄镇东来涪调研，先后视察了榨菜集团华富榨菜厂……对涪陵未来5年的发展做了重要指示。

余姚提出榨菜原产地保护申请

8月28日，浙江余姚向国家质检总局提出原产地标记保护申请，并通过形式审查和现场实地审查，开始为期3个月的公示。由此引发重庆、浙江"榨菜原产地保护之争"。

涪陵榨菜集团获"重庆市技术创新工作先进集体"称号

8月，经重庆市经济委员会评审，授予涪陵榨菜（集团）有限公司"重庆市技术创新工作先进集体"称号。参见《涪陵年鉴（2004）》。

涪陵榨菜（集团）有限公司上报余姚榨菜原产地保护申请信息

9月初，涪陵榨菜（集团）有限公司得知余姚提出榨菜原产地保护申请，以《浙江抢注"榨菜原产地"保护》为题将信息上报涪陵区政府，称有媒体以余姚为"榨菜之乡"混淆视听，余姚申请原产地标记注册，将对正宗"榨菜之乡"的涪陵区榨菜产业构成威胁。涪陵区府办以《政务要情》第114期转发此信息，引起中共涪陵区委、涪陵区人民政府领导高度重视。

涪陵区委、区政府重视榨菜原产地保护申请

9月，涪陵区委办、涪陵区府办多次召集涪陵区质监局、涪陵商委、涪陵榨菜管理办公室、涪陵榨菜（集团）有限公司等有关部门及单位专题研究，明确由涪陵区质监局牵头，组织筹备申报涪陵榨菜原产地域产品和原产地标记保护工作。

涪陵首届美食文化节落幕

《重庆市涪陵区大事记》（1986—2004）第327页载："（9月）17日，历时5天的'泉凌杯'首届涪陵美食文化节落幕。文化节选拔了涪陵参加第四届中国美食节的优秀人才和作品。"

涪陵榨菜商标注册

9月，涪陵辣妹子（集团）有限公司向国家工商行政管理局申请注册"香妹子""香妹仔""乡妹子"3个商标，经国家工商行政管理局核准，于2003年分别予以注册，准予使用。《涪陵大事记》（1949—2009）第493页载：（9月），辣妹子集团有限公司向国家工商行政管理局商标局申请注册"香妹子""香妹仔""乡妹子"3个商标，经国家工商行政管理局商标局核准，予以注册，准予使用。

"乌江"牌和"健"牌原产地标记保护工作启动

9月，涪陵榨菜（集团）有限公司组织筹备向国家申报涪陵榨菜"乌江"牌、"健"牌原产地标记保护工作。在重庆市质监局、重庆市出入境检验检疫局及涪陵区质监局指导下，申报材料经多次修改、补充和完善，于11月初上报国家质量监督检验检疫总局。

浙江吴兴与涪陵联合建厂加工涪陵榨菜

《涪陵大事记》（1949—2009）第493页载：（10月）9日，浙江省湖州市吴兴区对口支援考察团一行到梓里乡考察加工外销榨菜等项目，与梓里乡政府签订了意向性协议；建立外销榨菜生产厂。

请示设立涪陵榨菜原产地域产品保护办公室

10月16日，涪陵区质监局向重庆市质监局发文请示，申请成立涪陵榨菜原产地域产品保护办公室。18日，重庆市质监局批复同意成立该办公室。20日，涪陵区质监局、涪陵区商委、涪陵区榨菜管理办公室联合成立以涪陵区质监局局长周建国为组长，涪陵区商委副主任尼亚非、涪陵区榨菜管理办公室主任张源发为副组长，殷尚树、袁永昌、汤勇为成员的涪陵榨菜原产地域产品保护工作领导小组，领导小组下设办公室于质监局，殷尚树兼办公室主任，负责申报的日常工作。

青菜头根肿病突发

10月中旬，珍溪镇农林站向涪陵区榨菜管理办公室报告，该镇卷洞、三角、石牛等村苗床突发青菜头根肿病80余亩。

涪陵区榨菜管理办公室获被表彰为"中国特产之乡先进单位"

10月，涪陵区榨菜管理办公室被中国特产之乡暨宣传活动组织委员会评为"中国特产之乡先进单位",在江苏省句容市举办的第五届中国特产文化节暨中国特产之乡工作总结表彰大会上予以授牌表彰。参见《涪陵年鉴（2004）》、何侍昌《涪陵榨菜文化研究》第123页。

周斌全、万绍碧受表彰获"中国特产之乡优秀企业家"称号

10月，周斌全、万绍碧被中国特产之乡暨宣传活动组织委员会、中国农学会特产经济专业委员会联合授予"中国特产之乡优秀企业家"称号，在江苏省句容市举办的第五届中国特产文化节暨中国特产之乡工作总结表彰大会上受到表彰。

涪陵榨菜集团被评为"中国特产之乡优秀企业"

10月，涪陵榨菜（集团）有限公司被中国特产之乡暨宣传活动组织委员会评为"中国特产之乡优秀企业"，在江苏省句容市举办的第五届中国特产文化节暨中国特产之乡工作总结表彰大会上予以授牌表彰，这是重庆市唯一获此殊荣的食品加工企业。《涪陵大事记》（1949—2009）第493页载：（10月）涪陵榨菜（集团）有限公司被中国特产之乡暨宣传活动组织委员会评为"中国特产之乡优秀企业"。为重庆市唯一获得表彰的食品加工企业。《重庆市涪陵区大事记》（1986—2004）第330页载："是月（10月），涪陵榨菜（集团）有限公司被中国特产之乡推荐暨宣传活动组织委员会评为'中国特产之乡优秀企业'。为重庆市唯一获得表彰的食品加工企业。"参见《涪陵年鉴（2004）》。

重庆市质监局指导涪陵榨菜原产地域产品和原产地标记保护申报工作

11月2日，重庆市质监局到涪指导涪陵榨菜原产地域产品和原产地标记保护申报工作，对申报材料提出修改意见。区质监局、榨菜办、榨菜集团公司等单位，组织有关专家和工作人员对申报材料进行修改、补充和完善。

涪陵区榨菜行业协会换届

11月7日，涪陵区榨菜行业协会换届，推举区委副书记黄玉林、副区长刘启明、罗清泉任名誉会长，区榨菜办主任张源发当选会长（兼任），曾广山、周斌全、万绍碧、况守孝、房家明、杨盛明当选副会长，曾广山兼秘书长。

"榨菜综合利用深加工产业化技术开发与示范"被列入国家"重点科技项目"计划

11月7日，"榨菜综合利用深加工产业化技术开发与示范"项目被列入国家"重点科技项目"计划。《涪陵大事记》（1949—2009）第495页载：（11月）7日，国家

科技部、财政部通知：涪陵榨菜集团公司的"榨菜综合利用深加工产业化技术开发与示范"项目……被列入国家"重点科技项目"计划。何侍昌《涪陵榨菜文化研究·涪陵榨菜科研论文成果统计表（部分）》未有收录。

《关于涪陵榨菜原产地地域界定的通知》发布

11月19日，重庆市涪陵区人民政府发布涪府发〔2003〕99号文件《关于涪陵榨菜原产地地域界定的通知》，决定将整个涪陵区行政区域即东经106°56′—107°43′北纬29°21′—30°01′之间的东西长74.5公里、南北宽70.8公里的区域界定为涪陵榨菜所适用的产地地域。该区域东临丰都县，南接武隆县、南川区，西靠巴南区，北连长寿区、垫江县。参见何侍昌《涪陵榨菜文化研究》第118页。

成立涪陵榨菜原产地域产品保护工作领导小组

11月20日，涪陵区质监局、涪陵区商委、涪陵区榨菜管理办公室联合成立以涪陵区质监局局长周建国为组长，涪陵区商委副主任尼亚非、涪陵区榨菜管理办公室主任张源发为副组长，殷尚树、袁永昌、汤勇为成员的涪陵榨菜原产地域产品保护工作领导小组，领导小组下设办公室于质监局，殷尚树兼办公室主任，负责申报的日常工作。

涪陵榨菜原产地域产品保护申报文本上报国家质量监督检验检疫总局

11月25日，涪陵榨菜原产地域产品保护申报文本上报国家质量监督检验检疫总局。

专题研究涪陵榨菜原产地域产品保护工作

11月30日，涪陵区人民政府区长黄仕焱、副区长罗清泉再次召开区质监局、商委、榨菜办、工商分局、榨菜集团公司负责人会议，听取榨菜原产地域产品和原产地标记保护申报工作进展情况，进一步部署申报工作，落实经费。

"乌江"牌和"健"牌原产地标记保护注册认定通过审核

11月21日至22日，国家质量监督检验检疫总局、重庆出入境检验检疫局专家组一行9人到涪陵，对涪陵榨菜"乌江"牌和"健"牌原产地标记保护注册在工艺、地理、文化等方面的标准进行严格审核。经审核，涪陵榨菜"乌江"牌和"健"牌完全符合原产地标记保护注册标准及申报条件，顺利通过注册评审，待国家质检总局在全国广告无异议后予以正式注册颁证。参见《涪陵年鉴（2004）》。

涪陵辣妹子集团有限公司现代食品工业园区建设

11月，涪陵辣妹子集团有限公司在珍溪镇征地60亩，拟建辣妹子现代食品工业园区。2003年12月，涪陵区发展计划委员会已正式批复了该工业园区的兴建立项。辣妹子现代食品工业园区总投资4500万元，设备全部采用现代自动化生产线。整个项目工程分三期完成，第一期工程投资1600万元，计划在2004年初破土动工，到2005年底完成；第二期工程投资1500万元，到2006年底完成；第三期工程投资1400万元，到2007年底全部竣工。辣妹子现代食品工业园区竣工正式投产后，年生产辣妹子牌中低盐方便榨菜10000吨、翡翠泡椒5000吨，其他出口产品3000吨，产品全部无化学防腐剂。参见《涪陵年鉴（2004）》。

乌江牌榨菜获全国食品行业"诚信企业，放心食品"称号

11月，经中国食品工业协会评审认定，涪陵榨菜（集团）有限公司在生产经营活动中重质量，讲诚信，以生产让消费者满意放心的食品为己任，产品安全可靠。特授予涪陵榨菜（集团）有限公司及生产的乌江牌系列榨菜产品为全国食品行业"诚信企业，放心食品"称号。《重庆市涪陵区大事记》（1986—2004）第332页载："是月（11月），经中国食品工业协会评审认定，涪陵榨菜（集团）有限公司及生产的乌江牌系列榨菜产品获全国食品行业'诚信企业，放心食品'称号。"《涪陵大事记》（1949—2009）第499页载：（11月），经中国食品工业协会评审认定，涪陵榨菜（集团）有限公司及生产的乌江牌榨菜系列产品获全国食品行业"诚信企业，放心食品"称号。参见《涪陵年鉴（2004）》。

辣妹子牌榨菜获"重庆市知名产品""重庆市用户满意产品"称号

11月，涪陵辣妹子集团有限公司生产的辣妹子牌系列产品，经重庆市质量技术监督局审定，分别授予辣妹子牌系列产品"重庆市知名产品""重庆市用户满意产品"称号。

辣妹子牌翡翠泡椒获"重庆市名牌农产品"称号

11月，涪陵辣妹子集团有限公司生产的"辣妹子"牌翡翠泡椒经重庆市名牌农产品认定委员会审定，授予"重庆市名牌农产品"称号。《涪陵年鉴（2004）》云：2003年，涪陵辣妹子集团有限公司在不断开发榨菜新产品的同时，又综合开发生产出新一代食用调味食品翡翠泡椒。该产品以富含多种营养氨基酸和维生素的青椒为主要原料，经发酵粉碎后加辅料，采用现代食品生产技术制作而成。翡翠泡椒品味

咸鲜，泡椒风味浓郁，辣味适中，开袋即食，携带方便。具有开胃健脾，帮助食欲之功效，是佐餐、旅游之佳品。翡翠泡椒的开发研制被列为 2003 年度重庆市技术创新项目，2003 年 11 月，经重庆市名牌农产品认定委员会审定，被评为"重庆市名牌农产品"。

涪陵就榨菜原产地域产品保护工作到北京汇报

12 月 2 日，涪陵区人民政府副区长罗清泉带领区榨菜办副主任曾广山、榨菜集团公司总经理周斌全一行，专程到国家质检总局汇报涪陵榨菜原产地域产品和原产地标记保护申报工作情况，并请求尽快将涪陵榨菜"乌江"牌、"健"牌进行原产地标记公示、注册。

成立涪陵榨菜原产地域产品保护申报工作领导小组

12 月 9 日，涪陵区人民政府成立以区长黄仕焱为组长，区人大常委会副主任喻扬华、副区长罗清泉、区政协副主席伍国福为副组长，区府办、商委、质监局、出入境检验检疫局、工商分局、榨菜办、榨菜集团公司负责人为成员的涪陵榨菜原产地域产品保护申报工作领导小组，领导小组下设办公室于质监局，由区质监局局长周建国兼任办公室主任，具体负责申报工作。12 月 9 日，为加强对涪陵榨菜原产地域产品保护申报工作的领导，促进申报工作顺利开展，涪陵区政府决定成立涪陵榨菜原产地域产品保护申报工作领导小组。以涪陵区委副书记、区政府区长黄仕焱为组长，涪陵区人大常委会副主任喻扬华、区政协副主席伍国福、区政府副区长罗清泉为副组长，区政府办公室副主任张旭东、区商委副主任尼亚非、区质量技术监督局局长周建国、区出入境检验检疫局局长古今、区工商分局副局长唐靖宇、区榨菜办主任张源发、榨菜（集团）公司董事长总经理周斌全为成员，周建国为办公室主任。参见涪府函〔2003〕382 号《重庆市涪陵区人民政府关于成立涪陵榨菜原产地域产品保护申报工作领导小组的通知》。参见何侍昌《涪陵榨菜文化研究》第 118 页。

涪陵榨菜原产地保护文本形成

12 月 16 日前，涪陵榨菜原产地域产品保护办公室形成《关于对涪陵榨菜实行原产地域产品保护的报告》。

涪陵区质量技术监督局上报《关于申请成立涪陵榨菜原产地域产品保护办公室的请示》

12 月 16 日，重庆市涪陵区质量技术监督局发布涪质监〔2003〕108 号文件《关于申请成立涪陵榨菜原产地域产品保护办公室的请示》。

涪陵区、涪陵榨菜集团获"中国农产品深加工"荣誉称号

12月16日，经中国（国际）农产品深加工暨投资商务论坛组委会在北京评审认定，授予涪陵榨菜（集团）有限公司"中国农产品深加工（专指榨菜）企业五十强企业"荣誉称号。《涪陵大事记》（1949—2009）第500页载：（12月）16日，在北京人民大会堂举行的中国（国际）农产品暨投资商务论坛开幕式上，涪陵区被命名表彰为"中国农产品深加工10强县（市、区）"，涪陵榨菜（集团）有限公司被列为"中国农产品深加工50强"。《重庆市涪陵区大事记》（1986—2004）第333页载："（12月）16日，在北京人民大会堂举行的中国（国际）农产品暨投资商务论坛开幕式上，涪陵区被命名表彰为'中国农产品深加工10强县（市、区）'，涪陵榨菜（集团）有限公司被命名为'中国农产品深加工50强'。"参见《涪陵年鉴（2004）》。

重庆市质量技术监督局签发《关于同意成立涪陵榨菜原产地域产品保护办公室的批复》

12月18日，重庆市质量技术监督局以渝质监函〔2003〕448号文件发布《关于同意成立涪陵榨菜原产地域产品保护办公室的批复》，同意成立涪陵榨菜原产地域产品保护办公室，由周建国任办公室主任。

"亚龙"牌商标被认定为重庆市著名商标

12月22日，涪陵宝巍食品有限公司注册的"亚龙"牌榨菜商标，根据《重庆市著名商标认定与保护办法》的规定，经重庆市著名商标认定委员会审议通过，新认定"亚龙"牌商标为重庆市著名商标，有效期自2003年12月22日—2006年12月21日。在此期间，"亚龙"牌商标将依法受到重点保护。参见《涪陵年鉴（2004）》。

周建国签发《涪陵区涪陵榨菜原产地域产品保护办公室关于申请对涪陵榨菜实行原产地域产品保护的报告》

12月26日，周建国签发《涪陵区涪陵榨菜原产地域产品保护办公室关于申请对涪陵榨菜实行原产地域产品保护的报告》（涪榨保护办〔2003〕2号印发）。该报告由杜全模、殷尚树撰稿。内容包括：其一，涪陵产榨菜的地域范围及地域特征（涪陵产榨菜的地域范围——涪陵的区位优势、涪陵产榨菜的地域范围；涪陵的榨菜原产地域特征）；其二，茎瘤芥起源于涪陵，加工技术亦从涪陵始（茎瘤芥的种植起源、榨菜的起源、新中国成立前榨菜的发展历史）；其三，得天独厚的自然条件，造就了涪陵

榨菜的独特性（茎瘤芥的生物学特性与自然环境关系、涪陵特殊的土壤条件为茎瘤芥的品质优良提供了物质基础、特殊的气候条件为涪陵榨菜优质提供了良好的外部环境、涪陵茎瘤芥的品种资源、涪陵茎瘤芥的栽培）等。

涪陵区参加优质农产品展示展销会获奖

12月29日—2004年1月1日，第三届中国重庆订单农业暨优质农产品展示展销会在重庆鑫隆达大厦举行。涪陵区荣获最佳组织奖、最佳签约奖和布展设计奖。参见何侍昌《涪陵榨菜文化研究》第123页。

中国榨菜之乡贺年卡发行

12月下旬，涪陵区委宣传部、涪陵邮政共同设计制作的贺年卡《中国榨菜之乡》面向涪陵和全国发行。《涪陵大事记》（1949—2009）第502页载：（2003年）中国榨菜之乡贺年卡在全国发行。该贺年卡大力宣传了涪陵区古老的文化和悠久的榨菜文化，集中展示了涪陵区近几年的经济社会、城市建设等方面的新发展、新变化和新成就。不少涪陵人将这套精制的贺年卡作为元旦、春节的特别礼物，寄给外地亲朋好友，以引为自豪。参见《涪陵年鉴（2004）》。

涪陵被认定"中国果菜（专指榨菜）十强区（市、县）"称号

12月，重庆市涪陵区被中国（国际）农产品深加工暨投资商务论坛组委会在北京评审认定，授予"中国农产品深加工十强区（市、县）"称号。参见《涪陵年鉴（2004）》、何侍昌《涪陵榨菜文化研究》第123页。

云峰牌榨菜被认定为"重庆市名牌农产品"

12月，涪陵乐味食品有限公司生产的云峰牌方便榨菜经重庆市名牌产品认定委员会审定，被认定为"重庆市名牌农产品"，有效期自2003年11月—2006年11月。《涪陵大事记》（1949—2009）第501页载：（12月）涪陵乐味食品有限公司的云峰牌方便榨菜和辣妹子集团有限公司的辣妹子牌翡翠泡椒被评为重庆市名牌农产品。《重庆市涪陵区大事记》（1986—2004）第334页载："是月（12月），涪陵乐味食品有限公司的云峰牌四川方便榨菜和辣妹子集团有限公司的辣妹子牌翡翠泡椒被评为重庆市名牌农产品。"参见《涪陵年鉴（2004）》。

辣妹子牌榨菜被认定为绿色食品A级产品

是年，重庆市涪陵辣妹子集团有限公司生产的辣妹子牌榨菜（编号：LB-56-

0301340055A）经中国绿色食品发展中心审核，符合绿色食品 A 级标准，被认定为绿色食品 A 级产品。

涪陵榨菜 "虎皮碎椒"获涪陵区科技进步奖

是年，涪陵榨菜集团公司完成的"虎皮碎椒"获涪陵区科技进步奖。

"'翡翠泡椒'的开发研制"被列为 2003 年度重庆市技术创新项目

是年，涪陵辣妹子集团有限公司的"'翡翠泡椒'的开发研制"被列为 2003 年度重庆市技术创新项目。

"涪杂 1 号"榨菜杂交良种增产稳定

是年是涪陵区示范推广种植青菜头（榨菜原料）新一代杂交良种"涪杂 1 号"的第三年。三年来，涪陵区农科所分别在不同乡镇多处选点对比测产表明，青菜头新一代杂交良种"涪杂 1 号"较常规良种"永安小叶""涪丰 14"平均单产增幅在 20% 以上，增产稳定。三年对比测产情况分别为：2001 年增幅 20%；2002 年增幅 23.4%；2003 年增幅 22.7%。

采用新工艺全面降低中盐榨菜产品含盐量

传统的中盐榨菜产品由于脱盐工艺达不到标准，使其含盐量过高，给人在口感上较咸的感觉。为解决这一难题，自 1999 年开始，涪陵榨菜（集团）有限公司投入大量资金对传统中盐榨菜产品降低含盐量进行专题研究，采用减菌化处理和超滤膜、臭氧、原子能辐照等技术，研制成功无防腐剂中盐榨菜生产新工艺。采用新工艺生产的中盐榨菜新产品，使含盐量由原产的 9—11% 下降为现在的 6—8%，口感和品质比原有中盐产品有较大提升。该新工艺生产的产品，2002 年被命名为重庆市高新技术产品，并申报国家发明专利。参见《涪陵年鉴（2004）》。

革新辅料添加，实现标准生产

榨菜产品辅料一直以颗粒、粉末状添加。由于榨菜辅料以农产品为主，辅料中往往带有恶性杂质、泥沙，带菌量高，给产品质量带来隐患；同时颗粒、粉末辅料附着在榨菜上，批次辅料间色泽、拌料不均，存在差异，造成产品色泽、品质不一，影响产品感观和质量。涪陵榨菜（集团）有限公司从 2002 年开始，组织项目班子对乳化辅料加工技术进行研究论证，从植物辅料中进行乳化浸提，形成香料液加入榨菜产品，使香气、口感、色泽、品质均衡稳定，同时

在乳化辅料中添加水分保持剂，提高了榨菜产品持水性，从而提高了产品的嫩度。2003年底，乳化辅料生产线已投入试生产，并在部分榨菜产品中使用，效果良好。辅料添加形态的革新，为榨菜实现标准化生产提供了技术支撑。参见《涪陵年鉴（2004）》。

涪陵榨菜采用大池加香发酵工艺

涪陵榨菜企业在秉承涪陵榨菜传统加工工艺之精华的基础上，近几年又采用大池加香发酵工艺（即榨菜原料在池内密封发酵时就将调味香料放入一起发酵）。经检验，采用大池加香发酵工艺生产的榨菜，具有香气更纯正，口味更鲜美的特点，能进一步提高榨菜的口感，倍受广大消费者的厚爱。参见《涪陵年鉴（2004）》。

综合开发实现产品系列多元化

为适应市场变化风浪的考验，涪陵榨菜企业十分重视自身的发展壮大，始终坚持以榨菜为主，综合利用榨菜附产物资源，实施榨菜食品系列多元化的开发方针，在主业求精的前提下，不断向多元化拓展。近几年来，涪陵榨菜企业先后开发生产有：榨菜肉丝罐头、虎皮碎椒、满堂红、四川泡菜、翡翠泡椒、橄榄菜、棒棒榨菜、馋猫榨菜、海带丝榨菜、榨菜酱油等20多种榨菜附产物新产品上市。

"太极海带丝"投放市场

海带除含有丰富的有机碘外，还含有极其丰富的优质蛋白质、十多种微量元素、多种维生素及叶绿素、叶黄素、胡萝卜素，黑褐素等有色营养素，是食物中罕见的具有保健功能的碱性食品。海带作为功能性复合营养品，因其腥味难以被人们接受，并未被人们真正普遍食用。太极集团重庆国光绿色食品有限公司利用现代食品加工技术，开发生产出符合现代人口味的营养保健型风味"太极海带丝"，以其香、辣、鲜、甜，入口爽脆，食用方便之特点，填补了海带深加工的空白，这种源自海洋的新型方便食品给注重生活质量的现代人带来了新的选择。

榨菜科研论文发表

是年，涪陵区农科所陈材林、周光凡、范永红、林合清、刘义华、王彬在《中国蔬菜》第1期发表《茎瘤芥新品种涪杂1号的选育》一文。

涪陵区农科所刘义华、张红、范永红、周光凡、彭福英在《中国蔬菜》第2期发表《茎瘤芥生育期与主要性状的关系初探》一文。

王旭祎、高明泉、彭洪江、张建红在《长江蔬菜》第5期发表《茎瘤芥（榨菜）

根肿病控害技术研究》一文。

孙小红、刘华强、李昌满、何小容、罗永统在《西南农业大学学报》第 2 期发表《杂交茎瘤芥干物质和磷积累转运规律研究》一文。

刘义华、张红、范永红、周光凡、彭福英在《西南农业大学学报》第 4 期发表《茎瘤芥生育期光温综合反映敏感性的研究》一文。

曾超在《西南农业大学学报》4 期发表《试论涪陵榨菜文化的构成》一文。

榨菜产业化发展

涪陵区种植青菜头（榨菜原料）共涉及 36 个乡、镇及街道办事处的菜农 16 万户 60 万人口；全区有榨菜半成品原料加工户 1.5 万户，从事榨菜生产加工的常年从业人员在 5.5 万人左右（包括季节工、临时工）；青菜头种植面积 32 万亩，青菜头社会总产量 56 万吨；全区现有登记注册榨菜生产企业 129 家（其中关停企业 36 家），有企业注册商标 179 个和产品品牌 100 多个，年成品榨菜生产能力 30 万吨，常年产销成品榨菜 20 万吨左右；全区榨菜产业常年总收入 13 亿元，其中农民青菜头种植、半成品加工收入 3.5 亿元左右，成品榨菜生产销售收入 6.5 亿元左右，包装、辅料、运输等相关产业收入 3 亿元左右；常年创利税 1 亿元以上。涪陵榨菜产品及包装主要分为三大系列：一是以陶瓷坛装为主的全形榨菜；二是以铝箔袋、镀铝袋为主的精制小包装方便榨菜；三是以瓶、听、罐为内装，外加纸制盒装、木制盒装的高档礼品榨菜。产品销往全国各省、市、自治区及港、澳、台地区，出口日本、美国、俄罗斯、韩国、东南亚和欧美各国等 30 多个国家。

榨菜产销均创历史最好水平

一是青菜头种植面积和产量再创新高。2003 年，全区进一步加大农业产业结构调整，青菜头种植面积和青菜头产量在上年分别突破 30 万亩和 50 万吨大关的基础上，再创历史新高。全区种植青菜头 320310 亩，青菜头社会总产量 565440 吨，分别比上年增长 6% 和 5%。二是青菜头外运鲜销取得新突破。2003 年，全区青菜头喜获丰收，区榨菜办在抓好企业、加工户收购加工的同时，大力动员各榨菜生产乡镇积极组织农民开展青菜头外运鲜销工作。2003 年，全区共组织外运鲜销青菜头 84886 吨，在上年外运鲜销青菜头 42800 吨的基础上，增长 98.3%，取得了涪陵区近年来青菜头外运鲜销量的新突破。三是半成品、成品榨菜产销两旺。2003 年，全区共加工半成品盐菜块 26 万吨，比上年增长 15%；共生产成品榨菜 18.7 万吨，比上年增长 15%，其中方便榨菜 13.1 万吨，全形（坛装）榨菜 4 万吨，出口榨菜 1.6 万吨，销售 17.9 万吨，产销率达 96%。

菜农收入稳步增长

经统计测算，2003 年全区青菜头产量 565440 吨，青菜头购销均价 201 元 / 吨，全区青菜头销售收入 11365.3 万元，剔除种植成本 110 元 / 吨，销售纯收入 5145.5 万元，较上年净增纯收入 3696.4 万元；全区菜农加工半成品盐菜块 26 万吨，实现销售收入 16579 万元，剔除加工成本 530 元 / 吨，实现纯收入 4463 万元。2003 年，全区菜农种植青菜头、加工榨菜半成品原料共获得纯收入 9608.5 万元，较上年净增纯收入 899.4 万元，按全区 84.4 万农业人口计算，全区农民较上年人均新增纯收入 10.7 元。

行业绩效持续好转

2003 年，全区榨菜企业实现产值 44830 万元，实现销售收入 61581.9 万元，出口创汇 969.1 万美元，企业利润 7239.9 万元，入库税金 3696 万元，较 2002 年分别增长 12%、17.4%、3.1%、18.9%、17.4%。

企业技改进程加快

涪陵榨菜企业抓住三峡移民迁建和入世两大机遇，纷纷增大资金投入，加速技改。据不完全统计，2003 年全区榨菜企业投入了 5150 万元资金，共新建技改企业 23 户。目前全区已有 55 户企业进行了生产技术改造，部分企业全部采用了自动淘洗、切削、定量定容定时脱盐、自动脱水、高温杀菌等先进自动设备和生产技术。以涪陵榨菜（集团）有限公司为代表的重点龙头企业，其生产的电子自动化、现代化、规模化程度处于国内外食品行业领先水平，得到国家、市、区领导、社会各界及来涪考察专家代表的肯定和好评。通过移民迁建，技术改造，使全区榨菜企业厂容厂貌、基本生产条件得到极大改善和提高，大大提升了涪陵榨菜生产企业的技术装备水平和整体形象，彻底改变了过去那种认为涪陵榨菜只可吃不能看的局面，也标志着涪陵榨菜生产企业现代化改造的初步形成，为榨菜产业的进一步发展奠定了坚实的基础。

"涪杂 1 号"榨菜杂交良种增产稳定

2003 年是涪陵区示范推广种植青菜头（榨菜原料）新一代杂交良种"涪杂 1 号"的第三年。三年来，涪陵区农科所分别在不同乡镇多处选点对比测产表明，青菜头新一代杂交良种"涪杂 1 号"较常规良种"永安小叶""涪丰 14"平均单产增幅在 20% 以上，增产稳定。三年对比测产情况分别为：2001 年增幅 20%；2002 年增幅 23.4%；2003 年增幅 22.7%。参见《涪陵年鉴（2004）》。

青菜头种植

是年，青菜头种植涉及 36 乡镇（街道）16 万户菜农，半成品加工户达 1.5 万户；

青菜头鲜销

是年，涪陵青菜头丰收，区榨菜办公室动员有关乡镇组织外运鲜销 84886 吨。

华富从德国引进自动化计量生产线

是年，涪陵榨菜（集团）有限公司华富榨菜厂从德国引进自动化生产线上有设自动计量装置，完全取代人工计量，这在全国酱腌菜行业中系首家采用自动计量技术。

2004 年

第三届中国重庆订单农业暨优质农产品展示展销会举行

1 月 1 日，在重庆鑫隆达大厦举行的第三届中国重庆订单农业暨优质农产品展示展销会结束。涪陵区荣获最佳组织奖、最佳签约奖和布展设计奖。同时，涪陵辣妹子集团有限公司生产的辣妹子牌系列方便榨菜被评为消费者最喜爱产品。《涪陵大事记》（1949—2009）第 502 页载：（1 月）1 日，涪陵区获第三届中国重庆订单农业暨优质农产品展示展销会最佳组织奖、最佳签约奖和布展设计奖；涪陵辣妹子集团有限公司的辣妹子牌系列方便榨菜被评为消费者最喜爱产品，涪陵囊括了本届展示展销会所有奖项。《重庆市涪陵区大事记》（1986—2004）第 335 页载："（1 月）1 日，涪陵区获第三届中国重庆订单农业暨优质农产品展示展销会最佳组织奖、最佳签约奖和布展设计奖；涪陵辣妹子集团有限公司的'辣妹子'牌系列方便榨菜被评为消费者最喜爱产品，涪陵囊括了本届展示展销会所有奖项。"

"中国榨菜之乡"网络实名注册

1 月 4 日，涪陵区榨菜管理办公室代表涪陵区人民政府在北京三七二一科技有限公司注册"中国榨菜之乡"网络实名，有效期 15 年。《涪陵大事记》（1949—2009）第 502 页载：（1 月）4 日，涪陵区榨菜管理办公室代表涪陵区人民政府在北京三七二一科技有限公司注册了"中国榨菜之乡"网络实名，有效期 15 年。参见何侍昌《涪陵榨菜文化研究》第 119 页。

涪陵榨菜（集团）有限公司举行 2004 年新春团拜会

1 月 18 日涪陵榨菜（集团）有限公司 2004 年新春团拜会在涪陵宏声度假村召开，会上对 2003 年工作进行了总结，提出 2004 年产销榨菜 6 万吨，销售收入达 3 亿元，利税总额突破 3500 万元的经营目标。提出了"抓住机遇、重组行业"，"力推品牌、织细网络"，"改革体制、宽松环境"，"优化管理、再上台阶"的工作思路。

乌江牌榨菜被评为重庆市"消费者喜爱产品"

1 月，在重庆市第六届名优特新产品迎春展销会上，涪陵榨菜（集团）有限公司生产的乌江牌系列榨菜，被重庆市商业委员会评为重庆市"消费者喜爱产品"。

《榨菜规范化栽培技术手册》编印发放

2 月 15 日，由涪陵区农业科学研究所和涪陵区农业局编写的《榨菜规范化栽培技术手册》在通过重庆市农业产业化领导小组办公室组织的专家审稿后，列入《重庆市农业产业化标准化实用手册》丛书，编印 20000 册发放全市各区、县（市），用以指导全市菜农规范化种植青菜头。

世忠原料基地菜池投入使用

2 月中旬，涪陵榨菜（集团）有限公司世忠原料基地容量为 7000 吨的菜池于投入使用。

涪陵榨菜（集团）有限公司获"重庆市级企业技术中心"称号

2 月，经重庆市经委、重庆市财政局、中国重庆海关、重庆市国税局、重庆市地税局审定，涪陵榨菜（集团）有限公司获得"重庆市级企业技术中心"称号。

涪陵榨菜（集团）有限公司 2004 年营销大会召开

2 月，涪陵榨菜（集团）有限公司在涪陵建涪宾馆召开 2004 年营销大会。公司聘请重庆共好人力资源顾问有限公司的训练总监张大亮先生围绕"二级市场的精耕细作，管理建设、顾问式行销"对全体销售人员进行了培训。

"乌江"牌和"健"牌原产地标记保护注册

2 月 23 日，国家质量监督检验检疫总局对涪陵榨菜（集团）有限公司申报的"乌江"牌和"健"牌原产地标记保护予以注册颁证。这是涪陵榨菜企业首家获得的原产地标记保护注册。《涪陵大事记》（1949—2009）第 507 页载：（2月）23 日，涪陵榨菜（集团）有限公司申报"乌江"牌和"健"牌原产地标记保护获国家质量监督检验检疫总局正式注册颁证。《涪陵年鉴（2005）》云：涪陵榨菜（集团）有限公司申报的"乌江"牌和"健"牌原产地标记保护注册，于 2003 年 11 月 21 日至 11 月 22 日在涪陵顺利通过国家质量监督检验检疫总局和重庆市出入境检验检疫局专家组评审，完全符合原产地标记保护注册管理规定，国家质量监督检验检疫总局在全国公告后无异议。2004 年 2 月 23 日，国家质量监督检验检疫总局正式对涪陵榨菜"乌江"牌和"健"牌原产地标记保护予以注册颁证，这是涪陵榨菜企业首家获得的原产地标记保护注册。《重庆市涪陵区大事记》（1986—2004）第 338 页载："（2月）23 日，涪陵榨菜（集团）有限公司申报涪陵榨菜'乌江'牌和'健'牌原产地保护获国家质量监督检验检疫总局正式注册颁证。"

华富厂辅料仓库主体工程完工

2月，涪陵榨菜集团公司所属华富厂（原华龙厂）辅料仓库主体工程完工。

亚龙牌榨菜获"海南省用户满意产品"称号

3 月 15 日，涪陵宝巍食品有限公司生产的亚龙牌榨菜，在 2004 年海南省质量信得过企业等称号推荐评选活动中，荣获"海南省用户满意产品"称号，由海南省质量协会、海南省防伪协会、海南质量杂志社、海南省质量技术监督局投诉举报咨询中心联合颁发荣誉证书。

乌江牌、健牌涪陵榨菜原产地标记注册证书颁证

3 月 19 日，国家质检总局常务副局长葛志荣、国家质检总局通关司副司长高建华等一行人在重庆市政协副主席夏培度、重庆市市长助理项玉章、市商委副主任黄伟、市农办副主任何也余、重庆出入境检验检疫局局长刘式尧等陪同下莅临涪陵，在太极大酒店为涪陵榨菜集团乌江牌、健牌涪陵榨菜授予原产地标记注册证书，区领导胡健康、黄世焱、庞一卫、喻扬华、伍国福、罗清泉等领导参加颁证仪式。

涪陵榨菜（集团）有限公司被评为 AAA 级信用客户

3 月 24 日，涪陵榨菜（集团）有限公司被中国农业银行重庆分行评为 AAA 级信用客户，还给予 10000 万元的公开授信。

涪陵榨菜集团打假

3月底，涪陵榨菜（集团）有限公司发现北京万客隆商场在出售假冒的涪陵榨菜，经过调查原为北京红山食品有限公司假冒涪陵榨菜，公司借助原产地标记这一利器对制假和售假者进行了狠狠地打击，维护了涪陵榨菜声誉。

涪陵榨菜集团"合家欢"礼品盒装榨菜获包装设计二等奖

3月，涪陵榨菜（集团）有限公司开发的"合家欢"礼品盒装榨菜在重庆市第三届旅游商品新产品设计开发大奖赛中获得包装设计二等奖。

乌江牌榨菜获重庆名牌产品称号

3月，涪陵榨菜（集团）有限公司的乌江牌榨菜喜获重庆名牌产品称号，是涪陵区2003年度获此殊荣的唯一代表。

华民榨菜厂被命名为安全文明小区

3月，涪陵榨菜（集团）有限公司华民榨菜厂被涪陵区委、区政府命名为安全文明小区。

涪陵榨菜集团开发乌江牌香脆榨菜系列产品

3月，涪陵榨菜（集团）有限公司研制生产的乌江牌香脆榨菜系列产品均选用特殊加香原料精制而成，分为丝、片、芯三个品种，采用透明袋包装，改写了涪陵榨菜只有用铝箔袋包装的历史。产品色泽鲜红艳丽，香气优越，口感爽脆，是方便榨菜中的精品。菜丝鲜脆可口，菜片微酸，是佐餐佳品，菜心微甜，嫩脆可口，是休闲食用佳品。

乌江牌榨菜被国家监督抽查随机检验

4月6日，公司收到来自国家食品质量监督检验中心（上海站）1月6日对公司产品（乌江牌70g新一代健康中盐榨菜）随机国家监督抽查检验合格的报告。本次国家质检总局共抽查了北京、天津、重庆、浙江等13个省市60家企业生产和60种产品，合格43种，产品抽样合格率为71.7%，抽检结果在全国各大报刊予以公布。

舞蹈《绿满菜乡》获奖

4月27日，涪陵榨菜（集团）有限公司工会选送的舞蹈《绿满菜乡》参加区总工会举办的"迎五一文艺演出",在众多节目中脱颖而出,喜获二等奖。

周斌全获首届"十大杰出青年"称号

4月29日,涪陵榨菜(集团)有限公司董事长、总经理周斌全获涪陵区首届"十大杰出青年"称号。

辣妹子集团被评为"2004年度AAA级信用单位"

4月30日,涪陵辣妹子集团有限公司被中国农业银行重庆分行企业资信评级委员会评为"2004年度AAA级信用单位"。

涪陵榨菜集团基本完成网络改造工程

4月,涪陵榨菜(集团)有限公司网络改造工程基本完毕,进入试运行阶段。这次网络改造包括硬件和软件两方面工程。硬件方面包括新配置两台性能较高的HP服务器,CISCO三层交换机、防火墙、网终综合布线。软件包括用友ERP和办公自动化软件。达到了财务、销售、供应、库管及办公网络化,为公司快速决策提供了信息平台。

涪陵榨菜集团被评为"2004年度AAA级信用单位"

4月,涪陵榨菜(集团)有限公司被中国农业银行重庆分行评为"2004年度AAA级信用单位"。

涪陵榨菜集团被评为"2004—2005年度国家食品放心工程重点宣传单位"

4月,经重庆市工商行政管理局审查,涪陵榨菜(集团)有限公司被评为"2004—2005年度国家食品放心工程重点宣传单位"。

涪陵榨菜(集团)有限公司被认定为国有控股中型企业

4月,在重庆市统计局本月公布的2003年重庆大中型工业企业认定名单中,涪陵榨菜(集团)有限公司被认定为国有控股中型企业。

辣妹子集团获"年检免审企业"荣誉称号

4月,经重庆市工商行政管理局审定,授予涪陵辣妹子集团有限公司"年检免审企业"荣誉称号。

乌江牌榨菜被国家质检总局公布为"放心食品"

5月22日,新华社发布国家质检总局公布的"45种经抽验质量较好的放心食品",包括乳饮料、挂面、果脯蜜饯、酱腌菜等9大类食品。在平均抽样合格率为81.4%的情况下,乌江牌榨菜榜上有名。

辣妹子集团被评为"2004—2005年度国家食品放心工程重点宣传单位"

5月28日,经中国食品质量报社多次新闻实地考察,涪陵辣妹子集团有限公司被评为"2004—2005年度国家食品放心工程重点宣传单位"。

涪陵榨菜集团获"涪陵区三峡库区二期淹没工矿企业结构调整工作先进集体"称号

5月,涪陵榨菜集团被涪陵区委、区政府授予"涪陵区三峡库区二期淹没工矿企业结构调整工作先进集体"称号。

华安榨菜厂被重庆市团委评为市级青年文明号

5月,涪陵榨菜集团所属华安榨菜厂被重庆市团委评为市级青年文明号。

周斌全获"涪陵区三峡库区二期淹没工矿企业结构调整工作先进个人"称号

5月,周斌全被涪陵区委、区政府授予"涪陵区三峡库区二期淹没工矿企业结构调整工作先进个人"称号。

辣妹子集团榨菜加工专利获认定

5月,涪陵辣妹子集团有限公司向国家知识产权局申请的辣妹子牌"辣椒榨菜粒""爽口榨菜片""浓香榨菜丝"3个产品的包装专利,经国家知识产权局核准,是月颁证,获得专利保护。《涪陵大事记》(1949—2009)第512页载:(5月),涪陵辣妹子集团有限公司向国家知识产权局申请的辣妹子牌"辣椒榨菜粒""爽口榨菜片""浓香榨菜丝"3个产品的包装专利,经国家知识产权局核准予以颁证,获得专利保护。

群媒考察华富榨菜厂等

6月10日,群媒考察(涪陵)。《涪陵大事记》(1949—2009)第513页载:(6月)

10 日，由新华社、人民日报、中央电视台等 20 余家国家级媒体记者组成的库区考察团来涪考察，参观涪陵榨菜集团华富榨菜厂……

涪陵区领导华龙榨菜厂现场办公

6 月 14 日，涪陵区委、区政府领导胡健康、黄仕炎、黄玉林率领财政局、国土区等职能部门领导到涪陵榨菜（集团）有限公司华龙厂现场办公，为企业现场解决问题。

涪陵榨菜（集团）有限公司 ISO9001∶2000 质量管理体系通过审核

6 月 18 日，涪陵榨菜（集团）有限公司 ISO9001∶2000 质量管理体系顺利通过 2004 年外部监督审核。

涪陵榨菜集团被评为 2003 年度重庆市质量效益型企业

6 月 23 日，涪陵榨菜（集团）有限公司被重庆市质量技术监督局、市国有资产监督管理委员会、市经委、市建委、市商委、市统计局、市总工会评为 2003 年度重庆市质量效益型企业。

"乌江"牌榨菜获"中国驰名商标"称号

6 月，涪陵榨菜（集团）有限公司生产的"乌江"牌榨菜被国家工商行政管理总局商标评审委员会通过，荣获"中国驰名商标"称号，这是全国酱腌菜行业获得的国家首个驰名商标，也是涪陵获得的第 2 枚驰名商标，重庆市获得的第 6 枚驰名商标，成为涪陵榨菜的名片和骄傲。《涪陵大事记》（1949—2009）第 514 页载：（6 月）21 日，涪陵榨菜（集团）有限公司注册的"乌江"牌榨菜商标，被国家工商总局认定为"中国驰名商标"。此为全国酱腌菜行业首例。《涪陵年鉴（2005）》云：21 日，涪陵榨菜（集团）有限公司注册的"乌江"牌榨菜商标，经国家工商行政管理总局审查，被认定为"中国驰名商标"，这是目前涪陵榨菜企业所注册的商标中唯一被认定的一件"中国驰名商标"，也是全国酱腌菜行业中获得的国家首件驰名商标。《重庆市涪陵区大事记》（1986—2004）第 341 页载："（6 月）21 日，涪陵榨菜（集团）有限公司注册的'乌江'牌榨菜商标，被国家工商总局认定为'中国驰名商标'。"

叶茂中讲解品牌规划

7 月 13 日到 16 日，涪陵榨菜（集团）有限公司半年销售工作会在雨台山召

开。全国十大策划人之一的叶茂中先生到会为我司销售人员讲解了品牌规划的有关情况。

涪陵榨菜集团参加"三峡库区名特优新产品展销会"

7月15日，涪陵榨菜（集团）有限公司参加在万州区举办的"三峡库区名特优新产品展销会"，重庆市市长王鸿举及相关领导出席了本次开幕式。

"辣椒妹"辅助商标准予注册

7月，涪陵辣妹子集团有限公司向国家工商行政管理总局商标局申请注册的"辣妹子"辅助商标"辣椒妹"，经国家工商行政管理总局商标局核准，本月注册，准予使用。《涪陵大事记》（1949—2009）第516页载：本月（6月），涪陵辣妹子集团有限公司向国家工商行政管理总局商标局申请注册的"辣妹子"辅助商标"辣椒妹"，经国家工商行政管理总局商标局核准予注册，准予使用。

东方农副产品有限责任公司成为涪陵首家通过备案登记的民营企业

8月1日，《对外贸易经营者备案登记办法》正式实施后，涪陵一家专门从事榨菜加工出口的民营企业——重庆市涪陵区东方农副产品有限责任公司在最短的时间内到外贸部门办理了备案登记手续，成为涪陵首家通过备案登记的民营企业。

央视涪陵暗访乌江牌榨菜

8月1日，中央电视台新闻频道《每周质量报告》栏目组暗访涪陵，报道了涪陵集团的产品用纯净水生产的全部过程。根据7月来涪暗访涪陵榨菜的情况，编辑的暗访节目在中央电视台新闻频道中午12:30首播，暗访组认为涪陵榨菜（集团）有限公司生产的乌江牌榨菜完全达到食品安全标准，绝对值得消费者信赖，并就整个涪陵榨菜的情况采访了重庆市市长助理向玉章。该次暗访引起了社会轰动，乌江牌榨菜的优良品质受到社会各界的称赞。据悉这是今年2004年食品行业屡屡被曝光以来，央视首次进行正面报道的企业和产品。《涪陵大事记》（1949—2009）第518页载：（8月）1日，《央视每周质量报告》栏目播放央视暗访涪陵榨菜节目，认为涪陵榨菜集团生产的乌江牌榨菜完全达到食品安全标准，绝对值得消费者信赖。《重庆市涪陵区大事记》（1986—2004）第342页载："（8月）1日，《央视每周质量报告》栏目播放央视暗访涪陵榨菜节目，认为涪陵榨菜集团生产的'乌江牌'榨菜完全达到食品安全标准，绝对值得消费者依赖。"

"乌江"牌榨菜商标被认定为中国驰名商标

8月6日上午，"乌江"商标、"宗申"商标和"山城"商标被认定为中国驰名商标新闻发布会在重庆市政府底楼新闻发布厅举行，会议由市政府副秘书长张明树主持，副市长谢小军在讲话特别表扬"乌江"商标争创到酱腌菜中的首枚驰名商标不但是企业的荣誉，而且是重庆市的荣誉。

辣妹子集团成为"中国西部工商行政管理公平交易执法协作网"重点保护的100户企业

8月，经重庆市工商行政管理局审定，涪陵辣妹子集团有限公司被纳入"中国西部工商行政管理公平交易执法协作网"重点保护的100户企业。

辣妹子集团被评定为重庆市"守合同、重信用企业"

8月，经重庆市工商行政管理局审定，涪陵辣妹子集团有限公司被评定为重庆市"守合同、重信用企业"。

涪陵区榨菜管理办公室增设证明商标管理科

8月，涪陵区榨菜管理办公室核定编制15名，内设科室增设证明商标管理科。

新华网报道"乌江"牌榨菜商标

9月3日，新华网重庆报道，重庆涪陵榨菜的"乌江"牌商标成为酱腌菜行业第一个驰名商标，根据有关国家规定，"乌江"牌将在世界170多个国家受到保护，假冒者将受到严惩。

涪陵榨菜集团获2004年第一批中央环境保护专项基金

9月6日，涪陵榨菜集团获2004年第一批中央环境保护专项基金补助。《涪陵大事记》（1949—2009）第519页载：（9月）6日，国家财政部和环保总局下达2004年第一批中央环境保护专项基金补助经费预算通知，涪陵榨菜集团获得300万元专项基金补助。

浙江考察涪陵榨菜

9月14日，浙江省农业厅厅长程渭山率领浙江农业产业化项目考察团来涪考察，与梓里乡签订了榨菜、辣椒一期、二期合同协定。

辣妹子集团、宝巍食品被评定为 2004—2005 年度"全国食品安全示范单位"

9 月 18 日，在北京举办 2004 中国食品安全年会，涪陵辣妹子集团有限公司、涪陵宝巍食品有限公司由中国食品工业协会推荐，经国家农业部、国家商务部、国家卫生部、国家工商行政管理总局、国家质量监督检验检疫局、国家食品药品监督管理局、中国企业联合会、中国食品工业协会、中国食品质量报社组成的中国食品安全年会组委会审查，被评定为 2004—2005 年度"全国食品安全示范单位"，由中国食品安全年会组委会颁发荣誉证书。

邵逸夫参观涪陵榨菜集团

9 月 23 日上午，影视大亨、香港十大首富之一的邵逸夫先生携夫人、友人一行来公司参观。并特别邀请了香港政务司司长曾荫权、著名影星胡慧中等在内的香港政界、娱乐圈友人一起同行。重庆市副市长谢小军、涪陵区区黄仕焱、副区长鞠飞陪同参观。

2004 年中国国际越野挑战赛获殊荣

9 月 26 日，在"2004 年中国国际越野挑战赛"上乌江榨菜西南师范大学代表队在贵州梵净山站战胜国内外诸多强手获得冠军。

辣妹子集团获国家 6 部委安全食品认证

9 月下旬，涪陵区重点私营企业涪陵辣妹子集团有限公司获国家 6 部委安全食品认证。《涪陵大事记》（1949—2009）第 514 页载：（9 月）下旬，涪陵区重点私营企业涪陵辣妹子集团有限公司获国家 6 部委安全食品认证。

涪陵榨菜集团获"中国调味品行业新产品奖"

9 月，经中国调味品协会评审，涪陵榨菜（集团）有限公司生产的乌江牌新一代无防腐剂中盐榨菜、乌江牌虎皮碎椒获"中国调味品行业新产品奖"。《涪陵大事记》（1949—2009）第 521 页载：本月（9 月），经中国调味品协会评审，涪陵榨菜（集团）有限公司生产的乌江虎皮碎椒获"中国调味品行业新产品奖"。

台湾商界考察涪陵榨菜等

10 月 10 日，由 56 名台湾商界知名人士组成的投资考察团来涪，考察涪陵区投资环境。考察团一行参观了涪陵榨菜（集团）有限公司、长江防护大堤、太极工业园区等。

乌江牌榨菜参加第二届国际农产品交易会

10月11日至15日，在北京农展馆召开第二届国际农产品交易会，"乌江"牌是榨菜的第一品牌被众多消费者乃至竞争对手所承认。

太极集团成功研发榨菜调味液（榨菜酱油）

10月20日，太极集团重庆国光绿色食品有限公司历时两年科研攻关研制开发的榨菜调味液（榨菜酱油），经重庆市地方标准在重庆顺利通过专家会评议审定，11月1日重庆市技术质量监督局正式对外公布，2005年1月1日起实施。

《榨菜调味液》标准通过与发布

10月20日，由涪陵区榨菜管理办公室组织起草的《榨菜调味液（原称榨菜酱油）》的重庆市地方标准，在重庆顺利通过由重庆市质量技术监督局组织的专家会评议审定。参见何侍昌《涪陵榨菜文化研究》第121页。

"涪陵榨菜"原产地域产品保护通过专家审查

10月25日，涪陵区人民政府申报的"涪陵榨菜"原产地域产品保护，在北京顺利通过国家质量监督检验检疫局组织的专家审查。《涪陵大事记》（1949—2009）第522页载：（10月）25，涪陵榨菜原产地域产品保护顺利通过国家质量监督检验检疫局组织的专家会审。其后向全国公示无异议后，于12月13日国家质量监督检验检疫总局发布2004年第178号公告，对涪陵榨菜实施原产地域产品保护。根据这一公告，全国各地质量技术监督部门开始对涪陵榨菜实施原产地域产品保护措施。参见何侍昌《涪陵榨菜文化研究》第118、123页。

涪陵区榨菜管理办公室被评为2004年度"中国特产之乡开发建设宣传工作先进单位"

10月27日，在四川省安岳县举办的第六届中国特产文化节暨中国特产之乡工作总结表彰大会上，涪陵区榨菜管理办公室被中国特产之乡推荐暨宣传活动组织委员会评为2004年度"中国特产之乡开发建设宣传工作先进单位"，予以授牌表彰。《涪陵年鉴（2005）》云：2004年，涪陵区榨菜管理办公室在对榨菜之乡的开发、建设、宣传，调整农业产业结构，推进产业化经营，开发特色产业，发展特色经济，促进农民增收，指导企业对榨菜产品的生产、加工、经营、新产品开发、开拓市场

增效益，积极参加中国特产之乡推荐暨宣传活动组委会、中国农学会特产经济专业委员会组织的活动等工作中成绩突出。2004 年 10 月，被中国特产之乡推荐暨宣传活动组织委员会评为 2004 年度"中国特产之乡开发建设宣传工作先进单位"，10 月 27 日，在四川省安岳县举办的第六届中国特产文化节暨中国特产之乡工作总结表彰大会上予以授牌表彰。

涪陵榨菜集团被评为 2004 年度"中国特产之乡开发建设宣传工作优秀企业"

10 月 27 日，在四川省安岳县举办的第六届中国特产文化节暨中国特产之乡工作总结表彰大会上，涪陵榨菜（集团）有限公司被中国特产之乡推荐暨宣传活动组织委员会评为 2004 年度"中国特产之乡开发建设宣传工作优秀企业"，予以授牌表彰。《涪陵年鉴（2005）》云：2004 年，涪陵榨菜（集团）有限公司在为开发、建设、宣传榨菜之乡工作中成绩显著；在推进产业化工作中发挥了龙头企业的骨干作用，带动农民增收致富；两个文明建设成绩突出，经济效益、社会效益和生态效益显著；积极参加中国特产之乡推荐暨宣传活动组委会组织的活动。2004 年 10 月，被中国特产之乡推荐暨宣传活动组委会评为"中国特产之乡开发建设宣传工作优秀企业"，10 月 27 日，在四川省安岳县举办的第六届中国特产文化节暨中国特产之乡工作总结表彰大会上予以授牌表彰。

《榨菜调味液（原称榨菜酱油）》标准

是年，太极集团重庆国光绿色食品公司、涪陵区榨菜管理办公室草拟出《榨菜调味液（原称榨菜酱油）》，2004 年 10 月 20 日在重庆市通过专家会评议审定，同年 11 月 1 日由重庆市质量技术监督局对外发布，2005 年 1 月 1 日起实施。《涪陵年鉴（2005）》云：涪陵榨菜企业盼望已久的"榨菜调味液"（原称榨菜酱油）的重庆市地方标准，历时两年的制标准备，2004 年 10 月 20 日在重庆顺利通过专家会评议审定，11 月 1 日由重庆市质量技术监督局正式对外发布，2005 年 1 月 1 日起实施。这意味着具有涪陵特产独特风味的"榨菜酱油"产品可以正式生产在全国市场上销售，这是涪陵人民经济生活中的一件大事。"榨菜调味液"地方标准通过评审发布，将给涪陵产生巨大的经济效益和良好的社会效益。一是给涪陵榨菜企业和加工户带来约 2 亿元的经济效益，涪陵榨菜产业由此将形成新的经济增长点；二是节约大量粮食；三是降低对环境污染。太极集团重庆国光绿色食品有限公司、涪陵榨菜（集团）有限公司、涪陵乐味食品有限公司、涪陵香格里拉酱油厂、涪陵康乐园林公司等企业生产的"榨菜酱油"已批量投放市场，涪陵榨菜（集团）有限公司年产 2 万吨"榨菜酱油"生产线在 2005 年正式投产。

"太极榨菜酱油"上市

10 月 30 日，太极集团重庆国光绿色食品有限公司历时两年科研攻关研制开发的"太极榨菜酱油"，在通过国家 QS 认证生产现场评审和抽检合格后，产品正式上市。它以优质大豆、小麦、榨菜原汁为原料，采用微生物发酵工艺，辅以 10 余种香辛料精制而成。产品色泽鲜艳，滋味鲜美、醇厚，香气浓郁，营养丰富，含有对人体所必需的多种氨基酸，是拌菜、面食、烧菜之上乘调味佳品。"太极榨菜酱油"采用生物工程技术精酿而成，产品既能达到国家酿造酱油质量标准，又保持了"涪陵榨菜酱油"的传统风味，它的上市填补了国内调味品的一项空白，为"涪陵榨菜酱油"在全国市场上销售探索出一条出路。

乌江牌"榨菜酱油"问市

"榨菜酱油"（书名"榨菜调味液"）是渝东南地区广大人民喜好的调味品，涪陵人民对传统风味的"榨菜酱油"更是情有独钟。近百年来，以涪陵为中心的长江沿线广大居民都有用榨菜卤汁熬制"榨菜酱油"的习俗。传统的"榨菜酱油"，液体红浓，香高悠长，在凉拌菜及面食调味中，具有豆酱油无可比拟的特殊风味。但传统的"榨菜酱油"由于土锅熬制的局限性，没有产品标准，产量低，质量不稳定，一直未能得到有效开发。涪陵榨菜（集团）有限公司经长期的技术攻关，研制开发出了工业化生产的具有传统风味的乌江牌"榨菜酱油"。乌江牌"榨菜酱油"以"风脱水"榨菜卤汁为原料，添加 20 余种对人体有利的天然香辛料，在秉承传统工艺精华的基础上，运用高科技成果的真空浓缩技术，高温恒温熬制，再经粗滤、精滤，超高温瞬时灭菌而成，不仅确保了传统风味的实现，更兼具安全卫生、营养丰富的特点。其液体红艳明亮，香高馥郁悠长，口感鲜爽浓烈，是拌凉菜、佐料、面食调味的上乘佳品。乌江牌"榨菜酱油"的问世，给人们带来了好口味、好口福。

涪陵榨菜集团开始建立 HACCP 体系

10 月，涪陵榨菜（集团）有限公司聘请专家开始建立 HACCP 体系。

李东升等参观华龙榨菜厂

11 月 18 日，国家工商总局副局长李东升、国家工商总局商标局副局长范汉云、国家工商总局商标局审查五处处长姚坤、市工商局局长周朝东等领导在区领导的陪同下参观华龙榨菜厂，公司董事长、总经理周斌全陪同视察。

涪陵榨菜集团被评为"重庆市工业联网直报工作先进集体"

11月，经重庆市审计局评审，涪陵榨菜（集团）有限公司被评为"重庆市工业联网直报工作先进集体"。

涪陵榨菜集团采用浸提技术

11月，涪陵榨菜（集团）有限公司采用浸提技术，从植物辅料中进行乳化浸提，把香料加工成乳化香料液，再通过采用计算机控制系统自动计量按需配比的自动配料新技术，调出各种不同类型合适口味的香料液加入榨菜产品中，有效保证了榨菜产品香气、口感、色泽、品质的均衡稳定性。

涪陵榨菜原产地域产品保护获批准

12月13日，国家质量监督检验检疫总局发布2004年第178号公告，对涪陵榨菜实施原产地域保护，自公告之日起实施。《涪陵年鉴（2005）》云：（12月）13日，国家质量监督检验检疫总局发布2004年第178号公告，批准对涪陵榨菜实施原产地域保护。自公告发布之日起，全国各地质量技术监督部门开始对涪陵榨菜实施原产地域产品保护措施。至2007年有涪陵榨菜（集团）有限公司等近10户企业通过ISO9001、9002国际质量管理体系认证，乌江、辣妹子、巴都、川陵、亚龙牌榨菜率先获国家绿色食品认证。常年正常生产的56家方便榨菜企业（69个厂）全部通过QC认证，11家企业13个生产厂通过HACCP官方验证。《涪陵年鉴（2005）》云：为加强对涪陵榨菜原产地域产品的保护，根据涪陵区政府的决定，区榨菜办会同区质监局从2003年起着手向国家申报涪陵榨菜原产地域产品保护。2004年10月25日，涪陵榨菜原产地域产品保护在北京顺利通过国家质量监督检验检疫总局组织的专家会审查，向全国公示后，2004年12月13日，国家质量监督检验检疫总局发布2004年第178号公告，对涪陵榨菜实施原产地域保护。自公告发布之日起，全国各地质量技术监督部门开始对涪陵榨菜实施原产地域产品保护措施。这对于有效保护涪陵榨菜具有十分重要的意义，也是涪陵人民经济生活中的又一件大事。《重庆市涪陵区大事记》（1986—2004）第347页载："（12月）13日，国家质量监督检验检疫总局批准对涪陵榨菜实施原产地域保护。"

辣妹子牌方便榨菜被评为"重庆名牌"

12月上旬，辣妹子牌方便榨菜被重庆市人民政府评为"重庆名牌"。《涪陵大事记》（1949—2009）第526页载：（12月）上旬，辣妹子牌方便榨菜等5个产品被重庆市政府评为"重庆名牌"。《重庆市涪陵区大事记》(1986—2004)第 347 页载："(12月)上旬,辣妹子牌方便榨菜等 5 产品被重庆市政府评为'重庆名牌'。"

重庆市榨菜产业化百万工程推进会议召开

12 月 21 日,重庆市榨菜产业化百万工程推进会议在涪陵召开。重庆市农办副主任刘启明率领万州区、长寿区、丰都县、垫江县、渝北区和涪陵区农业部门负责人参观了江北办事处榨菜原料基地、泰威生态农业有限责任公司、涪陵榨菜(集团)有限公司华富榨菜厂。要求各地培育扶持重点龙头企业,建设榨菜重点生产基地,实现开春收获青菜头 100 万吨以上,生产销售成品榨菜 35 万吨,销售收入达到 14 亿元。《涪陵大事记》(1949—2009)第 526 页载:(12 月)21 日,重庆市榨菜产业化百万工程推进会在涪陵举行。会议要求各地培育扶持重点龙头企业,建设榨菜重点生产基地,实现开春收获青菜头 100 万吨以上,重庆销售成品菜 35 万吨,销售收入达到 14 亿元。《重庆市涪陵区大事记》(1986—2004)第 348 页载:"(12 月)21 日,全市榨菜产业化百万工程推进会在涪陵召开。会议要求各地明年要培育扶持重点龙头企业,建设榨菜重点生产基地,实现春季收获青菜头 100 万吨以上,重庆销售成品菜 35 万吨,销售收入达到 14 亿元。"

涪陵榨菜集团被评为"重庆市质量效益型企业"

12 月,经重庆市质量技术监督局评审,涪陵榨菜(集团)有限公司被评为"重庆市质量效益型企业"。

涪陵榨菜集团被评为重庆市"高新技术产业统计先进单位"

12 月,经重庆市统计局评审,涪陵榨菜(集团)有限公司被评为重庆市"高新技术产业统计先进单位"。

涪陵榨菜集团决定成立 2 公司

12 月,涪陵榨菜(集团)有限公司决定成立重庆市涪陵红天骄调味料有限公司,生产榨菜专用乳化辅料。决定成立重庆市乌江榨菜酱油有限公司,专门生产榨菜酱油。

乌江牌系列香脆榨菜新产品倍受消费者青睐

是年,乌江牌系列香脆榨菜新产品倍受消费者青睐。涪陵榨菜(集团)有限公司新研制开发的乌江牌香脆榨菜系列产品均选用特殊加香原料精制而成,分为丝、片、芯三个品种,采用透明袋包装,一举改写了涪陵榨菜只有铝箔袋包装的历史。

产品色泽鲜红艳丽，香气优越，口感爽脆，是方便榨菜中的精品。菜丝鲜脆可口，菜片微酸，是佐餐佳品；菜心微甜、嫩脆可口，是休闲食用佳品。产品自上市以来，倍受广大消费者的青睐。

乌江牌"麻辣萝卜""香辣萝卜""香辣盐菜"上市

是年，涪陵榨菜（集团）有限公司在不断研制开发榨菜新产品的同时，又综合开发生产出"麻辣萝卜""香辣萝卜""香辣盐菜"三个新产品上市。萝卜产品以无污染的仙女山绿色蔬菜基地的大根萝卜为原料，佐以精心研制的辅料配方制作而成。"麻辣萝卜"长条形、色泽鲜艳，麻辣适中，鲜爽回甘，是下饭、拌面、夹膜之佳品。"香辣萝卜"方块状，红椒点缀，甜辣适中，鲜香爽脆，是佐餐、下饭、下酒的佳品。"香辣盐菜"以精选涪陵榨菜原料（青菜头）的嫩叶为原料，经腌制发酵，佐以香油、辣椒、老姜等天然香辛料精制而成，形状为碎菜状，质地柔软，有咀嚼性，清香微辣，是下饭、下面、炒菜、蒸肉的优秀产品。

辣妹子牌榨菜系列新产品投放市场

是年，涪陵辣妹子集团有限公司新开发生产的辣妹子牌"辣椒榨菜粒""香辣榨菜丝""爽口榨菜片""浓香榨菜丝""葱香榨菜丝"等5个榨菜新产品投放市场。5个新产品均选用鲜嫩的青菜头为原料，经风干、腌制、脱盐、高温杀菌等工艺精制而成，但各具其特色。"辣椒榨菜粒"辅之优质辣椒油、风味调味料，辣味十足、口感嫩脆，具有开胃、增进食欲的作用。"香辣榨菜丝"辅之以辣椒面、风味香辛料，香气扑鼻、辣味十足，色泽微红油亮，口味诱人，口感嫩脆，具有开胃、增强食欲之功效。"爽口榨菜片"辅之以酸甜调味料，酸甜风味，清爽适口，口感嫩脆，回味悠长，可作为休闲食品食用。"浓香榨菜片"辅之以天然香料，咸鲜微辣，香气十足，回味悠长，口感嫩脆，是下饭佐餐之佳品。"葱香榨菜丝"辅之以绿色香辛料，口味咸鲜，葱香浓郁，回味悠长，嫩脆可口，是下饭佐餐之佳品。不同的风味，给人们带来多样的享受。

"太极榨菜酱油"上市填补国内调味品空白

太极集团重庆国光绿色食品有限公司集中科研力量进行攻关，历时两年，研制开发生产出"太极榨菜酱油"。产品在通过国家QS认证生产现场评审和抽检合格后，于2004年10月30日上市。"太极榨菜酱油"以优质大豆、小麦、榨菜原汁为原料，采用微生物发酵工艺，配以十余种香辛料精酿而成。产品色泽鲜艳，滋味鲜美、醇厚，香气浓郁，营养丰富，含有对人体所必需的多种氨基酸，是拌菜、面食、烧菜之上乘调味佳品。"太极榨菜酱油"采用生物工程技术精酿而成，产品既能达到国家酿造酱油质量标准，又保持了"涪陵榨菜酱油"的传统风味，它的上市填补了国内调味品的一项空白，为"涪陵榨菜酱油"在全国市场上销售探索出一条出路。

《涪陵榨菜》纳入《涪陵区情简明读本》

是年，《涪陵榨菜》纳入《涪陵区情简明读本》。

洪丽食品有限责任公司改制成立

是年，洪丽食品有限责任公司改制成立，是一家集农、工、贸为一体专业生产榨菜、酱菜、泡菜、八宝菜等系列食品的残疾人福利民营企业。公司驻南沱镇，占地11亩，厂区建筑面积7000多平方米，年设计生产能力1.5万吨，公司总资产1519万元，从业人员206人。2007年，公司产销榨菜等产品12000吨，实现销售收入3720万元，利税385万元。公司生产设备、检测设备、检测手段均处于国内榨菜行业先进水平。2004年8月，公司获首都市场"质量、信誉、服务"优秀企业、产品获优秀产品称号；2005年12月，产品获"乌江涪陵榨菜杯"我最喜爱的榨菜称号；2006年3月，获涪陵区民政局"先进福利企业"荣誉称号；同年6月，"灵芝"牌、"餐餐想"牌商标分别被中国中轻产品质量保障中心、中国工业合作协会、品牌中国产业联合会等多家机构评为"中国市场公认品牌""中国著名品牌"；2007年2月，公司被涪陵区人民政府命名为区级"农业产业化重点龙头企业"；同年9月，被中国特产之乡推荐暨宣传活动组委会评为"中国特产之乡开发建设宣传工作优秀企业"。2001年，通过国家质检中心ISO：9000质量管理体系认证；2004年，"灵芝"牌、"餐餐想"牌系列榨菜产品获准使用"涪陵榨菜"证明商标；2006年6月，公司榨菜生产获《全国工业产品生产许可证》（QS论证）。"灵芝"牌、"餐餐想"牌系列榨菜、酱菜、泡菜、八宝菜等60余种产品畅销北京、天津、广东、广西、福建、东北、华东、西南各省20多个城市。公司在南沱镇、土地坡乡等地建起青菜头、黄瓜、豇豆、牛角椒等蔬菜基地近10000亩，聘请农业技师传授科学种植技术。2007年，公司投资1000万元新建洪丽食品工业园，计划2008年竣工。园占地面积25亩，设计年生产能力2万吨。

"茎瘤芥胞质雄性不育选育及杂种优势利用研究"获涪陵区政府科技进步特等奖

是年，涪陵区农业科学研究所陈材林、周光凡、范永红、林合清、刘义华、王彬完成的"茎瘤芥胞质雄性不育选育及杂种优势利用研究"被涪陵区人民政府授予

科技进步特等奖。该项目 1991 年 1 月开始研究，2003 年 6 月完成。利用芥菜性油菜胞质雄性不育系欧新 A 作不育源，育成不同特征的茎瘤芥雄性不育系 22 个；利用自育不育系的配种，在全国率先育成茎瘤芥杂一代新品种"涪杂 1 号"。到是年底，累积新增产值 8731 万元，利税 2998 万元。2005 年被重庆市人民政府授予科技进步一等奖。

"青菜头快速成熟腌制技术"获涪陵区 2004 年度科技进步奖三等奖

涪陵榨菜（集团）有限公司向瑞玺、赵平、方明强、郎珈、陈廷居完成的"青菜头快速成熟腌制技术"获涪陵区 2004 年度科技进步奖三等奖。

榨菜科研论文发表

是年，殷明在《加工与贮藏》第 3 期发表《榨菜副产品的加工与利用》一文。

孙小红、刘华强、李昌满、罗永统、何小容在《中国蔬菜》第 2 期发表《茎芥菜钾积累规律》一文。

王旭祎、高明泉、彭洪江、张建红在《中国蔬菜》第 5 期发表《涪陵茎瘤芥根肿病调查与防治》一文。

刘义华、周光凡等在《西南农业大学学报》第 5 期发表《茎瘤芥（榨菜）各生育期农艺性状间的关系》一文。

刘义华、周光凡等在《园艺学进展》第 6 期发表《灰色关联度法在茎瘤芥（榨菜）育种上的应用初探》一文。并在中国园艺学会第六届青年学术讨论会交流。

刘义华、周光凡等在《植物遗传资源学报》第 4 期发表《茎瘤芥（榨菜）产量生境农广校的初步研究》一文。

王旭祎、刘义华等在《耕作与栽培》第 5 期发表《迟播对茎瘤芥（榨菜）主要性状的影响》一文。

高明泉等在《长江蔬菜》第 9 期发表《正肥丹对茎瘤芥（榨菜）根肿病的控害效果》一文。

高明泉、王旭祎在《西南园艺》第 5 期发表《PELKA 对茎瘤芥（榨菜）根肿病的控害效果》一文。

重庆出版社出版《乌江经济文化研究》第一辑收录有曾超的《试论涪陵榨菜文化的构成》一文。榨菜集团雅蕊有《涪陵榨菜的独特价值》一文。

张钟灵、刘红雨、陈朝轩在《长江蔬菜》9 期发表《重庆市榨菜产业发展现状和对策》一文。

涪陵特色文化研究会编《涪陵特色文化研究论文集》第三辑"榨菜文化溯源"

栏目有赵志宵《榨菜的传说》一文。

榨菜产业化发展

涪陵区种植青菜头（榨菜原料）现涉及 39 个乡、镇及街道办事处的菜农 18 万户 70 万人口；全区有榨菜半成品原料加工户近 2 万户，从事榨菜生产加工的常年从业人员在 7 万人左右（包括季节工、临时工）；全区青菜头种植面积 35 万亩，青菜头社会总产量 66 万吨；全区现有登记注册榨菜生产企业 102 家，其中方便榨菜企业 86 家，全形（坛装）企业 16 家（关停 12 家）；有企业注册商标 179 件；年成品榨菜生产能力 35 万吨，常年产销成品榨菜 20 多万吨；全区榨菜产业全年总收入 15 亿元，其中农民青菜头种植、半成品加工收入 5 亿元左右，成品榨菜销售收入 7 亿元左右，包装、辅料、运输等相关产业收入 3 亿元左右；常年创利税 1.5 亿元以上。涪陵榨菜产品及包装主要分为三大系列：一是以陶瓷坛装、塑料罐装、塑料袋外加纸制纸箱包装的全形（坛装）榨菜；二是以铝箔袋、镀铝袋、透明塑料袋包装的精制方便榨菜；三是以玻璃瓶、金属听、紫砂罐为内装，外加纸制盒装、木制盒装的高档礼品榨菜。产品销往全国各省、市、自治区及港、澳、台地区，出口日本、美国、俄罗斯、韩国、东南亚、欧美各国及非洲部分国家等 30 多个国家。涪陵榨菜自创牌以来，有 14 个品牌获国际金奖 5 次，获国家、省（部）以上金、银、优质奖 100 多个（次）。

原料基地规模扩大，产量再创历史新高

是年，全区各乡镇按照区委、区政府的要求，认真做好涪陵区农业产业结构调整的"四篇文章"之一——榨菜，进一步扩大榨菜原料种植基地规模，全区实现青菜头（榨菜原料）种植面积 35.2 万亩，青菜头社会总产量 66.5 万吨，分别比上年增长 10.1% 和 17.7%，再创历史新高。

农民收入大幅提高

经统计测算，全年全区菜农种植青菜头收入 24065.8 万元，加工半成品原料收入 29030 万元，剔除种植和加工成本，两项纯收入共为 19257.4 万元，比上年增收 9648.9 万元，按全区 82.7 万农业人口计算，人均增加纯收入 116.7 元，是近年来全区农民收入增幅最高的一年。

榨菜产销势头良好

是年，全区共加工半成品盐菜块 30.7 万吨，比上年增长 18%；全区榨菜加工企业共生产成品榨菜 20.3 万吨，比上年增长 8.8%，其中方便榨菜 15.2 万吨，全形（坛

装）榨菜 3.1 万吨，出口榨菜 2 万吨，共销售榨菜 19.6 万吨，产销率达 96.5%。

销售市场巩固拓展

一是青菜头鲜销市场进一步扩大，全区青菜头外运鲜销量达 8 万吨，比上年增大 120%。二是成品榨菜国内市场巩固拓展。一方面原有榨菜销售市场、客户得以巩固；另一方面榨菜销售的中、高档市场得到拓展，越来越多的榨菜产品进入全国大型超市和连锁店销售。据统计，全年涪陵榨菜进入全国各超市和连锁店销售的产品达 10 万吨，比上年增加 100%。三是国际销售市场进一步拓展，全区榨菜出口量达 2 万余吨，比上年增长 26%。

行业绩效不断增强

是年，全区榨菜企业实现产值 51237.9 万元，实现销售收入 72361.7 万元，出口创汇 1213 万美元，利润 8747 万元，入库税金 4099 万元，比上年分别增长 14.3%、17.5%、25.2%、20.8%、10.9%。

企业技改进程加快

是年，涪陵区委、区政府把督促榨菜企业技改、取消产品化学防腐剂纳入榨菜质量整顿工作的重点，并要求限期完成，极大地推动了全区榨菜企业的技改进程。经统计，2004 年全区方便榨菜企业共投入以取消产品化学防腐剂为主的设备添制、厂房改扩建技改资金和新建厂房投入资金共计 7000 余万元。到年底为止，全区已有 69 家方便榨菜企业完成了生产技改，占全区 86 家常年生产方便榨菜企业的 80.2%。

质量整顿成效明显

是年，涪陵区委、区政府高度重视榨菜质量问题，将本年定为"榨菜质量年"。按照涪陵区委、区政府关于"榨菜质量年"的总体部署和榨菜质量整顿工作提出的"十不准""三取缔""两打击"的要求，全区加大了榨菜质量整顿工作力度，涪陵区榨菜办与有关职能执法部门组成了榨菜质量整顿综合执法组，对区内生产规模小、设备设施简陋、卫生条件差、无固定加工场所、产品质量低劣、低价倾销扰乱榨菜市场秩序的全形榨菜生产小企业和"三无游击"企业，以及粗制滥造、偷工减料的半成品加工户进行了重点整顿和打击。据区榨菜质量整顿综合执法组统计，全区共查处榨菜生产企业和加工户 72 家（次），销毁不合格产品 50 余吨，关停企业 5 家，限期整改企业 10 家，从而有效震慑了违法违规生产加工榨菜的不法行为。通过"榨菜质量年"工作的开展，使全区榨菜质量整顿工作收到明显成效。一是各级各有关部门对榨菜质量整顿工作力度加大，切实把榨菜质量整顿工作纳入了重要的议事日程，全区榨菜质量整顿工作形成了行业管理部门全力抓、各职能执法部门配合抓的齐抓共管格局。二是企业产品质量意识普遍增强。以质量求生存、谋发展已成为大多数企业的共同心声。三是企业自律意识得以增强。各榨菜生产企业之间对不按标生产、超标使用化学防腐剂、添加有害化学药品、低价倾销等不法行为相互监督和举报，以共同维护涪陵榨菜产业的整体形象。四是有效促进了榨菜质量的提高。据区卫监所、质监所抽检数据表明，全区成品榨菜卫生指标合格率达98%，产品质量总体合格率达90%，为历年来最好水平。

打假治劣力度加大

是年，在区内共清理查处侵权"涪陵榨菜"证明商标的违法违规企业25家，销毁侵权包装箱、包装袋30余万个；在区外先后到北京、内蒙古（呼和浩特、包头）、四川（成都、眉山）、湖南（长沙、浏阳、望城）、湖北（武汉、宜昌、沙市）、广东（广州）、海南（海口、三亚）等地及丰都、垫江、长寿等周边区县开展打假工作，共打击曝光了15家生产涪陵榨菜的仿冒侵权企业，销毁包装袋、包装箱80余万个，假冒伪劣产品120吨。通过大力开展区内外打假治劣工作，有效震慑了假冒侵权的不法行为，净化了涪陵榨菜产销市场。

严格把好企业生产许可关

一是严格把好新建榨菜生产企业的审批关。坚持涪陵区政府关于"严格标准，宁缺毋滥"的原则，凡不具备榨菜生产基本条件的，坚决不予办理生产许可审批手续。二是严格把好"涪陵榨菜"证明商标的使用关。凡不具备"涪陵榨菜"证明商标使用条件和未进行技改、添置高温杀菌设备的企业，一律不予办理证明商标准用证；对未经批准使用"涪陵榨菜"证明商标的企业，一律按侵权行为处理。

加强榨菜专业技能培训，提高从业人员素质

为了进一步提高榨菜的研发能力、加工能力，提高产品质量、科技含量和市场占有率，创新品牌，创造名牌，做大做强榨菜产业，激励广大专业技术人员认真学习，钻研技术，为榨菜生产、加工、销售和研发提供技术支持和人才保障，根据职称改革有关政策，结合区实际，在全区开展了榨菜专业技术职务任职资格和称号的培训工作。培训内容包括榨菜的起源、发展、自然条件、栽培、加工原理、加工工艺、加工生产管理、标准及检验、基本生产条件、榨菜的现状、问题、展望等技术理论

知识和应用计算能力、语言文字能力、工具设备使用维护及检排故障能力、应变及事故处理能力等实际操作技能。全区共有从事榨菜加工、榨菜工艺、质量检验、榨菜研究、营销和榨菜管理等工作的86名人员参加了培训，通过培训考试，经涪陵区榨菜专业技术职务评审委员会审定，分别有74人获得晋升榨菜工程师、6人获得晋升榨菜助理工程师、1人获得晋升榨菜技术员资格称号，将由区人事局（职改）部门予以颁发证书。开展榨菜专业技术职务任职资格和称号的培训及评审工作，对于拓宽全区榨菜专业技能人才的成长渠道，提高榨菜行业职工队伍整体素质，推进涪陵榨菜产业发展具有积极的作用。

榨菜生产首家突破由半自动化向全自动化的转变

涪陵榨菜（集团）有限公司利用三峡移民资金新建的涪陵第一条万吨出口榨菜生产线——华富榨菜厂（原名华龙榨菜厂），全套生产线从德国引进，是利用现代科技改造传统产业的成功尝试，所有生产工序参数控制都采用了精确的计算机控制系统，彻底改变了传统加工凭经验进行模拟控制的做法，是目前世界上最先进的酱腌菜生产线。该生产线现已步入最后的调试阶段。它的建设投产，首家突破了榨菜生产由半自动化向全自动化的转变。

榨菜辅料添加采用自动配料新技术

榨菜产品辅料的添加，一直以植物农产品为主粉碎成颗粒、粉末状通过人工计量配比加入，使榨菜产品在不同批次上存在着拌料不均、色泽不一、口感不适的问题，影响产品的感观和质量。涪陵榨菜（集团）有限公司现采用浸提技术，从植物辅料中进行乳化浸提，把香辅料加工成乳化香料液，再通过采用计算机控制系统自动计量按需配比的自动配料新技术，调出各种不同类型合适口味的香料液加入榨菜产品中，从而有效保证了产品香气、口感、色泽、品质的均衡稳定性。

全国首家采用全自动计量新技术

涪陵榨菜（集团）有限公司"华富榨菜厂"，从德国引进的榨菜生产线自动计量装置，采用人机界面对话系统，取代了榨菜生产人工称秤计量的工序，在全国酱腌菜行业中，首家采用全自动计量新技术，实现了由手工计量向自动化计量的转变。榨菜生产采用自动计量新技术，不仅保证了计量的精确度、减少劳动力，而且避免了人工作业可能带来的二次污染，确保了产品质量。

自动充气包装新技术

涪陵榨菜（集团）有限公司"华富榨菜厂"采用自动充气包装新技术，利用恒温化控制填充惰性气体，改变了传统榨菜生产包装形式。采用自动充气包装新技术封袋，比一般的热合机封袋更平整，自动化程度更高，可以更有效保证产品的品质。

"茎瘤芥（榨菜）主要性状遗传规律研究"立项

是年，"茎瘤芥（榨菜）主要性状遗传规律研究"获重庆省科委立项，起止时限2004—2007年。

重庆川马食品有限公司成立

重庆川马食品有限公司，创立于2004年，是涪陵区马武农业产业化重点龙头企业之一。该公司位于涪陵区榨菜腹心产区之一马武镇民协，占地面积13亩，注册资本300万元，现有资产1000万元，有员工60人，其中技术人员8人，主要从事榨菜、调味品等农副产品的生产、加工销售，"川马牌"是涪陵"知名商标""重庆著名商标"。公司从2011年的规下企业经营发展到2012年的规上企业经营的规模。重庆川马食品有限公司多年来牢固树立"品质、服务"的经营理念，依靠得天独厚的自然条件，按照现代食品加工工艺进行榨菜的初、精加工，不断完善产品质量保证体系和售后服务体系。目前，该公司生产设施设备齐全，检测设备完善，已建成低盐保健软包装榨菜生产线，拥有年产4000吨设计生产规模的软包装榨菜生产线一条；榨菜腌制池44个、池容量3800吨。

涪陵榨菜集团开始研制乳化辅料生产线

是年，涪陵榨菜（集团）有限公司投资2000余万元，建成行业内首条乳化辅料生产线，采用组合形成调味料萃取乳化和真空渗透调味关键技术，对调味有效成分萃取、高压均质乳化和真空渗透调味，达到调味料无渣化，实现产品标准化生产和品质始终如一，解决了传统榨菜调料有渣，大小不一，品质不一，拌料不均，口感差、稳定性差等问题，给消费者更佳的口感和感观。2015年，为满足消费需求，投资5000万元对乳化辅料生产线扩能升级改造，2016年3月，技术先进、安全高效的现代乳化辅料生产线全面投入生产。

2005 年

《榨菜调味液地方标准》正式实施

1月1日，重庆市质量技术监督局2004年11月发布的《榨菜调味液（原称：榨菜酱油）地方标准》正式实施。《涪陵大事记》（1949—2009）第527页载：（1月）1日，重庆市质量技术监督局2004年11月发布的《榨菜调味液（原称：榨菜酱油）》地方标准正式实施。《涪陵年鉴（2006）》云：1日，由重庆市质量技术监督局2004年11月发布的《榨菜调味液（原称：榨菜酱油）》地方标准正式实施，将有力促进我区榨菜附产物的开发利用。

重庆市名优农产品展销会举办

1月1—3日，在重庆市名优农产品展销会上，涪陵代表团组织辣妹子、桂楼食品、泰威等13家企业参展，涪陵展团以新颖的布展设计、良好的组织工作、丰富的产品和有分量的订单，囊括本次农展会设定的最佳组织奖、订单农业签约优胜奖、最佳设计奖三个最高奖项。辣妹子、桂楼食品、泰威等共签订单4.8亿元。《涪陵大事记》（1949—2009）第527页载：（1月）3日，重庆市名优农产品展销会历时3天于本日闭展，涪陵代表团组织辣妹子、桂楼食品、泰威等13家企业参展，涪陵展团以新颖的布展设计、良好的组织工作、丰富的产品和有分量的订单，囊括本次农展会设定的最佳组织奖、订单农业签约优胜奖、最佳设计奖三个最高奖项。辣妹子、桂楼食品、泰威等共签订单4.8亿元。

国务院检查组来涪检查食品安全

1月13日，国务院检查组来涪检查食品安全。《涪陵大事记》（1949—2009）第528页载：（1月）13日，国务院检查组来涪检查食品安全，在副区长罗清泉和区级有关部门负责人陪同下，检查组一行到涪陵榨菜集团华富榨菜厂、合智广场食品批发市场进行仔细检查，对涪陵区实施食品药品放心工程以来取得的成效予以充分肯定。

"涪陵榨菜"证明商标被认定为重庆市著名商标

1月21日，"涪陵榨菜"证明商标被重庆市工商局商标评审委员会认定为重庆市著名商标。《涪陵大事记》（1949—2009）第533页载：本月（2月），"涪陵榨菜"被重庆市工商局认定为重庆市著名商标。

辣妹子牌榨菜获国家绿色食品认证中心 A 级认证

1月，重庆辣妹子集团有限公司辣妹子牌 4 个榨菜产品获得国家绿色食品认证中心 A 级认证。《涪陵大事记》（1949—2009）第 531 页载：（1月），涪陵辣妹子集团有限公司生产的辣妹子牌 4 个产品获得国家绿色食品认证中心 A 级认证。

"涪杂 2 号"通过鉴定

1月，"涪杂 2 号"通过鉴定并定名。涪陵地区农科所于 1992 年开始进行杂交研制，至 1997 年育成茎瘤芥胞质雄性不育系"96154-5A"，再以优良茎瘤芥地方品种"半碎叶"经多次自交纯纯合、配组，于 2001 年获得杂一代新组合"96154-5A×920145"。该组合经连续两年品种比较试验和两年区域性试验和生产试验和示范证明，该杂交品种熟期、株高、开展度、瘤茎形状及产量等均比较稳定。该品种株高 46—52 厘米，开展度 63—66 厘米；瘤茎近圆球形，营养生长期 150—155 天，一般亩产 2500 公斤，高产栽培可达 3000 公斤以上；其播种期弹性大，抗逆力强，较耐病毒病，菜形美观，品质优良，鲜食加工均可。该品种属涪陵产区新一代青菜头早熟品种，2006 年前后在区境部分乡镇试种推广。

绿洲食品、还珠食品、渝杨食品被命名为"区级农业产业化龙头企业"

2月 17 日，涪陵区绿洲食品有限公司、还珠食品有限公司、渝杨食品厂被涪陵区人民政府命名为"区级农业产业化龙头企业"。《涪陵大事记》（1949—2009）第 533 页载：（2月）17 日，涪陵区委、区政府做出《命名农业产业化经营十佳龙头企业的决定》。首次命名并表彰奖励涪陵榨菜（集团）有限公司等 6 户企业为涪陵区农业产业化经营"十佳"龙头企业。《涪陵大事记》（1949—2009）第 533 页载：（2月），涪陵绿洲食品有限公司被涪陵区人民政府命名为区级"农业产业化龙头企业"。《涪陵大事记》（1949—2009）第 533—534 页载：（2月），涪陵区渝杨榨菜有限公司被涪陵区人民政府命名为区级"农业产业化龙头企业"。

重庆市涪陵区咸亨食品有限公司成立

2月，重庆市涪陵区咸亨食品有限公司成立，位于涪陵区江北办事处韩家村 4 社，离涪陵主城 8 公里左右，水、陆交通十分便利。公司占地面积 15 亩，建筑面积 6700 平方米，成立于 2005 年。该公司是一家出口企业，具有 3 条生产线，均有较新进的配套设备。主要产品有榨菜罐头、软包装（方便）榨菜、桶装榨菜、盐渍榨菜，产品主要出口美国、柬埔寨、越南、新加坡、日本、马来西亚等国和台湾、香港地区。

公司产品质量通过 ISO9001：2000 认证、HACCP 认证、美国 FDA 认证。该公司品牌"巴国名珠"商标于 2012 年在美国注册，几年来销量逐年增加，到目前为止，巴国名珠榨菜罐头在美国的销量约占公司总销量的三分之一。公司年产量 2000—2300 吨，产值人民币 1500 万左右。

涪陵区春播暨蔬菜生产和农机推广现场会召开

3 月 5 日，涪陵区春播暨蔬菜生产和农机推广现场会召开。《涪陵大事记》（1949—2009）第 534 页载：（3 月）5 日，全区春播暨蔬菜生产和农机推广现场会在蔺市镇举行。区领导黄玉林与 23 个乡镇（街道）的代表一道参观了春播青苗现场和耕作示范现场。黄玉林要求各乡镇要加快蔬菜基地建设，加大农技推广力度，奋力夺取全年粮食丰收。

涪陵区环保工作进行考核

3 月 7 日，涪陵区环保工作进行考核。《涪陵大事记》（1949—2009）第 534—535 页载：（3 月）7 日，重庆市 2004 年党政一把手环保实绩考核组来涪，对涪陵区环保工作进行考核。考核组先后检查了榨菜污水治理等情况，认为涪陵区环保工作成效显著，质量总体趋好。

万绍碧获"重庆十佳精彩女性"称号

3 月 8 日，重庆市辣妹子集团有限公司总经理万绍碧被重庆市妇联评为"重庆十佳精彩女性"。

"乌江"牌被认定为重庆市名牌农产品

3 月，涪陵榨菜（集团）有限公司生产的"乌江"牌被重庆市名牌农产品认定委员会认定为重庆市名牌农产品。

辣妹子集团获"重庆百户就业先进民营企业"称号

3 月，重庆市辣妹子集团有限公司被重庆市人民政府授予"重庆百户就业先进民营企业"称号。

辣妹子集团被评为"重庆市食品卫生 A 级单位"

4 月 4 日，重庆市辣妹子集团有限公司被重庆市卫生局评为"重庆市食品卫生 A 级单位"。

涪陵国光获《质量认证管理体系认证证书》

4月29日，太极集团重庆国光绿色食品有限公司获方圆标志认证中心颁发的《质量认证管理体系认证证书》，证书编号0205Q11980ROM，有效期至2008年4月28日。

涪陵榨菜集团被评为AAA级信用单位

4月，涪陵榨菜（集团）有限公司被中国农业银行重庆分行评为AAA级信用单位。

涪陵榨菜集团被评为"重庆市66户重点增长企业"

4月，涪陵榨菜（集团）有限公司被重庆市经济委员会评为"重庆市66户重点增长企业"。

周斌全获"重庆市首届创业优秀企业家"称号

4月，涪陵榨菜（集团）有限公司总经理周斌全被重庆市政府、重庆市企业联合会、企业家协会等7个单位评为"重庆市首届创业优秀企业家"。

涪陵区被认定为"全国无公害农产品（种植业）生产示范基地"

4月，涪陵区被农业部认定为"全国无公害农产品（种植业）生产示范基地"。《涪陵大事记》（1949—2009）第538页载：（4月）涪陵区被农业部认定为"全国无公害农产品（种植业）生产示范基地"。这是国家农业部认定的创建全国第二批无公害农产品（种植业）生产示范基地。《涪陵年鉴（2006）》云：我区于2003年被列为创建全国第二批无公害农产品（种植业）生产示范基地以来，积极开展无公害榨菜原料生产示范基地建设、广泛进行榨菜标准化无公害种植的宣传和技术培训。2005年4月，我区被农业部认定为"全国无公害农产品（种植业）生产示范基地"。参见何侍昌《涪陵榨菜文化研究》第123页。

辣妹子集团获"全国青年文明"称号

5月10日，辣妹子集团有限公司获"全国青年文明"称号。《涪陵大事记》（1949—2009）第538页载：（5月）10日，共青团中央、国家工商行政管理总局、中国个体劳动者协会授予涪陵重点私营企业辣妹子集团有限公司"全国青年文明"称号，这是2004年度全市私营企业中唯一获此殊荣的企业。

辣妹子集团被命名为"全国青年文明单位"

5月26日，重庆市辣妹子集团有限公司被全国青年文明活动组委会命名为"全国青年文明单位"。

周斌全荣任重庆市农业产业化龙头企业联合会会长

5月，涪陵榨菜（集团）有限公司总经理周斌全荣任重庆市农业产业化龙头企业联合会会长。

周斌全被授予涪陵区第二届第一批科技拔尖人才称号

6月17日，周斌全被授予涪陵区第二届第一批科技拔尖人才称号。《涪陵大事记》（1949—2009）第542页载：（6月）17日，涪陵区委、区政府做出《授予周斌全等159名同志涪陵区第二届第一批科技拔尖人才称号的决定》。

2005重庆新疆名特产品展销会举行

6月23—28日，涪陵组团参加2005重庆新疆名特产品展销会，共计签约产品购销合同1.2亿元，名列各组团第二，获重庆市政府办公厅颁发的本次展销会最佳组织奖和最佳布展奖。

部分榨菜产品被认定为2005年重庆市第一批高新技术产品

6月24日，部分榨菜产品被认定为2005年重庆市第一批高新技术产品。《涪陵大事记》（1949—2009）第543页载：（6月）24日，重庆新涪食品有限公司的"新型保健食用双效大豆油"、重庆市涪陵辣妹子集团有限公司的"70g绿色版榨菜丝"和"80g香辣榨菜丝"……被市科委认定为2005年重庆市第一批高新技术产品。

国务院整顿和规范盐业市场领导小组督察组来涪检查

7月5日，国务院整顿和规范盐业市场领导小组督察组来涪检查。《涪陵大事记》（1949—2009）第543—544页载：（7月）5日，国务院整顿和规范盐业市场领导小组督察组来涪检查，得知涪陵区自6月20日至今半月来计收回非碘盐300余吨（其中14834户农民所存的非碘盐98.7吨，榨菜加工专用余盐208吨）后，对涪陵区整顿和规范盐业市场秩序工作取得的明显成效予以充分肯定。

辣妹子集团被认定为 2005 年重庆市第一批高新技术企业

7 月 8 日，重庆市涪陵辣妹子集团有限公司被定为 2005 年重庆市第一批高新技术企业。70g 绿色版榨菜丝、80g 香辣榨菜丝获重庆市科委高新技术产品称号。《涪陵大事记》（1949—2009）第 544 页：（7 月）8 日，重庆市涪陵辣妹子集团有限公司……被市科委认定为 2005 年重庆市第一批高新技术企业。

《榨菜盐菜块加工技术手册》问世

8 月，涪陵区榨菜管理办公室编纂的《榨菜盐菜块加工技术手册》，经重庆市农办组织专家评审获得通过。

全国政协提案委调研组视察涪陵食品安全工作

9 月 1 日，全国政协提案委调研组视察涪陵食品安全工作。《涪陵大事记》（1949—2009）第 549 页载：（9 月）1 日，全国政协提案委员会、国家食品药品监督管理局、国务院法制办、中编办等联合组成的全国政协提案委调研组来涪视察食品安全工作。调研组一行先后视察涪陵榨菜集团乌江食品工业园区等地，对涪陵的食品安全监管体系给予高度评价。

"涪陵榨菜原产地域产品"标准发布

9 月 3 日，由国家质量监督检验检疫总局和中国国家标准化管理委员会联合发布"涪陵榨菜原产地域产品"标准。该标准从 2006 年 1 月 1 日实施，这将对涪陵榨菜产业实施产业化、保护地方品牌、提升涪陵榨菜知名度起到积极的推动作用。

涪陵区榨菜办与涪陵区榨菜行业协会举行脱钩交接仪式。

9 月，涪陵区榨菜办与涪陵区榨菜行业协会在人员、资产、业务、办公住所、利益 5 方面脱钩。同月 28 日，举行脱钩交接仪式，重新选举协会领导成员。涪陵榨菜（集团）有限公司董事长、总经理周斌全当选协会会长，万绍碧、向瑞玺、况守孝、房家明、杨盛明、潘传林当选副会长，赵平任秘书长。

《中国榨菜业创始人——邱寿安》刊发

10 月 26 日，《长江师范学院报》刊发马培汶《中国榨菜业创始人——邱寿安》一文。

涪陵区榨菜管理办公室被评为"中国特产之乡先进单位"

11月9日,在北京人民大会堂举办"第七届中国特产文化节暨中国特产之乡十周年工作总结表彰大会"上,涪陵区榨菜管理办公室被中国特产之乡组委会评为"中国特产之乡先进单位"。《涪陵大事记》(1949—2009)第554页载:(11月)9日,在北京人民大会堂举办"第七届中国特产文化节暨中国特产之乡十周年工作总结表彰大会"上,涪陵区榨菜管理办公室被中国特产之乡组委会评为"中国特产之乡先进单位"。

辣妹子集团有限公司、涪陵宝巍食品有限公司被评为"优秀企业"

11月9日,在北京人民大会堂举办"第七届中国特产文化节暨中国特产之乡十周年工作总结表彰大会"上,涪陵辣妹子集团有限公司、涪陵宝巍食品有限公司被评为"优秀企业"。

万绍碧被评为"优秀企业家"

11月9日,在北京人民大会堂举办"第七届中国特产文化节暨中国特产之乡十周年工作总结表彰大会"上,涪陵辣妹子集团有限公司总经理万绍碧被评为"优秀企业家"受到表彰。

周斌全被评为"优秀企业家"

11月9日,在北京人民大会堂举办"第七届中国特产文化节暨中国特产之乡十周年工作总结表彰大会"上,涪陵榨菜(集团)有限公司总经理周斌全被评为"优秀企业家"受到表彰。

《中国食品报》报道榨菜

11月26日,《中国食品报》第三版以《麻辣香脆的涪陵榨菜鱼》为题介绍榨菜与鱼的结合,认为榨菜鱼"味入口中,麻、辣、香、嫩的感觉令人精神大振"。

2005年重庆市可转化农业科技成果发布会举行

11月29日,2005年重庆市可转化农业科技成果发布会举行。《涪陵大事记》(1949—2009)第556页载:(11月)29日,重庆市科委和市农业局联合举行2005年重庆市可转化农业科技成果发布会,涪陵区农科所的"水稻新品种宜香9303"和"杂交茎瘤芥(榨菜)新品种涪杂1号"两项科技成果入围参与发布。

辣妹子集团被评为"重庆市农业产业化市级龙头企业"

11月，涪陵辣妹子集团有限公司被重庆市农业产业化工作领导小组评为"重庆市农业产业化市级龙头企业"。

《涪陵图志》出版

11月，重庆市涪陵区地方志编纂委员会编《涪陵图志》由重庆出版社出版。该书第29—30页为"榨菜文化"，收录与榨菜文化相关的图片有："2002年大年初一，朱镕基同志在涪陵清溪平原村查看青菜头生长情况""榨菜之乡的希望""榨菜之乡的传说""1998年涪陵举行首届榨菜文化节""杨汝岱'极品榨菜'（题词）""蒲海清'哪里有人类哪里就有涪陵榨菜'（题词）""舞蹈'榨菜之乡的笑声'获中国第二届民族歌舞展演银奖""以榨菜文化为底蕴的京歌表演'三峡儿女竞风流'在全国比赛中荣获金奖""邱家榨菜舞龙队""榨菜新品""现代化榨菜生产基地""韩家沱农村庭院榨菜加工作坊""菜乡飘九州""邱家大院遗址""男女老少齐上阵，抢收青菜头""满载而归""让长江的风自然风干，是涪陵榨菜的特有工序""又到了青菜头的收获时节，菜乡人又绽开了笑容""老人们忙着制作家用一年的'丝丝咸菜'""剥菜忙"等。

涪陵区首届"优秀中国特色社会主义建设者"表彰大会召开

12月17日，涪陵区首届"优秀中国特色社会主义建设者"表彰大会召开。《涪陵大事记》（1949—2009）第557—558页载：（12月）17日，涪陵区首届"优秀中国特色社会主义建设者"表彰大会在体育馆召开，46个街道、乡镇的主要负责人及区级有关部门、区属重点企事业单位负责人，各界群众计4000余人参会。区委副书记、区长黄仕焱主持会议，区委书记胡健康做了重要讲话。会上区委、区政府对万绍碧等22名非公制人士进行表彰并授予"涪陵区首届优秀中国特色社会主义建设者"称号。

2005"乌江涪陵榨菜杯"榨菜美食烹饪大赛开幕

12月23日—2006年1月1日，涪陵区商委、榨菜办、涪陵榨菜（集团）有限公司共同举办、赛期10天的2005"乌江涪陵榨菜杯"榨菜美食烹饪大赛在涪陵体育馆开幕。大赛期间，有14家榨菜生产企业18件商标被大会组委会评为"涪陵人民最喜爱和放心的榨菜"。

涪陵区被评为"第二批全国农产品加工业——榨菜加工示范基地"

12月25日，涪陵区被农业部评为"第二批全国农产品加工业——榨菜加工示范基地"。《涪陵大事记》（1949—2009）第558页载：（12月）25日，涪陵区被农业部评为"第二批全国农产品加工业——榨菜加工示范基地"。

涪陵辣妹子被评为"第一批全国农产品加工业示范企业"

12月25日，涪陵辣妹子集团有限公司被农业部评为"第一批全国农产品加工业示范企业"。

辣妹子集团被评为"绿色食品生产企业"

12月，涪陵辣妹子集团有限公司被重庆市农业局、重庆市绿色食品管理办公室评为"绿色食品生产企业"。

"茉莉花"商标被认定为重庆市著名商标

12月，涪陵新盛企业发展有限公司的"茉莉花"商标被重庆市工商局商标评审委员会认定为重庆市著名商标。《涪陵大事记》（1949—2009）第559页载：本月（12月），"圣冠"水果、"茉莉花"罐头食品被重庆市工商局商标认定为重庆市著名商标。

榨菜新产品开发

是年，涪陵榨菜（集团）有限公司研制开发的新一代乌江牌"榨菜碎米""川香菜片""低盐榨菜""古法榨菜""古坛榨菜""橄榄菜"，涪陵辣妹子集团有限公司研制开发的辣妹子牌"川辣榨菜丝""原味榨菜丝"问世。

榨菜产业化发展

全区有40个乡镇（街道办事处）近20万农户70万菜农种植青菜头，常年从业人员7万余人。全区常年青菜头种植面积达45万亩以上，产量85万吨；现有榨菜生产企业102家，其中方便榨菜企业86家，全形（坛装）企业16家，企业注册商标179件；年成品榨菜生产能力达35万吨，是全国榨菜产品最大加工区；全区榨菜产业年总收入16亿元，其中农民青菜头种植、半成品加工收入5亿元左右，成品榨菜销售收入8亿元左右，包装、辅料、运输等相关产业收入3亿元左右，创利税1.5亿元以上。产品销往全国各省、市、自治区及港、澳、台地区，出口日本、美国、俄罗斯、韩国、东南亚、欧美、非洲等50多个国家。2005年，被农业部分别认定为"全国无公害农产品（种植业）生产示范基地”和“第二批全国农产品加工业——榨菜加工示范基地”。

优质原料基地不断扩大

是年，全区各乡镇（街道办事处）按照“稳主产、扩次产、拓新区”的发展思路，在青菜头种植布局上，实行青菜头集中成片种植，区域化布局，形成了长江沿线、中后山为基地的青菜头无公害生产种植产业带。全区青菜头种植面积41.1万亩，产量75.5万吨，分别比上年增长16.8%和13.5%，突破40万亩大关。

榨菜原料生产实现无公害

自2003年涪陵区被列为创建全国第二批无公害农产品（种植业）生产示范基地以来，全面启动实施青菜头无公害标准化生产，积极开展无公害榨菜原料生产示范基地建设、广泛进行榨菜标准化无公害种植的宣传和技术培训。2005年4月，涪陵区被农业部认定为“全国无公害农产品（种植业）生产示范基地”。

农民收入大幅度提高

是年，经统计测算，全区农民种植销售青菜头收入2.3亿元，剔除种植成本（按110元/吨计），农民种植青菜头获纯收入14855.7万元，农民种植青菜头人均纯收入179.6元；加工半成品盐菜块38.7万吨，加工纯收入5392万元；农民加工榨菜务工、运输纯收入6000万元，三项合计纯收入26287.7万元，按全区82.7万农业人口计算，农民种植加工榨菜人均纯收入317.3元，比2004年净增21.6元，增长7%。

榨菜产销两旺

是年，全区收购加工青菜头69.3万吨，加工半成品盐菜块38.7万吨，比2004年增长26%；外运鲜销45234吨，比2004年下降43.4%；全区榨菜生产企业共生产成品榨菜24万吨，比上年增长18%，其中方便榨菜18.7万吨，全形（坛装）榨菜3万吨，出口榨菜2.3万吨，共销售榨菜23万吨，产销率达96%。

行业绩效稳步增长

是年，全区榨菜企业实现产值61250万元，实现销售收入8.6亿元，出口创汇1411万元，利润8600万元，入库税金5400万元，比去年分别增长19.5%、18.8%、16.3%、9.8%、31.7%。

产业结构调整成效明显

一是在青菜头种植品种上，大力推广优质良种，全区共推广种植"涪杂 1 号"杂交良种 70000 多亩，"涪杂 2 号"早熟品种 2000 亩。"涪杂 1 号""永安小叶""涪丰 14"良种普及率达 96%。二是在榨菜产品上，坚持以市场为导向，加大新产品开发力度，促进产品升级换代，向无公害、绿色、营养、保健方向发展，方便、出口榨菜比例提高，其生产比例已由原来的 2.5∶6.7∶0.8 调整为 1.3∶7.7∶1，产品结构日趋合理，适应了国内外市场各种消费层次需要。三是综合开发榨菜附产物。自《榨菜调味液》标准实施后，不少企业加大榨菜附产物的综合开发利用力度，扩大榨菜酱油生产规模，榨菜附产物得到充分利用，有效解决了盐水排放、环境污染等问题。全年全区生产榨菜酱油近 2 万吨，创利 4000 万元。

产业化经营扎实推进

全区始终把榨菜产业发展作为农业结构调整、增加农民收入、壮大区域经济的第一大产业来抓，坚持以市场为导向，以效益为中心，以质量为重点，以龙头骨干企业为依托，以产业化开发经营为纽带，以"涪陵榨菜"证明商标为统揽，大力实施名牌战略和集团化经营战略，抓龙头、建基地、拓市场、促流通，全力推进榨菜种植、加工、销售产业化经营发展进程。一是建立乡镇、农技站、企业三级联动发展机制。乡镇干部包村社、农技站指导服务、企业扶持基地农户，共同推动榨菜产业化建设。二是建立专业合作经济组织，充分发挥其织协调作用。全区新成立榨菜行业协会 5 个，榨菜专业合作社 3 个，促进了榨菜基地建设。三是依托企业带动，扩大种植基地规模，实现规模效益。从青菜头种植到加工，督促企业特别是龙头骨干企业组织技术力量，投入资金、物资为基地菜农和加工户进行服务扶持。是年，榨菜集团公司、辣妹子集团有限公司将在国家及市上争取到的农业产业化基地建设项目资金在我区中后山乡镇新发展榨菜绿色无公害原料基地 5 万余亩。榨菜（集团）公司被国家农业部等九部委命名为"全国农业产业化重点龙头企业"；涪陵辣妹子集团有限公司等 13 家企业分别获市、区级农业产业化重点龙头企业。四是实行"合同种植、订单生产"，走"农户＋基地＋加工户＋企业"产业发展之路，建立了市场引企业、企业带基地、基地连农户的风险利益共担共享机制，形成了菜农放心种植、加工户安心加工，榨菜企业精心生产销售的产业化经营格局。全区 80% 以上的企业与原料基地的乡镇签订了购销合同，90% 以上的企业建立了自己稳定的原料基地，有效调动了广大菜农的种植积极性。五是品牌知名度不断提高。各榨菜生产企业，借助"涪陵榨菜"证明商标的品牌声誉，加大对自身产品的宣传力度，企业创品牌意识增强，涌现出了"乌江"牌、"健"牌、"辣妹子"牌、"川陵"、"亚龙"牌等一批有影响力和知名度的榨菜品牌，为实现榨菜产业集团化、规模化、产业化经营创造了条件。今年1月，"涪陵榨菜"证明商标通过了重庆市工商局商标认定委员会的认定，成为重庆市著名商标。五是销售市场进一步拓展。涪陵榨菜销售市场、销售网络遍布国内外，已形成中间批发、代理、直销、连锁经营、一点多营等多元化的营销网络，占据了全国大中小城市的农贸市场、超市、批发市场等三大市场。

质量整顿成效显著

是年，始终坚持区委、区政府榨菜质量整顿"十不准""三取缔""两打击"的要求，按照全区榨菜质量整顿工作电视电话会议的总体部署，各级各有关部门狠抓工作落实，使全区榨菜质量整顿工作收到明显成效。一是建立榨菜质量整顿工作领导小组，加强对榨菜质量整顿工作的组织领导，把榨菜质量整顿工作纳入了重要的议事日程。二是加强企业巡回检查，促使企业产品质量提高。三是企业自律意识增强。各榨菜生产企业之间对不按标准生产、低价倾销等不法行为相互监督和举报，以共同维护涪陵榨菜产业的整体形象。四是生产监管力度。各榨菜生产企业不断加强经营管理、产品质量质检和市场监控力度。在榨菜原料粗加工方面，露天作业、粗制滥造现象基本杜绝，原料粗加工质量得到进一步提高；在生产成品榨菜工序工艺上，绝大部分企业普遍恢复了压榨脱水、修剪看筋的传统工艺，实行全形、丝形两次淘洗，增添了看筋后淘洗全形菜去泥沙的加工工序；在成品加工质量上，通过技改，采用定量定容定时的自动脱盐以及采用热杀菌生产工艺，取消了产品添加化学防腐剂，产品向高档、精制、营养、绿色发展，合格率大大提高。五是产品质量稳步提高。据区卫监所、质监所抽检数据表明，全区成品榨菜卫生指标合格率达98%，产品质量合格率达99%，为历年来最好水平。

打假治劣力度加大

是年，按照区委、区政府"对内规范整治、对外打击假冒侵权"的要求，始终把打击假冒侵权行为、整顿和规范市场秩序作为重要任务来抓。一方面整顿和规范了榨菜原料加工的生产行为，重点对加工环境、露天作业、坑凼腌制、粗制滥造、偷工减料、水湿生拌进行了整治；另一方面对区内生产规模小、设备设施落后、卫生条件差、产品质量低劣、无固定加工场所的小企业、游击企业进行了整治；再一方面重点查处了区内侵权证明商标企业和加工户。全年在区内共查获15家榨菜生产企业和加工户侵权"涪陵榨菜"证明商标，并对15家侵权证明商标的榨菜生产企业和加工户进行了查处，关闭企业1家，督促整改的企业和加工户14家。与此同时，加大

力度打击了区外侵权"涪陵榨菜"证明商标行为，先后派人前往榨菜重点销区的北京、广州、武汉、长沙、浏阳、湘潭、望城、宜昌、沙市等省市及周边的丰都、垫江、长寿区县的集镇批发市场、农贸市场和生产厂家进行了专项打假，共计查处区外侵权"涪陵榨菜"证明商标企业10个，销毁袋子、纸箱70万个，产品200吨。通过大力开展区内外打假治劣工作，保护了消费者权益，净化了榨菜产销市场，维护了"涪陵榨菜"证明商标声誉。

严把三关提升产品质量

是年，始终把对企业的跟踪管理、按标生产、提升质量作为中心工作，强化对榨菜生产企业的日常监督管理。一是严把杀菌设备"使用关"。对企业进行定期或不定期监督检查，主要检查企业使用杀菌设备进行生产的情况，对不使用杀菌设备的企业责令其起用杀菌设备并登记在案，归入企业"黑名单"档案中；二是严把榨菜生产辅料"进入关"。主要对其购进的辅料品质及其产品检验报告、合格证明进行检查。特别是在席卷全国的"苏丹红"事件中，已对全区所有证明商标使用企业及其他榨菜生产企业共100多家的生产辅料及采购情况进行了全面的清理和检查，杜绝了不合格辅料投入生产使用。三是严把榨菜产品"生产关"。一方面加强对榨菜原料粗加工生产检查，严厉查处打击露天作业、坑凼腌制、粗制滥造等行为。另一方面重点加强了对榨菜生产企业在生产过程中的加工工艺、食品添加剂的使用等方面的情况进行检查，对不按工艺流程加工、不讲修剪看筋、不按标生产超标使用防腐剂或违禁使用防腐剂，责令其整改，对已经出售的、存在质量安全隐患的榨菜产品，要求企业对有缺陷榨菜产品召回并销毁。

企业技改继续推进

继2004年涪陵区有69家方便榨菜生产厂在规定的时限内完成技改后，又有3家榨菜生产企业完成技改，添制了高温杀菌设备。同时，榨菜企业自动计量开始起步。涪陵榨菜（集团）有限公司"华富榨菜厂"从德国引进的榨菜生产线自动计量装置，采用人机界面对话系统，取代榨菜生产人工称秤计量的工序，在全国酱腌菜行业中首家实现全自动计量新技术零的突破。榨菜企业QS认证已在全区全面展开，现已有6家企业通过QS认证，有21家企业技改已基本完成，正在着手申报评审，有20家企业已开始技改。

"一步法"榨菜生产加工工艺

由太极集团重庆国光绿色食品有限公司研究成功的"一步法"榨菜生产加工工艺，

是直接利用鲜青菜头，采用特殊工艺脱水、拌料、包装、后熟。该工艺经重庆市科学技术委员会鉴定，认为工艺技术可靠，整个工艺过程最大限度地保留了青菜头中各种营养物质，生产的榨菜产品具有风味醇厚、品质脆爽、营养丰富、盐分含量适中等特点，保持了涪陵榨菜嫩、脆、鲜、香的独特品质。同时，整个加工过程不产生盐水，解决了传统榨菜工艺生产榨菜产生大量盐水的问题，实现了榨菜加工清洁生产、绿色环保，彻底改变了涪陵榨菜的传统加工工艺，是榨菜加工的第三次革命。

新一代榨菜早熟良种"涪杂2号"选育成功

由涪陵区农科所选育成功的新一代榨菜早熟良种"涪杂2号"，填补了全区青菜头早熟品种的空白，有利于青菜头鲜销及市场拓展。

涪陵区农科所于1992年4月利用芥菜型油菜胞质雄性不育系"欧新A"为不育源，茎瘤芥优良品种"永安小叶"（154）作父本首次杂交，并连续7次以上回交，于1997年育成茎瘤芥胞质雄性不育系"96154-5A"。以优良茎瘤芥地方品种"半碎叶"经连续3次以上的自交纯合株系（920145）作父本系与"96154-5A"配组，于2001年获得杂一代新组合"96154-5A×920145"。

该组合经连续两年的品种比较试验，两年的区域试验和生产试验、示范证明，其熟期、株高、开展度、瘤茎产量、瘤茎形状等均比较稳定，生长整齐度较高。于2005年1月通过市农作物品审会初审，定名为"涪杂2号"。

"涪杂2号"株高46.0—52.0厘米，开展度63.0—66.0厘米；叶长椭圆形、叶色深绿、叶面微皱、无蜡粉、少刺毛，叶缘不规则细锯齿，裂片4—5对；瘤茎近圆球形、皮色浅绿，瘤茎上每一叶基外侧着生肉瘤3个，中瘤稍大于侧瘤，肉瘤钝圆，间沟浅。营养生长期150—155天，丰产性好，一般亩产2500公斤，高产栽培可达3000公斤以上；耐肥，较耐病毒病，株型紧凑；8月下旬播种，次年元月上中旬收获而不先期抽薹，播期弹性大，抗逆力强，菜形美观，品质优良，鲜食加工均可。其缺点：田间抗（耐）霜霉病能力稍次于"涪杂1号"。

该品种适合海拔500米以下地区种植，在8月25—30日播种，育苗移栽，注意防蚜治病，苗龄30天左右，亩植6000株，本田期亩施尿素45.0公斤，过磷酸钙45.0公斤，氯化钾10.0公斤（其中磷肥和钾肥在移栽前作底肥一次施用，尿素全程按2∶7∶1的比例施用），元月上中旬收获。

该品种于2005年8月，在全区珍溪、清溪、南沱、义和、龙潭、新妙等乡镇示范种植3000余亩，平均亩产近3000公斤，较适期播种的"永安小叶"增产15%以上。

新产品开发

乌江牌原味榨菜深受消费者喜爱。是年，重庆市涪陵榨菜（集团）有限公司研制开发的乌江牌原味榨菜，取色如翠玉的青菜头，以江风徐徐清晾脱水，辅以红川椒、巴盐以纯天然古法三腌三榨，糖、醋、蛋白质降解、聚合生香，方成就此鲜香极致，开味爽口之余，更饱含江风的自然天香。产品自上市以来，深受广大消费者的喜爱。

乌江牌榨菜碎米、川香菜片、鲜爽菜丝问市。2005 年，重庆市涪陵榨菜（集团）有限公司研制开发了新一代乌江牌榨菜碎米、川香菜片。榨菜碎米以"风脱水"榨菜为原料，经天然古法三腌三榨，取其极嫩的菜芯部分，再精密机割成均匀榨菜粒，粒粒鲜香，入口难忘。川香菜片以"风脱水"榨菜为原料，经传统古法三腌三榨，再辅以上等小磨香油，与小磨香辛辣料精调细配，形成地道的川派特色，鲜嫩爽滑，脆生生，香悠悠，片片皆是老四川的味道。鲜爽菜丝精选大寒时节的青菜头，经三清三洗，辅以天府甜醋三腌三榨，窖藏百日，菜丝鲜香脆嫩不减，更含饱满的甜酸风味，酸甜甜，脆生生，咬劲十足，闻香开味，鲜爽极致令人入口难忘。

乌江牌低盐榨菜上市。是年，重庆市涪陵榨菜（集团）有限公司研制开发的乌江牌低盐榨菜，以"风脱水"榨菜为原料和独有的低盐配方，历经三清三洗，三腌三榨精制而成，味甘利口，清淡素净，鲜，香，嫩，脆。

乌江牌古法榨菜、古坛榨菜投放市场。是年，重庆市涪陵榨菜（集团）有限公司研制开发的乌江牌"古法榨菜""古坛榨菜"，精选大寒时节的涪陵青菜头，以江风自然脱水，历经三清三洗，三腌三榨，再以乌江河沙封窖腌制，后入古坛发酵，达 5 年之久。开坛之际，香远百里，窖香馥郁、悠长。

乌江牌新一代"橄榄菜"问市。是年，重庆市涪陵榨菜（集团）有限公司研制开发了新一代乌江牌"橄榄菜"，以被称为菜中"龙井"青菜头的第一茬鲜嫩菜芽为原料，经三清三洗，配以优质橄榄经长达十二小时的纹火熬制，再辅以密制香料。味鲜至极，香气撩人，入口爽滑，实为下饭、生津、增进食欲的佐餐珍品。

辣妹子牌川辣榨菜丝、原味榨菜丝投放市场。是年，重庆市涪陵辣妹子集团有限公司研制开发的辣妹子牌川辣榨菜丝、原味榨菜丝投放市场，被重庆市科委认定为"高新技术产品"。川辣榨菜丝麻辣可口、鲜香嫩脆、丝形完美、色泽诱人，具有开胃、增进食欲的作用，是佐餐之佳品，适宜于各类人群食用。"原味榨菜丝"口感咸鲜，香气浓郁，鲜香嫩脆，丝形完美、色泽诱人，保持最正宗的榨菜原味，具有开胃、增进食欲的作用，佐餐、馈赠之佳品，适宜于各类人群食用。

榨菜科研论文发表

是年，张红在《长江蔬菜》第 2 期发表《杂交茎瘤芥涪杂 1 号制种技术研究》一文。

王旭祎在《长江蔬菜》第 6 期发表《涪陵茎瘤芥主要病害的发生与防治》一文。

林合清在《西南农业大学学报》第 3 期发表《播种期对茎瘤芥主要性状影响》一文。

涪陵区被验收认定为"2003—2004 年全国创建第二批无公害农产品（种植业）生产示范基地县达标单位"

是年，涪陵区以青菜头为主的种植业被国家农业部验收认定为"2003—2004 年全国创建第二批无公害农产品（种植业）生产示范基地县达标单位"。

榨菜科研成果获奖

是年，彭洪江、王旭祎、高明泉、韩海波、张建红完成的"茎瘤芥（榨菜）根肿病发生危害规律及综合防治研究"被涪陵区人民政府授予科技进步二等奖。

涪陵榨菜集团公司完成的"榨菜专用乳化复合调味料研究与开发"获涪陵区科技进步奖。

榨菜科研课题发布

是年，周光凡主持财政部课题"榨菜新品种制种基地建设及栽培技术推广"，起止年限为 2005 年。

周光凡主持重庆市发改委课题"重庆市榨菜良种基地建设"，起止年限为 2005 年。

林合清主持涪陵区科委课题"高产优质广适茎瘤芥新品种'涪杂 2 号'示范推广"，起止年限为 2005—2008 年。

榨菜加工专利认定

是年，涪陵榨菜（集团）有限公司完成的"榨菜生产的拌料工艺"申报为发明专利。

重庆市涪陵区桂怡食品有限公司成立

是年，重庆市涪陵区桂怡食品有限公司成立，它是一家专业从事榨菜加工的食

品企业，是涪陵区大宗农产品加工、榨菜收购与加工的骨干企业之一，专业从事榨菜加工的食品企业，主要从事榨菜加工和销售。公司位于涪陵区龙桥街道荣桂社区二组，占地 40 余亩，注册资本 52 万元，现有资产 3000 多万元，有员工 60 人，其中技术人员 23 人。拥有年产能力达 8000 吨低盐榨菜生产线 1 条，年产 500 吨榨菜酱油生产线 1 条，5000 吨标准化榨菜原料库 1 座，有"游辣子""桂怡"等 4 个注册商标。有游辣子榨菜片、香辣榨菜丝等多个系列产品。2006 年 11 月获酱腌菜的 QS 证书；2013 年被认定为农业产业化市级龙头企业，连续多年被涪陵区人民政府和龙桥街道办事处评为先进企业。公司始终坚持"质量为先，稳中求进，诚信经营"的精神，在"支持三农、服务三农"上下功夫，积极增加农民收入，就地转化农村富余劳动力，支持地方经济发展方面做出了自己应有的贡献。

榨菜加工企业

是年，全区榨菜企业减至 102 户，其中生产方便菜的 86 户、坛装菜的 16 户，年产能力达到 35 万吨，企业注册商标 179 件；全区榨菜成品产量 24 万吨，其中规模以上企业产 12.82 万吨。

坛装榨菜销售价格

是年，坛装榨菜国内 1500—2000 元 / 吨，国外 360—370 美元 / 吨（人民币 2902—2982 元 / 吨），利润 25%—30%，最高 30% 以上。

方便榨菜均价

是年，方便榨菜国内正价每吨平均 3900 元；国外市场每吨均价 1240—1490 美元（人民币 1—1.2 万元 / 吨）。

2006 年

"涪陵榨菜原产地域产品"国家标准正式实施

1 月 1 日，"涪陵榨菜原产地域产品"国家标准正式实施。《涪陵大事记》（1949—2009）第 559—560 页载：（1 月 1 日），由国家质量监督检验检疫总局和中国国家标准化管理委员会于 2005 年 9 月 3 日联合发布的"涪陵榨菜原产地域产品"国家标准于本日起正式实施。该标准将对涪陵榨菜实施产业化经营、地方品牌保护、提升涪陵榨菜知名度起到积极的推动作用。《涪陵年鉴（2006）》云：（1 月）1 日，由国家质量监督检验检疫总局和中国国家标准化管理委员会于 2005 年 9 月 3 日联合发布的"涪陵榨菜原产地域产品"国家标准正式实施。该标准将对涪陵榨菜实施产业化经营、地方品牌保护、提升涪陵榨菜知名度起到积极的推动作用。

川涪食品、渝河食品被命名为涪陵区"农业产业化重点龙头企业"

1 月 6 日，涪陵区川涪、渝河食品有限公司被命名为区级"农业产业化重点龙头企业"。《涪陵大事记》（1949—2009）第 563 页载：（1 月）6 日，涪陵区川涪食品有限公司、渝河食品有限公司被涪陵区政府命名为区级"农业产业化重点龙头企业"。《涪陵年鉴（2006）》云：（2 月）8 日，重庆市涪陵区川涪食品有限公司被涪陵区人民政府命名为区级"农业产业化重点龙头企业"。（2 月）8 日，重庆市涪陵区渝河食品有限公司被涪陵区人民政府命名为区级"农业产业化重点龙头企业"。

拼音"Fuling Zhacai"证明商标申请注册

1 月 7 日，拼音"Fuling Zhacai"证明商标注册。《涪陵大事记》（1949—2009）第 560 页载：（1 月 7 日），由涪陵区榨菜管理办公室向国家工商行政管理总局申请注册的拼音"Fuling Zhacai"证明商标，经国家工商行政管理总局商标局审查予以注册公告。

涪陵区"十大女性·经济人物"颁奖大会举行

3 月 16 日，涪陵区"十大女性·经济人物"颁奖大会举行。《涪陵大事记》（1949—2009）第 567 页载：（3 月）16 日，由巴渝都市报社举办的涪陵区"十大女性·经济人物"颁奖大会在涪陵饭店 5 楼多功能厅举行。万绍碧等 10 人分别获得杰出贡献、基业长青等十大奖项。区委副书记张世俊出席颁奖会并讲话。

辣妹子集团被评为北京奥组委推荐产品

3 月 16 日，涪陵辣妹子集团有限公司在 2005 年 9 月北京举办的中国农产品加工业发展与奥运经济论坛精品展中，参展的"辣妹子"牌榨菜、泡菜，被农业部农产品加工业领导小组办公室评为北京奥组委推荐产品。

GH/T1011-1998《榨菜》和 GH/T1012《方便榨菜》行业标准修订工作全面启动

3 月 20 日，涪陵区榨菜管理办公室根据中华全国供销合作总社《关于修订榨菜行业标准的通知》（供销厅科字〔2005〕86 号）的要求，启动了已使用了 8 年的 GH/T1011-1998《榨菜》和 GH/T1012《方便榨菜》行业标准修订工作。

"中国标志性品牌"评定发布

3月28日,"中国标志性品牌"评定发布。《涪陵大事记》(1949—2009)第568页载:(3月)28日,涪陵榨菜(集团)有限公司的乌江牌榨菜,在"中国标志性品牌"启动仪式上,入围"中国标志性品牌"候选名单,评定结果将在2006年10月前揭晓。"中国标志性品牌"由中国品牌研究院评定发布,鼓励更多中国企业做大做强自主品牌,为其他企业起示范、带头作用。"中国标志性品牌"将是中国企业迄今为止所能获得的最高荣誉,也是中国对外展示国家形象的最佳"名片"。

拼音"Fuling Zhacai"证明商标核准注册

4月7日,拼音"Fuling Zhacai"证明商标核准注册。《涪陵大事记》(1949—2009)第570页载:(4月)7日,拼音"Fuling Zhacai"证明商标,经国家工商行政管理总局商标局审核后,于2006年1月7日发布的为期3个月的公告期满,现予以正式核准注册,注册号为3620284,有效期从2006年4月7日—2016年4月6日。《涪陵年鉴(2006)》云:(4月)7日,拼音"Fuling Zhacai"证明商标,经国家工商行政管理总局商标局审核后,于2006年1月7日发布为期3个月的公告期满,现予以正式核准注册,注册号为3620284,有效期从2006年4月7日至2016年4月6日。"Fuling Zhacai"证明商标的成功注册,将彻底扭转一些不法榨菜生产企业使用"Fuling Zhacai"商标来冒充涪陵榨菜的现象,不法榨菜生产企业将再无空子可钻,这对维护"涪陵榨菜"百年品牌形象和声誉,规范企业生产行为,打击假冒侵权行为,推进涪陵榨菜产业做大做强都起到积极的作用。

广东瑞德电子公司涪陵投资考察

4月20日,广东瑞德电子公司涪陵投资考察。《涪陵大事记》(1949—2009)第571页载:(4月)20日,广东瑞德电子公司董事长吴子坚一行应邀来涪进行为期2天的投资考察。考察组于21日上午实地参观考察榨菜集团等,对涪陵的投资环境十分满意。

温家宝考察涪陵

4月22日,温家宝考察涪陵。《涪陵大事记》(1949—2009)第571页载:(4月)22日,国务院总理温家宝率领财政部、劳动保障部等部委主要负责人,在中共重庆市委书记、省人大常委会主任汪洋、中共重庆市委副书记、市长王鸿举等市领导陪同下来涪视察。总理一行至次日分别考察了榨菜集团等,听取区委、区人大常委会主任胡健康代表区委、区政府做的工作汇报。《涪陵年鉴（2006）》云：（4月）22日，中共中央政治局常委、国务院总理温家宝亲临视察涪陵榨菜（集团）有限公司。在视察过程中，看到小小的一碟榨菜居然被做得如此精细，过去印象中的手工作坊式生产被干净卫生、现代化的生产线所代替，温总理点头笑着说："不错，做得真干净，榨菜味好香，榨菜酱油真香！"陪同温总理视察的中央领导有财政部部长金人庆、劳动保障部部长田成平、国土资源部部长孙文盛、农业部部长杜青林、国务院政策研究室主任魏礼群、银监会主席刘明康、三峡办主任蒲海清等。重庆市委书记汪洋、市长王鸿举、市领导姜异康、甘宇平、朱明国、黄奇帆、陈光国、范照兵、谭栖伟、涪陵区委书记胡健康、区长黄仕焱、涪陵榨菜（集团）有限公司董事长兼总经理周斌全、党委书记向瑞玺、副总经理赵平陪同温总理一行视察。

涪陵榨菜集团参加海南百年航展

4月22日，涪陵榨菜集团有限公司参加海南百年航展。《涪陵大事记》（1949—2009）第572页载：（4月22日），涪陵榨菜（集团）有限公司参加在海口举行的海南百年航展。在至5月7日结束的航展期间，涪陵榨菜（集团）有限公司于每天上午10时至10时30分和下午16时30分至17时向航展参观者空投礼物乌江牌涪陵榨菜，乌江牌涪陵榨菜深受海南人民的称赞和喜爱。

涪陵区榨菜行业协会协会获表彰

4月，涪陵区榨菜行业协会协会被涪陵区人民政府评为"全区优秀社会团体"，为全区10个优秀社团之一。

涪陵榨菜集团获"全国五一劳动奖状"

4月，涪陵榨菜集团有限公司获"全国五一劳动奖状"。《涪陵大事记》（1949—2009）第572页载：本月（4月），涪陵榨菜（集团）有限公司被中华全国总工会评为"全国五一劳动奖状"获得者。《涪陵年鉴（2006）》云：4月，涪陵榨菜（集团）有限公司被中华全国总工会评为"全国'五一'劳动奖状"获得者。28日，"全国'五一'劳动奖状"授牌仪式在重庆市人民大礼堂隆重召开，市里的主要领导出席了仪式，涪陵榨菜（集团）有限公司总经理周斌全代表公司参加了授牌仪式。在授牌仪式上，市长王鸿举做了重要讲话并亲自为总经理周斌全颁发了"全国'五·一'劳动奖状"的奖牌和证书。29日，由区总工会组织的"全国'五一'劳动奖状"现场揭牌仪式在涪陵榨菜（集团）有限公司华富榨菜厂广场隆重举行。涪陵区委书记胡健康、副区长余成海以及相关职能部门的主要领导出席了揭牌仪式。"全国

'五·一'劳动奖状"是中华全国总工会表彰业绩突出的企业劳动集体的重要奖项，也是目前我国考核企业综合状况的最高奖项，获得这样的荣誉不仅是涪陵榨菜（集团）有限公司的骄傲，更是涪陵区乃至整个重庆市的骄傲。

德国企业局考察团考察涪陵

5月9日，德国企业局考察团考察涪陵。《涪陵大事记》（1949—2009）第573页载：（5月）9日，由德国杜塞尔多夫市副市长维尔弗里德·克虏斯和德国中国工商会会长栾伟率领的德国企业局考察团来涪考察。区领导胡健康、罗清泉陪同考察团参观涪陵榨菜集团华富榨菜厂，考察团成员盛赞涪陵榨菜名不虚传。《涪陵年鉴（2006）》云：（5月）9日，涪陵榨菜（集团）有限公司的合作伙伴德国飞马公司，通过涪陵榨菜（集团）有限公司的牵线搭桥，德国杜塞尔多夫市副市长率领十几位德国企业家莅临涪陵，与涪陵区委书记胡健康、副区长罗清泉、区委秘书长陈恒全、招商局局长王新生、投资集团总经理幸兴等进行了投资洽谈。洽谈会上，杜塞尔多夫市副市长和德国的企业家们参观了涪陵榨菜（集团）有限公司的榨菜历史文化陈列馆、全自动生产线、产品展示厅和企业荣誉室；对涪陵榨菜（集团）有限公司生产的各式口味的榨菜赞不绝口。

武陵山乡蔬菜基通过重庆市无公害蔬菜基地认证

5月12日，武陵山乡蔬菜基地通过重庆市无公害蔬菜基地认证。《涪陵大事记》（1949—2009）第573页载：（5月）12日，武陵山乡蔬菜基地（5000亩）通过重庆市无公害蔬菜基地认证，并取得重庆市无公害蔬菜专用标识使用权。

榨菜研究生班举办

5月20日，榨菜研究生班举办。《涪陵大事记》（1949—2009）第573—574页载：（5月）20日，涪陵榨菜（集团）有限公司与西南大学食品学院联合举办榨菜研究生班，在涪陵榨菜（集团）有限公司李渡华富厂园区开学。区委副书记黄玉林、西农食品学院院长李洪星等参加开学典礼。《涪陵年鉴（2006）》云：（5月）20日，由涪陵榨菜（集团）有限公司与西南大学食品学院联合举办的榨菜研究生班，在涪陵榨菜（集团）有限公司李渡华富厂园区举行了隆重的开学典礼。通过培训，培养一批在酱腌菜行业拔尖的专业技术人才，以提高企业的核心竞争力，拓展产品领域，把涪陵的榨菜产业推向更高、更快的发展。区委副书记黄玉林、西农食品学院院长李洪星和首届研究生班的学员等参加了开学典礼。

涪陵榨菜集团获《HACCP 认证证书》

5月23日，重庆市涪陵榨菜（集团）有限公司（含华富榨菜厂、华龙榨菜厂、华安榨菜厂）获中国质量认证中心颁发的《HACCP 认证证书》，证书编号CQC06H1134ROM/5102，有效期至2009年5月22日。

汪洋等视察涪陵

5月31日，汪洋等视察涪陵。《涪陵大事记》（1949—2009）第573页载：（5月）31日，重庆市委书记、市人大常委会副主任汪洋在重庆市委常委、秘书长范照兵、市政府副市长谭栖伟陪同下来涪，就库区产业发展进行为期两天的视察、调研，先后视察了新涪食品有限公司等单位。

"涪陵榨菜传统手工制作技艺"申报省级非物质文化遗产保护

5月，涪陵区榨菜管理办公室与区文化广电新闻出版局将"涪陵榨菜传统手工制作技艺"向重庆市申报省级非物质文化遗产保护，6月10日，获重庆市人民政府批准，被列为重庆市第一批省级非物质文化遗产保护名录。

《历代名人与涪陵》出版

5月，巴声、黄秀陵编著的《历代名人与涪陵》，由中国文史出版社出版。收录有"黄彩发明涪陵榨菜的故事"（第164—165页）、"涪陵榨菜商业加工首创者邱寿安"（第165—166页）。

促进涪陵榨菜出口合作"备忘录"签署

6月2日，重庆出入境检验检疫局副局长宋定明与涪陵区政府副区长罗清泉，分别代表双方在"促进涪陵榨菜扩大出口合作备忘录"上签字。"备忘录"的签署，表明了双方将在技术、信息、资金、设施设备等方面努力合作，进一步加强和推进涪陵榨菜标准化和产业化，积极应对进口国家对涪陵榨菜产品的技术性贸易壁垒，从而扩大涪陵榨菜出口规模。

涪陵区榨菜管理办公室注册中文域名

6月2日，涪陵区榨菜管理办公室注册中文域名。《涪陵大事记》（1949—2009）第575页载：（6月2日），涪陵区榨菜管理办公室在中国互联网上注册"中国榨菜之乡.COM""中国榨菜之乡.CN"和"中国榨菜之乡.NET"3个中文域名。这是提

升涪陵形象、保护"中国榨菜之乡"美名、拓展涪陵榨菜销售市场的重要举措，为涪陵在互联网上贴上了一个中文门牌号码。《涪陵年鉴（2006）》云：2 日，涪陵区榨菜管理办公室，在中国互联网上注册了"中国榨菜之乡.COM""中国榨菜之乡.CN"和"中国榨菜之乡.NET"3 个中文域名。这是提升涪陵形象，保护"中国榨菜之乡"美名，拓展涪陵榨菜销售市场的重要举措，为涪陵在互联网上贴上了一个中文门牌号码，更好地促进涪陵榨菜产业发展，创造更大的社会效益和经济效益。

"榨菜香气物质课题研究组"进行榨菜香气物质鉴定

6 月 23 日，"榨菜香气物质课题研究组"进行榨菜香气物质鉴定。《涪陵大事记》（1949—2009）第 577 页载：（6 月）23 日，由涪陵榨菜（集团）有限公司、法国专家、重庆大学研究人员联合组成的"榨菜香气物质课题研究组"开展的榨菜香气物质研究取得重大进展，已解决了榨菜香气物质提取、分离、纯化、浓缩等一系列技术难题，完全达到上机要求。《涪陵年鉴（2006）》云：（6 月）23 日，由涪陵榨菜（集团）有限公司、法国专家、重庆大学研究人员联合组成的"榨菜香气物质课题研究组"传出喜讯，榨菜香气物质研究取得了重大进展，已解决了榨菜香气物质提取、分离、纯化、浓缩等一系列技术难题，完全达到上机要求。开展榨菜香气物质、呈味物质及其他有益物质和有害物质研究，开展榨菜腌制发酵过程中微生物的区系及其变化研究，摸清榨菜腌制发酵及呈香、呈味机理，是利用现代科技改造涪陵榨菜传统产业，推动榨菜产业持续、健康发展的必由之路。

涪陵榨菜（集团）有限公司民兵编入预备役系列

6 月 24 日，涪陵榨菜（集团）有限公司民兵编入预备役系列。《涪陵大事记》（1949—2009）第 577 页载：（6 月）24 日，高炮三团、涪陵区委有关领导在涪陵榨菜（集团）有限公司华龙榨菜厂举行高炮三团一营三连的揭牌、授牌仪式。标志着涪陵榨菜（集团）有限公司民兵正式编入预备役系列。

"打造涪陵榨菜美食之乡"研讨会召开

6 月 29 日，由涪陵区商委、区民政局、区工商分局、区工商联、区榨菜办和区饮食服务行业协会在太极大酒店召开"打造涪陵榨菜美食之乡"研讨会，对涪陵榨菜美食之乡建设起到推动作用。《涪陵年鉴（2006）》云：（6 月）29 日，涪陵区商委、区民政局、区工商分局、区工商联、区榨菜办和饮食服务行业协会各成员单位在太极酒店召开打造涪陵榨菜美食之乡研讨会，就打造涪陵榨菜美食之乡的相关问题展开了讨论。与会单位就打造涪陵榨菜美食之乡发表了各自的意见和建议，认为打造涪陵榨菜美食之乡对发展涪陵经济是一件好事，也是应尽的责任。

山东烟台组团考察涪陵

7月10日，山东烟台组团考察涪陵。《涪陵大事记》（1949—2009）第578页载：（7月）10日，山东省烟台经济技术开发区的10家企业组团来涪考察。区领导黄仕焱、张世俊等陪同考察团到李渡工业园区、榨菜集团、太极集团等地参观考察。

中国品牌研究院公布中国行业标志性品牌

7月13日，中国品牌研究院公布中国行业标志性品牌。《涪陵大事记》（1949—2009）第579页载：（7月）13日，中国品牌研究院公布了145个中国行业标志性品牌的名单。涪陵榨菜集团的"乌江"品牌获选中国榨菜行业标志性品牌。该品牌是重庆市唯一入选的中国标志性品牌。《涪陵年鉴（2006）》云：（7月）13日，中国品牌研究院公布了中国行业标志性品牌的名单，涪陵榨菜（集团）有限公司的"乌江"牌，成为中国榨菜行业标志性品牌，也是重庆市唯一入选的"中国标志性品牌"。

乌江牌榨菜获"湖南首届绿色食品博览会"重庆展团金奖

7月15日，乌江牌榨菜获"湖南首届绿色食品博览会"重庆展团金奖。《涪陵大事记》（1949—2009）第579页载：（7月15日），涪陵榨菜（集团）有限公司展销的乌江牌榨菜在长沙获得"湖南首届绿色食品博览会"重庆展团金奖。

王鸿举等涪陵进行企业调研

7月18日，王鸿举等涪陵进行企业调研。《涪陵大事记》（1949—2009）第580页载：（7月）18日，重庆市委副书记、市长王鸿举率市政府办公厅、市发改委、市经委、市交委等部门负责人来涪，先后深入新涪公司等企业调研。区领导胡健康、黄仕焱、余成海及相关部门负责人陪同调研。

榨菜合作经济组织新模式探索取得成效

7月27日，榨菜合作经济组织新模式探索取得成效。《涪陵大事记》（1949—2009）第581页载：（7月）27日，李渡示范区振农榨菜经济合作组织和石马榨菜经济合作组织挂牌成立。两家榨菜经济合作组织的成立开创了榨菜合作经济组织的新模式，使原有的"企业＋农户＋基地"的榨菜合作经济组织向金融和科研机构延伸，变为"企业＋农户＋基地＋金融＋科研机构"的新模式。《涪陵年鉴（2006）》云：（7

月）27 日，李渡示范区振农榨菜合作经济组织和石马榨菜合作经济组织挂牌成立。这两家榨菜合作经济组织的成立开创了榨菜合作经济组织的新模式，使原有的"企业＋农户＋基地"的榨菜合作经济组织模式向金融和科研机构延伸，变为"企业＋农户＋基地＋金融＋科研机构"的新模式。这一新型模式，使榨菜专业合作社在种植、加工的各个环节，都能得到金融机构的资金保证和科研单位的科技指导，既有利于保证企业的榨菜原料质量、提高青菜头的农产品附加值和进一步推动榨菜基地建设，又有利于农产品直接进入企业精加工及销售市场，从而解决菜农的"卖菜难"问题，增加农户的收入。

涪陵榨菜集团"乌江"品牌被定为"2006 年中国（长沙）国际食品博览会"参展请柬的形象大使

8 月 10 日，由湖南省食品行业联合会主办，食品与机械杂志社、长沙市会展行业协会、湖南省商务厅、湖南广播电视集团协办，中国食品产业网、慧聪网等数十家合作媒体参与的"2006 年中国（长沙）国际食品博览会"于 11 月 6 日至 8 日在湖南国际会展中心举行。涪陵榨菜（集团）有限公司的"乌江"品牌被组委会定为"2006 年中国（长沙）国际食品博览会"参展请柬的形象大使。

涪陵榨菜集团获《质量认证管理体系认证证书》

8 月 20 日，重庆市涪陵榨菜（集团）有限公司通过中国·三峡认证有限公司认证，获其总经理傅世乾签发的《质量认证管理体系认证证书》，证书编号 0205Q11980ROM，有效期至 2008 年 4 月 28 日。

涪陵乐味获《质量认证管理体系认证证书》

8 月 21 日，重庆涪陵乐味食品有限公司通过 ISO9001∶2000 认证，获中国质量认证中心颁发的《质量认证管理体系认证证书》，准予注册，有效期至 2009 年 8 月 20 日。

辣妹子集团"辣妹子"商标被裁定为"中国驰名商标"

8 月 22 日，涪陵辣妹子集团有限公司注册的"辣妹子"商标被吉林省通化市中级人民法院认定为"中国驰名商标"。

财政部副部长考察涪陵榨菜（集团）有限公司

8 月 29 日，财政部副部长朱志刚在重庆市常务副市长黄奇帆的陪同下参观考察涪陵榨菜（集团）有限公司。在考察中，朱志刚部长指出：今后财政部将高度关注移民生计和库区生态环境保护，支持重庆逐步解决产业空虚、移民就业、生态环境等方面的发展，为建设人民富裕、社会和谐、环境良好、持续发展的新三峡提供助力。

乌江牌榨菜、辣妹子酱腌菜（榨菜）被评为"中国名牌产品"

9月6日，乌江牌榨菜、辣妹子酱腌菜（榨菜）被评为"中国名牌产品"。《涪陵大事记》（1949—2009）第685页载：（9月6日），涪陵榨菜（集团）有限公司的乌江牌榨菜被国家质量技术检验检疫总局评为"中国名牌产品"。这是乌江牌榨菜继"中国驰名商标""国家免检产品"后获得的又一殊荣。目前涪陵榨菜（集团）有限公司是全国酱腌菜行业中唯一囊括这三项荣誉的企业。《涪陵大事记》（1949—2009）第585页载：（9月6日），重庆市涪陵辣妹子集团有限公司生产的辣妹子酱腌菜（榨菜）获国家质量监督检验检疫局颁发的"中国名牌产品"称号。

涪陵榨菜集团、辣妹子集团、新盛实业、德丰食品被评为"2005年度企业管理规范考评一级企业"

9月6日，涪陵区人民政府授予涪陵榨菜（集团）有限公司、涪陵辣妹子集团有限公司、重庆市新盛实业发展股份有限公司、重庆市涪陵德丰食品有限公司"2005年度企业管理规范考评一级企业"称号。

青菜头（榨菜原料）航天诱变（返回式卫星搭载）育种项目工程启动

9月9日，为进一步优化品种结构，涪陵区榨菜办、区农科所、涪陵榨菜（集团）有限公司共同合作，启动青菜头（榨菜原料）航天诱变（返回式卫星搭载）育种项目工程。在酒泉卫星发生中心，"长征二号丙"运载火箭把载有榨菜种子的"实践8号"育种卫星送入太空，榨菜种子在太空遨游15天后返回地面，涪陵区农科所用遨游过太空的榨菜良种进一步做优化培育试验。《涪陵大事记》（1949—2009）第586页载：（9月）9日，在酒泉卫星发生中心，搭载着"永安小叶""涪丰14"等种子的"实践8号"育种卫星"长征二号丙"运载火箭送入太空，榨菜种子在太空遨游15天后返回地面。《涪陵年鉴（2006）》云：为了更快更好地培育出适合当前或今后榨菜原料（茎瘤芥）生产的新品种，推动榨菜产业化的健康发展，涪陵区农科所、涪陵榨菜（集团）有限公司共同合作，启动了青菜头（榨菜原料）航天诱变（返回式卫星搭载）育种项目工程。9日，在酒泉卫星发生中心，搭载着"永安小叶""涪丰14"等榨菜种子的"实践8号"育种卫星被"长征二号丙"运载火箭送入太空，榨菜种子将在太空遨游15天后返回地面。

涪陵区重点企业表彰会举行

9月15日，涪陵区重点企业表彰会举行。《涪陵大事记》（1949—2009）第586页载：（9月）15日，涪陵区在建峰化工总厂科技大楼隆重举行重点企业表彰会。涪陵榨菜集团、涪陵辣妹子集团等受到表彰。

刘鹤到涪陵参观调研

9月16日，刘鹤到涪陵参观调研。《涪陵大事记》（1949—2009）第586—587页载：（9月）16日，中财办副主任刘鹤一行在重庆市委常委、秘书长范照兵陪同下来涪调研社会经济发展。区领导胡健康、徐志红等陪同刘鹤一行先后到太极集团、涪陵榨菜集团乌江食品工业园区等地参观调研。

涪陵榨菜集团、辣妹子集团参加第四届中国国际农产品交易会

10月16—20日，涪陵榨菜（集团）有限公司、涪陵辣妹子集团有限公司参加了在北京举行的以"新农村、新农业、新生活"为主题的第四届中国国际农产品交易会。参展的乌江、辣妹子牌涪陵榨菜，深受首都市民的喜爱，涪陵榨菜知名度再度得以提升。参展期间，党和国家领导人及国家有关部委领导对涪陵榨菜给予高度的赞扬，对涪陵榨菜产业的发展给予了极大关心。

乌江牌榨菜、辣妹子牌榨菜被评为中国名牌

10月24日，《质量振兴纲要》实施10周年纪念暨重庆市2006年名牌表彰大会召开。《涪陵大事记》（1949—2009）第590页载：（10月）24日，在重庆渝州宾馆召开的《质量振兴纲要》实施10周年纪念暨重庆市2006年名牌表彰大会上，涪陵榨菜集团、涪陵辣妹子集团等因其生产的乌江牌榨菜、辣妹子牌榨菜被评为中国名牌，分别获得重庆市政府给予的10万元奖励。

涪陵榨菜集团获"2006年度重庆市标准化先进集体"称号

10月24日，重庆市政府在重庆渝州宾馆召开"重庆市标准化工作"表彰大会，对荣获重庆市标准化工作先进集体给予了通报表彰。涪陵榨菜（集团）有限公司荣获"2006年度重庆市标准化先进集体"称号。

涪陵榨菜集团获"2006年度重庆名牌产品企业、2006年度重庆市质量效益型企业"称号

10月24日，涪陵榨菜（集团）有限公司参加了由重庆市政府举办的《质量振兴纲要》实施10周年纪念暨重庆市2006年名牌表彰大会。涪陵榨菜（集团）有限公司荣获"2006年度重庆名牌产品企业、2006年度重庆市质量效益型企业"称号。

涪陵宝巍食品有限公司与重庆观音桥农贸市场对接

10月26日，涪陵宝巍食品有限公司参加了由重庆市农办牵头组织的库区农产品与重庆观音桥农贸市场对接会。会上涪陵宝巍食品有限公司代表榨菜生产企业与观音桥农贸市场经销商进行了深入的洽谈并签订了榨菜产销协议。

涪陵被定为首批开放型经济试验区

11月2日，涪陵被定为首批开放型经济试验区。《涪陵大事记》（1949—2009）第592页载：（11月）2日，重庆市外经贸委与涪陵区签订合作备忘录，把涪陵定为首批开放型经济试验区，今后涪陵将把发展外向型经济作为全区发展的重头戏。

天然食品、德丰食品、乐味食品被评为涪陵区2006—2007年度"守合同重信用"企业

11月9日，重庆市工商行政管理局涪陵分局、重庆市涪陵区企业信用协会根据《重庆市"重合同守信用"认定命名办法》，评审认定涪陵天然食品有限公司、涪陵德丰食品有限公司、涪陵乐味食品有限公司三家榨菜生产企业为涪陵区2006—2007年度"守合同重信用"企业。

涪陵区博信榨菜专业合作社挂牌成立

11月15日，涪陵区博信榨菜专业合作社挂牌成立。《涪陵大事记》（1949—2009）第594页载：（11月）15日，涪陵区博信榨菜专业合作社在涪陵区百胜镇挂牌成立，标志着涪陵区榨菜鲜销最大的基地正式诞生。该社有750户社员、年鲜销青菜头1万余吨。《涪陵年鉴（2006）》云：（11月）15日，涪陵区博信榨菜专业合作社成立，区政府副区长参加了挂牌仪式。涪陵区博信榨菜专业合作社的成立，标志着涪陵榨菜鲜销"航母"暨最大鲜销基地的诞生。

乌江榨菜成功跻身了央视黄金时间段

11月18日，涪陵榨菜（集团）有限公司成功竞拍下 CCTV 一套新闻联播后到天气预报前的价值数千万的两个单元黄金广告段位，加大涪陵榨菜品牌传播的投入。

涪陵辣妹子获《质量认证管理体系认证证书》

11月21日，重庆市涪陵区辣妹子集团有限公司通过 ISO9001:2000 认证，获中国检验认证集团质量认证有限公司颁发的《质量认证管理体系认证证书》，证书编号 4003Q12108RIM，有效期至 2009 年 11 月 20 日。

全国榨菜行业标准审定会召开

12月9日，全国榨菜行业标准审定会召开。《涪陵大事记》（1949—2009）第 595 页载：（12 月）9 日，中华全国供销合作总社在涪陵饭店组织召开全国榨菜行业标准审定会，历时 2 天结束。来自北京、浙江、四川和涪陵区的 40 名领导、专家及企业代表就榨菜行业标准（修订稿）进行正式审定。《涪陵年鉴（2006）》云：（11 月）4—5 日，中华全国供销合作总社在涪陵饭店组织召开了全国榨菜行业标准审定会，来自北京、浙江、四川和涪陵区的 40 名领导、专家及企业代表就榨菜行业标准（修订稿）进行正式审定并取得通过，将形成两项新的国家榨菜行业标准，取代已经使用 8 年的原 GH/T1011–1998《榨菜》和 GH/T1012–1998《方便榨菜》标准。两项新标准审定通过后，由全国供销合作总社于 2007 年发布，在全国实施。此标准的审定和颁布实施，将促进全国榨菜生产企业不断改进生产技术、生产设备，对规范榨菜生产，提高产品质量，增强市场竞争力，拓展销售量，促进企业增效，推动全国榨菜行业健康发展必将起到积极作用。

辣妹子集团被评为"诚信守法乡镇企业"

12月13日，涪陵辣妹子集团有限公司被农业部评为"诚信守法乡镇企业"。

制订榨菜酱油国家标准获得成功

12月20日，国家调味品协会组织行业内的专家在北京对制订榨菜酱油行业标准进行了讨论，一致同意制订国家榨菜酱油行业标准。

《历史文化名人与涪陵》出版

12月，马培汶所著《历史文化名人与涪陵》由重庆出版集团、重庆出版社出版，收录有"中国榨菜业创始人——邱寿安"（第 123—125 页，还收录有图片 3 幅，分别是《榨菜之乡的笑声》《榨菜上架》《晾干青菜头》)。

万绍碧参加三峡库区创业兴业先进典型事迹报告会

12月,万绍碧参加三峡库区创业兴业先进典型事迹报告会,与时任重庆市委书记汪洋、市委副书记邢元敏合影留念。参见《涪陵榨菜之文化记忆》第76页图片。

榨菜科研论文发表

是年,胡代文、张红、高明权、张召荣、肖莉、李娟在《耕作与栽培》第2期发表《涪陵中海拔地区茎瘤芥高产栽培技术研究》一文。

王旭祎、范永红、刘义华、林合清、王彬、李娟在《西南园艺》第4期发表《播种和密度对茎瘤芥主要经济性状的影响》一文。

胡代文、李娟、高明权、张召荣、李娟、肖莉在《耕作与栽培》第3期发表《涪陵中海拔地区茎瘤芥高产栽培技术研究Ⅱ品种、密度与肥料对主要性状及产量的影响》一文。

胡代文、高明权、张红、张召荣、李娟、肖莉在《耕作与栽培》第4期发表《涪陵中海拔地区茎瘤芥高产栽培技术研究Ⅲ播期对主要性状及产量的影响》一文。

胡代文、刘义华、余贤强、彭福英、陶红英、张召荣在《西南农业大学学报》第2期发表《茎瘤芥主要品种永安小叶高产栽培模型研究》一文。

张召荣、胡代文、高明权、张红、李娟、肖莉在《长江蔬菜》第7期发表《茎瘤芥不同品种在涪陵高海拔地区适应性鉴定》一文。

林合清、王彬、范永红、周光凡、万勇、刘义华、王旭祎在《科学咨询》第16期发表《茎瘤芥杂交新品种"涪杂2号"高产优质无公害栽培技术》一文。

刘义华、冷容、张召荣、高明泉、肖莉在《植物遗传资源学报》第4期发表《茎瘤芥主要数量性状遗传力和遗传进度的初步研究》一文。

刘义华、冷容、张召荣等在《中国农学通报》第9期发表《茎瘤芥(榨菜)性状间的遗传相关性研究》一文。

牛惊雷、龚志宏在《商场现代化》11月中旬刊发表《基于"五种力量"模型分析乌江榨菜集团市场竞争环境》一文。

涪陵特色文化研究会编《涪陵特色文化研究论文集》(内部,2006年)第四辑"榨菜文化溯源"栏目有蒲国树《榨菜之乡与榨菜文化》一文。

榨菜科研课题发布

是年,周光凡主持农业部课题"西南生态区蔬菜规范化生产技术研究与集成示

范"，起止年限为 2006—2009 年。

范永红主持重庆市科委课题"茎瘤芥（榨菜）抗（耐）病毒病霜毒病杂一代新品种选育和材料的发掘创制"，起止年限为 2006—2009 年。

胡代文主持涪陵区科委课题"涪陵高中海拔地区茎瘤芥（榨菜）新品种选育"，起止年限为 2006—2010 年。

高明泉主持横向合作项目"大头菜杂一代新品种选育"，起止年限为 2006—2010 年。何侍昌《涪陵榨菜文化研究·涪陵榨菜科研论文成果统计表（部分）》未有收录。

涪陵榨菜集团榨菜科研成果获奖

是年，涪陵榨菜（集团）有限公司完成的"虎皮碎椒原料常温贮藏技术研究""榨菜深加工及副产物综合利用关键技术研究与示范""榨菜调味汁工业化清洁生产新工艺及安全性研究"获涪陵区科技进步奖。

涪陵榨菜集团榨菜加工专利认定

是年，涪陵榨菜（集团）有限公司的"一种榨菜酱油熬制罐""一种用于流体的定容器"申报实用新型专利；"一种方便榨菜的保鲜工艺""一种用于榨菜生产的乳化符合调味料及其制备方法"申报为专利。

榨菜产业化发展

涪陵区有 40 个乡镇（街道办事处）近 20 万农户 70 万菜农种植青菜头，常年从业人员 7 万余人。现有榨菜生产企业 102 家，其中方便榨菜企业 86 家，全形（坛装）企业 16 家，其中国家级产业龙头企业 1 家，市级产业龙头企业 1 家，区级产业龙头企业 16 家，出口企业 9 家。企业注册商标 179 件，其中驰名商标 2 件，著名商标 4 件。年成品榨菜生产能力达 35 万吨，是全国最大的榨菜产品生产加工基地；全区榨菜产业年总收入 20 亿元以上，其中农民青菜头种植、半成品加工收入 6 亿元左右，成品榨菜销售收入 10 亿元左右，包装、辅料、运输等相关产业收入 4 亿元左右，创利税 1.5 亿元以上。坛装、方便、全形三大系列的涪陵榨菜销往全国各省、市、自治区及港、澳、台地区，出口日本、美国、俄罗斯、韩国、东南亚、欧美、非洲等 50 多个国家和地区。"涪陵榨菜"自创牌以来，有 14 个品牌获国际金奖，5 次获国家、省（部）以上金、银、优质奖 100 多个（次），中国名牌产品 2 个。

基地建设规模不断扩大

是年，全区青菜头种植面积 469082 亩，青菜头总产量 952138 吨，分别较 2005

年增长 14% 和 26.1%。

良种良法普及率大幅提升

在种植品种上，大力推广优质良种，全区 2006 年推广"涪杂 1 号"杂交良种 7 万余亩，"涪杂 2 号"早熟良种 18000 亩，良种普及率达 98%。在生产种植技术上，大力推行标准化、无公害种植技术，从育苗、移栽、田间管理等各个环节，指导菜农按《青菜头标准化无公害技术手册》生产。经检测，全区 97% 的青菜头达到无公害。

榨菜产销大幅增长

是年，全区收购加工青菜头 827461 吨，加工半成品盐菜块 46 万吨，比 2005 年增长 18.9%；青菜头外运鲜销 102175 吨，较 2005 年增长 125.9%；全区榨菜企业产销成品榨菜 29 万吨，较 2005 年增长 20.8%，其中方便榨菜 23 万吨，全形榨菜 3.5 万吨，出口榨菜 2.5 万吨，分别较 2005 年增长 22.9%、16.6%、8.6%。全区榨菜企业实现销售收入 9.5 亿元，出口创汇 1500 万美元，利税 1.5 亿元，分别较 2005 年增长 10.4%、6.3%、7.1%。

农民收入稳步增长

是年，全区青菜头销售收入 27036 万元（收购加工青菜头 827461 吨，以收购均价 270 元 / 吨计，收入 22949 万元；外运鲜销 102175 吨，以鲜销均价 400 元 / 吨计，鲜销收入为 4087 万元），剔除种植成本 10473.5 万元（按 110 元 / 吨计），农民种植销售青菜头纯收入为 16562.5 万元，较 2005 年增收 1706.8 万元。农民加工青菜头及务工纯收 9738 万元，较 2005 年增收 1650 万元。加工半成品盐菜块 46 万吨，实现销售收 31430 万元，纯收入 4169 万元，较 2005 年减少 1223 万元。以上 3 项合计，全区农民种植、加工、销售纯收入为 30469.5 万元，按全区 80.02 万农业人口计算，全区农民种植、加工、销售纯收入 380.9 元，较 2005 年增收 26.7 元。

企业技改加快

经统计，全年全区方便榨菜企业共投入资金近 3000 万元用于 QS 认证技改、厂房改扩建等，有 60 家方便榨菜企业完成了生产技改，通过了《食品安全生产许可证》认证，占全区方便榨菜的 84%。

榨菜专业合作社发展成效显著

全区共发展榨菜专业合作社 22 个，年经营额达 3 亿多元，涉及榨菜企业 20 家，

辐射带动农户近 10 万户，保护了菜农、加工户、企业的利益，增加了农民收入，助推了榨菜产业发展。

附产物开发成效明显

是年，全区榨菜生产企业利用盐水开发生产榨菜酱油共 5000 吨，较 2005 年增长 20 %，实现销售收入 1600 万元。

调整结构，优化榨菜基地建设

按照"稳主产区、扩次产区、拓展新区"的发展思路，充分发挥区域优势，以李渡、焦石两片，龙桥至新妙、马武至龙潭两线的"两片两线"中后山乡镇为重点，不断调整优质原料基地建设，形成鲜销、生产加工各具特色的优质原料基地。一是发挥沿江主产乡镇、李渡片加工优势，建立了企业生产加工用优质青菜头原料基地。二是发挥龙桥至新妙线、长江沿线运输优势，建立了外运鲜销及企业生产加工青菜头原料基地。三是发挥马武至龙潭线、焦石片中后山地理优势，建立了企业生产加工及无公害蔬菜青菜头基地。2006 年，"两片两线"新发展榨菜原料基地近 7 万亩。

扶持发展，壮大榨菜生产加工实力

始终把榨菜加工作为推进榨菜产业化进程的"牛鼻子"来抓，采取切实措施，加大扶持力度，培育了一大批榨菜加工户；扶持了一批经营规模大、技术含量高、辐射带动作用强，集生产、经营、研发为一体的榨菜加工企业，全区榨菜加工能力不断增强，精深加工不断发展。一是发展榨菜加工户，壮大榨菜半成品原料加工队伍。各乡镇为发展壮大榨菜半成品加工队伍，出台了一系列优惠政策，吸引更多的农户收购加工青菜头。二是扶持壮大榨菜生产企业。积极引导企业增加科技投入、加快技术改造，鼓励企业与科研单位、大专院校加强合作，把先进的技术、工艺转化到企业中去，全面提升企业的技术创新能力和技术水平，增强榨菜产品的市场竞争能力。涪陵榨菜集团公司与西南大学食品学院联合举办榨菜研究生班，通过培训，培养一批在酱腌菜行业拔尖的专业技术人才，以提高企业的核心竞争力，拓展产品领域，促进涪陵榨菜产业又快又好发展。是年，涪陵区川涪食品有限公司、涪陵区渝河食品有限公司分别被涪陵区人民政府命名为区级农业产业化龙头企业。涪陵榨菜集团被区政府授予"2005 年度工业企业管理规范考评一级企业"称号。涪陵辣妹子公司、新盛实业发展股份有限公司、德丰食品有限公司分别被区政府授予"2005 年度企业管理规范考评一级企业"称号。

规范生产，提高榨菜产品质量

围绕提高榨菜产品质量，狠抓标准化生产、技术革新和新产品开发。一是狠抓青菜头标准化生产和良种良法推广。在青菜头生产种植过程中，大力推广优质良种，推行标准化、无公害种植技术，从育苗、移栽、田间管理等各个环节进行技术培训和现场示范，指导菜农按《青菜头标准化无公害技术手册》生产。经检测，全区 97% 的青菜头达到无公害。二是狠抓质量整顿，规范加工户和企业生产加工行为。是年，按照区委、区政府榨菜质量整顿"十不准""三取缔""两打击"的总要求，加强对榨菜质量整顿工作的组织领导，把榨菜质量整顿工作纳入了重要的议事日程。一方面督促企业和加工户严格执行《榨菜半成品原料收购加工技术标准》加工榨菜，对粗制滥造、水湿生拌、露天作业、坑凼腌制和不讲操作规程的行为进行查处和规范。着重对区内生产规模小、设备设施落后、卫生条件差、产品质量低劣、粗制滥造、偷工减料、无固定加工地点的加工户进行了重点打击。是年，全区有 2 家企业不具备基本生产条件被关停，有 1 家方便榨菜生产企业不符合基本生产条件改为坛装榨菜生产企业。另一方面严把"三关"加强对企业的跟踪监督管理。坚持对企业进行定期或不定期监督检查，从杀菌设备使用、生产辅料进入、产品生产三个环节进行重点跟踪监管，对不按工艺流程加工、不修剪看筋、违禁使用防腐剂，责令其整改，对已经出售的、存在质量安全隐患的榨菜产品，要求企业对有缺陷榨菜产品召回并销毁。是年，产品质量合格率达 98%。

打造品牌，提升品牌知名度

坚持以"涪陵榨菜"证明商标为统揽，充分发挥"涪陵榨菜"的品牌优势，把引导、帮助企业创建名优品牌，提高产品知名度和市场竞争力作为的重点工作来抓。一是加强"涪陵榨菜"证明商标的使用管理。严格企业使用条件、审批程序、使用过程、生产环节、产品质量的监管，凡不符合条件和违规使用的，不予批准和随时取消使用资格。二是充分运用媒体及网络平台宣传涪陵榨菜和榨菜生产企业及其产品品牌，提升品牌知名度。涪陵区榨菜管理办公室分别在 3721 和互联网上登记注册了"中国榨菜之乡""榨菜之乡"和"中国榨菜之乡 .COM"、"中国榨菜之乡 .CN""中国榨菜之乡 .NET" 3 个中文域名；涪陵榨菜（集团）有限公司投入巨资制作宣传广告牌和在中央电视台宣传涪陵榨菜。通过广泛的宣传，提升了涪陵榨菜知名度和美誉度，促进了涪陵榨菜产品的销售。三是加大品牌培育力度。按照"政府推动、企业主动、市场拉动"的要求，制定了实施品牌战略意见和发展规划，引导榨菜生产企业走质量效益型和品牌扩张型发展道路。是年，涪陵榨菜（集团）有限公司"乌江"

牌、涪陵辣妹子集团有限公司"辣妹子"牌被国家质量技术监督检验检疫总局评为"中国名牌产品","辣妹子"商标被认定为中国驰名商标。四是深入开展打假治劣工作。按照区委、区政府"区内规范整治、区外打击假冒侵权"的要求,先后派人前往榨菜重点销区的北京、广州、武汉、长沙等省市及周边的丰都、垫江、长寿区县集镇批发市场、农贸市场和生产厂家进行了专项打假,共计查处区外侵权"涪陵榨菜"证明商标企业6个,销毁袋子、纸箱50万个,产品180吨,保护了消费者权益,净化了榨菜产销市场,维护了"涪陵榨菜"证明商标声誉。

培育中介,提高榨菜经营组织化程度

按照区委、区政府的统一部署,本着"示范带动、促进鲜销、企农结合、壮大产业"的原则,积极引导能人、加工大户、榨菜生产企业牵头组建"能人+菜农(加工户)""加工大户+菜农(加工户)""企业+菜农+加工户""基地+农户+加工户+龙头企业+金融机构+科研机构"等多种形式的榨菜合作经济组织,不断优化产业结构,提高技术水平,保护菜农、加工户、榨菜企业利益,增加农民收入和企业效益,推进榨菜产业专业化生产、企业化管理、规模化经营。培育发展了一批像百胜博信、李渡示范区振农、石马等集种植、鲜销、加工、生产、销售于一体,运作规范的榨菜合作经济组织。是年,涪陵区发展成立了22个榨菜专业合作社组织,涉及榨菜企业20家,辐射带动农户近10万户,成为服务"三农"的助推器和推动榨菜产业发展的金桥梁。

革新技术,提升榨菜加工技术水平

为实现榨菜生产企业由粗放型作坊式生产向技术含量高的现代化加工转变,全面提高榨菜生产加工技术水平和生产自动化程度。涪陵区榨菜管理办公室始终把企业技术设备改造作为工作重点,引导企业技改和新技术应用。一是督促企业加大生产设备设施等硬件改造投入力度,全面启动QS认证,全区榨菜生产企业装备了热杀菌、自动化包装等生产设备设施。经统计,全年全区方便榨菜企业共投入资金近3000万元用于QS认证技改、厂房改扩建等,有60家方便榨菜企业完成了生产技改,通过了《食品安全生产许可证》认证,占全区方便榨菜的84%。二是引导探索新技术开发新产品。全区各榨菜生产企业,以适应国内外消费市场的变化,不断探索新技术开发新产品,开发生产适销对路,适宜不同消费层次需要的榨菜产品,榨菜产品向品种多样化、规格系列化、档次差异化、功能营养化方向发展。太极国光绿色食品公司投资150万元开发"一步法榨菜"新产品。是年,全区共开发榨菜新产品7种,较2005年增长40%。

综合开发，延伸榨菜产业链

按照区委、区政府"一手抓发展、一手抓治理"的要求，把开发利用榨菜附产物作为延伸产业链，增加企业（加工户）收入，防治环境污染的重要工作来抓。一是引导、督促榨菜生产企业回收榨菜腌制卤汁，利用榨菜腌制卤汁按照《榨菜调味液》标准熬制榨菜酱油，同时为减少对环境的污染，引导企业采取调整产品结构、延长脱盐时间、修建盐水处理设施等方法，减少盐水排放量。二是鼓励榨菜生产企业投入资金建立榨菜酱油生产线。涪陵榨菜（集团）有限公司和太极集团国光绿色食品有限公司，分别投入资金建立了年产 1 万吨的榨菜酱油生产线。是年，全区共生产榨菜酱油 5000 吨，较去年同比增长 20 %，实现销售收入 1600 万元。

"网挂式"风脱水榨菜加工工艺

涪陵榨菜（集团）有限公司经过一年多的探索试验，研究出榨菜"网挂式"风脱水加工工艺。传统的榨菜风脱水加工工艺采用竹篾丝或塑料篾丝将青菜头穿成串上架风晾脱水，"网挂式"风脱水加工工艺采用的是把尼龙线编织成长网状将青菜头装入网内上架风晾脱水，这是涪陵榨菜风脱水加工工艺的第三次飞跃。原有的风脱水加工工艺需用竹篾丝或塑料篾丝穿挂上架风晾脱水，损坏了榨菜原料青菜头的内部结构完整性，且不可避免地留下泥土或竹丝等残留物，给榨菜原料造成卫生安全隐患。若遇气候不好，易使青菜头产生"溏心蛋"，影响榨菜原料品质。

推广使用榨菜网挂式风脱水加工工艺，不仅在一定程度上简化了工艺，节省了劳动力，而且对提高榨菜成品加工率，提升榨菜产品品质及档次，增加产品附加值，为做精做强做大涪陵榨菜产业将起到积极的推动作用。

新产品开发

乌江牌沉香榨菜投放市场。是年，涪陵榨菜（集团）有限公司历时 8 年研制开发的乌江牌沉香榨菜投放市场。沉香榨菜选用涪陵区新村乡独一无二的清凉山生产的青菜头作为原料，采用独特的深水窖藏工艺，经过五年以上发酵加工而成。沉香榨菜具有异香扑鼻，沉郁绵长，味道鲜美，口感绵脆等特点，富含氨基酸、铁、锌、钙、胡萝卜素、抗坏血酸等多种对人体有益的微生物和有效成分，为开胃佐餐，益寿养生不可多得之佳品。

辣妹子牌香辣菜尖倍受青睐。是年，涪陵辣妹子集团有限公司研制开发的辣妹子牌香辣菜尖投放市场，深受广大消费者的青睐，争相抢购。香辣菜尖是选用优质青菜头心叶尖，经过腌制、发酵等工艺精深加工而成，味型突出，香味浓郁，具有

开胃、增进食欲的作用，是佐餐、馈赠之佳品。

辣妹子牌浓香榨菜丝上市。涪陵辣妹子集团有限公司研制开发的辣妹子牌浓香榨菜丝上市。浓香榨菜丝选用鲜嫩的青菜头做原料，经风干、腌制、脱盐、杀菌等工艺制成，咸鲜、香气浓郁，回味悠长，口感嫩脆，具有开胃、增进食欲的作用，是下饭佐餐之佳品。

《四川名菜制作》出版

是年，陈熙桦主编的《四川名菜制作》由内蒙古人民出版社出版。该书第94页收录有榨菜生菜包。其中原料有"榨菜一袋"；制法提到有"榨菜""榨菜丝""榨菜鸡丝"；操作关键提到有"麻辣榨菜"。

涪陵八景融入榨菜包装

是年，涪陵辣妹子集团有限公司将涪陵的"八景"（即：松屏列翠、黔水澄清、群猪夜吼、白鹤时鸣、鉴湖渔笛、铁柜樵歌、桂楼秋月、荔圃春风）名胜景观图案印制在辣妹子牌榨菜的外包装盒上，将涪陵榨菜文化与旅游文化融入一体，探索榨菜文化与易文化及相关文化的联系，推动涪陵榨菜文化的延伸和发展。

重庆市涪陵区红景食品有限公司成立

是年，重庆市涪陵区红景食品有限公司成立，注册资金50万元，主要从事涪陵榨菜产品的生产、加工和销售，年销售6500多万元。公司现有员工150多人，有专业技术职称15人，大专以上学历10人。固定资产2000多万元，产品销售全国25个省（区、直辖市），产销率达100%。公司位于百胜镇，占地4500平方米，公司主要生产渝橙牌、阿陶哥牌系列涪陵榨菜，拥有8个产品专利证书。公司生产过程监控严格，卫生条件良好，全部采用先进的巴氏杀菌，公司自生产以来各级各地质检部门检验，均为合格产品，无任何质量安全事故发生。公司采用传统的"三清三洗三腌三榨"工艺，不断的整合资源，力求创新涪陵榨菜产品。在整个生产经营服务过程中，公司全员励精图治，重合同守信用，取得良好信誉。

青菜头种植形成规范的栽培制度

进入21世纪，为创建和保持涪陵榨菜"一标三品"品牌，编制《青菜头标准化无公害技术手册》，从育苗到移栽、田间管理、收获等各环节进行技术培训和现场比较示范，大力推广无公害、标准化种植技术，至2006年已在全区范围形成规范的栽培制度。

青菜头基地建设优化

是年以后，围绕优化原料基地建设开展服务。按照"稳主产区，扩次产区、扩展新产区"的发展思路，以李渡、焦石两片小盆地，龙桥至新妙和马武至龙潭两线沿线（中后山）的乡镇为重点，分别建立优质原料加工基地，无公害蔬菜青菜头鲜销基地；同时进一步扶持推进产业化，壮大榨菜加工企业实力，即培育一大批优秀的半成品、成品加工大户，扶持壮大一批经营规模大、技术含量高、辐射带动作用强集经营、研发为一体的榨菜加工企业。

2007 年

辣妹子集团参加西部农产品交易会

1月1日，涪陵辣妹子集团有限公司应邀参加了在重庆市举办的西部农产品交易会，在农交会上，辣妹子牌系列榨菜产品深受广大消费者的欢迎，争相抢购。

涪陵《统计年报》刊发涪陵榨菜业情况

1月10日，重庆市涪陵区统计局的《统计年报》刊发《2006年涪陵榨菜产业发展情况》一文。

重庆市涪陵区志贤食品有限公司成立

年初，重庆市涪陵区志贤食品有限公司成立，系重庆市农业产业化龙头企业之一，是在原重庆市涪陵区志贤食品厂壮大发展的基础上组建而成。企业法人代表是李吉安。公司位于重庆市涪陵区南沱镇焦岩村三社，占地25000平方米。现拥有总资产2200万元，固定资产1584万元，干部职工126人，有专业技术职称12人，大专以上学历10人，年设计生产能力10000吨，生产全过程完全按照QS标准A级设计，是一家集农产品生产、加工、销售为一体的民营企业。公司近靠涪丰南线，紧靠长江水路，交通十分便利。再加上丰厚的原料资源等条件。现已成为涪陵榨菜行业规模型生产经营厂家。2016年1—9月，实现产量7500吨，销售收入5200万元，利税664万元。公司曾先后获得涪陵区"乡镇企业先进单位""重合同守信用企业""消费者信得过企业""消费者满意商品"称号；并被重庆市卫生局评为食品卫生等级"A级单位"。公司于2006年通过（CQC）ISO9001国际质量管理体系认证及QS认证，取得"全国工业产品生产许可证"，2007年被涪陵区人民政府纳入涪陵区农业产业化

重点龙头企业。成为本市榨菜食品加工行业中，首批获得此项证书的乡镇企业之一。经多家权威机构检测，志贤榨菜食品年年送检达标。"志贤"商标被重庆市工商局涪陵分局评"涪陵区知名商标"，被重庆市工商局评为"重庆市著名商标"；并通过绿色食品认证。2013年获重庆市中小企业"技术研发中心"，2013年获国家知识产权局专利8个，公司生产"志贤""渝钱"牌系列方便榨菜、泡菜。规格齐全。生产过程监控严格，全部采用先进的巴氏杀菌，各级各地质检部门检验，均为合格产品，从未出现过任何大小质量事故，产品销往广东、广西、北京、沈阳、河南等20多个省市，深受消费者喜爱。

涪陵榨菜集团获"中华食品十大魅力企业"提名奖

1月25日，由新锐食品产业经济期刊——《中华食品》，推出的"2007中华食品魅力榜"在北京揭晓，涪陵榨菜（集团）有限公司获得了"中华食品十大魅力企业"的提名奖，这是中国酱腌菜行业唯一获得此项殊荣的企业。

国家调味品协会专家组来涪考察榨菜酱油生产及制标

1月26日，国家调味品协会专家组在重庆市质量技术监督局领导的陪同下来涪考察涪陵榨菜酱油生产及制标等情况，就制定国家榨菜酱油行业标准进行了座谈讨论。

石柱县党政代表团考察涪陵榨菜

1月27日，在区委、区政府领导的陪同下，石柱县党政代表团实地考察了涪陵榨菜一体化经营模式。区榨菜办负责人向石柱县党政代表团详细介绍了涪陵榨菜产业的发展情况。

日本客人考察涪陵

1月30日，日本客人考察涪陵。《涪陵大事记》（1949—2009）第599页载：（1月）30日，日本驻重庆总领事馆副总领事、首席领事远山茂先生来涪考察。在涪陵区榨菜办、百胜镇党委、政府和涪陵区农业产业化重点龙头企业宝巍食品有限公司负责人陪同下，先后考察了涪陵宝巍食品有限公司，并实地参观了涪陵宝巍食品有限公司在百胜镇太平村建立的8000亩绿色食品榨菜原料基地，对该公司的榨菜生产工艺、产品质量及建立的绿色食品榨菜原料基地给予高度赞赏，表示将介绍日本客商来涪与宝巍食品有限公司洽谈榨菜产销合作事宜，以促进涪陵榨菜出口外销。并初步决定与宝巍公司共同投资80万元，在百胜镇援建一所希望小学。

洪丽、浩阳、紫竹食品被命名为涪陵区"农业产业化重点龙头企业"

2月1日，涪陵区洪丽、浩阳、紫竹食品有限公司被命名为区级"农业产业化重点龙头企业"。《涪陵大事记》（1949—2009）第601页载：（2月）1日，涪陵区洪丽食品有限责任公司、涪陵区浩阳食品有限公司、涪陵区紫竹食品有限公司被涪陵区人民政府命名为区级"农业产业化重点龙头企业"。

贵州江口县政府代表团考察涪陵

2月3日，贵州省江口县政府副县长杨胜美率团考察涪陵榨菜产业化经营模式，区农办副主任侯英和区榨菜办负责人陪同考察并向江口县政府考察团介绍了涪陵榨菜产业的发展情况，考察组先后参观了榨菜集团华富榨菜厂、桂楼食品公司李渡养殖场及江北街道榨菜原料基地。《涪陵大事记》（1949—2009）第601页载：（2月）3日，贵州省江口县政府副县长杨胜美率考察组一行15人来涪考察。

《关于命名乡镇企业发展明星乡镇和明星乡镇企业的通报》发布

《涪陵大事记》（1949—2009）第602页载：（2月）3日，涪陵区委、区政府发出《关于命名乡镇企业发展明星乡镇和明星乡镇企业的通报》，重庆市涪陵辣妹子集团有限公司继续保持"明星乡镇企业"称号。

辣妹子集团被评为"2006—2007年度守合同重信用企业"

2月，涪陵辣妹子集团有限公司被重庆市工商行政管理局、重庆市企业信用体系建设工作协调小组、重庆市企业信用促进会评为"2006—2007年度守合同重信用企业"。

万绍碧被评为"全国巾帼建功标兵"

2月14日，涪陵辣妹子集团有限公司总经理万绍碧同志被全国妇女联合会评为"全国巾帼建功标兵"，予以颁发证书。

乌江牌榨菜被评为首批"全国重点保护品牌"

3月12日，涪陵榨菜（集团）有限公司生产的乌江牌榨菜被中国品牌研究院评为首批"全国重点保护品牌"，这是全国众多榨菜品牌中仅有获得全国保护的一个品牌。此举是国家保护自主品牌的又一得力举措，也体现了消费者对乌江榨菜品质的认可与鼓励。

乌江牌顶级礼品菜"沉香榨菜"经销权公开拍卖

3月18日，涪陵榨菜（集团）有限公司研发生产的顶级礼品菜"沉香榨菜"在重庆就其2007年度经销权进行公开拍卖，在上百参与竞标的经销商中。重庆宝丰农业有限公司一举以"110.077"万元拍得"天价榨菜"经营权。

三笑牌榨菜被评为"2006年度中国糖酒业百佳畅销品牌"

3月21日，涪陵德丰食品有限公司生产的三笑牌系列榨菜，在重庆市举办的全国糖酒业食品交易会上，被中国副食流通协会、全国糖酒商品交易会办公室、中国商报社联合评为"2006年度中国糖酒业百佳畅销品牌"，这是涪陵区榨菜产品在2006年度全国糖酒业百佳畅销品牌中唯一获此殊荣的品牌。

涪陵榨菜酱油获国家有关部门正名

3月22日，国家商务部在北京组织国家调味品协会的专家就确定涪陵"榨菜酱油"名称及制定榨菜酱油标准问题进行了专题论证。论证会上，一致确定涪陵"榨菜酱油"原有名称，即将"榨菜调味液"恢复为"榨菜酱油"名称。涪陵"榨菜酱油"现已经国家调味品协会审定通过，形成国家《榨菜酱油》行业标准，由国家商务部在全国发布实施。涪陵"榨菜酱油"名称的确定和国家《榨菜酱油》行业标准的制定发布，对规范涪陵榨菜酱油生产，提高产品质量，拓展市场销售量，促进涪陵榨菜附产物开发，加强环保治理及循环经济建设、推动涪陵榨菜产业整体效益增长，必将起到积极作用。

涪陵辣妹子集团有限公司赢得2亿元订单

3月23日，涪陵辣妹子集团有限公司参加了在重庆市举办的全国糖酒业食品交易会。全国各地客商对辣妹子集团有限公司的产品及品牌文化表现出浓厚的兴趣，纷纷签订购销协议，涪陵辣妹子集团有限公司在此次糖酒会上赢得2亿元订单。

刘志忠参观视察涪陵榨菜（集团）有限公司

3月29日，重庆市政协主席刘志忠、市政协秘书长王长寿偕同十多位政协常委，在涪陵区委书记张鸣、区长汤宗伟及区级有关部门领导的陪同下，一同参观视察了涪陵榨菜（集团）有限公司华富榨菜厂。视察团一行对涪陵榨菜（集团）有限公司华富榨菜厂最先进的现代化生产设备和各项精密的工艺流程，榨菜历史博物馆等都表示出了浓厚兴趣。刘志忠主席在视察后的座谈会上，对涪陵榨菜（集团）有限公司近年来取得的骄人成绩给予了充分肯定。

女儿红——沉香榨菜上市

3月，涪陵榨菜（集团）有限公司利用榨菜中的女儿红——沉香榨菜上市发布暨经销权拍卖的时机，请来乌江榨菜集团形象代言人、影视明星张铁林现场助阵。

涪陵榨菜集团参加第十一届中国东西部合作与投资贸易洽谈会暨中国名牌产品展览会

4月6日至10日，涪陵榨菜（集团）有限公司参加了在古城西安举办的第十一届中国东西部合作与投资贸易洽谈会暨中国名牌产品展览会。在展览会上，乌江牌榨菜受到广大消费者的好评。

涪陵榨菜集团被评为2007年重庆市重点增长工业企业

4月13日，涪陵榨菜（集团）有限公司被评为2007年重庆市重点增长工业企业。《涪陵大事记》（1949—2009）第611页载：（4月）13日，涪陵榨菜（集团）有限公司被重庆市经委评为2007年重庆市重点增长工业企业。

国务院侨办到涪陵调研

4月18日，国务院侨办涪陵调研。《涪陵大事记》（1949—2009）第612页载：（4月）18日，国务院侨办经济科技司副司长谭天星在市侨办副主任杨大庆陪同下来涪陵新涪公司调研。区领导余成海及区外侨办负责人陪同调研。

深圳台商协会考察团到涪陵考察

4月18日，深圳台商协会考察团涪陵考察。《涪陵大事记》（1949—2009）第612页载：（4月18日），深圳台商协会考察团在重庆市台办副主任卢翔、重庆海关副关长廖晓波陪同下来涪考察，区领导林彬、况东全陪同考察团一行10余人到李渡工业园区参观榨菜（集团）公司华富榨菜厂等企业。

“魅力新三峡重庆库区网上行”举办

4月20日，“魅力新三峡重庆库区网上行”举办。《涪陵大事记》（1949—2009）第612—613页载：（4月20日），由网易、新浪、搜狐等全国39家网络媒体以及重庆各大报社、电视台组成的采访团参观涪陵榨菜（集团）有限公司华富榨菜厂。“魅力新三峡重庆库区网上行”是由国务院新闻办网络局、国务院三峡办综合司、中共

重庆市委宣传部、重庆市移民局、重庆市人民政府新闻办公室共同举办的大型采访活动，以"感知直辖十年，聚焦三峡新貌"为主题，向全国人民及广大网民推荐介绍库区十年来发展的崭新面貌。

乌江牌榨菜新版广告正式在央视一台黄金时段播出

5月1日，涪陵榨菜（集团）有限公司制作的乌江牌榨菜新版广告正式在中央一台黄金时段播出，有效地提高了涪陵榨菜"乌江"牌系列产品的知名度。

全国人大《食品卫生法》立法调研组参观涪陵榨菜集团

5月14日，全国人大教科文卫委员会副主任委员宋法棠率领《食品卫生法》立法调研组，在重庆市人大常委会副主任陈雅棠及市级有关部门负责人的陪同下，来涪陵进行调研，听取《食品卫生法》立法修改的意见并参观了涪陵榨菜（集团）有限公司华富榨菜厂。

川陵、亚龙牌榨菜被列为重庆市直辖十周年首届文化艺术节指定产品

5月16日，在重庆市召开的重庆市直辖十周年首届文化艺术节筹备会上，重庆市直辖十周年首届文化艺术节组织委员会正式确定涪陵宝巍食品有限公司生产的川陵、亚龙牌榨菜系列产品为重庆市直辖十周年首届文化艺术节指定产品，这是涪陵区榨菜企业唯一获得该艺术节的指定产品。

涪陵区榨菜管理办公室消息发布

5月23日，涪陵区榨菜管理办公室消息发布。《涪陵大事记》（1949—2009）第615页载：（5月）23日，涪陵区榨菜管理办公室对外发布消息，区食品公司经两年科技攻关，运用生物技术有效解决了榨菜与肉类混合后所需要的杀菌条件，保证了榨菜与肉类混合后的食品保质安全性。该项技术为中国榨菜行业首创，已申报国家科技发明专利。

涪陵榨菜集团参加第八届中国西部国际博览会

5月25日，涪陵榨菜（集团）有限公司参加了由国家商务部、国务院西部开发办、国家质检总局、中国贸促会、中国人民对外友好协会、全国工商联、全国供销合作总社及西部12省（区、市）及新疆生产建设兵团共同主办，四川省人民政府承办的第八届中国西部国际博览会。乌江牌榨菜在西博会上受到中外客商的称赞，成为最亮的一颗星星。

李朝盛获"重庆市优秀共产党员"称号

5月29日，涪陵辣妹子集团有限公司副总经理李朝盛同志被中共重庆市委授予"重庆市优秀共产党员"称号。

涪陵榨菜传统手工制作工艺入选重庆市第一批省级非物质文化遗产名录

6月，重庆市人民政府公布涪陵榨菜传统手工制作工艺进入第一批省级非物质文化遗产名录。《涪陵大事记》（1949—2009）第616页载：（6月）5日，重庆市政府公布全市第一批省级非物质文化遗产名录，涪陵榨菜传统工艺入选。《涪陵年鉴（2007）》云：2007年6月10日，重庆市人民政府办公厅公布重庆市人民政府批准列为第一批省级非物质文化遗产保护名录（渝办发〔2007〕154号），"涪陵榨菜传统手工制作技艺"名列其中。

《涪陵榨菜传统手工制作技艺》申报国家级非物质文化遗产保护名录

6月6日，涪陵又将"涪陵榨菜传统手工制作技艺"申报国家级非物质文化遗产保护名录。同月，通过重庆市初审转报国家非物质文化遗产保护工作部审定。国务院将"涪陵榨菜传统手工制作技艺"列入第二批国家级非物质文化遗产代表性项目保护名录（国发〔2008〕19号）。

周斌全获"重庆直辖10周年建设功臣"称号

《涪陵大事记》（1949—2009）第618页载：（6月）18日，在重庆直辖10周年庆祝大会上，重庆市委、韶市政府授予128人"重庆直辖10周年建设功臣"称号。包括涪陵榨菜（集团）有限公司董事长周斌全。《涪陵年鉴（2007）》云：2007年6月18日，涪陵榨菜（集团）有限公司董事长、总经理周斌全同志获重庆市委、市政府颁发的"直辖十年建设功臣"奖。重庆市委、市政府开展直辖十年建设功臣评选活动，意在表彰为全市经济建设、文化建设、政治建设、社会建设和党的建设做出突出贡献的杰出人士，树立典型，表彰先进，激励广大干部群众自强不息、开拓进取，为富民兴渝、构建和谐重庆再创辉煌。

涪陵榨菜集团参加"2007年中国岳阳汨罗江龙舟节"

6月19日，涪陵榨菜（集团）有限公司应邀参加了湖南省汨罗市委、市政府和岳阳市体育局联合主办的"2007年中国岳阳汨罗江龙舟节"。在龙舟节期间，涪陵榨菜（集团）有限公司向中外客商展示了乌江牌榨菜，并向广大观众派发和销售，深

受广大消费者的喜爱。

贵州省知识产权局考察"涪陵榨菜"证明商标地理标志

6月26日，贵州省知识产权局副局长安守海率考察团一行在重庆市知识产权局秘书长夏林平的陪同下来涪考察"涪陵榨菜"证明商标地理标志管理工作。在考察座谈会上，涪陵区副区长孔军、区委科主任程友明、区榨菜办主任张源发、区工商分局负责人、涪陵榨菜（集团）有限公司副总经理赵平分别介绍了涪陵区基本区情、科技发展、"涪陵榨菜"证明商标使用管理、商标管理及榨菜企业发展状况。

辣妹子集团被评为"国家星火计划示范企业"

6月，涪陵辣妹子集团有限公司被重庆市科委评为"国家星火计划示范企业"。

涪陵榨菜（集团）有限公司收购涪陵宏声集团邱家榨菜食品有限责任公司协议在涪签订

7月4日，涪陵榨菜（集团）有限公司收购涪陵宏声集团邱家榨菜食品有限责任公司，正式在涪陵签订协议。涪陵榨菜（集团）有限公司以1200多万元资金接受了涪陵宏声集团邱家榨菜食品有限责任公司的资产转让。涪陵榨菜（集团）有限公司全体负责人，涪陵宏声集团董事长吴陶林及双方相关人员参加了签字仪式。

《榨菜酱油国内贸易标准》正式实施

7月30日，由中国调味品协会制定的《榨菜酱油国内贸易标准》（SB/T10431-2007），经商务部向全国公告，当年12月1日正式实施。《涪陵年鉴（2007）》云：2007年7月30日，由涪陵区榨菜办委托涪陵榨菜（集团）有限公司起草的，中国调味品协会组织制定的《榨菜酱油》国内贸易行业标准，经国家商务部向全国发布公告（2007年第65号）。该标准将于2007年12月1日正式实施，标准号为SB/T 10431-2007。

"中国榨菜之乡"无线网址成功注册

8月2日，涪陵区榨菜管理办公室在中国互联网信息中心无线网址上成功注册了"中国榨菜之乡"，这是继把涪陵名片贴入互联网上之后，又一次将涪陵名片贴入移动通讯网络中，进一步扩大了"中国榨菜之乡"——涪陵的知名度。

《榨菜酱油》国内贸易行业标准宣贯会召开

8月8日，在涪陵区涪陵饭店五楼召开了《榨菜酱油》国内贸易行业标准宣贯会议，参加会议的人员有市政府副秘书长艾扬，市质监局局长张宗清，副局长李渝志，市环保局副局长王红，涪陵区委书记张鸣，区人大常委会副主任吴汉明，区政府副区长李瑾，区政协副主席黄华，市区相关部门及涪陵部分榨菜企业参加了宣贯会。会上，市质监局副局长李渝志、市环保局副局长王红分别讲了话。市政府副秘书长艾扬同志在讲话中要求涪陵区要以获得《榨菜酱油》标准"通行证"为契机，促进榨菜产业的发展，促进重庆城乡统筹及经济建设的发展；他还要求市级部门要为榨菜酱油的发展护好航、保好驾、把好关，促进涪陵榨菜酱油的做大做强。

日本客商考察涪陵榨菜

8月13日，日本客商考察涪陵榨菜。《涪陵大事记》（1949—2009）第621页载：（8月）13日，应涪陵乐味食品有限公司的邀请，日本桃屋株式会社竹之内英毅会长及生产调运本部部长森田昭博来涪考察涪陵榨菜。在考察期间，区榨菜办向日本客商全面介绍涪陵榨菜产业的发展情况，并表示向桃屋株式会社提供最优质的涪陵榨菜产品。日本客商就桃屋株式会社与涪陵乐味食品有限公司13年来的合作得到涪陵各级的大力支持表示感谢，并表示继续长期合作进一步扩大涪陵榨菜的出口量。

涪陵榨菜集团获《质量认证管理体系认证证书》

8月28日，重庆市涪陵榨菜（集团）有限公司通过ISO9001∶2000，获中国质量认证中心颁发的《质量认证管理体系认证证书》，有效期至2010年8月27日。

涪陵榨菜集团被评为国家"AAAA级标准化良好行为企业"

9月10—11日，国家标准化委员会专家组对重庆市涪陵榨菜（集团）有限公司创建企业标准化良好行为活动进行了现场评审，确认该企业达到国家4A级企业标准化良好行为要求，被评定为国家"AAAA级标准化良好行为企业"。4A级为企业标准化良好行为最高等级。

涪陵乐味获《质量认证管理体系认证证书》

9月14日，重庆涪陵乐味食品有限公司获得HACCP认证证书，有效期至2010年9月13日。

涪陵榨菜集团入选重庆市"双十计划"

9月28日，涪陵榨菜（集团）有限公司入选重庆市"双十计划"，这是该公司第三年连续入选，入选"双十计划"的企业将得到农业产业化专项资金的重点扶持。

中国第八届特产文化节暨中国特产之乡总结表彰会举行

9月28日，中国第八届特产文化节暨中国特产之乡总结表彰会举行。《涪陵大事记》（1949—2009）第626—627页载：（9月）28日，中国第八届特产文化节暨中国特产之乡总结表彰会上，涪陵榨菜（集团）有限公司、涪陵洪丽食品有限责任公司双双荣获"优秀企业"称号；两企业董事长周斌全、李成红获"中国榨菜之乡"优秀企业家称号。《涪陵年鉴（2007）》云：2007年9月28日，由中国特产之乡推荐暨宣传活动组委会在黑龙江省安达市举办的第八届中国特产文化节暨中国特产之乡总结表彰大会上，涪陵区榨菜管理办公室被授予"中国特产之乡开发、建设、宣传工作先进单位"称号。又云：2007年9月28日，由中国特产之乡推荐暨宣传活动组委会在黑龙江省安达市举办的第八届中国特产文化节暨中国特产之乡总结表彰大会上，涪陵榨菜（集团）有限公司、涪陵区洪丽食品有限公司被评为中国特产之乡"优秀企业"。同时，涪陵榨菜（集团）有限公司董事长兼总经理周斌全同志和涪陵区洪丽食品有限公司董事长李成红同志荣获中国特产之乡"优秀企业家"称号。

青菜头首次突破百万吨大关

秋，全区青菜头种植面积达到35980公顷（53.97万亩），"两片两线"新发展青菜头种植基地7600余公顷（近7万亩）；良种普及率98%以上，全区已按《青菜头标准化无公害技术手册》生产，经检测，97%的原料（鲜销菜头100%）达到无公害标准；同年青菜头产量（实为2006年所种面积收获）105.36万吨，首次突破百万吨大关。

辣妹子集团被评为"重庆市级企业技术中心"

10月9日，涪陵辣妹子集团有限公司被重庆市科学技术委员会评为"重庆市级企业技术中心"。

国家农发办考察组涪陵考察

10月11日，国家农发办考察组涪陵考察。《涪陵大事记》（1949—2009）第628页载：（10月）11日，国家农发办常务副主任刘世江率国家农发办考察组在重庆市政府副秘书长夏祖相、市农发办主任刘念慈等陪同下来涪调研。区领导张鸣、汤宗伟等陪同考察组一行先后考察了辣妹子集团有限公司工业园区。刘世江对涪陵农业综合开发工作给予充分肯定和高度评价。

辣妹子集团被评为国家"AAAA 级标准化良好行为企业"

10 月 16 日，国家标准化委员会专家组对重庆市涪陵辣妹子集团有限公司创建企业标准良好行为活动进行了现场评审，确认该企业达到国家 4A 级企业标准化良好行为要求，被评定为国家"AAAA 级标准化良好行为企业"。

"榨菜之乡"中文域名成功注册

10 月 29 日，涪陵区榨菜管理办公室在国际中文网址成功注册了"榨菜之乡 .com"、"榨菜之乡 .cn"、"榨菜之乡 .net"，注册有效期为 10 年，这是区榨菜办向中国互联网信息中心提出对浙江余姚和安徽榨菜办企图抢注"榨菜之乡"中文域名网址的异议后的成功注册，对于保护涪陵"中国榨菜之乡"的美誉具有十分重要的意义。

辣妹子集团被认定为第四批全国"守合同重信用单位"

10 月 31 日，涪陵辣妹子集团有限公司被国家工商行政管理总局认定为第四批全国"守合同重信用单位"。

川陵、亚龙牌榨菜被评为"重庆市名牌产品"

11 月 13 日，由重庆市质量技术监督局组织评审，涪陵宝巍食品有限公司生产的川陵、亚龙牌方便榨菜被评为"重庆市名牌产品"，重庆市人民政府予以颁发了证书。

涪陵榨菜（集团）有限公司夺标央视 2008 年黄金资源段广告

11 月 18 日，涪陵榨菜（集团）有限公司董事长周斌全率队参加中央电视台 2008 年黄金资源段广告招标会，并成功夺标。2008 年，该公司将继续投放央视广告，大力宣传打造乌江牌涪陵榨菜品牌。

涪陵榨菜（集团）有限公司通过涪陵榨菜标准化示范区项目验收

11 月 23 日，涪陵榨菜（集团）有限公司承担的国家标准化委员会下达的涪陵榨菜标准化示范区项目，顺利通过重庆市质量技术监督局专家组验收。

辣妹子集团被评为"重庆市农业产业化市级龙头企业"

11 月，涪陵辣妹子集团有限公司被重庆市农村工作领导小组评为"重庆市农业产业化市级龙头企业"。

涪陵辣妹子获《标准化良好行为证书》

12月15日，重庆涪陵辣妹子集团有限公司获国家标准化管理委员会颁发的《标准化良好行为证书》，其行为达到AAAA级，有效期至2010年12月26日。

涪陵榨菜集团获"全国轻工行业先进集体"称号

12月20日，涪陵榨菜（集团）有限公司被国家人事部、中国轻工业联合会、中华全国手工业合作总社授予"全国轻工行业先进集体"荣誉称号。

涪陵辣妹子集团有限公司通过HACCP第一、二阶段审核

12月22日，涪陵辣妹子集团有限公司通过中国质量认定中心HACCP第一阶段审核。12月29日，涪陵辣妹子集团有限公司通过中国质量认定中心HACCP第二阶段审核。

涪陵渝杨榨菜有限公司获《质量认证管理体系认证证书》

10月22日，重庆市涪陵区渝杨榨菜有限公司通过ISO9001：2000认证，获中国质量认证中心颁发的《质量认证管理体系认证证书》，证书编号00107Q125812RIS/5000，有效期至2010年10月21日。按：首次颁证时间是2004年9月29日。

涪陵榨菜集团获"影响重庆十大人气品牌"称号

12月24日，涪陵榨菜（集团）有限公司生产的"乌江"牌榨菜在由重庆晨报发起的"直辖10年影响重庆十大品牌"评选活动中，荣获"影响重庆十大人气品牌"荣誉称号。

万绍碧被评为"全国轻工行业劳动模范"

12月28日，涪陵辣妹子集团有限公司总经理万绍碧同志被中国轻工业联合会、中华全国手工业合作总社、国家人事部联合评为"全国轻工行业劳动模范"。

川陵、亚龙牌"八缸榨菜"问市

是年，涪陵宝巍食品有限公司研制开发的川陵、亚龙牌"八缸榨菜"问市。"八缸榨菜"精选优质青菜头为原料，传承"八缸"古法，"八缸"轮流腌制（八缸即：鲜缸，一洗泉水鲜；酸缸，二沁肉桂酸；脆缸，三腌新姜脆；甜缸，四滤甘草甜；嫩缸，五淘白芷嫩；香缸，六榨大茴香；麻缸，七拌胡椒麻；辣缸，八封天椒辣），结合现代

加工工艺，辅以涪陵私家秘制味料，使鲜、酸、脆、甜、嫩、香、麻、辣八味深沁其中，八味汇集，回味丝丝入扣。"八缸榨菜"系列产品有：八味汇聚，送粥呼呼爽的 66g×100 袋装鲜脆送粥菜丝；原滋原味，鲜香脆辣的 78g×100 袋装原味菜片；八味汇聚，拌饭喷喷香的 66g×100 袋装鲜香拌饭菜丝。该产品问世以来，因适宜不同人群的不同品味，深受广大消费者喜爱。

渝杨、杨渝、渝新牌黄花什锦榨菜上市

是年，涪陵渝杨榨菜有限公司研制开发的渝杨、杨渝、渝新牌黄花什锦榨菜上市。黄花什锦榨菜选用优质青菜头为主要原料，看筋去皮，三腌三榨，经纯净水淘洗后，加以黄花、青菜等辅助原料，配以上乘辅料密制而成，采用巴氏杀菌。黄菜什锦榨菜富含胡萝卜素、核黄素、维生素 B1、维生素 B2、钙、磷、铁等，营养丰富，矿物质含量高，有止血、消炎、清热的功效。该产品鲜香嫩脆，香辣爽口，是开胃生津、佐酒、调料、休闲等最佳选择食品。

渝杨、杨渝、渝新牌香菇榨菜投放市场

是年，涪陵渝杨榨菜有限公司研制开发的渝杨、杨渝、渝新牌香菇榨菜投放市场。香菇榨菜选用优质青菜头为主要原料，看筋去皮，三腌三榨，经纯净水淘洗后，加以香菇等辅助原料，配以上乘辅料密制而成，采用巴氏杀菌。香菇榨菜的香菇其蛋白质含有 18 种以上的氨基酸，而人体必需的 8 种氨基酸中，香菇中就有 7 种，特别是所含的香菇多糖对癌细胞有抑制作用。该产品香气浓郁，味道鲜美，是开胃、佐餐、益寿、养生不可多得之佳品。

渝杨、杨渝、渝新牌麻辣三丝榨菜问世

是年，涪陵渝杨榨菜有限公司研制开发的渝杨、杨渝、渝新牌麻辣三丝榨菜，选用优质青菜头为主要原料，看筋去皮，三腌三榨，经纯净水淘洗后，加以海带、萝卜等辅助原料，配以上乘辅料密制而成，采用巴氏杀菌。麻辣三丝榨菜含有碘、铁、钙、蛋白质、淀粉、甘露醇、胡萝卜素、维生素 B1、维生素 B2、尼克酸、褐藻胺酸和其他矿物质等人体所需要的营养成分，食用后能促进新陈代谢，降血压，减少心脏脂肪，病态组织崩溃，降低胆固醇浓度。该产品香气抑人，回味悠长，麻辣可口，鲜香嫩脆，丝形完美，色泽诱人，是佐餐、馈赠之佳品。

渝杨、杨渝、渝新牌儿童泡菜问世

是年，涪陵渝杨榨菜有限公司研制开发的渝杨、杨渝、渝新牌儿童泡菜，选用

优质的青菜头为主要原料，看筋去皮，三腌三榨，经纯净水淘洗后，加以花生、豇豆、萝卜等辅助原料，配以上乘辅料秘制而成，采用巴氏法杀菌。儿童泡菜的花生蛋白质中含有人体所必需的多种氨基酸，其中赖氨酸可使儿童提高智力，谷氨酸和天门冬氨酸可促使细胞发育和增强大脑的记忆能力。该产品香气浓郁，味道鲜美。自投放市场以来，倍受小朋友喜爱。

榨菜科研论文发表

是年，刘义华、冷容、张召荣在《中国农学通报》第3期发表《茎瘤芥榨菜数量性状遗传差异的研究》一文。

刘义华、冷容、肖莉在《西南农业大学学报》第3期发表《茎瘤芥（榨菜）数量性状遗传关系分析》一文。

刘义华、冷容、张召荣、肖莉在《植物遗传资源学报》第4期发表《应用因子分析法研究茎瘤芥（榨菜）数量性状间的关系》一文。

林合清在《南方农业》第4期发表《茎瘤芥瘤茎风脱水速度及其影响因子》一文。

唐爱群在《现代农业科技》第4期发表《涪陵榨菜存在的主要问题研究》一文。

涪陵榨菜书法作品比赛举办

是年，涪陵区榨菜管理办公室与涪陵榨菜（集团）有限公司联合举办了涪陵榨菜书法作品比赛，将《涪陵榨菜百年颂》《榨菜之乡颂歌》等20多幅优秀书法作品向涪陵人民展示。

"芥菜遗传资源ALEP分子标记分类及核心种质构建"立项

是年，张召荣主持重庆市科委课题"芥菜遗传资源ALEP分子标记分类及核心种质构建"，起止年限为2007—2009年。

榨菜产业化发展

是年，涪陵区有榨菜生产企业106家，其中方便榨菜企业（厂）79家，全形（坛装）榨菜企业27家，半成品原料加工近2万户，常年从业人员7万余人，年榨菜综合加工能力40万吨以上，是全国榨菜最大产区。

涪陵区种植青菜头（榨菜原料）现涉及境内40个乡、镇、街道办事处，种植的菜农近16万户60万人，年青菜头种植面积达50万亩以上，产量100万吨。现使用"涪陵榨菜"证明商标的企业有49家（59个生产厂）。企业注册商标190件，其中驰名商标2件，著名商标5件。年成品榨菜生产能力达50万吨以上，是全国最大的榨菜产品生产加工基地；全区榨菜产业年总收入 22.9 亿元，其中农民青菜头种植、半成品加工收入 6.6 亿元，成品榨菜销售收入 10.8 亿元，包装、辅料、运输等相关产业收入 5.5 亿元。涪陵榨菜产品及包装主要分为三大系列：一是以陶瓷坛装、塑料罐装、塑料袋外加纸制纸箱包装的全形（坛装）榨菜；二是以铝箔袋、镀铝袋、透明塑料袋包装的精制方便榨菜；三是以玻璃瓶、金属听、紫砂罐装的高档礼品榨菜。产品销往全国各省、市、自治区及港、澳、台地区，出口日本、美国、俄罗斯、韩国、东南亚、欧美、非洲等 50 多个国家。"涪陵榨菜"自创牌以来，有 14 个品牌获国际金奖 5 次，获国家、省（部）以上金、银、优质奖 100 多个（次），中国名牌产品 2 个。

行业持续健康发展，综合效益稳步提高

一是榨菜原料基地规模扩大。是年，全区青菜头种植面积为 502620 亩，社会总产量 1053625 吨，分别较 2006 年增长 7.2% 和 10.7%。全区收购青菜头加工 874825 吨，农民自食 24440 吨，外运鲜销 154360 吨，分别较 2006 年增长 5.7%、8.6%、51.1%。二是农民收入稳步增长。2007 年全区收购加工青菜头 874825 吨，收购均价 230 元 / 吨，收购加工收入 20683.1 万元；外运鲜销 154360 吨，鲜销均价 350 元 / 吨，鲜销收入为 5402.6 万元。全区青菜头种植销售总收入 26085.7 万元，剔除种植成本 11589.9 万元（按 110 元 / 吨计），青菜头销售纯收入为 14495.8 万元，较 2006 年减少 2066.7 万元；全区加工榨菜半成品 53.4 万吨，榨菜半成品销售收入 40544.5 万元，榨菜半成品加工纯收入 9348.6 万元，农民加工青菜头及运输务工纯收入 10829.1 万元，以上三项合计，全区农民种植、加工青菜头及务工总纯收入 34673.5 万元，按全区 80 万农业人口计算，全区农民种植、加工青菜头及务工人均纯收入 433.4 元。三是榨菜产销势头良好。是年，全区榨菜企业产销成品榨菜 32.98 万吨，其中方便榨菜 27.77 万吨，全形坛装榨菜 2.98 万吨，出口榨菜 2.23 万吨，实现销售收入 10.84 亿元，出口创汇 1465.2 万美元，创利税 1.72 亿元，分别较 2006 年增长 13.7%、20.7%、-14.9%、-10.8%、14.1%、-2.3%、14.7%。

结构调整进一步优化，基地建设布局更加合理

一是三个基地基本形成，青菜头种植区域不断扩大。按照"稳主产区、扩次产区、拓展新区"的发展思路，在巩固沿江主产基地的基础上，以"两片两线"中后山乡镇为重点，不断调整优质原料基地建设，形成鲜销、生产加工各具特色的优质原料基地。即：发挥沿江主产乡镇及原李渡片区加工优势，建立了企业生产加工优质青菜头原料基地；发挥龙桥至新妙线、长江沿线运输优势，建立了外运鲜销及企业生产加工青菜头原料基地；发挥马武至龙潭线、焦石片中后山地理优势，建立了企业生产加

工及无公害蔬菜青菜头基地。2007 年秋，全区青菜头种植面积达 539687 亩，"两片两线"新发展榨菜原料基地近 7 万亩。二是良种良法普及率大幅提升。在种植品种上，大力推广"涪杂 1 号""涪杂 2 号"优质良种和"永安小叶""涪丰 14"常规良种，良种普及率达 98% 以上。在生产种植技术上，大力推行标准化、无公害种植技术，从育苗、移栽、田间管理等各个环节，指导菜农按《青菜头标准化无公害技术手册》生产。经检测，全区 97% 的青菜头达到无公害。

质量整顿进一步强化，产品质量显著提升

是年，按照全区榨菜质量整顿工作电视电话会议的要求，各级各有关部门狠抓工作落实，使全区榨菜质量整顿工作收到明显成效。榨菜生产企业和加工户生产经营行为得到有效规范，生产条件和经营环境更加符合食品安全和卫生要求，产品质量显著提升。全区常年正常生产的 69 家方便榨菜企业全部通过了 QS 认证，取证率达 100%。有 11 家榨菜企业（13 个生产厂）通过了国家商品出入境检验检疫部门的 HACCP 官方验证。全区成品榨菜卫生指标合格率达 98%，产品质量合格率达 98% 以上。

加工能力进一步扩大，企业产能不断提高

是年，涪陵区委、区政府高度重视扶持发展"两线两片"乡镇新建榨菜半成品加工池项目建设，从库区产业发展基金中拨出 62 万元资金对"两线两片"乡镇新建榨菜半成品加工池实施补贴，极大地调动了各乡镇的积极性，在中后山 25 个乡镇中新建榨菜半成品加工池容积量突破了 4.3 万立方米，超额完成区委、区政府下达的新建榨菜半成品加工池 3 万立方米任务的 43%。现全区半成品加工户达 2 万余户，其中加工能力在 200 吨以上的有 408 户。全区榨菜生产企业通过近年来的设备更新和技术改造，涌现出一批不仅起点高、成长快、规模大，而且效益好、带动辐射能力强的榨菜生产加工企业，成为全区榨菜生产加工的中坚力量，榨菜生产设备设施处于全国领先水平，部分设备设施达到国际领先水平。全区榨菜企业年生产成品榨菜能力达 50 万吨以上。全区现有榨菜生产企业 102 家，其中有国家、市、区级榨菜产业化龙头企业 16 家。

产品结构进一步优化，榨菜产品向多样化发展

全区榨菜生产企业，以适应国内外消费市场的变化，不断开发新产品，开发生产适销对路，适宜不同消费层次需要的榨菜产品。榨菜产品向品种多样化、规格系列化、档次差异化、功能营养化方向发展，产品附加值不断提高。是年，全区共开

发有八缸榨菜、黄花什锦榨菜、木耳榨菜、花生榨菜等新产品 10 个，较 2006 年增长 43%。

经营机制进一步创新，辐射带动作用逐步增强

按照"平等、自愿、有偿"的原则，坚持以产业链为纽带，积极引导能人、加工大户、榨菜生产企业建立和完善"能人＋菜农（加工户）""加工大户＋菜农（加工户）""企业＋菜农＋加工户""基地＋农户＋加工户＋龙头企业＋金融机构＋科研机构"等多种形式的经营机制，形成利益共享、风险共担的经营共同体，拉紧产业链条，不断优化产业结构，提高技术水平，形成"企业围绕市场转，农户跟着企业干"的格局，有效地保护菜农、加工户、榨菜企业的利益，增加农民收入和企业效益，推进榨菜产业专业化生产、企业化管理、规模化经营。是年，全区新发展榨菜专业合作社 3 个，涉及榨菜企业 3 家，辐射带动菜农近 2 万户，助推了榨菜产业化发展。

品牌优势进一步显现，市场竞争力不断提高

是年，全区共审批许可 49 家榨菜生产企业 88 件商标使用"涪陵榨菜"证明商标，比 2006 年增加 1 家企业和 5 件商标，证明商标使用企业占全区榨菜生产企业的 88.4%。全行业有"乌江""辣妹子"2 件驰名商标和 2 个中国名牌、"涪陵榨菜""川陵""亚龙""茉莉花""三笑"5 件著名商标，有"川陵""亚龙"2 个市名牌产品。这些品牌的呈现，拓展了销售市场，提升了涪陵榨菜产品的市场竞争力。是年，涪陵榨菜（集团）有限公司、涪陵辣妹子集团有限公司 2 家企业分别生产销售成品榨菜 9.5 万吨和 2 万吨，分别增长 18.8%、14.3%，市场份额稳步上升。

榨菜附产物开发成效明显

是年，全区榨菜生产企业利用榨菜盐水生产榨菜酱油 1.5 万吨，实现销售收入 4000 万元，较 2006 年增长 150%。

强化整顿，确保原料质量

是年，按照全区榨菜收购加工暨质量整顿工作电视电话会议的总体部署，各级各有关部门狠抓工作落实，在青菜头收砍暨榨菜原料粗加工期间，严格按照区委、区政府榨菜质量整顿"十不准""三取缔""两打击"的要求，强化榨菜原料粗加工质量整顿工作，收到显著成效。一是成立榨菜质量整顿工作领导小组，加强对榨菜质量整顿工作的组织领导。二是签订榨菜质量整顿工作目标责任书，落实责任，把榨菜质量整顿工作纳入各有关乡镇及部门的重要议事日程。三是建立榨菜质量整顿

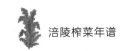

联合执法小组，加强对企业及加工户的巡回检查，严厉打击露天作业、坑凼腌制、偷工减料、粗制滥造行为。四是加大宣传力度，增强企业及加工户自律意识，以共同维护榨菜收购加工秩序和涪陵榨菜产业整体形象。通过强化榨菜粗加工质量整顿工作，杜绝了露天作业、坑凼腌制、偷工减料、粗制滥造、水湿生拌的现象，使全区榨菜半成品原料质量得到进一步提高。

严格审批，控制准入准用

一是严格新建榨菜企业条件，在审批过程中，始终坚持涪陵区政府关于"严格标准，宁缺毋滥"的原则，凡不具备榨菜生产基本条件的，坚决不予办理生产许可审批手续，控制"准入关"。二是严格"涪陵榨菜"证明商标使用标准，凡不具备"涪陵榨菜"证明商标使用条件和未进行技改、取得 QS 认证、添置高温杀菌设备的企业，一律不予发放证明商标准用证，控制"使用关"；对未经批准使用"涪陵榨菜"证明商标或超范围使用的企业，一律按侵权行为处理。

把好四关，提升产品质量

是年，在榨菜行业管理工作中，区榨菜办始终坚持把对农户、加工户、企业的跟踪管理、按标生产、提升质量作为中心工作，强化对农户种植、加工户加工、企业生产的日常指导和监督管理，把好"四关"。一是严把青菜头"种植关"。指导基层榨菜管理部门要求农户严格执行榨菜规范化栽培技术，使青菜头种植达到绿色无公害标准，确保榨菜加工的原料品质。经检测，全国 97% 的青菜头达到无公害。二是严把半成品榨菜"加工关"。主要是在青菜头收砍加工期间，加强对企业及加工户的监管检查，要求企业及加工户严格半成品榨菜加工的标准，严厉查处打击露天作业、坑凼腌制、偷工减料、粗制滥造的行为，确保榨菜半成品加工质量。三是严把企业榨菜生产辅料"进入关"。主要坚持日常对企业购进的辅料品质及其检验报告、合格证明进行检查，杜绝不合格的辅料投入榨菜生产使用。四是严把成品榨菜"生产关"。指导企业严格按照榨菜国家行业标准组织生产，引导企业产品向高档、精制、营养、绿色发展，加强对企业生产过程中的加工工艺、加工工序、食品添加剂使用、产品杀菌等方面的监督检查，对不按工艺流程加工、不修剪看筋、不按标生产、超标使用防腐剂或使用违禁防腐剂的行为，责令其整改，对存在质量安全隐患已出售的榨菜产品，要求企业将产品召回并销毁。2007 年，据区卫监所、质监所抽检数据表明，全区成品榨菜卫生指标合格率和产品质量合格率均达 98%。

加大技改，改善生产条件

是年，区榨菜办进一步加大督促企业技改力度，收到显著成效。通过技改，使全区榨菜企业的厂容厂貌大为改观，生产流程更为规范，自动化程度不断提升。现全区常年正常生产的 69 家方便榨菜企业全部通过了《全国工业产品生产许可证》(QS 认证)，取证率达 100%。有 11 家榨菜企业（13 个生产厂）通过了国家商品出入境检验检疫部门的 HACCP 官方验证，为扩大涪陵榨菜出口量创造了有利条件。

《榨菜姑娘》发表

是年，西南民族大学艺术学院李智伟在《美术观察》第 12 期发表了绘画作品《榨菜姑娘》。

青菜头鲜销

是年，全区外运鲜销达 15.44 万吨，较上年增长 51.5%，鲜销总收入 5402.6 万元，均价每吨 350 元，而当年青菜头种植成本每吨不过 110 元。

榨菜企业

是年末，全区有企业 102 户，其中产方便菜企业 71 户，产坛装菜的 23 户，产出口菜的 8 户；拥有各级农业产业化龙头企业 16 户，其中国家级 1 户。市级 3 户，区级 12 户；使用"涪陵榨菜"证明商标的企业 49 户（59 个生产厂）；企业注册商标 190 件，其中中国驰名商标 2 件，著名商标 5 件；年成品榨菜生产能力达 50 万吨以上，成为全国最大的榨菜生产加工基地。

榨菜精制加工工艺不断完善

是年，精制加工工艺不断完善，其主要工艺包括进料初淘、原料精选、淘洗、切制成形、脱盐、脱水、拌料调味、计量、充袋（包装）、排氧封口、杀菌、冷却、除水、预贮、装箱、打包成件、入库等共 16 道工序。

榨菜科研队伍

是年，涪陵区从事榨菜科研的专业人员有 40 余人。其中研究员 3 人，高级农艺师 7 人，享受国务院特殊津贴专家 5 人。榨菜管理部门、科研单位及企业从事榨菜生产加工工艺、榨菜食品研究的科技人员 100 余人，其中享受国务院特殊津贴专家 1 人，高级工程师 2 人，食品工程师 3 人，榨菜工程师 74 人，榨菜助理工程师 6 人，

榨菜加工技师 24 人，榨菜高中级技术工 174 人。

2008 年

2008 重庆、中西部农产品交易会举行

1 月 5 日，2008 重庆、中西部农产品交易会举行。《涪陵大事记》（1949—2009）第 635—636 页载：（1 月 5 日），由国家农业部、重庆市人民政府共同主办的 2008 重庆、中西部农产品交易会在重庆南坪会展中心举行。涪陵区推出以"绿色""无公害"为特色的 100 多个产品参加交易会，其中涪陵鲜销青菜头首次参展，受到重庆市民的热烈追捧。

以色列农业专家考察涪陵农业发展投资项目

1 月 16 日，以色列农业专家考察涪陵农业发展投资项目。《涪陵大事记》（1949—2009）第 637 页载：（1 月）16 日，以色列总理奥尔默特的哥哥以色列农业专家欧慕然在我国外交部前驻以色列大使陈永龙陪同下来涪，考察农业发展投资项目。先后参观了涪陵榨菜（集团）有限公司华富榨菜厂等。

重庆市涪陵榨菜（集团）股份有限公司更名

2 月 29 日，重庆市涪陵榨菜（集团）股份有限公司完成由国有独资有限公司变更为有限责任公司的工商变更登记，企业注册资本和实收资本由 3733.1 万元变更为 5571.791 万元。

涪陵榨菜产品获殊荣

2 月，重庆市涪陵辣妹子集团有限公司生产的辣妹子牌榨菜产品在参加重庆举办的中国西部国际农产品交易会上，被中国西部国际农产品交易会组委会评为"最受消费者欢迎产品"。

涪陵辣妹子获《质量认证管理体系认证证书》

4 月 3 日，重庆市涪陵辣妹子集团食品有限公司获中国质量认证中心颁发的《UHCCP 认证证书》，证书编号 CQC08H10104ROM/5000，有效期至 2011 年 4 月 2 日。

重庆市涪陵榨菜（集团）股份有限公司申报榨菜工程技术研究中心获得成功

4月10日，在涪陵区科技奖励暨科技工作会议上，重庆市科委主任、党组书记周旭宣布，重庆市榨菜工程技术研究中心成立。该中心以重庆市涪陵榨菜（集团）股份有限公司技术中心为依托单位，联合西南大学、涪陵区农科所合作共建。重庆市榨菜工程技术研究中心的成立，这是重庆市政府部门认证的唯一一家市级榨菜工程研究中心，对榨菜研究最具权威性。该中心的成立将致力于解决榨菜产业持续、健康发展的关键技术和突出矛盾，突破技术瓶颈，形成核心技术，增强涪陵榨菜集团股份有限公司作为榨菜龙头企业的科技示范和带动作用。该中心的主要工作职责是：一是选育榨菜优良品种和推广良种良法，提高青菜头产量、品质和加工适性，延长青菜头采收期，增加菜农收入和促进鲜销；二是提高成品榨菜的技术含量和附加值，建立榨菜循环经济体系，减少废物排放，减轻环境污染，增强榨菜产业综合竞争力；三是解决榨菜生产过程中出现的问题，为榨菜产业持续、健康发展扫清障碍；四是推进榨菜产业技术、设备现代化，实现榨菜自动化生产，解决企业用工难的问题；五是加大对技术人员的培训，解决榨菜行业技术创新人才缺乏的问题。力争通过2年的努力，将重庆市榨菜工程技术研究中心建设成为具有较高技术创新能力的技术平台，提高企业自主创新能力，支撑涪陵榨菜集团股份有限公司做大做强。

民建中央城乡统筹调研组涪陵调研

4月14日，民建中央城乡统筹调研组涪陵调研。《涪陵大事记》（1949—2009）第645页载：（4月）14日，全国人大常委会副委员长、民建中央主席陈昌志等率民建中央城乡统筹调研组涪陵，视察了涪陵榨菜集团华富榨菜厂等，听取了企业发展的情况介绍。

马正其来涪视察涪陵榨菜

4月15日，重庆市委常委、副市长马正其率重庆市政府办公厅、市经委等部门负责人来涪陵视察涪陵榨菜。马正其副市长在视察中的座谈会上指出，重庆蔬菜中唯一能做点加工的就只有榨菜。并说涪陵是榨菜之父、榨菜之母，要搞活农业农村经济，就必须在榨菜产业上狠下功夫。涪陵要力争在五年内把榨菜产值再翻一番，要认真分析市场，从培育优良新品种、扶持产业龙头企业发展和拉动蔬菜基地建设等方面入手，引导涪陵榨菜产业进入良性发展轨道，进一步做大做强。马正其副市长一行在视察中还参观了重庆市涪陵榨菜（集团）股份有限公司华富榨菜厂。在华富榨菜厂，视察团一行认真听取了企业的发展介绍，参观了涪陵榨菜文化历史陈列

馆、产品展示厅和榨菜生产加工流程，视察了研发中心，详细了解了历史悠久的涪陵榨菜文化和产品销售情况，马正其副市长对重庆市涪陵榨菜（集团）股份有限公司近年来发展所取得的成绩给予了充分肯定。

涪陵辣妹子集团被认定为"重庆市高新技术企业"

4月30日，重庆市涪陵辣妹子集团有限公司被重庆市科学技术委员会认定为"重庆市高新技术企业"。

辣妹子牌绿色版榨菜丝、香辣榨菜丝被评为"重庆市高新技术产品"

4月30日，重庆市涪陵辣妹子集团有限公司生产的辣妹子牌绿色版榨菜丝、香辣榨菜丝2个榨菜产品被重庆市科学技术委员会评为"重庆市高新技术产品"。

重庆市涪陵榨菜集团股份有限公司捐资抗震

5月15日，四川省汶川县发生强烈地震后，重庆市涪陵榨菜集团股份有限公司心系灾区人民，在第一时间向灾区人民捐赠物资和现金130余万元。

榨菜著名商标认定

6月26日，"涪陵榨菜"证明商标通过"重庆市著名商标"复审。涪陵区榨菜管理办公室注册的"涪陵榨菜"证明商标于2005年1月被重庆市工商行政管理局商标评审委员会审核认定为"重庆市著名商标"，为期3年期满。2008年6月26日，"涪陵榨菜"证明商标通过重庆市工商行政管理局商标评审委员会复审，再次认定为"重庆市著名商标"。

"涪陵榨菜传统制作工艺"进入第二批国家级非物质文化遗产名录

6月，国务院以国发〔2008〕19号文件公布"涪陵榨菜传统制作工艺"进入第二批国家级非物质文化遗产名录。《涪陵年鉴（2008）》云：2008年6月7日，国务院批准文化部确定的第二批国家级非物质文化遗产名录，把"涪陵榨菜传统制作技艺"纳入名录保护，这对于弘扬涪陵榨菜文化，认真做好"涪陵榨菜传统制作技艺"非物质文化遗产保护和管理工作，具有十分重大的意义（见《国务院关于公布第二批国家级非物质文化遗产名录和第一批国家级非物质文化遗产扩展项目名录的通知》国发〔2008〕19号）。据重庆市文化广播电视局（渝文广发〔2009〕48号），授予万绍碧、杜全模、向瑞玺、赵平为涪陵榨菜传统制作技艺的市级非物质文化遗产项目代表性传承人。

辣妹子集团党支部被评为"重庆市两新组织党建工作示范党组织"

6月，重庆市涪陵辣妹子集团有限公司党支部被中共重庆市委组织部、中共重庆市委新经济社会组织工委评为"重庆市两新组织党建工作示范党组织"。

涪陵榨菜"奥运食品"发往北京

7月24日，涪陵榨菜"奥运食品"发往北京。《涪陵大事记》（1949—2009）第655页载：（7月）24日，重庆市副市长谢小军披露：全市定点供应北京奥运会的食品，只有涪陵区的乌江和辣妹子榨菜。据悉，第一批涪陵榨菜"奥运食品"已发往北京奥运村。

涪陵辣妹子集团获"抗震救灾先进集体"称号

7月，重庆市涪陵辣妹子集团有限公司荣获民建重庆市委企业家联谊会命名的"抗震救灾先进集体"称号。

宝巍食品获"抗震救灾先进集体"称号

7月，重庆市涪陵宝巍食品有限公司荣获民建重庆市委企业家联谊会命名的"抗震救灾先进集体"称号。

乌江牌菜上皇系列泡菜产品入市

7月，重庆市涪陵榨菜集团股份有限公司新研制开发的乌江牌菜上皇系列泡菜产品的入市推广工作全面展开，标志着该公司综合开发新产品，经营范围不断向附加值更高的泡菜产品市场拓展，这将给企业增加更大的经济效益。

8月15日，"2007年度重庆市工业五十强暨工业进步奖"揭晓，重庆市涪陵榨菜集团股份有限公司首次入围重庆市工业五十强，并荣获"重庆市2007年度工业进步奖"。

9月8日，重庆市涪陵绿洲食品有限公司生产的"98"牌榨菜被中国特产协会、中国特产品牌公众评选活动组委会评为"中国知名特产"，予以颁发了《中国特产证书》。

涪陵榨菜集团被授予"农产品质量快速溯源系统设计与运行规范研究应用示范基地"

9月26日，重庆市涪陵榨菜（集团）股份有限公司获得国家863计划项目研究

课题任务——重庆市农产品质量快速溯源系统的综合应用示范研究，并被授予"农产品质量快速溯源系统设计与运行规范研究应用示范基地"的标牌。

辣妹子集团被评为"重庆市农业综合开发重点龙头企业"

9月，重庆市涪陵辣妹子集团有限公司被重庆市农业综合开发办公室评为"重庆市农业综合开发重点龙头企业"。

涪陵榨菜诞生110周年庆典暨鲜榨菜宴举行

11月10日，值涪陵榨菜诞生110周年之际，由涪陵区榨菜管理办公室主办、涪陵宝巍食品有限公司承办的涪陵榨菜诞生110周年庆典暨鲜榨菜宴在涪陵宝巍食品有限公司举行。涪陵区政协副主席杨京川、喻定容出席庆典暨宴会。区统战部、民建、农办、商委、工商、质监、卫监、榨菜办、农科所、各银行负责人，以及百胜镇党委、政府领导、新闻媒体等参加了庆典活动。整个庆典活动与鲜榨菜宴同步进行，与会者一边观看文艺表演，一边倾听主持人介绍鲜榨菜宴菜品的制作方法及菜品特色。在鲜榨菜宴上，厨师们精心推出了12道以涪陵鲜榨菜（青菜头）为主要原料的菜品（鲜榨菜泡菜、凉拌鲜榨菜丝、豆豉菜匙、鲜榨菜酥肉汤、炝炒鲜榨菜片、泡榨菜鱼、榨菜叶豆花、榨菜片鱿鱼、老榨菜回锅肉、泡榨菜炖老鸭汤、榨菜叶面块、鲜榨菜烧牛肉），菜品色、香、味俱全，让与会者大饱口福。举办这次庆典活动暨鲜榨菜宴的目的是：抓住涪陵榨菜诞生110周年之机，进一步宣传涪陵鲜榨菜，弘扬涪陵鲜榨菜饮食文化，推动涪陵鲜榨菜对外销售，力求为涪陵鲜榨菜更快更好地走向全国市场，促进菜农增收，推动涪陵榨菜产业做大做强。

涪陵区农业项目暨涪陵鲜销青菜头推介会举行

11月27日，涪陵区农业项目暨涪陵鲜销青菜头推介会举行。《涪陵大事记》（1949—2009）第667页载：（11月）27日，涪陵区农业项目暨涪陵鲜销青菜头推介会在重庆金科大酒店举行。共有12个农业项目达成投资合作协议，总投资20.75亿元；签订涪陵鲜销青菜头销售协议5.88万吨，销售金额上亿元。《涪陵年鉴（2007）》云：2008年11月27日，涪陵区农业项目暨涪陵鲜榨菜推介会在渝金科大酒店隆重召开，重庆市人大常委会副主任胡健康、市政协副主席于学信、市政协副主席、市工商联主席孙甚林出席了推介会。市级相关部门负责人，以及涪陵区领导张鸣、汤宗伟、常国权、丁中平、林彬、姚凤达、陈善明、黄华和区级相关部门、有关乡镇、街道负责人，95家企业负责人和签约代表参加了推介会。来自台湾、香港和北京、上海、哈尔滨、兰州、武汉、成都、贵阳、宁波等地的客商云集此次推介会。推介会上，有 12 家区外企业与涪陵区政府、有关部门达成农业项目投资合作协议，总投资 20.75 亿元；鲜榨菜经销企业代表与涪陵区签订了 5.88 万吨的销售协议，销售金额上亿元，使"重庆第一蔬菜品牌——涪陵鲜榨菜"叫响全国。

况守孝被评为"优秀企业家会员"

12 月 6 日，重庆市涪陵宝巍食品有限公司总经理况守孝同志被民建重庆市委员会评为"优秀企业家会员"。

涪陵区人民政府授予榨菜企业"2008 年度榨菜质量整顿先进企业"称号

12 月 23 日，涪陵榨菜（集团）股份有限公司、涪陵辣妹子集团有限公司、涪陵宝巍食品有限公司、涪陵区渝杨榨菜（集团）有限公司、涪陵区浩阳食品有限公司、涪陵渝河食品有限公司、涪陵德丰食品有限公司、涪陵绿洲食品有限公司、涪陵乐味食品有限公司、涪陵天然食品有限责任公司、涪陵志贤食品有限公司、涪陵区凤娃子食品有限公司、太极集团重庆国光绿色食品有限公司、涪陵三峡物产有限公司、涪陵区洪丽食品有限责任公司 15 家榨菜企业被涪陵区人民政府授予"2008 年度榨菜质量整顿先进企业"称号，在全区通报表彰。

"杨渝"牌榨菜商标被认定为"重庆市著名商标"

12 月 26 日，重庆市涪陵区渝杨榨菜（集团）有限公司注册的"杨渝"牌榨菜商标，经重庆市工商行政管理局商标评审委员会审核，被认定为"重庆市著名商标"。

"乌江"榨菜商标被评为"重庆荣耀·影响重庆三十大品牌"

12 月，由重庆市社会科学院和重庆商报联合举办的评选"重庆荣耀·影响重庆三十大品牌"揭晓，重庆市涪陵榨菜集团股份有限公司注册的"乌江"榨菜商标被评为"重庆荣耀·影响重庆三十大品牌"。

涪陵榨菜集团获"重庆市农业产业化龙头企业 30 强"称号

12 月。重庆市涪陵榨菜（集团）股份有限公司荣获重庆市委农村工作领导小组颁发的"重庆市农业产业化龙头企业 30 强"称号，并予以授牌。

涪陵辣妹子集团获"重庆市农业产业化龙头企业 30 强"称号

12 月，重庆市涪陵辣妹子集团有限公司荣获重庆市委农村工作领导小组颁发的

"重庆市农业产业化龙头企业 30 强"称号,并予以授牌。

乐味食品获"重庆市农产品加工示范企业"称号

12 月,涪陵乐味食品有限公司被重庆市中小企业局授予"重庆市农产品加工示范企业"称号。

"辣妹子"榨菜商标复审为"重庆市著名商标"

12 月,"辣妹子"榨菜商标复审为"重庆市著名商标"。重庆市涪陵辣妹子集团有限公司注册的"辣妹子"榨菜商标于 1999 年 7 月被重庆市工商行政管理局商标评审委员会审核认定为"重庆市著名商标",每 3 年复审 1 次。2008 年 12 月,"辣妹子"榨菜商标第 3 次通过重庆市工商行政管理局商标评审委员会复审为"重庆市著名商标"。

"川陵"榨菜商标复审为"重庆市著名商标"

12 月,"川陵"榨菜商标复审为"重庆市著名商标"。重庆市涪陵宝巍食品有限公司注册的"川陵"榨菜商标于 2002 年 12 月被重庆市工商行政管理局商标评审委员会审核认定为"重庆市著名商标",每 3 年复审 1 次。2008 年 12 月,"川陵"榨菜商标第 2 次通过重庆市工商行政管理局商标评审委员会复审为"重庆市著名商标"。

"早熟丰产杂交榨菜新品种涪杂 2 号选育及其示范推广"获区政府科技进步一等奖

是年,周光凡、余家兰、林合清、刘义华、王彬、王旭祎、张召荣、万勇完成的"早熟丰产杂交榨菜新品种涪杂 2 号选育及其示范推广"被涪陵区人民政府授予科技进步一等奖。

榨菜科研论文发表

是年,王旭祎、王彬、范永红、刘义华、林合清、周光凡在《植物保护》第 6 期发表《茎瘤芥霜霉病抗性评价标准的建立与应用》一文。

范永红、周光凡、林合清、刘义华、王彬、陈材林、王旭祎在《中国蔬菜》第 8 期发表《茎瘤芥新品种涪杂 2 号选育》一文。

姚成强在《中国食品工业》第 3 期发表《包装榨菜食品主要加工技术的研究》一文。

榨菜科研课题发布

是年,周光凡主持科技部课题"早熟丰产杂交榨菜新品种涪杂 2 号产业化关键技术研究与示范"，起止年限为 2008—2010 年。

"榨菜早熟优质抗病新品种选育"获重庆市政府育种专项，起止时限 2008—2013 年。

罗远莉主持重庆市科委课题"茎瘤芥（榨菜）根肿病菌差减文库构建及抗性鉴别体系建立"，起止年限为 2008—2011 年。

龚晓平主持重庆市科委课题"茎瘤芥（榨菜）花芽分化和现蕾抽薹的温光反应特性及机制研究"，起止年限为 2008—2012 年。

林合清主持重庆市技监局课题"茎瘤芥（榨菜）种子质量标准研究与制定"，起止年限为 2008—2010 年。

周光凡主持重庆市农委、重庆市财政局课题"涪陵榨菜新品种培育"，起止年限为 2008—2013 年。

周光凡主持重庆市发改委课题"早熟丰产抗病茎瘤芥（榨菜）杂一代新品种高技术产业化"，起止年限为 2008—2009 年。

周光凡主持重庆市农业综合开发办公室课题"杂交榨菜新品种及其配套技术示范推广"，起止年限为 2008。

周光凡主持重庆市发改委课题"重庆市榨菜工程实验室建设"，起止年限为 2008 年。

林合清主持涪陵区科委课题"茎瘤芥（榨菜）种子质量标准研究与制定"，起止年限为 2008—2010 年。

周光凡主持重庆市发改委课题"高产优质广适杂交执榨菜新品种良繁基地建设"，起止年限为 2008 年。

罗远莉主持涪陵区科委课题"榨菜（青菜头）贮藏保鲜关键技术研究与示范"，起止年限为 2008—2011 年。

川陵、亚龙牌八缸和黄玉老榨菜问世

是年，重庆市涪陵宝巍食品有限公司继研制开发川陵、亚龙牌八缸榨菜后，又成功开发生产了川陵、亚龙牌八缸和黄玉老榨菜。

涪陵老榨菜（俗名涪陵老咸菜），是最能够体现涪陵百年榨菜传统工艺的产品，其制作工艺特殊而繁杂，味道鲜美，风味独特，过去只局限于农户一家一户少量制作而自己食用。涪陵宝巍食品有限公司通过数年的探索与研发，逐步掌握了涪陵老榨菜加工的核心技术，将自主创新出的八缸榨菜独特生产工艺融入其中，在涪陵数十家榨菜生产企业中率先闯出了能够大批量生产涪陵老榨菜的路子，使传统的涪陵老榨菜生产工艺得到升华。八缸和黄玉老榨菜是堪比玉贵的榨菜。和田黄玉，产至昆仑山麓，列中国四大名玉之首，其价格昂贵。而八缸和黄玉老榨菜的成品市场销

售价格达 10 万余元 / 吨，其价值是一般榨菜产品之数十倍，与玉一样贵重。因奇物珍稀，故唤其名曰：八缸和黄玉老榨菜。八缸和黄玉老榨菜的原料及加工工艺十分讲究，当早春二月，涪陵的青菜头刚刚生长成形时，涪陵宝巍食品有限公司就派技师到涪陵榨菜的优质原料基地，精挑细选生产和黄玉老榨菜的原料，要求每个青菜头重二两左右，菜形圆而质地嫩脆。在半成品腌制过程中，严格按照涪陵榨菜传统的"风脱水"加工工艺，上架风干，然后按宝巍公司的独创之法——"八缸腌制法"进行腌制。当腌制好后的半成品原料出坛之时，风云为之一改，其色如和田黄玉，脆韧似深海鱿丝，而奇香异馥更绕梁数日不绝。其成品制作时间历经半年之久，制作工艺繁杂；其产品包装蕴含悠久的涪陵榨菜文化。八缸和黄玉老榨菜自投放市场，广大消费者趋之若鹜，供不应求，它不仅给企业带来了丰厚的经济效益，也给百年涪陵榨菜产业带来了新的生机，更为涪陵广大种植青菜头的菜农带来了极大实惠，按正常的原料收购价格计算，涪陵青菜头的价格为 300—400 元 / 吨，而生产和黄玉老榨菜的原料收购价格达 3000—4000 元 / 吨，是常规价格的 10 倍。八缸和黄玉老榨菜的成功开发，为发掘传统的涪陵榨菜生产工艺，弘扬悠久的榨菜文化，促进企业增收，带动农民致富，为寻求百年涪陵榨菜产业新的经济增长点探索出了一条成功之路。

辣妹子牌盛世开坛榨菜问世

是年，重庆市涪陵辣妹子集团有限公司研制开发的辣妹子牌盛世开坛榨菜问市。盛世开坛榨菜选用优质青菜头为主要原料，看筋去皮，然后采用涪陵榨菜传统的"风脱水"加工工艺上架晾干，经三腌三榨，用纯净水淘洗，配以上乘香料，而后装入土陶坛中发酵腌制，数月后从土陶坛中取出，切成丝、片或整形，再配以上乘辅料装入精制的上釉小坛，外套礼品盒。该产品以土陶坛腌制，纯手工制作；其味为香辣型，开坛后酱香浓郁，回味悠长，质地嫩脆，色泽诱人；其包装分别由丝、片、全形各一坛装入礼品盒，是自食生津开胃和馈赠亲朋之佳品。

榨菜产业发展

涪陵青菜头（榨菜原料）种植共涉及境内 22 个乡、镇、街道办事处（2008 年涪陵区行政区划调整，乡镇合并后）16 余万户近 70 万农业人口，年青菜头种植面积达 50 多万亩，青菜头产量达 100 万吨。现全区有榨菜加工企业 63 家，其中方便榨菜生产企业 45 家（共 57 个生产厂）、坛装（全形）榨菜生产企业 11 家、出口榨菜生产企业 7 家，有国家级农业产业化龙头企业 1 家，市级农业产业化龙头企业 3 家，区级农业产业化龙头企业 10 家，市级示范龙头企业 1 家。是年，全区准予使用"涪陵榨菜"证明商标的企业 41 家（共 53 个生产厂）。企业注册商标 190 件，其中"中国驰名商标"2 件，市著名商标 7 件；有"中国名牌产品"2 个，市级名牌产品 3 个。全区榨菜企业年成品榨菜生产能力达 50 万吨以上，有半品原料加工户 1.5 万户，年半成品加工能力在 60 万吨以上，是全国最大的榨菜产品生产加工基地。全区榨菜产业年总收入 31 亿元，其中农民青菜头种植、半成品加工收入 12.5 亿元，成品榨菜销售收入 12 亿元，包装、辅料、运输、机械等相关收入 6.5 亿元。涪陵榨菜产品主要分为三大系列：一是陶瓷坛装、塑料罐装、塑料袋外加纸制纸箱包装的全形（坛装）榨菜；二是以铝箔袋、镀铝袋、透明塑料袋包装的精制方便榨菜；三是以玻璃瓶、金属听、紫砂罐装的高档礼品榨菜。涪陵榨菜产品共有 100 余个品种，主要销往全国各省、市、自治区及港、澳、台地区，出口日本、美国、俄罗斯、韩国、东南亚各国、欧美、非洲等 50 多个国家。"涪陵榨菜"自创牌以来，有 14 个品牌获国际金奖 5 次，获国家、省（部）级以上金、银、优质奖 100 多个（次）。

种植加工再创新高，农民收入大幅增长

全区实现种植青菜头面积 539687 亩，总产量达 968125 吨，分别较 2007 年增长 7.4% 和 −8.1%；全区实现青菜头销售收入 53440.2 万元，纯收入为 40854.6 万元，较 2007 年增加 26358.8 万元；全区加工榨菜半成品盐菜块 45 万吨，榨菜半成品销售收入 71950 万元，榨菜半成品加工纯收入 19145.4 万元；农民加工青菜头务工及运输总纯收入 10000 万元。以上三项合计，全区农民种植、加工、运输及务工总纯收入 70000 万元，按全区 80 万农业人口计算，人均榨菜纯收入为 875 元，较 2007 年人均增收 441.6 元，是有史以来农民收入增幅最高的一年。

榨菜品种有所创新，鲜销市场得到拓展

涪陵榨菜产业原来完全是加工型产业，为推动全区榨菜产业综合发展，从 2007 年起，全区榨菜产业开始面向市场需求生产蔬菜型榨菜，由原来单一的加工型产业向加工和鲜销型转变，使涪陵榨菜外销品种得以创新，整个榨菜产业发展取得了新的成效。为打开涪陵榨菜的鲜销局面，区榨菜办按照拟定的"政府推动、企业主体、部门配合、点面结合、重点突破"的鲜销工作思路，扎实推进青菜头鲜销工作，使外运鲜销工作取得新突破，鲜销市场得到了新的拓展。一是组织外运鲜销工作组到全国各地市场促销。2007 年秋，由区商委、农办、农业局、榨菜办分别组成 5 个鲜销工作组到全国各地蔬菜市场宣传推销涪陵鲜榨菜，为全年上半年打开在全国的外运鲜销局面奠定了基础。是年 10 月下旬，又分别由区农办、商委、农业局、榨菜办有关领导带队，涪陵榨菜（集团）股份有限公司、涪陵辣妹子集团有限公司、涪陵

宝巍食品有限公司、涪陵区洪丽食品有限责任公司、涪陵区渝杨榨菜集团有限公司等5户龙头骨干企业以及5户蔬菜贩销组织、大户共同参与组建的5个拓市促销工作组，前往全国20余个大中城市宣传拓市，共与各大城市部分超市、蔬菜批发商签订销售鲜榨菜5.8万吨的协议，为是年秋种植的早市鲜榨菜销售奠定了基础。二是全面落实无公害鲜榨菜种植面积，区榨菜办根据不同时期市场需求，按播种时间的不同给各乡镇、街道办事处下达青菜头种植任务，分三批分别移栽5万亩、53.6万亩、0.1万亩，是年秋全区共移栽青菜头种植面积58.7万亩，向全国蔬菜市场提供30万吨以上的鲜榨菜。三是印制涪陵鲜榨菜菜谱宣传折册和光盘。是年，共印制涪陵鲜榨菜青菜头菜谱宣传折册1.5万份，刻制菜谱宣传光盘300盘，用于各榨菜企业、营销组织、大户拓市促销宣传。四是外运鲜销及早市鲜榨菜销售取得新突破。是年上半年，全区共外运鲜销青菜头21.4万吨，鲜销均价达700元/吨，实现鲜销收入14979.4万元，分别较2007年增长38%、100%、177.3%，超10万吨年度目标任务的114%。2008年秋第一批早季鲜榨菜基地5万亩中8月20日播种的部分鲜榨菜于11月初陆续上市，收购价格达2—2.4元/公斤，市场价3.6—4元/公斤。

成品榨菜产销正常，企业效益保持稳定

在是年全球金融危机，原辅料、劳动力大幅涨价不利因素的情况下，全区榨菜企业的产销量有所下降。全区榨菜企业共产销成品榨菜30万吨，其中方便榨菜26.5万吨，全形（坛装）榨菜2.5万吨，出口榨菜1万吨，分别较2007年同比下降9%、4.6%、16.1%、55.2%。但全区榨菜企业调整产品结构，提高销售价格，经济效益保持了稳定。全年全区榨菜企业实现销售收入12亿元，较2007年增长10.7%；出口创汇700万美元，较2007年下降52.2%；实现利税1.72亿元，与2007年持平。

基地布局更加合理，产业结构调整突出

一是调整种植区域，青菜头种植面积不断扩大。按照"稳主产区、扩次产区、拓展新区"的发展思路，在巩固沿江主产基地的基础上，以"两片两线"中后山乡镇为重点，不断调整优质原料基地建设，形成鲜销、生产加工各具特色的优质原料基地。是年，在龙潭、焦石、罗云等中后山乡镇新发展优质榨菜原料基地3.6万亩。二是调整种植品种，良种良法普及率大幅提升。在种植品种上，大力推广"涪杂2号"、示范种植"涪杂3号"优质杂交良种和"永安小叶""涪丰14"常规良种。是年，全区推广"涪杂2号"杂交良种种植面积50000亩，示范种植"涪杂3号"早熟杂交良种3000亩，良种普及率达98%以上。在生产种植技术上，大力推行标准化、无公害种植技术，从育苗、移栽、田间管理等各个环节，指导菜农按《青菜头标准

化无公害技术手册》生产。经检测，全区97%的青菜头达到无公害。三是调整成品榨菜结构，新产品开发再上新台阶。鉴于是年原辅材料、人工工资、运输费用大幅上涨的现状，区榨菜办指导各榨菜企业从有利于长远发展出发，抓住难得机遇大力调整成品榨菜产品结构，以适应国内外消费市场的变化，不断开发适销对路的新产品，以满足不同消费层次的需要。榨菜产品向品种多样化、规格系列化、档次差异化、功能营养化方向发展，产品附加值不断提高。低附加值的高盐产品、全形榨菜逐渐被附加值较高的中、低盐产品取代，杀菌产品占成品榨菜的比例达84.7%，产品结构进一步优化。同时指导企业调整成品榨菜销售价格，以应对原辅材料、人工工资、运输费用大幅上涨的现状。为了缓解原料紧张和价高的压力，区榨菜办引导企业收购萝卜、豇豆上万吨，菜叶、菜尖5000吨，开发生产萝卜干、泡菜、盐菜、橄榄菜，有力地推进了产品结构调整。随着产品结构的调整，销售价格也进一步提高，全区榨菜产品普遍提价在500元/吨以上。涪陵榨菜集团股份有限公司每吨产品最高提价3400元，最少提价也在2000元左右。涪陵宝巍食品有限公司新开发研制的"和黄玉老榨菜"每吨达11万多元。据统计，是年全区榨菜企业共开发榨菜新产品10余个，较2007年同比增长12.5%。

质量整顿成效明显，产品质量得以提升

一是在青菜头收购加工期间，继续开展榨菜半成品原料初加工质量整顿工作，打击露天作业、坑卤腌制、水湿生拌、粗制滥造、偷工减料的加工行为，确保榨菜半成品加工质量。二是开展声势浩大的成品榨菜质量整顿工作。是年4月，青菜头收购加工刚结束，区委、区政府针对我区榨菜原料外流严重，部分中小企业粗制滥造、浪费原料、导致原料缺口加大、价格飙升，给我区重点骨干企业生产经营造成较大压力的实际，及时召开了全区榨菜质量整顿工作会议，安排部署榨菜质量整顿工作。并从区质监局、工商局、卫监所、榨菜办抽调领导和工作人员，组建4个综合检查执法组，集中半个月时间，对沿江和中后山16个乡镇、街道的榨菜企业和部分加工户进行了反复拉网式检查整顿。以检查企业证照是否齐全有效、生产环境场地卫生、基本生产条件、生产操作规程、商标侵权等为主要内容和严厉打击超标使用化学防腐剂等粗制滥造生产全形榨菜、大包丝榨菜的小企业、小作坊、黑窝点为重点。之后，各相关部门根据区政府安排，结合自己的工作职责，加大对榨菜生产质量卫生安全的日常监管，严查各种违禁违法生产行为，有力地推动了榨菜质量整顿工作。在开展榨菜质量整顿集中综合执法检查过程中，现场查获无工商营业执照、无生产加工证、无卫生许可证的"三无"榨菜加工黑窝点2个；查获违规生产的大包丝榨菜3吨和"红宇"牌商标的伪劣全形榨菜产品2120件，共计19.8吨，并对其产

品抽样检验立案处理。通过开展榨菜质量整顿和集中专项整顿综合执法检查，收到了显著成效。使露天作业、坑卤腌制、粗制滥造、偷工减料、不讲食品卫生、不顾产品质量的行为得到有效遏制，产品质量卫生水平不断提高。据区质监、卫监部门抽检表明，全区榨菜产品质量合格率稳定保持在95%以上，卫生指标合格率保持在98%以上。

整治小型榨菜企业，生产行为更加规范

是年6月前，由区榨菜办牵头，区工商、质监、环保、卫监等部门参与，分动员部署、集中整治、巩固提高三个阶段，开展了以取缔无证经营的小榨菜企业、查处打击假冒伪劣生产、注吊销停产企业、规范企业生产排污行为为主要内容的小榨菜企业整治规范工作，通过历时半年的整治规范，取得较好成效。一是依法注吊销、变更了29家长期停产、不符合基本生产条件的企业生产经营范围使其退出成品榨菜生产行列，使全区92家榨菜企业削减至63家；二是规范了榨菜企业生产经营行为。在规范整治中，采取现场登记检查，现场规范整改的办法，对证照不齐、生产条件达不到要求的，督促限期整改，完善证照，改善条件；对查获的违规生产企业进行严厉查处；三是摸清了榨菜企业排污现状，制定了榨菜企业至2011年全面完成废水污染治理方案。

项目建设落到实处，国家验收合格达标

一是全面完成新建榨菜半成品加工池项目任务。为促进中后山乡镇榨菜生产发展，2007年9月，区委、区政府决定利用100万元三峡库区产业发展基金，在中后山"两线两片"（龙桥至新妙、马武至龙潭两线，原焦石片区、原李渡片区两片）乡镇，实施扶持发展新建3万立方米榨菜半成品加工池项目。是年4月，经区政府组织检查组，逐户实地丈量检查验收，全区实际新建合格榨菜半成品加工池38791.74立方米，超计划29.3%，带动投资965.5万元，中后山乡镇新发展榨菜半成品加工户158户，为历史以来发展最多最快的一年，极大地提高了我区榨菜半成品原料的加工贮藏能力。二是全面完成基地建设项目任务。涪陵榨菜集团股份有限公司实施的无公害榨菜原料基地建设项目，实施方案概算总投资754万元，其中使用产业发展基金200万元，项目实际完成总投资810.5万元；涪陵辣妹子集团有限公司实施的泡菜原料无公害种植基地建设项目，实施方案概算总投资395万元，其中使用产业发展基金100万元，项目实际完成总投资456.17万元。两个项目实施过程中，严格按照实施方案进行建设和资金使用，经国家有关部门检查验收均合格达标。涪陵区洪丽食品有限公司南沱无公害榨菜产业基地建设项目完成投资590.99万元，超计划总投

资的 13.7%，此项目于是年底申请验收。三是榨菜新品种良种繁育基地建设项目进展顺利。截至 2008 年 10 月，重庆市涪陵绿原农业科技发展公司高产优质杂交榨菜新品种良种繁育基地建设项目已完成投资 210 万元，占总投资的 95%。

以推进科技创新为重点，促进企业上档升级

科技创新是提升企业竞争力的重要途径，先进的生产工艺和技术设备是提高产品质量的可靠保证。因此要树立"科技创新促进发展"的理念。区榨菜办按照"生产上规模、质量上档次、管理上水平"的要求，督促加大科技创新投入，不断改造现有生产设施设备，加大技术、产品研发的投入力度，加快新技术、新产品、新工艺的研发步伐，形成自己的核心技术，不断开发系列产品，满足市场需求。一是要求企业加快技改投入，积极引进先进技术和适用技术，与大专院校、科研院所开展产学研结合，形成联合创新，逐步实现自主创新。二是要通过各种渠道，采取多种办法，加强人才的引进，加快企业经营管理人才、专业技术人才的培养，造就一批精通技术的人才，为开发新技术、新工艺和新产品奠定基础。三是严格按标准组织生产，走"精、新、特"的发展路子，开发生产具有自主品牌，有市场、成本低、附加值高，市场竞争力强的产品，不断提高产品市场竞争力，逐步增强企业发展后劲。

以提高产品质量为重点，增强企业经济效益

产品质量是企业生存发展的前提，没有好的产品质量，就不会有好的经济效益，甚至会断送企业的生存发展，"三鹿奶粉事件"就是例子。因此，区榨菜办教育各榨菜生产企业要以"三鹿奶粉事件"为教训，树立"质量赢得市场"的理念，走"以质取胜"之路，从根本上解决榨菜产品质量低的问题。一是督促企业研究市场需求。要求把生产与市场紧密结合起来，把市场作为生产和经营的出发点和归属点，不断地研究市场、寻找市场，根据市场的需要组织生产，以便产品适销对路，满足客商及广大消费者的需要，以获得更大的收益。二是督促企业强化质量意识。在产品的生产加工过程中，切实把产品质量放在首位。严格按照工艺、工序、标准、操作规程组织生产，做好修剪看筋、淘洗清理、清洁拌料等工序环节，摒弃和杜绝水湿生拌、粗制滥造、偷工减料、短斤少两、超标使用化学防腐剂和使用禁用化学药品等加工榨菜的行为。三是督促企业建立质量体系。要求企业建立符合自身特点的质量管理和质量体系模式，使生产中的每个环节、每个工序都有章可循、有据可依，严把质量关，不合格的原材料不入厂，不合格的产品不出厂，实现产品质量稳定提高，以质量来赢得消费者、市场的认可，进而使企业获得最大效益。

以加强产品卫生管理为重点，抓好企业清洁生产

督促企业要建立健全各项管理制度，加强内部管理，特别是卫生管理，严格按食品卫生要求进行生产。一是抓好生产环节卫生。要求企业按生产工艺的先后次序和产品特点，将原料处理、半成品处理和加工、包装材料和容器的清洗、消毒、成品包装和检验、成品贮存等工序分开设置，防止前后工序相互交叉污染；在生产前必须清洗、消毒生产用具，用后必须洗净，保持整洁。二是抓好员工的清洁卫生。要求榨菜企业的员工每年至少进行一次体格检查，没有取得卫生监督机构颁发的体检合格证者，一律不得从事食品生产工作；凡工人进入车间前，必须穿戴整洁统一的工作服、帽、靴、鞋，要求工作服必须盖住外衣，头发不得露出帽外，同时把双手洗净后消毒；凡直接接触产品的工人必须每日更换工作服，其他人员也必须定期更换，保持整洁，防止污染食品。三是抓好厂区的环境卫生。要求厂区内不堆放垃圾等废弃物，排污排水系统要畅通，保持厂区清洁。同时做好消毒灭害工作，消除厂区内的一切可能聚集、孳生蚊蝇的场所，防止食品受污染。

以实施品牌战略为重点，提高市场竞争能力

一是督促企业把品牌商标运作和管理作为企业经营的主线，贯穿于企业生产经营、市场营销、广告宣传、产品开发、市场拓展的全过程。二是督促企业树立创品牌意识。要求各企业集中必要的人力、物力、财力去培育发展、制定实施创品牌商标的计划，注重对品牌商标的宣传，提升品牌商标在社会公众的知名度和美誉度，把自己的商标培育发展"著名商标、驰名商标"作为经营目标，用高质量的品牌产品占领市场，增强竞争力，提高经济效益，并努力打入国际市场。三是加强品牌商标的保护。要求各企业运用各种法律手段维护自身的合法权益，保护商标不受侵害，把商标无形资产运作和管理纳入企业资产管理的重要内容，充分发挥和利用好商标无形资产的作用，一旦发现自己的商标专用权受到侵害，要及时向工商行政管理机关投诉。

以加强榨菜废水治理为重点，减少境内环境污染

随着国家对环境保护的日益重视，要求经济发展与环境保护协调发展，建设生态文明。区政府把加强榨菜废水治理问题纳入了全区环保工作的突出问题来解决，为此制定了《涪陵区榨菜加工企业环境污染专项整治方案》。2009年，区榨菜办与环保局将按生产规模选择大、中、小三类榨菜生产企业抓好榨菜废水治理试点工作，实施分类治理，然后进行全面推广，力争到2010年，实现全区所有榨菜生产

企业污染物达标排放。要求各榨菜企业积极与区环保局联系，早着手、早准备；与此同时要求有条件的企业要建立榨菜酱油生产线，充分利用榨菜腌制卤水生产榨菜酱油，并通过榨菜销售网络向全国市场推销榨菜酱油。没有条件的企业要将榨菜卤汁卖给或送给能生产榨菜酱油的企业。以增加企业效益，减轻境内环境污染，降低治污成本。

2009 年

榨菜专业合作经济组织获"2008 年度涪陵鲜榨菜销售工作先进单位"称号

2 月 16 日，涪陵区洪丽食品有限责任公司、涪陵宝巍食品有限公司，涪陵区渝杨榨菜（集团）有限公司 3 家榨菜企业和涪陵区致长榨菜专业合作社、涪陵区云台山蔬菜专业合作社、涪陵区山垦蔬菜瓜果专业合作社 3 个榨菜专业合作经济组织被涪陵区委办公室授予"2008 年度涪陵鲜榨菜销售工作先进单位"称号，在全区通报表彰，并在大会上分别颁发了奖金，以资鼓励。

涪陵榨菜传统制作技艺代表性传承人公布

2 月，重庆市文化广播电视局以渝文广发〔2009〕48 号文件公布万绍碧、杜全模、向瑞玺、赵平为涪陵榨菜传统制作技艺代表性传承人。

涪陵榨菜集团获"标准化良好行为证书 AAAA 级"证书

2 月，中国国家标准化管理委员会授予涪陵榨菜集团股份有限公司"标准化良好行为证书 AAAA 级"证书。

"辣妹子"牌榨菜商标复审为"重庆市著名商标"

2 月，涪陵辣妹子集团有限公司注册的"辣妹子"牌榨菜商标第 3 次通过重庆市工商行政管理局复审为"重庆市著名商标"。

渝杨榨菜集团参加 2009 年度成都全国糖酒会

3 月 16—22 日，涪陵区渝杨榨菜（集团）有限公司参加了 2009 年度成都全国糖酒会，与全国各地客商洽谈合作事项，该公司生产的渝杨牌系列榨菜、泡菜产品及品牌文化在会上吸引上百家客商的浓厚兴趣，对新推出的极具涪陵地域特色的榨菜新产品赞不绝口，得到广大消费者和客商的一致好评，来自全国各地的客商与该公

司签订销售合同上千万元。

辣妹子集团被评定为"重庆市首批企业知识产权工作试点单位"

3月，涪陵辣妹子集团有限公司被重庆市中小企业局、重庆市知识产权局评定为"重庆市首批企业知识产权工作试点单位"。

辣妹子集团被评为"食品诚信安全企业"

3月，涪陵辣妹子集团有限公司被江苏省食品质量监督检测站评为"食品诚信安全企业"。

榨菜集团被评定为"重庆市首批企业知识产权工作试点单位"

3月，涪陵榨菜集团股份有限公司被重庆市中小企业局、重庆市知识产权局评定为"重庆市首批企业知识产权工作试点单位"。

涪陵榨菜产品获殊荣

6月22日，涪陵志贤食品有限公司生产的志贤牌榨菜，被中国绿色食品认证中心认定为"绿色食品"。

陕西甘泉党政考察团涪陵考察

6月13日，陕西甘泉党政考察团涪陵考察。《涪陵大事记》（1949—2009）第697页载：（6月）13日，陕西省甘泉县委副书记、县长任小林率领党政考察团，在区领导陈善明、肖联英、黄华及区级有关部门负责人陪同下，考察重庆市德丰食品有限公司、涪陵榨菜集团股份有限公司华富榨菜厂及榨菜历史文化陈列馆。

大型情景舞蹈诗《飘香·涪陵记忆》问世

6月，反映涪陵榨菜文化的大型情景舞蹈诗《飘香·涪陵记忆》问世。该剧由涪陵区文化广电新闻出版局、长江师范学院联合打造，涪陵区歌舞剧团、长江师范学院音乐学院为剧目演出单位。独家赞助单位为重庆市涪陵辣妹子集团有限公司。该剧创意策划聂焱、洪兰，编剧培贵，总导演闫子乐，民俗顾问万绍碧、石卫华，音乐总监张永安，执行导演牟才彬、夏祥文，音乐助理陈封冰，舞美设计吴嘉林、吴曦。该剧对涪陵榨菜文化进行艺术演绎，是为新中国成立60周年的献礼之作，是第二届中国重庆文化艺术节十大精品剧目之一。《飘香》的剧目结构是：序/传说·祈福；第一场/彩云·五香；第二场/乡情·谣曲；第三场/枳韵·踏歌；第四场/开坛·乐舞；尾声/

传奇·飘香。剧目以传说为序，以传奇为尾声，表现榨菜文化的历史沉淀及文化蕴涵，以及一方水土养一方文化的不可替代的神秘感。其余各场根据榨菜生长、收获、制作等工艺流程，发掘、选取最具舞蹈表现力的细节，创作、编导舞蹈，在涪陵民俗民间文化背景下予以呈现。《飘香》力图以涪陵四大文化中的榨菜文化为内容，以极具涪陵区域特色的民俗民间文化为元素，以舞台艺术的形式打造、演绎和展示榨菜文化——这一国家级的非物质文化遗产。何侍昌《涪陵榨菜文化研究》置于 2010 年。该剧后列入第二届重庆市文化艺术节参演剧目，进入重庆市"十大精品剧目"之列。

国资委"国企改制重组后遗留问题处置"调研组涪陵调研

7 月 29 日，国资委"国企改制重组后遗留问题处置"调研组涪陵调研。《涪陵大事记》（1949—2009）第 707 页载：（7 月）29 日，国务院国资委研究中心主任、党委书记李保民率国资委"国企改制重组后遗留问题处置"调研组来涪历时 2 天调研后，对涪陵国企改制重组后遗留问题处置工作给予充分肯定。区领导张鸣、汤宗伟、李谨和区府办、区财政局、国资委、榨菜集团负责人等陪同调研。

宝巍食品被吸纳为重庆市食品安全促进会会员单位

7 月，经重庆市食品安全促进会讨论通过，重庆市涪陵宝巍食品有限公司被吸纳为重庆市食品安全促进会会员单位。

7000 亩青菜头种植合同签订

8 月 21 日，7000 亩青菜头种植合同签订。《涪陵大事记》（1949—2009）第 713 页载：（8 月 21 日），涪陵榨菜集团公司与垫江县鹤游镇签订 7000 亩青菜头种植合同。将鹤游镇打造成为榨菜集团重要的原料生产基地，逐步建设榨菜精加工车间。

万绍碧获"对涪陵工业做出突出贡献人物"称号

8 月，涪陵辣妹子集团有限公司总经理万绍碧同志被涪陵区人民政府授予"对涪陵工业做出突出贡献人物"荣誉称号。

辣妹子集团获"2008 年度涪陵区企业管理规范考评一级企业"称号

8 月，涪陵辣妹子集团有限公司被涪陵区人民政府授予"2008 年度涪陵区企业管理规范考评一级企业"称号。

渝杨榨菜集团参加西部农展会

8月，涪陵区渝杨榨菜（集团）有限公司生产的"渝杨"牌系列榨菜产品在西安参加由国家农业部举办的西部农展会上，深受广大消费者和全国各地客商赞誉，成功寻找到新的合作客户，并达成合作意向。

"餐餐想"牌榨菜获第七届中国国际农产品交易会金奖

9月，涪陵区洪丽食品有限责任公司生产的"餐餐想"牌方便榨菜在长春市参加由国家农业部举办的第七届中国国际农产品交易会上被评为"金奖产品"。

辣妹子集团、宝巍食品、渝杨榨菜集团、紫竹食品被授予"重庆市中小企业发展奖"

10月26日，涪陵辣妹子集团有限公司、重庆市涪陵宝巍食品有限公司、重庆市涪陵区渝杨榨菜（集团）有限公司、重庆市涪陵区紫竹食品有限公司被重庆市中小企业协会授予"重庆市中小企业发展奖"。

榨菜著名商标认定

11月9—11日，由国家工商行政管理总局批准、中华商标协会主办、青岛市人民政府承办的"2009（第三届）中国商标节"在青岛市举办。此届商标节开展以"共和国60华诞·商标60强"为主题。在此届商标节上，"涪陵榨菜"证明商标被"2009（第三届）中国商标节"组委会评为"2009中国最具市场竞争力地理商标、农产品商标60强"。

11月11日，重庆市涪陵宝巍食品有限公司、重庆市涪陵区渝杨榨菜（集团）有限公司、重庆市涪陵区紫竹食品有限公司被中共重庆市委农村工作领导小组命名为"重庆市农业产业化市级龙头企业"。

涪陵《统计年报》刊发涪陵榨菜业情况

11月12日，重庆市涪陵区统计局的《统计年报》刊发《2008年涪陵榨菜产业发展情况》一文。

"涪枳"牌榨菜商标被认定为"重庆市著名商标"

11月17日，重庆市涪陵区紫竹食品有限公司注册的"涪枳"牌榨菜商标被重庆市工商行政管理局认定为"重庆市著名商标"。

亚太地区地理标志国际研讨会召开

11月30日—12月1日，由国家工商行政管理总局和世界知识产权组织共同举办、重庆市人民政府承办的"亚太地区地理标志国际研讨会"在重庆市召开。世界知识产权组织副总干事王彬颖女士、重庆市人民政府副市长谢小军、重庆市人大常委会副主任王洪华、国家工商行政管理总局商标局局长李建昌及国家有关部委领导、世界知识产权组织有关官员、非洲知识产权组织官员、亚太地区各国知识产权管理机构的官员代表、国内研究知识产权的专家学者、全国各省、市、自治区、直辖市及计划单列市的工商行政管理局局长、地理标志注册人代表等200多人出席了研讨会，涪陵区榨菜办作为涪陵榨菜地理标志商标注册人代表与涪陵区工商分局参加了此次盛会，并联合制作了《涪陵榨菜宣传画册》发给与会代表，同时制作了涪陵榨菜宣传画版，在会上向国内外大力宣传涪陵榨菜，展示涪陵榨菜的品牌形象，提升涪陵的知名度。涪陵作为这次亚太地区地理标志国际研讨会的指定参观点，亚太地区地理标志国际研讨会与会代表200多人12月1日齐聚涪陵，实地参观了涪陵榨菜集团股份有限公司现代化生产线和涪陵青菜头种植基地，品尝了涪陵榨菜产品。在此次会上，世界知识产权组织副总干事王彬颖女士及其他外国官员对"涪陵榨菜"地理标志证明商标给予极高的评价，一致赞誉"'涪陵榨菜'证明商标是中国运用地理标志保护推动农村经济发展的一个成功典范"。

榨菜集团获"新中国成立60年推动重庆食品行业发展十大功勋企业"称号

11月，由重庆市商业委员会、重庆市对外文化交流中心、重庆市食品工业协会和重庆商报社联合举办的评选"新中国成立60年推动重庆食品行业发展十大功勋企业"揭晓，涪陵榨菜集团股份有限公司荣获"新中国成立60年推动重庆食品行业发展十大功勋企业"称号。

"餐餐想"牌、"浩阳"牌榨菜商标被认定为"重庆市著名商标"

11月，涪陵区洪丽食品有限责任公司注册的"餐餐想"牌榨菜商标、涪陵区浩阳食品有限公司注册的"浩阳"牌榨菜商标被重庆市工商行政管理局认定为"重庆市著名商标"。

榨菜著名商标认定

11月，"涪陵榨菜"证明商标被中华商标协会、2009年第三届中国商标节组委会确定为"中国最具市场竞争力地理商标、农产品商标60强"之一。

首批 10000 吨榨菜原料腌制池集中建设项目启动

12 月 13 日，由涪陵区洪丽食品有限责任公司投资 1685 万元兴建的涪陵首批 10000 吨榨菜原料腌制池集中建设项目在南沱镇关东村开工。涪陵区副区长黄华及区级有关部门负责人参加了开工庆典仪式，这标志着涪陵区首批 10000 吨榨菜原料腌制池集中建设项目正式启动。它有利于榨菜盐水的集中处理，促进环保治理；有利于对涪陵榨菜半成品原料的质量控制，提升涪陵榨菜产品品质。

涪陵青菜头打造为重庆第一蔬菜品牌又迈出新步伐

12 月 15 日，重庆·涪陵青菜头（鲜榨菜）鲜销推介会在涪陵饭店五楼多功能厅举行。来自全国各地的 24 位客商和 12 家新闻媒体齐聚涪陵参加了推介会。涪陵区委副书记、区政府区长汤宗伟主持了推介会，区委书记张鸣在会上致辞。张世俊、姚凤达、陈善明、黄华等区领导和重庆市级有关部门、重庆三峡银行负责人出席了推荐会。会上签订了 10 万吨的涪陵青菜头鲜销合同，这标志着涪陵区在把青菜头打造为重庆第一蔬菜品牌之路上又迈出了新的步伐。

山东富氏集团落户涪陵李渡工业园区

12 月 15 日，由山东富氏集团投资 5 亿元，开发利用涪陵榨菜腌制盐水，将在涪陵李渡工业园区建设年产 12 万吨榨菜酱油、辣酱生产线的建设项目签约仪式在涪陵饭店举行。张鸣、汤宗伟、李谨等涪陵区领导和重庆三峡银行董事长童海洋、常务副行长雷友见证了项目签约。山东富氏集团控股人、重庆富氏食品有限责任公司董事长傅国平与涪陵区人民政府副区长、涪陵工业园区管委会主任李谨在合作协议上签字。

"涪陵榨菜"品牌价值评估过 111 亿元

12 月 18 日，在北京由国家农业部信息中心主办，中国品牌农业网和浙江大学中国农村发展研究院农业品牌研究中心承办的"2009 首届中国农产品区域公用品牌建设论坛"会上，经"2009 首届中国农产品区域公用品牌建设论坛"组委会区域公用品牌价值评估课题组评估，认定"涪陵榨菜"的品牌价值为 111.84 亿元人民币，仅次于黑龙江的"寒地黑土"（115.95 亿元）的品牌价值，名列全国第二名。为此，首届中国农产品区域公用品牌建设组委会特授予重庆市涪陵区榨菜管理办公室"农产品区域公用品牌建设贡献奖"。

万绍碧被评为"全国老区妇女创业创新标兵"

12 月 20 日，涪陵辣妹子集团有限公司总经理万绍碧同志被中国老区建设促进会妇女工作会评为"全国老区妇女创业创新标兵"，并授予荣誉证书。

"涪陵榨菜"证明商标被确定为"2009 中国农产品区域公用品牌价值百强"

12 月，涪陵榨菜证明商标被"首届中国农产品区域公用品牌建设论坛"组委会确定为"2009 中国农产品区域公用品牌价值百强"，排位第二。

辣妹子集团被评为"重庆市农业产业化 30 强龙头企业"

12 月，涪陵辣妹子集团有限公司被中共重庆市委农村工作领导小组评为"重庆市农业产业化 30 强龙头企业"。

德丰食品被评为"先进示范社"

12 月，涪陵德丰食品有限公司被重庆市供销合作社评为重庆市农村合作经济组织"先进示范社"。

"菜根潭""淡泊"牌榨菜高端产品问世

12 月，涪陵区洪丽食品有限责任公司与湖北武汉市调味品协会副会长、著名调味师同传彪合作，研究酱腌菜新工艺，开发生产出"菜根潭""淡泊"牌榨菜高端产品。该产品预计在 2010 年 4 月面市。

"菜根潭""淡泊"牌榨菜申请注册为商标及包装装潢专利

12 月，涪陵区洪丽食品有限责任公司与湖北武汉市调味品协会副会长、著名调味师同传彪合作，研究酱腌菜新工艺，开发生产出"菜根潭""淡泊"牌榨菜高端产品，并将"菜根潭""淡泊"申请注册为商标及包装装潢专利。

涪陵榨菜被评为中国农产品区域公用品牌价值百强。

12 月，涪陵榨菜在首届中国农产品区域公用品牌建设论坛，被评为中国农产品区域公用品牌价值百强。

榨菜科研论文发表

是年，刘义华、冷容、张召荣、李娟、肖莉在《西南农业大学学报》第 1 期发

表《茎瘤芥（榨菜）叶性状的基因效应研究》一文。

刘义华、张召荣、冷容、周光凡、范永红、肖莉、李娟在《中国农学通报》第16期发表《茎瘤芥（榨菜）数量性状的相关遗传力与选择指数分析》一文。

何士敏在《安徽农业科学》第1期发表《茎瘤芥种子萌发期过氧化物酶的研究》一文。

重庆大学付晓红有硕士学位论文《榨菜腌制过程中微生物区系多样性分析及发酵剂研制》。

涪陵榨菜民俗文化馆建立

是年，重庆市辣妹子集团有限公司开始着手建立涪陵榨菜民俗文化馆。

榨菜科研课题发布

是年，"早熟丰产抗病茎瘤芥（榨菜原料作物）杂一代新品种高技术产业化"获国家发改委立项，起止时限2009—2012年。

范永红主持国务院三峡建设委员会课题"三峡库区鲜榨菜杂交新品种选育及关键技术研究示范"，起止年限为2009—2011年。

周光凡主持重庆市科课题"茎瘤芥（榨菜）种质资源遗传多样性及其杂种优势研究"，起止年限为2009—2012年。

王旭祎主持涪陵区科委课题"早熟鲜榨菜无公害栽培关键技术研究与示范"，起止年限为2009—2012年。

"充氮保鲜榨菜新产品开发及配套工艺研究"获涪陵区科技进步奖

是年，涪陵榨菜集团公司完成的"充氮保鲜榨菜新产品开发及配套工艺研究"获涪陵区科技进步奖。

乌江牌五年沉香榨菜投放市场

是年，重庆市涪陵榨菜集团股份有限公司研制开发的乌江牌五年沉香榨菜投放市场。五年沉香榨菜选用高山种植生产的优质青菜头作为原料，看筋去皮，然后采用涪陵榨菜传统"风脱水"加工工艺上架晾干，经三腌三榨，用纯净水淘洗，配以上乘香料，而后装入土陶坛中沉放于水中，采用独特的深水恒温窖藏发酵工艺，五年后从陶坛中取出，再配以上乘辅料分装入精制的上釉小坛，外套礼品盒。该榨菜因沉放于水中发酵数年，奇香无比，回味悠长，市场销售价每吨达33万多元，具有极高的产品附加值，该榨菜是馈赠亲友之佳品。

乌江牌 368 克 ＊ 3 听装礼盒盐酸菜问世

是年，重庆市涪陵榨菜集团股份有限公司研发的乌江牌 368 克 ＊ 3 听装礼盒盐酸菜问市。该产品选用贵州独山种植的大青菜为原料，经腌制后，用纯净水淘洗，配以上乘辅料秘制而成，甜酸爽口，回味无穷。自投放市场以来，深得消费者喜爱，构成了在贵州市场的高端形象产品，市场销售价格达每吨 40 多万元，产品附加值极高。该产品是开胃、佐餐、调料、休闲、馈赠等最佳选择食品。

渝杨牌 1898 高档礼盒榨菜上市

重庆市涪陵区渝杨榨菜（集团）有限公司投入近 30 万元开发的渝杨牌 1898 高档礼盒榨菜上市。该产品选用涪陵种植的优质青菜头作为原料，看筋去皮，秉承涪陵榨菜传统的"风脱水"加工工艺，经三腌三榨，分切成丝、片、丁形，配以上乘香料装入金属听中，高温杀菌后，外套礼品盒。该榨菜每盒内装 3 听，净重 800 克，有麻辣、清香、传统老咸菜味型，口感嫩脆，风味独特，自上市后深受广大消费者喜爱，市场销价 350 元 / 盒，每吨达 43 万多元，产品附加值极高，是开胃、休闲、馈赠之佳品。

榨菜产业发展

涪陵青菜头（榨菜原料）种植共涉及境内 22 个乡、镇、街道办事处的 16 余万户近 70 万农业人口，年青菜头种植面积达 50 多万亩，青菜头产量达 130 多万吨。现全区有榨菜加工企业 63 家，其中方便榨菜生产企业 45 家（共 57 个生产厂）、坛装（全形）榨菜生产企业 11 家、出口榨菜生产企业 7 家，有国家级农业产业化龙头企业 1 家，市级农业产业化龙头企业 7 家，区级农业产业化龙头企业 6 家。是年，全区准予使用"涪陵榨菜"证明商标的企业 39 家（共 51 个生产厂）。企业注册商标 190 件，其中"中国驰名商标" 2 件，市著名商标 10 件；有"中国名牌产品" 2 个，市级名牌产品 3 个。全区榨菜企业年成品榨菜生产能力达 50 万吨以上，有半成品原料加工户 1.5 万户，年半成品加工能力在 60 万吨以上，是全国最大的榨菜产品生产加工基地。是年，全区榨菜产业年总收入 31.5 亿元，其中农民青菜头种植、半成品加工收入 10 亿元，成品榨菜销售收入 13 亿元，包装、辅料、运输、机械等相关收入 8.5 亿元。涪陵榨菜产品主要分为三大系列：一是陶瓷坛装、塑料罐装、塑料袋外加纸制纸箱包装的全形（坛装）榨菜；二是以铝箔袋、镀铝袋、透明塑料袋包装的精制方便榨菜；三是以玻璃瓶、金属听、紫砂罐装的高档礼品榨菜。涪陵榨菜产品共有 100 余个品种，主要销往全国各省、市、自治区及港、澳、台地区，出口日本、美国、俄罗斯、韩国、东南亚各国、欧美、

非洲等 50 多个国家。"涪陵榨菜"自创牌以来，有 14 个品牌获国际金奖 5 次，获国家、省（部）级以上金、银、优质奖 100 多个（次）。11 月 11 日，"涪陵榨菜"证明商标被评为"2009 中国最具市场竞争力地理商标、农产品商标 60 强"之一；12 月 18 日，涪陵榨菜品牌价值评估为 111.84 亿元，名列全国第二名。

原料基地不断扩大，种植加工增长迅猛

是年，全区种植青菜头 587145 亩，榨菜原料基地比 2008 年扩大种植面积 47458 亩，增长 8.8%；青菜头社会总产量 1318733 吨，比 2008 年增产 350608 吨，增长 36.2%；全区加工榨菜半成品盐菜块 62 万吨，比 2008 年增长 37.8%，再创历史新高。

增产未能增收，农民收入有所减少

因受国际金融危机的影响，企业市场疲软，原料收购资金不足，导致青菜头收购价格偏低，菜农增产未能增收，农民收入较 2008 年有所减少。是年，全区实现青菜头销售收入 50996.2 万元，剔除种植成本 17143.5 万元（按 130 元 / 吨计），青菜头销售纯收入 33852.7 万元，较 2008 年减少 7001.9 万元；全区加工榨菜半成品盐菜块销售收入 40270 万元，榨菜半成品加工纯收入 4885 万元。农民青菜头务工及运输纯收入 11563.2 万元。以上三项合计，全区农民青菜头种植、加工、运输及务工实现总纯收入 50300.9 万元。按全区 80 万农业人口计算，人均榨菜纯收入为 628.8 元，较 2008 年减少 246.2 元。

稳定价格确保收入，收购加工秩序井然

是年，在青菜头收购加工期间，面对全球金融危机不利因素的影响和我区及周边区县青菜头种植面积扩大、单产提高、总产量增长的压力，全区青菜头收购加工开秤价仅 0.5 元 / 公斤，一度收购价格又有所下降。区委、区政府审时度势，以确保菜农收入为根本任务，及时采取措施，出台相应的扶持优惠政策，激励企业和加工户开足马力收购青菜头。在区委、区政府强有力的领导下，全区收购加工秩序井然，未出现压级压价、菜贱伤农的现象，确保了全区青菜头收购加工工作的顺利进行。在榨菜集团等龙头企业的示范带动下，全区青菜头收购价格稳定保持在 0.32—0.36 元 / 公斤，尤其是在收购加工后期由于浙江榨菜企业来涪收购原料，使收购价格上涨至 0.38 元 / 公斤以上，最终实现全区青菜头收购均价达到 0.33 元 / 公斤，与周边区县相比，我区青菜头收购价格高出近 0.1 元 / 公斤，达到了菜农、企业、政府"三满意"结果，保证了菜农的收入。

鲜销工作扎实推进，外销市场得到拓展

为推动全区榨菜产业综合发展，区榨菜办遵循"政府推动、企业主体、部门配合、点面结合、重点突破"的鲜销工作思路，扎实推进青菜头鲜销工作，使外运鲜销工作取得新突破，鲜销市场得到新拓展。经统计，是年上半年，全区共外运鲜销涪陵青菜头（鲜榨菜）276964 吨，完成计划任务的 92.3%（2009 年计划完成鲜销青菜头 30 万吨），其中鲜销 185806 吨，外运 91158 吨，鲜销均价 600 元 / 吨。是年秋季第一批早市涪陵青菜头（鲜榨菜）在 13 个乡镇街道规划种植 5000 亩，于 8 月 25 日前全部播种完毕，经检查验收符合补贴标准的面积为 4176.2 亩，部分涪陵青菜头（鲜榨菜）已于 11 月上旬陆续上市，收购价格达 2.4—3 元 / 公斤，市场价达 3.6—5 元 / 公斤。又与全国各地大中城市超市、蔬菜批发商签订鲜榨菜鲜销协议 13.3 万吨。

成品榨菜产销两旺，企业效益保持增长

是年，全区榨菜企业积极应对金融危机的冲击，加大市场拓展和产品结构调整力度，成品榨菜产销稳定，销售价格上扬，企业效益保持平稳增长。全区共产销成品榨菜 35 万吨，比 2008 年增长 16.7%，其中方便榨菜 30.5 万吨，比 2008 年增长 15.1%，全形（坛装）榨菜 2.3 万吨，比 2008 年减少 0.8%；出口榨菜 2.2 万吨，比 2008 年增长 120%；实现销售收入 13 亿，比 2008 年增长 8.3%；出口创汇 1599 万美元，比 2008 年增长 128.4%；实现利税 2 亿元，比 2008 年增长 16.3%

基地布局更加合理，产业结构调整突出

一是调整种植区域，青菜头种植布局更加合理。按照"稳主产区、扩次产区、拓展新区"的青菜头种植发展思路，在巩固沿江主产区基地的基础上，以"两片两线"中后山乡镇为重点，规划调整榨菜原料基地建设布局，形成鲜销、生产加工各具特色的优质原料基地。是年，在龙潭、同乐、大顺、焦石、罗云等中后山乡镇新发展优质榨菜原料基地 1.09 万亩。二是调整种植品种，良种良法普及率大幅提升。在种植品种上，大力推广"永安小叶""涪丰 14"常规良种和"涪杂 2 号""涪杂 3 号"优质杂交良种，是年全区推广种植"涪杂 2 号"和"涪杂 3 号"早熟杂交良种面积 5 万亩，榨菜种植生产实现了由过去的一季开始向两季的转变，良种普及率达 98% 以上。在生产种植技术上，大力推行标准化、无公害种植技术，从育苗、移栽、田间管理等各个环节，指导菜农按《青菜头标准化无公害技术手册》生产。经检测，全区 97% 的青菜头达到无公害。三是调整成品榨菜结构，新产品开发再上新台阶。鉴于全球金融危机的影响，区榨菜办及时指导各榨菜企业从有利于长远发展出发，大

力调整产品结构，以适应国内外消费市场的变化，不断开发适销对路的新产品，以满足不同消费层次的需要，榨菜产品向品种多样化、规格系列化、档次差异化、功能营养化方向发展，产品附加值不断提高。低附加值的高盐产品、全形榨菜逐渐被高附加值的中、低盐产品取代，杀菌产品占成品榨菜的比例达84.7%。据统计，全年全区榨菜企业共开发榨菜新产品10余个，产品结构进一步优化。

质量整顿成效明显，产品质量稳步提升

根据2008年12月25日全区榨菜收购加工暨质量整顿工作会议和是年2月5日全区榨菜收购加工紧急电视电话会议的要求，从是年开始，由区榨菜办牵头，区质监局、工商局、卫监所参与，组成3个执法检查组，每季度开展一次以检查产品质量、卫生质量、打击假冒侵权行为、强化企业内部管理，严查重处违法添加非食用物质和滥用食品添加剂生产全形榨菜及大包丝榨菜和打击取缔无证照、无品牌、无厂址的"三无"企业"黑窝点"为重点的榨菜质量整顿集中执法检查活动，拉网式地对"黑窝点"和进入"黑名单"的企业进行反复重点执法检查。在是年开展的榨菜质量整顿集中执法检查中，共拉网式检查了全区榨菜生产企业（生产厂）181家（次），突击检查"黑窝点"7家（次）。现场查获百胜镇涪陵渝川公司涉嫌超标添加化学防腐剂生产的全形榨菜3200余件；查获百胜镇紫竹村6组刘某（属"三无"加工黑窝点）涉嫌超标添加化学防腐剂生产的大包丝榨菜1400多件；查获百胜镇杨某（属"三无"加工黑窝点）涉嫌超标添加化学防腐剂生产的大包丝榨菜1300多件；查获百胜镇涪陵紫维食品厂辅料仓库存放的保鲜粉半包、焦亚硫酸钠6包，涉嫌超标添加化学防腐剂生产的大包丝榨菜2000余件、全形榨菜20多件；查获江北街道涪陵锦蒂公司涉嫌超标添加化学防腐剂生产的大包丝榨菜400余件，并在外包装箱上标注"涪陵特产"的字样，涉嫌侵权"涪陵榨菜"证明商标的行为。上述违规生产企业、"黑窝点"均受到有关职能执法部门的严厉查处。通过集中对榨菜企业进行拉网式执法检查，严厉打击了榨菜生产"黑窝点"，严查重处了违法违规生产行为，规范了企业生产经营行为，促进了企业加强内部管理。对超标使用化学防腐剂、违规滥用食品添加剂进行粗制滥造生产全形榨菜、大包丝榨菜的企业和"黑窝点"形成了不敢为、不能为、不愿为的震慑力，有效抑制了生产低质、低档榨菜的行为，进一步促进了全区榨菜产品质量卫生水平的提高。据区质监、卫监部门抽检表明，全年全区榨菜产品质量合格率保持在95%以上，卫生指标合格率保持在98%以上。

项目建设落到实处，菜池验收合格达标

按照区政府《关于 2008 年农业产业发展扶持政策的通知》(涪府发〔2008〕75 号)精神，2008 年继续扶持中后山乡镇农户新建榨菜半成品加工池 2 万立方米，对每户新建榨菜半成品原料加工池 30 立方米以上的，经验收合格后每立方米按 20 元的标准予以补助。区榨菜办按照《通知》精神，及时召开乡镇农服中心负责人和榨菜管理人员负责人会议，安排部署建池工作。是年 5 月下旬，按照区府办安排，由区发改委、农办、财政局、移民局、榨菜办、辣妹子集团有限公司等单位，组成 3 个检查验收组，对全区 19 个乡镇新建榨菜半成品加工池进行了实地丈量验收，全区实际新建合格榨菜半成品加工池 3 万余立方米，超计划项目任务的 50%。

实施品牌发展战略，品牌建设成效显著

为大力实施品牌发展战略，维护涪陵榨菜的百年品牌效应，提升涪陵榨菜在国内外市场的商誉和形象，推动涪陵榨菜产业向品牌化方向发展。是年区榨菜办大力引导和推荐企业积极申报认证驰名、著名、知名商标，工作成效显著。一是涪陵区洪丽食品有限责任公司注册的"餐餐想"榨菜商标、涪陵区紫竹食品有限公司注册的"涪枳"榨菜商标、涪陵区浩阳食品有限公司注册的"浩阳"榨菜商标通过"重庆市著名商标"认证；二是区榨菜办申报注册的"涪陵青菜头"证明商标通过国家工商行政管理总局初审认证；三是涪陵志贤食品有限公司生产的"志贤"牌榨菜被认定为国家"绿色食品"，名优品牌更加突出。

加大打假力度，狠抓榨菜质量整顿工作

区榨菜办按照区委、区政府 2008 年 12 月 25 日全区榨菜收购加工暨质量整顿工作会议和是年 2 月 5 日全区榨菜收购加工紧急电视电话会议的要求，全程抓好榨菜质量整顿工作，做到计划周密，措施落实，责任到位。一是加强对恢复传统"风脱水"加工工艺的宣传发动，督促企业自己收购搭架加工"风脱水"原料。并根据区政府的安排，草拟了《扶持传统"风脱水"榨菜原料加工的建议方案》，拟将全区坪上、中后山乡镇建设成"风脱水"榨菜原料基地，对"风脱水"加工实施补贴政策，以激励传统"风脱水"加工工艺的恢复，提升涪陵榨菜产品质量。二是建立榨菜质量整顿检查组。区榨菜办与有关职能执法部门联合成立了榨菜质量整顿执法检查组，巡回各乡镇、街道及企业检查榨菜质量整顿工作。对那些粗制滥造、水湿生拌、露天作业、坑出腌制和不讲操作规程的行为进行查处和规范。三是大力开展打假治劣。严格坚持榨菜生产加工"十不准"，严厉查处打击"两种"行为，坚决取缔"三类"

榨菜企业。重点对产品质量低、卫生条件差、假冒侵权行为，特别是违法添加非食用物质和滥用食品添加剂生产全形榨菜及大包丝榨菜、无证照、无品牌、无厂址的"三无"企业和"黑窝点"进行执法检查和重点打击。四是把榨菜质量整顿工作纳入制度化。从是年开始，由区榨菜办牵头，区质监局、工商局、卫监所参与，组成了3个执法检查组，每季度对境内开展一次拉网式的榨菜质量整顿执法检查工作，以规范榨菜企业生产行为，打击"三无"企业和"黑窝点"，确保涪陵榨菜产品质量提升。

严格使用条件，强化证明商标管理工作

一是修改完善证明商标使用管理办法。在证明商标的使用管理过程中，区榨菜办针对企业在使用过程中出现的一些新情况新问题，依据《涪陵榨菜证明商标使用管理章程》，对是年《涪陵榨菜证明商标使用管理办法》进行了修改和完善，以规范引导企业正确使用，促进榨菜生产企业提高产品质量。二是严格审批及时办理许可合同。区榨菜办严格按照《涪陵榨菜证明商标使用管理章程》和《涪陵榨菜证明商标使用管理办法》，对申请使用"涪陵榨菜"证明商标的企业，始终坚持"严格条件、从严把关、严格审批、宁缺毋滥"的原则；凡是不具备涪陵榨菜基本生产条件、没有高温杀菌设备、产品质量达不到涪陵榨菜标准的企业，一律不批准使用"涪陵榨菜"证明商标，对达到条件的企业及时审批。是年共审批39家企业的77件商标使用"涪陵榨菜"证明商标。三是加强监管。重点检查企业对"涪陵榨菜"证明商标的使用管理情况，对不遵守《涪陵榨菜证明商标使用管理章程》和《涪陵榨菜证明商标使用管理办法》、违规使用"涪陵榨菜"证明商标的行为严厉查处，并取消其使用"涪陵榨菜"证明商标的资格。是年，有2家证明商标使用企业被取消使用资格。同时对使用证明商标的企业在生产过程中进行监督检查，督促其做到按标生产。

优化加工布局，抓好集中建池规划

根据是年区府办议事纪要第34号关于《研究榨菜半成品腌制池集中建设有关问题》的要求，结合全区榨菜产业发展实际，区榨菜办拟定了《涪陵区榨菜原料腌制池集中建设五年规划》（涪榨办〔2009〕41号），集中建池总体规划在"三线一园"（即江北街道至珍溪镇公路一线，清溪镇至南沱镇沿江一线，龙桥街道至石沱镇一线，以及李渡工业园区食品加工园）进行。集中建池以区内榨菜重点龙头企业为业主，以项目运作形式，从三峡库区产业发展基金中安排资金按200元/立方米对规划批准实施集中建池项目的榨菜企业进行补贴。待集中建池项目完成后，将极大地提高全区榨菜半成品原料加工产能，并有利于集中治理盐水对环境的污染。区榨菜办于是年5月8日将此《规划》上报区政府，现已批准逐年实施。

努力打造品牌，走品牌发展之路

为大力实施品牌战略，维护涪陵榨菜的百年品牌效应，提升涪陵榨菜在国内外市场的商誉和形象，有效打击假冒侵权行为，净化涪陵榨菜产销市场，促进榨菜产品质量整体水平提高，推动涪陵榨菜产业向品牌化方向发展。按照区政府的安排，区榨菜办从 2008 年 11 月开始收集整理资料，将"涪陵榨菜"证明商标向国家工商行政管理总局申报为中国驰名商标，所有申报材料于是年 3 月整理完毕上报国家工商行政管理总局。为促进和扩大涪陵青菜头外运鲜销，走品牌发展之路，增加农民收入，区榨菜办按照区政府的要求，积极主动协调相关部门，及时与重庆市工商局、国家商标局联系协调，将"涪陵青菜头"申报注册为证明商标，在区榨菜办及有关部门的通力合作下，国家工商行政管理总局商标局于 11 月 21 日将"涪陵青菜头"注册初审定为证明商标，发布了为期 3 个月的初审公告。3 个月后，"涪陵青菜头"将成为区里继"涪陵榨菜""Fuling Zhacai"之后的第 3 件证明商标，将有力推动涪陵榨菜产业向品牌化发展。

扩大对外宣传，展示涪陵榨菜品牌形象

一是积极参加"2009（第三届）中国商标节"。由国家工商行政管理总局批准、中华商标协会举办、青岛市人民政府承办的"2009（第三届）中国商标节"于 2009 年 11 月 9—11 日在青岛市举办。此届商标节开展以"共和国 60 华诞·商标 60 强"为主题。为更好地宣传涪陵榨菜，提高涪陵榨菜市场占有率和品牌效益，有效打击假冒侵权行为，区榨菜办组织人员参加了"2009（第三届）中国商标节"。"涪陵榨菜"证明商标被组委会评为"2009 中国最具市场竞争力地理商标、农产品商标 60 强"之一。二是积极参加"亚太地区地理标志国际研讨会"。由世界知识产权组织与国家工商行政管理总局联合举办，重庆市人民政府承办的"亚太地区地理标志国际研讨会"于 2009 年 11 月 30 日—12 月 1 日在重庆市召开。区榨菜办与区工商分局参加了此次盛会，并联合制作了《涪陵榨菜宣传画册》和涪陵榨菜宣传展板，在会上向国内外大力宣传涪陵榨菜，展示了涪陵榨菜的品牌形象，提升了涪陵的知名度。与会代表 200 多人来涪实地参观了涪陵榨菜集团股份有限公司的现代化生产线和青菜头种植基地，品尝了涪陵榨菜产品。在此次会上被世界知识产权组织副总干事王彬颖女士及其他外国官员一致赞誉"'涪陵榨菜'证明商标是中国运用地理标志保护推动农村经济发展的一个成功典范"。三是积极参加"首届中国农产品区域公用品牌建设论坛"。应国家农业部信息中心的邀请，区榨菜办组织人员参加了是年 12 月 18 日在北京由农业部信息中心主办，中国品牌农业网、浙江大学农业品牌研究中心承办的"首届中国农产品区域公用品牌建设论坛"大会。此次论坛，是我国第一次以农

产品区域公用品牌建设为主题的专业高层论坛，区榨菜办向该论坛组委会报送了农产品区域公用品牌建设（即"涪陵榨菜"证明商标使用管理所取得成效）的相关材料，深得论坛组委会好评，"涪陵榨菜"证明商标被"首届中国农产品区域公用品牌建设论坛"组委会评为"2009 中国农产品区域公用品牌价值百强"之一（评估价值为 111.84 亿元人民币，名列全国第 2 名），有力地展示了涪陵榨菜的品牌形象。

强化服务意识，积极为企业协调争取资金

区榨菜办把服务企业作为工作的宗旨，积极与金融系统相关单位协调联系，为企业争取贷款资金。是年，共为企业争取到贷款资金 5820 万元，其中推荐涪陵榨菜集团股份有限公司在市农商行申请 1 年期贷款 3000 万元，涪陵辣妹子集团有限公司在市农业担保公司申请 1 年期担保贷款 500 万元、涪陵宝巍食品有限公司申请 1 年期担保贷款 400 万元、涪陵区渝杨榨菜（集团）有限公司申请 1 年期担保贷款 500 万元、涪陵区洪丽食品有限责任公司申请 1 年期担保贷款 500 万元、涪陵区紫竹食品公司申请 1 年期担保贷款 500 万元、涪陵区顶顺榨菜有限公司申请 1 年期担保贷款 250 万元，涪陵区国色食品有限公司在区兴农担保公司贷款 100 万元、涪陵区渝乾食品厂在区兴农担保公司贷款 70 万元。上述资金主要用于各榨菜企业收购加工、扩大再生产、发展壮大企业，以推动整个榨菜产业的持续健康发展。

闫子乐编导《盛世开坛》

是年，闫子乐编导了舞蹈《盛世开坛》，参加 2009 年涪陵区春节团拜会演出，成为灵魂节目。演出单位是涪陵辣妹子集团、涪陵区歌舞剧团。

《菜乡春早》获奖

是年，《菜乡春早》获 2009 年涪陵区城乡文化互动精品节目展演一等奖。演出单位是珍溪镇，编导是孟少伟。

涪陵榨菜民俗文化馆开始创建

是年，重庆市辣妹子集团有限公司开始着手建立涪陵榨菜民俗文化馆。

2009 年涪陵榨菜品牌价值

中国农产品区域公用品牌价值评估课题组发布 2009 年中国农产品区域公用品牌价值评估报告，涪陵榨菜价值为 111.84 亿元。

2010 年

《飘香·涪陵记忆》参加涪陵春晚

大型情景舞蹈诗《飘香·涪陵记忆》，参加涪陵春晚进行专场演出。

区政府授予榨菜企业"涪陵区 2009 年度榨菜质量整顿工作先进企业"称号

1 月 26 日，在涪陵区人民政府召开的全区青菜头收购加工暨榨菜质量整顿工作会议上，涪陵榨菜集团股份有限公司、涪陵辣妹子集团有限公司、涪陵宝巍食品有限公司、涪陵区渝杨榨菜（集团）有限公司、涪陵浩阳食品有限公司、涪陵德丰食品有限公司、涪陵绿洲食品有限公司、涪陵乐味食品有限公司、涪陵天然食品有限责任公司、涪陵区志贤食品有限公司、涪陵区凤娃子食品有限公司、太极集团重庆国光绿色食品有限公司、涪陵区洪丽食品有限责任公司、重庆野田食品有限公司、涪陵区大石鼓食品有限公司等 15 家榨菜企业被涪陵区人民政府授予"涪陵区 2009 年度榨菜质量整顿工作先进企业"称号。

辣妹子集团被涪陵区政府授予"科技进步三等奖"

1 月，涪陵辣妹子集团有限公司被涪陵区人民政府授予"科技进步三等奖"。

辣妹子集团被评为"2009 年度企业管理规范考评一级企业"

1 月，涪陵辣妹子集团有限公司被涪陵区人民政府评为"2009 年度企业管理规范考评一级企业"。

区政府授予榨菜企业"涪陵区 2010 年度涪陵青菜头鲜销工作先进单位"称号

2 月 25 日，在涪陵区委、区政府召开的全区农村工作会议上，涪陵榨菜集团股份有限公司、涪陵区洪丽食品有限责任公司和涪陵区致长榨菜专业合作社、涪陵区蔬菜协会、涪陵区绿田蔬菜瓜果专业合作社、涪陵区云台山蔬菜专业合作社、涪陵区山垦蔬菜瓜果专业合作社、涪陵区梓润榨菜专业合作社被涪陵区人民政府授予"涪陵区 2010 年度涪陵青菜头鲜销工作先进单位"称号，并分别颁发了奖金。

辣妹子集团被评为"2010年度全区宣传文化工作'先进集体'"

2月，涪陵辣妹子集团有限公司被涪陵区委、涪陵区人民政府联合评为"2010年度全区宣传文化工作'先进集体'"。

榨菜著名商标认定

3月12日，涪陵区榨菜办注册的"涪陵榨菜"地理标志证明商标、"Fuilng Zhacai"地理标志证明商标，涪陵榨菜集团股份有限公司注册的"乌江"（汉字）、"健""乌江"（图形）、"虎皮"牌，涪陵辣妹子集团有限公司注册的"辣妹子"牌，涪陵宝巍食品有限公司注册的"川陵""亚龙"牌，涪陵区渝杨榨菜（集团）有限公司注册的"杨渝""渝杨"牌，涪陵区洪丽食品有限责任公司注册的"餐餐想"牌，涪陵区凤娃子食品有限公司注册的"凤娃"牌，重庆川马食品有限公司注册的"川马"牌，涪陵德丰食品有限公司注册的"茉莉花""三笑"牌，涪陵区志贤食品有限公司注册的"志贤"牌，涪陵区浩阳食品有限公司注册的"浩阳"牌，涪陵区紫竹食品有限公司注册的"涪枳"牌，太极集团重庆国光绿色食品有限公司注册的"太极"牌等20件榨菜商标被重庆市涪陵区知名商标认定与保护工作委员会认定为"涪陵区知名商标"。

辣妹子集团被评为"2009年度成长型小巨人企业"

3月，涪陵辣妹子集团有限公司被重庆市人民政府评为"2009年度成长型小巨人企业"。

"中国涪陵榨菜文化节暨酱腌菜调味品展销会"成功举办

4月24日至25日，涪陵区委、区政府在涪陵广场举办"中国涪陵榨菜文化节暨酱腌菜调味品展销会"。中国食品协会秘书长杜荷，涪陵区领导张鸣、汤宗伟、张世俊、常国权、杨中举、闵秀兰、黄华等参加了开幕式。此届榨菜文化节暨酱腌菜调味品展销会的成功举办，进一步提升了涪陵榨菜百年品牌形象，宣传了涪陵悠久的榨菜文化，维护了涪陵榨菜的宗祖地位，扩大了涪陵在国内外的知名度和美誉度，必将推动涪陵地方经济的发展。

涪陵榨菜在"中国涪陵榨菜文化节暨酱腌菜调味品展销会"上再次向世人展现了涪陵的新形象，展示了涪陵榨菜的独特魅力。一是展现了涪陵榨菜的历史渊源、历史文化、历史价值。在涪陵广场打造的古色古香的文化长廊、含义隽永的楹联、原始简陋的生产加工工具，还原再现了涪陵榨菜传统加工工艺流程，展现了涪陵的人文地理和风土民情。特别是涪陵榨菜的起源、涪陵榨菜同业工会成立的章程、《榨菜踩池号子》词曲、涪陵榨菜传统"风脱水"加工工艺流程大型壁画、盛装产品的土陶坛等，吸引了各级领导、各路嘉宾、客商及群众驻足参观、留影。涪陵独特的、古朴厚重的传统榨菜历史文化进一步得到了世人的认知。二是宣传展示了涪陵榨菜的品牌形象。在榨菜文化节暨酱腌菜调味品展销会上，全区共有 25 家榨菜企业参加了展示展销，各式品牌的涪陵榨菜在整个展示展销会上唱了"主角"。涪陵榨菜集团股份有限公司、涪陵辣妹子集团有限公司、涪陵宝巍食品有限公司、涪陵德丰食品有限公司、涪陵区渝杨榨菜（集团）有限公司、重庆市剑盛食品有限公司、涪陵区紫竹食品有限公司、涪陵区浩阳食品有限公司等榨菜企业生产的袋装、坛装、听装、罐装、礼品盒装榨菜，各种品牌、各种口味、各种档次，琳琅满目，在各路嘉宾和客商及群众面前集体亮相，引发惊叹和热议，有效提升了涪陵榨菜的品牌形象。中国食品协会秘书长杜荷在中国涪陵榨菜文化节暨酱腌菜调味品展销会开幕式致辞中高度赞扬道："只有在涪陵，才能见到如此多样的榨菜产品，也只有在涪陵，才能切身地感受到榨菜所独具的文化魅力和悠久历史，涪陵不愧是世界榨菜之乡"。三是展示了涪陵榨菜百年品牌的独特魅力，企业吸纳了大量资金。在此届榨菜文化节展销会上，涪陵榨菜百年品牌的独特魅力吸引了众多客商，在文化节开幕式上有 5 家榨菜企业与 18 户外地客商对接签约，签订购销协议总额达 15 亿元人民币，另有 3 家榨菜企业与客户签订购销合同 1000 万元人民币，展销期间共零售榨菜 160 吨，销售收入 69.5 万元，各家榨菜企业深感满意。四是扩大了对外宣传。4 月 25 日晚，涪陵榨菜集团股份有限公司歌手在涪陵区委、区政府主办的"中华情·走进世界榨菜之乡涪陵"乌江榨菜之夜·第一届中国长江三峡国际旅游节闭幕式大型演唱会上演唱了《古老的希望城》，此曲诠释了涪陵巴文化、易文化、白鹤梁题刻文化及榨菜文化，赢得了在场观众的阵阵掌声和喝彩；演唱会上由涪陵辣妹子集团有限公司编排的大型歌舞《飘香涪陵记忆》，充分展现了涪陵的榨菜文化。此台节目于 5 月 15 日在中央电视台第四套节目中向国内外转播，必将扩大涪陵及涪陵榨菜文化的对外宣传，提升涪陵的知名度和美誉度。

"中国榨菜暨酱腌菜科技进步与产业发展高峰论坛"举行

4 月 24—25 日，"中国榨菜暨酱腌菜科技进步与产业发展高峰论坛"在涪陵饭店五楼多功能厅举行。涪陵区领导张鸣、汤宗伟、张世俊、常国权、杨中举、闵秀兰、黄华等出席了论坛会。来自国内食品界的著名专家、企业家代表共计 200 多人齐聚一堂，在中国榨菜的发源地涪陵"华山论剑"，共话榨菜产业科技进步，共绘榨菜产业美好蓝图，共同探讨中国榨菜及酱腌菜产业的科技进步与发展思路，这对促进涪陵榨菜产业及我国酱腌菜产业持续快速健康发展、带动农民增收致富、促进城乡统

筹发展具有十分积极而深远的意义。

蒲国树创作《中华情·走进世界榨菜之乡涪陵》文艺晚会主持词

4月25日,《中华情·走进世界榨菜之乡涪陵》文艺晚会在涪陵体育场开幕。为此,蒲树创作主持词。参见何侍昌《涪陵榨菜文化研究》第336—338页。

传统手工榨菜制作体验活动举办

4月,重庆市辣妹子集团有限公司在重庆国际旅游节期间于涪陵广场举办传统手工榨菜制作体验活动。

大型情景舞蹈诗《飘香·涪陵记忆》参加"中华情"演出

4月,大型情景舞蹈诗《飘香·涪陵记忆》参加中央电视台"中华情·涪陵"演出。

涪陵榨菜产品获殊荣

4月,涪陵榨菜集团股份有限公司生产的乌江牌榨菜产品被国家《食品工业科技》《食品产业网》《中国调味品》联合评选为"2009年度消费者最放心食品品牌TOP100"(前百强)。

涪陵榨菜集团被评为"2009年度一级企业"

5月,涪陵榨菜集团被涪陵区人民政府评为"2009年度一级企业"。

涪陵区洪丽食品有限责任公司首家通过涪陵榨菜有机产品认证

5月,北京五洲恒通认证有限公司认证涪陵区洪丽食品有限责任公司种植的青菜头为有机农产品。同月,北京五洲恒通认证有限公司认证涪陵区洪丽食品有限责任公司将有机青菜头为原料生产的"餐餐想"牌方便榨菜为有机榨菜产品,成为全区首家通过有机食品认证的榨菜产品,现该产品已在涪陵、上海、北京等地陆续上市。

国务院参事刘坚参观涪陵榨菜集团股份有限公司华富榨菜厂

6月22日,原国家农业部部长、现国务院参事刘坚一行,在涪陵区委书记张鸣和涪陵榨菜集团股份有限公司党委副书记向瑞玺陪同下,参观了涪陵榨菜集团股份有限公司华富榨菜厂。在了解了丰富的榨菜文化历史和参观完现代化的生产线后,刘坚参事建议该公司可深入研究微生物发酵,继续将榨菜产业发扬光大,并挥墨为该公司题写了"涪陵榨菜甲天下"7个大字。

涪陵区渝杨榨菜（集团）有限公司年产3万吨现代化食品工业园开工建设

6月14日，涪陵区渝杨榨菜（集团）有限公司投资5000多万元在百胜镇八卦村6组新建的年产3万吨现代食品工业园区正式破土开工建设，预计在2012年底竣工投产。投产后，该公司榨菜生产能力将扩大两倍，年榨菜产销量翻两番，将跻身为涪陵区又一个具有现代化大型综合食品加工能力的民营企业。

涪陵辣妹子集团成为重庆市榨菜工程实验室"榨菜加工研究中心"

7月，重庆市发展和改革委员会授予涪陵辣妹子集团有限公司为重庆市榨菜工程实验室"榨菜加工研究中心"。

重庆市榨菜工程技术研究中心顺利通过专家组验收

8月10日，重庆市科学技术委员会组织专家在重庆市科技大厦三楼会议室对由涪陵榨菜集团股份有限公司承担的重庆市榨菜工程技术研究中心项目进行了验收。专家组在认真听取汇报并进行有关问题的质询后，一致认为项目承担单位提供的验收材料齐全、规范，符合项目验收规定，完成了"项目计划任务书"的考核指标及重庆市榨菜工程技术研究中心的建设任务，同意该中心通过验收。并要求该中心以后继续加强建设，把其建设成为榨菜科技一流的技术创新和成果转化平台。

涪陵首家有机榨菜种植基地诞生

2008年9月，涪陵区洪丽食品有限责任公司向北京五洲恒通认证有限公司提出申请，要求认证该公司在南沱镇红碑村建立的榨菜原料基地种植的青菜头为有机农产品。北京五洲恒通认证有限公司通过对涪陵区洪丽食品有限责任公司位于南沱镇红碑村种植的293.88亩青菜头生产地的土壤、水质、气候、育苗过程、移栽管理等环节实地进行检测检验，2009年5月，认定其为有机榨菜种植基地。2010年5月，北京五洲恒通认证有限公司向涪陵区洪丽食品有限责任公司颁发了认证证书，这是涪陵第一家有机榨菜种植基地。有机榨菜种植基地生长的青菜头属纯天然、无污染、不使用任何化学肥料及农药，涪陵区洪丽食品有限责任公司下一步将扩大有机青头种植面积到2000亩，以供该公司生产有机榨菜产品所需。

涪陵榨菜集团被授予"国家标准化良好行为AAAA级"企业

10月，涪陵榨菜集团股份有限公司被中国国家标准化管理委员会授予《国家标

准化良好行为 AAAA 级》企业。

大型情景舞蹈诗《飘香·涪陵记忆》参加上海世博会演出

10 月，大型情景舞蹈诗《飘香·涪陵记忆》参加上海世博会演出。

西安市超市设涪陵青菜头鲜销专柜

西安从 11 月初到次年开春，气温都在 0℃左右，当地新鲜蔬菜都靠大棚种植，上市不多，价格不菲，冬季新鲜蔬菜的供给压力大，陕西省农业厅为解决西安市民吃时鲜蔬菜难的问题，在西安市中心的华润万家超市设置了涪陵青菜头鲜销专柜，挂着涪陵青菜头鲜销专柜的牌子，上面有涪陵青菜头菜谱，鲜嫩翠绿的涪陵青菜头吸引了市民大包小包争先购买，仅涪陵榨菜集团股份有限公司送进西安市大型超市的蔬菜卖场，每天销售超过 10 吨。2010 年，通过涪陵榨菜集团股份有限公司和部分乡镇及榨菜专业合作社的销售渠道销售到西安市场的青菜头销售量已突破 1 万吨。

"涪陵榨菜"在深交所成功上市登录中小板

11 月 23 日上午，在深圳证券交易所，涪陵区委书记张鸣和涪陵榨菜集团股份有限公司董事长兼总经理周斌全一起敲响了开市宝钟。自此，涪陵榨菜集团股份有限公司的"涪陵榨菜"股票（代号：002507）如意登陆深圳证券交易所中小板上市。涪陵区领导张鸣、沈晓钟、张世俊、常国权、姚凤达、陈善明、黄华等及涪陵区级相关部门负责人参加了当天上午在深交所举行的上市仪式。"涪陵榨菜"的成功上市，使涪陵榨菜集团股份有限公司成为中国酱腌菜行业首家也是唯一的一家上市企业，是该公司继率先实现榨菜小包装和生产机械化后在榨菜史上创造的又一个业绩，也意味着涪陵榨菜集团股份有限公司在资本力量的推动下，未来将在资本市场上取得更大发展。这标志着涪陵榨菜产业率先开创了利用资本市场来推动发展的先河，也标志着涪陵榨菜产业再上了一个新台阶，站在了新一轮大发展的新起点上，涪陵榨菜综合竞争能力将进一步增强。

辣妹子集团被评为"2010 年度中国食品安全示范单位"

11 月，涪陵辣妹子集团有限公司被中国食品安全年会组委会评为"2010 年度中国食品安全示范单位"。

辣妹子集团被评为"重庆市守合同重信用单位"

11 月，涪陵辣妹子集团有限公司被重庆市工商行政管理局评为"重庆市守合同重信用单位"。

乌江牌榨菜被评为"中国榨菜产业领导品牌"产品

11月，涪陵榨菜集团股份有限公司生产的乌江牌榨菜产品在参加中国调味品协会成立10周年庆典大会上，被中国调味品协会评选为"中国榨菜产业领导品牌"产品。

涪陵区榨菜管理办公室获"中国特产业先进单位"称号

12月15日，在北京召开的第十届特产文化节暨首届地理标志文化节上，涪陵区榨菜管理办公室因在中国特产事业发展和中国地理标志商标管理工作中贡献突出，被第十届中国特产文化节组织委员会、中国特产之乡推荐暨宣传活动组织委员会授予"中国特产业先进单位"荣誉称号。

渝杨榨菜集团被评为"中国特产业优秀企业"

12月15日，在北京召开的第十届中国特产文化节暨首届地理标志文化节上，涪陵区渝杨榨菜（集团）有限公司因在为中国特产业开发、建设、宣传工作中成绩突出，被第十届中国特产文化节组织委员会、中国特产之乡推荐暨宣传活动组织委员会评为"中国特产业优秀企业"。

宝巍食品、紫竹食品获"全国农产品加工业示范企业"荣誉称号

12月21日，涪陵宝巍食品有限公司、涪陵区紫竹食品有限公司被国家农业部授予"全国农产品加工业示范企业"荣誉称号。

"重庆·涪陵青菜头鲜销推介会"举行

12月25日，由重庆市农业委员会和涪陵区人民政府共同举办的"重庆·涪陵青菜头鲜销推介会"在西安市唐城宾馆会议厅隆重举行，陕西省农业厅总农艺师白杰、西安市农业委员会副主任张贵生、重庆市农业委员会副主任刘启明、涪陵区委副书记李景耀、区人大常委会副主任姚凤达、区政府副区长黄华等出席了推介大会，涪陵区委宣传部、区农委、区商务局、区农科所、区榨菜办及区级有关部门负责人、全区涉及青菜头种植的22个乡镇街道及农业服务中心主要负责人参加了推介会。在推介会上，涪陵区委副书记李景耀介绍了涪陵榨菜产业的发展概况及涪陵区坚持榨菜产品的深加工和青菜头鲜销两轮驱动，拓展产业发展空间，带动涪陵菜农增收致富的情况。陕西省农业厅总农艺师白杰表示，涪陵青菜头鲜销不仅可以带动农户增

收，同时也是保证了市场供给，满足西安市民生活需要的重大举措。涪陵、西安双方以青菜头鲜销为纽带，开启了区域合作的新篇章。涪陵区人民政府副区长黄华向客商介绍了涪陵青菜头销售蕴含的商机，"涪陵青菜头"作为重庆市第一蔬菜品牌和全国特色蔬菜品牌的含金量让客商心仪，来自全国各地的30多位客商与涪陵区22个乡镇街道和4家榨菜生产企业签订了11.8万吨的青菜头鲜销合同。此次涪陵青菜头鲜销推介会在西安举行，开创了全市农产品市外专题推介的先河，对于把涪陵青菜头打造成为重庆市蔬菜第一品牌，带动涪陵菜农增收致富具有十分重要的意义。

涪陵宝巍食品有限公司建成日处理240吨污水处理厂

12月，涪陵宝巍食品有限公司争取重庆市环保局、涪陵区环保局立项兴建的日处理240吨榨菜污水处理示范工程竣工投入试运行。此项目由重庆市环保局和涪陵区环保局投入项目资金75万元，涪陵宝巍食品有限公司自筹资金投入200万元兴建，其污水处理工程投入使用后，能有效地突破低成本不能处理榨菜盐水的技术瓶颈，解决企业建立污水处理设施投入大的问题，这将对全区榨菜企业建立污水处理设施起到示范带动作用。

涪陵榨菜集团被评为"2010年重庆食品工业十强企业"

12月，涪陵榨菜集团股份有限公司被重庆市经济和信息化委员会评为"2010年重庆食品工业十强企业"。

涪陵榨菜集团被评为"重庆市农业产业化龙头企业30强"之一

12月，涪陵榨菜集团股份有限公司被中共重庆市委农村工作领导小组评为"重庆市农业产业化龙头企业30强"之一。

108g"榨菜泡菜"被列为"重庆市重点新产品"

12月，涪陵辣妹子集团有限公司生产的108g"榨菜泡菜"被重庆市科学技术委员会列为"重庆市重点新产品"。

大型情景舞蹈诗《飘香·涪陵记忆》参加重庆园博会演出

12月，大型情景舞蹈诗《飘香·涪陵记忆》参加园博会演出。

榨菜新产品开发

是年，由重庆市涪陵区渝杨榨菜（集团）有限公司研制开发新产品。该产品选用涪陵境内种植的无公害优质青菜头为原料，经传统的"风脱水"，三腌三榨工序，用纯净水淘洗，切分成丝、片、丁形，拌以上乘香辅料并分装杀菌，配以设计精美典雅的四层内外包装。该榨菜产品具有口感嫩脆，奇香无比，回味悠长等特点，味型有麻辣、原味、五香等。该产品自投放市场后，深受广大消费者喜爱，市场销售价每吨达25万多元，具有较高的产品附加值，是开胃、佐餐、馈赠亲友之佳品。

是年，由重庆市涪陵区洪丽食品有限责任公司投入30万元研制开发产品。该产品选用北京五洲恒通认证有限公司认证的涪陵境内海拔800米以上无污染、纯天然、未使用任何化学肥料及农药的有机青菜头为原料，采用涪陵榨菜传统的"风脱水"加工工艺，三腌三榨工序，用纯净水淘洗后，切分成丝、片、芯形，拌入上乘香辅料，分装高温杀菌，配以精装礼品盒。该产品质地嫩脆，鲜香可口，具有营养丰富，开脾健胃之功效，被北京五洲恒通认证有限公司认证为有机榨菜产品。自投放涪陵、北京、上海等市场以来，深得消费者喜爱，市场销售价格每吨达20多万元，产品附加值甚高，是佐餐、拌饭、馈赠之佳品。

证明商标使用管理

一是加强品牌建设。是年，完成了将"涪陵榨菜"地理标志证明商标申报认定为"中国驰名商标""Fuling Zhacai"地理标志证明商标申报认定为"重庆市著名商标"、"涪陵青菜头"地理标志证明商标申报认定为"涪陵区知名商标"的认定工作，三件商标分别获得"中国驰名商标""重庆市著名商标""涪陵区知名商标"认定。二是完善管理办法。在总结近几年"涪陵榨菜"地理标志证明商标的使用管理经验基础上，涪陵区榨菜办依据《涪陵榨菜证明商标使用管理章程》有关规定，对本办2009年制定的《涪陵榨菜证明商标使用管理办法》进行了再次修改和完善，以规范使用管理。三是严格使用条件。涪陵区榨菜办严格按照《涪陵榨菜证明商标使用管理章程》和《涪陵榨菜证明商标使用管理办法》，对申请使用"涪陵榨菜"地理标志证明商标的企业，始终坚持"严格条件、从严把关、严格审批、宁缺毋滥"的原则；凡是没有杀菌设备的生产企业，产品质量达不到涪陵榨菜标准的，一律不批准使用"涪陵榨菜"地理标志证明商标，对达到条件的企业及时审批。是年共审批35家企业的75件商标使用"涪陵榨菜"地理标志证明商标。四是加大监管力度。对企业不遵守《涪陵榨菜证明商标使用管理章程》和《涪陵榨菜证明商标使用管理办法》，违规使用"涪陵榨菜"地理标志证明商标行为的企业严厉查处，并取消其使用"涪陵榨菜"地理标志证明商标的资格。是年，在检查企业对"涪陵榨菜"地理标志证明商标使用管理过程中，有4家企业不符合证明商标使用条件而被取消使用资格。同

时对使用证明商标的企业在生产过程中进行监督，督促其做到按标生产，确保涪陵榨菜产品质量。五是提高准入门槛。"涪陵榨菜"地理标志证明商标被认定为国家驰名商标后，将于2011年在全区正式实施使用，涪陵区榨菜办加大宣传力度，专题召开了榨菜生产企业证明商标使用管理会议进行宣贯，在证明商标使用管理工作上，广泛征求企业意见。2011年"涪陵榨菜"地理标志证明商标在审批、使用上将进一步提高准入门槛，并加大管理力度。

强化产品质量安全生产监管

一是加强对恢复传统"风脱水"加工工艺的宣传发动，督促企业自己搭架收购、加工"风脱水"榨菜原料，以恢复传统"风脱水"加工工艺，提升涪陵榨菜产品质量。二是把榨菜质量整顿工作纳入制度化。是年，由区榨菜办牵头，区质监、工商、卫监、食药监等相关执法职能部门参与，各乡镇街道密切配合，于3月、6月、9月、12月分别开展了四次集中以榨菜质量、加工安全、食品卫生、商标侵权、企业管理等为主要内容的专项整治行动，全年共拉网式检查榨菜生产企业和加工户378户（次），现场排查督促整改安全隐患15户企业21起，查处违规违法生产企业7家，取缔违规违法生产"黑窝点"5个，现场查获销毁涉嫌超标添加化学防腐剂和违规使用非食用物质生产全形榨菜、大包丝榨菜7.2吨，查处商标侵权企业4家，有力地震慑了违规生产行为，促进了企业规范安全生产。三是加大安全生产监管工作。涪陵区榨菜办以《食品安全法》《生产安全法》《涪陵区榨菜生产加工安全操作技术规程》（涪榨办〔2009〕81号）为主要学习宣传内容，多形式、多渠道广为宣传，让全区广大加工户、生产企业职工充分认识榨菜质量、生产安全的极端重要性，增强质量、安全意识；进一步加强榨菜质量安全日常监管，除每月向乡镇街道收取安全情况报表外，还明确科室经常深入各榨菜企业，督促指导落实质量安全主体责任，执行各种岗位职责，落实质量安全常态化宣传培训，组织安全隐患排查整治，严格按标规范生产。

实施农村劳动力转移培训阳光工程

根据市农委、市财政局《关于实施2010年农村劳动力转移培训阳光工程工作的通知》（渝农发〔2010〕348号）文件精神，是年11月，涪陵区榨菜办与区农委农广校联合办班，分别在宝巍食品有限公司、浩阳食品有限公司、洪丽食品有限责任公司、大顺乡开设了4个农村劳动力转移培训班，对200名农民工（榨菜种植加工户）和企业的生产操作人员进行了为期8天的榨菜种植加工技术理论及实际操作培训。参训学员经考试全部合格，获得阳光工程管理部门统一颁发的岗位结业证书。通过培训，使参训人员增长了经营管理、农产品质量安全等方面的基本知识，熟练掌握了青菜头种植、半成品加工、成品榨菜生产等方面的基本技术，提高了从事榨菜生产加工操作的基本技能，为促进农民工稳定增收奠定了基础。

大型舞蹈《盛世开坛》参加 2009 年涪陵春晚

是年，重庆市辣妹子集团有限公司出资，并以辣妹子名义演出的大型舞蹈《盛世开坛》成为 2009 年涪陵春节文艺晚会的灵魂节目。

榨菜科研论文发表

是年，刘义华、张召荣、冷容、李娟在《西南农业大学学报》第 3 期发表《茎瘤芥（榨菜）对播种期的响应及其筛选研究》一文。

张红、杨斌、张召荣、高明泉、赵守忠、李娟在《耕作与栽培》第 3 期发表《大头芥杂一代新组合在湖北襄樊的适应性研究》一文。

苏扬、张聪、王朝辉在《食品科技》4 期发表《榨菜加工工业及其发展战略的研究》一文。

榨菜科研课题发布

是年，刘义华主持重庆市科委课题"利用航天诱变技术创制芥菜育种新材料研究"，起止年限为 2010—2012 年。

王彬主持重庆市科委课题"涪陵榨菜产业结构调整的战略研究"，起止年限为 2010—2011 年。

周光凡主持重庆市农业综合开发办公室课题"高产抗病杂交榨菜新品种涪杂 3 号示范推广"，起止年限为 2010—2011 年。

榨菜产业发展

涪陵青菜头（榨菜原料）种植共涉及境内 22 个乡、镇、街道办事处的 16 余万户 60 多万农业人口，年青菜头种植面积达 60 多万亩，青菜头产量达 130 多万吨。现全区有榨菜加工企业 61 家，其中方便榨菜生产企业 43 家（共 73 个生产厂）、坛装（全形）榨菜生产企业 11 家、出口榨菜生产企业 7 家，有国家级农业产业化龙头企业 1 家，市级农业产业化龙头企业 7 家，区级农业产业化龙头企业 8 家。2010 年，全区准予使用"涪陵榨菜"地理标志证明商标的企业 35 家（共 47 个生产厂）75 件商标。企业注册商标 190 件，其中"中国驰名商标"2 件，市著名商标 15 件，区知名商标 20 件。全区榨菜企业年成品榨菜生产能力达 60 万吨以上，有半成品原料加工户 1.2 万多户，年半成品加工能力在 90 万吨以上，是全国最大的榨菜产品生产加

工基地。是年，全区榨菜产业年总收入36.7亿元，其中农民青菜头种植收入8.5亿元，半成品加工收入7.6亿元，成品榨菜销售收入15亿元，包装、辅料、运输、机械及附产物等相关收入5.6亿元。涪陵榨菜产品主要分为三大系列：一是陶瓷坛装、塑料罐装、塑料袋外加纸制纸箱包装的全形（坛装）榨菜；二是以铝箔袋、镀铝袋、透明塑料袋包装的精制方便榨菜；三是以玻璃瓶、金属听、紫砂罐装的高档礼品榨菜。涪陵榨菜产品共有100余个品种，主要销往全国各省、市、自治区及港、澳、台地区，出口日本、美国、俄罗斯、韩国、东南亚各国、欧美、非洲等50多个国家。"涪陵榨菜"自创牌以来，有14个品牌获国际金奖5次，获国家、省（部）级以上金、银、优质奖100多个（次）。1月5日，"涪陵榨菜"地理标志证明商标被国家工商行政管理总局商标局认定为"中国驰名商标"；2月21日，"涪陵青菜头"被国家工商行政管理总局商标局核准注册为地理标志证明商标；11月23日，"涪陵榨菜"在深圳证券交易所成功上市；12月17日，"Fuling Zhacai"地理标志证明商标被重庆市工商行政管理局认定为"重庆市著名商标"。

青菜头种植及半成品加工

是年，全区青菜头种植面积为615373亩，较上年增长4.8%，青菜头社会总产量1290903吨，较上年减少2.1%；全区共加工半成品盐菜块60万吨，较上年减少3.2%。

农民收入大幅增长

是年，全区青菜头销售收入为85097.7万元，剔除种植成本16781.7万元（按130元/吨计算），青菜头销售纯收入68316万元。按全区80万农业人口计，人均青菜头种植纯收入854元，较上年人均增收430.8元；全区半成品盐菜块销售总收入68420万元，较上年增长28150万元，销售纯收入7977万元，较上年增长3092万元；务工、运输纯收入12135.2万元，较上年增长572万元。以上三项合计实现纯收入88428.2万元，较上年增长38127.3万元，按全区80万农业人口计，人均纯收入为1105.35元，较上年人均增长476.55元，增幅创历史新高。

青菜头拓市鲜销扎实推进

一是全区22个乡镇街道种植早市及第二季青菜头共计10.1万亩，比上年增加2.8万亩；二是全区共组建26个宣传拓市工作组，印发宣传折册20000册，拍摄刻录宣传光盘1000盘，前往全国41个大中城市宣传促销，设立直销点79个，签订意向性鲜销协议22万吨；三是在CCTV-7节目进行了为期半年的"涪陵青菜头"广告宣传，在"中国榨菜之乡""涪陵榨菜"以及企业网页上宣传涪陵青菜头基地建设规模、营养成分、食用方法、交通运输条件，对外公布联系电话，以方便全国各地蔬菜经销商查询。是年，全区共外运鲜销青菜头 254808 吨，鲜销均价 0.90 元 / 公斤，实现外运鲜销收入 22932.7 万元，较收购加工助农增收 7500 万元以上。

企业生产效益稳步增长

是年，全区榨菜企业共产销成品榨菜 37 万吨，比上年增长 6%；实现销售收入 15 亿元，比上年增长 15%；实现利税 2.1 亿元，比上年增长 5%。

产品结构调整多元化

是年，全区各榨菜生产企业尤其是重点骨干企业着眼长远发展，大力开发生产附加值较高的中低盐杀菌产品以及泡菜、盐菜、橄榄菜，有力地推进了产品结构调整，提高了销售价格，确保了企业增效。全区杀菌榨菜产品比例由上年的 70% 左右提高到 81.5%；榨菜产品销售价格普遍提高 300 元 / 吨。

质量整顿成效明显

是年，在区级相关执法职能部门和乡镇街道密切配合下，以榨菜加工质量，生产卫生、商标侵权、企业管理、安全隐患排查整治、企业主体责任落实为整顿规范重点内容，切实加强日常监管，坚持每季度对榨菜生产企业和加工户集中进行一次拉网式检查，全年共检查榨菜生产企业和加工户 378 户（次），现场排查督促整改安全隐患 15 户企业 21 处，查处违规违法生产企业 7 户，取缔违法生产"黑窝点" 5 个，查获销毁不合格产品 7.2 吨，查处商标侵权企业 4 户，关闭不具备生产条件的小榨菜企业 2 户，全区榨菜生产未发生重大质量安全事故。

集中建池取得进展

在 2009 年安排的 7 户企业 6 万立方米的集中腌制池建设项目中，到是年底，涪陵榨菜集团股份有限公司、涪陵区紫竹食品有限公司、涪陵洪丽鲜销榨菜专业合作社已完成 2.8 万立方米腌制池和废水治理配套设施建设项目任务；涪陵区渝扬榨菜（集团）有限公司 1.1 万立方米、涪陵祥通食品有限责任公司 6300 立方米集中建池项目已开工建设；涪陵辣妹子集团有限公司、涪陵区桂怡食品有限公司 2 户企业集中建池项目将于 2011 年初开工建设。是年安排的涪陵榨菜集团股份有限公司等 7 户企业 5.3 万立方米的集中建池项目正在完善申报手续，落实建设用地，全部将于 2011 年上半年开工建设。

品牌建设取得成效

涪陵区榨菜办按照"培育一批、扶持一批、推荐一批"的原则，大力开展国家驰名商标、市著名商标、区知名商标的创建工作，品牌建设工作取得了显著成效。一是"涪陵榨菜"地理标志证明商标成功认定为"中国驰名商标"，进一步提升了涪陵榨菜的品牌形象。二是"涪陵青菜头"成功申请注册为"地理标志证明商标"，从源头上保证了涪陵榨菜原料的品质，为把"涪陵青菜头"打造成重庆市第一蔬菜品牌奠定了基础。三是培育知名商标。是年，"涪陵榨菜"和"Fuling Zhacai"地理标志证明商标、"乌江""辣妹子""川陵""亚龙""茉莉花""三笑"等20个榨菜商标被重庆市涪陵区知名商标认定与保护工作委员会认定为"涪陵区知名商标"，使涪陵榨菜品牌知名度不断提升。

传统"风脱水"工业化应用研究（榨菜快速脱水一次腌制研究）

该项目由重庆市涪陵榨菜集团股份有限公司组织进行，通过以鲜青菜头及浅腌青菜头为原料，经切分后再经烘房热风脱水，低盐适度发酵，低温冷藏或高盐常温保藏，较好地保存了榨菜原料的营养成分，产品风味超越了传统风脱水榨菜，并形成无污染生产，为当前的礼品榨菜加工及将来的高档榨菜加工探索建立了有效途径。该项技术成果将在该公司2010年的礼品榨菜加工上应用。

饮用水代替榨菜生产用水用于榨菜生产研究

该项目由重庆市涪陵榨菜集团股份有限公司组织实施研究。通过对榨菜生产过程中各种原料、辅料、助料及各个工序的微生物活动的检测数据为理论依据，结合国家关于饮用水及食品工艺用水的相关要求，并开展了榨菜生产小试、中试、规模试验。试验结果证明：饮用水代替榨菜生产用水用于榨菜生产是可行的。该成果将应用到该公司各生产厂，节约设备投资及工艺水处理费用，具有良好的经济性价值。该技术成果将在2010年进行细化分类，验收后转化为应用工艺规范性文件，分阶段实施。

坛装榨菜灭菌保鲜课题研究

该技术项目由重庆市涪陵榨菜集团股份有限公司组织实施研究。通过呼吸发酵，带气孔高温杀菌，趁热密封等工艺处理，使坛装榨菜达到商业无菌，起到灭菌保鲜作用。该技术成果的研究成功，彻底解决了长期以来该公司生产1600克坛装榨菜的溢水质量问题，现已投入了坛装榨菜生产应用。该项目已向国家申报了发明专利。

培贵创作《飘香·涪陵记忆》剧本

是年，培贵创作了《飘香·涪陵记忆》剧本，该剧本文本参见《涪陵榨菜之文化记忆》。《飘香·涪陵记忆》以涪陵四大地域特色文化之一的榨菜文化为内容，以彩云（传说中原名为黄彩，因善腌制五香榨菜而在民间广为流传）与江生的爱情为线，以"青菜籽"为脉，根据青菜头种植和榨菜生产制作工艺流程，选取最具艺术表现力的细节，提炼舞蹈语汇，创编成章，以舞蹈为珠，珠联成篇，展开了一幅涪陵榨菜文化生动而绚丽的艺术画卷。

2010 年青菜头品牌价值

中国农产品区域公用品牌价值评估课题组发布 2010 年中国农产品区域公用品牌价值评估报告，青菜头品牌价值为 11.66 亿元。

2010 年涪陵榨菜品牌价值

中国农产品区域公用品牌价值评估课题组发布 2010 年中国农产品区域公用品牌价值评估报告，涪陵榨菜价值为 119.78 亿元。

2011 年

涪陵榨菜参展

1 月 6 日，涪陵区有榨菜等 150 多种农产品参加第十届重庆中国西部国际农产品交易会，涪陵榨菜获得好评。

大型情景舞蹈诗《飘香·涪陵记忆》赴非洲访问演出

1 月，大型情景舞蹈诗《飘香·涪陵记忆》随"巴渝风情"中国重庆艺术团赴非洲访问演出。

涪陵区政府授予榨菜企业"2010 年度榨菜质量整顿工作先进企业"

2010 年度，重庆市涪陵榨菜集团股份有限公司、重庆市涪陵辣妹子集团有限公司、重庆市涪陵宝巍食品有限公司、重庆市涪陵渝杨榨菜（集团）有限公司、重庆市涪陵区浩阳食品有限公司、重庆市涪陵区洪丽食品有限责任公司、重庆市涪陵绿

洲食品有限公司、重庆涪陵乐味食品有限公司、涪陵天然食品有限责任公司、重庆市涪陵区志贤食品有限公司、重庆市涪陵区凤娃子食品有限责任公司、重庆市涪陵区紫竹食品有限公司等12家榨菜企业，认真贯彻落实年初全区青菜头收购加工暨榨菜质量整顿工作会议精神，严格按照整顿榨菜质量的工作要求，强化日常管理，促进榨菜产品结构调整，提升了产品质量和品牌形象，实现了带动菜农增收和企业增效，成绩突出。1月26日，12家榨菜企业被涪陵区人民政府评为"2010年度榨菜质量整顿工作先进企业"，受到区人民政府的通报表彰。

"涪陵榨菜"品牌价值评估

1月，中国农产品区域公用品牌价值评估课题组发布了2010年中国农产品区域公用品牌价值评估结果，在2010年中国农产品区域公用品牌价值评估中，"涪陵榨菜"品牌价值被评估为119.78亿人民币，较2009年上升7.94亿元人民币。同时，"涪陵青菜头"品牌价值首次被评估为11.66亿元人民币。

涪陵榨菜集团被评为"重庆市农业产业化龙头企业30强"之一

1月，涪陵榨菜集团股份有限公司被中共重庆市委农村工作领导小组评为"重庆市农业产业化龙头企业30强"之一。

辣妹子集团被评为"重庆市特色泡菜科技专家大院"

1月，涪陵辣妹子集团有限公司被重庆市科学技术委员会评为"重庆市特色泡菜科技专家大院"。

辣妹子集团被评为"重庆市农业产业化龙头企业30强"之一

1月，涪陵辣妹子集团有限公司被中共重庆市委农村工作领导小组评为"重庆市农业产业化龙头企业30强"之一。

涪陵榨菜集团被评为"重庆市创新型试点企业"

1月，涪陵榨菜集团股份有限公司被重庆市科委、发改委、财政局联合评为"重庆市创新型试点企业"。

剑盛食品、大石鼓食品被评为"涪陵区农业产业化经营重点龙头企业"

2月，重庆市剑盛食品有限公司、重庆市涪陵区大石鼓食品有限公司2家榨菜企业被涪陵区人民政府评为"涪陵区农业产业化经营重点龙头企业"。

涪陵榨菜集团被评为"2011 年度涪陵青菜头鲜销工作单位"

2 月，涪陵榨菜集团股份有限公司被重庆市涪陵区人民政府评为"2011 年度涪陵青菜头鲜销工作单位"。

渝杨榨菜集团被评为"2011 年度涪陵青菜头鲜销工作先进单位"

2 月，重庆市涪陵区渝杨榨菜（集团）有限公司被重庆市涪陵区人民政府评为"2011 年度涪陵青菜头鲜销工作先进单位"，予以通报表彰。

紫竹食品被评为"2011 年度涪陵青菜头鲜销工作先进单位"

2 月，涪陵区紫竹食品有限公司被重庆市涪陵区人民政府评为"2011 年度涪陵青菜头鲜销工作先进单位"，在全区农村工作会议上受到通报表彰。

榨菜著名商标认定

3 月 12 日，涪陵区榨菜管理办公室注册的"涪陵青菜头"，涪陵瑞星食品有限公司注册的"仙妹子"牌，涪陵浩阳食品有限公司注册的"奇均"牌，涪陵区凤娃子食品有限公司注册的"成红"牌，涪陵区大石鼓食品有限公司注册的"黔水"牌，涪陵乐味食品有限公司注册的"天喜"牌，重庆市剑盛食品有限公司注册的"渝盛"牌等 7 件榨菜商标被涪陵区知名商标认定与保护工作委员会认定为"涪陵区知名商标"。

渝杨榨菜集团被评为"2011 年度品牌农业建设先进单位"

3 月，重庆市涪陵区渝杨榨菜（集团）有限公司被重庆市涪陵区人民政府评为"2011 年度品牌农业建设先进单位"，予以表彰。

"找寻涪陵记忆——'盛世开坛杯'涪陵传统手工榨菜风情摄影大赛"揭晓

4 月 23 日，涪陵区委宣传部、涪陵区文广新局主办、重庆市辣妹子集团有限公司与涪陵区文联等联合举办"找寻涪陵记忆——'盛世开坛杯'涪陵传统手工榨菜风情摄影大赛"揭晓。从 1000 余幅作品中评选出获奖作品 110 余幅。其中刘宏柏拍摄的《世家》获纪实类一等奖，周铁军拍摄的《印象风脱水》获创意类一等奖。

辣妹子集团被评为"重庆品牌 100 强"之一

6 月，涪陵辣妹子集团有限公司被重庆市品牌学会、重庆品牌 100 强推选委员会评为"重庆品牌 100 强"之一。

渝杨榨菜集团被评为"第一届副会长单位"

7月，重庆市涪陵区渝杨榨菜（集团）有限公司被重庆市农产品加工协会评选为"第一届副会长单位"。

辣妹子集团被评为"重庆市创新型试点企业"

7月，涪陵辣妹子集团有限公司被重庆市科委、发改委、财政局、经信委、国资委、知识产权局等部门联合评为"重庆市创新型试点企业"。

辣妹子集团被评为"2011年度重庆市技术创新示范企业"

7月，涪陵辣妹子集团有限公司被重庆市经信委，财政局评为"2011年度重庆市技术创新示范企业"。

实施科技建设项目

7月，经区政府批准，区榨菜办被确定为"涪陵榨菜产业发展关键技术集成应用与创新服务体系建设"科技富民强县专项行动计划项目实施单位。为确保项目的顺利实施，圆满完成各项任务，区榨菜办根据《科技富民强县专项行动计划绩效考评实施细则》有关要求，认真组织实施。一是成立了涪陵区榨菜办"涪陵榨菜产业发展关键技术集成应用与创新服务体系建设"科技富民强县专项行动计划工作领导小组，切实加强项目的组织领导。二是制定了《涪陵榨菜产业发展关键技术集成应用与创新服务体系建设科技富民强县专项行动计划工作实施方案》，确定了年度目标任务，落实了科室责任。三是启动实施了青菜头种植、榨菜生产加工等项目内容，是年培训青菜头种植、生产加工、企业管理各类人员4500人（次），发放资料5000余份。通过培训，有效提高了从业人员的素质和技能。

涪陵"中国榨菜之乡"个性化邮票首次发行

8月18日，由重庆市涪陵宝巍食品有限公司申报出品的涪陵"中国榨菜之乡"个性化邮票经中国邮政集团集邮总公司审查批准首次发行。涪陵"中国榨菜之乡"个性化邮票的邮折色泽古老纯朴，邮折内共刊有以"2011年兔年玉兔""重庆市人民大礼堂""重庆港""长江三峡库区古迹·'石宝寨''大昌古镇''张飞庙''屈原墓'""白鹤梁""周易园""涪陵夜景""涪陵立交桥""涪陵长江大桥""涪陵体育场""涪陵滨江风景"" '涪陵榨菜'地理标志证明商标注册图案""涪陵榨菜传统风脱水架地""八缸倒匍坛""涪陵榨菜传统工艺裁切""八缸提鲜榨菜""八缸和黄玉榨菜""涪陵油醪糟"等精美图案的 23 枚邮票。该邮票的发行，有效宣传了重庆及涪陵历史文化和涪陵榨菜文化，展现了涪陵经济社会发展新风貌。邮票由北京邮票厂印制，共发行 1000 套，具有一定的收藏价值。

涪陵被评为"中国最具电子商务发展潜力城市"

8 月 25—27 日，CCTV-7《乡村大世界》节目组、天津市人民政府、阿里巴巴网站等单位联合在天津市梅江会展中心（达沃斯论坛举办地）举办了"新商业文明产业经济高峰论坛"。论坛会上，国家有关部委领导、全国各地理标志产品政府领导、金融投资商及电子服务商等各界人士，就运用网络平台宣传"中国地理标志产品"，打造中国地理标志产品品牌形象，开展网上电子商务交易，解决产品"卖得出""卖好价"的问题，助推地方特色产业升级、农民增收致富和新农村建设进行了"华山论剑"。涪陵区在论坛会上，向与会代表及社会各界就如何加强地理标志使用管理，打造地理标志产品，宣传展示了"涪陵榨菜"和"涪陵青菜头"地理标志产品品牌形象及产业发展状况，受到一致赞赏。因此，涪陵被"新商业文明产业经济高峰论坛组委会"评为"中国最具电子商务发展潜力城市"。并成为 CCTV-7《手挽手助推新农村，地理标志产品打造中国品牌》大型公益行动的成员单位，与各成员单位共同签订和发布了《梅江宣言》。《梅江宣言》旨在全国各地理标志产品注册者，依托 CCTV-7《乡村大世界》，联手阿里巴巴宣传、打造"中国地理标志产品"，助推农民增收致富和新农村建设。论坛会期间，涪陵榨菜集团股份有限公司、涪陵辣妹子集团有限公司向与会代表展出了涪陵榨菜产品，深受与会者的好评。

首例"涪陵榨菜"与"涪林 FULIN"商标争议案裁定终结

9 月 15 日，国家工商行政管理总局商标评审委员会下达了《关于第 4187725 号"涪林 FULIN 及图"商标异议复审裁定书》（商评字〔2011〕第 20829 号），裁定被异议商标第 4187725 号"涪林 FULIN 及图"不准予注册。2004 年 7 月 26 日，由居住在陕西省西安市大兴西路 9 号的榨菜经销商叶祖权（重庆市涪陵区人），以自由人身份委托北京灵达知识产权代理有限公司向国家工商行政管理总局商标局申请注册"涪林 FULIN 及图"商标。国家工商行政管理总局商标局于 2006 年 7 月 28 日在《商标公告》第 1033 期上予以初审注册公告（注册号为 4187725 号，核准商品第 29 类，榨菜）。重庆市涪陵区榨菜管理办公室得知此事后，从维护涪陵榨菜品牌声誉和涪陵榨菜产业发展以及保护广大农户的利益出发，于 2006 年 8 月 3 日，向国家工商行政管理总局商标局提出"涪林 FULIN 及图"商标与重庆市涪陵区榨菜管理办公室经国家工商行政管理总局商标局核准注册的"涪陵榨菜及图"（注册号 1389000 号）

和"Fuling Zhacai"（注册号 3620284 号）地理标志证明商标相近似的商标注册异议。2009 年 11 月 14 日，国家工商行政管理总局商标局对重庆市涪陵区榨菜管理办公室提出的商标注册异议下达了商标异议裁定书——《涪林 FULIN 及图商标异议裁定书》（商标异字〔2009〕第 18609 号），裁定准予"涪林 FULIN 及图"商标注册。2009 年 12 月 16 日，重庆市涪陵区榨菜管理办公室委托重庆西南商标事务所向国家工商行政管理总局商标评审委员会提出商标异议复审，并就"涪林 FULIN 及图"商标核准注册后给涪陵榨菜产销市场、涪陵榨菜品牌声誉、涪陵榨菜产业发展、涪陵数十万菜农增收致富等造成的损害和带来的严重后果，向国家工商行政管理总局商标评审委员会进行了全面的阐述。2011 年 9 月 15 日，国家工商行政管理总局商标评审委员会下达了《关于第 4187725 号"涪林 FULIN 及图"商标异议复审裁定书》（商评字〔2011〕第 20829 号），裁定被异议商标第 4187725 号"涪林 FULIN 及图"不准予注册。为此长达 5 年之久的商标注册争议案，终以"涪林 FULIN 及图"不准予注册而告终，从而有效地维护了"涪陵榨菜"品牌形象，保护了"涪陵榨菜"这一金字招牌。

涪陵榨菜集团被西南大学食品科学学院授予"产学研合作助推食品安全优秀企业"称号

9 月，涪陵榨菜集团股份有限公司被西南大学食品科学学院授予"产学研合作助推食品安全优秀企业"称号。

涪陵首家风干榨菜专业合作社挂牌成立

11 月 28 日，涪陵区八缸风干榨菜专业合作社在大顺乡石墙村正式挂牌成立。区委常委、区统战部部长况东权、区政协副主席杨京川，区人大常委会副主任姚凤达、区政府副区长黄华等区领导出席了成立大会，并做了重要讲话。区委办、区府办、区农委、区榨菜办及区级相关部门负责人、部分乡镇领导及农服中心负责人也参加了成立大会。"涪陵区八缸风干榨菜专业合作社"是由涪陵宝巍食品有限公司采取"公司＋基地＋专业合作社＋农户"的榨菜产业化运作模式在大顺乡石墙村成立的榨菜专业合作经济组织，这在涪陵区众多专业合作经济组织中是首家"风干榨菜专业合作社"，是涪陵宝巍食品有限公司运用传统加工工艺与现代食品科技融合，经 3 年多时间探索出的一条既能富民又能强企的路子，在加工风干榨菜的系列过程全由 50 岁以上的老农来完成。风干榨菜专业合作社的成立，既推开了部分老农不能外出打工而在家同样创收、逐步脱贫的新局面，同时又解决了企业加工风干榨菜劳动力短缺不足，风干生产原料供不应求的问题。该专业合作社争取在各级领导部门的大力支持下，规划在三年内打造成重庆市最具特色的专业合作社，建设成全区最大的"风脱水"榨菜原料加工基地，集中建池 5000 立方米，实现年产风干榨菜 3000 吨以上，以满足重庆市涪陵宝巍食品有限公司生产"八缸"系列风干榨菜产品所需，实现销售收入 2 亿元以上，带动基地 3000 农户，亩平均增收 5000 元，户平均年增收 2500 元。

李承洪获"第二届重庆市'十佳'返乡创业明星"称号

11 月，涪陵区洪丽食品有限责任公司董事长兼总经理李承洪同志被中共重庆市委、重庆市人民政府授予"第二届重庆市'十佳'返乡创业明星"称号。

涪陵宝巍食品有限公司的榨菜废水处理项目通过验收

12 月 14 日，由重庆市环保局投入项目资金 75 万元，涪陵宝巍食品有限公司自筹资金 200 万元兴建的日处理 240 吨榨菜废水处理示范工程项目经过一年试运行后，通过了重庆市环保局科技处专家的验收。经检测，处理后出水的 PH 值、固体悬浮物、动植物油等 5 个检测指标，达到《污水综合排放标准》(GB8978-1996) 一级标准要求。原浑浊且表面布满厚厚一层油渍的榨菜加工废水经过该公司榨菜废水处理厂处理后，变为没有杂质和异味的清亮液体，达到标准排放。该项目具有投资小，占地少，运行成本低的特点，适宜在全区榨菜生产企业中推广兴建。

重庆·涪陵青菜头鲜销推介会在沈阳市荣富饭店举行

12 月 16 日，由重庆市农业委员会和重庆市涪陵区人民政府共同主办、重庆市涪陵区农业委员会和重庆市涪陵榨菜集团股份有限公司承办的"重庆市·涪陵青菜头鲜销推介会"在沈阳市荣富饭店举行。辽宁省农业委员会总经济师刘少鲁，重庆市农业委员会副主任刘启明，沈阳市农业委员会副主任张俊华，涪陵区委副书记李景耀、区政协副主席杨京川、区人大常委会副主任姚凤达、区政府副区长黄华等领导出席了推介大会，全国各地涪陵青菜头销售客商，涪陵区委办、区府办、区委宣传部、区农委、区商务局、区供销社、区机关事务局、区农科所、区榨菜办等区级有关部门负责人，全区涉及涪陵青菜头种植的 23 个管委会、乡镇街道负责人及农业服务中心主要负责人，部分涪陵榨菜产业化重点龙头企业及榨菜（蔬菜）专业合作经济组织负责人参加了推介会。在推介会上，涪陵区委副书记李景耀在致辞中说，涪陵区把榨菜产业作为农民增收致富的骨干产业，创新发展，在做大做强深加工的同时，扩大种植面积，加大青菜头鲜销力度。沈阳市是东北三省的物流交通中心，推介会在沈阳举办，将推动涪陵青菜头走向东北市场。辽宁省农业委员会总经济师刘少鲁说，涪陵青菜头在东北冬季有 4 至 5 个月的鲜销时间，和东北地区的蔬菜有很强的互补性，市场竞争力很强。在推介会上，涪陵区政府副区长黄华从鲜销涪陵青

菜头的起源传播、比较优势、鲜销模式、食用食法、市场前景等几个方面对重庆蔬菜第一品牌——涪陵青菜头作了详细推介。会上，30家涪陵青菜头经销商代表与涪陵区23个乡镇街道、部分榨菜企业、榨菜（蔬菜）专业合作社签订了20万吨青菜头鲜销合同。重庆市农业委员会副主任刘启明说，推介会的成功举办，标志着涪陵青菜头鲜销东北市场的成功，涪陵朝着把青菜头打造成重庆蔬菜第一品牌和全国特色农产品的目标又向前迈进一步。

涪陵青菜头鲜销推介会根据拓市鲜销的重点区域每年举办一次。2011年是第四次推介会。前三次分别在重庆、涪陵、西安举办。通过四次鲜销拓市推介，涪陵青菜头现已鲜销到华南、西北、华北、东北等全国28个省市区的58个大中城市。11月中旬，涪陵区组织各乡镇街道及区级有关部门，部分榨菜重点龙头企业、榨菜（蔬菜）专业合作社前往全国50多个大中城市，宣传拓展涪陵青菜头销售市场，总共与涪陵青菜头经销商签订鲜销协议达47.6万吨，可为菜农增收3亿元以上。2011年通过近1个月时间的涪陵青菜头鲜销拓市，江北街道、焦石、罗云、南沱、珍溪等乡镇和涪陵榨菜集团股份有限公司，涪陵洪丽食品有限责任公司等龙头企业已经和东北的10多家企业签订青菜头鲜销合同达10万吨。

"涪陵榨菜"被评选为"巴渝十二品"

12月，在由重庆市品牌学会、重庆市巴渝十二品推选委员会主办的巴渝十二品推选活动中，"涪陵榨菜"被评选为"巴渝十二品"。入选的"巴渝十二品"，主办单位将对其进行组合包装，打造一批旅游产品、流通产品、外宣纪念品，通过各大旅行社、各大超市、专卖店以及有关政府部门、各大企业销售，扩大其在全国乃至全球的知名度和影响力，使"巴渝十二品"代表重庆形象走向世界各地，提高其品牌附加值，进一步提升各有关生产企业的经济效益。

"辣妹子"牌榨菜商标被认定为"重庆市著名商标"

12月，涪陵辣妹子集团有限公司注册的"辣妹子"牌榨菜商标通过重庆市工商行政管理局复审，认定为"重庆市著名商标"。

辣妹子集团被评为"农业产业化国家重点龙头企业"

12月，涪陵辣妹子集团有限公司被国家发展和改革委员会、农业部、财政部、商务部、中国人民银行、国家税务总局、中国证券监督管理委员会、中华全国供销合作总社联合评为"农业产业化国家重点龙头企业"。

剑盛食品被评为"重庆市农产品加工示范企业"

12月，重庆市剑盛食品有限公司被重庆市中小企业局评为"重庆市农产品加工示范企业"。

榨菜科研论文发表

是年，王旭祎、范永红、周光凡、吴朝军、肖莉在《中国园艺》第3期发表《叶面损伤对茎瘤芥主要经济性状的研究》一文。

况小锁、陈法波在《现代农业科技》第13期发表《茎瘤芥（榨菜）种质资源研究进展》一文。

张红、张召荣、范永红、李娟、肖莉在《耕作与栽培》第2期发表《播期、施氮量对茎瘤芥（榨菜）先期抽薹及腋芽抽生影响研究》一文。

冷容、刘义华、张召荣、李娟、冉广葵在《西南农业大学学报》第2期发表《茎瘤芥（榨菜）晚播条件下主要数量性状遗传参数分析》一文。

胡代文、周光凡、高明泉、冷容、张红、李娟、肖莉、吴朝军在《西南农业大学学报》第20期发表《茎瘤芥新品种"涪杂七号"的选育》一文。

徐安书在《中国调味品》2期发表《涪陵榨菜特色产业建设与思考》一文。

重庆工贸职业技术学院课题组在《重庆工贸职业技术学院学报》1期《基于统筹城乡发展的涪陵榨菜产业化研究》一文。

谭淑豪、李旭然、廖贝妮在《中国农村经济》10期《特色农副产品生产加工企业效率分析——以重庆市涪陵区榨菜产业为例》一文。

苏扬、张聪、黄文刚在《中国调味品》第4期发表《榨菜加工新工艺的探讨》一文。

王亚飞、艾启俊、杨艾青等在《农产品加工》第3期发表《超高压处理对袋装榨菜杀菌效果的研究》一文。

刘江国、陈玉成、杨志敏等在《西南大学学报》第5期发表《榨菜废水的混凝处理研究》一文。

刘红芳在《湖南农业科学》第4期发表《茎瘤芥（榨菜）黑斑病病原菌生物学特性》一文。

唐润芝在《重庆社会科学》第11期发表《龙头企业与农户的联结模式及利益实现》一文。

唐润芝在《安徽农业科学》第2期发表《涪陵榨菜农户与农产品加工企业利益联结模式与治理策略》一文。

刘冰在《食品工业科技》第 4 期发表《近红外光谱法快速鉴别涪陵榨菜品牌的研究》一文。

刘冰在《分析测试学报》第 1 期发表《傅立叶变换近红外光谱法快速评价涪陵榨菜品质》一文。

叶林奇在《安徽农业科学》第 3 期发表《涪陵榨菜酱油香气成分的 GC–MS 分析》一文。

闫子乐在《大舞台》第 2 期发表《〈飘香·涪陵记忆牌〉创作随笔》一文。

郑俏然在《食品科技》第 5 期发表《方便榨菜肉末关键工艺参数的研究》一文。

西南大学唐志国有硕士学位论文《重庆榨菜行业竞争分析及企业产品市场定位分析》。

榨菜科研课题发布

是年，周光凡主持科技部课题"涪陵榨菜产业发展关键技术集成应用与创新服务体系建设"，起止年限为 2011—2013 年。

"榨菜品种及配套安全高效栽培技术示范推广"课题获科技部立项，起止时限 2011—2013 年。

胡代文主持重庆市科委课题"不同海拔区域气候表象与茎瘤芥（榨菜）两季栽培关键技术研究"，起止年限为 2011—2013 年。

谭革新主持重庆市科委课题"涪陵农科所生物技术中心建设（I）期"，起止年限为 2011 年。

周光凡主持重庆市科委课题"茎瘤芥（榨菜）瘤状茎膨大相关的功能基因研究及应用"，起止年限为 2011—2013 年。

"池内囤压回水起池工艺在榨菜盐脱水腌制中的应用研究"获涪陵区科技进步奖

是年，涪陵榨菜集团公司完成的"池内囤压回水起池工艺在榨菜盐脱水腌制中的应用研究"获涪陵区科技进步奖。

涪陵榨菜集团榨菜加工专利认定

是年，涪陵榨菜集团公司完成的"一种防腐蚀配电箱""榨菜腌制发酵池""榨菜筋皮皮肉分离机""一种榨菜脱盐淘洗机"申报成为实用新型专利。

地理标志证明商标使用管理

是年，是"涪陵榨菜"地理标志证明商标被认定为中国驰名商标使用的第一年，区榨菜办按照区政府的要求，进一步强化"涪陵榨菜""Fuling Zhacai"地理标志证明商标的许可使用管理工作。一是重新修改完善了使用管理办法。针对"涪陵榨菜"证明商标被认定为中国驰名商标和企业在以往使用过程中存在问题的实际，对《涪陵榨菜证明商标使用管理办法》进行了修改和完善，以规范引导企业的使用行为，督促其做到按标生产，确保涪陵榨菜产品质量。二是严格审批及时办理许可合同。严格按照《涪陵榨菜证明商标使用管理章程》和《涪陵榨菜证明商标使用管理办法》，对申请使用"涪陵榨菜"地理标志证明商标的企业，始终坚持"严格条件、从严把关、严格审批、宁缺毋滥"的原则；凡是没有杀菌设备的生产企业，产品质量达不到涪陵榨菜标准的，一律不批准使用"涪陵榨菜"地理标志证明商标，对达到条件的企业及时审批。全年共计批准24家企业的49件商标使用"涪陵榨菜"地理标志证明商标。三是加强监管。重点检查企业对"涪陵榨菜"地理标志证明商标的使用管理情况，对不遵守《涪陵榨菜证明商标使用管理章程》和《涪陵榨菜证明商标使用管理办法》违规使用"涪陵榨菜"地理标志证明商标的行为严厉查处，并取消其"涪陵榨菜"地理标志证明商标的使用资格，在检查企业对"涪陵榨菜"证明商标使用管理过程中，年内有14家企业不符合使用条件而被取消使用资格。

榨菜质量安全整顿

是年，区榨菜办在行业管理工作中，进一步加大榨菜质量整顿工作的力度。一是坚持开展榨菜半成品原料粗加工质量整顿工作。按照区委、区政府1月26日全区青菜头收购加工暨榨菜质量整顿工作会议的要求，全程抓好榨菜半成品原料粗加工质量整顿工作，做到计划周密，措施落实，责任到位。在青菜头收购加工期间，区榨菜办与有关职能执法部门联合组成榨菜质量整顿执法检查组，巡回各乡镇街道、企业及半成品加工大户，指导督促抓好青菜头收购加工工作，严厉打击露天作业、坑凼腌制、水湿生拌、粗制滥造、偷工减料的加工行为，确保榨菜半成品原料加工质量。二是加强恢复传统"风脱水"加工工艺的工作力度。广泛宣传发动，督促企业自己收购搭架加工"风脱水"原料，以恢复传统"风脱水"加工工艺，提升涪陵榨菜产品质量。三是大力开展打假治劣。严格坚持榨菜生产加工"十不准"，坚决取缔"三类"榨菜企业，严厉查处打击"两种"行为。重点对产品质量低、卫生条件差、假冒侵权行为，特别是违法添加非食用物质和滥用食品添加剂生产全形榨菜及大包丝榨菜、无证照、无品

牌、无厂址的"三无"企业和"黑窝点"进行执法检查和重点打击。四是把榨菜质量整顿工作纳入制度化。每季度由区榨菜办牵头，区质监局、工商局、食药监局、卫监所参与，组成了3个执法检查组，各乡镇街道密切配合，开展以榨菜产品质量、安全生产、食品卫生、商标侵权、企业管理等为主要内容的专项整治行动，对境内榨菜企业进行拉网式的榨菜质量整顿执法检查，以规范榨菜企业生产行为，打击"三无"企业和"黑窝点"，确保涪陵榨菜产品质量提升。五是积极开展严厉打击食品非法添加和滥用食品添加剂专项整治行动。5月，按照国务院、市、区关于开展严厉打击食品非法添加和滥用食品添加剂专项整治工作要求，区榨菜办及时召开全区榨菜行业严厉打击食品非法添加和滥用食品添加剂专项整治工作专题会议，认真学习贯彻国务院、市、区有关食品安全工作会议精神，结合全区榨菜生产工作实际，就榨菜行业开展此次专项整治工作进行了安排部署，专项整治工作紧紧围绕"把打击食品非法添加和滥用食品添加剂行动"作为是年全区"食品安全专项整治季行动"的主要目标，按照"三个必须、四个坚持、五不放过"的要求，在全区榨菜行业扎实从"三个环节"（食品生产加工环节、食品流通环节、食品进出口环节）开展了严厉打击食品非法添加和滥用食品添加剂违法行为的专项行动，严查重处了违法违规生产经营行为，强化了质量安全主体责任，促进了企业按标生产，确保了榨菜产品质量安全。六是开展安全生产大排查大整治大执法专项行动，加大安全生产监管工作力度。以《食品安全法》《生产安全法》《涪陵区榨菜生产加工安全操作技术规程》（涪榨办〔2009〕81号）为主要学习宣传内容、多形式、多渠道广为宣传，让全区广大加工户、生产企业职工充分认识榨菜质量、安全生产的极端重要性，增强质量、安全意识。在开展安全生产大排查大整治大执法活动中，年内共排查榨菜企业150家（次），排除安全生产一般隐患17项，处理违法违章行为15起。同时，进一步加强榨菜质量安全日常监管，督促指导落实质量安全主体责任，逗硬执行各种岗位职责，落实质量安全常态化宣传培训，组织安全隐患排查整治，严格按标规范生产。是年，榨菜质量安全整顿综合执法工作组共检查榨菜生产企业、半成品加工大户344家（次），查处违规生产企业15家，查处侵权"涪陵榨菜"证明商标企业6家，销毁超标使用化学防腐剂和违规使用非食用物质生产的不合格榨菜产品150余吨。全区榨菜企业产品在全国市场未出现被查处通报事件，维护了涪陵榨菜的良好市场形象和品牌声誉。据质监、卫监部门抽检数据表明，全区榨菜产品质量合格率保持在96%以上，卫生指标合格率保持在98%。

浩阳牌香辣盐菜被研发

浩阳牌香辣盐菜，由涪陵区浩阳食品有限公司研制开发。该产品选用涪陵境内种植的无公害优质青菜头的叶子及叶梗为主要原料，经风干腌制发酵后，采用现代食品生产技术制作而成。该产品系涪陵榨菜的附产物开发产品，香辣可口，风味独特，具有营养丰富，开胃健脾之功效，是开胃、面食、佐餐、蒸烧白之佳品。自面市后，深受广大消费者喜爱，市场销售价格每吨达 8000 元。

渝盛牌风脱水陈年窖藏香辣榨菜被研发

渝盛牌风脱水陈年窖藏香辣榨菜，由重庆市剑盛食品有限公司研制开发。该产品选用涪陵区境内的无公害优质青菜头为原料，按涪陵榨菜传统加工工艺，将青菜头穿串上架悬挂，经长江季风自然风干脱水 20 余天后下架"三腌三榨"，再采用倒匍坛工艺装坛陈年窖藏发酵 1—2 年后取出，手工切成丝、片形，拌以上乘香辣辅料，分装巴氏杀菌，配以精装礼品盒。该产品质地嫩脆，香辣可口，具有开胃健脾，帮助食欲之功效，是面食、佐餐、汤料、馈赠亲友之佳品。自投放市场以来，深得广大消费者青睐。

2012 年

3 家榨菜企业被评为"2011 年度农业产业化重点龙头企业 30 强"

1 月 13 日，涪陵榨菜集团股份有限公司、涪陵辣妹子集团有限公司、涪陵区洪丽食品有限责任公司 3 家榨菜企业被中共重庆市委农村工作领导小组评为"2011 年度农业产业化重点龙头企业 30 强"。

涪陵区政府发布"2011 年度榨菜质量整顿工作先进单位和先进企业"

2 月 1 日，涪陵区人民政府发布通报，对在 2011 年度榨菜质量整顿工作中做出突出贡献的珍溪镇人民政府、百胜镇人民政府、江北街道办事处、马武镇人民政府、区榨菜管理办公室等 20 个单位和涪陵榨菜集团股份有限公司、涪陵辣妹子集团有限公司、涪陵宝巍食品有限公司、涪陵渝杨榨菜（集团）有限公司、涪陵区洪丽食品有限责任公司等 11 家企业进行通报表彰，授予"2011 年度榨菜质量整顿工作先进单位和先进企业"称号，并在全区青菜头收购加工暨榨菜质量整顿工作会议上予以授牌。

涪陵区青菜头收购加工暨榨菜质量整顿工作会议召开

2 月 3 日，该会在区委会议中心 101 会议室召开。区委副书记李景耀、区政协副主席杨京川、区人大常委会副主任姚凤达、区政府副区长黄华等区领导出席会议。区委办、区府办及区级有关部门负责人，各有关乡镇街道行政主要负责人、分管领

导、农服中心主要负责人，全区榨菜生产企业负责人近 200 人参加了会议。会上，区政府副区长黄华做了重要讲话，并与有关乡镇街道行政主要负责人签订了 2012 年度青菜头收购加工及榨菜质量整顿《目标责任书》，乡镇代表及企业代表作了发言。会议还通报表彰了 2011 年度榨菜质量整顿工作 20 个先进单位和 11 家先进企业。

万绍碧获"全国城乡妇女岗位建功先进个人"称号

2 月，涪陵辣妹子集团有限公司总经理万绍碧被中华全国妇女联合会、全国农村妇女双学双比领导小组评为"全国城乡妇女岗位建功先进个人"称号。

5 件榨菜商标被认定为"涪陵区知名商标"

3 月 6 日，涪陵宝巍食品有限公司注册的"八缸"牌、涪陵区国色食品有限公司注册的"涪厨娘"牌、涪陵区大石鼓食品有限公司注册的"川东"牌、涪陵区紫竹食品有限公司注册的"涪积"牌、涪陵区渝杨榨菜（集团）有限公司注册的"渝新"牌等 5 件榨菜商标被涪陵区知名商标认定与保护工作委员会认定为"涪陵区知名商标"，有效期 3 年（2012 年 3 月—2015 年 3 月）。

10 家榨菜企业被认定为"农业产业化市级龙头企业"

3 月 30 日，中共重庆市委农村工作领导小组发布通知，涪陵宝巍食品有限公司、涪陵区洪丽食品有限责任公司、涪陵辣妹子集团有限公司、涪陵区渝杨榨菜（集团）有限公司、涪陵榨菜集团股份有限公司、涪陵区紫竹食品有限公司、涪陵区国色食品有限公司、涪陵区浩阳食品有限公司、涪陵瑞星食品有限公司、涪陵区志贤食品有限公司等 10 家榨菜企业被中共重庆市委农村工作领导小组认定为"农业产业化市级龙头企业"，有效期 2 年（2012 年 1 月—2013 年 12 月）。

辣妹子集团被评为"2011 年度重庆市技术创新示范企业"

3 月，涪陵辣妹子集团有限公司被重庆市经信委、市财政局联合评为"2011 年度重庆市技术创新示范企业"。

万绍碧被评为"重庆市同心奖·十大共富典范人物"

3 月，万绍碧被重庆市工商业联合会、重庆日报社、重庆报业集团公司等单位联合评为"重庆市同心奖·十大共富典范人物"。

榨菜品牌获殊荣

4 月 20 日，中国农产品区域公用品牌价值评估课题组发布 "2011 年度中国农产品区域公用品牌价值评估结果"，在 2011 年度中国农产品区域公用品牌价值评估中，"涪陵榨菜" 的品牌价值被评估为 121.53 亿元人民币，较 2010 年上升 1.75 亿元人民币。同时，"涪陵青菜头" 的品牌价值被评估为 12.15 亿元人民币，较 2010 年上升 0.49 亿元人民币。

辣妹子集团被评为 "涪陵区十一五总量减排有功单位"

4 月，涪陵辣妹子集团有限公司被涪陵区人民政府评为 "涪陵区十一五总量减排有功单位"。

传统手工榨菜制作体验活动举办

4 月，重庆市辣妹子集团有限公司在重庆国际旅游节期间于涪陵广场举办传统手工榨菜制作体验活动。

"八缸" 礼品榨菜陶瓷包装获 "包装创意优秀奖"

4 月，涪陵宝巍食品有限公司设计的倒匐坛 "八缸" 礼品榨菜的陶瓷坛包装被全国休闲农业创意精品推介活动组织委员会评为 "包装创意优秀奖"。

重庆市人民政府发展研究中心下达重大决策咨询研究课题

5 月 20 日，重庆市人民政府发展研究中心下达《重庆市重大决策咨询研究课题立项通知书》，涪陵区社科联何侍昌申报的 "重庆榨菜产业发展中的问题与对策研究" 获准立项，项目批准号 ZDB2012002，资助经费 1 万元。

辣妹子集团被评为 "2011 年度涪陵区工业企业 30 强"

5 月 25 日，涪陵辣妹子集团有限公司被涪陵区人民政府评为 "2011 年度涪陵区工业企业 30 强"。

榨菜 3 商标获 "重庆市著名商标"

5 月 29 日，涪陵区洪丽食品有限责任公司注册的 "餐餐想" 牌榨菜商标、涪陵区紫竹食品有限公司注册的 "涪枳" 牌榨菜商标、涪陵区浩阳食品有限公司注册的 "浩阳" 牌榨菜商标通过重庆市工商行政管理局复审，获 "重庆市著名商标"，有效

期 3 年（2012 年 5 月—2015 年 5 月）。

榨菜 5 商标被认定为"重庆市著名商标"

5 月 31 日，涪陵宝巍食品有限公司注册的"八缸"牌、涪陵区渝杨榨菜（集团）有限公司注册的"渝杨"牌、涪陵天然食品有限责任公司注册的"小字辈"牌、重庆市剑盛食品有限公司注册的"剑盛"牌、涪陵川马食品有限公司注册的"川马"牌等 5 件榨菜商标被重庆市工商行政管理局认定为"重庆市著名商标"，有效期 3 年（2012 年 5 月—2015 年 5 月）。

辣妹子集团被评为"重庆市百户管理创新示范企业"

5 月，涪陵辣妹子集团有限公司被重庆市经信委评为"重庆市百户管理创新示范企业"。

辣妹子集团被评为"重庆市优秀民营企业"

6 月，涪陵辣妹子集团有限公司被中共重庆市委、重庆市人民政府评为"重庆市优秀民营企业"。

辣妹子集团成为榨菜非物质文化遗产保护基地

6 月，重庆市涪陵辣妹子集团有限公司被重庆市文化广播电视局命名为重庆市非物质文化遗产"涪陵榨菜传统制作技艺"生产性保护示范基地（渝文广发〔2012〕137 号）。

涪陵榨菜集团被评为"深市主板、中小板和创业板上市公司信息披露考核'A'级公司"

7 月 2 日，涪陵榨菜集团股份有限公司被深圳证券交易所评为"深市主板、中小板和创业板上市公司信息披露考核'A'级公司"。

涪陵榨菜集团被评为"2011 中国中小板上市公司价值五十强"

7 月 25 日，涪陵榨菜集团股份有限公司被中国上市公司协会评为"2011 中国中小板上市公司价值五十强"。

洪丽鲜榨菜股份合作社获"全国供销合作社系统先进集体"称号

7 月，涪陵区洪丽鲜榨菜股份合作社被国家人力资源和社会保障部、中华全国供销合作总社联合授予"全国供销合作社系统先进集体"称号。这是涪陵区榨菜专业合作经济组织首家获得国家部级授予的殊荣。

辣妹子集团被评为"2012年度重庆市技术创新示范企业"

7月，涪陵辣妹子集团有限公司被重庆市经信委、市财政局联合评为"2012年度重庆市技术创新示范企业"。

涪陵区榨菜产销工作会议召开

8月4日，该会在区委会议中心101会议室召开。区委副书记李景耀、区人大常委会副主任王世权、区政协副主席阳森、区政府副区长黄华等区领导出席会议。区委办、区府办及区级有关部门负责人，各有关乡镇街道行政主要负责人、分管领导、农服中心主要负责人，全区榨菜生产企业负责人，榨菜（蔬菜）专业合作社及早市青菜头种植业主200多人参加了会议。会上，区政府副区长黄华做了重要讲话，乡镇代表、企业代表及榨菜（蔬菜）专业合作社代表作了发言。

开展青菜头绿色食品生产技术培训

8月，区榨菜办结合涪陵区青菜头绿色食品生产示范基地创建工作，与区农科所联合举办了2期青菜头绿色食品生产技术培训，参加培训的有全区23个涉及青菜头种植乡镇街道农业服务中心负责人和具体从事榨菜管理工作的人员及全区第一批早市青菜头种植业主共计200余人。培训班主要以《榨菜栽培技术》和《重庆市涪陵区绿色青菜头规范化生产栽培技术》手册为教材，区农科所榨菜专家从榨菜生产基地选择、基地养护、品种选择、苗床准备、消毒管理、播种及苗床管理、本田选择及移栽、田间肥水管理、病虫害防治等方面进行了详细的授课。通过培训，提高了受训人员指导广大菜农实施青菜头绿色食品生产的技术水平，为涪陵创建青菜头绿色食品生产示范基地区奠定了基础。

辣妹子集团被评为"文明单位"

8月，涪陵辣妹子集团有限公司被重庆市精神文明建设委员会评为"文明单位"。

4家榨菜企业被认定为"重庆市农业综合开发重点龙头企业"

9月，涪陵辣妹子集团有限公司、涪陵宝巍食品有限责任公司、涪陵区渝杨榨菜（集团）有限公司、涪陵区紫竹食品有限公司4家榨菜企业被重庆市农业综合开发办公室认定为"重庆市农业综合开发重点龙头企业"。

涪陵成功创建出口榨菜市级质量安全示范区

10月9日，由重庆市出入境检验检疫局、市科学技术委员会、市农业委员会、市对外贸易经济委员会派员联合组成的检查评审组对涪陵创建出口榨菜质量安全示范区情况进行了评审验收。评审组通过听取专题汇报、查阅资料、现场提问等方式，对涪陵的创建工作进行了逐项检查。后经闭门商讨，评审组最后打出了综合分数85分的好成绩，一致同意涪陵出口榨菜质量安全示范区建设通过验收。这标志着涪陵榨菜走向世界翻开了新的一页，迈向了新征程。同时，评审组认为涪陵在创建出口榨菜质量安全示范区工作中，政府重视，基地建设规模宏大，产业辐射影响力强，建立标准化体系有创新，科技支持力度大，决定推荐涪陵区参加国家级质量安全示范区评审验收。

紫竹食品被审定为"重庆市认定企业技术中心"

10月，涪陵区紫竹食品有限公司被重庆市经济和信息化委员会办公室审定为"重庆市认定企业技术中心"。

宝巍食品被评为"首届重庆中小企业100强"

10月，涪陵宝巍食品有限公司被重庆市中小企业创业服务协会、重庆市中小企业100强评选委员会联合评为"首届重庆中小企业100强"。

榨菜3产品被评为"重庆市名牌农产品"

10月，涪陵区洪丽食品有限责任公司生产的"餐餐想"牌方便榨菜，涪陵区渝杨榨菜（集团）有限公司生产的"渝杨""杨渝"牌系列方便榨菜产品被重庆市农业委员会评为"重庆市名牌农产品"。

涪陵榨菜集团被评为"2011年涪陵区农业产业化10强龙头企业"

11月4日，涪陵榨菜集团股份有限公司被涪陵区人民政府评为"2011年涪陵区农业产业化10强龙头企业"。

涪陵榨菜集团被评为"积极回报投资者先进单位"

11月23日，涪陵榨菜集团股份有限公司被重庆市上市公司协会评为"积极回报投资者先进单位"。

重庆市重大决策咨询研究课题"重庆榨菜产业发展中的问题与对策研究"结题

11月，重庆市人民政府发展研究中心"重庆市重大决策咨询研究课题"——"重庆榨菜产业发展中的问题与对策研究"（ZDB2012002）结题。课题组长：何侍昌；主研人员：李乾德、汤鹏主、洪业应、王林林。

"涪陵青菜头推介会暨中国榨菜产业发展论坛"举行

12月16日，由中国农产品市场协会和重庆市人民政府主办、涪陵区人民政府和重庆市农业委员会承办的"涪陵青菜头推介会暨中国榨菜产业发展论坛"在涪陵区太极大酒店隆重举行。国家农业部党组成员、总经济师、中国农产品市场协会会长张玉香，重庆市副市长张鸣，中国工程院院士、华中农业大学教授傅廷栋，市农委及市级有关部门负责人，中国榨菜界有关专家学者，涪陵区委书记秦敏，区委副书记、区政府区长沈晓钟，区政协主席徐志红，区政府副区长黄华，涪陵区级有关部门负责人，全区涉及青菜头种植的23个乡镇街道及农业服务中心负责人，全国各地涪陵青菜头销售客商以及市内外新闻媒体记者等共200多人出席了此次盛会。涪陵区委书记秦敏在致欢迎词时介绍涪陵区情、涪陵榨菜产业发展思路等情况，提出涪陵将以涪陵榨菜为重点，进一步做大做优做强涪陵特色产业，推动涪陵更多农产品走向国际市场。区政府副区长黄华从涪陵青菜头的起源传播、比较优势、鲜销模式、食用方法、市场前景等几个方面对重庆蔬菜第一品牌的涪陵青菜头作详细推介。国家农业部党组成员、总经济师、中国农产品市场协会会长张玉香和重庆市副市长张鸣先后在推介会上作重要讲话。推介会上，来自全国的30家涪陵青菜头经销企业代表与涪陵区23个乡镇街道、部分榨菜企业、榨菜（蔬菜）专业合作社签订了21万吨涪陵青菜头销售合同。推介会后，来自全国各地的专家学者在中国榨菜产业发展论坛上展开交流，就作物杂交、芥菜育种、生物技术、出口榨菜安全、榨菜产业发展等诸多方面内容进行了研讨。与会各级领导、专家学者、经销客商在涪期间，参观了位于涪陵区百胜镇八卦村的青菜头种植基地和涪陵榨菜集团股份有限公司华富榨菜厂，加深他们对漫山遍野青翠欲滴的涪陵青菜头、涪陵榨菜的历史起源、榨菜文化风格、现代生产工艺等方面的印象。

"八缸"牌风脱水老榨菜获"非购不可·重庆十大礼品"称号

12月28日，由重庆市商务局、重庆市旅游局联合举办的重庆市第一届"非购不可·重庆十大礼品"网络评选活动，经长达半年时间的网上投票评选及专家认定后

揭晓。涪陵宝巍食品有限公司生产的"八缸"牌风脱水老榨菜，荣获"非购不可·重庆十大礼品"称号。

"榨菜产业经济学研究"获重庆市社会科学规划项目立项

12月28日，重庆市社会科学规划办公室下达《2012年度重庆市社会科学规划项目立项通知书》，涪陵区社科联何侍昌申报的"榨菜产业经济学研究"获准立项为一般项目，项目批准号2012YBJJ138，资助经费5000元。

浩阳食品有限公司被评定为"重庆市农产品加工示范企业"

12月，涪陵区浩阳食品有限公司被重庆市中小企业局评定为"重庆市农产品加工示范企业"。

辣妹子集团被确定为"重庆市非物质文化遗产生产性保护示范基地"

12月，涪陵辣妹子集团有限公司被重庆市文化广播电视局确定为"重庆市非物质文化遗产生产性保护示范基地"。

《涪陵榨菜之文化记忆》出版

12月，中国人民政治协商会议重庆市涪陵区委员会编著的《涪陵榨菜之文化记忆》由重庆出版社出版发行。该书除"榨菜文化概述"外，分为"飘香的土地""绵延的文明""艺术的风韵"3个部分。其中"绵延的文明"又有"非遗传奇""产业风华""科技之光""文化节会"4个板块，"艺术的风韵"有"影视作品""舞台艺术""诗文歌赋"3个板块。该书较为全面地反映了涪陵榨菜非物质文化遗产。该书收录的"散文"有阿霞的《春天里，想起了榨菜》、汪淑萍的《待到榨菜飘香时》、栗羽的《苦味榨菜中的母爱》、蔼琳的《外乡人的榨菜情》、白长文与石卫华的《榨菜不了情》、何龙飞的《扑坛榨菜块块香》及外一篇《榨菜酱油香飘飘》、乐克传的《我来自榨菜之乡》、蔺全的《涪陵风情话菜乡——榨菜民俗琐谈》及外一篇《好吃不过咸菜饭——榨菜与健康长寿》、王小波的《涪陵榨菜：一座城市的文化符号》、吴辰的《榨菜杂思》、武勇坤的《榨菜盛宴》、伍一飘的《榨菜涪陵两相宜》、香袋儿的《身处外乡念榨菜》、丫丫的《想起外婆的榨菜》、杨清华的《百年榨菜，三香永传》、伊人的《榨菜奇缘》、中波与中义搜集整理的《榨菜与"酱龙肉"的传说》、周智勇的《榨菜杂忆》、汪屏峰等的《涪陵：与直辖市一起成长的"辣妹子"》、聂焱的《辣妹子与榨菜文化》、谭忠明的《涪陵榨菜产业发展之路》、杜全模的《涪陵榨菜五十载》、冉丛文的《涪陵榨菜的包装演变》、谭忠明的《绿色飓风起菜乡——涪陵青菜头鲜销纪实》、王翔的《涪陵青菜头 北方卖出水果价》、杨旭东的《涪陵榨菜：一滴"盐水"颠覆中国酱油标准定义》、李湉湉与王妍莉的《涪陵：榨菜酱油为循环经济拓新天地》、彭中平的《绿叶对根的情意——记涪陵区农科所研究员陈材林》、李仓满的《榨菜情缘》等；收录有国家级非物质文化遗产涪陵榨菜传统制作技艺的《申报文本》（摘录）；收录的"诗词文赋"有杨通才的《腌菜王记》、陶懋勋的《榨菜赋》、含山的《辣妹子赋》、黄节厚的《钗头凤·涪陵榨菜》、李玉舒的《南乡子·岭上望涪州》、李正鹄的《词二首》、况东权的《咏涪陵》、熊炬的《诗二首》、戴家宗的《竹枝词（十二首）》、弦心的《七律.涪陵榨菜》、蒲国树的《"乌江吟"（十首）》、伊言的《榨菜之乡（组诗）》、姚彬的《风脱水榨菜》、况莉的《菜乡故事》、马建的《那一些残存在记忆里的风韵（组诗）》、吴途斌的《榨菜里的乡愁》、爱儿的《榨菜，最深情的表白》、邹明欣的《映像榨菜》、李仓满的《菜苗与爱情》、聂焱的《榨菜之乡·2009年春（组诗）》；收录有1992年张家恕、杨爱平创作的剧本《神奇的竹耳环》；收录有与涪陵榨菜有关的照片：1、吴陵提供的照片：（1）1998年4月，时任中共中央总书记、国家主席江泽民，国务院副总理温家宝视察太极集团国光绿色食品有限公司；（2）1991年11月，时任全国人大常委会委员长乔石视察涪陵榨菜生产；（3）1998年2月，时任国务院副总理吴邦国视察涪陵榨菜生产；（4）1998年10月，时任全国人大常委会委员长李鹏视察涪陵榨菜产业；（5）1998年10月，时任全国人大常委会委员长李鹏为涪陵榨菜题词；（6）2002年2月，时任国务院总理朱镕基、国家计委主任曾培炎视察涪陵榨菜原料基地。2、冉从文摄《春意正浓》《坛装榨菜》《老家的菜地》《农家榨菜香》《现代真空拌料》。3、扁担摄《坛诱》。4、原动力摄《绿之云》。5、颜智华摄《山水涪陵》《冬天的印象与记忆》。6、线线摄《菜瀑·妹妹》。7、再见摄《早春》。8、老树皮摄《干龙坝纪事》。9、樊荣摄《童年》。10、高路摄《菜乡二月》。11、周铁军摄《青涩的记忆》《江风》《风脱水系列之一、之二、之三、之四》。12、杨润瑜摄《雕琢》《春晖》《涪陵榨菜传统制作技艺组照之一、之二、之三》《菜乡行》。13、云·木屋摄《拌香》。14、捧个人场摄《母亲》。15、百川摄《其味无穷》。16、杨远强摄《菜乡岁月》。17、维宁摄《迟迟吾行》《菜乡舞步》。18、胡建忠摄《山地上》《尝新》《榨菜制种系列之二、之三》《窗》《春之诗眼》。19、张永亨摄《原野》《百年沉香》。20、鱼儿摄《农家新咸菜》《农家老咸菜》。21、李夏摄《农家榨菜香》。22、承之行者摄《菜乡人家》《榨菜之乡的堂客们》。23、高建设摄《满眼春色遍野香》《开幕式》《2005年"乌江涪陵榨菜杯"榨菜美食烹饪大赛开幕式》《〈飘香·涪陵记忆〉剧照》。24、柔剑摄《江城飘香》《暮归》。25、西行者摄《馨香飞舞》。26、周兴鱼摄《春色》。27、麻老虎摄《岁月悠悠》。28、肖玉钢摄《同乐》。29、老摄鬼摄《山风》。30、舒黎曦摄《丰收》。31、自由之鹰摄《屋檐下的故事》。32、青稞摄《嫁》。33、张琰摄《秀

色无边》。34、光影福临摄《往事》。35、李强摄《装坛》《〈飘香·涪陵记忆〉剧照》。36、愚人码头摄《春的旋律》《午后》。37、巴江情摄《中国涪陵榨菜文化节暨酱腌菜调味品展销会开幕式》。38、金山归翁摄《春浓菜乡》《榨菜之乡的男人们》。39、老木子摄《收菜时节》。

收录含山《辣妹子赋》

12月,《涪陵榨菜之文化记忆》收录含山《辣妹子赋》,赋云:夫榨菜者,涪州之灵草也。天化地育,飞花为界;日精月华,幻影为畋。生于本土,虽百里无芥豆之别;移植他乡,即咫尺有橘枳之异。何也?水土使然。种粒如丹砂之末,根瘤似弥勒之肚。色近翡翠,叶如鹏翼。秋播而春收,有青霜素雪之质;汗耕而心耘,停含雨瓜风果之香。江风习习脱水,神韵犹在;土窖层层腌榨,品质更真。及至甘泉沐浴、椒盐酥心、高温灭菌、香气销魂……已是凤凰涅槃,浴火重生矣!百年特产,薪火相传。万氏妹崽,泼辣精妍。风梳头,乌云濯水;雨洗脸,粉霞映山。踏一江春汛擂战鼓,趁百丈大潮扬锦帆。白手起家,崛起于清溪之畔;红旗引路,驰骋于市场之间。雄魂虎胆,巴蛇可吞大象;披金带玉,巾帼不让须眉。大山风骨,铁肩担千钧之重;九曲柔肠,涌泉报滴水之恩。轻裁绿叶三千顷,巧串红利十万家。柳叶含情,心交两岸田舍翁;黛眉生辉,口说一川庄稼话。兢兢业业,大仁见著;勤勤恳恳,细致入微。溪桥淡云,励志绿竹夏;瓦舍明月,相思红叶秋。继承祖业,哪敢抱残守缺?做大图强,常思推陈出新。广结良缘,高朋满座;开窗望远,八面来风。风吹好梦,梦想成真。绿色食品,大众倾心;价廉物美,五洲风行。举目红椒吐艳,辣醒大雅君子;四望绿脯喷芳,味醒饕餮丈夫。三教九流,大口佐餐下酒;红男绿女,细品齿颊留香。旁观者人人馋涎欲滴,研食者个个口味大开。味烹红楼,定叫宝黛消愁释恨;魂赴水泊,任凭群雄谈古论今。食者福,百门福,三生梦,万里心。颂曰:一方榨菜,全国名牌。百种风味,饮誉海外。千秋盛事,城乡佳话。万氏辣妹,紫阳高悬。

收录弦心《七律·涪陵榨菜》

12月,《涪陵榨菜之文化记忆》收录弦心《七律·涪陵榨菜》,诗云:五指捏拳埋地间,无花青翠耐霜寒。筋皮剥去头颅滚,木架竹穿示众悬。乱刀凌迟坛里卧,重磨压榨辣盐腌。若非尝尽千般苦,哪有飘香百载传?

榨菜原料腌制池集中建设项目

是年,是涪陵区实施榨菜原料腌制池集中建设五年规划(2009—2013年)的第四年,全区集中建池项目共7个(共60000立方米)。至年底,7个集中建池项目已全部建成，其中有 5 个项目、4.5 万立方米已通过验收使用，有 2 个项目、1.5 万立方米已竣工使用未验收。

榨菜半成品原料粗加工质量整顿

是年，按照区委、区政府年初全区青菜头收购加工暨榨菜质量整顿工作会议的要求，在青菜头收购加工期间，区榨菜办与有关职能执法部门联合组成榨菜质量整顿执法检查组，巡回各乡镇街道、企业及半成品加工大户，指导督促抓好青菜头收购加工工作，严厉打击露天作业、坑凼腌制、水湿生拌、粗制滥造、偷工减料的加工行为，确保榨菜半成品原料加工质量。并加强对恢复传统"风脱水"加工工艺的宣传发动，督促企业自己收购搭架加工"风脱水"原料，以恢复传统"风脱水"加工工艺，提升涪陵榨菜产品质量。

成品榨菜生产加工质量整顿

是年，涪陵区榨菜办狠抓全区榨菜企业的成品榨菜生产加工质量整顿工作，每季度牵头组织区质监局、工商局、食药监局、卫监所组成 3 个执法检查组对境内榨菜企业进行拉网式的榨菜质量整顿执法检查。一方面，加大打假治劣力度。重点对产品质量低、卫生条件差、假冒侵权行为，特别是对违法添加非食用物质和滥用食品添加剂生产全形榨菜及大包丝榨菜、无证照、无品牌、无厂址的"三无"企业和"黑窝点"进行执法检查和重点打击。另一方面，规范企业生产加工行为。督促指导企业牢固树立"质量赢得市场"的经营理念，全力抓好榨菜产品质量安全。在产品的生产过程中，督促指导企业严格按照工艺、工序、标准、操作规程组织生产，做好修剪看筋、淘洗清理、清洁拌料等工序环节，摒弃和杜绝粗制滥造、偷工减料、缺斤少两、超标使用化学防腐剂和使用禁用化学药品等加工行为。强化食品生产卫生管理，严格抓好生产环节卫生、员工清洁卫生、厂区环境卫生，防止食品受污染。落实安全主体责任，确保生产安全，督促指导企业认真学习贯彻落实国务院《关于进一步加强企业安全生产工作的通知》（国发〔2010〕23 号）文件精神，坚持"安全第一，预防为主，综合治理"的方针，强化企业安全生产管理，从管理、制度等方面全面落实企业安全生产主体责任，提升企业安全生产水平。并要求企业建立健全符合自身特点的质量管理和质量体系模式，使生产中的每个环节、每个工序都有章可循、有据可依，严把质量关，不合格的原辅料不准入厂，不合格的产品不准出厂，实现产品质量稳定提高，以质量赢得消费者和市场认可，进而使企业获得最大效益。

榨菜销售市场整顿

为保护涪陵榨菜生产经营者和广大消费者的合法权益，维护涪陵榨菜的百年品牌声誉，促进涪陵榨菜产业持续快速健康发展，是年区榨菜办进一步加大区外侵权"涪陵榨菜"地理标志证明商标的打假力度。除牵头组织区工商部门开展打击区外周边榨菜销售市场的假冒侵权行为外，是年 12 月两次组织区工商部门赴涪陵榨菜的主销区之一广州市场开展打击侵权"涪陵榨菜"地理标志证明商标的违法行为。在广州市场现场查获侵权"涪陵榨菜"地理标志证明商标的"红江"牌榨菜共 278 件（3.3 吨），所有产品被当场查封销毁，区工商部门并对该产品的生产企业依法予以了经济处罚。通过大力开展涪陵榨菜销售市场的整顿，有力震慑假冒侵权的不法行为，净化涪陵榨菜的销售市场。

地理标志证明商标使用管理

是年，涪陵区榨菜办按照区政府的要求，进一步强化"涪陵榨菜""Fuling Zhacai"地理标志证明商标的许可使用管理工作。一是针对企业在"涪陵榨菜"地理标志证明商标使用过程中出现的新情况新问题，再次修改和完善《涪陵榨菜证明商标使用管理办法》，以规范引导企业的使用行为，促进榨菜生产企业提高产品质量。二是严格审批及时办理许可合同。严格按照《涪陵榨菜证明商标使用管理章程》和《涪陵榨菜证明商标使用管理办法》，对申请使用"涪陵榨菜"地理标志证明商标的企业，坚持"严格条件、从严把关、严格审批、宁缺毋滥"的原则；凡是没有杀菌设备的生产企业，产品质量达不到涪陵榨菜标准的，一律不批准使用"涪陵榨菜"地理标志证明商标，对达到条件的企业及时审批。全年共计批准 23 家企业的 52 件商标使用"涪陵榨菜"地理标志证明商标。三是加强监管。对不遵守《涪陵榨菜证明商标使用管理章程》和《涪陵榨菜证明商标使用管理办法》违规使用"涪陵榨菜"地理标志证明商标的行为严厉查处，并取消其"涪陵榨菜"地理标志证明商标的使用资格。年内有 1 家榨菜企业不符合使用"涪陵榨菜"地理标志证明商标条件而被取消其使用资格。

规范整合企业

是年，为进一步规范全区榨菜生产经营行为，推进榨菜产业集团化生产、规模化经营进程，提升涪陵榨菜产业整体竞争能力，推动全区榨菜产业实现跨越式发展。按照区委、区政府的统一部署，区榨菜办拟定了《关于规范整合淘汰榨菜生产企业的建议方案》。《方案》按照"四个一批"（即扶优壮大一批、规范提高一批、淘汰转改一批、自愿整合一批）的工作思路，以现有重点龙头企业为基础，重点实施"1234"工程，扶持培育产销规模大、经济效益好、品牌知名度高的企业和企业集团；规范整合淘汰生产设备设施落后、生产能力小、经营水平低、带动能力弱、产品质量差、品牌影响力小、环保不达标的榨菜企业。是年，已将原有名存实亡的部分小榨菜企业清理出局，全区由 63 家榨菜企业整合为 56 家。力争到 2015 年，全区榨菜生产企业再由现有的 56 家规范整合为 25—30 家，基本实现榨菜企业规模化、现代化、集群化；到 2020 年，实现"1234"的整合淘汰目标。即组建 1 户年产销规模上 20 万吨，产值超 30 亿元的榨菜企业集团；2 户年产销规模上 8 万吨，产值超 12 亿元的榨菜企业；3 户年产销规模上 5 万吨，产值超 8 亿元的榨菜企业；4 户年产销规模上 2 万吨，产值超 3 亿元的榨菜企业，力争有 2 户企业集团成为上市公司。通过规范整合淘汰从根本上解决涪陵区榨菜企业多、小、乱及产品质量差、污染重的突出问题，使全区榨菜资源向规模大、技术水平高、经济效益好、资源利用率高的优势企业集聚，促进榨菜资源开发利用由粗放型向集约型、环保型转变，使涪陵榨菜资源优势转化为经济优势和竞争优势，提升涪陵榨菜产业的整体竞争能力。

"小字辈"牌原味榨菜被研发

"小字辈"牌原味榨菜，由涪陵天然食品有限责任公司研制开发。传统的涪陵榨菜，在味型上沿袭了川菜的麻辣风味，口感咸味重较麻辣，这种风味对上海等沿海城市广大消费者的口味很不适宜。该公司通过考察调研，大量走访、论证，针对上海等沿海城市消费者口味研制开发出"小字辈"牌原味系列榨菜产品。该产品选用涪陵区境内的无公害优质青菜头为原料，按涪陵榨菜传统加工工艺进行生产加工，保持了涪陵榨菜独特的嫩、脆、鲜、香风味。产品不添加花椒、辣椒等口味重的辅料，不加色，不加油。采用萃取、浸提法添加香辅料，使其在产品中既有香料的味道，又看不见香料的渣质。避免了过去涪陵榨菜因其有花椒面、辣椒面、香料粉而"麻子"多，不清爽的视觉误区。该产品质地嫩脆、清香怡人，具有营养丰富，开胃健脾之功效，形状有丝、片、丁型。自上市以来，深受上海等沿海城市广大消费者的青睐，市场销售价格每吨达 8000 多元。

"乌江"牌酸辣下饭菜被研发

"乌江"牌酸辣下饭菜，由涪陵榨菜集团股份有限公司综合利用开发。该产品选用涪陵境内种植的无公害优质青菜头的菜叶为主要原料，经风干腌制发酵后，采用现代食品生产技术精制而成。该产品亦是涪陵榨菜的副产物综合利用开发产品，具有酸辣可口、回味悠长、开胃健脾的特点，是佐餐、面食、调味之佳品。自投放市场，

深受广大消费者喜爱，市场销售价格每吨达 10000 元。

榨菜产业化发展

涪陵青菜头（榨菜原料）种植共涉及境内 23 个管委会、乡、镇、街道办事处的 16 余万户近 60 万农业人口，年青菜头种植面积近 71 万亩，青菜头产量达 128 多万吨。是年，全区有榨菜加工企业 56 家，其中方便榨菜生产企业 42 家（共 49 个生产厂）、坛装（全形）榨菜生产企业 8 家、出口榨菜生产企业 6 家；有国家级农业产业化龙头企业 2 家，市级农业产业化龙头企业 10 家，区级农业产业化龙头企业 15 家。企业注册商标 190 件，其中"中国驰名商标" 2 件，市著名商标 22 件，区知名商标 32 件。是年准予使用"涪陵榨菜"地理标志证明商标的企业共 23 家 52 件商标。现全区有"乌江""辣妹子""餐餐想""杨渝"等 36 个品牌通过国家"绿色食品"认证。全区榨菜企业年成品榨菜生产能力达 60 万吨以上，有半成品原料加工户近 1 万户，年半成品加工能力在 90 万吨以上，是全国最大的榨菜产品生产加工基地。是年，全区榨菜产业总产值 82 亿元。涪陵榨菜产品主要分为三大系列：一是陶瓷坛装、塑料罐装、塑料袋外加纸制纸箱包装的全形（坛装）榨菜；二是以铝箔袋、镀铝袋、透明塑料袋包装的精制方便榨菜；三是以玻璃瓶、金属听、紫砂罐装的高档礼品榨菜。涪陵榨菜产品共有 100 余个品种，主要销往全国各省、市、自治区及港、澳、台地区，出口日本、美国、俄罗斯、韩国、东南亚各国、欧美、非洲等 50 多个国家。"涪陵榨菜"自创牌以来，有 14 个品牌获国际金奖 5 次，获国家、省（部）级以上金、银、优质奖 100 多个（次）。2012 年 4 月 20 日，"涪陵榨菜"品牌价值评估为 121.53 亿元人民币，"涪陵青菜头"品牌价值评估为 12.15 亿元人民币。是年，全区青菜头种植面积为 709800.7 亩，同比增长 6.7%；青菜头总产量 1276200 吨，同比减产 12.3%。其中收购加工 806630 吨，社员自食 36109 吨，外运鲜销 433461 吨。全区青菜头销售总收入达 88974.9 万元，剔除种植成本 12762 万元，种植纯收入为 76212.9 万元，同比减少 6501.9 万元，农民人均纯收入 1110.7 元（按 2011 年末 68.62 万农业人口计），同比人均减少 3.5 元。是年全区共加工半成品盐菜块（折算成三盐菜块）60 万吨，盐菜块销售收入 79950 万元，同比增长 25500 万元，销售纯收入 15979.5 万元，同比增长 19179.5 万元；务工、运输纯收入 16780 万元，同比减少 500 万元。以上三项合计实现纯收入 108972.4 万元，同比增长 12177.6 万元，按全区 68.62 万农业人口计，人均榨菜纯收入为 1588 元，同比人均增收 284.25 元。全区共产销成品榨菜 43 万吨，同比增长 7.5%，其中方便榨菜 38.8 万吨，同比增长 7.8%；全形（坛装）榨菜 2 万吨，同比持平；出口榨菜 2.2 万吨，同比增长 10%；实现销售收入 20.8 亿元，同比增长 16.9%；出口创汇 1600 万美元，同比增长 6.7%；实现利税 2.7 亿元，同比增长 17.4%。

青菜头外运鲜销

是年，涪陵区榨菜办在早市青菜头上市前，及时召开全区榨菜企业、专业合作经济组织、贩运大户会议，动员鼓励青菜头外运鲜销，要求严格履行与外地超市、蔬菜批发商签订的鲜销协议，确保鲜销任务的落实。根据区委、区政府的安排，区榨菜办重新印制了"涪陵青菜头"宣传折册 30000 册，制作刻录光盘 1500 张，用于各榨菜企业、营销组织、大户对外促销拓市宣传。同时，在中央电视台第七套节目进行历时半年的"涪陵青菜头"广告宣传。区政府对区外销售青菜头实施 20 元/吨补贴政策，有效促进了涪陵青菜头外运鲜销工作。全年共外运鲜销涪陵青菜头433461 吨，突破 40 万吨大关。外运鲜销收购价格最高为 6.0 元/公斤，最低价格为 0.4元/公斤，鲜销均价达 1.1 元/公斤，鲜销收入为 47680.7 万元，同比增长 17.1%。

榨菜产业扶持发展政策落到实处

一是落实早市青菜头种植补贴政策，所有早市青菜头种子由政府买单，无偿将种子送给农户，是年无偿发放种子 9020.37 公斤，折合人民币 766731.45 元。二是落实早市青菜头移栽补贴政策，按 200 元/亩标准予以补贴，兑现 2011 年市青菜头移栽补贴资金 2724138 元；兑现 2011 年第二季青菜头移栽种植补贴资金 284910 元。三是落实外运鲜销补贴政策，按 20 元/吨标准予以补贴，2011 年全区鲜销登记出境14725.13 吨，兑现外运鲜销补贴资金 294502.6 元。四是落实"风脱水"原料加工补贴政策，按 300 元/吨标准予以补贴，经检查验收，兑现马武、焦石、罗云、大顺、龙潭等 5 个试点乡镇辖区企业和加工户"风脱水"加工原料补贴资金 1446400 元。以上 4 项榨菜产业扶持发展政策的落实兑现，给农户带来实惠。

榨菜科研论文发表

是年，叶汝坤、冯国禄在《湖南农业大学学报》（社会科学版）第 6 期发表《重庆涪陵榨菜产区生态足迹分析》一文。

张谌、曾凡坤在《农产品加工》第 2 期发表《发展涪陵榨菜的制约因素与推进措施》一文。

刘红芳在《长江蔬菜》第 6 期发表《茎瘤芥（榨菜）黑斑病菌的分离与鉴定》一文。

王斌在《南方农业》第 11 期发表《重庆市涪陵区百胜镇榨菜产业现状与发展对策探讨》一文。

榨菜科研课题发布

是年，"抗抽薹杂交榨菜'涪杂七号'产业化关键技术研究与示范"获科技部立项，起止时限 2012—2014 年。

"抗霜霉病晚熟茎瘤芥（榨菜）杂交新品种选育及优良育种材料创新"获重庆省科委立项，起止时限 2012—2015 年。

"宽柄芥（酸菜）优良种质发掘及新品种选育"获涪陵区科委立项，起止时限 2012—2015 年。

"涪陵榨菜"品牌价值

中国农产品区域公用品牌价值评估课题组发布 2012 年中国农产品区域公用品牌价值评估报告，青菜头品牌价值为 17.44 亿元。涪陵榨菜价值为 123.57 亿元。

2013 年

17 个单位和 12 家榨菜企业被授予"2012 年度榨菜质量整顿工作先进单位和先进企业"称号

1 月 4 日，涪陵区人民政府发出通报，对在 2012 年度全区榨菜质量整顿工作中做出突出贡献的南沱镇人民政府、江北街道办事处、焦石镇人民政府、马武镇人民政府、龙桥街道办事处、蔺市镇人民政府、百胜镇人民政府、清溪镇人民政府、石沱镇人民政府、涪陵新城区管委会、珍溪镇人民政府、李渡街道办事处、荔枝街道办事处、区质监局、区工商分局、区卫生监督所、区榨菜办等 17 个单位和涪陵榨菜集团股份有限公司、涪陵辣妹子集团有限公司、涪陵宝巍食品有限公司、涪陵区渝杨榨菜（集团）有限公司、涪陵区浩阳食品有限公司、涪陵区洪丽食品有限责任公司、重庆川马食品有限公司、涪陵区紫竹食品有限公司、涪陵区国色食品有限公司、涪陵区凤娃子食品有限公司、涪陵绿陵实业有限公司、涪陵区桂怡食品有限公司等 12 家榨菜企业进行通报表彰，授予"2012 年度榨菜质量整顿工作先进单位和先进企业"称号。

涪陵区被评为重庆市首批"国家级出口食品农产品质量安全示范区"

1 月 10 日，重庆市出口食品农产品质量安全示范区授牌仪式在重庆国际会展中心举行，涪陵区被评为重庆市首批"国家级出口食品农产品质量安全示范区"。在授牌仪式上，重庆市副市长张鸣、市政协副主席陈贵云为获得重庆市首批"国家级出口食品农产品质量安全示范区"的区县授牌，涪陵区委常委、副区长刘康中代表涪陵接受授牌。重庆市首批"国家级出口食品农产品质量安全示范区"涉及的出口农产品主要包括榨菜、蔬菜和畜肉，均为重庆的出口特色优势农产品。2013年，涪陵榨菜种植基地产量超过140万吨，连续多年居全国第一，全区拥有出口榨菜企业8家，榨菜出口36个国家及地区，全区榨菜出口量达到2.3万吨，出口创汇1679.37万美元，比上年增长5%，出口量呈稳中有升趋势，出口预警数量为零，未发生退货索赔事件。

榨菜三产品被评为"最受消费者喜爱产品"

1月10—13日，在由国家农业部、台湾民主自治同盟中央委员会和重庆市人民政府共同主办的第12届中国西部（重庆）国际农产品交易会上，涪陵宝巍食品有限公司生产的八缸牌黑乌金榨菜、涪陵辣妹子集团有限公司生产的辣妹子牌榨菜、涪陵区洪丽食品有限责任公司生产的餐餐想牌榨菜被第12届中国西部（重庆）国际农产品交易会组委会评为本届农交会"最受消费者喜爱产品"。

2家榨菜企业被评为"2012年度农业产业化重点龙头企业30强"

1月，涪陵榨菜集团股份有限公司、涪陵区洪丽食品有限责任公司2家榨菜企业被中共重庆市委农村工作领导小组评为"2012年度农业产业化重点龙头企业30强"。

涪陵榨菜集团被评为"全国轻工业先进集体"

1月，涪陵榨菜集团股份有限公司被中国人力资源和社会保障部、中国轻工业联合会、中华全国手工业合作社联合评为"全国轻工业先进集体"。

榨菜商标认定

3月15日，涪陵区知名商标认定与保护工作委员会根据《涪陵区知名商标认定与保护办法》（涪府发〔2008〕111号）的规定，认定重庆市涪陵区红日升榨菜食品有限公司注册的"红升"牌、重庆市红景食品有限公司注册的"渝橙"牌、重庆市涪陵区紫竹食品有限公司注册的"大地通"牌、重庆市涪陵渝杨榨菜（集团）有限公司注册的"渝杨"牌、涪陵天然食品有限公司注册的"小字辈"牌5件榨菜商标为"涪陵区知名商标"，有效期3年（2013年3月15日—2016年3月14日止）。

中国农产品区域公用品牌价值评估课题组发布全国第四轮评估结果

5月20日，中国农业品牌研究中心发布了中国农产品区域公用品牌价值评估课题

组全国第四轮 421 件农产品区域公用品牌的评估结果，在由中国农业品牌研究中心、农业部信息中心与浙江大学中国农村发展研究院联合开展的 2012 年度中国农产品区域公用品牌价值评估认证中，"涪陵榨菜"区域公用品牌价值排名全国第 2 位，其品牌价值再度提升，高达 123.57 亿元，较 2011 年上升 2.04 亿元，与排位第 1 的黑龙江"寒地黑土"区域公用品牌的价值仅差 0.4 亿元。与此同时，"涪陵青菜头"区域公用品牌价值被评估认证为 17.44 亿元，较 2011 年上升 5.29 亿元，位居全国 81 位。

榨菜生产自动化计量包装技术装备问世

6 月 20 日，成品榨菜自动化计量包装设备生产现场会在涪陵区洪丽食品有限责任公司举行，武汉理工大学、杭州临江汽车工程研究院、涪陵区科委、农委、榨菜办、农科所等部门单位负责人参加了现场会。"榨菜自动化计量包装技术装备"的攻关是在涪陵区科委牵线搭桥和协助配合下，由涪陵区洪丽食品有限责任公司与武汉理工大学、杭州临江汽车工程研究院经过校企合作，共同开发研制。该技术装备的研制成功，解决了成品榨菜生产加工的自动化计量和自动化包装两项关键技术，攻克了长期困扰成品榨菜生产加工业必须依靠大量人工计量和包装的技术难题。经样机安装调试运行，各项技术指标均达到预期效果，产品合格率达 99% 以上，每分钟可完成 35 袋成品榨菜的自动计量装袋和预制袋自动包装热合，1 台设备至少可代替 5 名工人的劳动。这一技术设备与榨菜加工其他环节自动化设备连成一线，对提升成品榨菜生产能力，破解用工难题，确保食品安全，推进榨菜标准化生产体系建设具有重要意义。

万绍碧获"重庆市道德模范"称号

6 月，涪陵辣妹子集团有限公司总经理万绍碧同志被中共重庆市委宣传部、市精神文明办公室联合授予"重庆市道德模范"称号。

涪陵榨菜集团被评为上市公司"2012 年度信息披露考核 A 级单位"

6 月，涪陵榨菜集团股份有限公司被深圳证券交易所评为上市公司"2012 年度信息披露考核 A 级单位"。

辣妹子集团被评为"重庆市创新型企业"

6 月，涪陵辣妹子集团有限公司被重庆市科学技术委员会、重庆市发展和改革委员会等部门联合评为"重庆市创新型企业"。

涪陵榨菜集团通过"质量管理体系复评认证及食品安全管理体系监管审核认证"

7月，涪陵榨菜集团股份有限公司通过中国质量认证中心（CQC）重庆中心组"质量管理体系复评认证及食品安全管理体系监管审核认证"。

3家榨菜企业被评为2012年度"守合同重信用"单位

7月，涪陵辣妹子集团有限公司、涪陵区洪丽食品有限责任公司、涪陵区紫竹食品有限公司3家榨菜企业被重庆市工商行政管理局评为2012年度"守合同重信用"单位。

"八缸"牌榨菜被评为"重庆老字号"品牌

8月，涪陵宝巍食品有限公司生产的"八缸"牌榨菜被重庆市商业委员会评为"重庆老字号"品牌。

涪陵区社科联上报《关于"建设中国榨菜产业园区"的建议》获重要批示

11月5日，涪陵区社科联上报《关于"建设中国榨菜产业园区"的建议》获重要批示。涪陵区委办主任左清华拟办意见为："送（李）景耀书记阅。此《建议》有一定的闪光点，很多事项目前已在着手研究推进。建议转区农委和榨菜办阅参。"7日，中共涪陵区委书记李景耀批示"请黄华同志阅示。建议有参考作用，请农委在推进相关工作时借鉴。"11日，涪陵区副区长黄华批示"区农委、环保局、榨菜办、榨菜集团参考借鉴。"

5家榨菜企业获"重庆市涪陵区2012年度农业产业化10强龙头企业"称号

11月14日，涪陵区人民政府发出通知，根据《重庆市涪陵区农业产业化10强龙头企业动态管理办法》（涪府发〔2012〕8号）文件规定，经严格考核评选，涪陵区人民政府决定授予重庆市涪陵辣妹子集团有限公司、重庆市涪陵区洪丽食品有限责任公司、重庆市涪陵榨菜集团股份有限公司、重庆市涪陵区渝杨榨菜（集团）有限公司、重庆市涪陵区浩阳食品有限公司等5家榨菜企业"重庆市涪陵区2012年度农业产业化10强龙头企业"称号。

涪陵辣妹子集团被评为"市级技能专家工作室——'榨菜研发技能专家工作室'"

11月，涪陵辣妹子集团有限公司被重庆市人力资源和社会保障局评为"市级技能专家工作室——'榨菜研发技能专家工作室'"。

涪陵榨菜集团被评为"最具综合实力企业"

11月，涪陵榨菜集团股份有限公司被中国（国际）调味品协会评为"最具综合实力企业"。

紫竹食品被评为"2013年质量无投诉用户满意单位"

11月，涪陵区紫竹食品有限公司被四川省技术监督局评为"2013年质量无投诉用户满意单位"。

"乌江"牌榨菜被评为"最佳渠道影响力品牌"

11月，公司生产的"乌江"牌榨菜被中国（国际）调味品协会评为"最佳渠道影响力品牌"，其中"乌江"牌系列产品中的"鲜爽菜丝"被评为"畅销单品"。

"涪陵青菜头"鲜销推介会举行

12月24日，由重庆市涪陵区人民政府主办、重庆市农业委员会支持的"涪陵青菜头"鲜销推介会在山东省济南市舜和国际酒店举行。山东省农业厅副厅长周占升、重庆市农委副主任刘启明、涪陵区委副书记李景耀、涪陵区人民政府副区长黄华等领导出席推介会，涪陵区委宣传部、区农委、区商务局、区农科所、区榨菜办及区级相关部门负责人、全区涉及青菜头种植的23个乡镇街道（管委会）及农服中心主要负责人参加了推介会。推介会上，涪陵区委副书记李景耀致辞，对涪陵区情、涪陵榨菜产业发展思路等方面的情况做了简要的介绍。近年来，涪陵立足涪陵特色，深挖产业效益，榨菜产业总产值达到了85亿元，涪陵榨菜产业已成为重庆市农村经济中产销规模最大、品牌知名度最高、辐射带动力最强的优势特色支柱产业。"涪陵青菜头"作为重庆市第一蔬菜品牌，是年至少可为全国蔬菜市场提供近50万吨的供应，必将对丰富全国人民的菜篮子产生积极影响。涪陵区人民政府副区长黄华从鲜销涪陵青菜头的起源传播、比较优势、鲜销模式、食用食法、市场前景等方面作了详细推介。来自全国各地的30家经销企业代表与涪陵的23个乡镇街道、部分榨菜企业和蔬菜专业合作经济组织签订了共计12万吨的青菜头鲜销合同。据统计，从

2013 年 11 月中旬至 12 月底，涪陵有关部门和乡镇街道已到全国 53 个大中城市开展了推介和宣传，与各地经销商签订了涪陵青菜头鲜销协议总量近 45 万吨。

"辣妹子及图"注册商标被认定为"中国驰名商标"

12 月 27 日，中华人民共和国国家工商行政管理总局商标局根据国家《商标法》《商标法实施条例》及《驰名商标认定和保护规定》的有关规定，认定重庆市涪陵辣妹子集团有限公司使用在第 29 类（商品和服务）榨菜商品上的"辣妹子及图"注册商标为"中国驰名商标"。

《涪陵榨菜新记》获奖

12 月 27 日，李乾德提交的论文《涪陵榨菜新论》获重庆市涪陵区政协理论研究会第二次研讨会成果一等奖。

涪陵榨菜集团被授予"2013 年度市科技进步二等奖"

12 月，涪陵榨菜集团股份有限公司被重庆市科学技术委员会授予"2013 年度市科技进步二等奖"。

涪陵榨菜集团被评为重庆市"安全生产标准化二级企业"

12 月，涪陵榨菜集团股份有限公司被重庆市安监局评为重庆市"安全生产标准化二级企业"。

辣妹子集团被评为"2013 年度重庆市技术创新示范企业"

是年，涪陵辣妹子集团有限公司被重庆市经济和信息化委员会、重庆市财政局联合评为"2013 年度重庆市技术创新示范企业"。

榨菜产业化发展

涪陵青菜头（榨菜原料）种植共涉及境内 23 个管委会、乡、镇、街道办事处的 16 余万户近 60 万农业人口，年青菜头种植面积近 71 万亩，青菜头产量达 140 多万吨。全区榨菜企业年成品榨菜生产能力达 60 万吨以上，有半成品原料加工户近 1 万户，年半成品加工能力在 90 万吨以上，是全国最大的榨菜产品生产加工基地。是年，全区有榨菜加工企业 39 家，其中生产方便榨菜的企业 33 家（共 44 个生产厂）、生产坛装（全形）榨菜的企业 6 家、生产出口榨菜的企业 8 家；有国家级农业产业化龙头企业 2 家，市级农业产业化龙头企业 10 家，区级农业产业化龙头企业 19 家。企

业注册商标 190 件，其中"中国驰名商标" 3 件，市著名商标 23 件，区知名商标 37 件。是年准予使用"涪陵榨菜""Fuling Zhacai"地理标志证明商标的企业共 20 家 42 件商标。现全区有"乌江""辣妹子""餐餐想""杨渝""志贤""浩阳"等品牌 23 个产品通过国家"绿色食品"认证；有"餐餐想""杨渝"等品牌 4 个产品通过国家"有机食品"认证。是年，"涪陵榨菜"品牌价值评估为 123.57 亿元，"涪陵青菜头"品牌价值评估为 17.44 亿元。是年，全区青菜头种植面积为 706305.6 亩，比上年减少 0.49%；青菜头总产量 1408550.5 吨，比上年增长 10.4%。其中收购加工 919629 吨，社员自食 26466 吨，外运鲜销 462455.5 吨。全区青菜头销售总收入达 111420.2 万元，剔除种植成本 15494.1 万元，青菜头种植纯收入为 95926.1 万元，比上年增长 19713.2 万元，全区农民人均青菜头种植纯收入达 1400.8 元（按 2012 年末 68.48 万农业人口计），比上年人均增收 290.1 元。是年，全区共加工半成品盐菜块（折算成三盐菜块） 64 万吨，盐菜块销售收入 80250 万元，比上年增长 2100 万元，销售纯收入 10400 万元，比上年减少 5579.50 万元（由于是年青菜头收购价格较高，成本增大，而一、二盐菜块销售价格与上年持平，仅有三盐菜块高于上年，因而整个半成品盐菜块销售纯收入与上年相比减少）；务工、运输纯收入 17824 万元，比上年增长 1044 万元。以上三项合计实现纯收入 124150.1 万元，比上年增长 15177.7 万元，按全区 68.48 万农业人口计，人均榨菜纯收入为 1812.9 元，比上年人均增收 224.9 元。2013 年，全区共产销成品榨菜 45 万吨，比上年增长 4.65%，其中方便榨菜 40.7 万吨，比上年增长 4.9%，全形（坛装）榨菜 2 万吨，与上年持平，出口榨菜 2.3 万吨，比上年增长 4.54%；实现销售收入 23.8 亿元，比上年增长 14.42%，出口创汇 1679.37 万美元，比上年增长 5%，实现利税 3.2 亿元，比上年增长 18.51%。是年，全区榨菜产业总产值达 85 亿元，比上年增长 3.66%。

涪陵青菜头外运鲜销

是年，涪陵区委、区政府进一步加大对涪陵青菜头的对外宣传和拓市力度。一是制作宣传折册和光碟。区榨菜办重新印制了"涪陵青菜头"宣传折册 30000 册，制作刻录光盘 1500 张，用于各榨菜企业、营销组织、大户对外促销拓市宣传。二是在中央电视台第七套节目进行历时半年的"涪陵青菜头"广告宣传。三是利用各种大型活动宣传。区榨菜办分别在"2013 年中国国际宠物休闲文化博览会"和"2013 年太极杯中国跆拳道冠军赛"等大型活动中，大力对"涪陵青菜头"进行广告宣传，使"涪陵青菜头"知名度不断提升，有效推动了涪陵青菜头外运鲜销工作。是年，全区共外运鲜销涪陵青菜头 462455.5 吨。外运鲜销收购价格最高为 5 元 / 公斤，最低价格为 0.6 元 / 公斤，鲜销均价达 1.1 元 / 公斤，鲜销收入为 50870.1 万元，同比增长 6.7%。

榨菜产业扶持政策

第一，落实早市青菜头种子补贴政策。第一批早市青菜头种子由政府集中采购，无偿向种植农户提供，是年向种植农户发放种子11008公斤，折合人民币2201600元。第二，落实早市青菜头种植移栽补贴政策。第一季早市青菜头种植按200元/亩标准予以补贴，兑现2012年早市青菜头种植移栽补贴资金3782340元。第三，落实晚市青菜头补贴政策。第二季晚市青菜头种植按250元/亩标准予以补贴，兑现2012年第二季青菜头种植移栽补贴资金864375元。第四，落实外运鲜销补贴政策。青菜头外运鲜销按20元/吨标准予以补贴，2012年全区鲜销登记出境14934.7吨，兑现外运鲜销补贴资金298694元。

榨菜质量整顿

是年，由区榨菜办牵头，坚持每季度组织区质监、工商、卫监、环保等职能执法部门，与各乡镇街道密切配合，采取分片负责集中整治开展榨菜质量整顿工作，全年共检查榨菜生产企业219家（次）、半成品加工大户75户（次），整治质量安全隐患17起，查处侵权"涪陵榨菜""Fuling Zhacai"地理标志证明商标企业1家，取缔榨菜加工"黑窝点"6家，封存销毁涉嫌超标添加防腐剂产品1700余件，移交工商部门立案查处5起。通过榨菜质量整顿综合执法检查，有力推进了全区榨菜质量安全工作，维护了涪陵榨菜的良好市场形象和品牌声誉。

榨菜项目建设

是年，是"项目拓展年"，按照区委、区政府要求，区榨菜办积极落实人员、责任和措施，扎实推进70万亩榨菜产业化建设及研究项目。涪陵榨菜集团股份有限公司、涪陵辣妹子集团有限公司、涪陵区渝杨榨菜（集团）有限公司等企业的18个项目总投资5.9亿元，区政府下达项目投资计划5亿元，到是年底实际完成项目投资5.1亿元，超额完成区政府下达项目投资计划的2%。与此同时，是年全区榨菜行业争取特色效益农业、环保、农综、扶贫、技改项目资金2000余万元，专项用于榨菜基地基础设施、早市青菜头种子和种植补贴、病害控防、企业技改、贷款贴息等方面。

科技创新项目实施

是年，系《涪陵榨菜产业发展关键技术集成应用与创新服务体系建设》项目结题之年，区榨菜办积极谋划，于年初制定《2013年度涪陵榨菜产业发展关键技术集成应用与创新服务体系建设科技富民强县专项行动计划工作实施方案》。通过对此

《方案》的具体实施，有效推进了该项目的顺利实施和各项目标任务的完成。一是青菜头外运鲜销成效显著。2013年，全区共外运鲜销涪陵青菜头46.25万吨，超计划完成了青菜头鲜销任务，较上年增长2.8%。二是圆满完成榨菜加工技术培训任务。按照项目培训计划，是年完成1.2万人次的培训任务。三是促进榨菜产品质量的提高。按项目的要求，狠抓榨菜生产管理，扎实开展了榨菜质量整顿工作，年内全区榨菜企业未发生任何质量事故，确保榨菜产品质量安全。四是全面完成成品榨菜的产销任务。全年共产销成品榨菜45万吨，较上年增长4.7%。五是榨菜龙头企业集群化。是年，全区新培育区级以上龙头企业6家，区级以上榨菜产业化龙头企业达到19家、占全区榨菜生产企业总数的49%。六是品牌培育建设卓有成效。是年，新增"渝杨""小字辈"等5件区知名商标，新增"辣妹子及图"1件国家驰名商标。现全区榨菜区知名商标、市著名商标、国家驰名商标总数达到61件、占全区榨菜生产企业品牌总数的32.1%。10月31日，"涪陵榨菜产业发展关键技术集成应用与创新服务体系建设"项目在重庆市科委顺利通过国家科技部的结题验收。

榨菜半成品原料粗加工质量整顿

是年，按照区委、区政府年初全区青菜头收购加工暨榨菜质量整顿工作会议的要求，在青菜头收购加工期间，区榨菜办与有关职能执法部门联合组成榨菜质量整顿执法检查组，巡回各乡镇街道、企业及半成品加工大户，指导督促抓好青菜头收购加工工作，严厉打击露天作业、坑函腌制、水湿生拌、粗制滥造、偷工减料的加工行为，确保榨菜半成品原料加工质量。并加强对恢复传统"风脱水"加工工艺的宣传发动，督促企业自己收购搭架加工"风脱水"原料，以恢复传统"风脱水"加工工艺，提升涪陵榨菜产品质量。

成品榨菜生产加工质量整顿

是年，涪陵区榨菜办狠抓全区榨菜企业的成品榨菜生产加工质量整顿工作，按照区委、区政府"十不准""三打击""两取缔"的工作要求，每季度牵头组织区质监局、工商局、食药监局、卫监所组成3个执法检查组对境内榨菜企业进行拉网式的榨菜质量整顿执法检查。一方面，加大打假治劣力度。重点对产品质量低、卫生条件差、假冒侵权行为，特别是对违法添加非食用物质和滥用食品添加剂生产全形榨菜及大包丝榨菜、无证照、无品牌、无厂址的"三无"企业和"黑窝点"进行执法检查和重点打击。另一方面，规范企业生产加工行为。督促指导企业牢固树立"质量赢得市场"的经营理念，全力抓好榨菜产品质量安全。在产品的生产过程中，督促指导企业严格按照工艺、工序、标准、操作规程组织生产，做好修剪看筋、淘洗清理、清洁拌料等工序环节，摒弃和杜绝粗制滥造、偷工减料、缺斤少两、超标使用化学防腐剂和使用禁用化学药品等加工行为。强化食品生产卫生管理，严格抓好生产环节卫生、员工清洁卫生、厂区环境卫生，防止食品受污染。落实安全主体责任，从管理、制度等方面全面落实企业安全生产主体责任，提升企业安全生产水平。并要求企业建立健全符合自身特点的质量管理和质量体系模式，使生产中的每个环节、每个工序都有章可循、有据可依，严把质量关，不合格的原辅料不准入厂，不合格的产品不准出厂，实现产品质量稳定提高，以质量赢得消费者和市场认可，进而使企业获得最大效益。

榨菜销售市场整顿

为保护涪陵榨菜生产经营者和广大消费者的合法权益，维护涪陵榨菜的百年品牌声誉，促进涪陵榨菜产业持续快速健康发展。是年区榨菜办进一步加大区外侵权"涪陵榨菜""Fuling Zhacai"地理标志证明商标的打假力度，大力开展涪陵榨菜销售市场的整顿，有力震慑了假冒侵权的不法行为，净化了涪陵榨菜的销售市场。

地理标志证明商标使用管理

是年，涪陵区榨菜办按照区政府的要求，进一步强化了"涪陵榨菜""Fuling Zhacai"地理标志证明商标的许可使用管理工作。一是修改完善使用管理办法，区榨菜办针对企业在使用"涪陵榨菜""Fuling Zhacai"地理标志证明商标过程中出现的一些新情况新问题，对《涪陵榨菜、"Fuling Zhacai"证明商标使用管理办法》进行了再次修改和完善，以规范引导企业的正确使用，促进榨菜生产企业提高产品质量。二是组织企业学习商标法规。区榨菜办根据近几年全区榨菜企业在使用"涪陵榨菜""Fuling Zhacai"地理标志证明商标中出现的一些问题，组织企业负责人认真学习了《商标法》《涪陵榨菜、"Fuling Zhacai"证明商标使用管理章程》；重点就"涪陵榨菜""Fuling Zhacai"地理标志证明商标的性质，规定种植区域、种植技术、加工工艺、质量标准；使用条件、申请程序、权利义务、使用管理、违规责任等一系列规定进行了学习培训。以提高广大企业的商标意识，依法保护涪陵榨菜生产经营者、消费者的合法权益，维护涪陵榨菜的百年品牌声誉，促进涪陵榨菜产业持续快速健康发展。三是严格审批办理许可合同。严格按照《涪陵榨菜、"Fuling Zhacai"证明商标使用管理章程》和《涪陵榨菜、"Fuling Zhacai"证明商标使用管理办法》，对申请使用"涪陵榨菜""Fuling Zhacai"证明商标的企业，坚持"严格条件、从严把关、严格审批、宁缺毋滥"的原则；凡是没有杀菌设备的生产企业，产品质量达不到涪陵榨菜标准的，一律不批准使用"涪陵榨菜""Fuling Zhacai"地理标志证明

商标，对达到条件的企业及时审批。是年共计批准 20 家企业的 42 件商标使用"涪陵榨菜""Fuling Zhacai"地理标志证明商标。四是加强使用企业监督管理。严格督促证明商标使用企业在生产过程中的做到按标生产，确保涪陵榨菜产品质量。对不遵守《涪陵榨菜、"Fuling Zhacai"证明商标使用管理章程》和《涪陵榨菜、"Fuling Zhacai"证明商标使用管理办法》违规使用"涪陵榨菜""Fuling Zhacai"地理标志证明商标的行为严厉查处，并取消其"涪陵榨菜""Fuling Zhacai"地理标志证明商标的使用资格，年内有 3 家企业不符合证明商标使用条件而被取消使用资格。

强化榨菜安全生产

为彻底排查整治榨菜生产加工存在的安全隐患，有效防范和坚决遏制生产加工安全事故发生，区榨菜办借 9 月 3 日国家安监总局在中央电视台新闻频道中曝光涪陵区榨菜企业在生产过程中存在安全隐患之机，知耻而后勇，严格按照区政府 9 月 10 日全区榨菜安全生产工作会议要求采取有效措施，强化安全生产。一是加大宣传培训力度。区榨菜办牵头组织乡镇分管领导、企业负责人、企业安全管理员统一集中培训，要求各乡镇街道以《涪陵区榨菜生产加工安全操作规程》为主要宣传培训内容，结合实际，对辖区榨菜生产企业、加工户进行集中宣传培训，增强安全生产知识和责任意识。二是落实专人明确责任。要求各乡镇街道按照属地管理原则，落实专门领导、专职人员负责榨菜生产加工安全监管，切实做到任务清、责任明、措施实，防止榨菜生产加工安全事故发生。三是排查整治安全隐患。区榨菜办牵头组织区质监、区工商、区环保等部门，于 9 月 23 —28 日对各乡镇街道榨菜生产企业、加工户展开集中榨菜安全大检查、大整治。全面对榨菜企业、加工户的腌制池、盐水处理、用电、机器设备、特种设备等安全防范措施进行拉网式检查，排查安全隐患，发现隐患督促及时整改并追踪落实。是年全区共排查出榨菜企业安全隐患 121 起，现场督促整改 103 起，落实乡镇限期督促整治 18 起。全区榨菜企业投入 200 余万元，添制必备安全生产设备设施 1587 余台（套）。四是强化巡查指导服务力度。改变过去每季度为每月对榨菜企业、加工户进行一次质量、生产加工安全督促检查和指导服务，增加巡查整改、指导服务的次数和力度，确保安全隐患及时发现，及早整改。五是全面清理登记造册。对榨菜企业和加工户的基本安全生产情况全面核查并登记造册，做到情况清、底数明。六是启动榨菜安全生产标准化达标建设。引导企业与有资质的安全生产咨询公司合作，建立完善各种岗位责任制、安全生产机构、安全生产设备设施。现全区 98% 的榨菜企业安全管理人员坚持持证上岗，已有 12 家榨菜生产企业通过安全现场考评。七是建立有效监管机制。区榨菜办拟制定出台《涪陵区榨菜生产加工安全管理暂行办法》，力求进一步完善安全生产制度，落实责任，强化过程监管、责任追究，建立榨菜生产加工安全长效监管机制。

规范整合企业

是年，涪陵区榨菜办按照区委、区政府的部署，坚持扶优汰劣、扶控结合的原则，联合区工商、质监、环保、卫生等职能部门，大力开展企业规范整合工作，对不符合榨菜生产条件的企业进行淘汰整合。是年，全区证照齐全有效的榨菜生产企业已由原有的 63 家减少为 39 家，减幅达 38.09%。

"凤娃"牌香菇碎米榨菜被研发

"凤娃"牌香菇碎米榨菜，由涪陵区凤娃子食品有限公司研制开发。该产品选用涪陵境内种植的无公害优质青菜头和香菇为主要原料，按涪陵榨菜传统加工工艺发酵，结合现代食品生产技术精制而成。该产品口感嫩脆，酱香浓烈，既有榨菜独具的风味，又有香菇特有的清香，是开胃、面食、佐餐、馈赠亲友之佳品。自投放市场后，深受广大消费者喜爱，普通系列产品市场销售价每吨达 4 万多元，精制秘级产品市场销售价每吨达 14 万元，具有较高的产品附加值。

"八缸"牌黑乌金榨菜被研发

"八缸"牌黑乌金榨菜，由涪陵宝巍食品有限公司研制开发。该产品选用涪陵境内种植的无公害优质青菜头为原料，将涪陵青菜头穿串上架悬挂，经季风自然风干脱水 20 余天后下架入池"三腌三榨"，采用倒匍坛坛装窖藏发酵，再经修剪菜筋、纯净水淘洗、切分（切成片、丝、芯）等工序，拌入上乘香辅料分装杀菌。该榨菜产品保持了涪陵农家老咸菜具有的质地嫩脆、回味悠长的特点；味型有麻辣、原味；包装有简易袋装、精制小坛装、精美典雅的礼品盒装等。是开胃、面食、佐餐、汤料、馈赠亲友之佳品。自投放市场后，深受不同层次消费者喜爱，普通系列产品市场销售价每吨达 10 多万元，精制秘级产品市场销售价每吨达 20 多万元，产品附加值极高。

榨菜科研课题发布

是年，"南方芥菜品种改良与栽培技术国家地方联合工程实验室建设"获国家发改委立项，起止时限 2013—2015 年。

"茎瘤芥（榨菜）根肿病生防菌的筛选研究"获重庆省科委立项，起止时限 2013—2016 年。

"茎瘤芥（榨菜）杂交种纯度 SSR 标记检测技术研究与应用"获重庆省科委立项，起止时限 2013—2016 年。

"茎瘤芥（榨菜）抽薹性状遗产规律分布及种子标记的筛选"获重庆省科委立项，起止时限 2013—2016 年。

"杂交茎瘤芥制种技术优化研究与集成"获重庆省科委立项，起止时限 2013—2016 年。

"抗抽薹、丰产茎瘤芥（榨菜）新品种培育和根肿病控防技术研究及其示范推广应用"获涪陵区政府科技专项，起止时限 2013—2017 年。

榨菜科研论文发表

是年，何侍昌等在《改革与战略》第 2 期发表《重庆榨菜产业发展问题与对策研究》一文。

许明慧在《黑龙江农业科学》第 2 期发表《榨菜细胞质对杂一代主要农艺性状的影响》一文。

刘义华、张召荣、肖丽等在《中国蔬菜》第 12 期发表《茎瘤芥茎叶性状遗传体系分析》一文。

刘义华、张召荣、赵守忠等在《西南农业学报》第 3 期发表《茎瘤芥（榨菜）瘤茎蜡粉遗传的初步研究》一文。

胡代文、张红、王旭祎等在《中国农学通报》第 9 期发表《品种、播期及育苗方式对第二季茎瘤芥（榨菜）生育期及产量的影响》一文。

沈进娟、范永红、冷容等的《茎瘤芥（榨菜）先期抽薹鉴定方法和评价体系的研究》收录进《中国园艺学会十字花科蔬菜分会第十一届学术研讨会论文集》一书。

"涪陵榨菜"品牌价值

是年，中国农产品区域公用品牌价值评估课题组发布 2013 年中国农产品区域公用品牌价值评估报告，青菜头品牌价值为 18.13 亿元。涪陵榨菜价值为 125.32 亿元。

2014 年

10 个单位和 9 家榨菜企业被授予"2013 年度榨菜质量整顿工作先进单位和先进企业"称号

1 月 10 日，区政府决定，对在 2013 年度全区榨菜质量整顿工作中做出突出贡献的焦石镇人民政府、龙桥街道办事处、南沱镇人民政府、龙潭镇人民政府、江北街道办事处、石沱镇人民政府、蔺市镇人民政府、区农委、区工商分局、区质监局等 10 个单位和涪陵榨菜集团股份有限公司、涪陵辣妹子集团有限公司、重庆市涪陵区洪丽食品有限责任公司、涪陵区渝杨榨菜（集团）有限公司、涪陵区浩阳食品有限公司、重庆川马食品有限公司、涪陵区紫竹食品有限公司、重庆市涪陵绿陵实业有限公司、重庆市涪陵区桂怡食品有限公司等 9 家榨菜企业给予通报表彰，并授予"2013 年度榨菜质量整顿工作先进单位和先进企业"称号。

涪陵区青菜头收购加工暨榨菜质量整顿工作会议召开

1 月 10 日，涪陵区青菜头收购加工暨榨菜质量整顿工作会议在区委会议中心 101 会议室召开。区政府副区长黄华、区人大常委会副主任王世权、区政协副主席阳森等区领导出席会议。区委办、区府办及区级有关部门负责人，各有关乡镇街道主要负责人、分管领导、农服中心主要负责人，全区榨菜生产企业负责人近 200 人参加了会议。会上，区政府副区长黄华作重要讲话，并与有关乡镇街道行政主要负责人签订 2013 年度青菜头收购加工及榨菜质量整顿《目标责任书》，乡镇代表及企业代表作交流发言。会议还通报表彰 2013 年度榨菜质量整顿工作 10 个先进单位和 11 家先进企业。

"餐餐想"注册商标被认定为"中国驰名商标"

1 月，中华人民共和国国家工商行政总局商标评审委员会根据国家《商标法》《商标法实施条例》及《驰名商标认定和保护规定》的有关规定，认定重庆市涪陵区洪丽食品有限责任公司使用在第 29 类（商品和服务）榨菜商品上的"餐餐想"注册商标为"中国驰名商标"。

重庆社科规划项目"榨菜产业经济学研究"结题

2 月 4 日，重庆市社会科学规划项目一般项目"榨菜产业经济学研究"（批准号 2012YBJJ138）顺利结项，证书号 2014013，鉴定等级：合格。按：该项目负责人何侍昌，主研人：李乾德、汤鹏主、田丽、胡向甫；参与者：洪业应、李文明、王林林、王业平。

涪陵榨菜集团被评为"2013 年度涪陵工业企业三十强"

2 月，重庆市涪陵榨菜集团股份有限公司被重庆市涪陵区经济和信息化委员会评为"2013 年度涪陵工业企业三十强"。

涪陵辣妹子集团被评为"轻工食品安全生产标准化三级企业"

4 月，重庆市涪陵辣妹子集团有限公司被重庆市涪陵区安监局评为"轻工食品安

全生产标准化三级企业"。

辣妹子集团被评为"第八届中国国际有机食品博览会 2014 年优秀产品奖"

5 月，涪陵辣妹子集团有限公司被中国国际有机食品博览会组委会评为"第八届中国国际有机食品博览会 2014 年优秀产品奖"。

"涪陵榨菜文化研究"获重庆社科规划立项

6 月 6 日，重庆市涪陵区科学技术委员会、重庆市涪陵区财政局《关于下达涪陵区 2014 年度第 2 批应用技术研究与刊发资金项目项目计划的通知》（涪科委发〔2014〕21 号），"榨菜产业经济学研究"获准立项，编号 FLKT2014ACC2127，承担单位：涪陵区社科联；起止时间：2013—2014 年；资助经费：4 万元。

5 家榨菜企业被评为"重庆市农业产业化重点龙头企业"

6 月，重庆市涪陵榨菜集团股份有限公司、重庆市涪陵辣妹子集团有限公司、重庆市涪陵区浩阳食品有限公司、重庆市涪陵区洪丽食品有限责任公司、重庆市涪陵区紫竹食品有限公司等 5 家榨菜企业被中共重庆市委农村工作领导小组评为"重庆市农业产业化重点龙头企业"。

《巴渝都市报》报道《榨菜产业经济学研究》问世

7 月 10 日，冉雪月在《巴渝都市报》第 3 版撰文《涪陵原创〈榨菜产业经济学研究〉问世》。

榨菜 3 商标被公布评为"2013 年度中国最具成长力商标"

7 月 26 日，由中国工商报社、《中国消费者》杂志社主办的新《商标法》与民族品牌发展研讨会暨"2013 年度中国最具成长力商标"消费者调查投票结果新闻发布会上，"涪陵榨菜""涪陵青菜头""辣妹子"商标被公布评为"2013 年度中国最具成长力商标"，全国仅 120 件商标获此殊荣。

《榨菜生产加工安全规章制度》《榨菜栽培技术》印发

7 月，为进一步加强生产管理，增强安全防范意识，有效防范和坚决遏制生产加工安全事故发生，区榨菜办制作印发《榨菜生产加工安全规章制度》，发放给全区榨菜加工企业。同时，联合渝东南农科院共同制定印发《榨菜栽培技术》，指导农户更好地展开青菜头种植工作。

涪陵区榨菜产销工作会议召开

8月7日，该会在区委会议中心101会议室召开。区委副书记李景耀、区政府副区长黄华、区人大常委会副主任王世权、区政协副主席阳森等区领导出席会议。区委办、区府办及区级有关部门负责人，各有关乡镇街道行政主要负责人、分管领导、农服中心主要负责人，全区榨菜生产企业负责人，榨菜（蔬菜）专业合作社及早市青菜头种植业主200多人参加了会议。会上，区委副书记李景耀作重要讲话，乡镇代表、企业代表及榨菜（蔬菜）专业合作社代表发言。

2013年中国农产品区域公用品牌价值评估结果发布

8月，中国农业品牌研究中心发布2013年中国农产品区域公用品牌价值评估结果。"涪陵榨菜"区域公用品牌价值排名全国第1位，其品牌价值再度提升，高达125.32亿元，较2012年上升1.75亿元。与此同时，"涪陵青菜头"区域公用品牌价值被评估认证为18.13亿元，较2012年提升0.69亿元，排行由去年的第81位上升至第75位。

《神奇涪陵》出版

8月，《神奇涪陵》编辑委员会所编的《神奇涪陵》出版，收录有与榨菜有关的彩图4幅，分别是《榨菜之乡——涪陵》《千米青菜头风脱水长廊》《万亩青菜头种植基地》《好客涪陵》；其"人文底蕴"收录有"涪陵榨菜创始人——邱寿安"（第55—56页）；其"风土人情"收录有"小菜（编者注：指榨菜）做成大产业"（第91—92页）；其下篇"好客涪陵"之"佳肴飘香"收录有"涪陵榨菜"（第157页）、"什锦咸菜"（第160页）、"榨菜鱼面"（第164—165页）。

《中国·涪陵榨菜产业旅游园区建设研究》获奖

8月，任显智、李乾德、孙治彬、周军、熊浙江提交的论文《中国·涪陵榨菜产业旅游园区建设研究》获2014年度涪陵区政协理论研究成果二等奖。

2家榨菜企业获"国家农业产业化重点龙头企业"称号

9月，重庆市涪陵榨菜集团股份有限公司、重庆市涪陵辣妹子集团有限公司2家榨菜企业被中华人民共和国农业部授予"国家农业产业化重点龙头企业"称号。

重庆万正实业有限公司组建

10月22日，辣妹子集团组建重庆万正实业有限公司具体实施"涪陵1898榨菜文化小镇"项目，并委托北京巅峰智业旅游文化创意股份有限公司，聘请国家级旅游专家刘锋博士为首席顾问为项目策划、规划和修详规提出智力服务。

"餐餐想"牌榨菜被评为参展产品金奖

10月，重庆市涪陵区洪丽食品有限责任公司生产的"餐餐想"牌方便榨菜被第十二届中国国际农产品交易会组委会评为参展产品金奖。

5家榨菜企业获"涪陵区2013年度农业产业化10强龙头企业"称号

11月3日，区政府发出通知，根据《重庆市涪陵区农业产业化10强龙头企业动态管理办法》（涪府发〔2012〕8号）文件规定，经严格考核评选，涪陵区人民政府决定授予重庆市涪陵辣妹子集团有限公司、重庆市涪陵区洪丽食品有限责任公司、重庆市涪陵榨菜集团股份有限公司、重庆市涪陵区渝杨榨菜（集团）有限公司、重庆市涪陵区紫竹食品有限公司等5家榨菜企业"涪陵区2013年度农业产业化10强龙头企业"称号。

4家榨菜企业获"涪陵区和谐劳动关系A级企业"称号

11月11日，重庆市涪陵区紫竹食品有限公司、重庆市涪陵宝巍食品有限公司、重庆市涪陵区渝杨榨菜（集团）有限公司、重庆川马食品有限公司等4家榨菜企业被重庆市涪陵区人力资源和社会保障局、重庆市涪陵区总工会、重庆市涪陵区经济和信息化委员会、重庆市涪陵区工商业联合会联合授予"涪陵区和谐劳动关系A级企业"称号。

涪陵区获"中国绿色生态青菜头之乡"称号

11月28日，由农业部、中国科学院、中国社会科学院、中小企业合作发展促进中心、全国合作经济工作委员会等单位共同发起的以"发展生态农业·打造绿色食品"为主题的"第六届中国绿色生态农业发展论坛"在海南省海口市举行。在会上，涪陵区被认定为"中国绿色生态青菜头之乡"，为提升"涪陵青菜头"品牌知名度，把"涪陵青菜头"打造成重庆蔬菜第一品牌，扩大涪陵青菜头外运鲜销，增强榨菜产业发展后劲，促进农民增收奠定了基础。

积极开展青菜头拓市鲜销工作

11月，根据区委、区政府青菜头鲜销工作要求，按照有关乡镇街道自愿申报参加原则，区榨菜办制定涪陵青菜头拓市促销工作方案，安排区级有关部门、榨菜骨干企业、专业合作经济组织组成23个拓市促销工作组，到东北、华北、西北等大中城市及重庆周边城市、长江沿线重点城市为目标市场进行宣传、拓市、鲜销。

辣妹子集团获"第一届中国泡菜品牌金奖"

11月，重庆市涪陵辣妹子集团有限公司被第六届中国泡菜展销会组委会授予"第一届中国泡菜品牌金奖"。

辣妹子集团获"第十五届中国绿色食品博览会金奖"

11月，重庆市涪陵辣妹子集团有限公司被第十五届中国绿色食品博览会组委会授予"第十五届中国绿色食品博览会金奖"。

"记住乡愁"——寻访"涪陵榨菜传统制作技艺"十大民间艺人活动开展

2014年11月—2015年4月，涪陵区开展由区委宣传部、区文化委主办，涪陵区非物质文化遗产研究保护中心、涪陵辣妹子集团承办的涪陵区"记住乡愁"——寻访"涪陵榨菜传统制作技艺"十大民间艺人活动，对各乡镇街道选送的22件涪陵传统榨菜制作成品，采取只编号不记名，以色泽、香气、味道、口感、形状、工艺为标准，综合评选出最佳10件榨菜成品，吴兴碧，田茂全，洪军，杨觉淑，张开华，杨淑兰，雷昌贞，汪兰，罗明奎，王远书获涪陵榨菜传统制作技艺十大民间艺人称号。

渝杨榨菜正式登陆上海股权托管交易中心

12月19日，重庆市涪陵区渝杨榨菜（集团）有限公司正式登陆上海股权托管交易中心，并举行隆重的挂牌仪式。渝杨集团成功挂牌上市，这是国内榨菜民营企业首次进入资本市场，是社会对渝杨集团的认可，渝杨榨菜成功挂牌，有利于推动涪陵榨菜产业健康长远发展。

"涪陵青菜头"鲜销推介会举行

12月26日，由重庆涪陵区榨菜行业协会主办、重庆市涪陵榨菜集团股份有限公司协办的重庆·涪陵青菜头鲜销推介会在天津市帝旺凯悦酒店隆重举行。天津市农委副巡视员毛科军、中共重庆市委农工委副书记郭忠良、涪陵区人民政府副区长黄

华等领导出席推介会，涪陵区委宣传部、区农委、区商务局、渝东南农科院、区榨菜办及区级相关部门负责人、全区涉及青菜头种植的 23 个乡镇街道（管委会）及农服中心主要负责人参加推介会。重庆市涪陵区榨菜行业协会理事长周斌全致辞，对涪陵区情、涪陵榨菜产业发展思路等方面的情况做简要的介绍：立足涪陵特色，深挖产业效益，榨菜产业总产值达到 85 亿元，涪陵榨菜产业已成为重庆市农村经济中产销规模最大、品牌知名度最高、辐射带动力最强的优势特色支柱产业。"涪陵青菜头"作为重庆市第一蔬菜品牌，是年至少可为全国蔬菜市场提供近 50 万吨的供应，必将对丰富全国人民的菜篮子产生积极影响。副区长黄华从鲜销涪陵青菜头的起源传播、比较优势、鲜销模式、食用食法、市场前景等方面作详细推介。来自全国各地的 30 家经销企业代表与涪陵的 23 个乡镇街道、部分榨菜企业和蔬菜专业合作经济组织签订共计 12 万吨的青菜头鲜销合同。据统计，从 2014 年 11 月中旬至 12 月底，涪陵有关部门和乡镇街道已到全国 53 个大中城市开展推介和宣传，与各地经销商签订了涪陵青菜头鲜销协议总量近 52 万吨。

涪陵榨菜传统制作技艺保护传承研究会成立

12 月，由重庆市非物质文化遗产生产性保护示范基地（涪陵榨菜传统制作技艺）——涪陵辣妹子集团有限公司发起成立涪陵榨菜传统制作技艺保护传承研究会，对保护非物质文化遗产，传承榨菜文化，拓宽涪陵榨菜品牌知名度产生了积极影响。

3 家榨菜企业被评为 2013 年度"守合同重信用"单位

12 月，重庆市涪陵辣妹子集团有限公司、重庆市涪陵区洪丽食品有限责任公司、重庆市涪陵区紫竹食品有限公司 3 家榨菜企业被重庆市工商行政管理局评为 2013 年度"守合同重信用"单位。

榨菜产业化发展

是年，涪陵青菜头（榨菜原料）种植涉及境内 23 个乡镇街道办事处 16 余万户 68 万农业人口。全区榨菜企业年成品榨菜生产能力达 60 万吨以上，有半成品原料加工户近 4000 户，年半成品加工能力在 90 万吨以上，是全国最大的榨菜产品生产加工基地。全区有榨菜加工企业 39 家，其中生产方便榨菜企业 33 家（共 44 个生产厂）、生产坛装（全形）榨菜企业 6 家、生产出口榨菜企业 8 家；有国家级农业产业化重点龙头企业 2 家，市级农业产业化重点龙头企业 14 家，区级农业产业化重点龙头企业 3 家。企业注册商标 190 件，其中"中国驰名商标" 4 件，"重庆市著名商标" 22 件，"涪陵区知名商标" 37 件。准予使用"涪陵榨菜""Fuling Zhacai"地理标志证明商标企业 20 家 43 件商标。有"乌江""辣妹子""餐餐想""杨渝""志贤""浩阳"等品牌 23 个产品通过国家"绿色食品"认证；有"餐餐想""杨渝"等品牌 4 个产品通过国家"有机食品"认证。"涪陵榨菜"品牌价值评估 125.32 亿元，"涪陵青菜头"品牌价值评估 18.13 亿元。全区青菜头种植面积 72.6 万亩，实现总产量 150.6 万吨，其中收购加工 96.8 万吨，社员自食 1.9 万吨，外运鲜销 52 万吨，实现青菜头销售总收入 12.6 亿元，纯收入 10.7 亿元，农民人均纯收入 1572.7 元（按 2013 年末 68.28 万农业人口计），较去年人均增收 171.9 元。产销榨菜盐菜块（折合成三盐菜块）66 万吨，实现销售总收入 8.3 亿元，纯收入 4559 万元，减少 5841 万元；务工、运输纯收入 1.9 亿元，以上 3 项合计实现纯收入 13 亿元，人均榨菜纯收入 1904 元，比上年增加 91 元。产销成品榨菜 47 万吨，实现销售收入 27.2 亿元，利税 3.7 亿元，分别较上年增长 4.4%、14.3% 和 15.6%。

2014 年榨菜产业成果

是年，榨菜产业极大发展。一是全面完成收购加工任务。青菜头收购加工期间，通过采取分时段优质优价收购、全区开展助农收砍青菜头活动、督促指导协会各会员企业承诺保护价收购原料等措施，收购加工均价达 0.7 元 / 公斤，创历史新高，全面完成青菜头收购加工任务。二是青菜头外运鲜销成效显著。全年全区外运鲜销涪陵青菜头 51.95 万吨，超额完成鲜销任务，较上年增长 12.3%。三是全面完成成品榨菜产销任务。全年共产销成品榨菜 47 万吨，较上年增长 4.4%。四是榨菜产品质量安全水平进一步提高。狠抓榨菜生产管理，扎实开展榨菜质量整顿工作，年内全区榨菜企业未发生任何质量事故，确保了榨菜产品质量安全。五是安全隐患排查整治扎实推进。全区榨菜企业共投入资金 530 多万元，添制各类安全生产设备设施近 3000 多台（套）。全区已有 1 家榨菜企业通过安全工作二级达标验收，15 家榨菜企业通过安全工作三级达标验收，16 家榨菜企业已申请安全工作达标验收。六是榨菜环保治理取得显著成效。与农委、环保局等部门密切配合，通过采取广泛宣传、集中整治、督促整改、严格考核等措施，有效促进榨菜废水治理工作开展。全年有 9 家榨菜企业 14 座废水治理设施建成投用，有 8 家榨菜企业通过管网连接实现废水集中治理排放，凤娃子食品有限公司、志贤食品有限公司、大石鼓食品有限公司 3 家榨菜企业废水治理设施已落实在建。七是榨菜龙头企业培育取得新成效。全年全区新培育市级龙头企业 6 家，市级龙头企业已达 14 家，区级以上龙头企业共占全区榨菜生产企业总数的 48.7%；5 家榨菜生产企业被区政府认定为"2013 年度农业产业化 10 强龙头企业"。八是品牌培育建设卓有成效。全年新增驰名商标 1 件，全区驰名商标达 4 件，著名商标达 22 件，知名商标达 37 件。驰名商标、著名商标、知名商标

占全区榨菜品牌总数的 33.7%。九是超计划完成榨菜加工技术人才培训。区榨菜办针对榨菜加工技术人才队伍的实际情况，启动实施"榨菜加工技术人才培养计划"，全年培养榨菜中级工 51 名，化验员 43 名，技师 39 名，司炉工 16 名，进一步提高了全区榨菜行业从业人员理论水平和实际操作技能，推动了榨菜行业技能人才队伍发展壮大。

涪陵青菜头外运鲜销

是年，按照区委、区政府对榨菜产业的总体规划和要求，进一步加大对涪陵青菜头对外宣传和拓市力度。一是重新印制"涪陵青菜头"宣传折册、光盘，用于各榨菜企业、营销组织、大户对外促销拓市宣传。二是从 9 月开始在中央电视台第七套节目进行历时半年的"涪陵青菜头"广告宣传，展示和提升"涪陵青菜头"品牌形象和知名度。三是通过涪陵政府信息网、中国涪陵榨菜网以及各榨菜企业网等网站对外进行宣传。四是制定涪陵青菜头拓市促销工作方案，按照有关乡镇街道自愿申报参加原则，由区级有关部门、榨菜骨干企业、专业合作经济组织组成 23 个拓市促销工作组，到东北、华北、西北等大中城市及重庆周边城市、长江沿线重点城市为目标市场进行宣传、拓市、鲜销。五是由重庆市涪陵区榨菜行业协会主办、重庆市涪陵榨菜（集团）股份有限公司协办，于 12 月 26 日在天津市举行"涪陵青菜头"鲜销推介会，加大对"涪陵青菜头"作为重庆市第一蔬菜品牌的对外宣传力度。全年全区共外运鲜销涪陵青菜头 51.95 万吨。外运鲜销收购价格最高为 6.0 元 / 公斤，最低价格为 0.7 元 / 公斤，鲜销均价达 1.1 元 / 公斤，鲜销收入为 57145 万元，增长 12.32%。

《关于加快涪陵榨菜产业发展的意见》发布

是年，区委、区政府就发展现代特色效益农业，加快涪陵榨菜产业发展出台《关于加快涪陵榨菜产业发展的意见》（涪陵委发〔2014〕21 号），落实区财政在本届政府任期内，每年安排榨菜产业发展专项资金 1000 万元，用于扶持榨菜产业发展中集中建池、企业技改、榨菜科研、鲜销基地建设、鲜销市场拓展、榨菜种植保险、品牌宣传建设、企业融资等相关关键环节。全年政府财政兑现企业产业链项目补贴 120 万元；重新制作印发宣传折册、光盘 10000 万册，用于秋冬青菜头拓市鲜销宣传；政府投入 200 万元购买 2 万公斤种子，无偿提供给农户种植；兑现 2013 年早市青菜头种植移栽补贴资金 4112800.5 元；兑现 2013 年第二季青菜头种植移栽补贴资金 556659 元。

榨菜质量整顿

是年，榨菜办牵头，坚持每季度组织食药监分局、工商分局、环保局等职能执法部门，与各乡镇街道密切配合，采取分片负责集中整治开展榨菜质量整顿工作。全年共检查榨菜生产企业191家（次）、半成品加工大户56户（次），整治质量安全隐患32起，取缔榨菜加工"黑窝点"1家，移交相关部门立案查处1起。通过榨菜质量整顿综合执法检查，有力推进全区榨菜质量安全工作，维护涪陵榨菜的良好市场形象和品牌声誉。

榨菜项目建设

是年，按照区委、区政府"城市建设年"总体规划和要求，积极安排人员、明确责任和落实措施，扎实推进榨菜产业化项目建设。一是抓好项目验收。会同区农委、区财政局组织验收2013年特色效益农业（榨菜）项目30个，验收项目总投资3239.95万元，申请财政补助1255万元，督促加快建设项目5个，总投资1086.2万元，市级财政补助410万元。二是抓好项目申报。2014年组织申报特色效益农业生产发展及产业链项目共4个，总投资1343.08万元，市级财政补助545万元。

榨菜半成品原料粗加工质量整顿

是年，按照区委、区政府年初全区青菜头收购加工暨榨菜质量整顿工作会议要求，青菜头收购加工期间，与有关职能执法部门联合组成榨菜质量整顿执法检查组，巡回各乡镇街道、企业及半成品加工大户，指导督促抓好青菜头收购加工，严厉打击露天作业、坑凼腌制、水湿生拌、粗制滥造、偷工减料加工行为，确保榨菜半成品原料加工质量。加强对恢复传统"风脱水"加工工艺宣传力度，督促企业自已收购、搭架、加工"风脱水"原料，恢复传统"风脱水"，提升涪陵榨菜产品质量。

成品榨菜生产加工质量整顿

是年，按照区委、区政府"十不准""三打击""两取缔"要求，每季度牵头组织工商分局、食药监分局、区环保局组成3个执法检查组对境内榨菜企业进行拉网式榨菜质量整顿执法检查。加大打假治劣力度，重点对无证照、无品牌、无厂址"三无"企业和"黑窝点"以及违法添加非食用物质和滥用食品添加剂行为进行执法检查打击。规范企业生产加工行为，督促指导企业牢固树立"质量赢得市场"理念，全力抓好榨菜产品质量安全工作。督促指导企业严格按照标准操作规程生产，做好修剪看筋、淘洗清理、清洁拌料等工序环节，杜绝粗制滥造、偷工减料、缺斤少两、

超标使用化学防腐剂和使用禁用化学药品等加工行为。强化食品生产卫生管理，严格抓好生产环节卫生、员工清洁卫生、厂区环境卫生，防止食品受污染。落实安全生产主体责任，要求企业建立健全符合自身特点的质量管理体系，使生产中每个环节、每个工序都有章可循、有规可依，严把质量关，不合格原辅料不准入厂，不合格产品不准出厂，实现产品质量稳定提高，以质量赢得消费者和市场认可，使企业获得最大效益。

榨菜销售市场整顿

是年，为保护涪陵榨菜生产经营者和广大消费者合法权益，维护涪陵榨菜百年品牌声誉，促进涪陵榨菜产业持续快速健康发展。进一步加大区外侵权"涪陵榨菜"、"Fuling Zhacai"地理标志证明商标打假力度，大力开展涪陵榨菜销售市场整顿，有力震慑假冒侵权不法行为，净化涪陵榨菜销售市场。

地理标志证明商标使用管理

是年，按照区政府要求，进一步强化"涪陵榨菜""Fuling Zhacai"地理标志证明商标许可使用管理。针对企业在使用"涪陵榨菜""Fuling Zhacai"地理标志证明商标过程中出现的一些新情况新问题，一是对《"涪陵榨菜""Fuling Zhacai"地理标志证明商标使用管理办法》进行再次修改和完善，规范引导企业的正确使用，促进榨菜生产企业提高产品质量。二是组织企业负责人认真学习《商标法》《涪陵榨菜、"Fuling Zhacai"证明商标使用管理章程》。重点就"涪陵榨菜""Fuling Zhacai"地理标志证明商标质量标准、使用条件、申请程序、权利义务、使用管理、违规责任等规定进行学习培训。三是严格按照《涪陵榨菜、"Fuling Zhacai"证明商标使用管理章程》《涪陵榨菜、"Fuling Zhacai"证明商标使用管理办法》，对申请使用"涪陵榨菜""Fuling Zhacai"证明商标的企业，坚持"严格条件、从严把关、严格审批、宁缺毋滥"原则；凡是没有杀菌设备的生产企业，产品质量达不到涪陵榨菜标准的，一律不批准使用"涪陵榨菜""Fuling Zhacai"地理标志证明商标。四是加强使用企业监督管理，对不遵守《涪陵榨菜、"Fuling Zhacai"证明商标使用管理章程》《涪陵榨菜、"Fuling Zhacai"证明商标使用管理办法》，违规使用"涪陵榨菜""Fuling Zhacai"地理标志证明商标行为严厉查处，取消其"涪陵榨菜""Fuling Zhacai"地理标志证明商标使用资格。通过一系列措施提高广大企业的商标意识，依法保护涪陵榨菜生产经营者、消费者的合法权益，维护涪陵榨菜的百年品牌声誉，促进涪陵榨菜产业持续快速健康发展。全年共计批准20家企业的43件商标使用"涪陵榨菜""Fuling Zhacai"地理标志证明商标。

强化榨菜安全生产

是年，为彻底排查整治榨菜生产加工存在的安全隐患，有效防范和坚决遏制生产加工安全事故发生，榨菜办制作印发《榨菜生产加工安全规章制度》，严格按照区政府全区榨菜安全生产工作会议要求，采取有效措施，强化安全生产。一是加大宣传培训力度。牵头组织乡镇分管领导、企业负责人、企业安全管理员统一集中培训，要求各乡镇街道以《榨菜生产加工安全规章制度》为主要宣传培训内容，结合实际，对辖区榨菜生产企业、加工户进行集中宣传培训，增强安全生产知识和责任意识。二是落实专人明确责任。要求各乡镇街道按照属地管理原则，落实专门领导、专职人员负责榨菜生产加工安全监管，切实做到任务清、责任明、措施实，防止榨菜生产加工安全事故发生。三是排查整治安全隐患。牵头组织区工商分局、区食药监分局、区安监局、区环保局等部门对各乡镇街道榨菜生产企业、加工户展开集中榨菜安全大检查、大整治。全面对榨菜企业、加工户的腌制池、盐水处理、用电、机器设备、特种设备等安全防范措施进行拉网式检查，排查安全隐患，发现隐患督促及时整改并追踪落实。四是强化巡查指导服务力度。增加巡查整改、指导服务次数和力度，确保安全隐患及时发现，及早整改。五是全面清理登记造册。对榨菜企业和加工户的基本安全生产情况全面核查并登记造册，做到情况清、底数明。六是启动榨菜安全生产标准化达标建设。鼓励企业与有资质的安全生产咨询公司合作，建立完善各种岗位责任制、安全生产机构、安全生产设备设施。全区98%的榨菜企业安全管理人员坚持持证上岗，有12家榨菜生产企业通过安全现场考评。通过一系列措施，力求进一步完善安全生产制度，落实责任，强化过程监管、责任追究，建立榨菜生产加工安全长效监管机制。全年全区榨菜企业共投入资金530多万元，添制各类安全生产设备设施3000多台套。有1家榨菜企业通过安全工作二级达标验收，15家榨菜企业通过安全工作三级达标验收，16家榨菜企业申请安全工作达标验收。

"辣妹子"牌辣酱榨菜什锦被研发

"辣妹子"牌辣酱榨菜什锦，由重庆市涪陵区辣妹子集团有限公司研制开发。该产品选用涪陵境内种植的无公害优质青菜头为原料，按涪陵榨菜传统加工工艺发酵，结合现代食品生产技术精制而成。该产品口感嫩脆，酱香浓烈，既有榨菜独具的风味，又饱含秘制辣酱风味，是开胃、面食、佐餐、馈赠亲友之佳品。自投放市场后，深受广大消费者喜爱，普通系列产品市场销售价每吨达6万多元，精制秘级产品市场销售价每吨达8万多元，具有较高的产品附加值。

榨菜科研论文发表

是年，聂西度在《食品工业科技》第 2 期发表《电感耦合等离子体质谱测定茎瘤芥（榨菜）中无机元素的研究》一文。

陈发波在《种子》第 4 期发表《茎瘤芥（榨菜）品种亲缘关系的 SSR 分析》一文。

李敏在《食品研究与开发》第 2 期发表《茎瘤芥皮筋叶绿素提取工艺优化》一文。

孙钟雷在《食品科技》第 4 期发表《榨菜脆性的感官评定和仪器分析》一文。

秦明一在《现代园艺》第 2 期发表《涪陵地域文化景观营造要素探究》一文。

余继平在《铜仁学院学报》第 2 期发表《涪陵非物质文化遗产保护与发展——以民间传统手工艺为视角》一文。

王旭祎、吴朝君在《中国农学通报》第 30 期发表《茎瘤芥霜霉病病原菌鉴定及其生物学特性》一文。

刘义华、李娟、张召荣在《西南农业学报》第 6 期发表《茎瘤芥（榨菜）现蕾期的遗传分析》一文。

刘义华、张召荣、冷容等在《植物科学学报》第 32 期发表《茎瘤芥（榨菜）瘤茎性状的遗传研究》一文。

榨菜科研课题立项

是年，"涪陵青菜头（茎瘤芥）生物保鲜技术研究及产业化中试"获科技部立项，起止时限 2014—2016 年。

"茎瘤芥根肿病无农药污染防控技术研究与应用"获涪陵区科委立项，起止时限 2014—2016 年。

"榨菜病毒病安全防控技术研究与应用示范"获涪陵区科协立项，起止时限 2014—2016 年。

《妈妈的榨菜》问世

是年，邓成彬作词、陈家全作曲的《妈妈的榨菜》，入选 2014 年度首届"我为涪陵写首歌"原创推广作品。2015 年，获重庆市委宣传部文艺作品资助项目、重庆市第二届"美丽乡村"原创歌曲表演大赛二等奖。

涪陵 1898 榨菜文化小镇打造启动

是年，区旅游局牵头打造涪陵 1898 榨菜文化小镇。该项目位于涪陵区江北街道韩家村和二渡村，占地面积 380 亩，计划投资 6.3 亿元，建设榨菜博物馆、榨菜文化广场、榨菜非遗传承保护中心、非遗文化活态展示街区、美食街区、文化休闲娱乐区、旅游观光服务综合区，由重庆市辣妹子集团有限公司组建的重庆万正实业有限公司具体实施。项目建成后，对促进涪陵榨菜一、二、三产业融合发展，加快推进涪陵榨菜产业转型升级，提升涪陵榨菜产业的综合竞争力，具有十分重要意义。

涪陵榨菜集团开始研制机器人自动装箱设备

是年，涪陵榨菜集团公司投入 5000 余万元，率先建设机器人自动装箱设备项目，经过 2 年技术认证、调试安装，两条全自动装箱生产线正式投入生产，运行情况良好，完成设计目标 90% 以上。机器人采用瑞士史陶比尔机器人，通过红外传感技术把混乱的产品理顺并均匀排列后，全自动机器人将每袋产品标准化、精确快速地装入包装箱内，大大降低劳动强度和生产成本。

2015 年

"涪陵榨菜文化研究"成为涪陵区政府重大委托课题

2 月 20 日，重庆市涪陵区人民政府办公室下达《关于〈涪陵榨菜文化研究〉重大课题委托的通知》（涪陵府办〔2015〕14 号），委托涪陵区社科联何侍昌负责"涪陵榨菜文化研究"重大课题，编号 FLZDKT20150001，资助经费 15 万元，最终成果形式：专著，完成时间：2016 年 12 月 31 日，主研人：陈雪阳、王林林、张馨、胡向甫，参与者：康晓丽、彭丹凤、刘君。

"涪陵榨菜""涪陵青菜头"区域公用品牌价值

3 月，中国农业品牌研究中心发布 2014 年中国农产品区域公用品牌价值评估结果。"涪陵榨菜"区域公用品牌价值 132.93 亿元，较 2014 年提升 7.61 亿元，居全国第 1 位；"涪陵青菜头"20.23 亿元，较 2014 年提升 2.1 亿元，排行由上年的第 75 位上升至第 58 位。

"涪陵榨菜传统制作技艺"十大民间艺人活动总决赛举行

4 月 24 日，寻访"涪陵榨菜传统制作技艺"十大民间艺人活动总决赛在区文化馆举行。各乡镇选送的 22 件涪陵传统榨菜制作成品只编号不记名，接受涪陵榨菜传统制作技艺保护传承、酱腌菜制作及文艺界专家品鉴、打分。评委们以色泽、香气、味道、口感、形状、工艺为标准，综合评选出最佳十件榨菜成品，十件榨菜成品对

应制作者十人被命名为"涪陵榨菜传统制作技艺十大民间艺人",他们分别是:吴兴碧、田茂全、洪军、杨觉淑、张开华、杨淑兰、雷昌贞、汪兰、罗明奎、王远书。同时,他们还获得了由重庆涪陵辣妹子集团颁发的生产技术顾问聘书,并将长期担任国家级非物质文化遗产代表性项目(涪陵榨菜传统制作技艺)的保护单位——辣妹子集团的榨菜生产技术顾问。

寻找涪陵记忆——涪陵榨菜十大民间艺人表彰会举行

5月20日,在涪陵电视台演播大厅召开"寻找涪陵记忆——涪陵榨菜十大民间艺人表彰会",涪陵区委常委、副区长刘康中,区委常委、宣传部部长田景斌,区政府副区长徐瑛出席颁奖仪式。重庆涪陵辣妹子集团分别给他们颁发了生产技术顾问聘书,他们将长期担任国家级非物质文化遗产代表性项目(涪陵榨菜传统制作技艺)的保护单位——辣妹子集团的榨菜生产技术顾问。

榨菜生产安全管理

5—6月,涪陵区集中对全区榨菜半成品加工户开展生产安全和质量安全专项整治工作,从榨菜加工用盐使用、空池安全防护、设施设备操作、腌制盐水安全等方面进行安全隐患排查以及违规操作治理。开展安全生产月和安全生产涪州行活动,宣传贯彻新《安全生产法》、进行安全隐患排查整治、安全常识普及等,结合榨菜生产企业、加工户生产实际,补充完善各种规章制度。是年,全区累计抽查检查半成品加工户170余户(次),共发放《涪陵区榨菜生产加工安全操作技术规程》宣传单近5000份,与企业(加工大户)负责人开展安全谈心对话90余次,全区榨菜生产企业均在厂区醒目位置制作安装安全宣传标语40余幅,开展安全生产宣传培训20余(场)次,培训员工5000余人次。

榨菜高级技师培训

8月19—22日,区榨菜办联合区人社局,启动"涪陵区榨菜行业'酱腌菜制作工'高级技师培训计划"。全区榨菜行业符合条件的15名榨菜加工技术骨干参加高级技师培训、考核,并获得高级技师证书。此次培训是涪陵榨菜行业高级人才首次培训,弥补了涪陵榨菜加工高级人才断层缺陷。

"涪陵榨菜文化研究"获重庆社科规划立项

10月20日,重庆市社会科学规划办公室下达《2015年度重庆市社会科学规划项目立项通知书》,通知涪陵区社科联何侍昌申报的"涪陵榨菜文化研究"获准立项为一般项目，项目批准号 2015YBJT037，资助经费 3 万元。

涪陵区获"中国十大品牌生产基地"称号

12 月 6 —12 月 8 日，由中国蔬菜流通协会会同广西壮族自治区商务厅主办的"首届中国蔬菜品牌大会"在广西南宁举行，涪陵区被授予"中国十大品牌生产基地"荣誉称号。

涪陵区农业科技园被科技部认定为国家农业科技园区

12 月 29 日，涪陵区以榨菜为主业的农业科技园区被国家科技部认定为"国家农业科技园区"。重庆涪陵国家农业科技园区位于江北街道、百胜镇、珍溪镇等乡镇街道，面积 60 平方公里，按照"核心区—示范区—辐射区"层次布局。园区将按照"生产标准化、企业集群化、产品品牌化、管理规范化、功能多元化、产业生态化"的建设要求，着力抓好以榨菜生产加工为主，以物流配送相关产业为辅的"一镇一基地三中心"的核心区建设。

榨菜科研论文发表

是年，冷容、李娟、杨仕伟等在《中国蔬菜》第 9 期发表《晚熟宽柄芥（酸菜）新品种渝芥 1 号的选育》一文。

蔡敏、吕发生、周光凡等在《贵州农业科学》第 9 期发表《苎麻 / 榨菜套作模式对土壤有效养分及相关酶活性的影响》一文。

何晓蓉、朱学栋、刘华强等在《南方农业》第 11 期发表《芥菜类蔬菜的组织培养技术应用研究进展》一文。

朱学栋、何晓蓉、杨霞等参加第四届"全国植物组培、脱毒快繁及工厂化生产种苗新技术研讨会"提交《茎瘤芥（榨菜）离体培养研究初报》一文。

《妈妈的榨菜》获奖

是年，《妈妈的榨菜》获重庆市委宣传部文艺作品资助项目、重庆市第二届"美丽乡村"原创歌曲表演大赛二等奖。按：《妈妈的榨菜》，邓成彬作词、陈家全作曲的《妈妈的榨菜》，入选 2014 年度首届"我为涪陵写首歌"原创推广作品。

榨菜产业化发展

是年，榨菜办负责统筹协调、指导服务全区榨菜生产、加工、销售。核定编制人数 14 名。有在编工作人员 13 名，其中领导 3 人。内设综合科、业务科、质量监

督管理科、证明商标管理科 4 个科室。涪陵青菜头（榨菜原料）种植涉及境内 23 个乡镇街道（管委会）16 余万户 68 万农业人口。全区有半成品原料加工户近 4000 户，年半成品加工能力在 90 万吨以上；有榨菜加工企业 39 家，榨菜企业年成品榨菜生产能力达 60 万吨以上，其中生产方便榨菜企业 33 家（共 44 个生产厂）、生产坛装（全形）榨菜企业 6 家，具有出口经营权并生产出口产品的榨菜企业 8 家，涪陵区是全国最大的榨菜产品生产加工基地。全区新增"重庆市农业综合开发重点龙头企业" 6 家，有农业产业化重点龙头企业 19 家，其中国家级农业产业化重点龙头企业 2 家，市级农业产业化重点龙头企业 14 家，区级农业产业化重点龙头企业 3 家，区级以上农业产业化龙头企业占全区榨菜生产企业总数的 48.7%。榨菜注册商标 190 件，其中"中国驰名商标" 4 件，"重庆市著名商标" 22 件，"涪陵区知名商标" 37 件，榨菜驰名商标、著名商标、知名商标占全区榨菜生产企业品牌总数的 33.7%。有"乌江""辣妹子""餐餐想""杨渝""志贤""浩阳"等品牌 23 个产品通过国家"绿色食品"认证；有"餐餐想""杨渝"等品牌 4 个产品通过国家"有机食品"认证。全区青菜头种植面积 48333 公顷，总产量 150 万吨，收购加工均价 0.57 元/公斤。青菜头外运鲜销 50.6 万吨，外运鲜销价格最高 4.2 元/公斤，最低价格 0.5 元/公斤，均价 1.1 元/公斤，外运鲜销收入 5.57 亿元。青菜头销售总收入 14.2 亿元，剔除种植成本，种植纯收入 12.2 亿元，人均种植纯收入 1788.6 元（按 2014 年末 68.21 万农业人口计），较上年人均增加 215.9 元；全年产销一、二、三盐盐菜块 66 万吨，实现销售总收入 7.83 亿元，纯收入 8453.8 万元，较上年增长 3894.8 万元；务工、运输纯收入 2 亿元，以上 3 项合计实现纯收入 15 亿元，人均榨菜纯收入 2199 元，较上年增加 295 元。产销成品榨菜 47 万吨，与上年持平，其中出口成品榨菜 1.1 万吨。全年因 3 家出口榨菜企业停产，出口产量同比减少 30%。实现销售收入 28.2 亿元，较上年同期增长 3.7%，其中出口创汇 1200 万美元；利税 4 亿元，较上年同期增长 8.1%。

地理标志证明商标使用管理

是年，修改完善《"涪陵榨菜""Fuling Zhacai"地理标志证明商标使用管理办法》，规范引导企业正确使用。组织企业负责人认真学习《商标法》及《管理办法》，重点就"证明商标"质量标准、使用条件、申请程序、权利义务、使用管理、违规责任等规定进行学习培训。对申请使用"证明商标"的企业，凡是没有杀菌设备的、产品质量达不到标准的，一律不批准使用。加强使用企业监督管理，对不遵守《管理办法》、违规使用"证明商标"行为严厉查处，取消其"证明商标"使用资格。全年共计批准 20 家企业 55 件商品使用"涪陵榨菜""Fuling Zhacai"地理标志证明商标。

榨菜质量管理

是年，在青菜头收购加工期间，区榨菜办与有关职能执法部门联合组成榨菜质量整顿执法检查组，巡回各乡镇街道、企业及半成品加工大户，指导督促抓好青菜头收购加工工作，严厉打击粗制滥造、偷工减料违法加工行为，确保榨菜半成品原料加工质量。加强对传统"风脱水"加工工艺宣传力度，鼓励企业加工"风脱水"原料，恢复传统"风脱水"工艺，提升涪陵榨菜产品质量。每季度牵头联合工商分局、食药监分局、环保局组成 3 个执法检查组对境内榨菜企业进行拉网式质量整顿执法检查。加大打假治劣力度，重点对无证照、无品牌、无厂址"三无"企业和"黑窝点"违法行为进行检查打击。规范企业生产加工行为，督促指导企业牢固树立"质量赢得市场"经营理念，规范企业标准化管理，全力抓好榨菜产品质量安全工作。全年共检查榨菜生产企业、半成品加工大户 188 家（次），整治质量安全隐患 13 起，取缔非法榨菜加工点 2 处，封存、销毁非法加工产品4180 件。

榨菜产业环保治理整顿

是年，区榨菜办与农委、环保等部门密切配合，有效促进榨菜废水治理工作开展。争取市级环保项目建设废水处理设施，已落实重庆市涪陵区凤娃子食品有限公司、重庆市涪陵区志贤食品有限责任公司、重庆市涪陵区大石鼓食品有限公司 3 家榨菜企业新建废水治理设施。安排区级财政资金建设废水处理设施，已落实重庆市涪陵榨菜集团股份有限公司华安榨菜厂、重庆市涪陵瑞星食品有限公司、重庆市涪陵绿陵实业有限公司、涪陵天然食品有限责任公司 4 家榨菜企业进行项目建设。全年有 9 家榨菜企业 14 座废水治理设施建成投用，有 8 家榨菜企业通过管网连接实现废水集中治理排放，有 7 家企业正在运用项目资金进行废水处理设施建设，建成后将有 24 家榨菜企业拥有废水处理设备设施，占全区榨菜企业的 62%。

榨菜专项资金扶持

是年，涪陵区委、区政府落实区财政在本届政府任期内，安排榨菜产业发展专项资金 1000 万元，用于扶持榨菜产业发展中的集中建池、企业技改、榨菜科研、鲜销基地建设、鲜销市场拓展、榨菜种植保险、品牌宣传建设、企业融资等相关关键环节。

青菜头种植扶持

是年，落实早市青菜头种子补贴政策，第一批早市青菜头种子由政府集中采购，无偿向种植农户提供，共发放种子 1.3 万公斤；落实第一批早市青菜头种植移栽补贴政策，第一批早市青菜头种植按 200 元 / 亩标准予以补贴，2014 年共计 7 家专业合作经济组织、6 家农业公司、59 户大户和 2389 户散户申报第一批早菜种植补贴，补贴面积 12848.5 亩，兑现 2014 年第一批早市青菜头补贴资金 257 万元；落实第二季青菜头补贴政策，第二季青菜头种植按 250 元 / 亩标准予以补贴，2014 年共计 1 家专业合作经济组织、1 家农业公司、1 户大户和 10 户散户申报第二季早菜种植补贴，补贴面积 371.7 亩，兑现 2014 年第二季青菜头种植移栽补贴资金 9.29 万元。

榨菜项目建设扶持

是年，全区组织申报市级特色效益农业项目（榨菜）19 个，其中特色效益产业链项目 5 个（有 3 个为 2013 年调整项目），特色效益切块资金项目 14 个，总投资 2235.79 万元，市级财政补助 1150 万元。2015 年特色效益产业链项目总投资 697 万元，市级财政补助 300 万元，惠及 6 家榨菜企业。2015 年特色效益切块资金项目 14 个，总投资 1538.79 万元，市级财政补助 850 万元，惠及 2 家农业企业、5 家榨菜企业、5 家专业合作经济组织、1 家庭农场。

榨菜品牌宣传扶持

是年，全区全年投入 66.5 万元，作为中央电视 7 台、涪陵广播电视台青菜头广告宣传经费；投入 10 万元，重新制作青菜头拓市鲜销广告宣传片以及印发宣传折册、光盘；投入 1.66 万元，作为"涪陵榨菜"及"涪陵青菜头"商标代理、参展公示、网站宣传经费。

"渝杨"牌青椒榨菜牛肉研发

是年，"渝杨"牌青椒榨菜牛肉由重庆市涪陵区渝杨榨菜（集团）有限公司研制开发。该产品选用涪陵境内种植的优质青菜头为原料，按涪陵榨菜传统加工工艺发酵，结合现代食品生产技术精制而成。该产品口感嫩脆，酱香浓烈，在榨菜独具风味的基础上，添加青椒牛肉，并配上秘制辣酱风味，是开胃、面食、佐餐、馈赠亲友之佳品。自投放市场后，深受广大消费者喜爱，普通系列产品市场销售价每吨达四万多元，具有较高的产品附加值。

"乌江"牌 88g 鲜脆菜丝研发

是年，"乌江"牌 88g 鲜脆菜丝由重庆市涪陵榨菜集团股份有限公司研制开发。该产品选用涪陵境内种植的优质青菜头为原料，将涪陵青菜头经修剪菜筋、清水淘洗、切丝等工序，拌入上乘香辅料分装杀菌。该榨菜产品保持了涪陵榨菜具有的质地嫩脆、回味悠长的特点；味型有麻辣、原味，是开胃、面食、佐餐、汤料、馈赠亲友之佳品。自投放市场后，深受不同层次消费者喜爱，普通系列产品市场销售价每吨达两万多元，具有较高的产品附加值。

"涪陵榨菜"品牌价值

中国农产品区域公用品牌价值评估课题组发布 2015 年中国农产品区域公用品牌价值评估报告，青菜头品牌价值为 20.74 亿元。涪陵榨菜价值为 138.78 亿元。

2016 年

涪陵页岩气开发"废料"可种青菜头

1 月 15 日，涪陵页岩气再传喜讯：由我国自主研发的首套油基岩屑处理装置在涪陵页岩气田正式投用，处理后的岩屑含油量低于国家 0.3% 的标准，可以用来种植青菜头等农作物。

涪陵榨菜品牌价值 132.93 亿元

2 月 1 日，涪陵出入境检验检疫局透露：目前，涪陵榨菜品牌价值达 132.93 亿元，连续两年保持中国农产品区域公用品牌价值第 1 位，并连续 4 年获国家级出口榨菜质量安全示范区称号。

涪陵现代农业（榨菜）科技园被认定为"国家农业科技园区"

2 月 20 日，《巴渝都市报》载：核心区位于李渡街道及江北街道的韩家、二渡、大渡、李寺、邓家、高家、北雁等村的涪陵现代农业（榨菜）科技园区近日被国家科技部认定为第七批"国家农业科技园区"。

涪陵万名志愿者助农收砍青菜头

2 月 24 日，涪陵区级机关和企事业单位的 3000 余名志愿者分别到江北街道、百

胜镇、珍溪镇、南沱镇为 100 余户农户收砍青菜头 500 余亩，掀起了涪陵万名志愿者助农收砍青菜头活动的高潮。之前，已有部分乡镇、街道的志愿者参加了此项活动，之后还将有大批志愿者约 1 万人参加活动。

"杂交油菜之父"为涪陵榨菜育种把脉

4 月 1 日，中国工程院院士、"杂交油菜之父"、华中农业大学教授傅廷栋在涪举办专题讲座，为涪陵农业和榨菜育种人员传授最前沿的科学技术和理论成果。

《人民日报》长篇报道涪陵榨菜

4 月 15 日，《人民日报》在第 16 版以"一碟榨菜品匠心"为题，长篇报道了涪陵榨菜的制作历史及现实，全文近万字。

《社科研究》刊发《发展涪陵榨菜文化创意产业的思考》

7 月 29 日，《社科研究》第 7 期刊发长江师范学院副教授王剑主持完成的乌江流域社会经济文化研究中心开放基金项目（2016Y09）成果《发展涪陵榨菜文化创意产业的思考》。

涪陵给青菜头上"保险"

9 月 28 日，涪陵区青菜头种植收益保险试点工作启动，全区青菜头种植试点面积为 1 万公顷，包括珍溪、百盛、南沱等 12 个乡镇。农户种植青菜头在遇到价格下跌及其他自然灾害影响产量和收入时，都将获赔一定的保险金。此次试点工作由涪陵区农委、区财政局和区榨菜办联合实施，中财保涪陵分公司为试点承包机构。

涪陵名优特产品"渝交会"受青睐

10 月 20 日，《巴渝都市报》载：第四届中国（重庆）商品展示交易会日前在重庆国际博览中心落幕，榨菜、腌腊制品、油醪糟等涪陵名优特色产品受青睐，现场和网上销售过百万元，还签订单 5 笔，成交额 180 余万元。涪陵有榨菜集团、泰升生态农业、辣妹子等 17 家商贸企业携 50 多种商品参展。

涪陵榨菜远销 50 多个国家和地区

10 月 26 日，涪陵区有关部门发布消息：至目前，涪陵榨菜已远销美国、加拿大、日本等 50 多个国家和地区。当年前 8 个月，完成榨菜出口 1.13 万吨、货值 900.54 万元。

《社科研究》刊发《关于弘扬榨菜文化精神的几点建议》

12月29日，《社科研究》第12期刊发涪陵区社科联主席何侍昌主持完成的涪陵区重大委托项目"涪陵榨菜文化研究"成果《关于弘扬榨菜文化精神的几点建议》。该成果刊载后产生了重要的影响，获得了涪陵区领导的重要批示。涪陵区委常委、纪委书记常金辉批示云："这项专题研究很有价值，请江北旅游区管委会和万正公司在榨菜文化小镇的建设中注意吸纳，做出其真正的文化品牌。"时任涪陵区副区长黄华批示称："榨菜文化精神的研究，填补了涪陵榨菜文化研究并提炼的空白，是对弘扬榨菜文化的贡献，值得充分肯定。请区农委、区榨菜办、区文化委、区旅游局在工作中认真吸纳，宣传弘扬。"涪陵区政协主席徐志红批示说："该文阐释揭示了榨菜文化精神的内涵，提炼深刻，主题鲜明，定义较为精准。指出'诚信至善，精益求精'的榨菜文化精神与'团结务实、文明诚信、艰苦创业、不甘人后'的涪陵精神一脉相承，相得益彰。发扬榨菜文化精神，契合'再创业，新发展，建设幸福涪陵'的精、气、神。该文有独到之处，是一篇资政的好文章。"

《涪陵非物质文化遗产图典》出版

12月，重庆市涪陵区文化馆、重庆市涪陵区非物质文化遗产研究保护中心联合编纂，黄敏主编的《涪陵非物质文化遗产图典》出版。该书与"涪陵榨菜"的相关内容包括：第一章《国家级非物质文化遗产名录项目：传统技艺·涪陵榨菜传统制作技艺》（第4—38页）、第三章《区级非物质文化遗产名录项目·部分区级非物质文化遗产代表性项目：民间文学·涪陵榨菜的传说》（第223—224页）及《传统技艺·涪陵榨菜酱油传统制作技艺》（第239—240页）。

《芥菜类（榨菜）子叶及带下胚轴茎段离体培养研究》刊发

是年，朱学栋、何晓蓉、刘华强等在《安徽大学学报》第1期发表《芥菜类（榨菜）子叶及带下胚轴茎段离体培养研究》一文。

《菜香的味》问世

是年，孟少伟作词、陈家全作曲的《菜香的味》，孟少伟作词、李毅作曲的《乡愁》在2016"我为涪陵写首歌"活动中均被评为优秀作品，同时被武陵山乡大型原创歌舞《天上有座武陵山》（原名《醉美武陵，多彩记忆》）所采用。

涪陵榨菜产业发展

是年。榨菜办是负责统筹协调、指导服务全区榨菜生产、加工、销售的行业管理部门。2016 年，核定编制人数 14 名，在编工作人员 13 名，其中领导 3 人。内设综合科、业务科、质量监督管理科、证明商标管理科 4 个科室。涪陵青菜头（榨菜原料）种植涉及境内 23 个乡镇街道（管委会）16 余万户 68 万农业人口。全区有半成品原料加工户 1727 户，年半成品加工能力在 90 万吨以上，有榨菜加工企业 37 家（共 42 个生产厂），其中生产方便榨菜的企业 33 家，生产坛装（全形）榨菜的企业 1 家，具有出口经营权并生产出口产品的榨菜企业 3 家，榨菜企业年成品榨菜生产能力达 60 万吨以上，是全国最大的榨菜产品生产加工基地。有国家级农业产业化龙头企业 2 家，市级农业产业化龙头企业 17 家，区级农业产业化龙头企业 4 家，区级以上农业产业化龙头企业共占全区榨菜生产企业总数的 62.2%；有榨菜注册商标 200 余件，其中"中国驰名商标" 4 件，"重庆市著名商标" 18 件，"涪陵区知名商标" 37 件。是年，准予使用"涪陵榨菜""Fuling Zhacai"地理标志证明商标的企业共 23 家 65 件商标。全区有"乌江""辣妹子""餐餐想""杨渝""志贤""浩阳"等品牌的 23 个产品通过国家"绿色食品"认证；有"餐餐想""杨渝"等品牌的 4 个产品通过国家"有机食品"认证。"涪陵榨菜"品牌价值评估为 138.78 亿元，"涪陵青菜头"品牌价值评估为 20.74 亿元。全区青菜头种植面积为 4.81 万公顷，总产量 150.6 万吨，其中外运鲜销 52.2 万吨。青菜头销售总收入 12.3 亿元，剔除种植成本，种植纯收入为 10.45 亿元，人均种植纯收入 1546.9 元（按 2015 年年末 67.57 万农业人口计），较上年人均增加 173.1 元。销售一、二、三盐盐菜块 62 万吨，实现销售总收入 9.57 亿元，实现纯收入 2.24 亿元，较上年增长 1.39 亿元；务工、运输纯收入 2 亿元，以上 3 项合计实现纯收入 14.69 亿元，人均榨菜纯收入 2173.78 元，较上年同期增加 383.78 元。产销成品榨菜 47 万吨，与上年同期持平，实现销售收入 28.7 亿元，较上年同期增长 1.7%；利税 4.07 亿元，较上年同期增长 1.8%。2016 年，青菜头收购加工均价为 0.67 元 / 千克，全区共外运鲜销涪陵青菜头 52.2 万吨，产销成品榨菜 47 万吨，保持销量稳定发展，榨菜产品质量继续提升，全区榨菜企业未发生任何质量事故。

整顿半成品原料粗加工质量

是年，按照区委、区政府年初全区青菜头收购加工暨榨菜质量整顿工作会议要求，青菜头收购加工期间，榨菜办与有关职能执法部门联合组成榨菜质量整顿执法检查组，巡回各乡镇街道、企业及半成品加工大户，指导督促抓好青菜头收购加工工作，严厉打击粗制滥造、偷工减料违法加工行为，确保榨菜半成品原料加工质量。

对传统"风脱水"加工工艺宣传力度，鼓励企业加工"风脱水"原料，恢复传统"风脱水"，提升涪陵榨菜产品质量。

整顿成品榨菜生产加工质量

是年，榨菜办每季度牵头联合区工商分局、区食药监分局、区环保局组成3个执法检查组，对境内榨菜企业进行拉网式质量整顿执法检查、打假治劣。重点对无证照、无品牌、无厂址"三无"企业和"黑窝点"违法行为进行检查打击。规范企业生产加工，督促指导企业牢固树立"质量赢得市场"理念，规范企业标准化管理，抓好榨菜产品质量安全工作。强化食品生产卫生管理，抓好生产环节卫生、员工清洁卫生、厂区环境卫生，防止食品受污染。检查榨菜生产企业、半成品加工大户187家（次），整治质量安全隐患17起，取缔非法榨菜加工点5处，封存非法加工产品2480件；移交相关部门立案查处2起。

整顿榨菜生产安全

是年，利用5—6月两个月时间，集中对全区榨菜半成品加工户开展榨菜加工生产安全和质量安全专项整治，从榨菜加工用盐使用、空池安全防护、设施设备操作、腌制盐水安全等方面进行安全隐患排查以及违规操作治理，督促各乡镇街道榨菜管理部门建立台账，推进对全区榨菜半成品加工户安全管理。开展安全生产月和安全生产涪州行活动，促进全区榨菜产业安全生产形势持续稳定好转。按照相关文件精神要求，每季度深入企业开展安全工作谈心对话活动。对各榨菜生产安全基本情况进行全面普查，就企业安全生产状况和存在的主要问题，对负责人提出相应的意见和建议。专项检查榨菜加工企业153家（次），抽查半成品加工户237余户（次）。全区榨菜行业安全生产二级达标企业1家，三级达标企业24家。

整顿榨菜产业环保治理

是年，督促榨菜企业建立健全环保设施。全区榨菜企业共计投入资金3000余万元用于环保设施建立健全，37家榨菜生产企业，有榨菜废水处理设施24座（含在建1座），总日处理量10610立方米，其中16家榨菜企业自建废水处理设施22座并投入正常运行，区环投集团建设永安流域榨菜集中处理站1座，通过管网连接解决临近7家企业及部分加工户废水治理排放，2家企业通过管网连接至园区废水处理站治理排放，其余12家企业与有治理能力的企业协议废水处理排放，榨菜企业废水处理排放达100%。榨菜企业有锅炉35座，其中5座报停，3家闲置未用，27座进行了除尘脱硫技改，2家企业4个厂实行煤改气。全区榨菜企业固废基本实现规范堆放，

及时拉运到规范固废垃圾场处理。全区加工户废水处理排放监管到位，有常年榨菜原料加工户 1727 户，为保证榨菜加工户腌制盐水不乱排乱放污染环境，各乡镇街道采取与驻村干部、村组干部签订《责任书》，落实监管责任，与榨菜加工储存户签订《责任书》或《承诺书》，落实主体责任，按照谁收购、谁负责处理原则，确保加工户原料腌制盐水拉运到收购企业处理排放。开展面源污染整治，通过采用指导培训、规范施肥用药、生物治蚜试验、减少用药、充分利用腌制盐水等方式，落实措施减轻面源污染。积极完成上级交办的环保问题整改，对环保部门交办的重点环保问题 182 个，分解到各涉及乡镇街道；对中央督查组、市、区交办的突出环保问题投诉 6 件，与区农委、区环保局等部门联合，实地调查处理。按照政府环保目标任务要求，针对陈家沟流域榨菜企业废水治理现状，研究确定榨菜废水整治工作目标和措施，开展督查整治数十次，推动工作落实。青菜头拓市促销工作方案，印制了宣传折册、光盘，安排区级有关部门、榨菜骨干企业、专业合作经济组织组成拓市促销工作组，按照有关乡镇街道自愿申报参加原则，前往东北、华北、西北等大中城市及重庆周边城市、长江沿线等重点城市，进行宣传、拓市、鲜销，12 月 15 日在南京召开了 2016 年涪陵青菜头鲜销推介会。是年，全区外运鲜销青菜头 52.2 万吨，外运鲜销价格最高为 4 元/千克，最低价格为 0.7 元/千克，均价 1.1 元/千克，外运鲜销收入为 5.74 亿元。

重庆市渝东南农科院获"全国农林渔业丰收奖"

是年，重庆市渝东南农科院牵头完成并申报的科技成果"榨菜杂交种涪杂 2 号选育及高效安全栽培技术集成与应用"，获 2014—2016 年全国农牧渔业丰收奖成果奖二等奖，这是重庆市渝东南农科院、涪陵区主持完成获该类成果的最高奖项，提升了涪陵榨菜育种品质，奠定了榨菜产业健康持续长远发展基础。

重庆市渝东南农科院全年 4 项专利申请

是年，重庆市渝东南农科院申请 4 项国家发明专利："宽柄芥（酸菜）胞质雄性不育系（CMS）的选育方法""榨菜留种方法""快速鉴定茎瘤芥杂交种纯度的方法""榨菜与萝卜远缘复合杂交创制种质的方法"，4 项发明专利均获国家知识产权局受理，进入实质审查阶段。

烟蚜茧蜂防治蚜虫技术

是年，为推进青菜头病虫害生物防治技术应用，提高青菜头病虫害防治水平，由区农委牵头，各相关单位配合实施，开展烟蚜茧蜂防治蚜虫推广试验工作。全区投入

20 万元,在珍溪、江北、南沱、江东、马武、石沱、青羊、焦石、罗云等 9 个乡镇街道的 8.6 万亩青菜头种植中,圆满完成烟蚜茧蜂防治蚜虫技术的应用推广。经测算,有效减少农药使用量 1 吨以上,既保护生态环境,又提升农产品和食品质量安全。

"乌江"牌海滋养·煲汤海带研发

是年,重庆市涪陵榨菜集团股份有限公司研制开发出"乌江"牌海滋养·煲汤海带。该产品选用上等海带,精制调味,通过多道工序在保持海带丝营养的同时保证口感的美味。同时,使用西南地区特有的"小米辣"辣椒进行调味,口口爽辣又不失海带丝特有的鲜香,味感协调。打开包装袋,即是一道美味的凉菜,无论日常使用还是宴会佐餐,都爽辣无比。自投放市场后,深受广大消费者喜爱,普通系列产品市场销售价每吨达 16.6 万元,精品系列市场销售价则高达每吨 17.5 万元,具有较高的产品附加值。

"八缸"牌风脱水倒匍坛老榨菜

由重庆市涪陵宝巍食品有限公司研制开发出"八缸"牌风脱水倒匍坛老榨菜。该产品选用涪陵境内种植的无公害优质青菜头为原料,将涪陵青菜头穿串上架悬挂,经季风自然风干脱水,20 余天后下架入池"三腌三榨",采用倒匍坛坛装窖藏发酵,再经修剪菜筋、清水淘洗、切分(切成片、丝、芯)等工序,拌入上乘香辅料分装杀菌。该榨菜产品保持了涪陵农家老咸菜具有的质地嫩脆、回味悠长的特点,味型有麻辣、原味,包装有简易袋装、精制小坛装、精美典雅的礼品盒装等。该产品是开胃、面食、佐餐、汤料、馈赠亲友之佳品。自投放市场后,深受不同层次消费者喜爱,普通系列产品市场销售价每吨达 4 万元,精制秘级产品市场销售价每吨达 7 万元,产品附加值较高。

2017 年

重庆社科规划项目"涪陵榨菜文化研究"结题

4 月 28 日,重庆市社会科学规划项目"涪陵榨菜文化研究"(2015YBJT037)结题,鉴定等级:合格。

《涪陵榨菜文化研究》一书问世

9 月,何侍昌编著的《涪陵榨菜文化研究》一书由新华出版社出版。该书是首部

有关涪陵榨菜文化研究的专著。全书共 10 章，42 万字，分别探究了涪陵榨菜的历史文化、企业文化、管理文化、营销文化、品牌文化、工艺文化、科技文化、饮食文化、非物质文化和榨菜文化精神。

《涪陵榨菜跨越第三个戊戌年》等获奖

11 月，在重庆市涪陵区政协理论研究会 2017 年度评比中，吴盛成、罗上的《涪陵榨菜跨越第三个戊戌年》一文获一等奖，何侍昌的《涪陵榨菜文化精神论》一文获二等奖，张先淑的《依托涪陵榨菜文化特色　着力发展涪陵乡村旅游》、彭福荣的《向着城市：涪陵榨菜加工与工艺演进》两文获三等奖，收录进入重庆市涪陵区政协理论研究会秘书处编印的《重庆市涪陵区政协理论研究会 2017 年度获奖论文汇编》。

2018 年

《涪陵榨菜文化研究》举行首发式

2018 年 1 月 22 日，在涪陵萃辰天心书院举行《涪陵榨菜文化研究》首发式。

周庆报道涪陵榨菜

2 月 6 日，据《巴渝都市报》第 3 版报道，周庆以《周家好评〈涪陵榨菜文化研究〉》为题报道了《涪陵榨菜文化研究》首发式及读书会的情况。

附录一：榨菜行业标准一

GH

中华人民共和国供销合作行业标准

榨 菜

GH/T 1011-1998

Pickled mustard tubers

1998-11-09 发布   1999-03-01 实施

中华全国供销合作总社   发布

GH/T 1011-1998

前 言

本标准是对 GB 6094-1985《榨菜》的修订。修订时保留了 GB 6094 中仍然适用的内容，同时根据实际情况做了如下修改：

1. 定义中增加胖袋；

2. 原产品分类中的四川榨菜改为涪式榨菜；

3. 技术要求中增加了色泽和滋味感官要求；

4. 理化指标进行了调整；

5. 试验方法中删去了氯化钠、酸、水的具体分析方法，采用现行国家标准；

6. 检验规则中增加了出厂检验、型式检验及判定规则；

7. 增加了对标签、标志的要求。

本标准从颁布实施之日起代替 GB 6094-1985。

本标准由中华全国供销合作总社提出并归口。

本标准起草单位：重庆市涪陵区榨菜管理办公室、涪陵榨菜（集团）有限公司、浙江省海宁翠丰食品有限公司。

本标准主要起草人：杜全模、向瑞玺、赵平、封益生。

中华人民共和国供销合作行业标准

榨菜

GH/T 1011–1998

Pickled mustard tubers

代替 GB 6094–1985

1　范围

本标准规定了榨菜的产品分类、技术要求、试验方法、检验规则和包装、标志、标签、运输、贮存要求。

本标准适用于以茎瘤芥（茎用芥菜）为原料，经特定工艺腌制而成的盐腌菜，也适用于方便榨菜的原料。

2　引用标准

下列标准所包含的条文，通过在本标准中引用而构成为本标准的条文。本标准出版时，所示版本均为有效。所有标准都会被修订，使用本标准的各方应探讨使用下列标准最新版本的可能性。

GB 2714–1996	酱腌菜卫生标准
GB 2760–1996	食品添加剂使用卫生标准
GB / T 5009.29–1996	食品中山梨酸、苯甲酸的测定方法
GB / T 5009.54–1996	酱腌菜卫生标准的分析方法
GB 7718–1994	食品标签通用标准
GB / T 10790–1989	软饮料的检验规则、标志、包装、运输、贮存
GB / T 12456–1990	食品中总酸的测定方法
GB / T 12457–1990	食品中氯化钠的测定方法
GB / T 14769–1993	食品中水分的测定方法

3　定义

本标准采用下列定义。

3.1　榨菜：茎瘤芥（茎用芥菜）经脱水、盐腌、压榨等工艺，加入调味料制成的盐腌菜。

3.2　叶柄（菜耳）：榨菜菜块上残留的叶柄基部。

3.3 飞皮：与菜块肉质体分离，未完全脱离菜块的菜皮。

3.4 黑斑：茎瘤芥在生长期中受病虫害或其他伤害的愈合斑。

3.5 烂点：榨菜菜块上的腐蚀斑。

3.6 空心菜：茎瘤芥在生长中内部变空，内壁呈白色、黄色或黑色。

3.7 棉花包：榨菜菜块内部呈白色絮状体。

3.8 硬壳菜：外皮老化硬化。

3.9 老筋：榨菜菜块上的块状、丝状粗纤维。

3.10 胖袋（罐）：由于微生物发酵或其他原因产生气体，包装袋（罐）呈膨胀状态。

4 产品分类

4.1 按加工工艺不同分类

4.1.1 涪式榨菜

经风干脱水，腌制工艺加工制成的榨菜。

4.1.2 浙式榨菜

不经风干脱水，直接腌制加工制成的榨菜。

4.2 按包装不同分类

4.2.1 裸装。

4.2.2 陶坛。

4.2.3 塑料袋。

4.2.4 塑料桶。

4.2.5 罐头。

4.3 按用途不同分类

4.3.1 方便榨菜原料。

4.3.2 直接进入市场销售。

4.4 规格、负偏差

4.4.1 可按不同规格定量包装，其净含量应与标签所示计量吻合。

4.4.2 各种规格负偏差应符合表1的要求

表 1 各种规格负偏差要求

序号	1	2	3	4	5	6	7	8
规格	500	1000	1500	5000	10000	15000	20000	40000
要求	13	15	20	50	100	150	200	400

5 技术要求

5.1 原料要求

应选用圆球形或扁圆球形的优良茎瘤芥品种；不得选用无瘤长圆形，老菜，有伤害、黑斑、烂点的茎瘤芥。

5.2 感官要求

5.2.1 涪式榨菜的感官特性应符合表2要求。

表2 涪式榨菜感官特性

项 目	要 求	
	一级	二级
色 泽	菜块微黄色，辅料色泽正常，不发暗，变褐	
滋 味	具有榨菜及辅料固有的滋味，无异味	
外 观	菜块表面呈皱纹、辅料分布均匀。菜耳、飞皮、黑斑、老筋、烂点的总量不得超过5%	
组织形态	菜块呈圆球形或扁圆球形的全形菜、肉质肥厚嫩脆。空心菜、棉花包、硬壳菜以个算，总计不得超过5%	菜块呈圆球形或扁圆球形，无无瘤长形菜；允许有切块菜，肉质肥厚嫩脆。空心菜、棉花包、硬壳菜以个算，总计不得超过8%
块 重	50—175g 超重175g的大块不得超过10%，不足50g小块不得超过2%	40g以上 不足40g的小块不得超过2%

5.2.2 浙式榨菜的感官特性应符合表3要求。

表3 浙江榨菜的感官特性

项 目	要 求	
	一级	二级
色 泽	菜块微黄色，辅料色泽正常，不发暗，变褐	
滋 味	具有榨菜及辅料固有的滋味，无异味	
外 观	菜块表面呈皱纹、辅料分布均匀。飞皮、黑斑、老筋、烂点的总量不得超过5%	
形 态	菜块呈圆球形或扁圆形，有瘤长形菜不得超过20%，切块菜为肥大茎的上中部，菜块肉质肥厚。 白空心菜、老筋、硬壳菜以个算，总计不得超过5%	菜块呈圆球形或扁圆形，有瘤长形菜不得超过50%，切块菜为肥大茎的中下部，菜块肉质肥厚。 黄白空心菜、老筋、硬壳菜以个算，总讲法得超过10%
块 重	40～50g 超过150g的大块不得超过10%，不足40g小块不得超过2%	30g以上 不足30g的小块不得超过2%

5.3 理化指标

理化指标要求见表4。

表 4 理化指标要求

项　目		要　求		
		涪式榨菜		浙式榨菜
		一级	二级	
水分	≤	76.0	78.0	80.0
食盐含量（以氯化钠计）	≤	15.00	14.00	14.00
总酸量（以乳酸汁）	≤	0.45—0.70		0.45—0.90
食品添加剂	≤	应符合 GB 2760 的规定		

5.4 卫生指标

应符合 GB 2714 的规定。

6 试验方法

6.1 外观

先观其整批坛、桶、箱内外包装、形状、标志是否符合要求。然后抽样开箱检查包装袋、罐的外观、标志，特别注意有无破裂、渗漏、胖袋（罐），记录其程度。检查其内容物是否符合计量规定要求。

6.2 感官特性

取混合均匀的整块样品 2000—4000，置于白色瓷盆内，按感官要求评判色泽、滋味、外观、形态称其块重。

6.3 水分的测定

按 GB/T 14769–1993 第 2 章规定的方法测定。

6.4 氯化钠的测定

按 GB/T 12457–1990 附录 A 规定的方法测定。

6.5 总酸的测定

按 GB/T 12456–1990 第 3 章规定的方法测定。

6.6 卫生指标检验

按 GB/T 5009.54 规定的方法检验。

防腐剂检验

按 GB/T 5009.29 规定的方法检验。

7　检验规则

7.1　出厂检测

7.1.1　产品出厂前须经厂质量检验部门逐批检验，并签发合格证。

7.1.2　出厂检验项目包括：外观和感官特性、包装、净含量、理化指标、添加剂、卫生指标。

7.2　型式检验

7.2.1　有下列情况之一时，应进行型式检验：

a 新投产或投产后原料来源、产地、设备变化较大，可能影响产品质量时；

b 停产后　重新生产时；

c 卫生或质量监督机构提出要求时。

7.2.2　型式检验项目包括：技术要求中全部项目。

7.3　组批

同一班次一次投料为一批，产量小，而原辅料未发生变更时，可将两个或三个班次的产品为一批。

7.4　抽样

7.4.1　成品库按批抽样，抽样单位以坛或箱计。

7.4.2　抽样方法

采样坛数或箱数按式（1）计算：

$$S = \frac{N}{\sqrt{5}} \qquad\qquad \cdots\cdots\cdots\cdots\cdots（1）$$

式中：N——被检榨菜的坛数或箱数；

　　　S——取样的坛或箱数。

在抽取样坛（箱）的上、中、下层或箱中的四角上、下层按四分法分别抽取样菜或样袋，混合后缩分至2000—4000g作感官检验。另抽取1000—2000g作理化、防腐剂检验和卫生检验。

7.5　判定规则

7.5.1　出厂检验判定规则

7.5.1.1　出厂检验项目全部符合本标准，判为合格产品。

7.5.1.2　出厂检验如理化指标中的盐、酸、水超标或感官检验超标可复验或调整级别。但色变严重或有异味、包装破裂、胖袋的判为不合格。

7.5.1.3　卫生指标不合格，添加剂超标的产品判为不合格产品。

7.5.2　型式检验判定规则

7.5.2.1 型式检验项目全部符合本标准判为合格产品。

7.5.2.2 型式检验按第 5 章规定的项目检验，其中一项不符合规定指标的产品，允许加倍抽样复验。再不合格，判为不合格产品。

7.5.2.3 卫生指标和添加剂指标的判为不合格产品。

8 标签、标志

8.1 标签

应符合 GB 7718 规定的内容标注。

8.2 标志

陶坛用悬牌，纸箱上印刷标明产品名称、生产企业名称和地址、数量、毛重、净重以及"小心轻放""防腐""防晒"。

9 包装

9.1 包装容器

可采用陶坛、塑料袋、塑料桶、铁罐等容器。应无毒、无害、无污染。

9.1.1 陶坛

陶坛应形状正常，内外光滑、满釉，无破裂、渗漏。

9.1.2 塑料袋

应采用两层或三层以上无毒、无害的复合塑料薄膜制成的真空包装袋。

9.1.3 塑料桶

应采用符合国家对罐头食品包装规定的铁罐包装要求。

9.2 外包装

9.2.1 坛装榨菜的外包装

坛装榨菜的外包装采用竹篓或草绳。竹篓应无虫蛀、腐粉。腰箍松紧适度，大小高矮适宜，篓口用绳索拴牢。浙式榨菜也可以用直径 2—2.2 厘米的草绳捆扎。在竹篓或草绳上要悬牌标志。

9.2.2 塑料袋装、软塑料桶、罐头包装的外包装应用纸箱包装。纸箱包装应捆扎牢固，正常运输装卸时水得松散。包装箱的捆扎材料应符合 GB / T 10790-1989 中5.4 的规定。

10 运输、贮存

10.1 坛装榨菜

坛装榨菜不得与有毒、有恶劣气味的物品混合存放、运输。装卸过程中严禁碰

撞、挤压。贮藏场所应阴凉、通风，温度不超过25℃，堆码整齐，不得露天存放。

10.2 其他包装

塑料袋装、桶装、瓶装、罐装榨菜的贮藏运输条件除上述要求外，还应注意贮藏、运输场所不能潮湿，堆码不得超过6个箱高。防止曝晒、雨淋、挤压。

10.3 方便榨菜原料散装大池贮存

方便榨菜原料散装大池贮存，应在仓库内清洁卫生的菜池密封贮存，不得漏水、透气。

10.4 保质期

10.4.1 坛装榨菜的保质期至少一年。

10.4.2 其他榨菜的保持期至少三个月。

附录二：榨菜行业标准二

中华人民共和国供销合作

行业标准

榨　菜

CH／T 1011–1998

中国标准出版社出版

北京复兴门外三里河北街 16 号

邮政编码：100045

电　　话：68522112

中国标准出版社秦皇岛印刷厂印刷

新华书店北京发行所发行　各地新华书店经售

版权专有　不得翻印

开本 880×1230　1/16　印张 3/4　字数 11 千字

1999 年 5 月第一版　1999 年 5 月第一次印刷

印数 1–800

书号：155066·2-12533　定价 8.00 元

标　目　372–53

附录：

GH/T

中华人民共和国行业标准

方便榨菜

GH/T 1012-1998

Convenience Pick ted mustard tubers

代替 GB 9173-88

1998-11-09 发布　1999-03-01 实施

中华全国供销合作总社　发布

GH／T 1012-1998

前　言

本标准是对 GB 9173-88《方便榨菜》修订。修订时保留了 GB 9173-88 中仍然适用的内容，同时根据实际情况做了如下修改：

1. 原产品分类中的四川榨菜改为涪式榨菜。

2. 理化指标进行了调整。

3. 检验规划中增加了出厂检验、型式检验及判定规划。

4. 增加了对标签、标志的要求。

本标准从颁布实施之日起代替 GB 9173-88；

本标准由中华全国供销合作总社提出并归口；

本标准由重庆市涪陵区榨菜管理办公室、涪陵榨菜集团有限公司、涪陵榨菜科研所、浙江省海宁翠丰食品有限公司负责起草。

本标准起草人：杜全模、朱世武、向瑞玺、封益生。

GH／T 1012-1998

目 录

中华人民共和国行业标准

方便榨菜

Convenience Pickled mustard tubers

GH/T 1012-1998

代替 GB 9173-88

1 范围

本标准规定了方便榨菜的产品分类、技术要求、试验方法、检验规划和包装、标志、标签、运输、贮存要求。

本标准适用于以榨菜为原料，经淘洗、脱盐、切分、调味、分类、密封、杀菌制成的盐腌菜。

2 引用标准

GH / T 1011-1998　　　　榨菜标准

GB 2714-1996　　　　酱腌菜卫生标准

GB 2760-1996　　　　食品添加剂使用卫生标准

GB 5009.29–1996	食品中山梨酸、苯甲酸的测定方法
GB 5009.54–1996	酱腌菜卫生标准分析方法
GB 7718–1994	食品标签通用标准
GB/T 10790–1989	软饮料的检验规划、标志、包装、运输、贮存
GB / T 12456–1990	食品中总酸的测定方法
GB / T 12457–1990	食品中氯化钠的测定方法
GB / T 14769–1993	食品中水分的测定方法
GH/T 1011–1998	榨菜

3 定义

本标准采用下列定义。

3.1 方便榨菜：是将半成品榨菜再经淘洗、脱盐、切分、脱水、调味、分装、密封、杀菌制成的盐腌菜。

3.2 胖袋（罐）：由于微生物发酵或其他原因产生气体，包装袋（罐）呈膨胀状态。

3.3 棉花包：榨菜菜块内部呈白色絮状体。

3.4 老筋：榨菜菜块上的块状、丝状粗纤维。

3.5 黑斑：茎瘤芥（茎用芥菜）在生长中受病虫害或其他伤害的愈合斑。

3.6 烂点：榨菜菜块上的腐蚀斑。

4 产品分类

4.1 按加工工艺不同分类

4.1.1 涪式方便榨菜

用经风干脱，腌制工艺制成的榨菜半成品，再加工精制成的方便盐腌菜。

4.1.2 浙式方便榨菜

用不经风干脱水，直接腌制成的榨菜半成品，并加工精制成的方便盐腌菜。

4.2 按包装不同分类

4.2.1 塑料袋装方便榨菜。

4.2.2 玻璃瓶装方便榨菜。

4.2.3 罐头装方便榨菜。

4.3 规格、负偏差

4.3.1 可按不同规定定量包装，其净含量与标签所示计量相吻合。

4.3.2 负偏差

各种规格负偏差应符合表1要求。

表1　各种规格负偏差要求9

序号	1	2	3	4	5	6	7	8	9	10
净含量	50—100	150	200	300	500	1000	5000	10000	15000	20000
要求≤	4.5	7	8	9	13	15	50	100	150	200

4.4　按含盐量不同分类

4.4.1　高盐含量类

4.4.2　中盐含量类

4.4.3　低盐含量类

5　技术要求

5.1　原料要求

应符合 GH／T 1011 榨菜标准第 5 章规定。

5.2　感官和物理特性

感官和物理特性应符合表2的要求。

表2　感官和物理特性

项　目	要　　求
色　泽	微黄色，辅料色泽正常，不发暗、变褐
滋　味	具有榨菜及辅料固有的滋味，无异味
味　型	可配制成各种味型，但内装榨菜味型必须与标签、标志味型一致
组织结构	应有榨菜质地嫩、脆特色，不得有变质菜。棉花包、老筋、黑斑、烂点总量不得超过3%
形　状	菜形可呈丝状、片状、颗粒状，同一包装内不得有两种或多种混装菜。不规格形状的菜不得超过总重的5%

5.3　理化指标

5.3.1　涪式方便榨菜理化标准

感官和物理特性应符合表2的要求。

表3 涪式方便榨菜理化指标 %

项 目	要 求		
	低盐类	中盐类	高盐类
含盐量	≤ 0.00	8.00-12.00	12.00-15.00
含水量	≤ 05.0	74.0-02.0	70.0-74.0
总 酸	0.4-0.9		
添加剂	应符合 GB2760 的要求		

5.3.2 浙式方便榨菜理化指标

浙式方便榨菜理化指标应符合表4要求。

表4 浙式方便榨菜理化指标 %

项 目	要 求	
	低盐类	中盐类
含盐量	≤ 9.00	9.00-14.00
含水量	≤ 05.0	78.0-82.0
总 酸	0.4-0.9	
添加剂	应符合 GB2760 的要求	

5.4 卫生指标

应符合 GB2714 酱腌菜卫生标准的规定。

6 试验方法

6.1 外观

先观其整批内外包装、标志、形状、抗压强度是否符合规定要求。然后抽样开箱检查包装袋（盒）、瓶、罐的外观、形状及标志等，特别注意有无破裂、漏气、脱层、通底、胖袋（罐）等现象，记录其程度。检查其内容物是否符合计量规定要求。

6.2 感官特征

取混合均匀的榨菜 2000-4000 克，置于白色瓷盆内，按感官要求评判色泽、滋味、组织结构、形状。

6.3 水分的测定

按 GB / T 14769 第二章规定的方法测定。

6.4 氯化钠的测定

按 GB / T 12457 录 A 规定的方法测定。

6.5 卫生指标检验

按 GB / T 12456 第三章规定的方法测定。

6.6 卫生指标 检验

按 GB 5009.54 规定的方法检验。

6.7 防腐剂的检验

按 GB 5009.29 规定的方法检验。

7 检验规则

7.1 出厂检验

7.1.1 产品出厂前须经厂质量检验部门逐批检验，并签发合格证。

7.1.2 出厂检验项目包括：外观和感官牧场生，包装、净含量、理化指标、添加剂、卫生指标。

7.2 型式检验

7.2.1 有下列情况之一时，应进行型式检验：

A、新投产或停产后，恢复生产时；

B、新产品试制定型鉴定；

C、原辅料、生产工艺有较大改变时；

D、卫生、质量监督机构提出要求时。

7.2.2 型式检验项目包括：技术要求中全部项目。

7.3 组批

同一班次一次投料为一批，产量小，而原辅料未发生变更时，可将两个或三个班次的产品为一批。

7.4 抽样

7.4.1 在成品库按批抽样，抽样单位以箱计。

7.4.2 抽样方法

抽采样箱数按式（1）计算：

$$S = \frac{N}{\sqrt{5}} \qquad\qquad \cdots\cdots\cdots\cdots\cdots（1）$$

式中：N—被检榨菜的箱数；

　　　S—取样的箱数。

在抽取样箱中的四角上、下层分别抽取品，再按四分法缩分为 20 个小样，其中

抽取 3 个小样开启将榨菜倒入洁净瓷盘内作感官检验。所余 17 个小样开启作理化、添加剂、卫生检查。

7.5 判定规划

7.5.1 出厂检验判定规则

7.5.1.1 出厂检验项目全部符合本标准，判为合格产品。

7.5.1.2 出厂检验如理化指标中的盐、酸、水超标或感官检验超标可复检或调整级别。但色变严重或有异味、包装破裂、胖袋的判为不合格。

7.5.1.3 卫生指标不合格，添加剂超标的产品判为不合格产品。

7.5.2 型式检验判定规划

7.5.2.1 型式检验项目全部符合本标准判为合格产品。

7.5.2.2 型式检验按第五章规定的项目检验，其中一页不符合规定提标的产品，允许加倍抽样复检。再不合格，判为不合格产品。

7.5.2.3 卫生指标和添加剂指标超标的判为不合格产品。

8 标签、标志

8.1 标签

应符合 GB 7718 食品标签通用标准规定的内容标注。

8.2 标志

运输包装应标明产品名称、公司名称和地址、规格、数量，以及"小心轻放""防潮""防腐"等。

9 包装

9.1 包装容器

可采用塑料袋、玻瓶、铁罐等容器。应无毒、无害、无污染。

9.1.1 塑料袋

应采用两层或三层以上无毒、无害的复合塑料薄膜制成的真空包装袋。

9.1.2 玻璃瓶、罐头

应符合国家玻璃瓶、罐头食品包装的有关规定。

9.2 外包装

外包装箱应捆扎牢固，政党运输、装卸时不得松散。包装箱的捆扎材料应符合 GB 10790 中 5.4 规定。

10 运输、贮存

10.1 运输

在运输过程中，不得与有毒、有恶劣气味的物品混装、混运。运输时防止挤压、曝晒、雨淋。

10.2 贮存

应贮存在阴凉、干燥、通风、温度不超过 25℃仓库内。堆码整齐，不得露天存放。

10.3 保质期

自生产之日起保持期不得低于三个月。

附录三：涪陵市榨菜管理规定

涪陵市榨菜管理规定

（一九八八年九月二日涪陵市第十一届人民代表大会第十一次常务委员会通过）

第一章 总 则

第一条 为了强化榨菜管理，提高产品质量，确保地名特产品声誉，促进我市榨菜商品生产的健康发展，根据《食品卫生法》《商标法》《计量法》《中华人民共和国标准化管理条例》《工业产品质量责任条例》和《四川省市场商品质量监督检验暂行办法》等法律、法规，制定本规定。

第二条 本规定适用于在涪陵市境内从事榨菜及其辅料加工、运输、销售业务活动的所有单位和个体户。

凡以鲜菜头为原料生产、加工的半成品和各式包装的成品榨菜均属榨菜范围。

第二章 产、销管理

第三条 加工经营榨菜及其辅料的单位和个体户，必须持有"三证一照"，即"生产许可证""食品卫生许可证""税务登记证"和"营业执照"，并依照登记许可的内容和范围进行加工、经营。纯经营单位免持"生产许可证"。

第四条 生产加工榨菜的单位，必须服从当地政府的统筹安排，定点建设原料生产基地，提供产前、产中、产后服务，依法签订产、销合同，稳定产销关系。

第五条 榨菜原料及其成品的购销价格，均应服从市物价局的指导，实行优质优价，依质论价，禁止抬级抬价抢购和压级压价收购。

第六条 外地的单位和个人到本市境内采购榨菜，必须向当地工商、税务管理机关登记，并在指定的区域从事经营活动。

第七条 所有榨菜生产、经营单位和个体户都必须依法纳税、照章缴费。

第三章　质量管理

第八条　每一个榨菜生产加工榨菜的单位和个人都有提高榨菜产品质量、维护涪陵榨菜特产品声誉的责任，各级政府、各部门、各企业主管机关，必须对产品质量进行严格管理，监督加工单位和个体户坚持质量第一的方针，保证质量，管理和监督不力的也应承担连带责任。

第九条　涪陵市榨菜质量监督检验站（以下简称市质检站）负责全市榨菜质量监督检验工作，市质检站根据业务需要，可以委托有关职能部门和聘请榨菜质检员进行榨菜质量监督检验工作。

第十条　榨菜加工单位和个体户必须严格按照 GB 6094-85 坛装榨菜国家标准和川 Q／涪 236-85、川 Q／涪 238-88、川 Q／涪 303-87 方便榨菜标准进行生产，并按此标准进行检验鉴定。

第十一条　榨菜加工单位和个体户的榨菜成品出厂，必须提前15天向市质检站书面申请检验，市质检到申请七日内进行抽样检验，经检验合格后，发给合格证，方能出厂。半成品可由市内收购单位负责监督检验，严禁收购不合格半成品。

第十二条　榨菜生产加工，要坚持自检。年产250吨以上榨菜的企业，必须设立质检机构，配备专职质检人员，完善化验设施，加强自检工作。对暂无条件建立化验室的企业和个体加工户，必须委托有检测能力的单位代检。

第十三条　所有成品榨菜必须按照标准进行包装，并要符合《食品标签通用标准》的各项要求。

第十四条　各级交通运输部门应与管理部门密切配合，把好榨菜质量关，严禁运输单位和个人承运无合格证明的榨菜。

第四章　卫生管理

第十五条　涪陵市卫生防疫站（以下简称市防疫站）负责全市榨菜加工、销售的卫生监督检查工作。各区、乡卫生院"食品卫生检查员"负责本辖区的榨菜卫生监督检查。生产、加工企业设专、兼职卫生检查员，负责本企业的卫生监督检查工作。

第十六条　凡榨菜生产加工单位和个体户，投产前须将厂房（或车间）设施、生产品种、产品配方、工艺流程、试产情况向市防疫站或区卫生院防保科申报，经审查合格发给"食品卫生许可证"方可正式生产。

第十七条　生产从业人员必须进行健康检查。凡患有五种（肝炎、肺结核、痢疾、伤寒、皮肤病）传染病者，不得从事此项工种。要讲究个人卫生，穿戴清洁，严格消毒，以减少食品污染。

第十八条　加工榨菜使用原料、辅料、生产用水，均应符合国家食品卫生标准和国家领用水标准。不准任何单位和个人采购、加工、销售、使用假、冒、伪、劣榨菜，生产用辅料（海椒面、香料等）。生产和经营榨菜辅料单位和个人，必须事前向市防疫站申报，经审查合格发给"食品卫生许可证"方能生产、销售。

第十九条　各榨菜生产单位和个体加工户，必须建立健全卫生管理制度，并严格执行。

第五章　行业管理

第二十条　涪陵市榨菜管理办公室是市政府负责全市榨菜行业管理工作的部门，对榨菜产、销实行统筹、协调、指导、监督、服务，强化榨菜行业管理并领导区、乡行业管理组织的工作。

第二十一条　各榨菜主产区成立榨菜办公室；主产乡成立榨菜生产者协会或榨菜办公室，在市榨菜管理办公室的领导下，行使行业管理的职能。

区、乡卫生院"食品卫生检查员"，市榨菜质检站的质检人员参加所在区、乡的行业管理工作，负责榨菜卫生、质量监督管理。

第二十二条　行业管理组织，可收取一定数量的管理服务费，用作活动经费，专款专用，不准挪作他用（管理服务费收取标准另行规定）。

第六章　奖　惩

第二十三条　凡具有下列行为之一的单位和个人，由市榨菜领导小组给予表彰或奖励：

（一）认真执行本规定，有显著成绩和贡献的；

（二）积极检举揭发违反本规定，挽回重大损失，维护涪陵榨菜声誉有显著成绩的；

（三）对发展涪陵榨菜生产提高产品质量成绩突出和创省级以下优质产品的。

第二十四条　对违反本规定的单位和个人，由有关职能部门或行业组织严肃处理：

（一）对违反本规定第四条的，视其情节分别给予警告、信贷制裁、令其停业整顿，直到吊销"生产许可证"；

（二）对违反本规定第五条的，由物价管理部门按有关规定处理。同时还可参照本规定第二十四条第一款处罚；

（三）证、照不全，擅自开展产、销业务的，处以500元以下罚款，并令其停业；

（四）对不按规定标准生产、经销和代销不合格榨菜的单位或个体户，由市质检站根据情节和后果，酌情处以100—5000元罚款，并查封不合格产品，令其重新返工或销毁。情节严重的，由有关部门吊销其证、照，没收其非法所得，直至依法追究责任。

（五）对承运不合格榨菜的单位和个体户，处以50—2000元的罚款。情节严重的，由公安、交通管理部门或航运管理部门扣押运输工具，并吊销车、船驾驶执照，同时由市质检站对货主处以1000元以下罚款；

（六）对管理职能部门及其工作人员，在执行本规定过程中，徇私舞弊、收受贿赂、敲诈勒索的，没收其非法所得，并给予经济的、行政的处罚，构成犯罪的，依法追究刑事责任。

第七章 附 则

第二十五条 工商、财政、税务、金融、公安、卫生防疫、标准计量、物价、交通运输以及榨菜管理机构，要互相配合，统一行动，严格按照本规定，做好榨菜管理工作。

第二十六条 本规定由市人民政府榨菜管理办公室解释。

第二十七条 本规定自公布之日起执行。

附录四：关于坚决取缔生产经营伪劣榨菜的通告

涪陵市人民政府
关于坚决取缔生产经营伪劣榨菜的通告

涪府告 1 号

为了促进我市榨菜生产、经营活动的健康发展，维护消费者和生产、经营者的合法权益，根据国家有关法律法规的规定，结合我市实际，特通告如下：

一、凡本市境内的榨菜生产、经营者，必须严格执行国家有关法律法规所规定的质量标准，坚持"质量第一"的原则，榨菜加工厂房、场所、生产设施、工具和辅料等，必须符合有关规定；

二、禁止生产、经营下列劣质榨菜：

1. 严重酸、泫、霉、变质的榨菜，虽轻重新加工处理仍不能食用的；

2. 菜块肉质黑暗，质地腐烂变软，滋味或气味变坏的；

3. 严重黑斑烂点菜、老筋菜、硬壳菜、糖心烂菜；

4. 产品理化指标达不到规定标准，菜块多数水混生硬，内部肉质量乳白色，未淘洗或淘洗后泥沙污物仍然严重的。

三、生产、经营下列产品的视为伪劣榨菜：

1. 未申报质检、偷运外销或无全市统一编码的坛装菜；

2. 生产经营榨菜辅料无防疫站、质检部门标准和出具合格证明的；

3. 经质检部门检验，确定为等外品或次品的榨菜，未在包装显著部分注明"等外品"或"次品"字样的；

4. 冒用"川式榨菜"标志的坛装榨菜。

四、榨菜生产、经营者，必须坚持榨菜出厂时自检，经营者复检，并申报同港检验，经市榨菜质检站现场检验，出具质检证明后，方能外销。

五、在榨菜生产、经营过程中，严禁下列行为：

1. 严禁在露天腌制、拌料、装坛；

2. 严格使用"工业用盐"，或掺杂、掺假，或使用有毒有害的辅料。

六、各级政府及其有关部门要切实加强榨菜生产、经营的管理，加强现场监督检查，对不按规定生产和经营榨菜的单位和个人，要依法予以制裁；且情节严重，触犯刑律的，要追究有关单位和个人的刑事责任。

七、本通告由市标准计量管理局负责解释。

八、本通告自公布之日起施行。

涪陵市人民政府

一九九二年一月十日

附录五：关于同意设立涪陵市榨菜管理办公室的通知

涪陵市机构编制委员会
关于同意设立涪陵市榨菜管理办公室的通知

（涪市编委发〔1997〕27号）

市财贸办公室：

为了理顺全市榨菜生产的加工、销售和科研秩序，加强对榨菜行业的管理，确保涪陵榨菜的质量和榨菜行业的健康发展，经研究，同意设立涪陵市榨菜管理办公室。该办为市政府管理榨菜行业的职能机构，由市财贸办公室代管。该办方定额拨款事业单位，规格副县级，人员编制8名，领导职数3名。内设二个科室：综合科和业务科。科室领导职数2名。

涪陵市榨菜管理办公室与涪陵市榨菜管理领导小组办公室合署办公，实行两块牌子一套班子。

市榨菜管理办公室的主要职责为：

1. 实施全市榨菜生产、加工、销售和科研等行业管理，搞好统筹协调与指导服务；

2. 制定全市榨菜发展方针、政策、总体规划和年度计划；

3. 组织实施全市榨菜科技攻关和新产品开发；

4. 与有关部门配合审查全市榨菜加工企业生产条件和生产许可证的发放；

5. 负责榨菜质量监督、管理以及对优秀（选进）榨菜生产企业的评比、上报；

6. 对榨菜生产加工进行业务指导和技术服务；

7. 负责涪陵榨菜证明商标的申办、使用和管理；

8. 完成市委、市政府交办的其他工作。

原涪市编委发〔1997〕7号文件废止。

（接此通知后，请按有关规定办理事业单位登记）

一九九七年六月十八日

附录六：关于榨菜生产许可证、榨菜管理服务费收取标准的批复

（涪市物价发［88］81号）

涪陵市物价局
关于榨菜生产许可证、榨菜管理服务费收取标准的批复

涪陵市食品工业办公室：

为了加强我市榨菜的行业管理，对加工榨菜的单位和个体户实行"生产许可证"制度并收取质量管理服务费，收取的范围和标准：

一、生产许可证，精制小包装榨菜生产厂收费30元；坛装榨菜厂收费5元。

二、质量管理服务费，凡质检部门检验合格的外调坛装榨菜，每50公斤收取质量管理服务费0.12元，收取的费用必须用于榨菜质量管理的开支。

并请向市财政局领购统一收费收据。

涪陵市物价局（公章）

一九八八年九月三日

附录七: 涪陵县榨菜商业同业公会章

涪陵县榨菜商业同业公会章

（民国三十六年六月）

第一章 总 则

第一条 本章程依据商业同业公会法及商业同业公会法施行细则订定。

第二条 本会定名为涪陵县榨菜商业同业公会。

第三条 本会以维持增进同业之公共利益及矫正弊害为宗旨。

第四条 本会以涪陵县行政区域为区域事务所设于涪陵西门外关朝巷。

第二章 任 务

第五条 本会之任务如下：

1. 关于主管官署及商会委办事项。

2. 关于同业之调查研究事项。

3. 关于兴办同业劳工教育及公益事项。

4. 关于会员营业上弊害之矫正事项。

5. 关于会员营业必要时之维持事项。

6. 办理合于第三条所揭宗旨之其他事项。

本条第三款之事项须经全体会员三分之二以上之同意呈由主管官署核准后方得施行。

第三章 会 员

第六条 凡在本区域内经营榨菜商业之公司行号均得为本会会员推派代表出席本会称为会员代表。

第七条 本会每一会员推派代表一人其担负会费满五单位者得加派代表一人。以后每增十单位加派一人，但至多不得过七人以经理人主体人或店员为限。

第八条 本会会员代表以有中华民国国籍年在二十岁以上者为限。

第九条 有下列各款情事之一者不得为本会会员代表。

1. 背叛国民政府经判决确定或在通缉中者。

2. 曾服公务而有贪污行为经判决确定或在通缉中者。

3. 被夺公权者。

4. 受破产之宣告尚未履权者。

5. 无行为能力者。

6. 吸食鸦片或其他代用品者。

第十条 会员举派代表时，应给以委托书并通知本会撤换时亦同，但已当选为本会职员者依法应解任之事由不得撤换。

第十一条 会员代表均有表决权、选举权及被选举权，会员代表因事不能出席会员，大会时得以书面委托他会员代表代理之。

第十二条 会员代表有不正当行为至妨害本会名誉信用者，得会员大会之议决通知原推派之会员撤换之。

第四章　组织及职权

第十三条 本会设执行委员十一人，组织执行委员会监察五人，组织监察委员会均由会员大会就代表中用无记名选举法选任之，选举前项执行委员，监察委员时应另选候被执行委员，三人候补监察委员，三人遇有缺额依次选补以补足前任任期为限，未迟补前不得列席议者。

第十四条 当选委员及候补委员之名次依得票多寡为序，票数相同以抽笺定之。

第十五条 执行委员会设常务员四人，由执行委员会就执行委员中用无记名选举法互选之，以得票最多数为当选常务委员，缺额时由执行委员会补选之其任期以补足前任任期为限。

第十六条 执行委员会就当选之常务委员中用无记名单记法选任主席一人，以得票满投票人半数者为当选，若一次不能选出时应就得票最多数之二人决选之。

第十七条 执行委员会之职权：

1. 执行会员大会决议案。

2. 召集会员大会。

3. 执行法令及本章程所规定之任务。

第十八条 常务委员之职权：

1. 执行执行委员会议决案。

2. 处理日常事务。

第十九条　监察委员会之职权：

1. 监察执行委员会，执行会员大会之决议。

2. 审查执行委员会处理之会务。

3. 稽核执行委员会之财政出入。

第二十条　执行委员及监察委员之任期均为四年，每二年改选半数不得连任。前项第一节之改选以抽签定之，但委员人数为奇数时，留任者之人致得较改选者多一人。

第二十一条　委员有下列情事之一者应即行

1. 会员代表资格丧失者。

2. 因不得已事故经会员大会议决准其辞职者。

3. 依商业同业公会法第四十三条解职者。

第二十二条　本会委员均为名誉者

第二十三条　本会事务所得设办事员分科，办事其办事细则另定之。

第五章　会　议

第二十四条　本会会员大会分定期会议及临时会议两种，均由执行委员会召集之。

1. 定期会议，每年开会两次，临时会议于执行委员会认为必要或经会员代表十分之一以上之请求或监察委员会函请召集时召集之。

2. 会员或会员代表之除名。

3. 职员之退职。

4. 清算人之选任及关于清算事项之决议。

第二十九条　本会会员代表人数超过三百人以上时，会员大会得就地域之便利先期分开，预备会各项备会会员代表人数比例推选代表合开代表大会行使会员大会之职权。

第三十条　本会执行委员会每月至少开会一次，监察委员会每两月至少开会一次。

第三十一条　执行委员会开会时须有委员过半数之出席，出席委员过半数之同意方能决议可否同数取决于主席。

第三十二条　监察委员会开会时须有监察委员过半数之出席，临时互推一人为主席，以出席委员过半数之同意决议一切事项。

第三十三条　执行委员、监察委员开会时不得委托代表出席。

第六章　经费及会计

第三十四条　本会经费分会费及事业费两种。

第三十五条 会员会费比例于其资本额之营业多寡缴纳之每单位定为国币千二元。

第三十六条 会员退会时会费概不退还。

第三十七条 本会会费之预算决算，以每年一月一日始至同年十二月三十一日止，为会计年度于年度终了，一个月内编制报告书提出会员大会，通过呈报主管官署并刊布之。

第七章 附 则

第三十八条 本章程未规定事项产悉依商业同业公会法，商业同业公会法施行细则办理。

第三十九条 本章程如有未书事宜经会员大会决议呈准直隶管部及县政府修改，并逐级转报中央社会部及经济部备查。

第四十条 本章程经会员大会决议呈准直属管部及县政府备案施。

附录八：四川之榨菜业

四川之榨菜业

（摘自民国二十三年《四川月报》）

四川榨菜，驰名全国，省外在烹调上视为珍贵之品。涪陵一县，每年出口数量，当在五万坛以上，价值约四十万元。综计毗连各县输出，所值当在七八十万元左右。关系产区数县农村经济极世，实有积极提倡种植及改良制造之价值。斯篇仅就涪陵一县加以调查，藉供有志斯业或从事斯业者之参考。其中毗缪及遗漏之处甚多，敬希明达加以指正。编者

第一　产销状况

一、产区

榨菜产于四川省东部，以涪陵、丰都、长寿、江北、巴县沿长江流域一带产额较多，近年江津，内江亦有试种者。涪陵产地最广，江北洛碛产菜最佳。巴县之木洞镇，麻柳乡，长寿之扇背沱所产榨菜，亦由洛碛帮经营。

二、产量

榨菜为农家副业，每年生菜产量总额，向乏统计。民国二十二年涪陵全县所产生菜约一千万担（每担百斤）。其他各县，则不可考。惟产量之多寡，大抵随田土之肥瘠，雨量之多少，栽培之是否适宜为断。其每颗"菜头"之重量，约由五两至四十两。每亩总量，约可收菜头九百斤至一千五百斤，青菜共约三千斤至五千斤。

1. 熟货产量：则视省外销场之需要而定。大抵若本年省外畅销，则翌年熟货产量必丰。反之则减，兹将本年涪陵、丰都、洛碛三地出口数量列后。

（壹）涪陵菜约八万坛。

（贰）洛碛菜约四万坛。

（叁）丰都菜约二万坛。

综计三处出口榨菜共十五万坛，涪三各丰本地消费者，不过四五千坛而已。

三、种类

榨菜为芥菜头，属于十字花科，为普通青菜之变种。一般人仍呼青菜。为二年生草本，根为多肉状直根，周围有软弱之根须。叶互生，菜面散生粗毛，作倒卵形，色青绿，稍有缺口，长至二尺五寸，宽至一尺五寸。茎下部生长叶片之处，呈凹凸不平形，如人手半握拳时之指姆状。茎高三四尺，分枝极多，春季抽出花茎，花序为总状及半头状，叶生长多数之黄色十字形花。雄蕊六，四长二短，雌蕊一，果实为长形角果，初夏成熟。一角果内含有十余粒至二十余粒种籽。籽作球形，色暗褐，无胚乳，多含油分。

榨菜之品种，目前尚无确实调查。就菜头之形式言，可分为猪脑壳菜、笋子菜、香炉菜、蝴蝶菜、菱角菜等数种。就菜头之产地言，则可分为山菜、河菜二种。山菜为高地出品，菜头较小，性干脆，河菜产于河边，富于水分，体积较大。

四、栽培

榨菜不择土质，各种土壤均可栽培。但以排水良好及表土深之壤土，粘壤土等尤为适宜。在生长期内，宜润湿气候。以后则宜气候温和，湿度均匀。结实期内，则以温度高，气候稍燥为佳。

栽培榨菜之土，宜与稻麦等禾本科植物轮作尤善。每年收获榨菜后，再可继栽植玉蜀黍，黄豆，棉花，茄子，瓜类等。

其栽培之方法如次：

（A）播种：栽培榨菜，普通多利用夏季作物原地，如瓜类豆类等。播种之先，择一向阳之地作为苗床，以便育成苗秧，其法将土地翻起，充分细碎，作成宽三尺，长一二丈，高四寸之畦。以腐熟之堆肥，人粪尿、草木灰等作为基肥，播种期约在九月初白露节后，秋分节前。播种之量，不可太密，以免妨碍日照及空气流通，菜叶软弱。播后以细土盖之或盖以稻草及高粱茎，以不见种籽为度。

（B）育苗：播种后四五日，种子发芽生长时，即除去覆盖物，每隔两三日，浇水或施稀薄之人粪尿一次，以免枯萎。并将过密之处，随时疏拔，除弱留强，以距离五六分为度。

（C）除虫：菜苗遇有虫害，可取红豆树之根皮炕干，研成细末煮水浇之。

（D）移栽：播种后一月，苗秧有四五叶时，即可移栽。移栽时先以水浇湿苗床，免伤苗根，然后用锹徐徐掘起秧苗。移栽之地，宜预先深耕，使土壤接触空气日光。

栽时再锄土壤，株间距离以一尺五寸至二尺为度，行间距离以二尺至二尺五寸为度。栽后若土壤过干，须灌以水。

（E）施肥：榨菜所用之肥为人粪尿（俗呼大粪，或白黄粪），自栽至收获，约中耕三次，施肥四次。移栽后三五日，菜叶转青，即施稀薄肥，以后第隔二十余日，锄松菜周围之泥土一次，施肥一次。第二三四次，分量可逐渐加多。施肥时应注意勿使粪污菜体，以免腐烂。每亩约施用人粪尿六千斤。

（F）管理：栽后当巡视田间，有衰弱或枯死者，即补植之。又须时除杂草。移栽后即不摘叶，老叶任其枯死，如摘取叶片，则茎部受伤，发育迟缓，易引虫害。

（G）虫病害：榨菜病害尚少，虫害最多，多发生于十月内育苗移栽期间，甚至将全体叶苗食尽，略述如下：

（甲）萝卜叶虫（仍俗名，下同）又称蓝虫猪婆虫或母猪虫。十月内发生最多，侵害萝卜，白菜，油菜等植物，较蚜虫（蚁虫燕）尤烈，损失量常在十分之八以上，涪陵农人驱逐此虫，则用牛檬子水撒之。颇能奏效。牛檬子亦名红檬子，为冬青树之一种，取根皮细碎之，到期市中即有人贩卖，每升约值洋一角。先用磨碾细，浸入尿中一昼夜，再加清水五倍，於朝露散后，用扫帚洒菜叶上，约半日，虫即死。如发生不断，第三日即再洒一次，或将细末盛袋中，撒于菜体。至用下列各法，尤为有效。

1. 春季收获后，将残叶杂草，一律烧弃。

2. 秋季将土内杂草产净，并翻耕土地多晒日光。

3. 各季注意清洁田园。

4. 田园四周及中部掘深一尺之沟，断绝害虫来路。

5. 菜秧初生即撒草木灰、石灰，或烟草粉于苗床四周。

6. 用萝卜叶诱杀。

7. 撒洋油或肥皂水。

（乙）萝卜蚜虫——俗呼为燕，有蚜虫即呼为（上燕），亦有称为蚁虫者，多生于八九月间，专啮售食萝卜、油菜、白菜、青菜等类，损失极大。农人多听其自然，并无救济方法。如欲减除此患，须注意施行下列方法。

1. 每晨散饰草木灰、石灰、烟草灰等。

2. 用冷水、肥皂水、烟草水、辣椒水等喷射。

3. 驱除蚁类。

4. 保护七星瓢虫、草蜻蛉、食蚜虻、寄生峰等。

5. 产除杂草。

（丙）白粉蝶——又称白蝶，九、十月间最多，幼虫为青虫，长寸余，专食白菜，青菜，萝卜等叶，防治方法如下：

1. 撒播草木灰。

2. 每晨用网捕杀成虫。

3. 昼间捕杀幼虫，蛹子，虫卵。

4. 撒肥皂水。

5. 保护寄生蜂（菜叶上之黄色小茧，即该虫之蛹）。

（H）收获：菜头收采过早则产量少，过迟则菜头空心，品质劣。大概早者自十二月开始，可供蔬菜之用。普通须待菜头充分发育，然后采取。时间在翌年二月至三月，立春与春分之间，视叶片基部茎之周围。生出指状，茎将起薹时即可收获。其品质以未起菜薹，菜体嫩脆者为上。此种菜头多为惊蛰前后收入之品，一是春分，则叶中生薹，茎部水分渐少，常有空花空心之弊。收割之法，用锄头或菜刀自根端砍下。

（1）选种：在收获时，宜在田地四周选取菜头壮大，粗皮及组织量少能代表该品种形状者若干株，留供开花结籽之用。采收时候全株有过半成熟时即可连株收回。

五、制造

榨菜之制造方法的如次：

（一）菜头之选择砍下后，即割去菜叶，名"毛菜头"，再将茎之下端与连根处之粗皮剥去，名（净菜头），即可入市贩卖。

制造榨菜之菜头，以体重质嫩者为上，过小及老者均非所　取。

（二）菜头之剥制。供装榨菜之用菜，须用刀划开，使水分丧失。其法初用小刀将老皮剥去，再将菜头划开，以便晾干。划法有二种：

（1）将小者划为二块，大者划为四块，划时各部须均匀。再用长五六尺之篾片一条，一一顺次穿入，挂菜架上、树枝上，或屋檐下通风之处。

（2）将菜头之皮留一部分不完全划开，再将菜一一晾于篾丝之上。

穿菜头之篾丝，务以老竹为佳。所穿菜块，挂起后务使断而向下，否则易腐。

（三）菜架之搭法：制多量榨菜时，必搭菜架，以便晾菜。菜架须在宽敞之地，以日光充足，空气流通，搬菜便利为宜。搭法使用长二丈余之木杆二，上部交叉，约成正十字形，下部立于地上，每隔八尺或一丈，又立一交叉木杆，其数视地面之大小，晾菜之多少而定。于各木叉间缚以篾绳，交叉木之两端须择一坚稳之固定物，如岩石大树之类。在架之附近，搭一茅屋，以司看守。

（四）菜头之晒晾。将划好及用篾丝穿好之菜头，挂于菜架上，挂时须均匀，以防干湿不齐之弊。挂后，任其风吹日晒雨淋，自然干燥。大概晴天较快，阴天或雨

天较迟，平均七八日或十余日即可。生菜头晾干后，视菜头之大小，每百斤可收干菜二十四斤至二十七斤，菜头须干湿合度，太干则收量少，大湿则收量虽多，但菜味易变酸。其识别法大致以手按菜头之边角，稍觉坚硬为度。

（五）菜叶之装坛。晒晾菜头时，同时须将完好之青菜头，用篾丝穿挂若干晾干，备将来封塞坛口之用。每个菜坛口，约用干榨菜叶半斤。民国二十二年涪陵市价，每百斤约二元五角。

（六）第一次腌盐。菜头至半干，即可腌盐，腌时将菜头取下，挑回厂内，置斗筐中，将盐撒入，每一百斤菜（重二千两），加盐约一百五十两。盐以自流井产为佳。撒时两手上下将菜翻转，并在斗筐上用力揉搓，使盐与菜充分混合。再将菜倒入木桶中或坑中缸中，菜多时坑上可加木板，桶上可加围席，逐层踏紧。装时每装一层，即撒一层盐并加以少许火酒。装好后用簸箕或木板盖好，桶侧须掘坑引沟，使桶内浸出之盐水流入，以供将来淘菜之用。

（七）第二次腌盐。腌后三四日，盐质大半溶化，此时必须"翻缸"，即将菜上下翻转，并加盐腌。翻菜器为二齿之钉耙，将缸或桶内之菜取置斗筐中，按照前法，将盐撒入，每百斤菜约加盐百两，再将菜置于桶或缸内，逐层踏紧，撒盐，盖好。

（八）榨菜之淘洗。再经六七日，待盐分化尽，将菜倒入桶或缸内，其中盛微温之盐水（即将腌菜桶内之盐水煮沸后者）用木叉或手上下翻搅，淘去泥沙及灰尘。若为家内自用者，则多是先将菜头洗净，然后划晾，故此时即可不再淘洗。

（九）菜头之压榨：菜头洗后，用篾筛捞置木制之榨盒或篾包中，再用木枋木杠绞绳等物，将榨盒或篾包向下压紧。盒及包内之菜，受压力后，其中水分逐渐流出，经一夜或半日，菜中水分即约减一半，即可将绳解松。榨时忌太久及压力过大，以免菜体干燥，绵而不脆，又不可使水分过多，使菜质容易发酸，不能久储。惟家中自用者，因未经淘洗，水分无多，故多不用榨压手续。

（十）菜头之去筋。菜头压榨至合度时，即取出用小刀将菜上之粗皮，叶柄，屑等一一撕去。菜上存留之粗皮愈少，品质亦愈高。此种工作，多系包工，由妇女操作，每看菜一百斤，约值银一角。

（十一）加盐及香料。看筋后，将菜置斗筐中，以盐及香料加入，每百斤菜约用盐七十两，香料为辣椒、花椒、生姜、茴香、山奈、谷茴、广香、上桂、甘草、白芷等，皆研细用火酒揉和，仍如前法，尽力搓揉，以均匀为度。

每百斤菜头计共用盐约十二斤至十四斤，辣椒十两至十六两，花椒三两，其他香料约值银一角。

香料之配制法极多，各家不同，其配法一般人称为（丹口），兹附列一种如后：

榨菜香料丹口表（以每千坛为度）

八角茴	10斤	沙　头	5斤
粉　草	4斤	山　奈	3斤
白　芷	3斤	薄　桂	3斤
小　茴	1斤	白葫椒	5斤
陕　椒	30斤		

以上各味，除陕椒外，其研为细末，用筛子漏过。

（十二）榨压之装坛。坛为陶土烧制，大者可容百斤，普通用者可容五六十斤，每坛重量约十二三斤，民国二十二年市价，涪陵每菜坛子十一个，约值银二元。

装菜之法，取完好无损之坛，先用温水洗净，再用火酒少许，放入坛内，将内壁遍洗一过，然后将拌好香料之菜放入。惟在未装之先，须将地面挖一坑，比坛稍大，深度比坛稍浅。坑内垫菜叶一层，坛口及坛脚以绳紧之，再将坛放入坑中，以榨菜徐徐放入，每放一层，即用特制之木棒，木匙、木锹等，用力筑好压紧，随放随筑，以紧实为度，至坛满而止。

制成熟菜一坛，约需生菜头二百斤。

（十三）坛口之封法。装好后，坛口倾火酒少许，撒盐一层，放菜筋一层，再用干榨菜叶，填塞坛口，愈紧愈妙，塞好后，将坛由抗内提出，用敷有"涂料"之草纸或商标纸封闭坛口。涂料用生石灰二分、豆腐二分、猪血五分、充分搅合而成，或用黄泥将坛口固封，再用油纸包覆之亦可。坛之外围，再加"竹丝"保护，以便运输。

六、辨货

榨菜商人辨货，无论生熟货，货以形、色、香、味为主，其鉴别法略如下：

1. 生货。生货以肥大质嫩味脆者为佳品，空花瘦长质老者为劣货。

2. 熟货。味脆质嫩，香气浓厚者为上品，味酸质老而柔软，香气清淡者为下品。至熟货之畅销省外者，则以洛碛，涪陵所产为最，兹将二地产品优劣比较如下。

洛碛菜	涪陵菜
质料略脆	质料略脆
砍菜不留菜根	砍菜留有少许菜根
晾菜参差不齐，不易吹干	晾菜用榨压方法，易于吹干
香料较少	香质较重
菜筋较多	菜筋较少
栽种及收获期较迟	栽种及收获期较早
装运出川期较迟	装运出川期较早
上海价每担较低一、二元	上海每担较高一、二元

综如上述，洛碛菜品质较涪陵菜似略佳，故办货者亦常以"洛碛菜"为标准焉。

七、销售

1. 季节：每年至春季开始，截至秋季止，皆为售货季节。

2. 普通销场：榨菜销场，遍于各省，尤以江、浙、粤、赣、皖、豫、晋、鲁、冀，两湖及东三省为最。近年更推至日本，香港，南洋一带。

省外榨菜之集中地，首为上海，次为汉口。东北及东南省份，均由上海转口；两湖及江西安徽等省，则由汉口转运。约计之，出川榨菜，上海约消纳十分之八，中路（指宜昌，汉口，九江等地），约消纳十分之二。

3. 涪陵榨菜销路之区别：洛碛出川榨菜，全数直运上海。与涪陵菜相较，洛碛菜最先卖完，因洛碛出售较早，品质亦较优良也。此货经上海菜商买入后，又贩至东南沿海各省及香港南洋一带销售。涪陵菜之大部分仍销上海，小部分销宜昌、沙市、汉口、九江等处。经上海菜商买入后，大致转贩至河北、河南及东北一带销售。

八、副产

制榨菜只需菜头，而菜皮及菜叶菜茎，则弃而不用。农家卖出菜头后，其根茎皮，又可作下列几种用途。

1. 制腌菜：拣出肥壮质嫩的茎叶，切成颗粒或丝子，风干后，用盐及火酒、香料制成盐菜，以供佐膳之用。

2. 饲猪：用新鲜的茎叶切细饲猪，故出榨菜之地均多肥猪。

3. 造肥料：用残余菜皮菜茎菜叶，置粪池或土中，俟其腐化后，变成肥料。

此外腌制菜头之盐水，亦有以下诸用途：

1. 泡菜盐水：腌制菜头之盐水，可供腌渍咸菜之用。

2. 榨菜酱油：榨菜时压出之汁，加香料等熬制，可成上等之榨菜酱油，每斤值银二三角。

第二 业务状况

一、沿革

传榨菜业最初始于洛碛。先是清宣统年间，洛碛有僧德诚者，以盐水腌渍青菜头，装置酒缸中，运出川外销售，结果菜坏，无人接受，损失甚巨。民元涪陵干制成功，运销川外，颇能获利。民元二三年，洛碛闻风兴起，越数年，延及于丰都、长寿、江津、巴县各地。

各种最初试种期间，制法尚不完善，货品亦不精良，每年出口仅有数千坛。民国九、十年时，出品渐精，销路渐广。民十一二年，即有数万坛运沪。民十七八年则增至十万坛以上。民十九年上海行市大涨，销市极旺，每担（两坛）售洋三四十元，菜商有倍蓰之利。营此业者兴起，种户亦多。民二十年出口逐达十余万坛，但是年时值沪变发生，百业停顿，市场萧条，榨菜销售极疲，价值亦贱，菜商无不受损，至有耗尽股本者。民二十一年经此打击，种户及做户锐减，出产合计仅及二十年之半数，而是年申汉行市均佳，获利甚厚。民二十二，二十三两年，大体上均属有盈无亏，全帮通盘计算，可得利息三分以上。

二、商号

1.榨菜叶之帮别：榨菜业全部可分下列各种：

（1）字号。

（2）囤户。

（3）包袱客。

（4）做户——由生菜做成熟货。

（5）种户——农家种菜者。

（6）佼力——介绍买卖生熟货之居间人。

（7）公会——由榨菜商人组织，其经费之来源如下：

（A）会员常年金。

（B）榨菜出口捐。

各业之内部组织，各业之内部组织如下：

（1）字号——独资或合资。

（A）经理或掌柜——股东自任，经管银钱。

（B）管账——经管账务。

（C）管货——买货卖货运货，并监督工人做货。

（D）学徒——打杂及学习写账。

（2）包袱客——独资，无内部组织之可言。所有全盘事务，多数自理。

2.榨菜叶之牌名：菜商多为本地商人，少有外帮经营，兹将涪洛走水商家摘要录后，（走水者，即贩往下江之意）

（1）涪陵走水字号（千罐以上者二十四家）

怡亨永，同德祥，永兴祥，永和长，崇兴长，复兴盛，春记，泰和隆，致和隆，信利，益兴，淮记，协裕公，公和兴，宗铭祥，茂记，同德长，后兴永，亚美，同庆昌，全记，华利通，德成厚，聚利。

（2）洛碛走水字号（千坛以上者十四家）

聚裕通，吉泰长，鸿利源，德裕永，鸿腾，泉记，恒记，隆亨，裕发昌，白金盛，李致臣，刘少寰，刘仲选，吴兴顺，唐辅之。

以上字号，大者多在申汉设有分庄或代庄。

三、交易

榨菜交易，可分生货、熟货两种：生货即菜头，熟货即制成之菜。

1. 生货之买法：按地方不同，其交易之时间亦异。

（A）涪陵——交易时间，多在菜头成熟后，由种户运上市场销售。每百斤约一百三四十元，成交后即付款上货。

（B）洛碛——交易多在种菜之时，由字号出资预买。货款分三季付纳，成交时约付四分之一，十一月份买粪时约付四分之一，交货时付清。

按上述涪洛菜头交易时间各别，其原因约如下：

（A）涪陵种户比较殷实，无须借用外资。洛碛种户则否。

（B）涪陵农人卖出预货，到期若价值高涨，则多失约，不顾信用。菜商受过一度拖骗后，即不愿再买预货。洛碛人心朴实，卖出预货，到期虽高涨亦无反悔。（涪陵买现货，洛碛买预货，并非绝对的，上述系就其一般状况而言。）

2. 熟货之买法：熟货交易，大概各地均买现货，成交后付款上货。货款大都收交现洋，间有以渝票交款者，亦须照行市折合。

3. 买货时之手续：上述生熟货交易，皆由幸力作成。生货每万斤，买卖两方各给洋一元，熟货每坛各给洋一角作为佣金。生意定盘后，由幸力书立定单，注明价值数量。自此以后，时价涨落，双方皆不得藉故发生枝节。

4. 榨菜业之经营法：营榨菜业者，对于出口贸易注意之点约有五：

（A）考察省外销市情形及存底之厚薄。

（B）注意本地之生产量——与去年比较。

（C）注意各县之生产量——与去年比较。

（D）根据上海汉口存底厚薄，推测销路之旺淡。

（E）根据产地随时之存底与待售数量，并推定时价之涨落。

涪陵菜商又多兼营烟土业，盖二者同系出川之货，便于采办。至目前菜商，则尤多为烟商改行经营者。

四、金融

1. 榨菜帮之资本：涪洛全体字号资本之总额，约计四十六七万元，其中涪帮约三十万元，洛帮约十六七万元。以组织言，则走水字号估十分之八，囤户包袱客估十分之二。字号之资本，为各股东之股本，大者二三万元，小者三四千元。囤户、包袱客之资本，大者二三千元，小者数百元不等。兹将其金融周转情形略述如次：

2. 在产地之运用

（1）借款：菜商在春夏季采买货物，运输出川，如遇周转不灵时，则向外面借款。大抵洛帮在渝活动，涪帮在本地向银钱业，股实商号，富绅等处活动，但亦有在渝活动者。菜商借款，多系信用借贷，少有以货物作抵。利率涪渝二地通常均在一分五厘左右。

（2）存款：榨菜字号间亦接受亲朋存款，长期短期不定利息亦随行市转移。

（3）押准：货物尚未起运，即在本地银行或报关行押借款项，以作周转。目前利用此法者尚少。因菜商多稳健商人，只以自己之资本周转，不愿铺账，免遇销路疲滞时，蒙受双重损失。而目前一般商人，尚认押汇为可耻。故除少数资本支绌者外，多不为之。

3. 在销场上之运用

（1）押借：榨菜运达销场，行市疲滞，一时不易售出，而欲预先调款回川，此时多以货物抵押借款，藉此周转，有庄之号，则由庄客将提单向银钱业或报关行，售货行栈交淑抵押，俟取得借款后，再买申票调回；未设庄之号，则托熟号或报关行代办，或即向报关行押借。但此举多有损失，非至不得已时，各商不肯如此办理。

（2）做票：货物售后，菜商全系调款回川，不做上货。调款之法，为做申票。约分远期近期两种：近期系货物运至申汉，跟即售出，即行叙做申票调回货款。远期系货品尚未运到销场，或运到而去卖妥，甚或尚未起运，各商亦多预卖无业期申票调回货款。甚做远期申票之理由约有二：一为恐淮水下跌，无利可得。二为恐资金短少，营业呆滞，必赖先行调回，再做其他生意也。

4. 在秋冬业余时间之运用

榨菜系上半年生意，下半年货物售毕时，各商调款项之用途约有三：

（1）收买预货：在洛碛方面，多在头年预买菜头，但在涪陵则甚少。

（2）存放往来商号：菜商下年款无用途，多以之存放股实商家，博取利息。

（3）做渝票汇兑：涪洛均有渝票交易，菜在下半业余时间，多做渝票生意，以图汇水之盈余。

5. 利润之分配

菜商之利润来源，不外为售货之盈余，汇水之差额，及存款利息三种。其分配方法，普通字号，多每年结算一次。所盈余之资金，由股东按股分摊，股东分得之红息，可自由处理。亦可存入本号生息。

6. 号丙之开支

榨菜字号之主要开支，为年俸、运费、房租等，通常字号除经理外，只有管账管货等三四人，经理年俸三四百元，其余不过每人一二百元而已。综计字号开支，大者每年约六七千元，小者一二千元，最简单者，则数百元而已。

五、例规

榨菜有（货规）及（秤规）二种，兹以涪陵为例，说明如下：

1. 货规

（1）生货：连菜皮计算。

（2）熟货：除皮净算，或以一百零五斤作一百斤。

2. 秤规

用二十两秤，再打八折计算。

六、运输

榨菜运销，多由水道，各县之货，均须先运重庆，再装轮船出口。其经过地点及运费约如下述：

1. 涪陵：由涪运输，或装木船，或装汽轮。木船运费每坛一角四五仙，轮船运费每坛二角。抵渝后，由报关行报关，装直申（或直汉）船运达目的地销售。此段运费涨落不一，全视轮船公司生意之旺淡为转移多。（最近轮船公司规定每坛约二两）

2. 洛碛：由洛运渝全用木船，枯水每坛一角，洪水每坛一角二仙。抵渝后，由直申船装运。

榨菜由渝运申，大都由报关行保平安水险，保险费照保险额百分之一的九折或八五斤抽取。

七、捐税

涪陵洛碛出口榨菜，应完各税约如下：

1. 涪陵出口：以每坛计算。

（1）国税：一角一仙，现减半征收。

（2）涪陵护商：一角，现减半征收。

（3）长寿护商：五仙，现减半征收。

（4）涪陵地方税：一角，现减半征收。

（5）商会事务费：二仙。

（6）榨菜公会经费：二仙。

合计：四角，核减实完二角二仙。

2. 洛碛出口：以每坛计算。

（1）地方教育经费：一角。

（2）榨菜公会经费：五仙。

合计：一角五仙。

菜抵重庆，涪洛应完税率相同，进出关统捐每坛约在五角左右。

综计榨菜每百斤（二坛），民国二十三年，涪陵市价约值银十二元至十八元左右，沿途税捐外缴等，每担约为八元。

八、榨菜业之前途

原来榨菜之盛衰，商人据过去经验，约以下列情形而定。

1. 视本地产量之丰欠（有时产量过丰，供过于求，反可成为衰落现象）。

2. 视本地产品之优劣。

3. 视本地成本之高低。

4. 视省外销场之旺淡。

5. 视省外有货之厚薄。

6. 视水脚之涨跌。

7. 视汇水之升降。

8. 其他特殊原因。（如战争、灾害等）

以上诸因，皆为该业繁荣与否之关键。此外又因制法简陋，不求改进，装置不良，久则变味，及件头笨重，运输不便等。皆为该业前途发展之大障碍。

故吾人今后对于榨菜应当研究之点，则为：

1. 菜头之品种及老嫩之选求。

2. 晾，榨之时，对于菜体所存水分干湿之研究。

3. 材料如何处置始能纯洁。

4. 色泽如何始能精美。

5. 盐分轻重之标准，当如何始能久藏。

6. 香料之种类及多少，以及调制方法研究。

7. 各地人士食味之嗜好调查。

8. 包装及储藏法之改善。

几上所述，皆为荦荦大者。至于业务方面之改进，则尤为根本要点。目前闻丰涪洛三地榨菜帮已有联合组织团体之倡议，并闻将要求减免捐税，奖励生产。深盼其能早日实现，以助该业之发展也。

附：近三年榨菜市价表

时　　间	价　　格
二十一年	产地每担十一二元
	上海每担二十七八元
二十二年	产地每担十六七元
	上海每担二十五六元
二十三年	产地前市每担十二三元，后市每担十八九元
	上海前市每担二十二三元，后市每担十七八元

中国日报

报价：一月六角，三月一元七角，半年三元二角，全年五元八角。

邮费：国内、日本每月一角五分，香港每月六角，蒙古、新疆每月一元二，欧美各国每月一元五。

社址：南京明瓦廊七十五号中国日报社

附录九：四川榨菜在上海经营销售的历史情况

四川榨菜在上海经营销售的历史情况

据几位现年六、七十岁过去专营榨菜业务的工商业者回忆口述，四川榨菜在上海市场销售已有一百多年历史。

上海最早经营榨菜业务的乾大昌商栈，老板叫张贤坤（去世）。开设在小东门京州路（现改为周浦路），后迁至洋行路（现改为阳朔路）86号。主营榨菜，接待四川客商，兼营其他川汉杂货。后来，由于业务发展，客商增多。在1924年有经营干菜、干果。水果的协茂行就附设登记报关行专营榨菜兼营运输报关业务，老板叫朱季达（去世）。乾大昌是代理行性质，协茂既代理又自营。

解放前四川榨菜由运输行大川通、捷江瑜代客办理银行押款，托运报关手续，交民生公司轮船从四川出运来沪，也有用白木船（帆船）运至汉口中转来沪。货到上海，由乾大昌、益记办理垫示，报关提货、进仓手续。乾大昌和益记在上各自办理手续的项目中收取收益。

办妥提货进仓，就由榨菜掮商（经纪人）四出活动。掮客先有四川人王寿庭、叶焕章二人，后有湖北人张吉云（联结乾大昌）、朱惠芳（联系篮记）等几人。他们各自向素识榨菜批发商如鑫和、盈丰、永生、和昌、立生等行号介绍推销，谈妥价格和数量，由四川客商开出成交发票，掮客向四川客商收取成交金额百分之二的佣金。

榨菜批发商进货后，将货一部分自营外销直接出口给香港、印尼、菲律宾、马来西亚等南洋各地商号，一部分售给驻沪办庄间接外销，如香港梁球记、大成驻申办事处等。一部分销售国内外地省市，如苏州、杭州、宁波、南通、天津上、西安、东北等地，有直接联系销售，也有销给外地驻沪办庄，再一部分销给本市南货、酱菜零售店和菜场。以上外售出口，转销国内省市和批售本市零售商店大约数量比重各占三分之一。

据说榨菜批发商中有一家鑫和主要以经营破坛榨菜起家，在三十年代前后有将鸦片夹带在榨菜坛内运沪，曾被海关发现，因而自后验天时就有意要敲破一部分坛

查验，一般批发商不愿进此保质困难加工麻烦的破坛榨菜，独有鑫和请师傅加工整理分档销售，业务由此发展。

解放后，榨菜经营销售方式有所变化，在解放初期至1954年私营批发商改造之前，对国外销售由政府工商行政管理局指定几家私营行号经营出口。如鑫和、盈丰、协茂等。此后，榨菜出口业务全部由政府外贸公司经营，国内各省市的业务在私营企业改造之后即由政府商业部统一计划调拨，按照运输路线分别安排方便车运或船运的生产县调拨交货。因此，调给上　海的榨菜多数来自万县地区及丰都，少数来自涪陵，上海不再经营转口销售。至于上海才市的业务由上海市食品杂货公司（现为上海市果品杂货公司）经营。批售给全市南货店、酱菜店和菜场，再零售给市民。

四川榨菜在上海销售的数量，在抗日战争前每年一般可销十五万坛左右。抗战胜利之后可销二十万坛左右，包括出口外销、转销国内省市和本市零售。销售比例涪陵榨菜约占75%，余为洛碛、丰都等地。抗日战争期间因运输困难原因，兴起浙江斜桥榨菜补充四川榨菜。解放后，因消费需要增长，上海郊县开展生产榨菜，逐年不断扩大播种生产，质量也逐步有所提高。

榨菜在上海市场的年总销量近几年一般在十万多担，四川榨菜从现有的1964年至1981年资料来看，在上海市场的销售比重变化较大，最高为1964年占70.7%，最低为1975年占15%，一般为40%至50%。近两年有所增长，1980年占67.3%，1981年占66.4%。分析变化的原因有多方面。由外销任务大，调上海就少；有丰收与歉收的因素；有浙江榨菜到货的增减；有上海郊县产量多少的变化。

上海人民对四川榨菜有良好的印象和反映，四川榨菜在上海市场销售有悠久的历史，信誉卓著，鲜辣嫩脆，色香味俱佳，质量优于浙江、上海产品，深受消费者欢迎。解放以前，以洛碛聚裕通和涪陵公和兴的榨菜更受零售店的欢迎，货真价实。近几年来，据专业公司进仓验质员反映，涪陵榨菜的质量比以前有所提高。缺点是发现部分规格不一，等级有些混乱，希望今后注意改进。

过去在上海经营四川榨菜的专业人员张贤坤、朱季达、郑延年、厉先行、陈获荪等原工商业者都已年老去世。原有涪陵在上海的联系人黎炳烈和洛碛联系人陈德荣都已回四川原籍。

上海市工商联供销社基层工作组供稿

一九八一年十月二十八日

附录十：涪陵榨菜的根气神魂

涪陵榨菜的根气神魂

曾 超

涪陵榨菜系利用优质茎瘤芥（俗称青菜头）经自然风脱水、腌制、压榨，再拌以保健辅料、灭菌精制包装而成的一种酱腌菜制品，自 1898 年问世以来，迄今已历百年，创造了灿烂的世纪辉煌，成为中国民族工业史上的一朵奇葩，位列中国三大出口菜之首、世界三大名腌菜之首。100 历程中，涪陵榨菜留下了许多难解之谜。本文试从历史的、地质的、工艺的、精神的四个方面，以根气神魂四字为着力点来进行破译，以期反映涪陵榨菜的成功与辉煌。

一、榨菜之根

榨菜作为一种文化，不可能没有自己的根，相反，榨菜的根系极为发达。从榨菜起源的有关故事来看，榨菜之根自少有四：

1. 涪陵的地域文化；
2. 资中的大头菜全形腌制技术；
3. 宜昌的地域文明；
4. 邱寿安为载体的商业文化。

在这四大根系中，这里主要谈涪陵的地域文化，尤其是远古的巴文化，因为它是榨菜的主根，是榨菜得以诞生的前提，作为历史文化土壤，它体现出历史的连续和传承。

巴文化的历史传统对榨菜文化的重大影响，其重大表现就是涪陵地域传承甚久的泡菜制作传统和技术。涪人爱吃爱品爱做咸菜，蔺同先生在《涪陵风情话菜乡——榨菜民俗琐谈》一文中作了较为详尽的介绍。无疑，涪人爱吃咸菜则是其崇尚简朴的反映，而以做菜论持家，以品菜论人品，则不仅是涪人对咸菜的重视，而是更显示出古朴、敦厚的巴国遗风；另外，涪人专用于榨菜加工的踩池号子，一人领唱，众人合唱，亦与巴人踏歌相类似。由此可见，巴文化的影响可说是俯拾即是。咸菜不

是榨菜，但榨菜则从咸菜升华而来，故涪人的咸菜制作、传统、经验、智慧、方式、方法和技术则是涪陵榨菜诞生的必要历史前提。

二、榨菜之气

俗话说："一方水土一方特产"，目前，据专家们考证，涪陵榨菜的正宗产地不是很大，只有上起重庆市巴南区木洞镇，下到丰都县高镇近200公里的沿江地区，其中涪陵是源地和主产区。在这一范围的茎瘤芥生长特别好，其青菜头肉质肥实、嫩脆、少筋、味质优良，不仅特别适于加工，而且能够制作出不同凡响的正宗榨菜。相反，这一地区以外尽管也能种植，但大多表现较差容易发生变异。

地理位置的神奇，生育环境的特殊，使青菜头显得极为特别，在青菜头中蕴涵着诸多微量元素。据中央卫生研究院营养学系出版的《食物成分表》记载，每100克榨菜含蛋白质4.1克，胡萝卜素和硫胺素各0.04克，核黄素0.09克，抗坏血酸0.02克，糖9克，脂肪0.2克，粗纤维2.2克，无机盐0.5克，水分74克及热量54千卡。又据四川省原子核研究所化学室的测定，榨菜中含有谷氨酸、天门冬氨酸、丙氨酸等17种游离氨基酸；另据测定，每100克榨菜还含有钙280毫克、磷130毫克、铁3.7毫克等营养成分。这些营养成分基本上为人体所必需。这样，诸多微量元素和营养成分就被聚合到榨菜之中。

三、榨菜之神

如果涪陵榨菜仅停留在传统的咸菜制作阶段或是尽管有优质的青菜头原料，而无独特的加工工艺，亦难言其崇高的价值、无穷的魅力，特别是难以创造出榨菜的百年勋业和辉煌。由于涪陵是榨菜的 发源地和主产区，历代政府和厂家的高度重视，全国同行业技术革新、改造、开发利用的前沿基地，具有突出的人才优势，更为特别的是，在百年发展中，榨菜人的不断探索、积累和创新，凝练成至为强大的技术优势和管理优势，代代传承。因此，榨菜之神就体现在榨菜加工工艺的独特性上。榨菜加工不仅有严格科学的工艺要求，选择菜头、菜头切块搭菜架、穿菜、晾菜、盐腌一次、二次、淘洗、榨除盐液、挑菜筋，第三次盐腌并加辣椒香料、装坛、封坛口等13道工序，每道工序均有一定的操作规范和半成品标准。更重要的是有些榨菜工艺属于绝活，有着相当程度的特殊性。比如，菜头的风化作用、榨菜腌制的渗透作用、蛋白质的分解作用、酒精的发酵作用、辅料的配色作用，等等。

四、榨菜之魂

涪陵榨菜历经百年风霜雨雪，由于榨菜人的不懈努力，奋发追求，涪陵榨菜无论产量、质量、品牌均获得了极大的发展，筑就了榨菜百年的辉煌业绩。1898 年榨菜问世，当年产量 80 坛，每坛折合 25 公斤。1914 年首次突破 100 吨，1926 年成为一大产业。1938 年首次超过 5000 吨，1987 年达到 9.7 万吨，1997 年突破 20 万吨大关。可见，涪陵榨菜一直保持着增长发展的良好势头，尤其是改革开放以后，涪陵榨菜更是出现了生产大发展、体制大变革、销售大扩展、科技大变革、效益大提高，1985 年至 1995 年青菜头种植面积由 84350 亩上升到 200083 亩，上升 2.35 倍，榨菜成品 1994 年达到 1331 吨；产值创造从 1950 万元上升到 1900 万元，上升 9 倍，1994年曾达到 21500 万元，加上相关产业，共实现产值 25000 万元。涪陵榨菜为什么会有如此重大的发展呢？虽然有诸多因素，但其中最重要的一条就是榨菜人在榨菜发展中自强不息、艰苦创业的"榨菜之魂"，它不仅反映了榨菜人的社会规范、伦理"追求"和精神风貌，而且是涪陵榨菜得以长期发展的先天条件和巨大动力。

20 世纪 90 年代初期，一荣俱荣百业旺的"榨菜现象"引起国际注目，被联合国开发计划署列为"反贫困案例"进行研究，列为人类致富工程之一。

总之，涪陵榨菜声彻环球，其来有自，离不开榨菜人为之付出的卓绝努力，是他们浇铸成为榨菜业的巍巍大厦，是他们凝聚成了"榨菜之魂"。鉴往知来，我们应乘改革开放之春风，充分利用榨菜资源，高扬"榨菜之魂"，大力进行榨菜农业产业化，积极实施榨菜精品战略，沿着前人开创的"榨菜之路"，爱榨菜、兴榨菜，就会创造榨菜的美好未来。

（原载《涪州论坛》1998 年 4 期，文字略有改动）

附录十一：试论涪陵榨菜文化的构成

试论涪陵榨菜文化的构成

曾 超

涪陵榨菜文化是三峡库区最具特色的商业文化之一，在三峡文化体系中占有着极为重要独到的地位。而在涪陵枳巴文化、易理文化、石鱼文化、榨菜文化等特色文化体系中，榨菜文化更是地位独特，作用非凡，影响深远。故了解涪陵榨菜文化的构成就极为必要和重要。

涪陵榨菜文化是榨菜人创造的以榨菜为载体所反映的商业文化，其构成极为众多，内容至为繁富，影响甚为深远。从源流上看，有历史的继承与创新，有历史的衍变和发展，是历史性、现实性和未来性的高度统一，是无限发展、无限创造的动态过程。从构成上说，包含历史文化、商品文化、企业文化、包装文化、食俗文化、旅游文化等，虽以榨菜文化为主体，亦有大头菜、泡菜文化的整合，是传统性与创造性、统一性与多样性的有机统一，是构成丰富、内容众多的文化体系。

1 榨菜历史文化

榨菜文化继承传统泡菜、咸菜、风菜等腌菜制作加工技术，表现为历史的继承；从泡菜制作，突破质量工艺关，创造出榨菜新产品，表现为历史的创新；从榨菜问世到今，榨菜文化不断创造，表现为历史的承传、发展和过程；今后榨菜仍将不断被制作，榨菜文化不断被创造，表现为历史的走向。可见榨菜文化具有高度的历史性，是无限创造的历史动态流程。榨菜历史文化主要表现为：对枳巴文化的继承与弘扬；对泡菜工艺的突破与创新；对四方商业文化的借鉴与融汇；榨菜文化的历史发展与延续。

1.1 对枳巴文化的继承与弘扬

涪陵最早居民为巴人，最早文化是巴文化。战国时巴人迁入涪陵，积极开发和建设，创造了灿烂的枳巴文化[1]。它作为涪陵最早的文化源，对涪陵文化未来发展事业有重大影响，榨菜文化也不例外，它充分继承和反映了巴文化特色[2]。

电视连续剧《乌江潮》（又名《神奇的竹耳环》）讲述了榨菜发明人邱某的女儿碧云及其恋人福来保护竹耳环，使竹耳环完璧涪州故里的悲壮、曲折、缠绵而寓意深刻的故事。为什么要设置"竹耳环"的道具？

榨菜加工的诸多环节如穿菜、晾菜、盛装、包装等均离不开竹。竹广泛用于榨菜加工，被充分地融汇进涪陵榨菜文化里。若对竹崇拜索源，则与巴人关系密切。屈小强就认为巴蜀氏族部落集团的共同图腾是竹。他们认为：自己甚或整个人类诞生于竹；竹的力量无所不达，是一种保护神；以竹为族徽和标记；奉竹若神明，禁止随意毁损；举行图腾祭礼，诸多竹王庙就是主要祭祀场所[3]。《新唐书·南蛮传》说："南平蛮，竹筒三寸，斜穿其耳"。说明竹筒穿耳、佩戴竹耳环的习俗沿袭已久，竹文化是巴文化的重要构成，而今竹文化与榨菜文化合一，体现出对巴文化的历史继承，体现出榨菜文化久远的历史渊源。

1.2 对泡菜工艺的突破与创新

涪陵榨菜的起源众多。若对涪陵榨菜创生传说进行分析，就会发现：（1）涪陵泡菜、咸菜制作起源于民间，有悠久的传统。涪陵人爱吃爱品爱做泡菜、咸菜，一般人家制作、储存有多种，富裕人家多达一二十种；并且以做咸菜论持家，以品咸菜论人品。足见涪陵人对咸菜制作的高度重视，涪陵泡菜在民间的广泛影响。（2）泡菜制作原料包包菜为涪陵地域特产。"桔生淮南则为桔，生于淮北则为枳"。独特的地理条件使包包菜在涪陵长势好，菜头肉质肥实，嫩脆，少筋，质量优良。越出涪陵，超越主产区，则生长和质量甚差。（3）榨菜是泡菜的发展。泡菜是榨菜的源头活水，榨菜则赋予泡菜以新的生机活力。榨菜虽是咸菜，可从泡菜到榨菜的过程，是化腐朽为神奇的超越过程与突变过程，有传统的继承、质量的突破、工艺的创新、历史的突变。1898 年涪陵榨菜在邱寿安手中化为现实。

1.3 对四方商业文化的借鉴与融汇

榨菜以巴文化和泡菜制作为主，也善于吸收外来之长。以邓炳成为载体的四川资中文化（大头菜全形腌制工艺），以宜昌为基地的湖北文化，以邱寿安为媒介的商业文化，被广泛融汇进榨菜文化之中，体现出涪陵榨菜文化的开放性和兼容性。

1.4 榨菜历史文化的发展与延续

榨菜问世后，品种的改良，工艺的创新，品牌的繁富，质量的提高，包装的更新等，尽管有"金钱"味，但因孕生于涪陵独特的历史文化土壤，必将承受涪陵文

化的历史烙痕和映记，且呈现出不同时段的历史性。

1.5 榨菜历史文化的创生发展使榨菜民俗更具永久魅力

尽管有时代更替，情势变迁，内容变化，但其形式、韵味、风骨和神髓则永不会变。榨菜问世后，专用于榨菜加工的踩池号子就继承了涪陵地域的巴歌、踏歌习俗。踩池号子领唱导引、众人帮合的特点，就极具巴人风骨和情韵。

2 榨菜企业文化

榨菜企业文化最能反映商业文化、商业文明特质，是榨菜文化极为重要的构成。1898 年涪陵首家榨菜加工作坊"荣生昌"创办，1910 年榨菜生产技术外传，群商逐鹿榨菜。到 1940 年涪陵加工厂户达 671 家，成为民国时最高企业加工数。1898 到 1949 年榨菜生产厂家年产 1000 坛以上的有 46 家。其中 5000 坛以上者 3 家，3000 坛以上 3 家，3000 坛以下 40 家；官办 1 家，商办 36 家，地主办 9 家；合资 13 家，独资 33 家；厂龄 30 年以上者 4 家，20 年以上 7 家，10 年以上 9 家，10 年以下 26 家；1937 年以前开业者 28 家，1938 年至 1945 年 3 家，1946 年至 1949 年 15 家。1951 年 3 月全县有加工厂户 337 家，1985 年，全市及乡镇村组户办榨菜加工企业有 1955 个[4]。这反映了百多年来涪陵榨菜发生发展的足迹，活现出一幅幅涪陵榨菜厂家林立的美妙图画。

榨菜厂家是榨菜企业文化创建的主体和基地，对榨菜文化的丰富发展和繁荣有重要作用。企业的名称字号、经营管理之道、用人之术、营销之方、工艺改进、质量监测、运输方式的选用、包装形式的变化、商标名称的认定等有着鲜明的文化色彩，何况榨菜生产、加工、运输、销售等商业行为，本身就有商业文化特质。文化是明天的经济，企业要生存和发展，就必须提高企业文化品位，增强商品文化含金量，实现商业性与文化性的兼容。榨菜企业的鲜明文化色彩主要体现在：

2.1 鲜明的地域文化色彩

榨菜之独特，起因于特殊地理环境、气候条件、加工环境，更与其人文环境关系密切。淳朴敦厚的巴人古风，注重和合的思维模式，调和阴阳的生活行为，妙提天人的合一心态，涪地泡菜的制作传统，坛装榨菜的竹络包装等充分展示了巴文化对榨菜文化的深刻影响。

2.2 浓郁的中国传统文化色彩

传统文化是民族文化之根和魂，榨菜文化深受传统文化影响，与传统文化有极大的兼容性和相通性。（1）欧秉胜、骆培之、程汉章、易绍祥、茂记、袁家胜、辛玉珊、瑞记、况林樵、况凌霄、侯双和、易永胜、何森隆、文奉堂、李宪章、杨海清、唐觉怡等，以加工业主命名；涪陵、百胜、珍溪、焦岩、韩家沱等，以加工地命名，这可以说是中国传统文化的一种独有现象。（2）荣生昌、道生恒、同德祥、复兴胜、永和长、怡享永、泰和隆、同庆昌、吉泰长、隆和、华大、怡民、老同兴、公和兴等，反映了希望繁荣、昌盛、兴旺、享通、通泰、兴隆、永恒、长久的理想追求。（3）公和兴、泰和隆、永和长、同德祥、同庆昌、老同兴等，将和同精神引入其中；三义公、信义公司、信义公等，将信义精神和传统美德融汇其间；怡民、民生公司等，将爱民、重民、裕民的民本思想介入其名。（4）道生恒、公和兴、三和兴、泰和隆、永和长、同德祥、老同兴、三义公、信义公、信义公司等，反映了榨菜的生产经营之道。即承认榨菜的生产、加工和运销等存在规律（道），只要遵循"道"，能立于不败之地（恒）。内"同""和"，外"信""义"，体"道"遵"道"，就能推动榨菜业发展。

2.3　浓重的商业文化色彩

新中国成立前，巴县木洞聚义长、江北洛碛聚裕通和丰都高家镇三江实业社，是榨菜企业的佼佼者和最成功的典型。于此为例就可见其商业文化品性。

2.3.1　注重商机把握，行情预测，信息聚汇　木洞聚义长最具特色。1934年老板蒋锡光与上海乾大昌商栈老板张积云合资经营，生意极为兴旺。原因之一即厂内有叔父蒋子云负责业务，重庆有周忠祥联系转运，上海有张积云通风报信，负责推销，蒋锡光来往于产销两地了解情况，分析市场，决定经营方针，故聚义长四处亨通，八面玲珑，业务日盛，声誉日隆。

2.3.2　重视商品质量　落碛聚裕通，是合资经营的大型企业，是榨菜行业中持续最久的榨菜厂，守质重量，声隆弥久，原因就是抓好，重视质量，特别注意菜块干湿均匀，坚持两道腌制，产品久贮不变坏，不发酸。上海各行商将其作为上等菜出售，市民争相选购，声威赫赫。

2.3.3　重视商品宣传和广告效应　三江实业社在高家镇有总厂，洛碛有分厂，上海、汉口、重庆等有营业所，年产三四千坛，收购运销六七千坛。秘诀在于重视商品宣传和广告效应，将其产品印上包装，画上墙壁，登上报纸，经电影院宣传，手段不断翻新，以扩大影响，增加销路，占有市场，拓展市场。"三江"榨菜驰名一时。

2.3.4　经营灵活　木洞聚义长的包选包退法，随意挑选，退次货换好货，打响了招牌，赢得了声誉，体现了顾客至上的原则。故聚义长榨菜声誉度极高，市场购买力极强；在价格把握上，不管销地价始终保持产地收购价稳定，结果控制了木洞榨

菜 60% 以上产品，垄断了木洞产销市场。聚裕通不仅抓好，而且抓早。通过订购和预付货款，指导菜农把青菜头生产季节适当提前，早加工，早运销，以早制胜；经营方式更为灵活，对收购产品可包销，可代销，包销有商业利润手续费，代销有代销手续费，自己有工商利润。

2.3.5 注意改进工艺，创造开发新品种，扩大商品影响力

3 榨菜品牌文化

榨菜品牌是榨菜商业文化、企业文化的重要内容，可它是榨菜商业文化的标志物，故尤需我们重点关注。涪陵榨菜品牌有：

3.1 榨菜原料品牌

主要有草腰子、蔺市草腰子、三层楼、鹅公包、白大叶、枇杷叶；潞酒壶、叉叉叶等。

3.2 榨菜企业品牌

新中国成立前，主要是以生产、加工、运销企业命名榨菜品牌。1898 年至 1949 年年产 1000 坛以上的品牌有荣生昌、道生恒、欧秉胜、骆培之、公和兴、程汉章、同德祥、复兴胜、永和长、怡享永、易绍祥、宗银祥、茂记、袁家胜、泰和隆、辛玉珊、瑞记、亚美、吉泰长、三义公、侯双和、况林樵、怡园、同庆昌、春记、易永胜、何森隆、隆和、文奉堂、华大、怡民、复园、森茂、李宪章、信义公司、信义公、济美、其中、合生、老同兴、杨海清、唐觉怡、民生公司、军委会后勤部等 46 家。诸多榨菜品牌，其中不乏名牌，最古老的榨菜企业品牌是荣生昌；较古老的是欧秉胜、骆培之、公和兴、程汉章、同德祥、复兴胜、永和长等；道生恒是第一个专营榨菜庄；吉泰长、信义公司、国民政府军委会后勤部厂是产销量最大的三家榨菜企业；同德祥、复兴胜、怡享永、宗银祥是最有名的走水字号；协鑫和、盈丰、永生、和昌、立生、李保森则为外销菜最为著名的榨菜品牌等。

新中国成立后，相继创办了诸多国营、乡、镇、村、组菜厂和私营菜厂。而今国营、乡镇榨菜厂家，先后联合走集团化经营之路，主要有涪陵榨菜集团有限公司、涪陵市榨菜精加工厂、川陵食品有限责任公司、乐味食品有限公司、佳福食品有限公司、新盛罐头食品有限公司、丰都榨菜集团公司等。

3.3 榨菜商标

在 20 世纪 80 年代以前，只有出口外销榨菜注重商标问题，比较著名的有大地、

地球、金龙、梅林等。此后人们的商标意识日益强烈，1981年乌江牌榨菜荣获银质奖章成为涪榨菜著名商标，榨菜注册商标纷至沓来，如春雷流动。有乌江、路路通、川陵、川涪、华富、涪民、绿强、鸿山、昌莉、昭友、龙飞、鉴鱼、华涪、川峡、水柱、五星、涪州、涪胜、龙驹、川香、川东、涪都、辣妹子、黔水、"川"牌、松屏、乡企、云峰、白鹤、水溪、天涪、绿色圈、涪渝、梅溪、蜀威、涪纯、涪州、马羊、剪峡、水溪、鉴鱼等。据此，我们发现：

3.3.1 榨菜品牌众多，名牌意识强烈

3.3.2 地域特色浓烈

川陵、川涪、川峡、川香、川东、"川"牌、蜀威，表明涪陵榨菜属于川式榨菜系列；涪民、涪都、天涪、涪纯、涪渝、涪州、涪胜、乌江、水溪牌等，表明涪陵榨菜产地；华涪、川涪、渝涪、川东等均有浓郁地域风味。

3.3.3 以人名为商标

昌莉、昭友则是以人命名。

3.3.4 历史文化情结

涪陵是巴国政治中心和先王陵寝所在地，故有川陵、渝陵、涪都商标；涪陵古称枳，隋唐到民国称涪州，故有涪枳、涪州商标；"辣妹子"商标反映了古巴人典型性格；"石鱼出水兆丰年"是涪陵极为悠远、影响特大的民间传说，白鹤梁题刻是世界级人文景观，黔水澄清、白鹤时鸣等为古代涪陵八景，故鉴鱼、黔水、松屏、白鹤、石鱼、木鱼等商标纷纷登台。

3.3.5 反映榨菜特征

榨菜原料优质茎瘤芥种植普遍，漫山遍野，苍翠欲滴，故有绿强、绿色圈等商标；榨菜营养丰富，色香嫩脆，风味俱佳，有川香、辣妹子、味美思等商标问世。

3.3.6 体现理想追求

即榨菜人（涪民），以两江为基地（乌江、川峡等），国营、乡镇（乡企）、私人企业（昌莉、昭友），强化质量（涪纯），利用独特人文地理环境（天涪），借助地域历史文化资源（鉴湖、木鱼、石鱼等），发扬巴人艰苦创业精神，制造营养丰富、价廉物美、风味俱佳的产品（川香），投放市场，争取广大消费者青睐，实现榨菜价值，让人回肠荡气，回味无穷（味美思）；打响榨菜招牌（涪跃、涪胜），推动榨菜发展，创造榨菜辉煌，实现榨菜兴国裕民的远大理想（绿强、华富），冲出国门，冲出亚洲，走向世界，则是最高追求（路路通）。

4 榨菜食俗文化

"好看不过素打扮，好吃不过咸菜饭"，在涪陵民间家喻户晓。咸菜包括泡菜、风菜和干腌菜，以青菜头制作的干腌菜即榨菜是咸菜中上品、佳品和极品。榨菜作为世界食品百花园中一颗璀璨的明珠，赏心悦目的外观形象、嫩脆鲜香的独特品味、其种种吃法和诸种用途等构成了丰富的榨菜食俗食用文化，成为榨菜文化的重要构成。

榨菜食俗食用文化主要表现在榨菜前身泡菜文化和榨菜食用文化上。泡菜是榨

菜的前身和源头活水，榨菜是泡菜的逻辑演变，泡菜食俗是榨菜食俗食用文化的有机组成部分。涪陵天子殿用其制作斋饭，款待香客，以结善缘；涪陵民间爱做爱品爱吃咸菜、泡菜。或自家食用，或办宴席，款宾朋，以做咸菜论持家，以品咸菜论人品。榨菜问世后，更创造了相应的榨菜食俗及其文化。

4.1 对茶文化的丰富

榨菜问世后，榨菜文化就吸收了茶文化，体现出榨菜文化与茶道文化的相互兼容性。民国版《涪陵县续修涪州志》云："近代邱氏贩菜到上海，行销及海外""五香榨菜，南人以侑茶"。上海、广州及南洋人吃榨菜用榨菜以侑茶，成为流行时尚，丰富充实了茶菜文化。

4.2 对酒文化的功用

饮酒不适或过量时，榨菜可缓解其头昏脑涨、气烦气闷、躁动不安的不舒服感和不适应感，起到醒酒、解酒、止烦、去闷、消除呕吐、止泻作用，日本人将其称为"酒之友"，体现了榨菜的极大影响和魅力，证明了茶酒文化的相互融汇与合一。

4.3 对旅游文化的影响

榨菜对旅游文化有深刻影响，（1）它可以供旅游者充分使用。若旅游者坐车、行船、乘飞机，出现头重头昏、想吐时，榨菜可缓解烦闷情绪，有"天然晕海宁"之说，特别适用于旅游之晕车晕船者适用。若攀山爬坡或长时行走，出现口干舌燥，口渴郁闷，头昏目眩，四肢乏力时，吃榨菜就会舌润生津，增强活力；（2）榨菜营养丰富，风味独特。榨菜是中国特产，中国三大出口菜、世界三大名腌菜之一，带回家用，送人作礼品，均极为体面；（3）榨菜品种繁多，风味不同。乌江牌榨菜就有美味、麻辣、五香、甜香、原汁、姜汁、蒜汁、葱油、海鲜、怪味、低盐等系列，品种繁多，风味俱佳；（4）榨菜质量上乘。它不易变质，价廉物美，携带极为方便，符合旅行食品条件，深受广大旅游消费者欢迎。榨菜凝聚于旅游文化之中，成为宝贵的旅游文化资源，游客来涪，涪人外出，国人出洋，无不将榨菜作为喜爱的旅行食品。

4.4 对保健文化的功用

据测定，榨菜营养成分极为丰富，含有钙、磷、铁、糖、脂肪、水分、蛋白质、粗纤维、无机盐、核黄素、硫胺素、胡萝卜素、抗坏血酸以及谷氨酸、天门冬氨酸、丙氨酸等 17 种游离氨基酸，均为人体所必需，对增进身体健康极为有益，尤其是姜味、甜香、鲜味等小包装低盐保健型榨菜，还能起到保肝减肥的作用。

榨菜营养丰富，利于儿童健康成长，增进成年人食欲，对老年人有较好的保健功效，尤其对大病初愈或患病而胃口不佳的人，对常吃鸡鸭鱼肉过多，腥味过重，腻味太浓的人，以榨菜佐餐，有特殊的功效，实乃食物疗法。即使青菜头，可当新鲜蔬菜食用，可制作泡菜、咸菜，同样营养丰富，历来受到人们充分喜爱。

榨菜营养丰富，能够增进食欲，促进新陈代谢，增强活力，改变人的精神状态，起到食品保健作用，历来成为素菜佳品。城西天子殿因长期食用青菜头咸菜，一般都活到 80 岁以上。清代涪州 80 岁以上的寿星就有 1911 人，100 岁以上就有 51 人。可见，榨菜、泡菜对保健长寿文化的重要价值。现在榨菜集团又研制出儿童榨菜、寿星榨菜等品种，更会使榨菜长寿文化锦上添花。

4.5 对食法文化的丰富

榨菜总体分为冷食和热食两大系列。冷食除侑茶、醒酒外还包括：

4.5.1 佐餐 这是最主要的用途和吃法，无论宴席、火锅、便餐，或是米饭、面食，或是家中，或是旅游，均可佐餐，让你吃得津津有味，尤其是腥味过重，油腻过多，饮酒过量时，使你清爽舒服，畅快淋漓，洒脱无比。

4.5.2 凉拌菜 凉拌黄瓜、豇豆等新鲜蔬菜时，加上榨菜，使凉拌菜色彩更加鲜艳，风味更为独特、诱人，吃后倍觉舒服。

4.5.3 零食 榨菜尤其是小包装榨菜，食用不受时间、地点和条件限制，可作为主食、副食、零食，中小学生用得较多，成年人、老年人，在家或在外，坐车、乘船或乘飞机，均可当作零食佳品。

榨菜热食主要是调味和作烹调辅料，有"天然味精"之说。运用榨菜可制作出许多新颖的菜食品种，诸如榨菜豆芽汤、香菇汤、豆腐汤、黄花汤、包子、饺子和榨菜鸡、鸭、鱼、海参、肉丝等，榨菜香菇汤是广大日本消费者最喜爱的一道菜。榨菜食法文化对世界人民做出了重大贡献。

总之，榨菜文化的构成至为众多，内容极为丰富，功用甚为突出，影响殊为深远。值得我们深入挖掘，认真总结，将其发扬光大，将其作为丰富而宝贵的文化资源而加以充分利用。

参考文献：

［1］四川省博物馆、重庆市博物馆、涪陵县文化馆.四川涪陵地区战国土坑墓清理简报.文物，1972（2）.

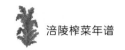

［2］曾　超．涪陵榨菜文化中的枳巴文化因子．四川三峡学院学报，1999（5）．

［3］屈小强．巴蜀氏族部落的共同图腾是竹．四川师范大学学报，1992（2）．

［4］四川省涪陵市志编纂委员会．涪陵市志．成都：四川人民出版社，1995：725．

（原载《西南农业大学学报》2003 年 4 期）

参考文献

一、著述类

[1]刘佩瑛：《中国芥菜》，北京：中国农业出版社，1995年。

[2]何侍昌、李乾德、汤鹏主：《榨菜产业经济学研究》，北京：中国经济出版社，2014年。

[3]张平真：《中国蔬菜名称考释》，北京：北京燕山出版社，2006年。

[4]曾超、蒲国树、黎文远：《涪陵榨菜百年》，内部资料，1998年。

[5]四川省涪陵市志编纂委员会：《涪陵市志》，成都：四川人民出版社，1995年。

[6]涪陵市枳城区榨菜管理办公室：《涪陵市榨菜志续志》，内部资料，1998年。

[7]曾超：《枳巴文化研究》，北京：中国戏剧出版社，2014年。

[8]陈熙桦：《四川名菜制作》，呼和浩特：内蒙古人民出版社，2006年。

[9]重庆市饮食服务公司革命委员会：《重庆菜谱》，内部资料，1974年。

[10]张富儒：《川菜烹饪事典》，重庆：重庆出版社，1985年。

[11]玉柱、玉清、笑霞：《各地风味小吃》，北京：海洋出版社，1990年。

[12]张燮明：《川菜大全家庭泡菜》，重庆：重庆出版社，1988年。

[13]邓开荣：《重庆乡土菜》，重庆：重庆出版社，2002年。

[14]侯汉初：《川菜宴席大全》，成都：四川科学技术出版社，1987年。

[15]张继业：《高血压病门诊》，杭州：浙江科技出版社，1996年。

[16]杜全模：《榨菜加工及操作技术培训讲义》，内部资料，2000年。

[17]中国人民政治协商会议重庆市涪陵区委员会：《涪陵榨菜之文化记忆》，重庆：重庆出版社，2012年。

[18]涪陵辞典编纂委员会：《涪陵辞典》，重庆：重庆出版社，2003年。

[19]涪陵市民间音乐（歌曲）采集组：《中国民间音乐（歌曲）集成本（涪陵市卷）》，内部资料，1983年。

[20]熊蜀黔、高建设：《涪陵图志》，重庆：重庆出版社，2005年。

[21]何侍昌：《涪陵榨菜文化研究》，北京：新华出版社，2017年。

[22]何裕文等：《涪陵榨菜（历史志）》，内部资料，1984年。

[23]涪陵榨菜（集团）有限公司、涪陵市枳城区晚情诗社：《榨菜诗文汇辑》，

内部资料，1997年。

［24］施纪云：《涪陵县续修涪州志》，民国十七年（1928）刻本。

［25］涪陵乡土知识读本编委会：《涪陵乡土知识读本》，重庆：重庆出版社，2009年。

［26］马培汶：《历史文化名人与涪陵》：重庆：重庆出版社，2006年。

［27］巴声、黄秀陵：《历代名人与涪陵》，北京：中国文史出版社，2005年。

［28］重庆市涪陵区人民政府办公室：《涪陵年鉴（2001）》，内部资料，2002年。

［29］重庆市涪陵区人民政府办公室：《涪陵年鉴（2002）》，内部资料，2003年。

［30］重庆市涪陵区人民政府办公室：《涪陵年鉴（2003）》，内部资料，2004年。

［31］重庆市涪陵区人民政府办公室：《涪陵年鉴（2004）》，内部资料，2005年。

［32］重庆市涪陵区人民政府办公室：《涪陵年鉴（2005）》，内部资料，2006年。

［33］重庆市涪陵区人民政府办公室：《涪陵年鉴（2006）》，内部资料，2007年。

［34］重庆市涪陵区人民政府办公室：《涪陵年鉴（2007）》，内部资料，2008年。

［35］重庆市涪陵区人民政府办公室：《涪陵年鉴（2008）》，内部资料，2009年。

［36］重庆市涪陵区人民政府办公室：《涪陵年鉴（2009）》，内部资料，2010年。

［37］重庆市涪陵区人民政府办公室：《涪陵年鉴（2010）》，内部资料，2011年。

［38］重庆市涪陵区人民政府办公室：《涪陵年鉴（2011）》，内部资料，2012年。

［39］重庆市涪陵区人民政府办公室：《涪陵年鉴（2012）》，内部资料，2013年。

［40］重庆市涪陵区人民政府办公室：《涪陵年鉴（2013）》，内部资料，2014年。

［41］重庆市涪陵区人民政府办公室：《涪陵年鉴（2014）》，内部资料，2015年。

［42］重庆市涪陵区人民政府办公室：《涪陵年鉴（2015）》，内部资料，2016年。

［43］重庆市涪陵区人民政府办公室：《涪陵年鉴（2016）》，内部资料，2017年。

［44］重庆市涪陵区人民政府办公室：《涪陵年鉴（2017）》，内部资料，2018年。

［45］中华全国供销合作总社．中华人民共和国供销合作行业标准 GH／T1012–1998 方便榨菜，GH／T1011–2007 代替 GH／T1011–1998，榨菜，GH／T1012–2007 代替 GH／T1012–1998，方便榨菜，1998年11月9日，2007年9月21日。

［46］涪陵榨菜原产地域产品保护办公室：《关于涪陵榨菜实行原产地域产品保护的报告》，内部资料，2003年。

［47］重庆市涪陵辣妹子集团有限公司：《涪陵榨菜传统制作技艺》，内部资料，2007年。

［48］涪陵榨菜（集团）有限公司，涪州宾馆餐饮部：《榨菜美食荟萃》，内部资料，1998年。

二、论文类

［1］曾超：《试论涪陵榨菜文化的构成》，《西南农业大学学报》，2003年4期。

［2］涪陵地区农科所、重庆市农科所：《中国芥菜起源探讨》，《西南农业学报》，1992 年 3 期。

［3］四川志工矿志编辑组张耀荣，《解放前四川的榨菜业》，《四川文史资料选辑》，1964 年第 15 辑。

［4］沈兴大：《中国榨菜之乡——涪陵访问记》，《人民中国》，1979 年 12 期。

［5］曾超：《涪陵榨菜中的枳巴文化因素》，《四川三峡学院学报》，1999 年 5 期。

［6］杜全模：《四川榨菜加工的基本原理及其在生产上的应用》，《调味副食品科技》，1984 年 1 期。

［7］曾超：《涪陵榨菜的根气神魂》，《涪州论坛》，1998 年 1 期。

［8］曾超：《试论枳巴文化对涪陵榨菜文化的影响》，《三峡新论》，1999 年 3—4 期（合刊）。

［9］蔺同：《榨菜起源——从神秘的传说谈起》，《三峡纵横》，1997 年 1 期。

［10］蔺同：《咸菜一盘有学问——榨菜·青菜头·茎瘤芥》，《三峡纵横》，1997 年 2 期。

［11］蔺同：《天时地利育特产——涪陵榨菜的"五个特点"》，《三峡纵横》，1997 年 4 期。

［12］蔺同：《一荣俱荣百业旺——榨菜业与致富工程》，《三峡纵横》，1997 年 5 期。

［13］蔺同：《涪陵风情话菜乡——榨菜民俗琐谈》，《三峡纵横》，1998 年 1 期。

［14］蔺同：《一菜百味任君爱——榨菜吃法和用途种种》，《三峡纵横》，1997 年 6 期。

［15］蔺同：《好吃不过咸菜饭——榨菜与健康长寿》，《三峡纵横》，1997 年 6 期。

［16］蔺同：《无限风光乌江牌——涪陵榨菜名牌古今》，《三峡纵横》，1997 年 2 期。

［17］蔺同：《百年难逢金满斗——榨菜业的历史机遇》，《三峡纵横》，1998 年 4 期。

［18］蔺同：《为看为尝千里来——涪陵榨菜与旅游业》，《三峡纵横》，1998 年 3 期。

［19］蔺同：《竹耳环里藏玄妙——涪陵榨菜的神秘文化色彩》，《三峡纵横》，1998 年 1 期。

［20］蒲国树：《涪陵榨菜业百年辉煌与展望》，涪陵榨菜（集团）有限公司、涪陵市枳城区晚情诗社：《榨菜诗文汇辑》，内部资料，1997 年。

［21］重庆涪陵榨菜文化节组委会办公室：《涪陵榨菜百年大事记》，内部资料，

1998 年。

　　［22］蒲国树：《特色产业百年飘香——涪陵榨菜的十大优势》，涪陵榨菜（集团）有限公司、涪陵市枳城区晚情诗社：《榨菜诗文汇辑》，内部资料，1997 年。

　　［23］冉从文：《涪陵榨菜包装的演变》，涪陵榨菜（集团）有限公司、涪陵市枳城区晚情诗社：《榨菜诗文汇辑》，内部资料，1997 年。

　　［24］赵志宵：《榨菜的传说》，《涪陵特色文化研究论文集第三辑》，内部资料，2002 年。

　　［25］蒋乃珺：《榨菜是天然"乘晕宁"》，《生命时报》，2008 年 10 月 4 日。

　　［26］傅启敏：《涪陵榨菜旅游品牌培育》，《西南农业大学学报》，2004 年 3 期。

　　［27］何裕文：《涪陵榨菜》，中国人民政治协商会议四川省涪陵市委员会文史资料研究委员会：《涪陵文史资料选辑第三辑》。

编后记

1998 年，涪陵榨菜百年华诞，涪陵区党委、区政府高度重视，开展了系列活动，余亦有幸参加。其时，有三事对余有重大之影响。其一是编纂《涪陵榨菜百年》。当时，余与涪陵区地方志办公室主任蒲国树，涪陵师专黎文远、韩宗先等与乌江榨菜集团合作，编纂了《涪陵榨菜百年》一书 30 余万字，对涪陵榨菜开始涉及，惜因多种原因，该书最终未能付梓。其二是参加涪陵榨菜文化学术研讨会。涪陵区社科联统筹"五路大军"，积极探究涪陵榨菜文化，余亦提交了《涪陵榨菜的根气神魂》一文，获论文评选一等奖，后论文缩写稿刊载于中共涪陵区委党校主办的《涪州论坛》之中。其三是获得不少榨菜文化资料。因参加《涪陵榨菜百年》编纂、写作《涪陵榨菜的根气神魂》，加之当时区委《三峡纵横》设有"榨菜文化探秘"栏目，涪陵榨菜集团编辑有《榨菜诗文汇辑》《榨菜美食荟萃》等，由此获得了不少榨菜文化研究资料。其后，余虽然也写作了如《试论涪陵榨菜文化的构成》等文章，但研究并未深入，不过对榨菜的关注、对榨菜文化资料的搜集却并未停顿。2017 年，涪陵区委党史研究室（区地方志办公室）整理涪陵旧志古籍，余有幸参与《［康熙］重庆府涪州志》《［同治］重修涪州志》的点校。在与区委党史研究室（区地方志办公室）的合作过程中，言及《涪陵榨菜年谱》问题，得到充分肯定，决定以"涪陵地情丛书"资助出版，本书因之得以面世。

《涪陵榨菜年谱》在编修过程中，曾经得到诸多社会贤达的关注、支持和肯定，在此深表谢意。他们是：涪陵区社科联主席何侍昌，涪陵区地方志办公室原主任蒲国树，涪陵榨菜集团冉崇文，涪陵区委党校教授李乾德，涪陵区委党史研究室（区地方志办公室）主任周烽、副主任余成红、方志科科长冉瑞等。还有许多同志给予不少厚爱，这里就不一一叙明了。特别应当感谢的是我的爱人彭丹凤为支持我的搜集、整理、编修工作付出了辛勤劳动。

《涪陵榨菜年谱》的编修，因时限长、跨度大、内容多、涉及面广、资料缺失等因素，加之个人笔力、学识、水平有限，疏漏、缺失之处在所难免，一是敬请方家海涵，二是有待来者增补、扩充。如此，余幸焉无穷。

是为记。

曾超

2018 年 8 月